CHASSAGNY & CARRÉ

LEÇONS ÉLÉMENTAIRES de PHYSIQUE

CLASSES DE PHILOSOPHIE A et B

PROGRAMME 1912

Librairie HACHETTE & Cie

LEÇONS ÉLÉMENTAIRES

DE PHYSIQUE

LEÇONS ÉLÉMENTAIRES
DE PHYSIQUE

79662. — Imprimerie Lahure, rue de Fleurus, 9, à Paris.

M. CHASSAGNY
Inspecteur Général
de l'Instruction Publique.

F. CARRÉ
Professeur de Physique
au Lycée Janson-de-Sailly.

LEÇONS ÉLÉMENTAIRES
DE PHYSIQUE

RÉDIGÉES CONFORMÉMENT AUX PROGRAMMES OFFICIELS
DU 4 MAI 1912

CLASSES DE PHILOSOPHIE A et B

QUATRIÈME ÉDITION REVUE

LIBRAIRIE HACHETTE ET Cie
79, BOULEVARD SAINT-GERMAIN, PARIS

1917

EXTRAIT DES PROGRAMMES OFFICIELS

ARRÊTÉ DU 4 MAI 1912

CLASSES DE PHILOSOPHIE A ET B

PHYSIQUE

Pesanteur.

Poids des corps. — Direction commune aux poids de tous les corps en un lieu donné. — Centre de gravité. — Dynamomètre.

Comparaison des poids des corps en un lieu donné : balance.

Notion générale de la force. — Énoncé de la règle de composition de deux forces appliquées au même point, de la règle de composition de deux forces parallèles appliquées à un solide, et opération inverse.

Notion expérimentale du travail, de la puissance : exemples familiers et données numériques. — Conservation du travail.

Chute des corps dans le vide et dans l'air; tube de Newton; machine de Morin, ou toute autre permettant l'étude expérimentale directe de la *chute libre.*

Établissement des lois fondamentales de la dynamique au moyen de la machine d'Atwood ou du plan incliné; application à la chute libre des corps. — Définition de la masse. — Intensité de la pesanteur.

Pendule (étude expérimentale); formule (sans démonstration). — Principe de la mesure de *g*. — Variation du poids d'un corps avec la latitude et avec l'altitude (expérience de Von Jolly) : la pesanteur est un cas particulier de l'attraction universelle. — Application du pendule aux horloges, échappement.

Équilibre des liquides et des gaz.

Force exercée sur une portion plane de paroi; pression. (*On admettra comme faits d'expérience que la pression est normale à la paroi et que sa grandeur est indépendante de l'orientation de la paroi.*) Variation de la pression avec la profondeur. — Applications et exemples. — Pression atmosphérique. — Baromètre; variation de la pression atmosphérique avec l'altitude. — Manomètres usuels.

Principe d'Archimède. — Corps flottants; aérostats.

Poids spécifiques relatifs ou densités.

Compressibilité des gaz. (*On se bornera à l'approximation donnée par la loi de Mariotte.*) — Mélange des gaz. — Étude sommaire des pompes à gaz et à liquides.

Chaleur.

Thermomètre à mercure; détermination des points fixes. — Principe de la mesure des coefficients de dilatation; applications. — Maximum de densité de l'eau.

Quantité de chaleur; méthode des mélanges considérée comme

ermettant de mesurer des quantités de chaleur d'origine quelonque. — Définition de la chaleur spécifique.

Fusion et solidification. — Point de fusion. — Chaleur de fusion imple définition).

Notions élémentaires sur la vaporisation des liquides; maximum de ression d'une vapeur; variation avec la température (représentation raphique). — Température critique; continuité de l'état liquide et e l'état gazeux. — Liquéfaction des gaz. — Ébullition. — Chaleur e vaporisation (simple définition).

Vapeur d'eau dans l'atmosphère, point de rosée, sa détermination. — rouillards; nuages.

Optique.

Propagation rectiligne de la lumière dans un milieu homogène. — 'itesse : résultats des mesures.

Miroirs plans : lois de la réflexion. — Étude expérimentale des iiroirs sphériques concaves.

Réfraction; existence de la réflexion totale; étude expérimentale es lentilles. (*L'existence des images et les propriétés des plans focaux eront considérées comme données par l'expérience.*)

Loupe. Principes du microscope, de la lunette astronomique et de a lunette de Galilée.

Dispersion de la lumière; spectres des diverses sources lumineuses; pectres d'absorption, spectre solaire; couleur des corps.

Photographie.

Électricité et magnétisme.

(*Dans l'étude de l'électricité, comme dans les autres parties du proramme, le professeur pourra suivre un ordre différent de l'ordre ndiqué et commencer, par exemple, par l'étude du courant.*)

Électrisation: cylindre de Faraday; quantité d'électricité. (*On se ontentera d'indiquer les unités pratiques.*) Développement simultané les deux électricités.

Électrisation par influence. — Pouvoir des pointes; paratonnerre. — Principe des machines électriques. — Électrophore.

Notion expérimentale de la différence de potentiel entre deux conducteurs.

Condensateurs capacité.

Courant électrique. — Intensité.

Aimants; expérience de l'aimant brisé. — Définitions de la déclinaison et de l'inclinaison.

Définition expérimentale du champ magnétique; expériences sur les spectres magnétiques; champ magnétique d'un courant; règle d'Ampère; solénoïde; galvanomètre à aimant mobile, ampèremètre.

Aimantation par les champs magnétiques. — Électro-aimant; applications : télégraphe.

Action d'un champ magnétique sur un courant, galvanomètre à

cadre mobile. — Principe de la machine Gramme employée comme récepteur.

Piles hydroélectriques.

Lois d'Ohm.

Loi de Joule. — Éclairage électrique. — Four électrique.

Electrolyse. — Lois de Faraday. — Polarisation : accumulateurs. — Galvanoplastie.

Induction : expériences fondamentales.

Emploi de la machine Gramme comme générateur. — Corrélation des phenomènes d'induction et des phénomènes électromagnétiques. — Téléphone, microphone.

Énergie.

Diverses formes de l'énergie (mécanique, thermique, électrique, chimique, etc.); leurs transformations mutuelles. — Expériences de Joule : équivalent mécanique de la calorie. — Principe de la conservation de l'énergie. — Machines thermiques. — Enoncé du principe et du théorème de Carnot. — Idée de la dégradation de l'énergie.

Mouvements périodiques.

Généralités. — Méthode graphique. (*On indiquera les applications de cette méthode à la physiologie.*) — Vibrations longitudinales et transversales. — Démonstration expérimentale de la propagation d'un mouvement vibratoire. — Longueur d'onde. — Existence des phénomènes d'interférence. — Réflexion des ondes. — Ondes stationnaires. — Nœuds et ventres.

Phénomènes périodiques en acoustique.

Le son est dû à un mouvement vibratoire. — Phonographe. — Vitesse du son. — Qualités physiologiques du son; leur interprétation physique. — Sons musicaux. — Intervalles. — Harmoniques.

Étude sommaire des lois des vibrations transversales des cordes. — Étude sommaire des tuyaux sonores.

Phénomènes périodiques en optique.

Analogies de la lumière et du son. — Hypothèse des vibrations lumineuses. — Qualités physiologiques de la lumière; leur interprétation physique. Radiations infra-rouges et ultra-violettes : étude sommaire.

Phénomènes périodiques en électricité.

Notions très élémentaires sur les propriétés des courants alternatifs : définition expérimentale de l'intensité efficace. — Transformateurs. — Principe de la bobine de Ruhmkorff. — Oscillations électriques. — Principe de la télégraphie sans fil.

Décharge à travers les gaz. — Rayons cathodiques. — Rayons X.

LEÇONS ÉLÉMENTAIRES
DE PHYSIQUE

A L'USAGE DES ÉLÈVES DE PHILOSOPHIE A ET B

PREMIÈRE PARTIE
PRINCIPES GÉNÉRAUX DE LA MÉCANIQUE

CHAPITRE I
NOTIONS GÉNÉRALES SUR LES FORCES

1. — CARACTÈRES DE LA FORCE

1. Première idée de la force. — Un livre placé sur une table, une voiture dont le cheval a été dételé, peuvent rester indéfiniment en place dans les conditions où ils se trouvent. D'eux-mêmes ces corps ne se déplaceront jamais.

Il faut, pour que le livre ou la voiture quittent l'état de repos, qu'ils subissent une action extérieure.

L'action extérieure qui détermine le mouvement se nomme ***une force.***

2. La force produit des changements de mouvement. — Si un corps au repos ne peut de lui-même se mettre en mouvement, un corps en mouvement ne peut pas davantage passer de lui-même à l'état de repos : il faut, dans ce cas encore, faire agir sur lui une ***force.***

Que l'on veuille provoquer ou accélérer le mouvement d'un corps, l'éteindre ou simplement le retarder, il faut toujours que le corps soit soumis à une action extérieure, à laquelle on donne le nom de ***force.***

3. Principe de l'inertie. — De ce qui précède résulte que : ***Rien ne se produit sans cause*; *ni le mouvement, ni la cessation de mouvement.*** Pour produire ces effets, l'action d'une ***force*** est nécessaire.

C'est là ce qu'on appelle le ***Principe de l'inertie.*** Nous retrouverons ce principe, sous une forme plus précise et plus générale, au § 72.

4. Autres effets des forces. — Mais une force peut encore se manifester autrement. Le même effort que je mets à soulever un fardeau peut être employé à tendre un ressort, à fléchir une barre élastique. ***Une force peut donc produire des déformations*** des objets sur lesquels elle s'exerce (§ 8).

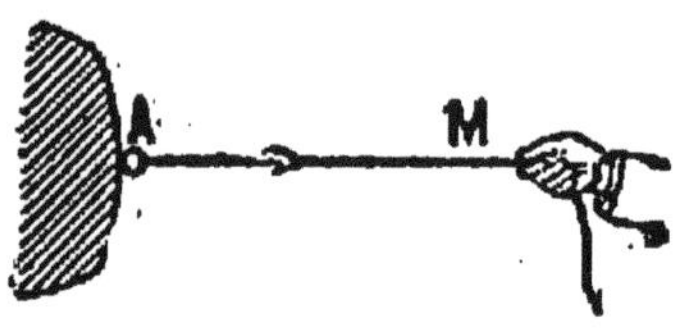

FIG. 1. — DIRECTION D'UNE FORCE. *On repère la direction d'une force en exerçant celle-ci par l'intermédiaire d'une corde flexible.*

5. Caractères de la force. — Dans l'étude de chaque force, nous aurons à distinguer trois caractères principaux :

***La direction de la force*;**

***Le point d'application de la force*;**

L'intensité de la force.

6. Direction de la force. — Au point A d'un corps, est attachée une corde AM, sur laquelle nous exerçons une traction (fig. 1). La corde se tend en ligne droite entre la main et le point A; nous conviendrons de dire que le corps est sollicité ***par une force dirigée suivant la corde flexible, du point A vers la main.***

7. Point d'application de la force. — Il est tout naturel

FIG. 2. — DÉPLACEMENT DU POINT D'APPLICATION D'UNE FORCE.
La traction produite par plusieurs chevaux attelés en flèche à un fardier est la même que s'ils tiraient tous directement sur le fardier.

d'appeler ***point d'application*** de la force considérée le point M où la main tient la corde. Mais, rien n'empêche non plus de supposer que la force est appliquée au point A, où la corde est attachée au corps qu'elle met en mouvement.

On peut même ***transporter le point d'application d'une force en un point quelconque de sa direction***. Par exemple, lorsque plusieurs chevaux sont attelés en flèche à un fardier, leurs tractions s'exercent exactement comme si les chevaux tiraient tous directement sur le fardier (fig. 2).

2. — MESURE DES FORCES

8. **Intensité de la force**. — Supposons que, par l'intermédiaire d'une corde, souple et légère, on exerce sur un corps une certaine force ***F***. Coupons la corde et intercalons sur celle-ci un ressort d'acier AB dont les deux extrémités seront

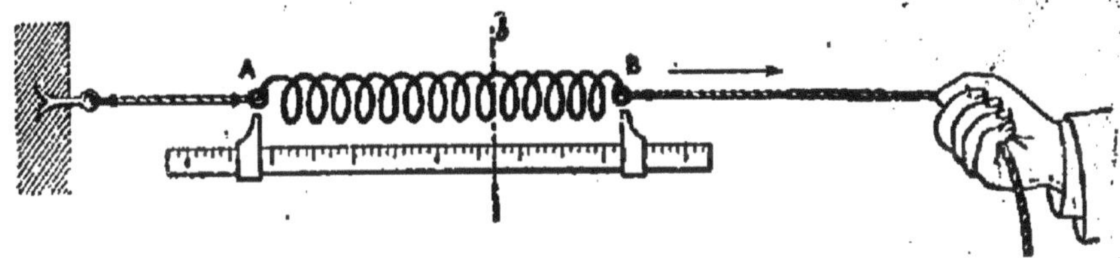

FIG. 3. — MESURE STATIQUE DES FORCES.
Deux forces égales sont deux forces qui fléchissent également un même ressort.

respectivement attachées aux bouts de la corde, de part et d'autre de la coupure (fig. 3).

Sous l'action de la force ***F*** notre ressort se tendra et sa longueur nous permettra de ***repérer*** l'intensité de la force ***F*** elle-même.

Nous dirons alors que toute force qui produit la même déformation est ***égale*** à ***F***. Nous dirons ensuite qu'une force ***F'*** est ***double*** ou ***triple*** de ***F*** si, à elle-seule, elle produit sur le ressort la même déformation que deux ou trois forces égales à ***F***, agissant simultanément sur le ressort et dans la même direction.

La force est donc une grandeur mesurable.

Le ressort, une fois gradué, prendra le nom de ***dynamomètre***.

9. **Choix de l'unité de force.** — ***En principe***, le choix d'une unité est tout à fait arbitraire.

En pratique, le choix est déterminé par certaines considérations : l'unité doit être bien définie, facile à reproduire et d'un emploi commode.

Nous verrons par la suite (§ 51) que le choix du *gramme* ou du *kilogramme* comme unité de force satisfait à ces conditions.

10. Mesure statique des forces. — Il suffira désormais, pour repérer exactement une force, de la faire agir sur un *dynamomètre* (§ 8) et de noter à quel multiple de l'unité choisie correspond la déformation observée.

Pour préciser cette manière d'opérer, entrons dans quelques détails sur le fonctionnement des dynamomètres.

Les dynamomètres peuvent avoir des formes très diverses suivant les usages auxquels on les destine.

Le ressort de la figure 3 est un dynamomètre.

La figure 4 représente le *dynamomètre de Poncelet* que l'industrie emploie à la mesure de puissants efforts. Il se compose essentiellement de deux ressorts d'acier dont les extrémités sont articulées à celles de deux lames courtes et rigides. Au repos, les ressorts sont parallèles; mais ils s'incurvent en sens contraire, si l'on fixe l'un d'eux et qu'on tire sur l'autre : leur écartement repère alors la traction exercée.

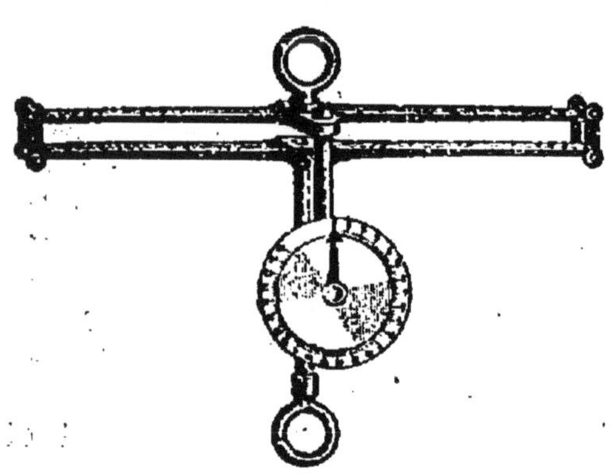

FIG. 4. — DYNAMOMÈTRE DE PONCELET. *L'écartement des deux lames-ressorts sert à repérer la force que l'on exerce sur l'appareil.*

L'un des ressorts porte une crémaillère qui engrène avec un pignon denté, monté sur l'autre; l'écart se traduit ainsi par une rotation du pignon qui entraîne lui-même une aiguille sur un cadran divisé.

Ces appareils ne donnent jamais une précision relative considérable : c'est tout au plus s'ils permettent de mesurer une force à $\frac{1}{100}$ près de sa valeur.

11. Mesure dynamique des forces. — La mesure d'une force par le dynamomètre repose sur l'observation d'un état d'équilibre; c'est une *mesure statique*.

On peut aussi comparer des forces par les effets qu'elles produisent sur le mouvement d'un système convenablement choisi. La mesure sera alors ***dynamique.***

Le cas se présente souvent en Électricité et en Magnétisme.

Une expérience simple en donnera, pour le moment, une idée suffisante.

Fixons une roue de bicyclette (fig. 5), de manière que son axe soit horizontal; à l'aide de petites bandes de plomb convenablement placées, équilibrons cette roue de manière qu'elle se tienne en équilibre dans toutes les positions possibles. Ceci fait, en un point A_0 de la jante, attachons l'un des bouts d'une corde longue et fine que nous ferons passer sur une poulie de renvoi R; à l'autre bout de la corde nous suspendrons un poids P de 100 grammes. Dans ces conditions, notre roue prendra une position d'équilibre bien déterminée.

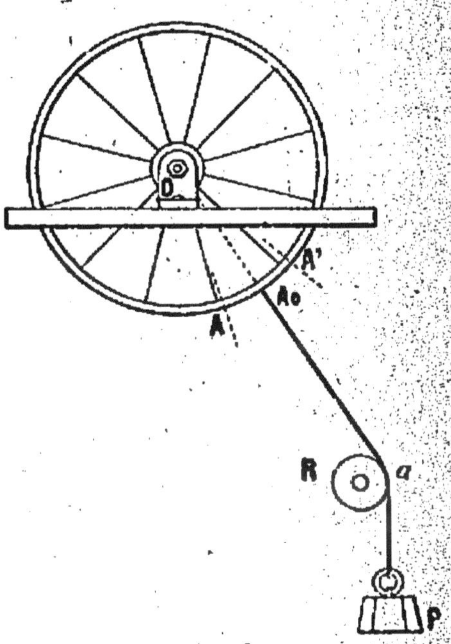

FIG. 5.
COMPARAISON DYNAMIQUE DES FORCES.
Les durées d'oscillations de la roue varient en raison inverse de la racine carrée des poids tenseurs P.

Écartons maintenant légèrement la roue de cette position d'équilibre et abandonnons-la à elle-même. Nous la verrons alors ***osciller*** longtemps de part et d'autre de sa position initiale. Le poids P restera ***sensiblement*** immobile.

L'observation de ce mouvement oscillatoire va nous conduire à deux conclusions très importantes.

I. A l'aide d'une montre à secondes, déterminons la durée de 20 oscillations consécutives : nous trouvons, par exemple, 16 secondes. Attendons quelque temps; les frottements inévitables vont notablement diminuer l'amplitude des oscillations; répétons alors la même observation : nous trouvons encore que 20 oscillations consécutives durent 16 secondes.

Nous en déduisons que ***les oscillations de faible amplitude ont toutes la même durée.***

11. Remplaçons maintenant le poids *P* par un poids de 400 grammes et observons encore la durée de 20 petites oscillations consécutives : nous trouvons exactement 8 secondes. Ainsi, quand le poids tenseur a quadruplé, la durée d'une oscillation est devenue 2 fois moindre. Nous en déduisons que ***les poids tenseurs sont en raison inverse des carrés des durées d'oscillations qu'ils impriment à la roue.***

Tout le principe de la méthode dynamique pour la comparaison des forces réside dans cet énoncé. Nous y reviendrons, à propos de l'étude du pendule (§ 101).

12. **Représentation d'une force.** — On représentera une force par un ***segment*** de droite, dont une des extrémités sera le ***point d'application*** de la force et dont l'autre extrémité sera dirigée dans le sens même où agit la force. Cette autre extrémité sera terminée par une pointe de flèche.

FIG. 6. — REPRÉSENTATION GRAPHIQUE D'UNE FORCE.
Une force est représentée par un segment dirigé AF.

Ainsi la flèche AF (fig. 6) représente une force dont le point d'application est en A et dont la ***direction*** va de A vers F.

En outre, la longueur de la droite AF sera prise proportionnelle à ***l'intensité*** de la force.

Par exemple, si l'on convient (fig. 7) qu'une longueur de

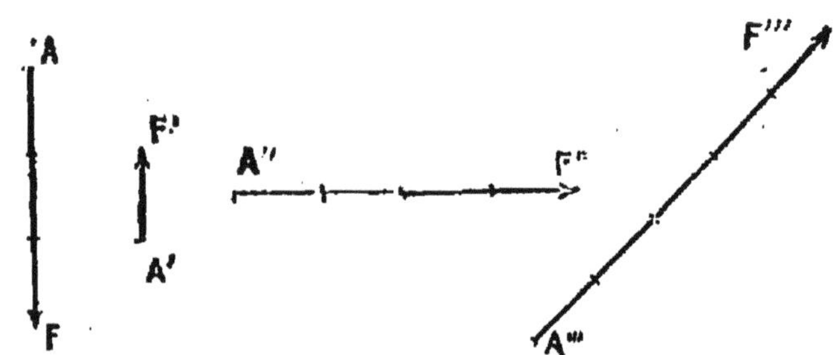

FIG. 7. — REPRÉSENTATION GRAPHIQUE DE FORCES DIFFÉRENTES.
Les forces AF, A'F', A''F'', A'''F''' diffèrent en grandeur, direction et sens.

32 millimètres correspond à une force de 5 kilogrammes, le segment AF (fig. 7) représentera une force de 3 kilogrammes, verticale vers le bas ; le segment A'F' une force de 1 kilogramme, verticale vers le haut ; le segment A''F'' une force

horizontale de 4 kilogrammes, dirigée vers la droite ; le segment A'''F''' une force oblique de 5 kilogrammes.

Corps solides. — L'étude des effets des forces est surtout facile quand les forces s'appliquent à des corps qui n'éprouvent que des déformations peu sensibles.

Ces corps sont appelés des ***corps solides***. Ce seraient des ***solides parfaits***, si leurs déformations étaient rigoureusement nulles.

13. **Deux forces égales et opposées, appliquées à un même corps solide n'ont aucun effet.** — Cet énoncé résulte de ce que le corps solide est indéformable et que, dans le cas actuel, il n'y a pas de raison pour qu'il se déplace d'un côté plutôt que de l'autre.

14. **Principe de l'égalité de l'action et de la réaction.** — ***Toutes les fois qu'on exerce une force sur un corps maintenu au repos, celui-ci réagit par une force égale et de sens contraire.***

C'est là ce qu'on appelle le ***principe de l'égalité de l'action et de la réaction.***

Citons quelques exemples :

Quand un corps est suspendu par un fil, celui-ci subit une traction égale au poids du corps ; mais d'autre part, le fil réagit sur le corps lui-même avec une force égale et opposée au poids du corps.

Lorsqu'un corps repose sur une table, il presse de son poids sur la table ; mais la table réagit sur le corps avec une force égale et opposée à la précédente.

CHAPITRE II

LE TRAVAIL

I. — PRINCIPE DE LA CONSERVATION DU TRAVAIL

15. Qu'est-ce que le travail ? — Dans toute opération mécanique, il y a deux choses à considérer : la force à exercer et le chemin à effectuer.

On résume ces deux idées dans le seul mot de ***travail.***

On dit que le travail à effectuer est d'autant plus grand qu'il s'agit d'un effort plus grand à vaincre et d'un déplacement plus grand à effectuer.

Un corps pesant, placé sur une table, presse de son poids sur la table ; il exerce une force. Mais cette force ne travaille pas, puisque le déplacement de son point d'application est nul.

16. Unité de travail. Kilogrammètre. — ***Le travail produit par une force de un kilogramme*** (§ 9), ***pour un déplacement de son point d'application, égal à un mètre, s'appelle le kilogrammètre ; il est bien spécifié que force et déplacement ont même direction et même sens.***

Le kilogrammètre est donc l'***unité de travail.***

Soulever un poids de 50 kilogrammes à 10 mètres de hauteur, c'est effectuer un travail de $50 \times 10 = 500$ kilogrammètres. — Ce travail est le même que pour monter 500 fois un kilogramme à un mètre de hauteur, ou pour monter un kilogramme à 500 mètres.

17. Exemple d'une machine simple. Poulie mobile. — Étudions d'abord le travail mis en jeu dans un cas très simple. Supposons un fardeau pesant 50 kilogrammes. Un homme, pour le soutenir à l'aide d'une corde, devra développer une force F de 50 kilogrammes. Un ressort intercalé, comme celui de la figure 3, entre la corde et le fardeau, indiquera donc 50 kilogrammes (fig. 8, I).

Si maintenant ce même fardeau est attaché à deux cordes verticales, tenues chacune par un homme, chacun de ces derniers exercera seulement un effort de 25 kilogrammes. Si chaque corde est munie d'un dynamomètre, chacun d'eux indiquera 25 kilogrammes (fig. 8, II).

Attachons maintenant l'une des deux extrémités A de la corde à un point fixe. Faisons passer la corde sur une poulie C, à laquelle sera attaché le fardeau. Tirons sur l'extrémité libre de la corde. Il suffira d'exercer un effort de 25 kilogrammes pour soulever un fardeau de 50 kilogrammes.

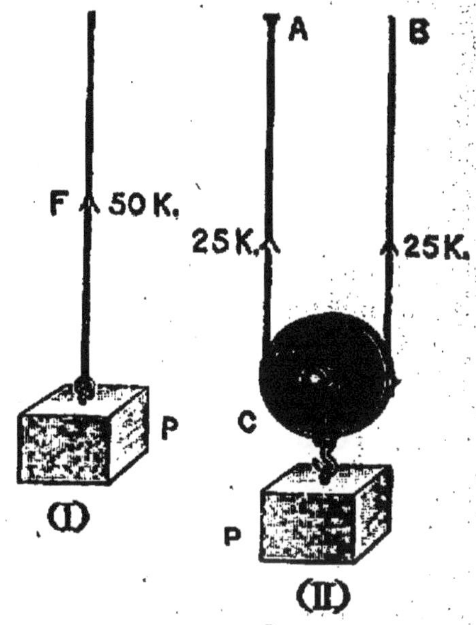

FIG. 8.
EFFICACITÉ DE LA POULIE MOBILE.
Elle exige une force deux fois moindre, mais elle réduit le chemin utile de moitié.

Ce dispositif nous fait donc gagner en force. Mais, quand nous aurons tiré à nous 2 mètres de corde en B, la poulie et le fardeau n'auront monté que de 1 mètre.

Ce dispositif nous fait perdre, au point de vue du chemin parcouru.

On peut donc dire :

Ce qu'on gagne en force se perd en chemin parcouru.

Tout dispositif analogue à celui que nous venons de décrire s'appelle ***une machine.***

La machine que nous venons d'étudier s'appelle une ***poulie mobile.***

18. Principe de la conservation du travail. — Traduisons, dans le langage du travail. les résultats que nous venons d'obtenir pour la poulie mobile.

Supposons que l'on veuille monter de 10 mètres le fardeau de 50 kilogrammes. Opérons d'abord directement, en soulevant le fardeau à l'aide d'une corde. Le travail que l'on doit fournir est alors, comme nous l'avons vu, de 500 kilogrammètres.

Servons-nous maintenant de la poulie mobile. La force,

que nous devons exercer pour tirer la corde et le fardeau est de 25 kilogrammes seulement, mais, pour faire monter le fardeau de 10 mètres, nous aurons dû faire monter 20 mètres de corde. Le travail sera donc celui d'une force de 25 kilogrammes, pour un déplacement de 20 mètres ; c'est-à-dire de

$$25 \times 20 = 500 \text{ kilogrammètres.}$$

Le travail n'a pas changé.

C'est là une conclusion très importante, qui doit etre généralisée :

Pour obtenir un effet déterminé, il faut toujours dépenser le même travail, soit que l'on opère sans machine, soit que l'on opère avec l'intermédiaire d'une machine; et quelle que soit cette machine.

C'est là ce qu'on appelle ***le principe de la conservation du travail.***

Admettons-le ; quelques applications simples nous en feront mieux comprendre toute la portée.

2. — APPLICATIONS DU PRINCIPE DE LA CONSERVATION DU TRAVAIL

19. Qu'est-ce qu'une machine? — La poulie simple que nous venons d'étudier est *une machine.*

On donne le même nom de *machine* à tout appareil qui permet de donner aux ***deux facteurs du travail (intensité de la force et déplacement de son point d'application)*** de nouvelles valeurs, plus commodes dans les diverses applications pratiques que l'on se propose.

Une machine permet de modifier chacun des deux facteurs du travail. Elle ne permet pas de faire varier la valeur du produit de ces deux facteurs (voir § 18). ***Le travail reste invariable.***

20. Plan incliné. — Je veux soulever de la hauteur CB, égale à 20 mètres, un poids de 100 kilogrammes. La force nécessaire est trop grande; elle excède ce que je puis demander à mes muscles.

Au lieu de faire monter le corps directement suivant la verticale CB (fig. 9), supposons-le d'abord transporté au pied d'un plan incliné AB, dont la ***longueur*** AB soit égale à 100 mètres, c'est-à-dire 5 fois plus grande que la ***hauteur*** BC.

Le chemin, que j'aurai à faire parcourir au corps suivant AB, sera 5 fois plus long que celui que je lui aurais fait parcourir le long de BC.

— La force constante *f* qu'il faudra exercer dans la direction du déplacement, c'est-à-dire parallèlement au plan incliné AB, sera dès lors 5 fois plus petite que dans le premier cas ; elle ne sera donc plus que de 20 kilogrammes.

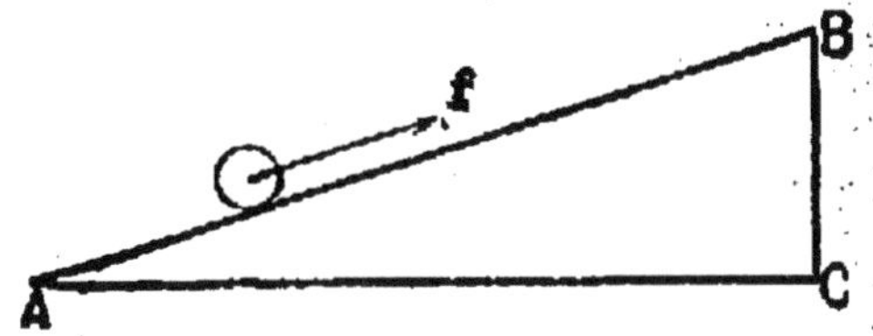

FIG. 9. — LE PLAN INCLINÉ.
Une force f de 20 kilogrammes est suffisante pour remorquer un poids de 100 kilogrammes ; la force agira sur un trajet 5 fois plus long.

Cherchons à le vérifier.

21. **Étude expérimentale du plan incliné.** — Le plan incliné dont nous nous servirons se compose d'une planche en bois, bien dressée AB (fig. 10), ayant un mètre de long.

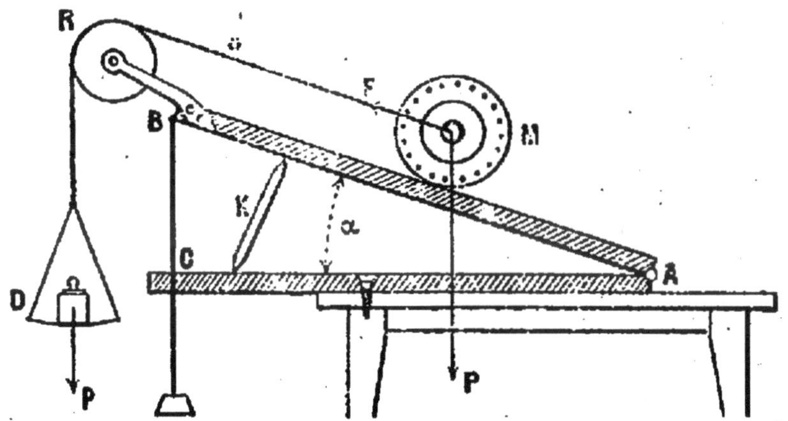

FIG. 10. — ÉTUDE EXPÉRIMENTALE DU PLAN INCLINÉ.
Elle consiste à déterminer quelle est la traction F qui, pour chaque inclinaison du plan AB, maintient le moyeu M en équilibre sur ce plan.

En B est fixée une poulie de renvoi R, sur la gorge de laquelle passe une corde légère *a*. Cette corde s'attache, d'un côté aux extrémités de l'axe d'un moyeu de bicyclette M, très mobile ; elle supporte, de l'autre, un plateau D destiné à recevoir des poids.

La cordelette *a* est rigoureusement parallèle au plan AB.

Voici maintenant l'étude que nous allons faire de cet appareil : on pèse, une fois pour toutes, le moyeu M et le plateau D. Nous donnons au plan AB une certaine inclinaison et nous cherchons expérimentalement quel poids il faut ajouter dans le plateau pour que la traction de la corde *a* maintienne le moyeu M en repos.

Supposons, par exemple, que le moyeu pèse 480 grammes, que le plateau en pèse 50 et que le rapport $\frac{BC}{AB}$ soit égal à 1/5 : l'expérience nous indique qu'il faut ajouter 46 grammes dans le plateau pour maintenir le moyeu en équilibre.

La tension de la corde *a* est alors de 50 + 46 ou 96 grammes. Or, 96 grammes est le cinquième de 480 grammes, poids du moyeu. Nous en concluons que l'on peut paralyser l'action de la pesanteur sur le moyeu M en appliquant à celui-ci la force *F*, parallèle au plan incliné, dirigée vers le haut et égale au cinquième du poids *P* du moyeu lui-même.

Ainsi que nous l'avait fait prévoir, le principe de la conservation du travail : ***la force, parallèle à un plan, nécessaire pour maintenir un corps pesant en équilibre sur ce plan, est égale au poids du corps, réduit dans le rapport de la hauteur à la longueur du plan incliné.***

22. **Le coin.** — Les mêmes considérations sont applicables au *coin*, machine représentée par la figure 11.

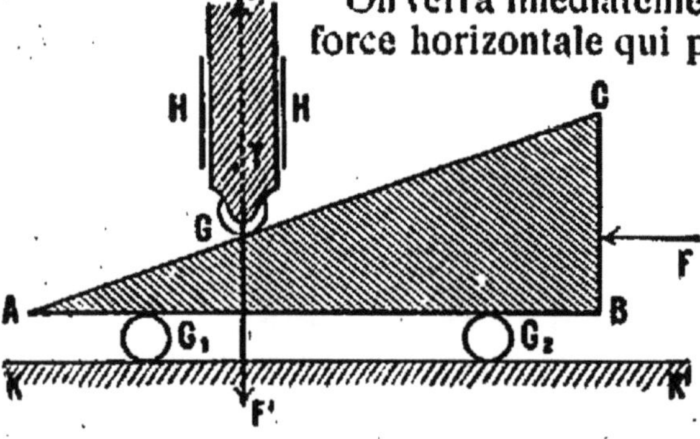

FIG. 11. — LE COIN.

La force F' transmise par le coin est à la force motrice F comme la longueur AB du coin est à son épaisseur BC.

On verra imédiatement que, si *F* désigne la force horizontale qui pousse le coin vers la gauche ; *F'*, la force verticale qui le sollicite vers le bas, on a :

$$F = F' \times \frac{BC}{BA}$$

Si, par exemple, la longueur du coin AB est 20 fois plus grande que son épaisseur BC, une poussée de 30 kilogrammes suffira à soulever une charge de 600 kilogrammes.

On voit donc que, lorsque le biseau du coin est très aigu, c'est-à-dire lorsque l'angle A est très petit, on peut, avec une force *F* relativement faible, équilibrer une force *F'* beaucoup plus grande.

La figure suppose les parties mobiles munies de galets, G, G_1, G_2, afin de rendre les ***frottements*** négligeables. Dans la pratique, il n'en est pas habituellement ainsi. Une partie du travail fourni à la machine est alors employée à vaincre les frottements (§ 27).

23. **Le treuil.** — Un treuil est une machine qui se compose d'un cylindre de petit rayon traversé suivant son axe par une forte barre de fer, que l'on appelle ***l'arbre du treuil*** et qui repose aux deux bouts sur des supports fixes appelés ***coussinets*** (fig. 12).

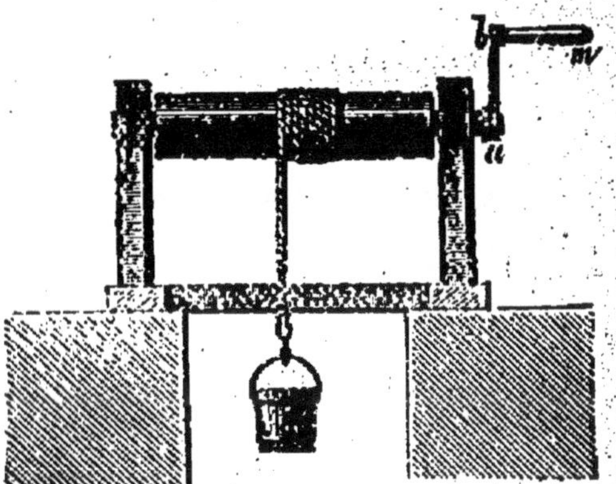

FIG. 12. — THÉORIE DU TREUIL.
Le treuil multiplie l'effort; mais ce que l'on gagne en force est perdu en chemin parcouru.

L'arbre du treuil est d'ordinaire horizontal. A l'une de ses extrémités *a* est fixé un long ***bras de manivelle ab.***

Supposons que sur le cylindre s'enroule une corde, dont une des extrémités est attachée au treuil lui-même, et dont l'autre supporte un fardeau, de 50 kilogrammes par exemple.

Si le cylindre sur lequel s'enroule la corde a un rayon de 10 centimètres, et si la manivelle est à 50 centimètres de l'axe, on ne devra, en vertu du principe de la conservation du travail, exercer sur la manivelle qu'un effort de 10 kilogrammes seulement. Autrement dit :

Les forces qui s'équilibrent sur le treuil sont en raison inverse des rayons.

24. **Le levier.** — Considérons une barre rigide susceptible de tourner autour d'un point fixe C qui partage la barre en segments inégaux CA, CB (fig. 13). Supposons que, par son extrémité B, cette barre, que nous appellerons maintenant ***levier,*** s'appuie contre un corps P. Si l'on exerce à la main une certaine force *F* à l'extrémité A, le levier transmettra au corps P une autre force *F'*. On démontrerait, comme précédemment, au cas où les forces *F* et *F'* sont supposées paral-

lèles entre elles, que la force transmise ***F'*** est égale à la force exercée ***F***, multipliée par le rapport des segments AC et BC :

$$F' = F \frac{AC}{BC},$$

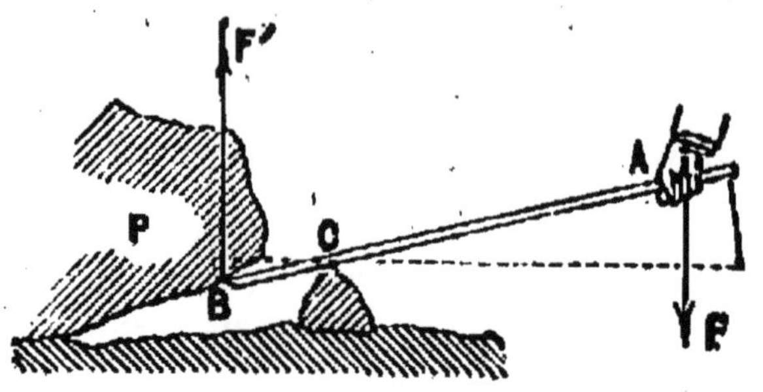

FIG. 13. — THÉORIE DU LEVIER.
Le levier multiplie l'effort, mais ne restitue que le travail qu'on lui fournit.

Si donc, le ***bras de levier*** AC est dix fois plus grand que le bras de levier CB, la force transmise ***F'*** sera dix fois plus grande que la force ***F*** exercée par la main.

On retrouve le principe du levier dans un grand nombre d'outils : la ***pince*** des maçons, les ***tenailles***, les ***ciseaux***, le ***casse-noisettes***, la ***brouette***, etc., etc.

FIG. 14. — VÉRIN.
Quand on engage cet appareil sous un lourd fardeau, on soulève facilement celui-ci en faisant tourner la vis dans son écrou.

25. **La vis.** — La vis est une des machines simples les plus puissantes et les plus employées.

Elle est constituée par un cylindre de métal à la surface duquel a été creusée une rainure régulière et profonde, contournée en hélice. Ce cylindre peut tourner dans un ***écrou***, qui présente en creux la même forme que la vis présente en relief. Toutes les fois que la vis fait un tour dans son écrou, elle progresse par rapport à celui-ci d'une longueur égale au pas de la vis c'est-à-dire à la distance qui sépare, sur une même génératrice, deux spires consécutives de la rainure.

Le ***vérin***, dont on se sert fréquemment pour soulever de lourds fardeaux, se compose d'une grosse vis dont l'écrou est fixe. Cet écrou est porté par un pied qui s'appuie sur le sol; la tête de la vis (fig. 14) est mise en mouvement par une longue barre de fer. Si le pas de vis est de 1 centimètre et si la barre de fer a 40 centimètres de long, le déplacement de la main est de

$$2 \times 3,14 \times 40$$

ou 251 centimètres, quand la vis progresse d'un centimètre. La force transmise par la vis au corps, contre lequel elle bute, est donc 251 fois plus grande que la force exercée par la main.

26. **Autres exemples de machines. Machines composées.** — On pourrait, à l'aide des machines simples précédentes, combiner un grand nombre d'autres machines, qui seront des ***machines composées***.

Nous nous contenterons de mentionner, sans les décrire, les combinaisons de poulies, qu'on appelle des ***moufles***, les combinaisons de treuils que l'on trouve dans les ***engrenages*** (grues, bicyclettes, mouvements d'horlogerie, etc.), la combinaison du plan incliné et du treuil qui constitue le ***haquet***.

Toutes ces machines, quelle que soit leur complication, satisfont au principe de la conservation du travail (§ 18).

27. **Remarque sur le frottement.** — Il peut arriver qu'une machine ne permette pas de recueillir un travail utile, égal au travail qu'on a dépensé pour la mettre en mouvement.

Dans ce cas, ***le travail dépensé surpasse toujours le travail utile recueilli***. La différence entre les valeurs de ces deux travaux représente exactement le travail absorbé par les ***forces de frottement*** (§ 22), mises en jeu dans le fonctionnement même de la machine.

Une machine parfaite serait celle pour laquelle le travail des forces de frottement serait rigoureusement nul.

Une machine parfaite rendrait exactement en travail utile le travail que l'on aurait dépensé à la faire fonctionner.

Nous remettrons à plus tard (§ 681) la définition de la ***puissance*** d'une machine, ainsi que la définition des ***unités de puissance***, habituellement en usage.

3. — COMPOSITION DES FORCES

28. **Définition générale du travail.** — Dans les cas que nous avons précédemment considérés, nous avons toujours

supposé que le déplacement du point d'application se faisait dans la direction même de la force.

Il en est souvent autrement.

Imaginons un mobile M, susceptible de se déplacer sans frottement appréciable, entre deux glissières parallèles AB, A'B' (fig. 15).

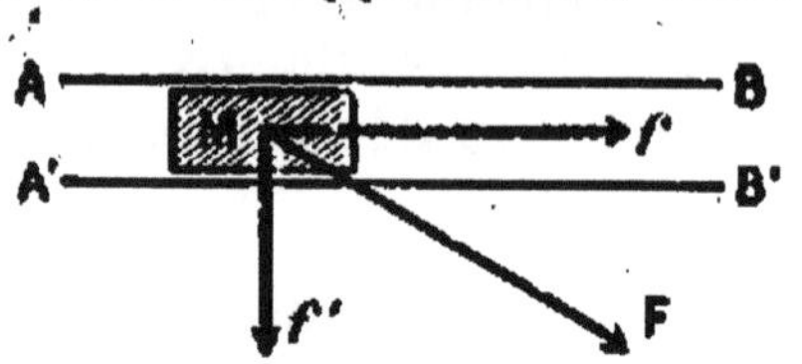

FIG. 15. — DÉFINITION DU TRAVAIL DANS LE CAS GÉNÉRAL.
Par définition, une force perpendiculaire à la direction du mouvement ne travaille pas.

Soumettons-le à une force *F*, inclinée sur la direction des glissières.

Imaginons que nous remplacions la force *F* par deux autres : l'une *f*, dirigée dans le sens du mouvement ; l'autre *f'*, perpendiculaire aux deux glissières. Imaginons, en outre, que ces deux forces aient été choisies de façon à satisfaire aux deux conditions suivantes :

1° La force *f*, agissant seule, imprimerait au mobile le même mouvement que quand il est soumis à la force *F*.

2° La force *f'*, agissant seule, appuierait le mobile contre la glissière A'B', aussi fortement que quand il est soumis à l'action de la force *F*.

Par définition, nous conviendrons de dire :

1° ***Que la force f', perpendiculaire au déplacement, ne produit pas de travail***;

2° Que le travail de la force *f* représentera précisément le travail même que nous voulions définir, comme étant le travail de la force *F*. Ainsi, par définition :

Le travail d'une force F, inclinée sur la direction du mouvement, est égal au travail de la force f, qui, parallèle à cette direction, serait capable d'imprimer le même mouvement au mobile.

Les deux forces *f* et *f'* sont appelées les ***composantes*** de la force *F*. La force *F* est dite la ***résultante*** des forces *f* et *f'*.

29. Composition des forces dans le cas du plan incliné. — Revenons au plan incliné et à l'exemple numérique que nous avions précédemment choisi (§ 20).

Le corps est soumis à une force verticale MF, qui n'est autre que son poids, et qui, par conséquent, est égale à 100 kilogs.

Cette force MF peut être considérée comme la résultante de deux forces, dont l'une Mf est parallèle au plan incliné, dirigée vers le bas, et égale à 20 kilogs.

Représentons par deux droites MF et Mf (fig. 16) les deux forces de 100 et de 20 kilogs. Joignons les points F et f.

On voit de suite que l'angle F f M est égal à l'angle ACB : il est droit. Nous concluons :

La composante f, parallèle au plan incliné, est la projection de la résultante F sur la direction même du plan incliné.

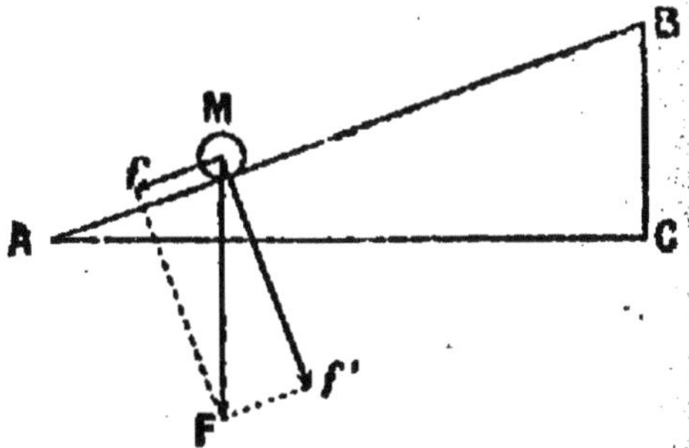

FIG. 16. — COMPOSITION DES FORCES.
La composante du poids d'un corps, suivant la direction d'un plan incliné, est égale à la projection de ce poids sur le plan incliné.

30. Composition de deux forces concourantes quelconques. — Des considérations de ce genre pourraient facilement se généraliser, sans qu'il soit nécessaire que les deux composantes f et f' fassent entre elles un angle de 90°. On arriverait ainsi à l'énoncé général suivant :

L'effet de deux forces F et F' (fig. 17), ***agissant simultanément au point A, est toujours le même que celui d'une force unique R, représentée par la diagonale du parallélogramme construit sur les droites qui représentent les deux forces.***

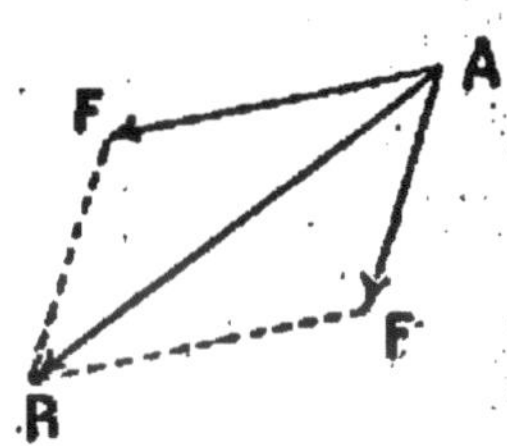

FIG. 17.
COMPOSITION DE DEUX FORCES CONCOURANTES.
La résultante de deux forces concourantes est donnée par la règle du parallélogramme.

Il serait facile de démontrer que, pour tout déplacement du point d'application, le travail de cette résultante ***R*** est égal à la somme des travaux des deux forces ***F*** et ***F'***.

Nous allons d'ailleurs établir un dispositif simple qui nous permettra de vérifier expérimentalement le principe précédent, dans tous les cas qui peuvent se présenter.

Une tablette verticale de bois porte, en ses coins supérieurs, deux poulies dont les axes sont fixés en A et B, et qui sont parfaitement mobiles autour de ces axes. Une corde très légère (fig. 18) passe sur les gorges de ces deux poulies. Elle porte des poids P et Q, suspendus à chacune de ses extrémités. Vers son milieu O est suspendu, par une corde souple et légère, un troisième poids R, inférieur à la somme $P+Q$ des deux premiers.

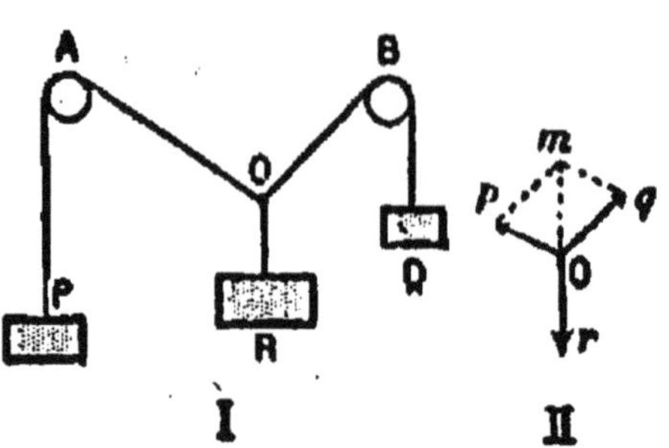

FIG. 18. — VÉRIFICATION EXPÉRIMENTALE DE LA RÈGLE DU PARALLÉLOGRAMME DES FORCES. *Un graphique permet de représenter chacune des deux forces concourantes, en grandeur et en direction; de même, pour leur résultante. La vérification du principe est immédiate.*

On attend que le système ait pris sa position d'équilibre. Une feuille de papier fixée sur la planchette permet de relever, avec la pointe d'un crayon, les directions des trois brins de corde, aboutissant au point O. On détache la feuille. On porte, sur les trois directions indiquées, des longueurs Op, Oq, Or, proportionnelles aux trois poids connus P, Q, R. On construit un parallélogramme sur deux de ces longueurs, soit, par exemple le parallélogramme $Opmq$.

Si le principe énoncé plus haut (§ 30) est exact, la diagonale Om de ce parallélogramme doit représenter en grandeur et en direction la force susceptible de remplacer les deux forces P et Q, appliquées au point O. Elle doit d'autre part être équilibrée par la force Or. La vérification consiste donc à s'assurer que ***le segment de droite** Om **est égal et directement opposé au segment** Or.*

31. **Composition d'un nombre quelconque de forces concourantes.** — Un nombre quelconque de forces concourantes, c'est-à-dire appliquées au même point, admettront de même une résultante, qui s'obtiendra en composant la résultante de deux des forces avec une troisième, et ainsi de suite de proche en proche.

32. **Composition de deux forces parallèles de même sens.** — Imaginons deux forces parallèles de même sens: $AF = 2$ kilogs et $BF' = 1$ kilog, appliquées en deux points A et B d'un corps solide (fig. 19).

Peut-on remplacer ces deux forces par une seule force R, susceptible, à elle seule, de produire les mêmes effets?

Pour qu'il en soit ainsi, il faut que cette force* R *soit

susceptible de produire, à elle seule, les mêmes travaux que produiraient simultanément les deux forces F et F', pour tous les déplacements dont le corps solide est susceptible.

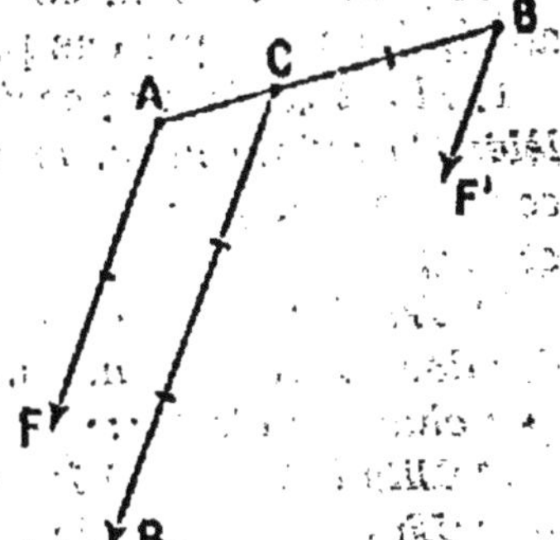

FIG. 19. — COMPOSITION DE DEUX FORCES PARALLÈLES DE MÊME SENS.

AF étant deux fois plus grand que BF', AC est deux fois plus petit que CB.

On voit de suite que, si cette force existe, elle ne peut être que parallèle à la direction commune des forces F et F'. Admettons-le.

Imaginons successivement deux déplacements de natures différentes.

1° Supposons que le corps mobile soit guidé par deux glissières qui ne lui laissent d'autre déplacement possible que dans la direction commune aux deux forces données. Pour un déplacement de 1 mètre dans cette direction, la somme des travaux des deux forces est égale à 3 kilogrammètres. La force cherchée R devra produire le même travail pour le même déplacement. Son intensité est donc de 3 kilogs.

D'une façon générale, on aura donc

$$R = F + F'.$$

2° Imaginons que le corps soit libre de pivoter autour d'un point C, situé entre A et B. Supposons la distance AB égale à 15 centimètres. Peut-on choisir le point C de manière que le corps reste en repos sous l'effet des deux forces F et F'? Nous savons, d'après la théorie du levier (§ 24), qu'il en sera ainsi, si l'on fait : $CB = 2 . CA.$

Soit donc $CA = 5$ cm.

Dans ces conditions, le corps, étant libre de se mouvoir autour du point C, resterait en repos sous l'action des forces F et F', quelle que soit la direction de la droite AB. Le travail total de ces forces serait nul. Le travail de la résultante cherchée doit donc aussi être nul, dans le cas où le point C serait fixe. Or, la résultante, si elle existe, ne peut être que de 3 kilogs. Son travail ne peut être nul que si elle imprime un déplacement nul au corps mobile. Il n'en peut être ainsi que si elle passe par le point fixe C.

Le principe de la conservation du travail nous conduirait ainsi, dans chaque cas particulier, aux énoncés suivants :

1° ***Il est toujours possible de remplacer deux forces parallèles de même sens, appliquées en deux points A et B d'un corps solide, par une force unique R, produisant les mêmes effets;***

2° ***La direction de cette résultante est parallèle à celle des deux forces données. Elle est dirigée dans le même sens que chacune d'elles;***

3° ***Elle est égale à leur somme;***

4° ***La direction de la résultante rencontre la droite AB en un point C, qui la divise intérieurement en deux segments l et l', inversement proportionnels aux forces agissantes :***

$$\frac{l}{l'}=\frac{F'}{F}.$$

L'expérience confirme les résultats précédents. Deux forces parallèles, de même sens, admettent toujours une résultante. Cette résultante satisfait aux conditions que nous venons de démontrer être nécessaires.

Remarque. — La position du point C ne changera évidemment pas, si l'on vient à faire varier les directions des deux forces parallèles F et F', ou si l'on modifie chacune d'elles, en les laissant entre elles dans le même rapport.

35. **Moment d'une force.** — Reprenons les deux forces F et F', parallèles et de même sens, et dont la résultante R passe au point C. ***Supposons les forces F et F' perpendiculaires à la direction AB.***

F est deux fois plus grand que F'; mais, son bras de levier CA est deux fois plus petit que le bras de levier CB de la force F'.

Les produits $F \times CA$ et $F' \times CB$ sont donc égaux.

Dans le cas particulier, où la droite AB est perpendiculaire à la direction commune des forces F et F', on désigne les produits $(F \times CA)$ et $(F' \times CB)$ sous le nom de ***moments*** des forces par rapport au point C.

Les forces F et F' tendent à faire tourner séparément le corps mobile autour du point C en deux sens opposés. On dira que leurs deux moments sont de signes contraires.

Ainsi donc, nous tirons de ce qui précède une définition et un théorème très importants.

Définition. — ***On appelle moment d'une force F, par rapport à un point C, le produit obtenu en multipliant le nombre qui mesure l'intensité de la force par le nombre qui mesure la distance de la force F au point C.*** Le produit sera affecté du signe + pour les forces qui tendent, par exemple, à faire tourner le corps dans le sens des aiguilles d'une montre ; et du signe — pour celles qui tendraient à le faire tourner dans le sens opposé.

Théorème. — ***Le point d'application C de la résultante R de deux forces parallèles est situé de telle façon que la somme algébrique des moments des deux forces par rapport à ce point est nulle.***

Nota. — Ce théorème reste vrai, quel que soit le nombre de forces parallèles considérées.

34. **Composition de deux forces parallèles, de sens contraires.** — Passons maintenant au cas de deux forces, parallèles et de sens contraires.

Soient deux forces *AF* et *BF'* respectivement égales à 2 et 3 kilogrammes ; elles sont appliquées aux points A et B (fig. 20).

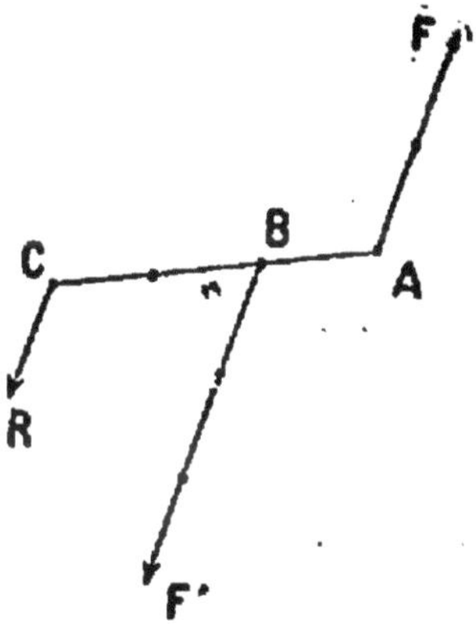

FIG. 20. — COMPOSITION DE DEUX FORCES PARALLÈLES, DE SENS CONTRAIRES.

L'étude de ce cas se ramène facilement à celui de deux forces parallèles de même sens.

Soit AB = 1 mètre.

Prolongeons extérieurement la droite AB de 2 mètres, du côté du point B.

Soit donc :

BC = 2 mètres.

On a, par suite :

AC = 3 mètres, avec *AF* = 2 kilogrammes ;

ainsi que :

BC = 2 mètres, avec *BF'* = 3 kilogrammes.

Le point C a donc été choisi de telle sorte que les moments des deux forces par rapport à ce point

$$AC \times AF = 6,$$
$$BC \times BF' = 6,$$

aient la même valeur absolue.

Il sera toujours facile d'opérer de même, pour chaque cas particulier qui se présentera dans la pratique.

Ceci posé, appliquons en ce point C deux forces f et f' de chacune 1 kilogramme, égales et de sens contraire, et dans la direction commune des deux forces données F et F' (fig. 21).

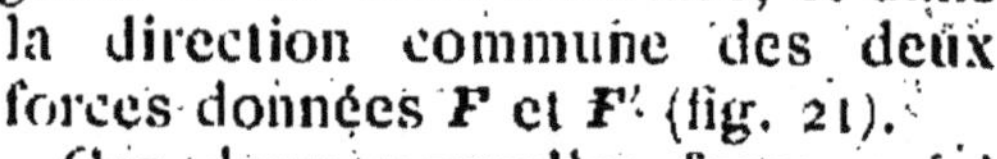

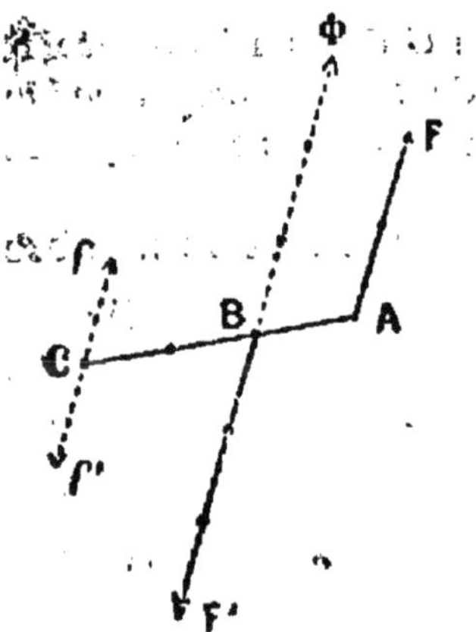

FIG. 21. — ÉTUDE THÉORIQUE DE LA COMPOSITION DE DEUX FORCES PARALLÈLES DE SENS CONTRAIRES.
Les forces F et f peuvent être remplacées par Φ. Celle-ci annule F'. La seule force restante sur la figure, f', représente la résultante cherchée.

Ces deux nouvelles forces, qui se détruisent mutuellement, n'ont évidemment rien changé au système proposé.

Or, F et f (§ 32) admettent une résultante Φ, qui leur est parallèle, qui est de même sens que chacune d'elles, qui, en outre, est égale à leur somme, c'est-à-dire à 3 kilogrammes, et dont le point d'application est en B. Cette force Φ est donc égale et directement opposée à la force donnée F'. Le système des deux forces f et F est donc annulé par cette force F'. Sur les quatre forces F, F', f, f' nous pouvons donc supprimer les trois forces f, F, F' qui s'annulent mutuellement. Il reste la force f'.

f' est donc la résultante cherchée des deux forces F et F'.

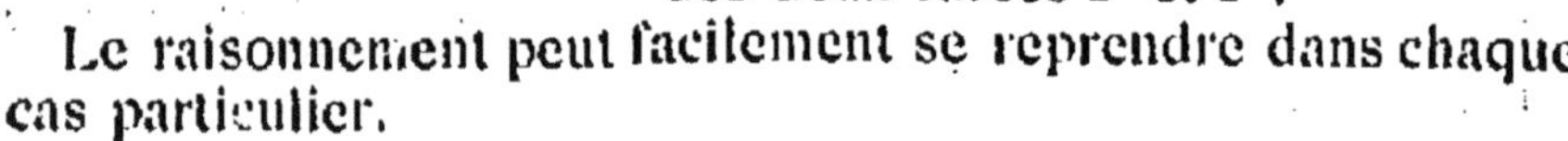

Le raisonnement peut facilement se reprendre dans chaque cas particulier.

Nous sommes ainsi conduits à l'énoncé général suivant :

Le point d'application C de la résultante de deux forces parallèles et de sens contraires est tel que les deux forces données F et F' aient, par rapport à ce point, des moments égaux et de sens contraires.

La résultante des deux forces est parallèle aux deux forces données ; elle est dirigée dans le sens de la plus grande ; son

intensité est égale à la différence des intensités des deux forces données.

35. **Forces parallèles en nombre quelconque.** — La méthode indiquée s'applique évidemment à un nombre quelconque de forces parallèles dans les deux sens.

On composera d'abord entre elles toutes les forces parallèles dirigées dans un certain sens; et on obtiendra leur résultante.

On opérera de même pour les forces de l'autre groupe. On sera donc ramené au cas de deux forces parallèles, de sens contraires.

En général, ces deux dernières forces seront inégales. Elles admettront donc une résultante que l'on saura déterminer, d'après le paragraphe précédent.

36. **Opération inverse : Décomposition des forces.** — Il est à peine besoin de faire remarquer que :

Si deux forces F et F' ont pu être remplacées par une force unique R, capable à elle seule de produire les mêmes effets que les deux forces F et F',

Inversement, la force R pourra, si on le juge à propos et s'il y a quelque intérêt à le faire, être remplacée à son tour par les deux forces F et F'.

Cette opération est désignée sous le nom de ***décomposition des forces.***

Faisons remarquer, toutefois, que :

Tandis que deux forces concourantes F et F' ne peuvent être remplacées que d'une seule façon par une résultante unique R,

On peut, au contraire, et cela d'une infinité de manières, remplacer la force R par deux forces concourantes équivalentes, F et F'. Il suffit, pour cela, de construire un parallélogramme dont R soit la diagonale. L'un quelconque de ces parallélogrammes fournit une réponse à la question.

On peut de même décomposer une force donnée R en deux forces parallèles, F et F', de même sens ou de sens contraire; et cela, d'une infinité de façons.

Il nous suffira de prendre un exemple.

Soit une force $R = 4$ kilogrammes, appliquée au point C. On veut la remplacer par deux forces parallèles, dont l'une appliquée en A et l'autre appliquée en B. On donne les distances : CA = 5; CB = 3. Les points A, B et C sont supposés dans la même position relative que sur la figure 20.

Ici, les deux forces cherchées sont de sens contraires. On doit donc avoir

$$F' - F = 4$$

avec :

$$F' \times CB - F \times CA = 0.$$

De ces égalités on tire immédiatement :

$$F = 6; \text{ et par suite, } F' = 10.$$

Nous n'insisterons pas davantage sur ce genre d'opérations. Nous rencontrerons, en effet, par la suite, de nombreuses applications de ces principes.

4. — LE COUPLE

37. **Définition du couple de forces.** — L'application des règles de la composition des forces peut conduire à un cas particulier très important, sur lequel nous devons insister.

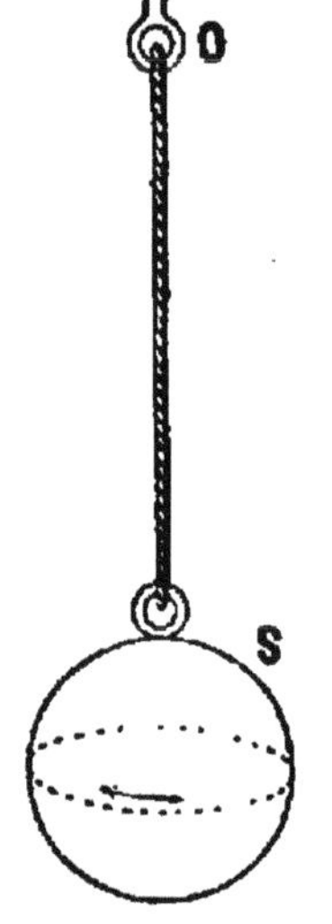

FIG. 22. EXEMPLE D'UN COUPLE DE TORSION. *Si on tord le fil sur lui-même, et qu'on le lâche ensuite, la sphère S se met à tourner autour de son diamètre vertical.*

Il peut arriver que les deux seules forces parallèles qui nous restent à composer entre elles (§ 35), soient égales et de sens contraires, sans que leurs directions soient dans le prolongement l'une de l'autre.

On dit alors que les deux forces forment un *couple.*

38. **Importance du couple dans la pratique.** — La notion de couple présente en mécanique une importance de premier ordre, comparable à celle de la force proprement dite. En effet :

Une force tend toujours à imprimer à un corps entièrement libre un mouvement de translation.

Un couple tend toujours à imprimer à un système entièrement libre un mouvement de rotation.

La direction autour de laquelle le corps tend à tourner s'appelle la direction de l'*axe du couple.*

39. **Exemples de couples.** — Considérons, par exemple, une *lourde sphère* de métal suspendue par un fil métallique élastique (fig. 22). Au repos, celui-ci se

placera suivant la verticale. Faisons tourner la sphère autour de son diamètre vertical de manière à tordre le fil métallique, puis abandonnons le système à lui-même : nous verrons la sphère tourner sur elle-même en sens inverse et revenir vers sa position initiale.

FIG. 23. — EMPLOI D'UN COUPLE.
L'ouvrier qui manœuvre une tarière exerce un couple sur le manche de l'outil.

La sphère se trouve, par suite de la torsion du fil, soumise à un couple, qu'on appelle le ***couple de torsion*** du fil.

L'ouvrier qui manœuvre une tarière (fig. 23) exerce un couple sur le manche de l'outil.

Plaçons un petit aimant sur un bouchon de liège flottant à la surface d'une cuve à eau (fig. 24) : nous verrons le bouchon tourner sur lui-même, sans quitter la place où il se trouve ; et finalement ne s'arrêter que quand l'aimant aura pris une certaine direction, toujours la même : nous en concluons que, lorsque l'aimant est écarté de cette direction particulière, il se trouve sollicité par un couple, dont nous pouvons ignorer la cause, mais dont nous constatons l'effet.

FIG. 24. — ACTION DIRECTRICE DE LA TERRE SUR UN AIMANT.
Cette action se réduit à un couple, parce qu'elle imprime à l'aimant une rotation sur place sans lui donner aucun mouvement de translation.

40. Moment d'un couple. — On démontre que :

Un couple peut être remplacé par un autre, à la condition que le produit de l'intensité des forces F du couple par leur distance mutuelle L reste constant : $F \times L = F' \times L' = C.$

Cette quantité constante C est ce qu'on appelle le *moment du couple.*

Nous dirons donc :

On peut remplacer un couple par un autre, pourvu que son moment reste invariable, ainsi que la direction de l'axe du couple et le sens de la rotation.

41. **Travail d'un couple.** — Supposons que les deux extrémités d'un diamètre d'une roue soient sollicitées tangentiellement par deux forces égales à F, de sens contraire l'une à l'autre. Soit R le rayon de la roue (fig. 25). Si la roue tourne d'un angle θ, le point d'application de l'une des forces se déplace de $R.\theta$. Le travail correspondant a pour valeur $F.R.\theta$. Le travail total des deux forces est égal à $2F.R.\theta$.

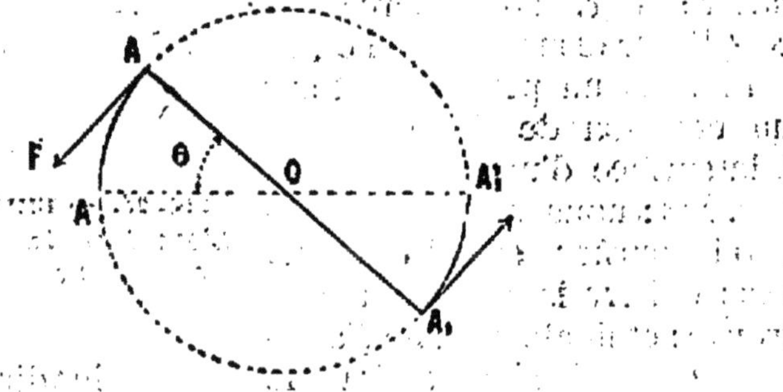

FIG. 25. — TRAVAIL D'UN COUPLE.

Ce travail est, pour l'unité d'angle de rotation, mesuré par le moment du couple.

Or, $2FR$ est le moment du couple C. *Le travail, effectué par un couple, a donc pour expression :*

$$T = C.\theta.$$

CHAPITRE III

ÉTUDE PARTICULIÈRE DE LA PESANTEUR

1. — DIRECTION DE LA PESANTEUR

42. **Direction de la pesanteur. — *Verticale.*** — Quand nous soulevons une pierre, nous avons parfaitement conscience de l'effort qu'il nous faut développer : nous disons que la pierre est ***pesante***.

Si, après avoir soulevé cette pierre, nous l'abandonnons à elle-même, ***elle tombe*** tout aussitôt vers le sol.

On exprime ces faits, en disant que la pierre est soumise à une certaine force, dirigée vers le bas.

Cette force, nous l'appellerons le ***poids*** de la pierre. Tous les corps sont pesants ; ils le sont plus ou moins, mais ils le sont tous.

La cause commune, qui fait que tous les corps sont pesants, porte le nom de Pesanteur.

C'est la Pesanteur que nous nous proposons d'étudier.

Prenons une bille de pierre, une bille de métal et une bille de bois et laissons-les tomber successivement du même point : nous n'aurons pas de peine à constater qu'elles viennent toutes frapper le sol au même endroit, et que la ligne qu'elles suivent en tombant est une ligne droite. Il faut en conclure que, ***quel que soit le corps sur lequel elle agit, la pesanteur conserve en un même lieu une direction invariable, que l'on nomme la verticale du lieu.***

FIG. 26. FIL A PLOMB. *Le fil à plomb repère la direction de la verticale en un lieu.*

Fil à plomb. — Pour repérer commodément la verticale, il suffit ***du fil à plomb au repos*** (fig. 26) : la ligne droite suivant laquelle se dispose le fil flexible indique la direction même de la pesanteur, c'est-à-dire ***la verticale.***

43. Plan horizontal. — On appelle ***plan horizontal*** tout plan perpendiculaire à la verticale et ***ligne horizontale*** toute ligne située dans un de ces plans, et, par suite, normale elle-même au fil à plomb.

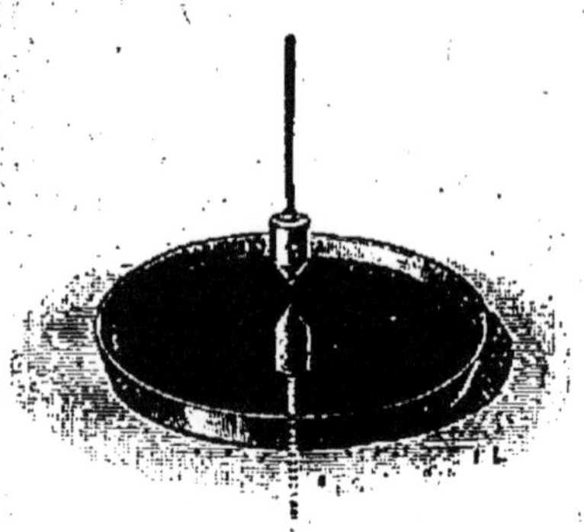

FIG. 27.
VÉRIFICATION DE L'HORIZONTALITÉ DE LA SURFACE LIBRE D'UN LIQUIDE.
La surface d'un bain de mercure fait office d'un miroir plan horizontal, pour un fil à plomb suspendu au-dessus du liquide.

Nous verrons plus tard que la surface des liquides tranquilles est un plan horizontal (§ 128); on peut d'ailleurs s'en assurer grossièrement avec une équerre. On peut aussi le constater de la façon suivante :

Au-dessus d'une large surface de mercure au repos, on dispose un fil à plomb ; on constate facilement que l'image du fil est dans le prolongement de celui-ci. Il n'en peut être ainsi (§ 388) que parce que la surface réfléchissante est elle-même un plan perpendiculaire à la direction du fil à plomb (fig. 27).

44. Niveau des maçons. — Le fil à plomb est constamment employé en maçonnerie pour vérifier si un mur est vertical. Si l'on veut s'assurer qu'une assise de pierres ou de briques est horizontale, on utilise le ***niveau des maçons***. Cet appareil est une sorte de triangle isocèle en bois (fig. 28). Au milieu de la base AB, une encoche a été creusée dans le sens de la hauteur; au sommet C du triangle est fixée l'extrémité d'un fil à plomb. Lorsque la base du niveau repose sur un plan, le fil à plomb vient passer dans l'encoche ou en dehors, suivant que le plan est horizontal ou incliné.

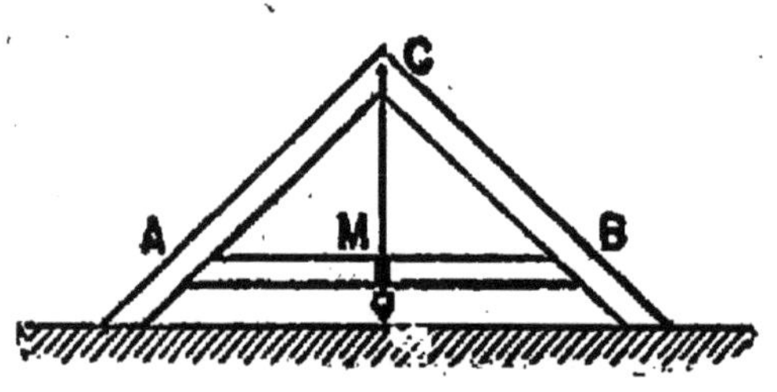

FIG. 28. — NIVEAU DES MAÇONS.
Quand la base du triangle est horizontale, le fil à plomb passe dans l'encoche M.

45. Angle des verticales en deux points éloignés. — On sait que la terre a, d'une manière très approchée, la forme d'une sphère; la verticale, en chaque point de la terre, à la direction d'un rayon de cette sphère; *chaque verticale doit donc passer par le centre de la terre.*

Les verticales en deux lieux différents ne sont donc pas parallèles, puisqu'elles vont concourir au centre de la Terre.

Or, les plus grands cercles divisés que l'on emploie dans les laboratoires ont 15 centimètres de rayon; sur ces cercles, on peut apprécier tout au plus un angle de un quart de minute.

Demandons-nous quelle distance doit séparer deux points pris à la surface de la terre, pour que leurs verticales fassent entre elles un angle moindre que 1 quart de minute, et par conséquent, inappréciable avec le meilleur appareil de mesures angulaires.

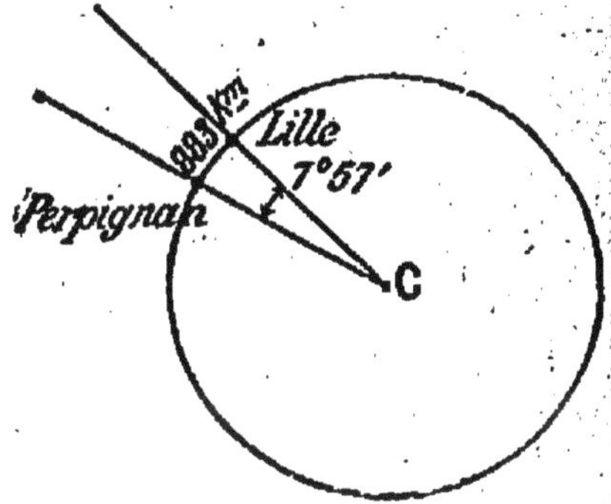

FIG. 29. — ANGLE DES VERTICALES DE DEUX POINTS ÉLOIGNÉS.
Cet angle est d'autant plus grand que les points sont plus distants l'un de l'autre.

Le Pôle et l'Équateur sont distants de 10 000 000 de mètres et leurs verticales font entre elles un angle de 90° ou de 5400 minutes. La distance correspondant à un quart de minute sera donc de $\frac{10\,000\,000}{4 \times 5400}$ ou 463 mètres. Ainsi, nous pouvons regarder comme parallèles, par cela même qu'il nous est impossible d'apprécier l'angle qu'elles forment entre elles, les verticales de deux points situés à 400 mètres l'un de l'autre.

On calculerait aisément que, la distance de Lille à Perpignan étant, à vol d'oiseau, de 883 kilomètres, les verticales de ces deux villes font entre elles un angle de 7°,57' (fig. 29).

2. — CENTRE DE GRAVITÉ

16. Notion du centre de gravité. — Prenons une feuille de zinc; découpons-y une figure quelconque; marquons différents points sur le contour de celle-ci et suspendons-la successivement à un fil flexible par chacun de ces points (fig. 30). Nous pourrons alors faire une double constatation.

1° Quel que soit le point par lequel nous suspendions la

feuille de zinc, le fil flexible se place toujours suivant la verticale : il suffit, pour s'en assurer, de tendre dans le voisinage un fil à plomb.

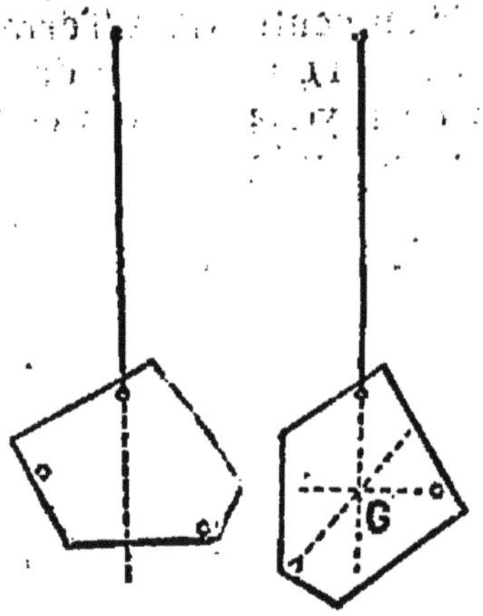

2° Si on trace chaque fois sur la feuille de zinc le prolongement du fil vertical qui la soutient, on observe que toutes les lignes ainsi obtenues passent par un même point G.

Il résulte des deux faits que nous venons d'observer que les poids de toutes les particules de la feuille de zinc 1° se réduisent à une force verticale unique, et 2° que cette force unique passe par un point fixe G.

FIG. 20.
DÉMONSTRATION DE L'EXISTENCE DU CENTRE DE GRAVITÉ.
Quand on suspend un corps à l'extrémité d'un fil, la direction de celui-ci passe toujours par un même point du corps.

Ce point, nous l'appellerons le ***centre de gravité*** de la feuille de zinc.

Le centre de gravité d'un corps solide librement suspendu se place toujours de lui-même au-dessous du point de suspension, sur la verticale passant par ce point. Il y revient si on l'en écarte.

Ces conclusions sont générales et nous conduisent à l'énoncé suivant :

L'action de la pesanteur sur un corps solide quelconque se réduit à une force verticale unique qui, quelle que soit l'orientation du corps, passe constamment par un point fixe de celui-ci, point que nous avons nommé le centre de gravité ***du corps.***

47. Détermination expérimentale du centre de gravité d'un corps solide. — Le procédé même par lequel nous venons de démontrer expérimentalement l'existence du centre de gravité s'applique immédiatement à sa détermination dans le cas le plus général : on suspend le corps par un point de sa surface à l'aide d'un fil flexible et suffisamment résistant. Quand l'équilibre est atteint, on repère le prolongement du fil à travers le corps. On suspend ensuite le corps par un autre point et on répète la même opération : le centre de gravité du corps se trouve au point de croisement des deux lignes ainsi repérées.

48. Cas particuliers. — Quand le corps est ***homogène*** (c'est-à-dire formé en entier d'une même matière) et qu'il a par surcroît une ***forme simple***, la détermination de son centre de gravité peut se faire par des considérations purement géométriques.

Nous nous bornerons à faire à ce sujet la remarque suivante :

Le centre de gravité de tout corps homogène, qui possède un plan ou un axe de symétrie, se trouve dans ce plan ou sur cet axe de symétrie.

On comprendra mieux le sens de cet énoncé sur les exemples suivants.

Le centre de gravité est placé :

Pour une sphère homogène, en son centre;

Pour un cylindre à base circulaire, au milieu de la droite qui joint les centres des deux bases;

Pour une feuille triangulaire et d'épaisseur uniforme, au point de rencontre des médianes du triangle;

Pour une lame rectangulaire (une règle à dessin, par exemple) au point de rencontre des diagonales.

Le centre de gravité ne fait pas nécessairement partie du corps : ainsi le centre de gravité d'une sphère creuse ou d'un anneau se trouve en leur centre. Il est commode, pour tous les cas semblables, d'imaginer que le centre de gravité est invariablement relié au corps lui-même.

49. Applications des propriétés du centre de gravité. — La connaissance du centre de gravité permet de résoudre simplement les problèmes relatifs à l'équilibre des corps pesants.

Dans ce but, on appliquera le théorème suivant, que nous ne faisons qu'énoncer :

Les positions d'équilibre stable d'un corps uniquement soumis à son poids, et n'ayant que des liaisons sans frottements avec les corps voisins, sont celles pour lesquelles la hauteur de son centre de gravité au-dessus d'un plan horizontal fixe arbitrairement choisi est la plus petite possible.

CHAPITRE IV

POIDS DES CORPS — BALANCE

1. — POIDS DES CORPS

50. **En un même lieu, le poids d'un corps est invariable.** — Pour repérer la force avec laquelle la terre attire un corps, c'est-à-dire le ***poids*** de ce corps, nous emploierons tout d'abord le procédé que nous avons indiqué au § 8, à propos d'une force quelconque.

Prenons, par exemple, un ressort d'acier, tel que celui de la figure 3. Suspendons-le par un anneau et, à son extrémité libre, attachons le corps considéré. La flexion du ressort nous fournit un repère, caractérisant le poids du corps.

Transportons alors cet appareil d'un bout à l'autre de la ville, puis du rez-de-chaussée à l'étage supérieur d'une maison et répétons même cette expérience plusieurs jours de suite; nous constaterons que l'allongement du ressort reste toujours invariable et nous en ***concluons qu'en un même lieu de la terre, le poids de chaque corps est une grandeur déterminée.***

Nous verrons plus loin (§ 63) qu'il n'en serait plus tout à fait de même, si l'on suspendait le même corps à un même peson très sensible en deux points de la Terre très éloignés l'un de l'autre. Mais, pour le moment, nous ferons abstraction de ces petites différences, que l'on ne pourrait d'ailleurs constater que très difficilement.

51. **Kilogramme. Gramme.** — Il n'y aura donc pour nous aucune difficulté à repérer le poids d'un corps : il suffit de le comparer à celui que possède un corps déterminé.

En vue des usages pratiques, on a adopté comme corps de comparaison le litre d'eau pure à la température de 4 degrés. Mais, comme l'emploi direct d'un liquide, dans des conditions de volume et de température étroitement définies, eût été peu commode, on a construit, une fois pour toutes, un corps de poids équivalent sous forme d'un bloc solide, fait d'un métal inaltérable. Cette copie, qui porte le nom de *kilogramme international*, est en platine iridié; on la conserve avec soin au Bureau des Poids et Mesures.

Au lieu du kilogramme, les physiciens adoptent de préférence le *gramme*, qui en est la millième partie et qui représente, par conséquent, le poids d'un centimètre cube d'eau pure à la température de 4 degrés.

2. — LA BALANCE

52. **Description de la balance.** — ***Dans le langage courant, peser un corps, c'est comparer son poids à celui d'un corps choisi comme terme de comparaison : gramme ou kilogramme.***

Nous reviendrons plus loin (§ 64) sur le véritable sens qu'il convient d'apporter à l'opération de la pesée.

L'instrument le plus précis qu'on puisse employer à la pesée des corps est la *balance*.

Elle se compose essentiellement d'une tige rigide, de forme plate et allongée. Cette tige, que l'on nomme le *fléau*, a été découpée dans une épaisse lame de bronze; elle porte trois *couteaux* d'acier trempé, dont l'un est implanté vers le milieu; les deux autres aux extrémités (fig. 31).

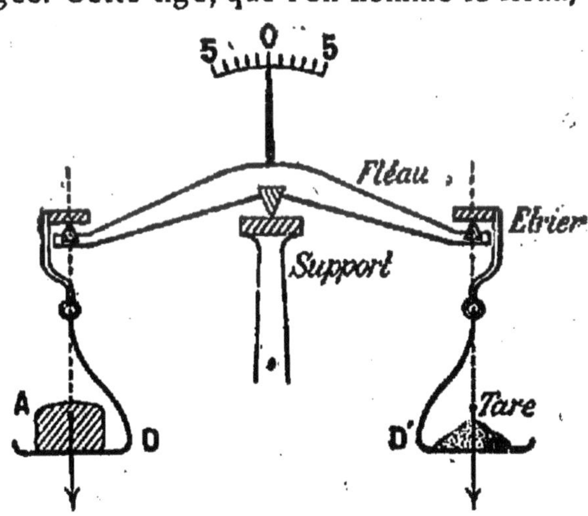

FIG. 31. — DISPOSITION SCHÉMATIQUE D'UNE BALANCE.
La double pesée consiste à remplacer le corps A par des poids marqués jusqu'à rétablir la même position d'équilibre du fléau.

Les arêtes des couteaux sont, autant que possible, ***fines, bien parallèles entre elles et perpendiculaires au plan de la lame.*** L'arête médiane repose sur un plan horizontal en agate et le fléau peut ainsi osciller sans frottement autour de cette arête comme axe.

Les couteaux extrêmes sont tournés vers le haut et sur chacun d'eux repose, par un plan d'agate, une sorte de petit étrier renversé auquel est suspendu un plateau.

Lorsqu'il n'y a rien dans les plateaux, le fléau se tient a peu près horizontal : le centre de gravité du système formé par le fléau et les plateaux se trouve alors dans la verticale de l'arête médiane, tandis que le centre de gravité de chaque plateau se place, d'autre part, exactement au-dessous de l'arête correspondante. Tout se passe donc comme si les poids des plateaux agissaient directement sur les couteaux extrêmes.

Si le fléau est en équilibre et qu'on vienne à placer une légère surcharge dans l'un des plateaux, la balance se met tout d'abord à osciller ***très lentement*** et finit par s'arrêter dans une position d'équilibre voisine.

Une longue aiguille reliée au fléau, et qui court devant une division circulaire fixe, permet de repérer les déplacements du fléau.

53. **Boîtes de poids.** — Avec une bonne balance, on peut établir autant de copies que l'on veut du kilogramme et même en construire des multiples et sous-multiples. Pour avoir des poids de 500 grammes, par exemple, nous prendrons deux blocs de laiton et nous les limerons, en leur conservant des poids égaux, jusqu'à ce que tous deux ensemble équilibrent le kilogramme étalon.

On trouve dans le commerce des séries régulières de poids, établies de cette façon par multiples et sous-multiples du gramme.

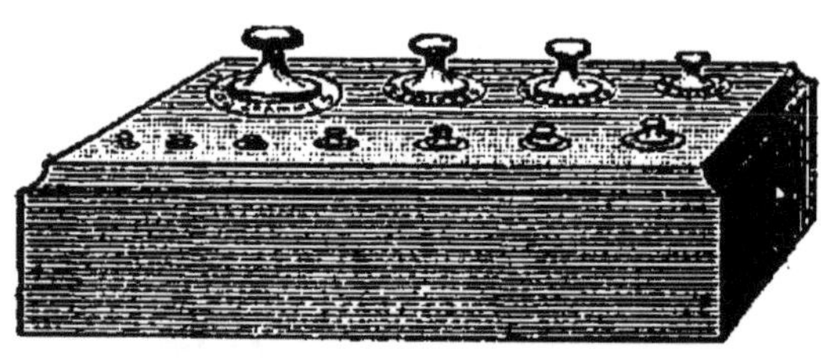

FIG. 32. — BOITE DE POIDS.
Les poids contenus dans la boîte sont respectivement de 1, 1, 2, 5, 10, 10, 20, 50, 100, 100 et 200 grammes. Ils permettent de peser, à 1 gramme près, jusqu'à 600 grammes.

Les ***boîtes de poids marqués*** (fig. 32) dont on se sert dans les laboratoires permettent de réaliser facilement tous les poids, de milligramme en milligramme, jusqu'à 2 kilogrammes.

Elles se composent de plusieurs séries. Le premier terme de chaque série (fig. 32) est un multiple ou sous-multiple décimal du gramme, depuis le milligramme jusqu'à l'hectogramme. Il est répété deux fois. La série se continue par un poids double et un poids quintuple du premier.

Pour équilibrer un poids de 124gr,32, par exemple, on prendra dans la boîte un poids de 100 grammes, un poids de 20 grammes, un poids de 2 grammes, deux poids de 1 gramme, un poids de 2 décigrammes, un poids de 1 décigramme, et un poids de 2 centigrammes.

Au-dessus du gramme, ces poids sont ordinairement en laiton platiné ou doré et ont la forme de cylindres (fig. 33). Les fractions de gramme sont constituées par de petites plaques carrées, très minces, en platine.

FIG. 33.
POIDS EN LAITON.
On leur donne la forme de cylindres dont la hauteur est égale au diamètre de base.

54. **Double pesée.** — Possédant une boîte de poids étalonnés, nous pouvons facilement déterminer le poids d'un corps quelconque. Le mode opératoire le plus sûr est celui qu'a indiqué Borda et que l'on connaît sous le nom de ***double pesée***.

On place le corps dans l'un des plateaux, tandis que dans l'autre on met des poids communs ou de la grenaille de plomb, jusqu'à ce que le fléau soit en équilibre. Cela s'appelle ***faire la tare*** du corps. On note alors devant quelle division s'arrête l'aiguille de la balance; puis on enlève le corps et on cherche par quels poids étalonnés faut le remplacer pour retrouver la même position d'équilibre. ***Ces poids sont égaux au poids du corps.***

Les tâtonnements qu'exige l'opération sont assez rapides parce que le fléau s'incline du côté de la tare ou du côté opposé, suivant que le poids essayé est trop faible ou trop fort.

55. **Qu'est-ce qu'une balance juste?** — Pour fournir des déterminations précises, la méthode de double pesée exige uniquement que les arêtes des couteaux soient ***fines*** et ***bien parallèles***.

Dans la pratique, les constructeurs de balances s'imposent encore d'autres conditions. Ils s'efforcent de rendre les ***arêtes extrêmes équidistantes de l'arête médiane et de les placer dans un même plan avec celle-ci***.

Supposons ces dernières conditions exactement réalisées. Les opérations de la pesée peuvent être simplifiées. Supposons d'abord les plateaux vides, et la balance en équilibre.

Si nous venons à placer dans les plateaux deux poids égaux, l'équilibre ne sera pas modifié, les deux forces nouvelles qui agissent sur les arêtes extrêmes étant égales et équidistantes de l'arête médiane. Ce que nous avons dit du levier (§ 24) nous apprend que le fléau ne tend, dans ces conditions, à tourner ni d'un côté ni de l'autre.

On dit alors que la balance est *juste*.

Par définition, ***une balance juste est donc celle dont le fléau prend la même position d'équilibre, que ses plateaux soient vides ou qu'ils portent des poids égaux.***

Une balance est certainement juste, si les arêtes des couteaux extrêmes sont équidistantes de l'arête médiane et situées dans un même plan avec elles.

56. **Comment s'assure-t-on si une balance est juste?** — Pour vérifier si une balance est juste, on observe d'abord la position de l'aiguille, lorsque l'instrument est de lui-même en équilibre, les plateaux étant vides.

On met ensuite un corps A dans un des plateaux et on place dans l'autre des poids B jusqu'à ce que le fléau reprenne la même position d'équilibre.

Si la balance est juste, les poids A et B seront égaux. Le fléau devra donc conserver encore la même position, lorsqu'on intervertira ces poids sur les plateaux.

Si, au contraire, la balance n'est pas juste, les deux poids A et B ne peuvent être égaux; au plus grand des deux correspond, dans la position d'équilibre, le plus petit des deux bras de levier de la balance. — Si donc on intervertit les poids sur les plateaux, la condition précédente cessera d'être réalisée; la balance ne pourra plus conserver la même position d'équilibre.

57. **Opération simplifiée. Simple pesée.** — Une balance juste permettra donc d'obtenir le poids d'un corps par une ***simple pesée***, en plaçant le corps dans un des plateaux et en mettant des poids échantillonnés dans l'autre.

Mais, bien que les constructeurs cherchent à réaliser le mieux possible les conditions de justesse, celles-ci sont si difficiles à obtenir rigoureusement que cette méthode rapide ne convient qu'aux pesées commerciales.

En Physique, on pratique toujours une pesée de précision, comme nous l'avons indiqué plus haut, c'est-à-dire par ***double pesée*** (§ 54).

58. **Balances sensibles.** — On vient de voir que, pour une

opération de précision, on doit toujours opérer par double pesée, c'est-à-dire opérer comme si l'on n'était pas assuré de la justesse de la balance.

La justesse n'est donc pas une qualité essentielle des balances.

La qualité qui fait tout le prix d'une balance de précision, c'est sa ***sensibilité.***

On dit qu'une balance est sensible au décigramme, par exemple, si elle permet d'apprécier une différence de poids de 1 décigramme.

59. **Conditions de sensibilité de la balance.** — La théorie permet de prévoir et l'expérience confirme que, pour avoir une balance sensible, on doit chercher, autant que possible, à satisfaire aux conditions suivantes :

1° ***Il faut que les mouvements autour des trois arêtes des couteaux ne soient gênés par aucun frottement.*** Il faut, pour

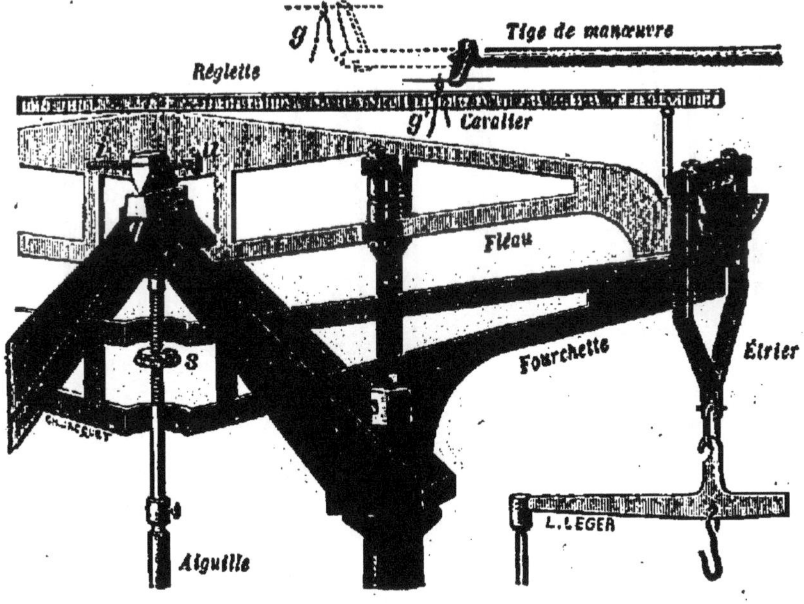

FIG. 34. — FLÉAU DE PRÉCISION.
Le fléau est évidé pour diminuer son poids ; la forme est telle que la rigidité du fléau soit assurée.

cela, que les arêtes des couteaux soient fines et dures, et qu'elles portent sur des plans aussi durs que possible.

2° ***On doit alléger le fléau*** ; c'est pourquoi on lui donne une forme évidée, telle, cependant, que sa rigidité soit assurée (fig. 34).

3° ***On cherche à rapprocher le plus possible le centre de gravité du fléau de l'arête du couteau médian***, autour duquel tourne le fléau. Le centre de gravité du fléau doit rester, bien entendu, au-dessous de cette arête (voir § 46) ; sans quoi, l'équilibre du fléau serait instable. On dirait alors que ***la balance est folle***.

60. **Balance de précision**. — La forme du fléau (fig. 34) rappelle, de plus ou moins près, celle d'un losange découpé à

FIG. 35. — BALANCE DE PRÉCISION.

Cet appareil, dont les suspensions sont extrêmement soignées, est muni de dispositifs spéciaux qui permettent de soulever les plateaux et le fléau pour éviter l'usure des couteaux lorsque la balance ne sert pas.

jour : cette forme spéciale est nécessaire pour assurer à la fois la ***légèreté*** et la ***rigidité*** du fléau. La tige de l'aiguille est filetée dans le haut, et porte un petit écrou *s* dont le déplacement permet de modifier légèrement la position du centre de gravité du fléau : en élevant l'écrou, on rapproche ce point de l'axe de suspension et on augmente la sensibilité.

Dans la pratique, il n'y a cependant pas avantage à trop augmenter la sensibilité de la balance; lorsqu'elle est trop grande, les oscillations de la balance, en effet, deviennent très lentes et ses positions d'équilibre ne sont plus aussi bien définies.

Les balances de précision (fig. 35) sont établies dans des salles à température constante sur des supports inébranlables. Elles sont protégées contre l'agitation de l'air extérieur par une cage en verre, dont on n'ouvre la paroi antérieure que pour la manœuvre des poids.

Le socle de cette cage porte des vis calantes qui permettent d'obtenir la parfaite horizontalité du plan d'agate sur lequel repose l'arête centrale.

Enfin, un dispositif, nommé ***fourchette***, que l'on commande de l'extérieur, permet de soulever à volonté les étriers et le fléau. De cette façon, la balance ne travaille qu'en temps utile; on évite l'usure des couteaux et les rayures du plan d'agate.

La figure 35 donne une vue d'ensemble d'une balance de précision.

La tare se fait, non avec de la grenaille de plomb, mais avec des poids marqués communs.

61. **Balances employées dans la pratique courante. — Balance de Roberval.** — La balance de Roberval (fig. 36) est extrêmement répandue dans le commerce.

FIG. 36. — BALANCE DE ROBERVAL.
Cette balance, d'une construction plus rustique, est d'un usage continuel dans les opérations commerciales courantes.

Elle présente les avantages : 1° d'être plus facilement transportable que la balance ordinaire; 2° de permettre de placer sur les plateaux des corps de formes et de dimensions quelconques, sans que l'on soit gêné par les organes qui, dans la balance ordinaire, servent à suspendre les plateaux.

Les plateaux D_1 et D_2 (fig. 37) de cette balance sont portés par des tiges verticales AA′, BB′, articulées aux extrémités A et B du fléau. Celui-ci repose lui-même par un couteau C, fixé en son milieu, sur un plan d'acier. Les tiges verticales AA′, BB′, ont des longueurs égales. Leurs extrémités inférieures A′, B′ sont articulées, elles aussi, aux deux bouts d'une tige A′ B′ de même longueur que le fléau. Cette tige A′B′ est mobile autour d'un axe horizontal fixe passant par son milieu C′.

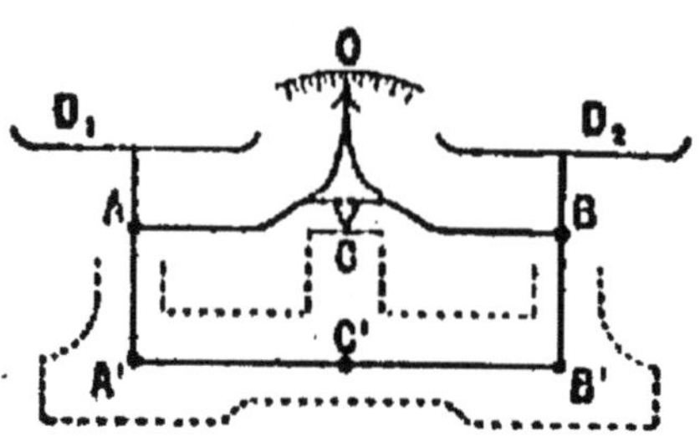

FIG. 37.
SCHÉMA DE LA BALANCE DE ROBERVAL.
Les plateaux sont portés par des tiges verticales qui forment un groupe de côtés d'un parallélogramme déformable dont les autres côtés sont respectivement mobiles autour de leurs milieux C et C′.

Toutes ces articulations sont constituées par des couteaux d'acier trempé appuyant contre des plans d'acier.

Les bonnes balances de Roberval pèsent 1 kilogramme à un décigramme près environ.

62. **Balances communes.** — La ***balance romaine*** (fig. 38), dont le principe repose sur les propriétés du levier, est encore moins sensible que la balance de Roberval, mais elle est peu encombrante et commode en certains cas.

Elle se compose essentiellement d'un levier en fer, mobile autour d'un axe horizontal O, qui constitue le ***point fixe*** du levier. A l'extrémité A du petit bras se trouve suspendu un plateau

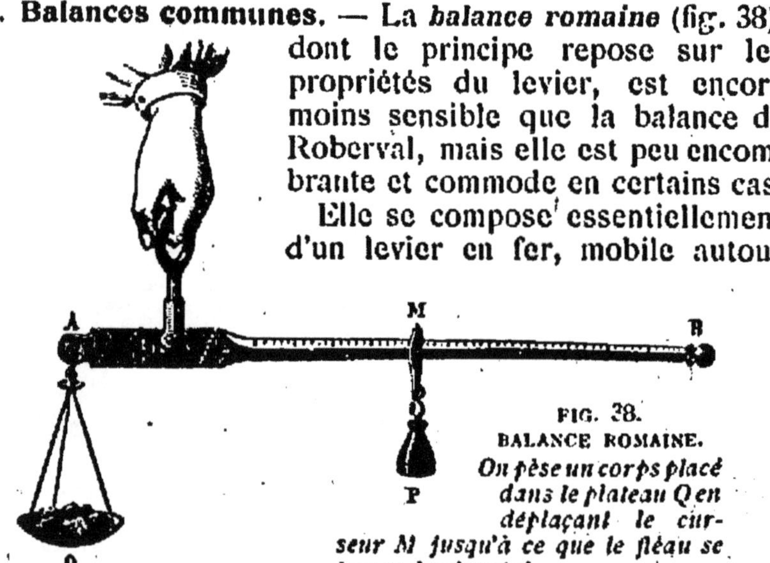

FIG. 38.
BALANCE ROMAINE.
On pèse un corps placé dans le plateau Q en déplaçant le curseur M jusqu'à ce que le fléau se tienne horizontal.

destiné au corps à peser, tandis que, le long du grand bras, peut courir un anneau M qui porte un poids constant P.

L'instrument se gradue par comparaison, en opérant sur des poids préalablement connus.

Pour peser un corps, il suffit alors de le mettre dans le plateau et de chercher sur quelle division il faut placer le curseur M, pour que le levier se maintienne horizontal.

Enfin, tout le monde connait la ***bascule*** (fig. 39) dont on

FIG. 39. — BASCULE.
Cet appareil sert à peser les fardeaux très volumineux ou très pesants.

se sert couramment, dans les industries de transport, pour peser les colis de poids considérables. — On recherche surtout dans ces appareils la commodité et la résistance.

3. — VARIATION DU POIDS. — NOTION DE MASSE

65. **La balance ne mesure pas des poids.** — Des expériences très délicates, sur lesquelles nous aurons à insister par la suite (§ 113), ont montré d'une façon indiscutable que :

Un même pendule oscille un peu plus vite au voisinage du pôle que dans les régions équatoriales.

Un pendule de longueur invariable qui, par exemple, battrait la seconde à l'équateur, ferait, dans une journée, environ 200 oscillations de plus au voisinage du pôle.

Il faut conclure de ces résultats et de ce que nous avons dit au § 11, que le corps oscillant qui constitue le pendule est plus fortement attiré par la terre au voisinage du pôle qu'à l'équateur.

Ce même résultat pourrait se constater directement si l'on disposait d'un peson suffisamment sensible. Un même corps, suspendu à ce peson, devrait lui imprimer des allongements d'autant plus considérables que l'on se rapprocherait davantage du pôle.

Nous concluons de ce qui précède que :

Le poids d'un corps est une grandeur variable, avec la position de ce corps à la surface de la Terre.

Nous chercherons un peu plus loin (§ 113) la cause de ces variations.

61. Notion de masse. — Cependant, le poids d'un corps a beau varier pendant ses déplacements à la surface de la Terre; il est bien évident que ses autres propriétés, tant physiques que chimiques, ne varient pas en même temps que son poids. Si, par exemple, nous avons affaire à une certaine quantité de charbon, il est bien évident que nous pouvons, en la faisant brûler, obtenir la même quantité de chaleur, en quelque endroit du globe que ce soit.

C'est ce que nous exprimons, quand nous disons que la ***masse*** du corps est restée invariable. Nous entendons affirmer par là que nous avons eu soin de n'y rien ajouter et de n'en rien retrancher.

Un corps de masse invariable fera toujours, sur une balance juste, équilibre à une même masse prise pour étalon, en quel que lieu que nous fassions l'expérience.

Pour deux corps différents, on dira, par définition, qu'ils ont des masses égales s'ils se font équilibre, quand on les place sur les deux plateaux d'une balance juste. Si cet équilibre a lieu en un point du globe, il aura lieu en quelque endroit que nous nous transportions, puisque, si le poids de l'un des corps est modifié, celui de l'autre l'est évidemment aussi, et dans le même rapport.

La somme de deux masses s'obtiendra en plaçant les deux masses considérées l'une à côté de l'autre, sur un même plateau d'une balance juste. Toute masse qui, placée sur l'autre plateau, leur fera équilibre, sera, par définition même, égale à leur somme.

En réalité, ***la balance ne sert donc pas à comparer des poids.*** En particulier, elle ne peut mettre en évidence la variation de poids que subit un corps, quand on le transporte en différents points de la Terre.

Au contraire, ***elle sert à comparer, c'est-à-dire à mesurer des masses***; et c'est la seule chose qui importe au point de vue commercial et au point de vue pratique.

L'***unité de masse théorique*** du système C. G. S. est la

masse du centimètre cube d'eau pure, à la température de 4 degrés.

On a cherché à réaliser pratiquement un étalon de cette unité de masse. Des mesures précises ont permis de construire un cylindre, en alliage de platine et d'iridium, que l'on désigne sous le nom de Kilogramme-étalon International. Cet étalon de masse est déposé au Bureau International des Poids et Mesures, à Sèvres.

La millième partie de cette masse étalon est par définition ***l'unité pratique de la masse dans le système*** C. G. S.

La réalisation pratique de cet étalon aurait pu ne pas être rigoureuse. Il en serait résulté un écart entre l'unité de masse théorique et l'unité de masse pratique que nous venons de définir.

En fait, si cet écart existe, on peut être sûr qu'il est excessivement petit.

Nous ne ferons donc, dans la suite, aucune différence entre l'unité théorique et l'unité pratique de masse. Nous les désignerons indifféremment sous le nom de ***gramme-masse.***

CHAPITRE V

PRINCIPES FONDAMENTAUX DE LA DYNAMIQUE

65. **Importance de la question.** — Proposons-nous d'étudier la pesanteur dans les ***mouvements*** qu'elle communique aux corps sur lesquels elle s'exerce. Nous entreprenons une étude ***dynamique*** de la pesanteur.

Cette étude sera purement ***expérimentale***. Les résultats en pourront ensuite se généraliser et s'étendre sans difficulté à toute la Mécanique.

FIG. 40. DIRECTION DE LA CHUTE D'UN CORPS. *Les corps lourds tombent suivant la verticale du lieu.*

66. **Les corps lourds tombent suivant la verticale.** — A un clou A, attachons un fil à plomb (§ 42) de manière que sa pointe vienne effleurer le sol; et marquons sur le sol même la trace A' (fig. 40) du fil. La ligne AA' est la ***verticale*** du point A.

On vérifie immédiatement que ***tout corps lourd, abandonné à lui-même, tombe suivant cette verticale du point de chute.***

67. **Résistance de l'air.** — Répétée avec une mince feuille de papier, la même expérience peut donner un résultat très différent. La feuille de papier tombe irrégulièrement, et d'autant plus lentement qu'elle est plus mince et plus large.

En réalité, ce phénomène est dû à la ***résistance de l'air***. — Il faut entendre par là que ***l'air exerce, sur les corps en mouvement, une action qui tend à contrarier ce mouvement.*** Sur un corps très léger et de très grande surface, ***la résistance de l'air, augmentant avec la vitesse du mobile,*** atteint rapidement une valeur comparable au poids du corps. La vitesse de chute cesse bientôt de croître (§ 96); en même temps que le corps obéit à toutes les agitations de l'air ambiant.

Rien de plus facile que de fabriquer, à peu de frais, un parachute en papier (fig. 41) et d'observer les effets que nous venons de décrire.

FIG. 41. — PARACHUTE.
Son mouvement descendant est retardé par la résistance de l'air.

68. **Dans le vide, tous les corps tombent également vite.** — Les particularités que l'on observe avec les corps très légers disparaîtraient si la chute pouvait se produire dans un espace vide d'air.

C'est ce qui résulte de la célèbre ***expérience de Newton***.

FIG. 42. — TUBE DE NEWTON.
Dans le vide, tous les corps tombent également vite.

A l'intérieur d'un large tube de verre (fig. 42) d'environ 2 mètres de long, fermé à ses extrémités par des armatures métalliques, dont l'une est munie d'un robinet, sont placés une petite balle de plomb, un petit morceau de bois, quelques barbes de plumes. On fait le vide dans le tube et on le retourne brusquement en l'amenant à être vertical; les petits objets quittent ensemble le sommet du tube et l'expérience montre qu'ils arrivent ensemble à la partie inférieure.

Le mouvement de chute dans le vide est donc le même pour tous les corps.

Si maintenant on laisse rentrer un peu d'air et qu'on répète l'expérience, on constate que la balle de plomb arrive la première, les barbes de plumes en dernier lieu, et l'écart entre les durées de leur chute augmente au fur et à mesure des rentrées d'air successives.

On peut réaliser très facilement une expérience à peu près équivalente de la façon suivante. Prenons une pièce de monnaie, et découpons un disque de papier de même diamètre. Abandonné à lui-même, le disque de papier tombe beaucoup plus lentement que la pièce de monnaie. C'est, nous le savons, un effet de la résistance de l'air. Plaçons maintenant ce même disque de papier à plat sur la pièce de monnaie et abandonnons le tout à l'action de la pesanteur. Les deux rondelles frappent le sol au même instant. La pièce de monnaie a protégé la feuille de papier contre la résistance de l'air.

Tous les corps prennent donc dans le vide des mouvements identiques. ***Le problème est simplifié.*** Il nous suffit d'étudier la chute d'un corps pesant quelconque.

Si, en outre, nous nous limitons à de faibles valeurs de la vitesse, les effets de la résistance de l'air pourront, dans une première étude, être considérés comme négligeables.

69. Le métronome. — Nous aurons constamment besoin, par la suite, de comparer entre eux différents intervalles de temps. Un ***métronome*** nous servira à cet usage.

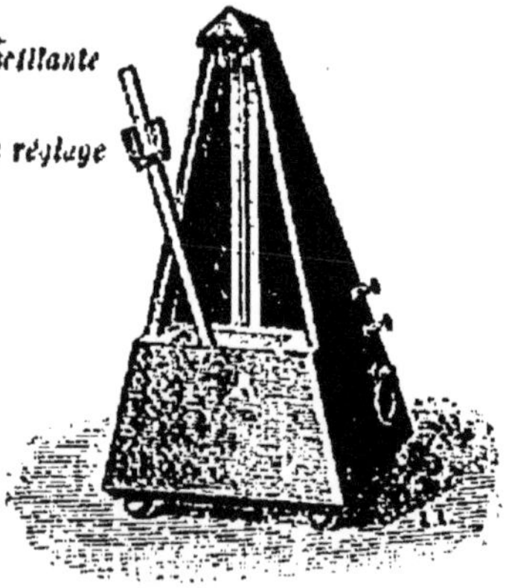

Ce petit appareil (fig. 43) se compose essentiellement d'une tige oscillante dont le mouvement est entretenu comme celui d'un balancier d'horloge. Les chocs de la tige sur le mécanisme moteur permettent de suivre les oscillations. On peut d'ailleurs faire varier leur durée, en déplaçant un curseur le long de la tige.

FIG. 43. — MÉTRONOME.
C'est une sorte de pendule qui frappe fortement chacune de ses oscillations.

Nous prendrons arbitrairement comme unité de temps l'intervalle de deux battements consécutifs, intervalle dont il est facile de vérifier la constance.

70. Description de la machine d'Atwood. — Parmi les divers appareils qui pourront servir à notre étude, nous utiliserons d'abord la machine d'Atwood. Voici en quoi elle consiste :

Une poulie légère (fig. 44) est montée sur un axe horizontal autour duquel elle peut tourner presque sans frottement.

Sur la gorge de la poulie passe un fil très léger aux extrémités duquel sont suspendues deux masses égales; le système est donc en équilibre pour une position quelconque des masses. Près de celle de gauche, que nous appellerons P_1, se trouve une échelle verticale divisée; à la partie supérieure de celle-ci est disposée une petite planchette que l'on peut abaisser à volonté et sur laquelle on peut faire reposer la masse P_1. Le zéro de l'échelle est au niveau de la face supérieure de la planchette.

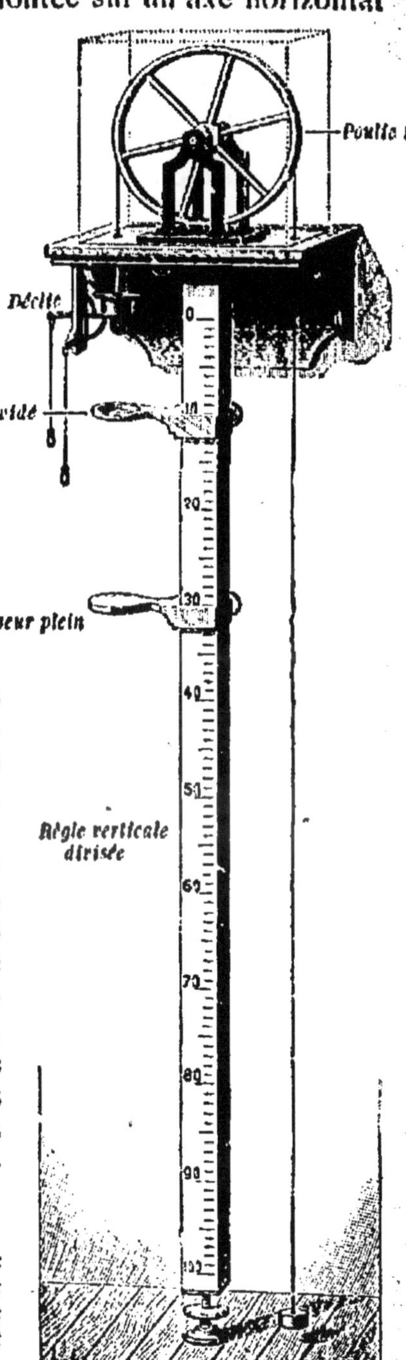

FIG. 44. — MACHINE D'ATWOOD.
Une poulie verticale, très légère et très mobile, porte sur sa jante un fil fin, aux deux bouts duquel sont suspendus deux poids égaux ou inégaux, que l'on peut faire varier à volonté.

Le long de l'échelle peuvent se déplacer deux curseurs, l'un annulaire à travers lequel la masse P_1 peut passer, et l'autre plein, destiné à l'arrêter.

71. **Première expérience réalisée avec la machine d'Atwood. Principe de l'inertie.** — Plaçons sur la masse P_1 une surcharge de forme allongée; le curseur annulaire devra l'arrêter au passage.

Faisons alors reposer la masse P_1 sur la planchette et abaissons celle-ci au moment même où nous entendons un battement du métronome. Le système, en repos jusqu'alors, se met en mouvement sous l'action du poids *p* de la surcharge, c'est-à-dire d'une force verticale constante.

Cherchons, par tâtonnements, à placer le curseur annulaire sur l'échelle, de façon à supprimer l'action de la surcharge au battement suivant. Nous en jugerons par la simultanéité du battement du métronome et du bruit produit par le choc sur le curseur. A cet instant, la base inférieure de la masse P_1 se trouve, par exemple, en B (fig. 45). Cherchons maintenant, sans toucher au curseur annulaire, à placer le curseur plein en B′ de façon à arrêter tout le système au 2ᵉ battement; puis, dans une autre expérience en B″, au 3ᵉ battement. Nous trouverons ainsi que la distance B_1 B″ est double de BB′.

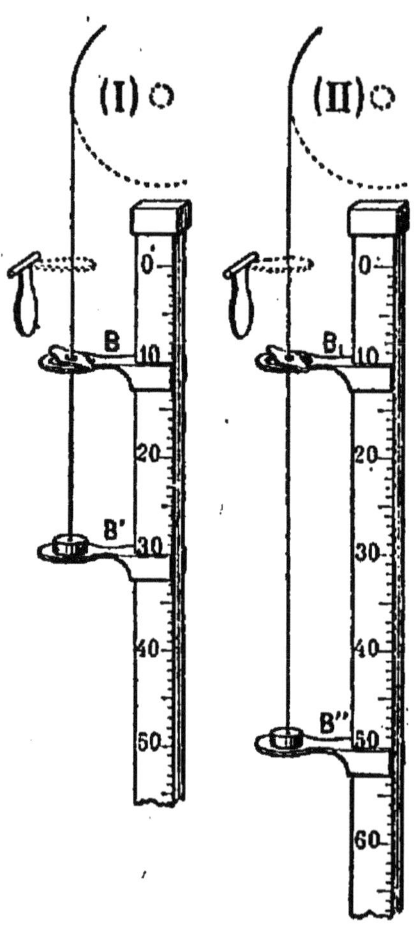

FIG. 45. — PRINCIPE DE L'INERTIE.
Dès que la surcharge est arrêtée, le mouvement du système devient uniforme.

Les espaces parcourus par le système, à partir du moment où cesse l'action de la force qui détermine le mouvement, sont donc proportionnels aux temps employés à les parcourir.

On dit que ***le mouvement est uniforme.***

On désigne sous le nom de ***vitesse*** du mouvement uniforme ***l'espace constant parcouru par le mobile pendant chaque unité de temps.***

72. Première loi fondamentale de la dynamique. Principe de l'inertie. — La conclusion qui découle immédiatement de cette expérience est la suivante :

Dès qu'un corps n'est soumis à aucune force, il con-

serve une vitesse, invariable en grandeur et en direction.

Cette loi expérimentale ne fait que compléter et préciser l'énoncé que nous avions déjà donné du *Principe de l'inertie*, dès le début de ces leçons (§ 3).

73. **Deuxième expérience réalisée avec la machine d'Atwood. Loi des espaces parcourus.** — Proposons-nous maintenant d'étudier comment varient, au bout d'intervalles de temps successifs, égaux entre eux, les espaces parcourus par le système mobile de la machine d'Atwood.

Le poids P_1 est abandonné à lui-même, au moment même où nous entendons un battement du métronome. Cherchons, par tâtonnements, la position à donner au curseur plein pour qu'il soit rencontré, au battement suivant du métronome. Nous déterminons ainsi l'espace parcouru pendant la première unité de temps; supposons qu'il ait été trouvé égal à 10 centimètres.

Nous déterminerons de même l'espace parcouru pendant les deux premières unités de temps; nous trouvons 40 centimètres; nous trouverions de même 90 centimètres pour les trois premières unités de temps, et ainsi de suite. Nous pouvons donc conclure :

Les espaces parcourus par le système, à partir du repos, croissent comme les carrés des temps écoulés.

Un semblable mouvement est désigné habituellement sous le nom de *mouvement uniformément accéléré.*

74. **Action d'une force constante.** — L'expérience précédente nous conduit à un énoncé général de la plus haute importance.

Nous pouvons, en effet, considérer comme vraisemblable que l'action de la pesanteur sur la surcharge p n'a pas cessé de rester constante (§ 63); en tous cas, il ne pourrait être question de tenir compte de sa variation, beaucoup trop faible pour être sensible sur la petite hauteur de chute du mobile. Nous dirons donc :

Une force constante, agissant sur un mobile partant du repos, lui communique un mouvement uniformément accéléré.

Il en serait encore de même, quelque grand que fût le rapport du poids de la surcharge p aux deux poids égaux P. Nous en concluons immédiatement qu'il en serait encore de même, pour $P=0$; c'est-à-dire que :

Un corps tombant en chute libre prend un mouvement uniformément accéléré.

75. De la vitesse dans les mouvements uniformément accélérés. — Désignons par y le chemin parcouru par le mobile pendant le temps écoulé t. L'ensemble de nos expériences du § 73 peut être résumé par l'expression algébrique :

$$y = 10.t^2.$$

Nous avons bien là, en effet, une quantité y, qui, pour les valeurs de t égales respectivement à 1, 2, 3..., prend les valeurs observées : 10, 40, 90....

Par suite, dans l'intervalle de temps $t' - t$, le chemin parcouru $y' - y$ aurait pour valeur :

$$y' - y = 10\,(t'^2 - t^2).$$

La *vitesse* v, que devrait avoir un mobile animé d'un mouvement *uniforme* (§ 71), pour parcourir le même espace $y' - y$, pendant le même temps $t' - t$, a pour valeur :

$$v = \frac{y' - y}{t' - t} = 10\,\frac{t'^2 - t^2}{t' - t} = 10\,(t' + t).$$

C'est là ce qu'on convient d'appeler, pour l'intervalle de temps considéré, la *vitesse moyenne* du mobile animé du mouvement uniformément varié.

Cette expression est constamment croissante avec t et t'.

Notre comparaison du mouvement étudié avec un mouvement uniforme serrera la réalité d'autant plus près que nous la répéterons plus fréquemment.

Si, en particulier, nous désirons nous faire une idée de ce qui se passe au voisinage d'un instant donné t', nous aurons à faire t aussi rapproché que possible de t'. Si, par exemple, dans la première expérience (§ 71), nous enlevons la surcharge à un instant donné t', la vitesse, qui dès lors devient constante, doit différer infiniment peu de celle que possédait le mobile pendant l'intervalle de temps précédent $t' - t$, aussi court que nous pouvons l'imaginer. Nous sommes ainsi conduits à faire $t = t' - \epsilon$ dans l'expression $v = 10\,(t' + t)$, puis à supposer que ϵ tend vers zéro.

L'expression algébrique de v tend donc vers $20\,t$. Nous dirons qu'elle représente *la vitesse vraie du mobile à l'instant considéré, t.*

On voit immédiatement que, si le chemin parcouru

y avait été représenté par l'expression plus générale :

$$y=\frac{1}{2}\gamma t^2,$$

la vitesse v aurait eu pour expression :

$$v=\gamma t.$$

D'où, cette double conclusion d'importance capitale :

1° ***Si les chemins parcourus sont proportionnels aux carrés des temps écoulés, les vitesses, prises à chaque instant par le mobile, sont proportionnelles aux temps écoulés.***

2° ***L'espace $\frac{1}{2}\gamma$ parcouru pendant le premier intervalle de temps et la vitesse γ, prise par le mobile au bout de cet intervalle de temps, ont des valeurs numériques qui sont entre elles comme les nombres 1 et 2.***

A retenir encore, de ce qui précède, une définition qui sera pour nous d'un continuel usage :

Définitions. — On désigne sous le nom d'accélération ***la quantité γ dont la vitesse, dans le mouvement uniformément accéléré, croît pendant chaque unité de temps.***

Nous ajouterons encore une remarque :

Le mouvement uniformément accéléré peut, d'après ce qui précède, recevoir indifféremment l'une ou l'autre des deux définitions équivalentes, qui suivent :

Dans un mouvement uniformément accéléré, sans vitesse initiale, les espaces parcourus sont proportionnels aux carrés des temps écoulés.

Dans un mouvement uniformément accéléré, sans vitesse initiale, les vitesses croissent proportionnellement aux temps écoulés.

76. Du rôle de l'analyse dans l'étude des phénomènes physiques. — Les considérations précédentes font ressortir l'importance de l'analyse mathématique dans l'étude des phénomènes physiques.

1° Elles nous ont conduits, en effet, à préciser les notions si importantes de ***vitesses moyennes*** et de ***vitesses à un instant donné***. Ces notions seront pour nous d'un usage continuel.

2° Elles nous ont permis de rattacher l'une à l'autre, par une loi simple, deux ***grandeurs*** de nature très différente : les ***espaces parcourus*** et les ***vitesses acquises*** par un même mobile.

3° Elles nous suggèrent des expériences nouvelles à faire

elles nous font prévoir les résultats à obtenir ; elles peuvent nous éviter des tâtonnements longs et infructueux dans nos recherches.

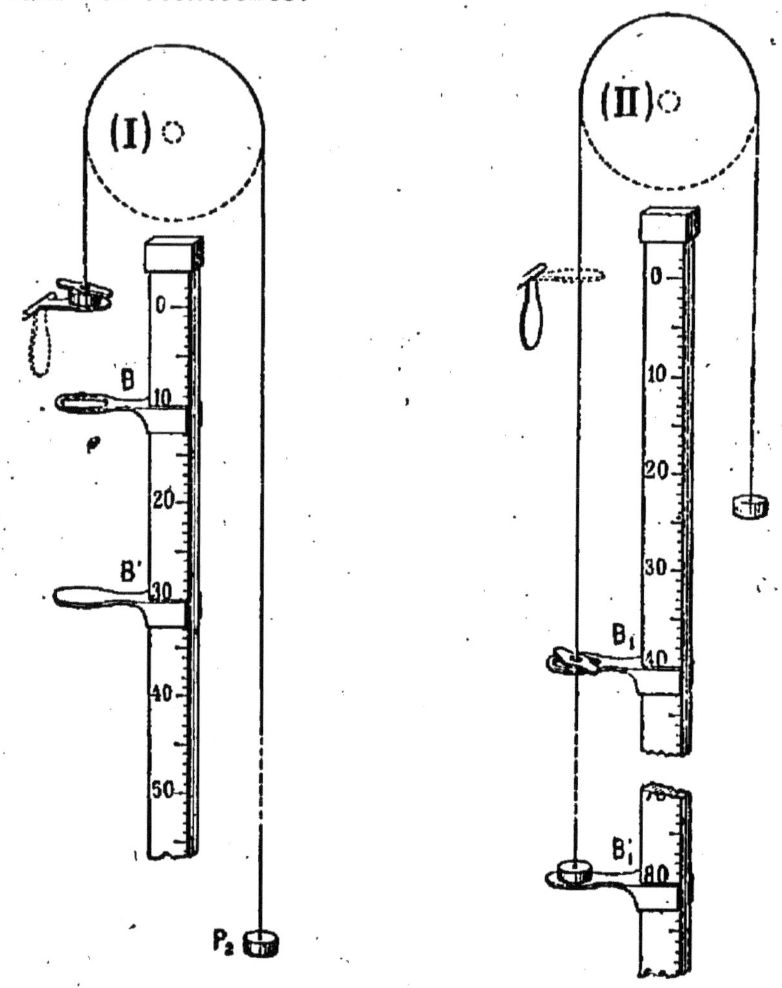

FIG. 46. — LES VITESSES CROISSENT PROPORTIONNELLEMENT AUX TEMPS DE CHUTE.

On s'en assure, en supprimant la force agissante aux instants considérés

77. Troisième expérience réalisée avec la machine d'Atwood. Loi des vitesses. — Reprenons donc la machine d'Atwood.

La vitesse constante, mesurée au paragraphe 71, est celle que possédait le mouvement uniformément accéléré, au moment même où nous avons supprimé la surcharge p, c'est-à-dire après un battement du métronome.

Recommençons cette expérience ; mais arrangeons-nous

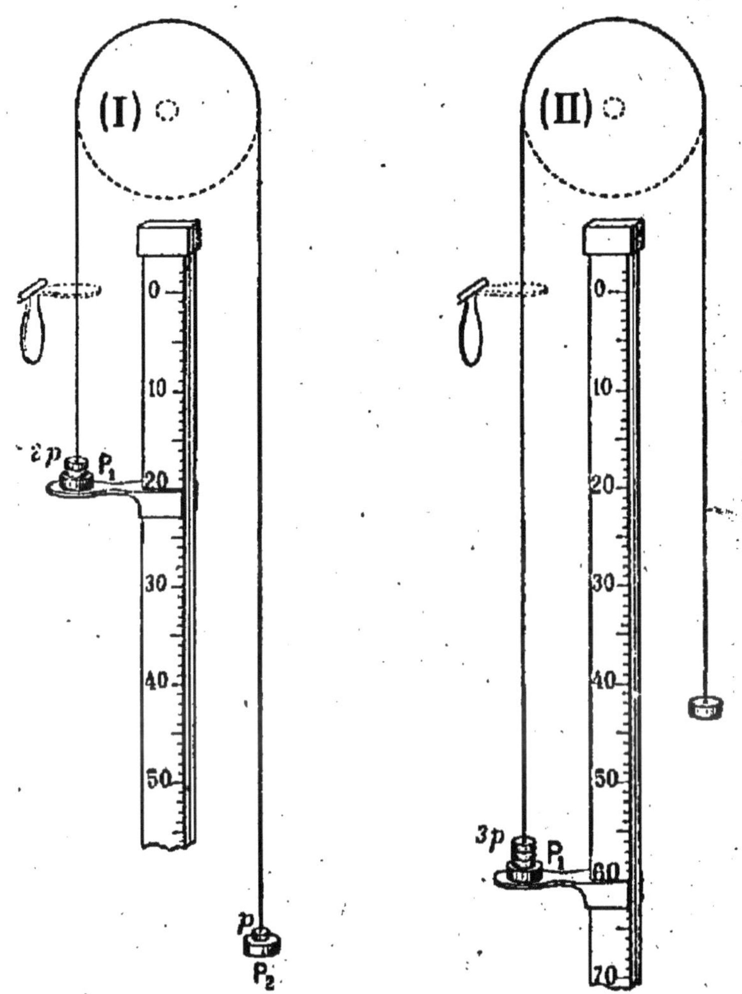

FIG. 47. — PROPORTIONNALITÉ DES FORCES AUX ACCÉLÉRATIONS.
Les accélérations que prend un même mobile sont en raison directe des forces qui les produisent.

de façon que la surcharge p soit enlevée après deux battements du métronome (fig. 46).

On trouve que la nouvelle vitesse est deux fois plus grande que la première ; et ainsi de suite. Nous vérifions ainsi que :

Les vitesses sont proportionnelles aux temps écoulés.

On vérifie, en outre, que si, dans la première expérience, le curseur annulaire a dû être placé à 10 centimètres du point de départ, le mobile débarrassé de sa surcharge parcourt exactement 20 centimètres pendant l'unité de temps suivante.

Les deux formules :

$$v = \gamma t, \quad y = \frac{1}{2}\gamma t^2,$$

pourront donc désormais être considérées comme résumant les lois du mouvement observé sur la machine d'Atwood.

78. **Comment se pose le problème général de la dynamique.** — La question de la chute des corps sous l'action de la pesanteur est complètement résolue.

Généralisons maintenant la question posée. Cherchons comment le mouvement imprimé à un mobile dépend :

1° ***De la force agissante, p;***

2° ***De la masse totale du système mis en mouvement.***

Nous laisserons au mot de *masse* le sens précis (§ 64) que nous lui avons attaché, après notre étude de la balance.

Les deux questions que nous venons de poser peuvent être facilement résolues à l'aide de la machine d'Atwood.

79. **Quatrième expérience réalisée avec la machine d'Atwood. Loi de proportionnalité entre les forces et les accélérations.** — Choisissons trois petites surcharges égales dont nous désignerons le poids par p. Disposons en deux sur P_1 et une seule sur P_2. La force qui, dans ces conditions, provoque le mouvement du système, est égale à p (fig. 47).

Mesurons l'espace parcouru pendant la première unité de temps; soit e sa valeur.

Dans une seconde expérience, mettons les trois surcharges sur P_1. La force agissante est égale à $3p$.

Mesurons l'espace parcouru pendant la première unité de temps; soit e' sa valeur.

L'expérience donne $e' = 3e$.

D'autre part, pour deux mouvements tels que

$$e = \frac{1}{2}\gamma t^2, \quad e' = \frac{1}{2}\gamma' t^2$$

(§ 77), le rapport des accélérations $\frac{\gamma}{\gamma'}$ est égal au rapport des chemins parcourus pendant le même temps $\frac{e}{e'}$. Or, ce dernier rapport, d'après l'expérience même que nous venons de rapporter est égal au rapport des forces agissantes. D'où, cette conclusion :

Une même masse, soumise successivement à deux forces constantes, f et f', prend deux mouvements uniformément accélérés dont les accélérations γ et γ' sont proportionnelles aux forces agissantes.

On a donc, pour une même masse,

$$\frac{\gamma}{\gamma'}=\frac{f}{f'}.$$

80. **De l'accélération du mouvement communiqué à des masses différentes.** — Imaginons qu'un mobile de masse m soit soumis à une force constante f. Il prend une accélération constante γ (§ 74).

Imaginons que nous réalisions cette opération à double exemplaire. Nous avons deux mobiles identiques, de même masse m. Chacun d'eux est soumis isolément à une force f, de même grandeur et de même direction.

Abandonnons-les simultanément à l'action des forces qui les sollicitent; ils prennent un mouvement identique. Ils restent donc à une distance invariable l'un de l'autre. Il n'y aurait, par suite, rien de changé aux faits d'expérience, si nous rattachions les deux mobiles l'un à l'autre, de façon à réaliser un mobile unique de masse $m'=2m$.

Le système est alors soumis à une force $f'=2f$.

Nous en déduisons cette conséquence importante :

L'accélération observée ne change pas, quand elle résulte des actions exercées par des forces différentes sur des masses qui leur sont respectivement proportionnelles.

81. **Loi fondamentale de la dynamique.** — Rapprochons ce dernier résultat de celui que nous avons obtenu au § 79.

Les conclusions du § 79 peuvent se représenter par le tableau suivant :

$$\begin{vmatrix} m & f & \gamma \\ m'=m & f' & \gamma' \end{vmatrix}$$

Une même masse ($m'=m$), soumise successivement à deux forces f et f', prend respectivement des accélérations γ et γ', telles que l'on ait :

$$(1) \qquad \frac{f}{f'}=\frac{\gamma}{\gamma'}.$$

La conclusion du paragraphe précédent nous permet, d'autre part, de dresser un second tableau :

$$\begin{vmatrix} m' & f & \gamma' \\ m'' & f'' & \gamma''=\gamma' \end{vmatrix}$$

Une même accélération ($\gamma''=\gamma'$) est communiquée à deux masses différentes, m' et m'', quand on a l'égalité :

$$\frac{f'}{f''}=\frac{m'}{m''}. \tag{2}$$

Multiplions membre à membre les égalités (1) et (2) que nous venons d'obtenir. Il en résulte :

$$\frac{f}{f''}=\frac{m'}{m''}\times\frac{\gamma}{\gamma'}=\frac{m}{m''}\times\frac{\gamma}{\gamma''}.$$

C'est en cette égalité que consiste la ***relation fondamentale de la Dynamique.***

82. **Choix des Unités.** — On a l'habitude de mettre la relation précédente sous une forme d'apparence plus simple. Au lieu de choisir arbitrairement les trois unités de force, de masse et d'accélération, on peut choisir arbitrairement deux seulement d'entre elles, par exemple : l'unité de masse, que nous pouvons désigner par m''; et l'unité d'accélération, que nous pouvons désigner par γ''.

Convenons alors de prendre pour unité de force f'' la force qui ferait prendre l'accélération-unité γ'' à la masse-unité m''. Autrement dit, convenons, si nous avons à la fois $m''=1$, $\gamma''=1$, de dire que f'' est égale à 1. La relation précédente peut alors s'écrire :

$$f=m.\gamma.$$

1ʳᵉ Remarque. — Il importe de bien remarquer que les quantités qui figurent dans cette dernière égalité, à savoir : f, m et γ, sont en réalité des ***rapports***. Ainsi, le symbole f ne représente pas en réalité une force, mais le rapport de la force f à la force f'', choisie pour unité. — De même, des deux autres quantités m et γ.

2ᵉ Remarque. — La formule précédente, appliquée au cas particulier de la pesanteur, devient :

$$P=m.g.$$

Dans cette égalité, g désigne la valeur commune à tous les corps (§ 68), que possède, en un endroit déterminé, l'accélération de la pesanteur. C'est ce qu'on appelle l'***intensité de la pesanteur*** en ce lieu. Sa valeur, variable d'un point du globe à l'autre (§ 113), est, à Paris, très voisine de 981, quand on convient de prendre pour unités de longueur et de temps le centimètre et la seconde.

On tire de cette relation les conclusions suivantes :

A. — ***En un même point du globe***, où g possède la même valeur pour tous les corps (§ 68), ***les poids P de différents corps sont proportionnels à leurs masses m.***

B. — Si l'on passe d'un point du globe à un autre, la valeur de g change (§ 63). Il y a lieu, dans ce cas, de distinguer soigneusement les notions de masse et de poids (§ 64).

3e ***Remarque.*** — L'unité de force serait, avec les conventions précédentes, celle qui serait capable d'imprimer à une masse de 1 gramme une accélération égale à l'unité.

Elle est donc 981 fois plus petite que l'action exercée par la pesanteur, à Paris, sur la même masse de 1 gramme. — On lui donne le nom de ***dyne***. — ***La dyne vaut donc, à peu près, la 981e partie du poids d'un gramme à Paris.***

83. **Accélération du mouvement dans la machine d'Atwood.** — A titre d'exercice, proposons-nous d'appliquer les résultats précédents à la recherche de l'expression du mouvement même de la machine d'Atwood.

De part et d'autre du fil, sont suspendues deux masses égales M ; sur l'une d'elles est placée une masse additionnelle m.

La force agissante est le poids p de cette masse additionnelle ; la masse totale $2M + m$, soumise à une force constante p, prend une accélération γ.

La même masse, $2M + m$, abandonnée librement à l'action de la pesanteur, serait soumise à son poids $2P + p$ et prendrait une accélération g.

D'après le principe énoncé à la fin du paragraphe 79, on a :

$$\frac{\gamma}{g} = \frac{p}{2P + p};$$

et comme les deux opérations supposées se font en un même point du globe, pour lequel on a (§ 82, Rem. 2. A) :

$$\frac{p}{2P + p} = \frac{m}{2M + m},$$

il en résulte :

$$\gamma = g \times \frac{m}{2M + m}.$$

Le mouvement, observé dans la machine d'Atwood, doit donc être le mouvement même de la chute libre des corps, alenti dans le rapport $\frac{m}{2M + m}$.

Ce rapport peut être aussi réduit que l'on veut, pour rendre le mouvement observable. L'accélération du mouvement observé sur la machine d'Atwood n'est autre que 'accélération de la pesanteur, réduite dans un rapport connu d'avance.

La machine d'Atwood pourrait donc, au moins théoriquement, être employée à déterminer la valeur de g. Nous rencontrerons par la suite (§ 11c), pour la mesure de g, une méthode beaucoup plus précise.

CHAPITRE VI

PLAN INCLINÉ DE GALILÉE
MACHINE DE MORIN

84. **Généralité des résultats précédents.** — D'autres appareils auraient pu nous servir à l'étude de la chute des corps. Nous pourrons passer plus rapidement sur les détails relatifs à quelques-uns d'entre eux.

Nous examinerons tout d'abord ***le plan incliné de Galilée*** et ***la machine de Morin.***

85. **Plan incliné de Galilée.** — Nous avons vu au § 21 que l'on pouvait maintenir un mobile sur un plan incliné, en lui appliquant une force, parallèle au plan et d'autant moindre que l'inclinaison est plus faible.

Si P désigne le poids du mobile M (fig. 10), la force F qui peut maintenir celui-ci au repos a pour valeur

$$F = P \times \frac{CB}{AB}.$$

En diminuant l'inclinaison du plan, on peut donc ***réduire*** la force F autant qu'on le veut ; et toujours ***dans un rapport connu.***

Admettons d'autre part le principe précédemment rencontré (§ 79) : ***Un même corps, soumis à des forces inégales, prend des accélérations proportionnelles à ces forces.*** On a donc :

$$\frac{F}{P} = \frac{\gamma}{g} ;$$

g désignant l'accélération de la pesanteur en chute libre, et γ l'accélération du mouvement observé sur le plan incliné.

Rapprochant ces deux dernières égalités, il vient :

$$\frac{\gamma}{g} = \frac{CB}{AB}.$$

Le mouvement observé sera donc caractérisé par une accélération constante $\gamma = g \times \frac{CB}{AB}$; ***ce sera un mouvement uniformément accéléré.***

L'accélération sera celle de la chute libre, réduite dans le rapport $\frac{CB}{AB}$. Elle pourra être rendue assez petite pour que le mouvement soit facilement observable.

Les chemins parcourus devront être proportionnels aux carrés des temps.

On peut établir à peu de frais un appareil permettant de faire ces vérifications. Il se compose d'une sorte de gouttière

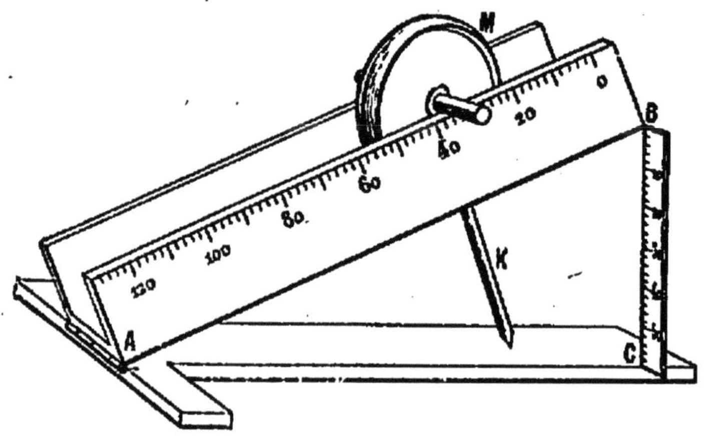

FIG. 48. — EXPÉRIENCES AVEC LE PLAN INCLINÉ.
Le mobile est un volant de gyroscope qui roule sur les bords d'une gouttière inclinée.

formée par deux planches en bois dur, bien dressées et placées de champ (fig. 48). Le plan incliné est constitué par le plan même des bords de la gouttière, contre l'un desquels est collé un simple mètre-ruban.

Le mobile est un volant de gyroscope qui repose ***par son arbre*** sur les bords de la gouttière et qui ***roule*** ainsi sans frottement le long du plan incliné.

80. **Expériences avec le plan incliné.** — Nous indiquerons deux expériences qui suffisent, à la rigueur, pour établir la formule fondamentale de la dynamique.

1. ***Action d'une force constante.*** — En procédant d'une

façon analogue à celle qui nous a servi pour la machine d'Atwood (§ 73), on vérifie sans difficulté que ***les espaces parcourus par le mobile croissent comme les carrés des temps de chute.*** Le mouvement est donc ***uniformément accéléré.***

II. ***Proportionnalité des forces aux accélérations.*** — Augmentons maintenant l'inclinaison du plan de manière que la différence de niveau entre ses extrémités soit double de ce qu'elle était tout à l'heure : nous savons que, dans ces conditions, la force motrice devient double. Déterminons à nouveau les chemins parcourus pendant les intervalles de temps successifs. Ils sont deux fois plus grands que dans la première expérience. Nous en concluons à nouveau que :

Les accélérations que prend un même mobile sont proportionnelles aux forces qui les produisent (§ 79).

Bien entendu, les résultats précédents n'ont été exposés sous forme déductive que pour abréger. Rien n'empêcherait de déduire tout d'abord de l'observation même du plan incliné les lois fondamentales de la Dynamique; c'est ainsi qu'a procédé Galilée. On pourrait ensuite utiliser ces lois à prévoir les particularités du mouvement dans la machine d'Atwood.

87. **Chute libre dans le vide.** — L'étude de la machine d'Atwood et celle du plan incliné nous permettent de prévoir à quelles lois obéit la chute libre d'un corps dans le vide, sous l'action unique de la pesanteur.

Il y aurait intérêt à vérifier directement ces conséquences; c'est à quoi peut servir la ***machine de Morin.***

88. **Machine de Morin.** — L'appareil du général Morin a été le premier exemple d'une précieuse méthode expérimentale (§ 707), qui consiste à ***inscrire en quelque sorte le phénomène à étudier.***

Le mobile est une lourde masse de fonte, guidée dans sa chute par deux fils d'acier, fins, verticaux, bien tendus. Cette masse est d'ailleurs munie d'un petit crayon qu'un ressort léger oblige à frotter doucement sur un tambour cylindrique recouvert de papier et pouvant tourner autour de son axe vertical (fig. 49).

Si l'appareil est bien construit et bien réglé, les frottements ont peu d'importance et n'altèrent pas sensiblement le mouvement de chute du mobile.

Supposons que le tambour soit animé d'un mouvement de rotation uniforme autour de son axe. Le poids inscripteur, d'abord au repos, trace sur le papier une circonférence horizontale Ox. Provoquons la chute libre du poids. Le crayon trace sur la feuille de papier une courbe représentée par la figure 50, lorsqu'on développe ensuite sur un plan cette feuille de papier.

Cette courbe est tangente à Ox. Marquons l'origine O du mouvement, et traçons la génératrice correspondante du cylindre, Oy. Portons ensuite sur Ox, à partir de O, des longueurs Oa_1, a_1a_2, a_2a_3 égales entre elles, et menons les génératrices du cylindre qui passent par les points ainsi déterminés.

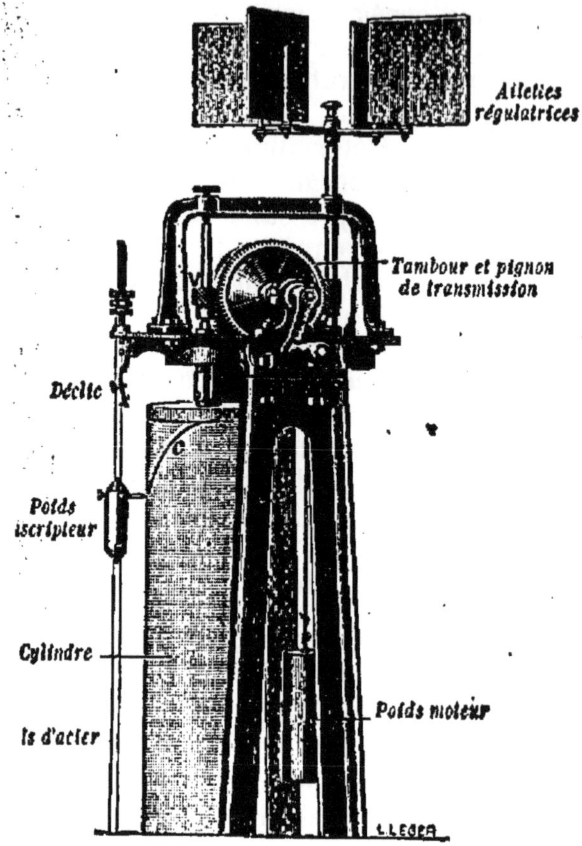

FIG. 49. — MACHINE DE MORIN.
La loi de la chute se déduit de la courbe tracée par le poids inscripteur sur le cylindre vertical.

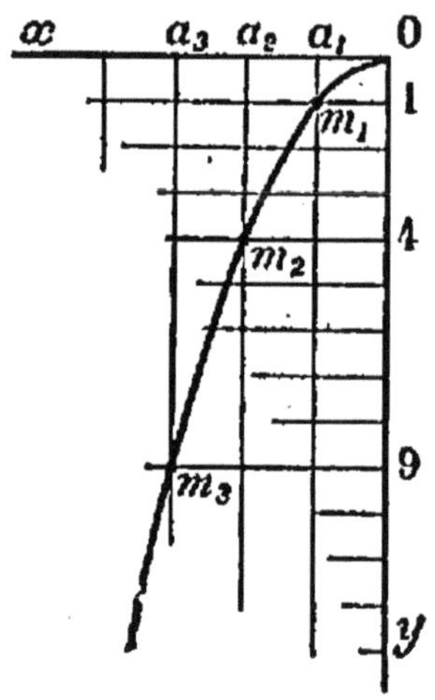

FIG. 50. — COURBE DE LA MACHINE DE MORIN.
Les abscisses sur Ox indiquent les temps de chute et les ordonnées sur Oy les espaces correspondants.

Ces génératrices ont passé sous la ligne de chute du crayon à des intervalles de temps égaux entre eux, puisque nous avons supposé uniforme le mouvement du tambour. Les longueurs a_1m_1, a_2m_2, a_3m_3 sont donc les espaces parcourus par le mobile en des temps proportionnels à 1, 2, 3.

Or la mesure de ces longueurs montre qu'elles satisfont à la relation

$$\frac{a_1m_1}{1}=\frac{a_2m_2}{4}=\frac{a_3m_3}{9}.$$

Elles sont donc proportionnelles aux carrés des temps employés à les parcourir, c'est-à-dire que ***le mouvement de chute libre est uniformément accéléré.***

Il nous reste à dire comment on réalise la rotation uniforme du tambour cylindrique. L'axe du tambour porte des engrenages mis en mouvement par un poids moteur. Son mouvement de rotation devrait donc être accéléré, s'il n'entraînait un ensemble d'ailettes sur lesquelles l'air extérieur exerce une résistance rapidement croissante.

Au bout de peu de temps, le mouvement devient uniforme.

Pour faire l'expérience, on déclanche d'abord le poids moteur et, sur la fin de sa course seulement, on met en mouvement le poids inscripteur.

89. **Lois générales de la chute des corps. —** ***La chute des corps est donc un mouvement uniformément accéléré,*** (§ 75).

En un même point du globe, tous les corps pesants sont animés d'une même accélération (§ 68), que nous avons désignée par g (§ 82).

Les espaces parcourus e ***et les vitesses*** v, ***acquises pendant la chute, sont donnés par les formules :***

$$e=\frac{1}{2}gt^2;$$

$$v=gt.$$

La combinaison des deux formules précédentes donne immédiatement une troisième relation :

$$v^2=2ge.$$

La vitesse acquise par un corps en chute libre est proportionnelle à la racine carrée de la hauteur de chute.

CHAPITRE VII

ATTRACTION UNIVERSELLE

90. **Hypothèse de Newton.** — Newton a montré que les mouvements des planètes, d'une part, les mouvements dus à la pesanteur, d'autre part, peuvent tous s'interpréter à l'aide d'une hypothèse unique.

C'est l'hypothèse de l'*attraction universelle.* Elle s'énonce ainsi :

La matière attire la matière.

Deux corps s'attirent mutuellement, suivant la ligne qui les joint, avec une force proportionnelle à leurs masses, et en raison inverse du carré des distances.

Des expériences directes ont, par la suite, démontré la réelle existence de l'attraction mutuelle des corps que Newton n'avait énoncée qu'à titre d'hypothèse. Cette attraction ne dépasse pas 1 milligramme-poids, quand elle s'exerce entre deux masses de 100 kilogrammes placées à 25 centimètres l'une de l'autre ; mais elle devient sensible dans les phénomènes de la pesanteur, à cause de l'énormité de la masse terrestre.

91. **La loi de Newton explique les phénomènes de la pesanteur.** — On démontre, en effet, par le calcul, que *l'attraction exercée par une sphère homogène est la même que si sa masse entière était condensée en son centre.*

On conçoit donc, étant donnée la forme à peu près sphérique de la Terre, que *le poids d'un corps soit toujours dirigé suivant la verticale du lieu où l'on se trouve.*

D'autre part, le rayon de la Terre, qui est de 6366 kilomètres, est extrêmement grand vis-à-vis des altitudes auxquelles nous pouvons nous élever ; il en résulte qu'un corps de masse déterminée m, placé au voisinage du sol, est attiré comme si la masse de la Terre se trouvait tout entière à une distance pratiquement constante. Le poids de ce corps reste donc sensiblement invariable. *Au voisinage du sol, le poids d'un corps conserve la même intensité.*

La loi de Newton conduit encore à ce résultat, que *le poids* p *d'un corps doit être proportionnel à sa masse* m.

Si nous nous reportons à la formule $p = mg$ (§82), nous voyons que la valeur de g représente non seulement l'accélération du mouvement de chute des corps, mais aussi l'attraction que la Terre exerce sur 1 gramme placé à sa surface.

Cette attraction est, à Paris, de 981 *dynes* (§ 82, Rem.).

92. **La loi de Newton explique le mouvement des astres.** — ***Mouvement de la lune.*** — La Lune décrit autour de la Terre un cercle dont le rayon est 60 fois plus grand que le rayon terrestre.

Si nous considérons la Lune, comme soumise à l'attraction de la Terre, l'accélération de la pesanteur au point où se trouve le centre de la Lune, aurait pour valeur :

$$\gamma = \frac{g}{60^2} = \frac{981}{3600} = 0{,}273$$

en comptant en centimètres et en secondes.

D'autre part, l'orbite de la Lune est parcouru en $27^{j} \cdot 7^{h} \cdot 43^{min}$ soit en 39343×60 secondes. Si l'on compare le mouvement de la Lune à celui d'une fronde, la théorie et l'expérience montrent que, pour faire exécuter à une masse de 1 gramme un mouvement identique à celui de la Lune, il faudrait précisément exercer sur cette masse une force d'attraction $f = 0^{dyne},273$.

Le mouvement qui sollicite la Lune à se mouvoir autour de la Terre est donc identiquement le même que celui qui sollicite les corps pesants à tomber à la surface du sol.

93. **Mouvement des Planètes**. — La force qui retient les planètes sur les orbites qu'elles décrivent autour du Soleil obéit aux mêmes lois que la force qui maintient la Lune sur l'orbite qu'elle décrit autour de la Terre.

Les planètes mettent à faire une révolution complète autour du Soleil un temps d'autant plus grand qu'elles en sont plus éloignées.

C'est à Képler que l'on doit la connaissance de la loi précise qui règle ces mouvements :

Loi de Képler : Les carrés des temps des révolutions complètes des planètes autour du Soleil sont proportionnels aux cubes des diamètres de leurs orbites.

CHAPITRE VIII

CHUTE DES CORPS DANS L'AIR

94. Résistance opposée par l'air au mouvement des corps. — Toutes les considérations précédemment développées sur la chute des corps et sur le mouvement des projectiles, supposent que ces phénomènes se produisent dans le vide.

Elles ne sont plus rigoureusement applicables à des mobiles qui se déplacent dans l'air.

Toutes les fois, en effet, qu'un corps se meut dans un fluide, il éprouve de la part de celui-ci une ***résistance*** de nature complexe qui gêne toujours son mouvement et se comporte comme une force retardatrice.

Tout importantes qu'elles soient dans la pratique, les lois de la résistance de l'air sont mal définies : elles dépendent non seulement de la vitesse des mobiles, mais aussi de leur forme.

95. Influence de la forme du corps. — Lorsqu'un corps est animé d'un mouvement de translation, il décrit une sorte

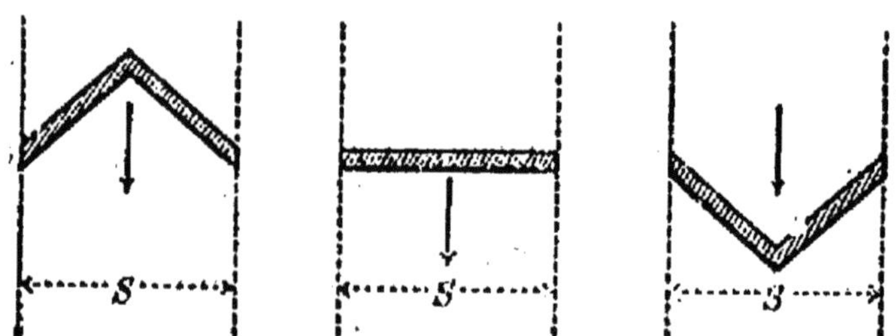

FIG. 51. — RÉSISTANCE DE L'AIR.
Toutes choses égales d'ailleurs, cette résistance est moindre quand le mobile se présente par une pointe que quand il se présente par un creux.

de canal, et nous appellerons ***surface offerte à l'air*** la section droite S de ce canal (fig. 51). Toutes choses égales, d'ailleurs, ***la résistance de l'air est à peu près proportionnelle à cette*** *surface* S ; mais elle est beaucoup plus grande si le corps se présente par un creux que s'il se présente par une pointe.

96. **Vitesse limite.** — ***La résistance de l'air croît toujours avec la vitesse.*** C'est là un fait absolument capital dans l'étude du mouvement des projectiles.

Considérons le cas simple d'un corps, tombant, en chute libre, sous l'action de la pesanteur. Au départ, la vitesse est faible, la résistance de l'air négligeable ; nous nous sommes même servis (§ 68) de cette remarque pour l'étude de la chute des corps.

Puis, la vitesse du mobile, $v = gt$, augmente de plus en plus avec le temps t. La résistance augmente elle-même de plus en plus. Elle finit par devenir égale au poids du corps lui-même. A ce moment, la force totale agissant sur le corps est nulle ; l'accélération produite, également. Autrement dit, la vitesse n'augmente plus. ***La vitesse, constamment croissante jusque-là, finit donc par atteindre une valeur limite.*** A partir de ce moment, le mouvement reste ***uniforme.***

97. **Comparaison entre le mouvement théorique des projectiles et leur mouvement réel.** — Il en résulte que le mouvement des projectiles lancés avec une très grande vitesse peut différer très sensiblement de celui que nous donnerait la théorie pour un projectile lancé dans le vide.

En particulier, le projectile peut rencontrer le sol avec une vitesse bien moindre que sa vitesse au départ. En même temps, l'angle de chute est augmenté (fig. 52). On se fera

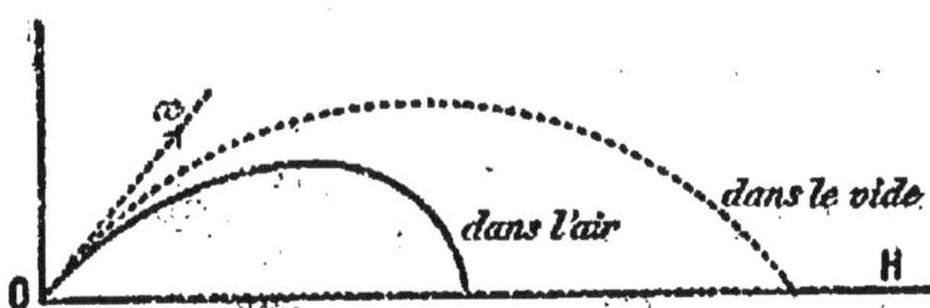

FIG. 52. — TRAJECTOIRES D'UN PROJECTILE DANS LE VIDE ET DANS L'AIR.
La résistance de l'air amoindrit la portée et la vitesse finale ; elle augmente, en outre, l'angle de chute ; c'est-à-dire que la direction suivie par le projectile se rapproche plus rapidement de la verticale descendante.

une idée des effets de la résistance de l'air sur les projectiles par les nombres suivants : la portée maxima des gros canons de marine qui lancent leurs obus avec une vitesse de 850 mètres à la seconde est de 12 kilomètres au lieu de 72; leur vitesse résiduelle est réduite à 380 mètres par seconde.

98. **Variation de la résistance avec la vitesse.** — Pour les vitesses moyennes ne dépassant pas une cinquantaine de mètres par seconde, on peut admettre que ***la résistance de l'air agit comme une force retardatrice proportionnelle au carré de la vitesse.*** Le coefficient de proportionnalité dépend, d'ailleurs, de la forme du corps.

L'expérience indique, par exemple, qu'une sphère de r cm. de rayon, se déplaçant dans l'air, à raison de v cm. par sec., éprouve une résistance égale à

$$\frac{1}{6800}\,4\pi r^2 v^2 \text{ dynes.}$$

D'autre part, si la masse du cm. cube de la substance qui constitue cette sphère est égale à μ et si g désigne l'intensité de la pesanteur, soit 981, le poids de la sphère équivaut à

$$\frac{4}{3}\pi r^3 \mu g.$$

La vitesse maxima V que la sphère atteindra dans sa chute sera donc donnée par la relation :

$$\frac{1}{6800}\,4\pi r^2 V^2 = \frac{4}{3}\pi r^3 \mu g.$$

Après simplification, on obtient sensiblement

$$V = 1500\sqrt{r\mu} \text{ (cm. par sec.).}$$

Cette formule nous montre que, de plusieurs sphères de même rayon, mais d'inégales densités, les plus lourdes tomberont le plus vite.

Quelle que soit la hauteur d'où il provienne, un grêlon de 1 centimètre de rayon ne peut dépasser la vitesse de 15 mètres par seconde.

Enfin, si l'on applique la formule aux gouttelettes de brouillard, pour lesquelles l'examen microscopique indique un diamètre de quelques millièmes de millimètre, on trouve que ces gouttelettes doivent tomber à raison de quelques centimètres par seconde seulement : c'est là une des causes qui expliquent que les brouillards et les nuages puissent se maintenir longtemps en suspension dans l'air.

CHAPITRE IX

LE PENDULE SIMPLE

99. **Mouvement pendulaire.** — Une sphère, de cuivre ou de plomb, de très petites dimensions, est suspendue à l'extrémité d'un fil (fig. 53) très fin et très léger.

Le fil se place de lui-même en ***équilibre stable***, suivant la verticale descendante OA_0 du lieu où l'on opère ; c'est le cas du fil à plomb (§ 42).

Écartons maintenant la boule de sa position d'équilibre. Amenons-la en A ; puis, adandonnons-la à elle-même. Elle est soumise alors à une force qui tend à la ramener à sa position d'équilibre (§ 46), A_0. Elle dépasse cette position d'équilibre avec une certaine vitesse, remonte vers le point A', symétrique de A, par rapport à la verticale. A ce moment, sa vitesse s'annule. Elle redescend, repasse en A_0, puis remonte en A, où sa vitesse s'annule à nouveau ; et ainsi de suite.

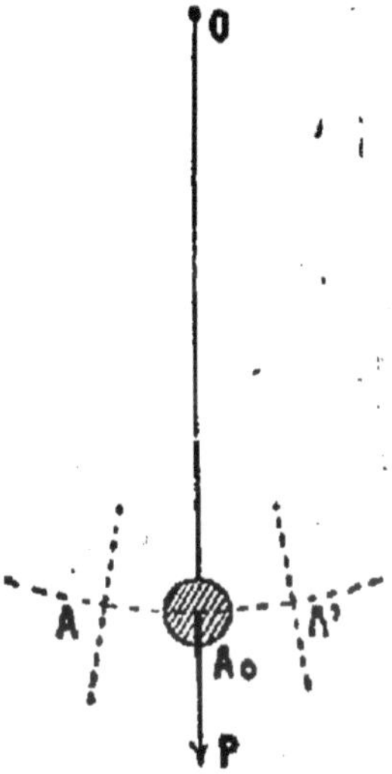

Un pareil système serait un ***pendule simple*** parfait, si la boule était infiniment petite et si le fil était absolument dénué de poids.

FIG. 53.
PENDULE SIMPLE.
Il serait constitué par une très petite balle pesante suspendue à l'extrémité d'un fil inextensible et sans masse.

100. **Définitions.** — Dans le phénomène que nous venons de décrire, on dit que le pendule exécute une série ***d'oscillations***.

Le déplacement de A en A', constitue une ***demi-oscillation***.

Le déplacement de A en A', et le retour de A' en A, constituent une ***oscillation complète***.

La durée T d'une oscillation complète a reçu le nom de ***période*** du mouvement pendulaire.

L'angle maximum d'écart α, que la direction OA du pendule fait avec la verticale OA_0, a reçu le nom d'***amplitude*** du mouvement pendulaire.

101. Lois du pendule simple. — Les lois du mouvement pendulaire ont été établies par Galilée. Nous nous servirons d'un appareil très simple.

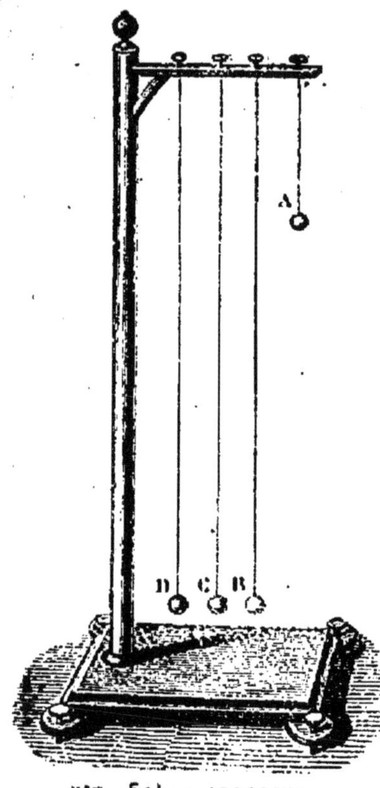

FIG. 54. — APPAREIL POUR LA VÉRIFICATION DES LOIS DU PENDULE.

L'appareil permet de vérifier les lois relatives aux amplitudes, aux masses et aux longueurs.

Plusieurs petites sphères de bois ou de métal A, B, C, D ***de masses très inégales*** (fig. 54), sont séparément suspendues à une même potence à l'aide de fils fins. A leur extrémité supérieure, ces fils s'enroulent sur de petits tambours qui permettent d'en faire varier la longueur à volonté. Cet appareil permet d'établir directement les trois lois suivantes :

1° ***La durée des petites oscillations est indépendante de leur amplitude*** α. C'est ce qu'on appelle la loi de l'***isochronisme***. On opérerait pour établir cette loi, comme nous l'avons déjà exposé au § 11, 1°.

2° ***La durée des petites oscillations d'un pendule simple est indépendante de sa masse*** m. Cette loi est équivalente à celle que nous a déjà donnée au § 68 l'étude de la chute des corps.

3° ***La durée des petites oscillations d'un pendule simple est proportionnelle à la racine carrée de sa longueur.***

Toutes ces lois se retrouvent par le calcul.

Voici, en effet, la formule à laquelle on serait conduit par l'application des principes de la Dynamique :

$$T = 2\pi\sqrt{\frac{l}{g}}.$$

Dans cette formule, T désigne la période d'une oscillation;

l, la longueur du pendule et g l'accélération de la pesanteur.

La première et la seconde des lois, énoncées plus haut, sont exprimées par ce fait que ni α, ni m, ne figurent dans l'expression de T.

La troisième loi est exprimée par ce fait que l figure au numérateur, sous le radical, dans l'expression algébrique de T.

La même formule nous conduit à l'énoncé d'une quatrième loi :

Si, en effet, nous multiplions par m les deux facteurs du radical, il vient (puisque $p = mg$) :

$$T = 2\pi \frac{\sqrt{ml}}{\sqrt{p}}$$

ou encore :

$$T = \frac{K}{\sqrt{F}}$$

K étant une constante, et F l'intensité de la force constante, qui tend à ramener le pendule à sa position d'équilibre. D'où, cette quatrième loi :

La période d'un mouvement oscillatoire est en raison inverse de la racine carrée de l'intensité de la force, qui produit le mouvement pendulaire.

Sous cette forme, cette loi est susceptible d'une vérification très simple et très précise. C'est celle que nous avons précédemment exposée au § 11, 2°. Nous n'y reviendrons pas.

Nous retiendrons, pour le moment, que ***la durée d'oscillation d'un pendule simple***

$$T = 2\pi \sqrt{\frac{l}{g}}$$

est en raison inverse de la racine carrée de l'accélération g de la pesanteur au point du globe considéré.

CHAPITRE X

DU MOUVEMENT PENDULAIRE EN GÉNÉRAL

102. Pendule composé. — Le mouvement pendulaire a une très grande importance, au point de vue des sciences

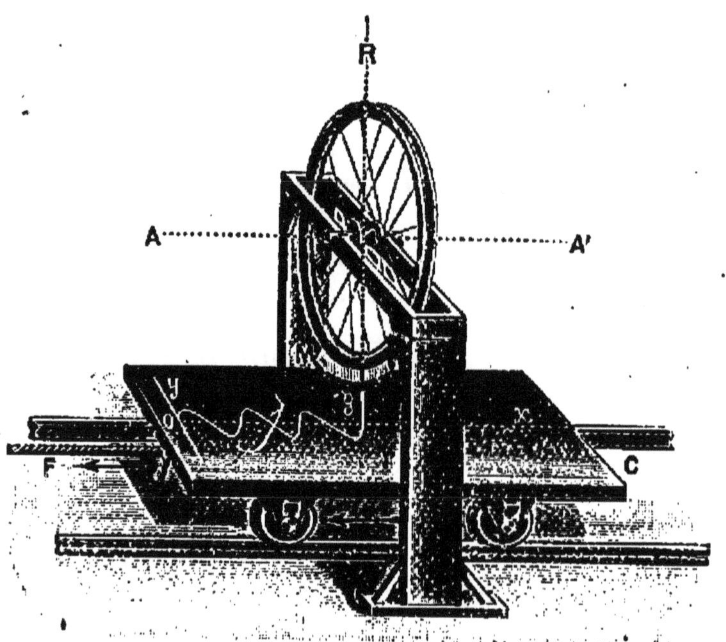

FIG. 55. — OSCILLATIONS PENDULAIRES.
Les petites oscillations qu'effectue une roue de bicyclette, alourdie en un point de sa jante, ont une durée qui ne dépend pas de leur amplitude.

expérimentales. On le comprendra facilement, si l'on ne perd pas de vue la proposition suivante :

Toutes les fois qu'un système sans frottement, écarté de sa position d'équilibre, tend à y être ramené par une force efficace, proportionnelle à l'écart, ce système prend un mouvement identique à celui d'un pendule simple.

Montrons comment on peut entreprendre expérimentalement l'étude de pareils systèmes.

Nous sigalerons en même temps les cas les plus intéressants qui se présentent dans la pratique.

Prenons une roue de bicyclette et fixons son axe horizontalement (fig. 55).

Attachons ensuite une masse M, de 1 à 2 kilogrammes sur la jante de cette roue.

Écartons la roue de sa position d'équilibre. Comme le pendule simple du § 99, elle se met à exécuter une série d'oscillations. Nous avons constitué ce qu'on appelle un ***pendule composé***.

103. **Méthode graphique.** — Il y aurait le plus grand intérêt à étudier son mouvement avec précision.

Un procédé très simple et très exact consiste à forcer le mouvement à s'inscrire lui-même avec toutes ses particularités.

C'est ce qu'on appelle la ***méthode graphique***.

Observons la position d'équilibre de notre pendule. A sa partie inférieure, fixons une petite lame de clinquant *g*, flexible et taillée en pointe.

Au-dessous de la lame (fig. 56), disposons une plaque de verre enfumé. Cette plaque sera posée sur un petit chariot. Celui-ci est destiné à se mouvoir dans une direction perpendiculaire à celle des oscillations de la pointe *g*.

Faisons appuyer légèrement la pointe de clinquant sur la plaque.

Si le pendule est au repos et la plaque en mouvement, la

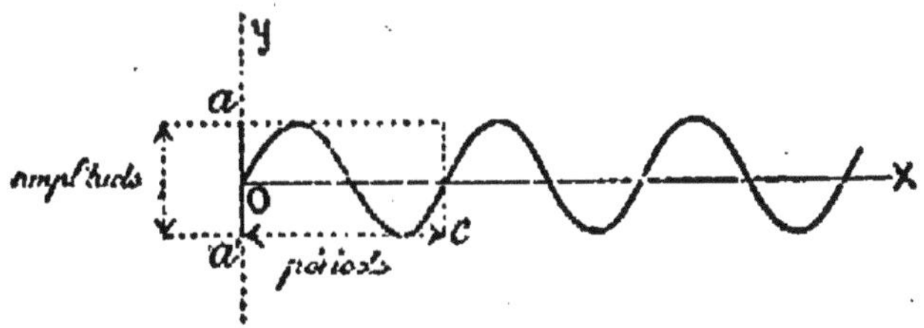

FIG. 56. — SINUSOIDE

Cette courbe est celle que l'on obtient en inscrivant les oscillations pendulaires sur une plaque qui se déplace d'un mouvement uniforme, normalement au plan des oscillations.

pointe enlèvera le noir de fumée aux points touchés; elle tracera donc une droite O*x* sur la lame de verre (fig. 56).

Si le pendule est seul en mouvement, il tracera un petit segment de droite *aa'* s'écartant de quantités égales de part et d'autre de sa position d'équilibre O.

Si, enfin, le pendule oscille pendant que la plaque se déplace uniformément, la pointe, en oscillant de part et d'autre de la droite O*x*, tracera une courbe festonnée, analogue à celle que représente la figure 56.

La hauteur des festons aa' représente l'amplitude des oscillations.

D'autre part, une oscillation dure évidemment le temps *T* que la plaque met à se déplacer de O en C. Il suffirait donc de connaître la vitesse de déplacement de la plaque, pour en déduire ***la période* T *du mouvement pendulaire.***

Si la translation de la plaque est bien régulière, si le pendule oscille sans frottement, la longueur et la hauteur des festons obtenus sur la plaque, sont l'une et l'autre constantes.

La courbe ainsi obtenue est désignée sous le nom de ***sinusoïde.***

Remarque. — On obtient facilement une vitesse uniforme pour le déplacement de la plaque, en tirant le chariot qui la porte à l'aide d'une ficelle que l'on fait enrouler sur l'un des arbres d'un mouvement de tournebroche.

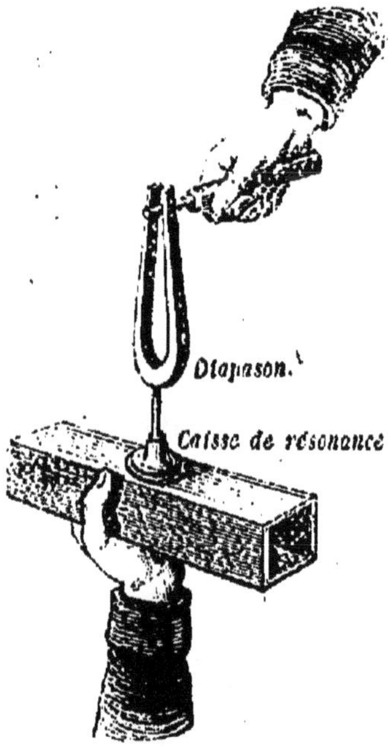

104. Mouvement pendulaire d'un diapason. — La méthode précédente se prêterait, sans modification sensible, à l'étude du mouvement vibratoire d'une lame élastique. Prenons, par exemple, une verge vibrante, ou, si l'on veut, un diapason.

FIG. 57. — DIAPASON SUR SA CAISSE DE RÉSONANCE.

Le diapason est une verge d'acier recourbée en forme de fourche. On fait vibrer le diapason, soit en le frottant avec un archet, soit en écartant brusquement ses deux branches.

Le diapason (fig. 57) n'est en somme qu'une verge d'acier, courbée en forme de fourche, et faisant corps en son milieu avec une tige de même métal qui lui sert de support. On armera une de ses branches d'une pointe de clinquant qu'on fera appuyer légèrement sur la plaque de verre enfumé. On fera vibrer le diapason; et on déplacera rapidement la plaque dans une direction perpendiculaire à celle des vibrations de la lame de clinquant (fig. 58). On aura une courbe festonnée qui, sauf les dimensions, sera en tout point semblable à celle que nous avons obtenue à l'aide du pendule

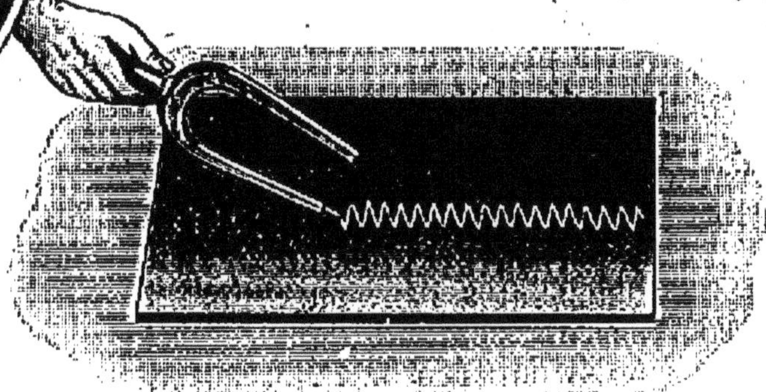

FIG. 58. — MOUVEMENT VIBRATOIRE DU DIAPASON INSCRIT SUR UNE PLAQUE DE VERRE ENFUMÉ.
La courbe tracée par le style est une sinusoïde.

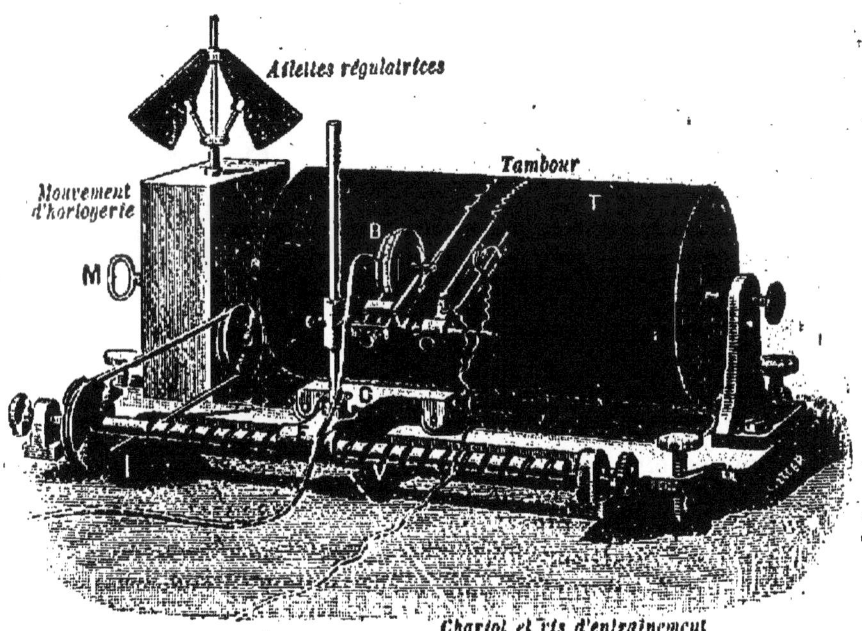

FIG. 59. — INSCRIPTION DES VIBRATIONS.
Les organes vibrants sont munis d'une pointe fine qui appuie sur un tambour enfumé auquel un mouvement d'horlogerie imprime une rotation uniforme. Ces organes sont, en outre, portés par un chariot qu'une vis entraîne parallèlement à l'axe du tambour, de façon à éviter la superposition des spires successives.

On dira que le mouvement oscillatoire du diapason est un *mouvement pendulaire.*

105. Appareil enregistreur des mouvements vibratoires. — Le dispositif que nous avons imaginé précédemment peut facilement être perfectionné.

On remplacera la plaque de verre enfumé par un cylindre T (fig. 59) recouvert de papier glacé et enfumé.

Celui-ci est animé d'une rotation uniforme, à l'aide d'un mouvement d'horlogerie M.

En même temps que le cylindre tourne, les organes vibrants, portés par un petit chariot C, sont entraînés parallèlement à l'axe du cylindre.

La courbe inscrite s'enroule donc autour du cylindre sans se superposer à elle-même, d'un tour au suivant.

Ceci posé, proposons-nous d'inscrire sur le cylindre le mouvement vibratoire d'un diapason.

Dans ce but, il sera commode d'entretenir le mouvement du diapason : on y parvient facilement en plaçant entre les branches un électro-aimant actionné par un trembleur analogue à celui des sonneries électriques. La figure 60 montre ce dispositif.

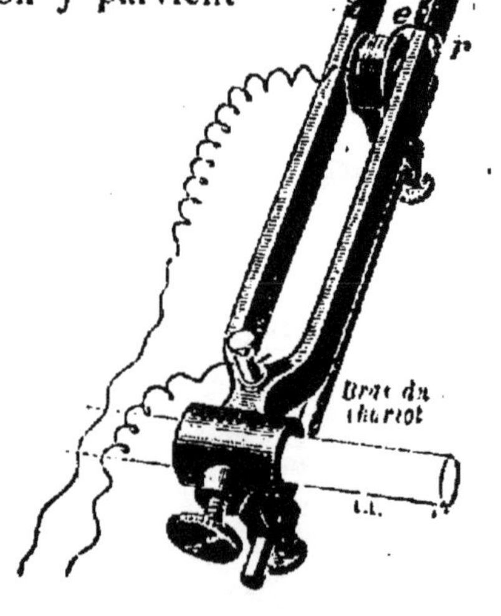

FIG. 60. — DIAPASON ÉLECTRIQUE.
Le diapason est entretenu électriquement par un dispositif analogue à celui du trembleur des sonneries électriques.

La courbe ainsi enregistrée est, en tous ses détails, absolument semblable à celle que nous donnait le mouvement du pendule composé, formé par la roue de bicyclette.

Le mouvement du diapason et celui de toute lame élastique, écartée de sa position d'équilibre, ***est un mouvement pendulaire.***

Il est seulement plus rapide que celui des pendules que nous avions étudiés jusqu'ici.

On vérifierait facilement d'autre part que :

Les forces de flexion, que l'on doit exercer pour déformer

une lame élastique, sont proportionnelles aux déformations à produire.

106. Pendule de torsion. — Prenons un autre exemple. Dans la pince A (fig. 61) serrons l'extrémité d'un fil d'acier écroui; suspendons à l'autre bout un corps quelconque, par exemple un tube d'aluminium BB′, que nous chargeons de deux poids égaux à égale distance du fil. Ce système aura une certaine position d'équilibre.

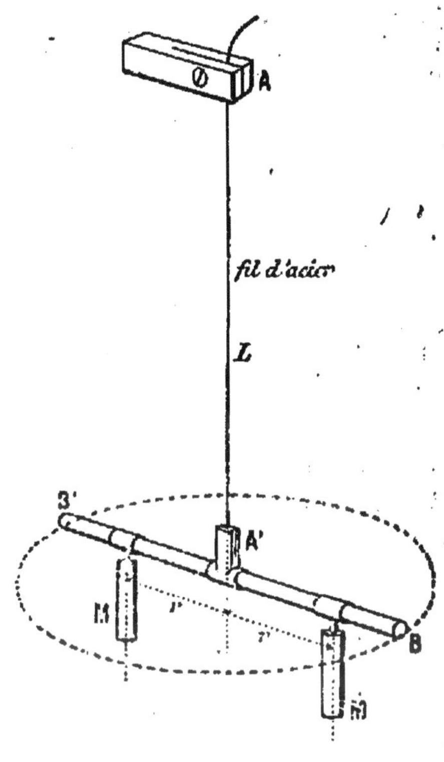

FIG. 61. — PENDULE DE TORSION.
Écarté de sa position d'équilibre, le barreau BB′ que soutient le fil d'acier L prend un mouvement oscillatoire simple.

Tordons le fil et abandonnons-le ensuite à lui-même; le tube BB′ prend un mouvement oscillatoire, dans lequel les oscillations conservent une période constante, indépendante de la torsion initiale.

C'est un mouvement *pendulaire*.

Ici encore, on vérifierait directement que :

Si l'on veut tordre le fil élastique, il faut le soumettre à des couples de forces, dont le moment (§ 40) ***est proportionnel à l'angle de torsion obtenu.***

107. Ressort spiral. — On emploie, comme nous le verrons, pour la régularisation des montres et des chronomètres, un dispositif qui se rapproche de celui que nous venons de décrire.

Il se compose d'un petit ressort plat R, en acier trempé. Ce petit ressort est contourné en spirale; l'une de ses extrémités A (fig. 62) est maintenue immobile par une pince, l'autre est fixée sur un cylindre bien pivoté C qui peut tourner autour d'un axe BB′ perpendiculaire au plan de la spirale. Un volant M, dont nous indiquerons plus tard le rôle (§ 115), est solidaire du cylindre.

Quand on fait tourner ce cylindre dans un sens ou dans l'autre, la spirale s'enroule ou se déroule.

Si l'on abandonne le système

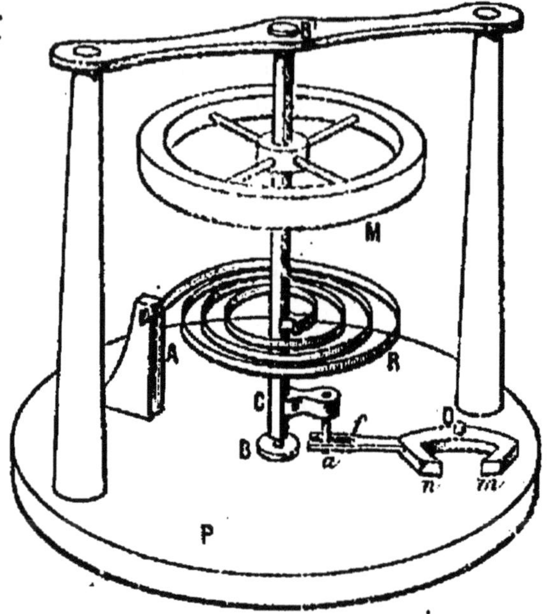

FIG. 62. — RESSORT SPIRAL.
L'une des extrémités du spiral est fixe; l'autre entraîne un cylindre C qui porte un volant M et dont les oscillations commandent le mouvement de l'ancre nm.

à lui-même après l'avoir écarté de sa position d'équilibre, il prend un mouvement semblable aux précédents. C'est encore un mouvement ***pendulaire***.

Ici encore, comme pour le diapason et comme pour le pendule de torsion, on constaterait directement que :

Les torsions du spiral sont proportionnelles aux moments des couples agissants.

108. **Lois générales du mouvement pendulaire.** — Rassemblons maintenant tous ces cas particuliers: et concluons.

1° ***Nous avons une méthode générale d'inscription graphique, qui nous permet d'étudier les lois de mouvements quelconques, et en particulier les lois de tous les mouvements pendulaires, lents ou rapides.***

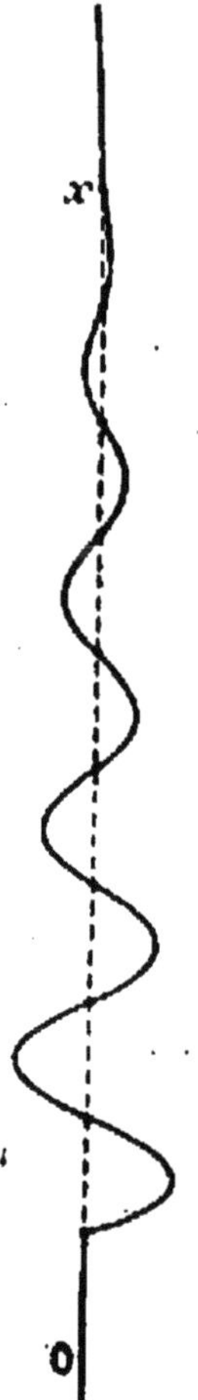

FIG. 63.
OSCILLATIONS AMORTIES.
L'amplitude des oscillations diminue, leur durée reste invariable.

2° ***Le mouvement pendulaire est un mouvement qui se produit dans une foule de circonstances, en particulier toutes les fois que le système mobile tend à être ramené à sa position d'équilibre par des actions efficaces, proportionnelles à l'écart.***

3° ***La période commune des vibrations est toujours indépendante de l'écart initial, c'est-à-dire de l'amplitude du mouvement.***

4° Le même dispositif expérimental montrerait également, sans que nous ayons besoin d'insister davantage, que :

Si le système mobile présente des frottements, l'amplitude des vibrations diminue seule progressivement; au contraire, la période du mouvement reste invariable. On dit que, dans ce cas, le mouvement pendulaire est ***amorti***.

La figure 70 donne la représentation de la courbe enregistrée dans le cas d'un mouvement pendulaire amorti.

109. **Applications du pendule.** — Parmi les applications extrêmement nombreuses et très importantes des lois du pendule, nous citerons :

1° La mesure dynamique des forces; c'est un point que nous avons déjà étudié (§ 11);

2° La mesure de g et l'étude de ses variations (§ 110);

3° La régulation du mouvement des horloges, des montres et des chronomètres (§ 114);

4° La démonstration directe du mouvement de rotation de la Terre (Expérience de Foucault, au Panthéon).

Nous allons passer rapidement en revue quelques-unes de ces applications.

CHAPITRE XI

APPLICATION DU PENDULE A LA MESURE DE g

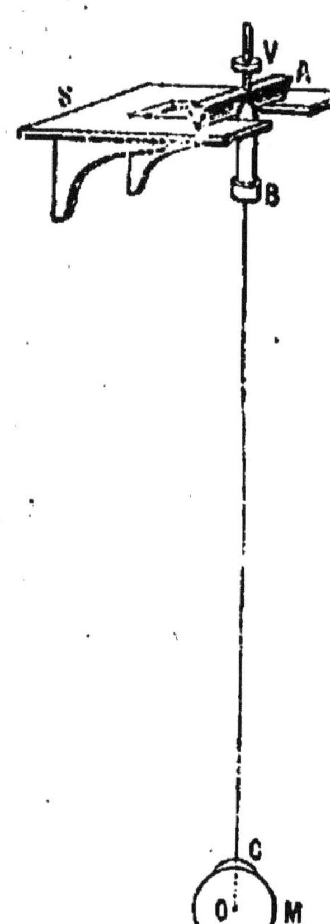

FIG. 64. — PENDULE DE BORDA. *C'est un pendule presque simple, formé d'une petite sphère de platine suspendue au bout d'un mince fil d'acier.*

110. Principe de la méthode. — La formule :

$$T = 2\pi\sqrt{\frac{l}{g}} \quad (\S\ 101)$$

permet de calculer g, quand on a effectué les mesures des quantités T et l. Il vient ainsi :

$$g = 4\,\pi^2\,\frac{l}{T^2}.$$

De là découle une méthode de détermination de g. C'est, à la fois, la plus simple et la plus précise.

Les recherches expérimentales sur la valeur de g sont très nombreuses. Borda a effectué une série de déterminations qui comptent parmi les plus complètes et les plus précises. Le pendule dont il se servait était un pendule *presque simple*, formé d'une petite sphère de platine M, attachée au bout d'un long fil d'acier BO. Pour présenter moins de frottement, l'axe de suspension était constitué par un couteau de balance A reposant sur un plan dur S (fig. 64).

La forme peu compliquée de ce pendule permettait de calculer, une fois connues les dimensions et les masses du fil et de la sphère, la longueur l du pendule simple qui aurait oscillé dans le même temps. On observait alors la durée T des petites oscillations, en déterminant le temps que mettait le pendule à effectuer un nombre considérable et connu d'oscillations consécutives.

La valeur de g, sous la latitude de 45 degrés et au niveau de la mer, est représentée par 981, si l'on compte les longueurs en centimètres et les intervalles de temps en secondes.

La valeur de g est sensiblement la même à Paris.

111. Variations de g avec l'altitude. — Nous savons (§ 92) que la pesanteur des corps est due à l'attraction que la Terre exerce sur eux et, d'autre part, que cette attraction varie comme l'inverse du carré de la distance des corps au centre de la Terre.

Il résulte de là que, au fur et à mesure qu'un corps s'élève au-dessus du sol, son poids Mg doit diminuer, ce qui revient à dire que l'intensité g de la pesanteur devient plus faible, puisque la masse M du corps reste toujours invariable.

L'expérience confirme pleinement cette théorie.

112. Vérification directe par l'expérience de von Jolly. — Cette variation de g avec l'altitude a été vérifiée directement par l'expérience de M. von Jolly.

Imaginons une balance placée au sommet d'une tour. Un même corps est suspendu à l'un des plateaux de cette balance, tout d'abord au voisinage du pied de la tour; ensuite, au voisinage de son sommet. Son poids doit diminuer d'une expérience à l'autre. L'équilibre, en effet, n'est maintenu, qu'en diminuant la tare portée par le second plateau.

La tour avait 21 mètres de hauteur. L'expérience portait sur un ballon contenant 5 kilogrammes de mercure. La diminution de poids observée était de 32 milligrammes.

La variation de poids relative était donc représentée par la fraction $\frac{32}{5\,000\,000}$. Sa valeur était de 64 dix-millioniémes

D'autre part, le rayon de la terre étant désigné par R et la hauteur de la tour par h, les intensités de la pesanteur, au pied et au sommet de la tour, doivent être entre elles (§ 90) dans un rapport égal à

$$\left(\frac{R+h}{R}\right)^2 = \left(1+\frac{h}{R}\right)^2 = 1 + 2\left(\frac{h}{R}\right) + \left(\frac{h}{R}\right)^2.$$

Le rayon moyen de la terre R est d'environ 6 370 kilomètres; la hauteur h de la tour était de 21 mètres. Le rapport $\frac{h}{R}$ était donc très sensiblement égal à $\frac{21}{6\,370\,000}$. Il est, par suite, inférieur à $\frac{1}{300\,000}$, et son carré est inférieur à un dix-millième de millionième. Nous ne pouvons que le négliger dans le calcul de

$$\left(1+\frac{h}{R}\right)^2;$$

et poser

$$\left(1+\frac{h}{R}\right)^2 = 1+\frac{2h}{R} = 1+\frac{42}{6\,370\,000}.$$

Ce rapport surpasse donc, à très peu près, l'unité de $\frac{42}{6\,370\,000}$, soit de 65,9 dix-millioniémes.

La théorie de la gravitation universelle (§ 96) indique donc que du sommet au pied de la tour, la variation relative de g doit être de 65,9 dix-millioniémes. L'expérience de von Jolly constate directement une variation relative du poids, égale à 64 dix-millioniémes. On ne pouvait espérer vérification plus satisfaisante quand il s'agit d'expériences aussi délicates.

Étant donné la petitesse des nombres à observer, aucune cause d'erreur ne devait être négligée; en particulier, celles qui sont relatives à la perte de poids due à la poussée de l'air (§ 161).

On résolvait facilement cette difficulté, en suspendant sous le même plateau de la balance, deux ballons de verre de même volume extérieur dont l'un était vide et dont l'autre contenait les 5 kilogrammes de mercure; l'un d'eux était au niveau du sommet, l'autre au pied de la tour. L'expérience consistait à les échanger. L'effet de la poussée de l'air restait le même, puisque les deux ballons avaient le même volume extérieur.

115. Variations de g avec la latitude. — La valeur de g est 978 à l'équateur, au niveau de la mer; elle augmente avec la latitude et atteindrait environ 983 au pôle. Ce phénomène tient à deux causes :

En premier lieu, ***la Terre étant légèrement renflée à l'équateur***, il est compréhensible qu'elle y exerce sur un même corps une attraction un peu plus faible qu'au pôle, puisque le corps s'y trouve plus loin du centre.

En second lieu, la Terre est animée, autour de son axe,

d'un mouvement de rotation qui tend, comme dans le cas d'une fronde, à éloigner de cet axe les corps qui se trouvent à la surface terrestre et, par conséquent, à amoindrir leur poids. Cet effet est d'autant plus marqué, que les corps sont plus loin de l'axe de rotation et, de ce fait, le poids d'un corps subit, à l'équateur, une diminution qu'il ne subirait pas au pôle, ce qui se traduit par une moindre valeur de l'intensité de la pesanteur.

On peut se rendre compte, par les nombres que nous venons de donner que, *dans la pratique*, sauf le cas de haute précision (comme dans l'expérience de von Jolly), on peut négliger les variations de g. Ces dernières, en effet, ont une importance relative inférieure au dix-millième, tant que l'on se borne à des déplacements horizontaux d'une centaine de kilomètres ou à des variations d'altitude inférieure à 300 mètres.

Dans ces limites, on peut regarder le poids d'un même corps comme rigoureusement invariable.

Longueur du pendule battant la seconde.

On dit qu'un pendule *bat la seconde* lorsqu'il passe à chaque seconde par la verticale, soit dans un sens, soit dans l'autre : la période de ses vibrations est donc de 2 secondes.

La longueur L du pendule simple qui bat la seconde à Paris, où $g=981$, est ainsi donnée par la relation

$$2 = 2 \times 3{,}1416 \sqrt{\frac{L}{981}}.$$

On tire de là $L = 99^{cm},396$.

A l'équateur le pendule qui battrait la seconde serait un peu plus court ; il serait au contraire un peu plus long au pôle.

Réglée à Paris et transportée telle quelle à l'équateur, une horloge retarderait donc sur toute autre qui serait réglée à l'équateur même.

En nombre rond, on voit que la longueur du pendule à seconde, à Paris, est très voisine de 1 mètre.

CHAPITRE XII

APPLICATION DU PENDULE A LA MESURE DU TEMPS

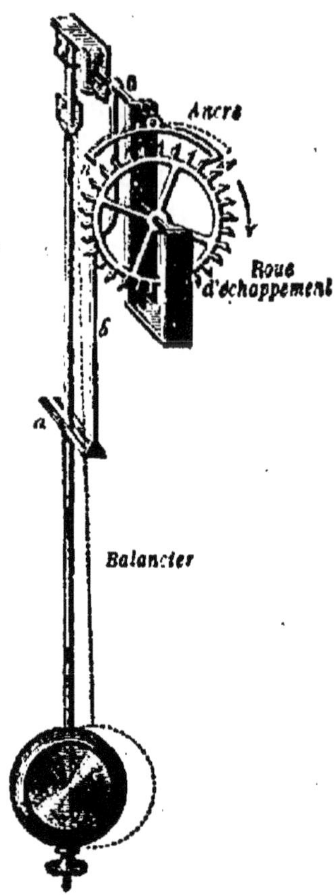

FIG. 65.
RÉGULATEUR D'UNE HORLOGE.
A chaque oscillation du balancier, la roue d'échappement avance du demi-intervalle de deux dents.

114. Régulation des horloges. — On trouve dans toute horloge un ***organe moteur***. C'est ordinairement un tambour cylindrique auquel la détente d'un ressort ou la chute d'un poids, attaché à l'extrémité d'une corde, imprime une rotation autour de son axe. Par des engrenages intermédiaires convenables, le mouvement du tambour entraîne celui des aiguilles qui servent à indiquer les heures, les minutes et les secondes sur le cadran.

On obtient l'uniformité du mouvement à l'aide d'une ingénieuse application de l'***isochronisme*** des oscillations du pendule.

Sur l'axe horizontal d'une des roues dentées du mécanisme est montée une autre roue dentée, dite ***roue d'échappement***. Entre les dents de celle-ci peuvent s'engager les extrémités *m* et *n* d'une pièce métallique courbée en forme d'ancre. Cette ancre est solidaire d'un pendule oscillant parallèlement à la roue d'échappement.

Ce pendule, ou ***balancier*** (fig. 65), est formé d'une lourde lentille de plomb ou de bronze supportée par une tige de bois ou de métal peu dilatable. Une lame élastique d'acier sert à suspendre le pendule.

Les oscillations du balancier se communiquent à l'ancre par l'intermédiaire de la fourche *a* et de la tige *b*.

Supposons que, sous l'action du moteur, la roue d'échappement soit sollicitée à tourner dans le sens de la flèche.

Lorsque le pendule est au repos, l'une des dents d (fig. 66) est en prise avec l'extrémité m de l'ancre ; la roue d'échappement et, par suite, tout le mécanisme sont immobilisés.

L'extrémité n se place alors dans l'intervalle de deux autres dents d', d'' (fig. 66). Si le pendule se déplace du côté de m, la dent d *échappe* à certain moment et la roue d'échappement tourne jusqu'à ce que la dent d' soit elle-même arrêtée par n. Le système est alors immobilisé jusqu'à ce que, le pendule revenant sur ses pas, la dent d' échappe à son tour. A chaque oscillation, la roue d'échappement avance ainsi par saccades de la moitié de l'intervalle de deux dents.

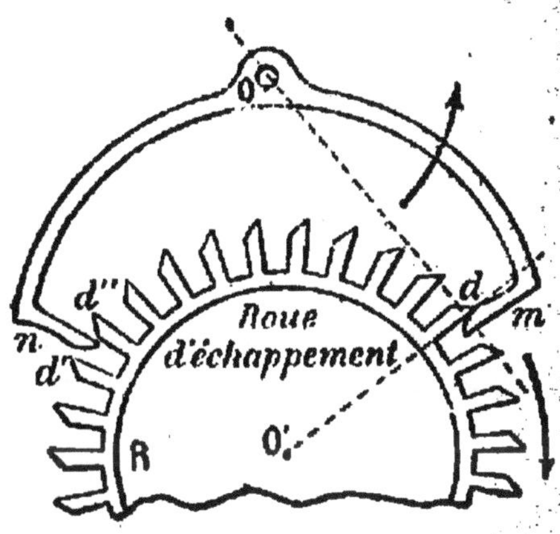

FIG. 66. — DÉTAILS DE L'ÉCHAPPEMENT. *Au moment où une dent échappe, elle imprime à l'ancre une légère impulsion qui entretient le mouvement du pendule.*

Les extrémités de l'ancre sont taillées en biseau et, au moment où une dent échappe, elle imprime à l'ancre et, par suite, au pendule une légère impulsion qui compense la perte d'énergie due aux frottements. Les oscillations du pendule, au lieu de s'amortir, conservent ainsi, surtout dans les horloges à poids, une amplitude presque constante : elles sont alors *rigoureusement* isochrones et le mouvement des aiguilles est parfaitement régulier.

On dit qu'une horloge est *réglée,* lorsqu'elle indique exactement le temps moyen, c'est-à-dire lorsque l'aiguille des minutes met exactement 3600 secondes à effectuer un tour de cadran.

On règle une horloge en déplaçant la lentille le long de la tige : on la monte ou on la descend, suivant que l'horloge retarde ou avance.

Pour que la marche d'une horloge soit régulière, il est essentiel que la longueur du balancier, une fois réglée, reste invariable et, par conséquent, insensible aux changements de température. Si la tige du pendule est dilatable, l'horloge avance en hiver et retarde, au contraire, en été.

Divers procédés ont été indiqués pour éviter cet inconvénient : l'un des plus simples consiste à employer une tige en bois ou mieux en métal ***Invar*** (§ 255) (acier au nickel), substances pour lesquelles la dilatation est extrêmement faible. On obtient, dans les observatoires, une régulation parfaite en plaçant les horloges dans des sous-sols où la température ne varie pas sensiblement d'une saison à l'autre.

115. Régulation des chronomètres et des montres. — Le mode de régulation de ces appareils ne diffère de celui des horloges que par le choix du système oscillant. Pour les chronomètres qui sont, en somme, des appareils de petit volume, susceptibles d'être transportés, l'emploi d'un pendule est impossible : il est indispensable que le système oscillant puisse fonctionner, quelle que soit la position de l'instrument. On utilise alors le ***ressort spiral.***

La figure 62 montre un schéma de ***régulateur chronométrique***; pour les montres, la disposition reste la même, à la dimension près des pièces employées.

Le ressort R est constitué par une mince lame d'acier trempé, contournée soit en spirale, soit en hélice. L'une de ses extrémités A est fixe, l'autre est crochée sur un arbre d'acier dont les extrémités BB', taillées en pointe, peuvent pivoter sur des chapes d'agate serties et fixées dans la monture de l'appareil. L'arbre BB' est solidaire d'un volant M, dont l'inertie est calculée de manière que les oscillations du système aient la période voulue.

D'autre part, l'arbre BB' entraîne une broche *a* qui, par l'intermédiaire de la fourche *f*, communique ses oscillations à l'ancre *mn* qui est mobile autour de l'axe O. L'échappement se fait comme dans les horloges.

On règle le chronomètre soit, en faisant varier légèrement, à l'aide d'un dispositif particulier, la longueur du spiral, soit en alourdissant le volant M par de petites surcharges que l'on visse sur son pourtour.

Il n'est pas inutile de remarquer que la marche d'un chronomètre ne dépend pas comme celle d'une horloge de l'intensité de la pesanteur à l'endroit où il se trouve. Les variations de celles-ci sont, en effet, sans action sur l'élasticité du ressort spiral; en sorte qu'un chronomètre réglé à Paris et transporté à l'équateur, reste encore réglé, à la même température.

DEUXIÈME PARTIE

ÉQUILIBRE DES LIQUIDES ET DES GAZ

CHAPITRE I

PRESSIONS DANS LES FLUIDES EN ÉQUILIBRE

I. — NOTION DE LA PRESSION

116. Efforts exercés par les solides pesants sur leurs appuis. — Supposons que nous ayons préparé un certain nombre de petits cylindres de bois, de hauteurs quelconques, mais dont les sections soient très inégales (fig. 67).

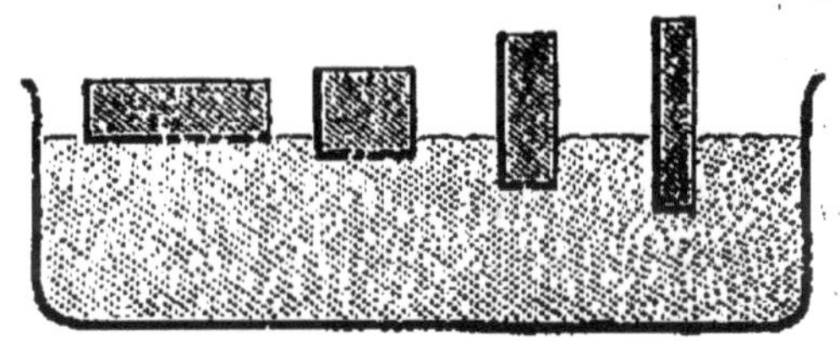

FIG. 67. — EFFET DE LA PRESSION.
Un corps solide enfonce, dans le sable, en raison de la pression qu'il exerce sur le sable, et non pas en raison seulement de la force qui lui est appliquée.

Plaçons-les successivement sur une masse de sable fin, contenue dans un vase. Chargeons-les de façon à les faire enfoncer.

On comprend sans peine qu'un cylindre devra, pour s'enfoncer, supporter une charge d'autant plus lourde que sa section est plus grande.

La force n'est donc pas la seule chose à considérer au point de vue de l'effet produit ; mais il faut encore tenir compte de la surface sur laquelle elle s'exerce.

Si la surface d'appui est 2 fois, 3 fois, 4 fois plus grande, il faudra, pour obtenir le même effet, la soumettre à une force 2 fois, 3 fois, 4 fois plus grande.

L'effet, dans ces conditions, reste le même. Nous exprimerons cela en disant que, dans ces différentes circonstances, le sable supporte ***une même pression.***

117. Définition de la pression. — La pression supportée par une surface d'appui a donc une valeur d'autant plus grande : 1° que la force exercée F est plus grande ; et 2° que cette force est répartie sur une plus petite surface S.

Elle varie dans le même sens et dans le même rapport que F. Elle varie en sens contraire de la surface S et en rapport inverse avec elle.

On peut donc prendre, ***pour sa mesure***, la valeur de l'expression $\frac{F}{S}$.

Si donc on désigne la pression par p, nous pourrons écrire

$$p = \frac{F}{S},$$

ce que nous traduirons en langage ordinaire, en disant :

La pression, supportée par une surface plane, est égale, par définition à la force appliquée, par unité de surface, à la surface considérée.

Si nous choisissons le kilogramme comme unité de force, et le centimètre carré comme unité de surface, la pression sera estimée en kilogrammes par centimètre carré. Ainsi, une force de 10 kilogrammes supportée par une surface plane de 20 centimètres carrés représente une pression de 1/2 kilogramme par centimètre carré.

118. Exemples des effets dus aux pressions. — La notion de pression permet d'expliquer facilement les effets produits par les différents outils employés à couper, à percer, à limer, à raboter, à travailler de toutes sortes de façons les matériaux les plus divers.

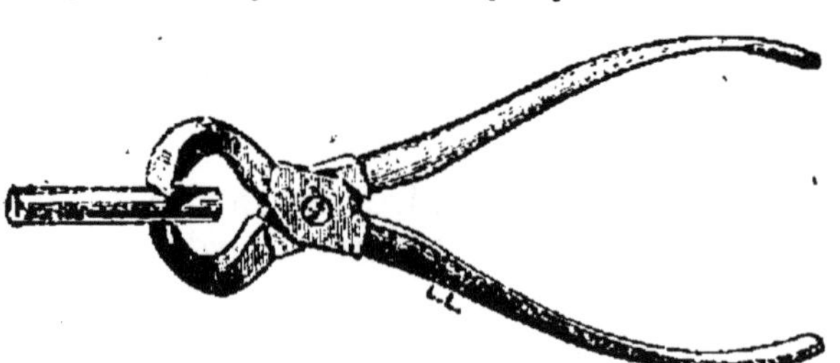

FIG. 68. — PINCE COUPANTE.
La rupture du fil est due à la pression énorme développée par la pince.

Tout le monde connait la ***pince coupante*** (fig. 68) ; c'est un outil en forme de tenailles dont les mâchoires aiguisées sont en acier trempé. L'effort exercé par les branches de la pince porte uniquement sur les bords amincis des deux mâchoires, c'est-à-dire sur une surface très petite; il s'y développe, par conséquent, une pression énorme, qui entraîne la rupture du fil.

Lorsqu'on transporte par chemin de fer de grosses pièces d'artillerie, on diminue la charge de chacun des essieux, en

FIG. 69. — TRANSPORT D'UNE PIÈCE DE 48 TONNES.
La pièce repose sur deux wagonnets à 8 paires de roues; on évite ainsi que la pression puisse déformer la voie ferrée.

répartissant sur une plus grande surface l'effort que doit supporter la voie ferrée (fig. 69).

On comprend donc dès maintenant quelle importance présente au point de vue pratique cette notion nouvelle de pression ; et nous verrons par la suite avec quelle simplicité elle permet de comprendre les propriétés des fluides en équilibre.

2. — PROPRIÉTÉS DES PRESSIONS DANS LES FLUIDES

110. **Poussées sur les parois.** — La notion de pression, si importante pour l'explication des phénomènes précédents, dans lesquels n'interviennent que des *corps solides*, est surtout utile pour l'étude *des liquides et des gaz*.

Pour l'étude que nous voulons entreprendre, il nous suffira de savoir que les liquides (ex. : eau, alcool) et les gaz (ex. : air, gaz d'éclairage) sont des *corps fluides*, c'est-à-dire qu'ils n'opposent aux déformations qui se produisent sans variation de volume que des résistances insignifiantes.

Ajoutons que les liquides sont à peu près *incompressibles*, tandis que les gaz sont essentiellement *compressibles* (§ 180).

Nous nous servirons fréquemment, pour étudier les pressions dans les liquides, du dispositif suivant : l'une des bases d'une boîte circulaire en laiton B est fermée par une membrane de caoutchouc mince C (fig. 70); l'autre porte une tubulure E. Réunissons cette tubulure à celle d'un entonnoir

A par un tube de caoutchouc; et versons de l'eau dans l'entonnoir.

Cet ensemble constitue un vase AB et la membrane de caoutchouc C est une partie de la paroi de ce vase.

Or, si la boîte B est en dessous de l'entonnoir, on voit la membrane se bomber vers l'extérieur : elle est donc soumise de la part du liquide à une poussée, et le fait est général :

Un liquide exerce toujours une poussée sur chaque portion de la paroi du vase qui le renferme.

Si on perce un petit trou dans la membrane, le liquide jaillit normalement : ***la poussée est donc normale à la portion de paroi sur laquelle elle s'exerce.***

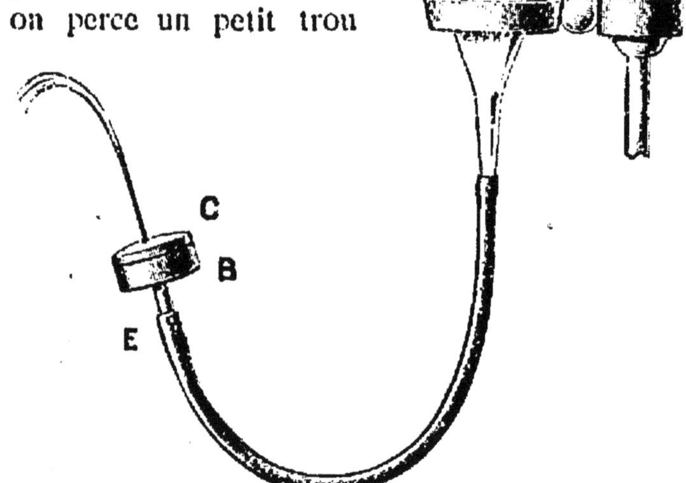

FIG. 70. — POUSSÉES EXERCÉES PAR LES LIQUIDES.
La poussée exercée par un liquide sur une portion de paroi est normale à celle-ci.

120. Remarque importante. — Ces poussées ne peuvent se manifester sur une surface que si elles s'exercent d'un côté seulement de cette surface.

Par exemple, prenons un verre de lampe rodé sur l'un des bords. Appliquons contre l'ouverture rodée un petit disque de verre A; maintenons celui-ci appuyé à l'aide d'un fil *a* (fig. 71) que nous tenons à la main, pendant que nous descendons le tout dans un vase plein d'eau. Le disque reste alors appuyé contre le verre de lampe ; et l'on peut lâcher le fil. L'eau qui se trouve au-dessous du disque exerce contre lui une poussée dirigée vers le haut.

Mais si nous versons maintenant de l'eau dans le verre de lampe, jusqu'en MN, le disque A se détache et tombe au fond du vase.

Tout se passe comme si le disque n'était plus soumis à aucune pression de la part du liquide.

Un disque de verre, suspendu verticalement par un fil au milieu du liquide, ne manifestera aucune tendance à se déplacer de droite à gauche ou de gauche à droite.

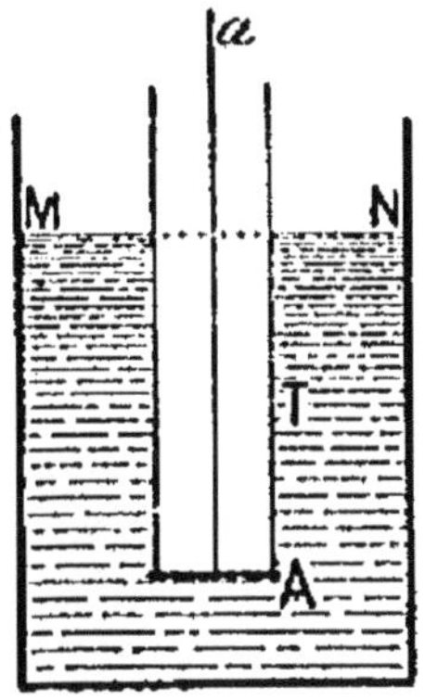

FIG. 71. — POUSSÉES A L'INTÉRIEUR DES LIQUIDES.
Une surface, plongée dans un liquide, supporte, sur ses deux faces, des poussées égales et de sens contraires.

De même, une membrane de caoutchouc qui serait tendue sur un cadre au milieu du liquide ne manifesterait aucune déformation dans un sens ou dans l'autre.

Mais, si l'on se sert d'une membrane de caoutchouc pour fermer une petite boîte plate, pleine d'air, et si celle-ci est introduite au milieu de l'eau, sans que l'eau puisse pénétrer dans la boîte, la pression de l'eau s'exerçant d'un côté seulement de la membrane la fera fléchir vers l'intérieur de la boîte.

Nous allons précisément nous servir de cette remarque pour combiner un petit appareil qui nous permettra d'étudier commodément les pressions à l'intérieur d'un liquide.

121. Baroscope à liquides. — Nous emploierons donc une petite boîte plate en métal (fig. 72) fermée sur une de ses faces par une membrane de caoutchouc, ficelée sur les bords de la boîte. A l'intérieur de cette boîte pénètre un tube étroit, dont l'axe est exactement dirigé dans le plan de la membrane. Un tube de caoutchouc établit une communication

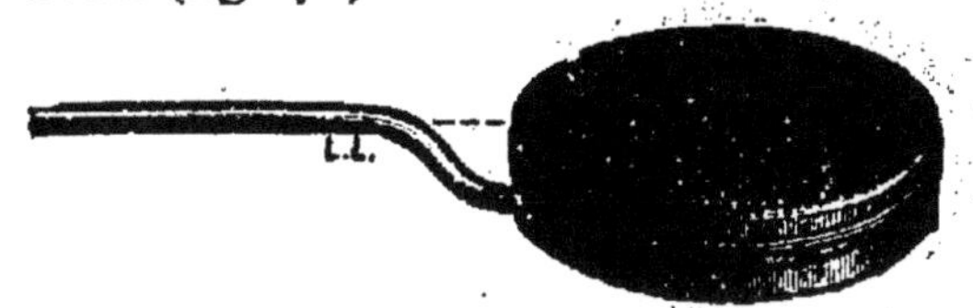

FIG. 72. — BAROSCOPE A LIQUIDES.
C'est un tambour, plein d'air, fermé par une membrane de caoutchouc et communiquant, à l'intérieur, avec un tube en U contenant de l'eau colorée.

entre l'intérieur de la boîte et un récipient en verre, recourbé en forme d'U et contenant de l'eau colorée.

Quand on exerce une poussée sur la membrane, elle s'infléchit et refoule l'air contenu dans le tambour; il en résulte nécessairement dans le tube en U une dénivellation qui est

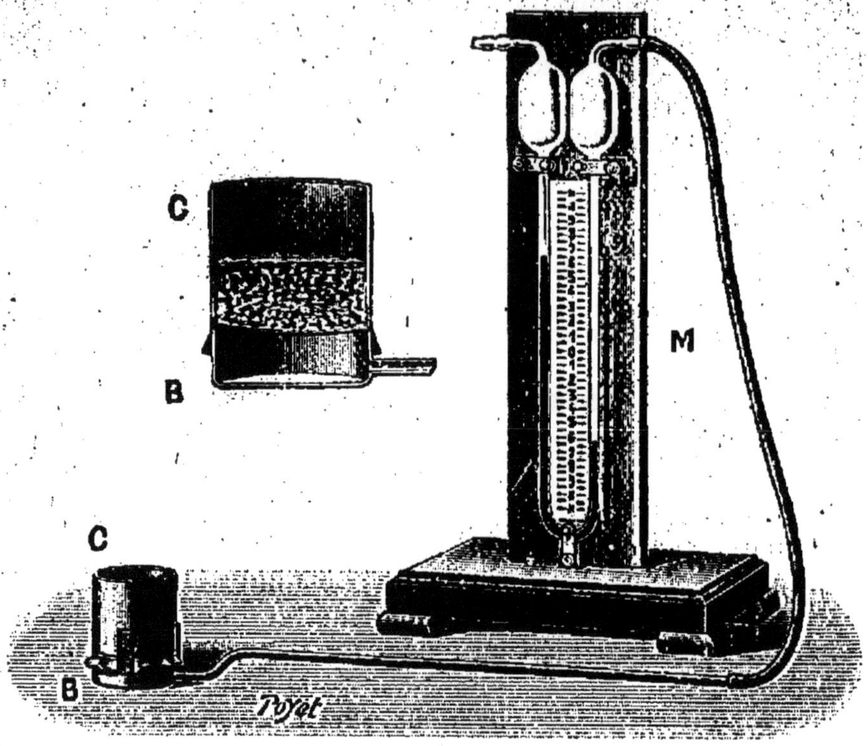

FIG. 73. — REPÉRAGE DE LA POUSSÉE.
La dénivellation du liquide dans le tube M s'accroît à mesure que l'on presse davantage sur la membrane.

d'autant plus grande que la poussée est plus énergique. ***Cette dénivellation peut donc servir de repère à la poussée.*** On peut même graduer l'appareil, en chargeant la membrane de poids connus, ainsi que l'indique la figure 73, et en notant les dénivellations correspondantes.

122. **Mesure des pressions dans les liquides.** — Ce petit appareil peut donc nous servir à faire une ***mesure des pressions*** exercées par un liquide. En ce sens, il constitue un véritable ***baroscope.***

La figure 74 montre comment on dispose l'expérience. Le

tube *a* traverse une planche de bois HH qui repose sur le bord horizontal d'un grand récipient en verre A. Ce tube *a* communique, d'autre part, avec le tube en U à l'aide d'un tube de caoutchouc épais et étroit.

Le récipient A étant vide et aucune dénivellation n'existant dans le tube en U, on verse de l'eau en A jusqu'au

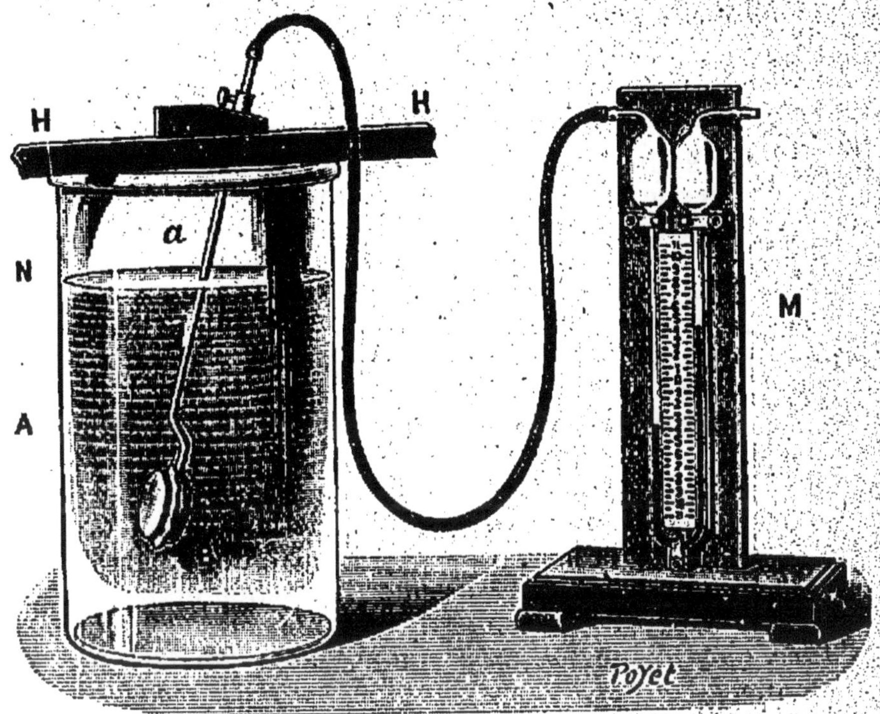

FIG. 74. — CONSTANCE DE LA PRESSION EN TOUS LES POINTS D'UN PLAN HORIZONTAL.

Quand on fait tourner le tambour sur place, la dénivellation dans le tube M ne change pas.

niveau N. Une dénivellation se produit : ce qui démontre l'existence d'une poussée normale du liquide sur la membrane. La valeur de cette poussée est donnée par la graduation du baroscope. Si, par exemple, cette poussée est de 675 grammes et si la surface de la membrane est de 75 centimètres carrés, la *pression* sur la membrane est de $\frac{675}{75}$ soit 9 grammes par centimètre carré.

Ainsi, nous sommes déjà en possession des faits suivants :

1° *A l'intérieur d'un liquide s'exercent des pressions.* — Nous avons vu comment on doit les définir, et comment on peut les manifester ;

2° *La pression qu'un liquide exerce sur une surface est toujours perpendiculaire à cette surface, et va du liquide vers l'extérieur ;*

3° *Cette pression peut se mesurer facilement* à l'aide de l'appareil précédemment décrit.

123. **La pression est indépendante de l'orientation de la surface sur laquelle elle s'exerce.** — Reprenons le dispositif de la figure 74. Repérons toujours la position des niveaux dans le tube en U. Faisons tourner le tube *a* dans la traverse qui le porte, le centre de la membrane reste immobile ; mais l'orientation de celle-ci change à volonté.

Nous constatons que *la dénivellation reste invariable* ; il en doit donc être de même de la poussée *F* supportée par la membrane de caoutchouc.

Nous dirons donc que la poussée exercée par le liquide sur une surface placée à l'intérieur du liquide ne dépend que de la position occupée par le centre de cette surface dans le liquide, mais ne dépend pas de son *orientation*.

Ainsi, la pression ne dépend que de la position occupée par le centre de la membrane. On pourra donc parler de la *pression en un point*, sans spécifier la direction de la surface que l'on suppose passant par ce point. Par conséquent :

Dire que la pression est p *en un point d'un fluide, c'est dire que, si l'on place en ce point une petite surface d'étendue* s, *celle-ci recevra une poussée normale, numériquement égale à* ps.

124. **Surfaces de niveau.** — Le même procédé va nous permettre d'établir que :

Dans un fluide en équilibre la pression est la même en tous les points d'un même plan horizontal. On exprime ce fait, en disant qu'un plan horizontal est une *surface de niveau.*

Reprenons encore le dispositif que représente la figure 74. Déplaçons la traverse HH sur le bord du vase A. Dans ce mouvement, le centre de la membrane se déplace horizontalement : nous constaterons que la dénivellation dans le tube en U reste constante et cela suffit à nous montrer qu'il en est de même de la pression dans toute l'étendue du plan horizontal qui passe par le centre du tambour.

On constatera de même encore que :

Dans un fluide en équilibre, la pression augmente avec la profondeur.

On constate, en effet, que, dans le tube en U, la dénivellation augmente ou diminue, suivant qu'on enfonce ou qu'on soulève le tambour.

125. Différence de pression entre deux points d'un fluide en équilibre. — Supposons un cylindre plongé verticalement dans l'eau. La base inférieure supporte une poussée verticale dirigée vers le haut. — La base supérieure supporte une poussée verticale dirigée vers le bas. La première, nous venons de le voir, est supérieure à la seconde. Si donc le cylindre était primitivement suspendu en équilibre au-dessous d'un plateau de balance, il ne sera plus en équilibre dès qu'il plongera dans l'eau. Celle-ci le poussera vers le haut. Pour rétablir l'équilibre, il faudra donc placer des poids dans le plateau qui supporte le cylindre. Ces poids représenteront évidemment la différence des poussées sur les deux bases.

Les poussées qui s'exercent sur la surface latérale du cylindre, étant horizontales, n'interviennent évidemment pas dans l'équilibre de la balance.

On constate ainsi que, si l'équilibre a été réalisé une première fois, il persistera à quelque profondeur que l'on enfonce le cylindre. Donc :

Au sein d'un liquide en équilibre, la différence de pression est toujours la même entre deux points qui offrent la même différence de niveau.

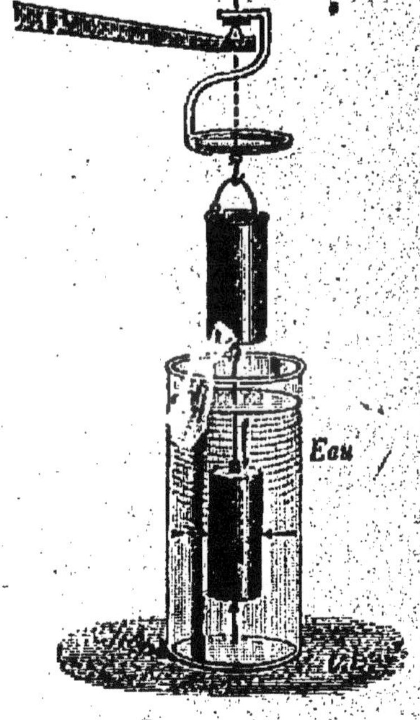

FIG. 75. — DIFFÉRENCE DES POUSSÉES SUR LES BASES D'UN CYLINDRE VERTICAL IMMERGÉ.
Cette différence est égale au poids du liquide déplacé par le cylindre.

On peut compléter les résultats que nous venons d'énoncer par une expérience saisissante.

Sous l'un des plateaux d'une balance, on suspend un cylindre *creux* (fig. 75), et, au-dessous de celui-ci, un cylindre *plein* dont le volume est exactement égal à la capacité du cylindre creux. On fait la tare du tout en plaçant des poids dans l'autre plateau. On immerge ensuite le cylindre plein dans un vase contenant de l'eau et l'on observe, comme nous l'avons dit, que la balance s'incline du côté de la tare; mais le fléau reprend son équilibre primitif si l'on remplit exactement d'eau le cylindre creux; ce qui montre évidemment que la différence des poussées que reçoit le cylindre plein est égale au poids de l'eau qu'il déplace.

On en conclut que : ***La différence des poussées sur deux surfaces égales, placées à des niveaux différents dans un liquide, est égale au poids d'une colonne cylindrique du liquide, dont la hauteur est égale à la différence de niveau des surfaces et dont la section a même étendue que celles-ci.***

126. **Formule fondamentale de l'hydrostatique.** — Soient p et p' les pressions, exprimées en grammes par centimètre carré, qui règnent respectivement au niveau des bases supérieure et inférieure du cylindre immergé ; supposons que ces bases aient elles-mêmes s centimètres carrés de surface et que leur différence de niveau soit égale à h centimètres.

Les poussées que reçoivent les bases seront de $p's$ et $p s$ grammes et leur différence équivaudra à $(p'-p)\, s$ grammes.

Or, le volume du cylindre est de sh centimètres cubes, et, si ϖ désigne le poids d'un centimètre cube du liquide (c'est ce qu'on appelle le *poids spécifique* du liquide), le poids du cylindre liquide considéré sera $sh\varpi$ grammes. On aura donc :

$$(p'-p)\, s = sh\varpi,$$

et, par conséquent :

$$p'-p = h\varpi;$$

ce qui revient à dire que ***la différence de pression qui règne entre deux points A et A' d'un liquide est numériquement égale au produit de leur différence de niveau par le poids spécifique du liquide.***

L'application de cette relation exige seulement que les deux points appartiennent à la même masse de liquide; elle n'est, d'ailleurs, pas particulière aux liquides et s'étend pareillement aux gaz; mais nous en réserverons la vérification pour ces fluides, jusqu'à ce que nous sachions mesurer leur pression avec précision (§ 163).

La formule précédente est la formule fondamentale de l'hydrostatique.

CHAPITRE II

APPLICATIONS DES LOIS DE L'HYDROSTATIQUE

1. — ÉQUILIBRE DES LIQUIDES — VASES COMMUNICANTS

127. **Rappel des lois de l'hydrostatique.** — Résumons les résultats précédemment obtenus :

1° La poussée qu'exerce un liquide sur une portion de paroi est normale à la paroi;

2° La pression qui s'exerce en un point d'un liquide en équilibre est indépendante de l'orientation de l'élément de surface qui passe par ce point;

3° Dans un liquide en équilibre, la pression est la même en tous les points d'un plan horizontal;

4° La différence des pressions p et p' en deux points d'un liquide est numériquement égale au produit $h\varpi$ de la différence de niveau h par le poids spécifique ϖ du liquide.

Appliquons ces résultats à l'étude des propriétés des liquides.

128. **Surface libre des liquides en équilibre.** — Nous avons déjà dit (§ 43) que *la surface libre d'un liquide au repos dans un récipient est plane et horizontale.*

Nous devons en conclure que *la surface libre d'un liquide est*, en chacun de ses points, *normale à la direction de la pesanteur*.

Si la surface libre du liquide est de grande étendue comme celle des mers, la direction de la surface doit changer d'un point à un autre, en restant normale à la pesanteur. Elle doit, par conséquent, prendre une forme sphérique (§ 45).

La courbure des mers est facile à constater. En effet, si la surface des mers était plane, un navire qui s'éloigne du rivage ne cesserait d'être visible que par l'effet de l'éloignement et ce seraient les parties les moins apparentes, les mâts et les cordages, qui disparaîtraient tout d'abord. Or, on observé tout le contraire : c'est la coque du navire qui disparaît la première au-dessous de l'horizon, puis la partie inférieure des mâts et enfin leur sommet (fig. 76).

FIG. 76. — COURBURE DES MERS.
Lorsqu'un navire s'éloigne, c'est la coque qui disparaît la première, puis la partie inférieure des mâts, et enfin leur sommet.

120. Vases communicants contenant un seul liquide. — Des récipients de forme quelconque contiennent une masse liquide MABN (fig. 77), dont toutes les parties communiquent librement entre elles, mais dont la surface libre est formée de régions MM', NN' distinctes et séparées les unes des autres. On dit alors que la masse du liquide est ***continue***, que sa surface libre est ***discontinue***, et que les récipients constituent un système de ***vases communicants***.

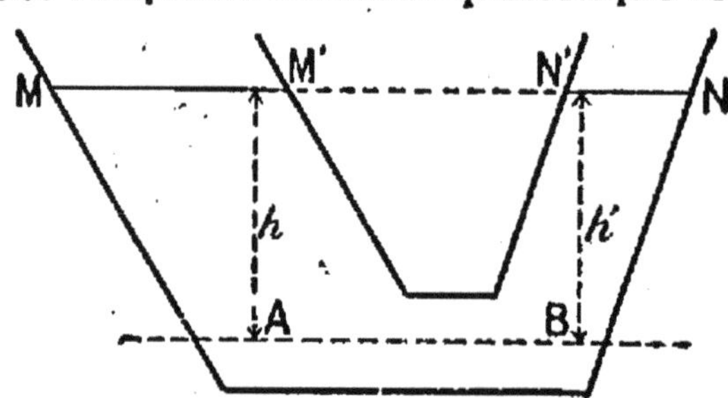

FIG. 77. — VASES COMMUNICANTS.
La masse du liquide est ***continue*** *; la surface libre est* ***discontinue***, *c'est-à-dire formée de parties séparées les unes des autres.*

Dans un système de vases communicants, les surfaces libres appartiennent à un même plan horizontal.

En effet, les points A et B, par exemple (fig. 77), appartenant un même plan horizontal, les pressions en A et B sont égales; d'autre part, les pressions en MM' et NN' étant égales à la pression extérieure, quelle qu'elle soit, les différences $h\varpi$ et $h'\varpi$ sont elles-mêmes égales; il en résulte $h = h'$, c'est-à-dire que les deux surfaces planes horizontales MM', NN' sont situées à un même niveau.

On peut vérifier expérimentalement cette propriété à l'aide du dispositif que représente la figure 78 : deux longues éprouvettes sont réunies à leur partie inférieure par un tube de caoutchouc et contiennent de l'eau. Quelle que soit la position qu'on donne à ces éprouvettes, l'eau s'y établit toujours à un niveau commun.

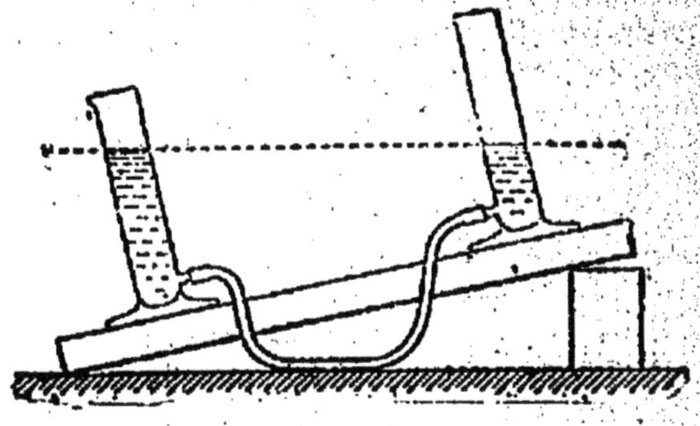

FIG. 78.
ÉQUILIBRE DANS LES VASES COMMUNICANTS.
Les différentes portions de la surface libre sont dans un même plan horizontal.

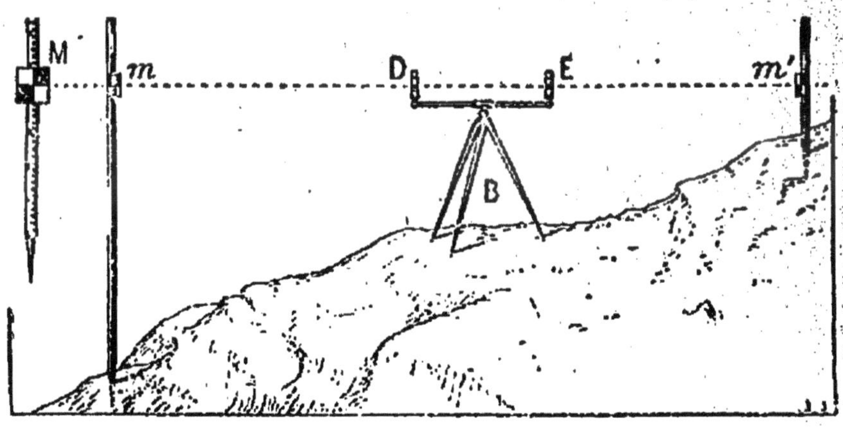

FIG. 79. — NIVEAU D'EAU.
La différence de niveau, entre les points sur lesquels repose successivement l'échelle, est égale à la distance qui sépare, sur l'échelle, les deux positions m et m' de la mire, quand celle-ci a été amenée de part et d'autre sur la ligne de visée.

130. Applications du principe des vases communicants. - Cette tendance des liquides à reprendre leur niveau présente une foule d'applications : on l'utilise pour la distribution de l'eau dans les villes, les jets d'eau, les puits artésiens, le niveau d'eau, le niveau à bulle, etc.

Distribution de l'eau dans les villes. — L'eau qui doit alimenter une ville est amenée dans un grand réservoir, où elle s'élève plus haut que le dernier étage de la maison la plus élevée à desservir. De ce réservoir partent des tuyaux de conduite dont les branches aboutissent aux divers étages des maisons.

Niveau d'eau. — C'est un instrument d'arpentage composé d'un tube de laiton (fig. 79), d'environ 1 mètre de long, coudé aux deux extrémités. A celles-ci sont adaptés, à angle droit, deux larges tubes de verre en forme de fioles. L'appareil est fixé à l'aide d'une genouillère sur un pied à trois branches et l'on y verse de l'eau colorée jusqu'à remplir en partie les deux fioles de verre. Les surfaces libres du liquide dans celles-ci sont alors dans un même plan horizontal; elles fournissent une ligne de visée horizontale pour les opérations de nivellement.

Écluses. — Une application intéressante de la propriété des vases communicants se retrouve encore dans les *écluses des canaux* (fig. 80). Nous ne décrirons pas leur mode de fonctionnement, qui est trop connu. Qu'il nous suffise de rappeler que, grâce à cet ingénieux dispositif, la masse d'eau d'un canal, qui est comprise entre deux écluses, peut être à volonté amenée au niveau du bief d'amont ou du bief d'aval. Le bateau peut donc passer insensiblement d'un niveau à l'autre.

FIG. 80. — ÉCLUSES DE CANAL.
Le jeu des écluses permet de faire passer progressivement le bateau du niveau du bief d'amont au niveau du bief d'aval; ou inversement.

151. Équilibre des liquides superposés. — Nous verrons plus tard (§ 189) que les gaz mis en contact se mélangent toujours : il n'existe jamais entre eux de surface de séparation nette ; il y en a toujours une entre les gaz et les liquides ; il y en a une aussi entre les liquides qui n'exercent les uns sur les autres ni action chimique ni action dissolvante.

En remplissant incomplètement un large flacon de ***mercure***, d'***eau*** et d'***huile***, on constate qu'au repos ***les surfaces de séparation sont des plans horizontaux*** et l'expérience montre que ***ces liquides sont alors superposés par ordre de poids spécifiques décroissants*** (fig. 81).

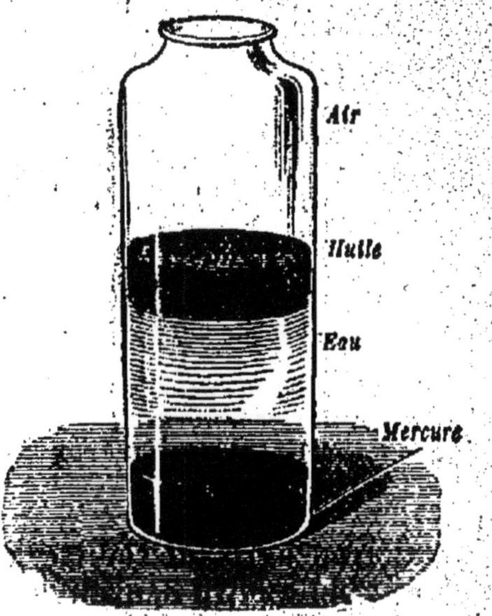

FIG. 81.
ÉQUILIBRE DES FLUIDES SUPERPOSÉS.
Dans un même flacon, des liquides non miscibles se superposent par ordre de densités décroissantes.

132. Niveau à bulle. — La tendance que possèdent les fluides légers à gagner la partie supérieure des récipients trouve son application dans le niveau à bulle d'air.

Cet appareil sert à vérifier l'horizontalité d'une droite ou d'un plan. Il se compose essentiellement d'un tube de verre légèrement convexe vers le haut et incomplètement rempli d'un liquide très mobile, tel que l'alcool. La ***grosse bulle d'air que contient le tube occupe, quand celui-ci est au repos, la région la plus élevée***. Le tube porte d'ailleurs une série de divisions transversales équidistantes ; il est en partie protégé par une gaine de laiton qui repose sur un petit socle bien dressé (fig. 82).

FIG. 82. — NIVEAU A BULLE.
Si la ligne sur laquelle repose l'instrument est horizontale, la bulle doit conserver la même place quand on retourne l'instrument bout pour bout.

On est assuré que le niveau repose sur une ligne horizontale, si la position des extrémités de la bulle entre les divisions ne change pas quand

on retourne l'instrument bout pour bout. En effet, la région la plus élevée du tube reste alors la même dans les deux cas.

On ***règle*** le niveau en plaçant le socle AB sur une ligne ***hori-***

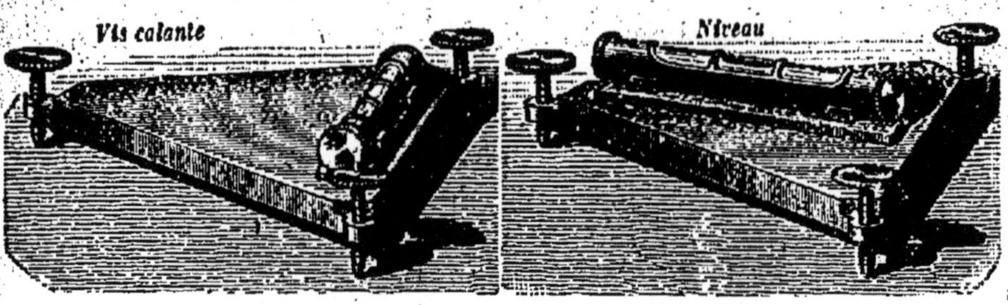

FIG. 83 *et* 84. — RÉGLAGE D'UNE PLATE-FORME A VIS CALANTES.
On rend la plate-forme horizontale en agissant sur les vis, de façon à obtenir successivement l'horizontalité de l'une des bases du triangle et de la hauteur correspondante.

zontale et en agissant sur la vis V de la gaine, de façon à amener la bulle entre deux divisions a, b, à égale distance du milieu du tube. Ces divisions sont alors les ***repères*** du niveau.

Il suffira désormais, pour vérifier l'horizontalité d'une droite, de constater que la bulle se place entre ses repères, lorsque le socle de l'instrument repose sur cette ligne.

L'instrument est souvent employé à rendre un plan horizontal (fig. 83 et 84).

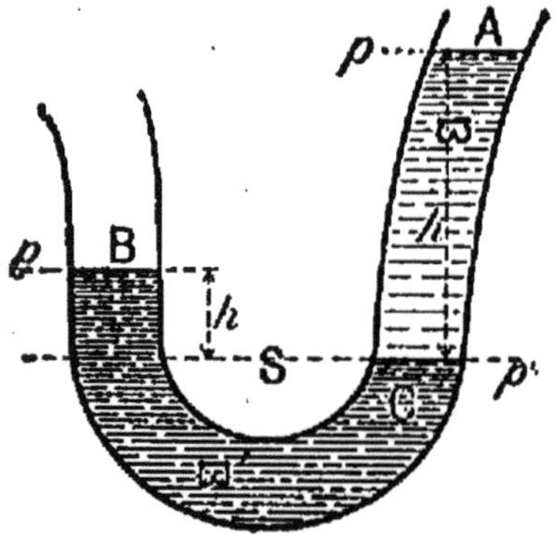

FIG. 85.
VASES COMMUNICANTS CONTENANT DEUX LIQUIDES DIFFÉRENTS.
Les hauteurs des niveaux au-dessus de la surface de séparation sont en raison inverse des densités.

133. Vases communicants contenant des liquides différents. — Considérons deux vases communicants (fig. 85) contenant deux liquides de poids spécifiques ϖ et ϖ' (§ 126). Les surfaces libres dans les deux branches et la surface de séparation S seront planes et horizontales ; le liquide le plus lourd occupera le fond. Nous verrons plus tard que, si la hauteur des vases ne dépasse pas quelques mètres (§ 169), la pression que l'atmosphère exerce sur les deux surfaces libres est la même, malgré leur différence de niveau. Soit p la valeur de cette pression. Désignons alors par p' la pression qui règne à la surface de séparation S et par h et h' les hauteurs verticales des surfaces libres au-dessus de celle-ci.

L'application de la formule générale d'hydrostatique (§ 126) entre les points A et C dans le liquide ϖ, et entre les points B et C dans le liquide ϖ', nous fournit deux valeurs de la pression p' qui règne au niveau S :

$$p' = p + h\varpi$$
$$p' = p + h'\varpi'.$$

La comparaison de ces deux relations nous donne immédiatement

$$h\varpi = h'\varpi',$$

ou bien encore $$\frac{h}{h'} = \frac{\varpi'}{\varpi}.$$

On peut donc dire que, ***dans deux vases communicants contenant des liquides différents, les hauteurs des surfaces libres au-dessus du plan de séparation sont en raison inverse des poids spécifiques des liquides.***

La hauteur de l'eau serait 13,6 fois plus grande que celle du mercure, puisque celui-ci est 13,6 fois plus lourd que l'eau. 1 mètre d'eau serait équilibré par $\frac{100}{13,6} = 7,4$ centimètres de mercure.

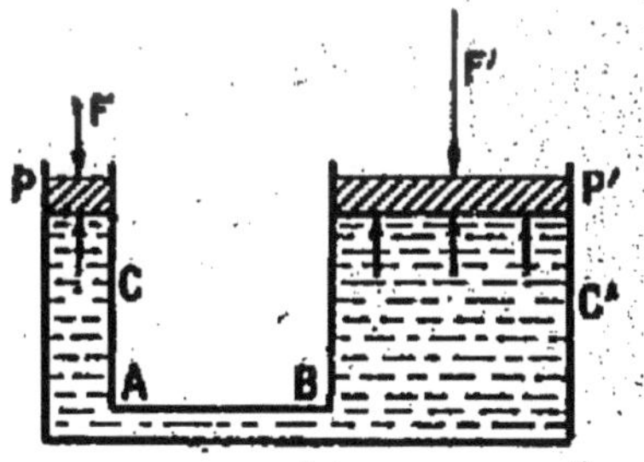

FIG. 86. — PRINCIPE DE LA PRESSE HYDRAULIQUE

Quand on exerce une poussée sur le piston P, le liquide transmet au piston P' une poussée d'autant plus grande que la surface de ce dernier est plus étendue.

2. — PRINCIPE DE PASCAL PRESSE HYDRAULIQUE

131. Presse hydraulique. — Imaginons deux corps de pompe C et C' à parois résistantes, réunis à leur partie inférieure par un tube métallique (fig. 86). Ces deux corps de pompe, entièrement remplis d'eau, ont des diamètres très inégaux et sont fermés par des pistons cylindriques. Admettons, par exemple, que les surfaces de ceux-ci soient respectivement de 1 et de 100 centimètres carrés : si on laisse le système se mettre de lui-même en équilibre et si l'on place sur le piston P un poids de 1 kilogramme, il faudra, pour maintenir le système dans la même position d'équilibre placer sur le piston P' un poids de 100 kilogrammes.

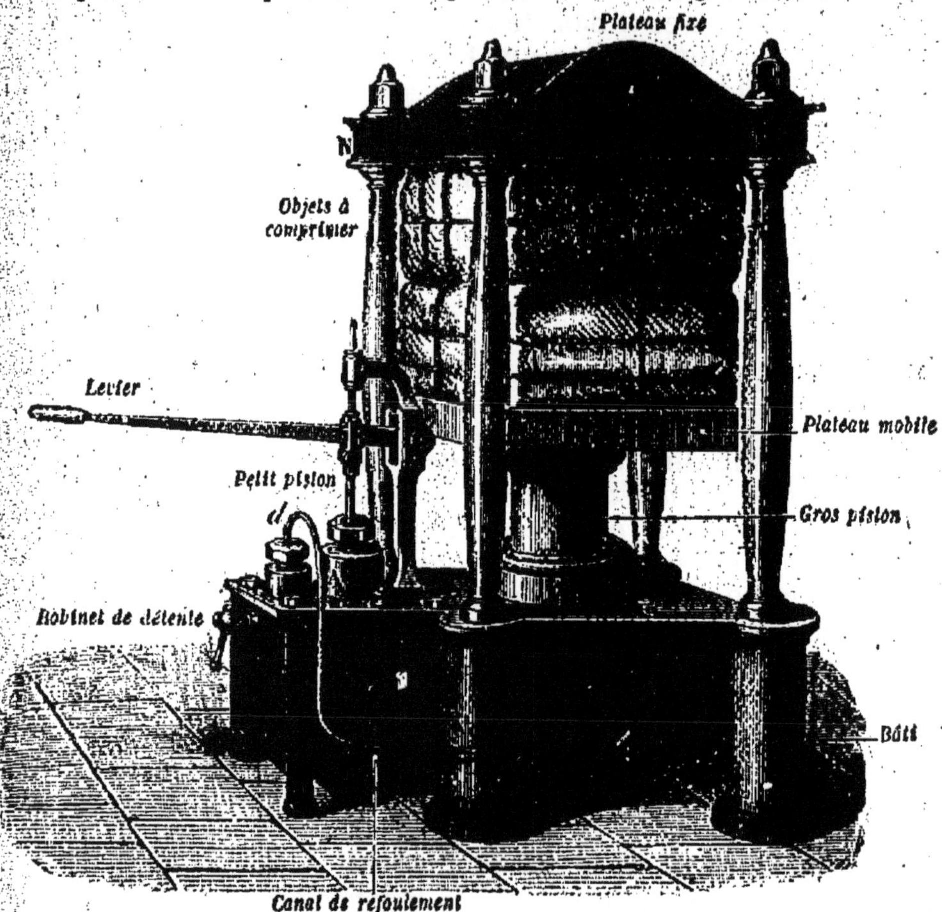

FIG. 87. — PRESSE HYDRAULIQUE.

Une petite pompe foulante injecte de l'eau sous le gros piston; celui-ci se trouve alors soulevé par une force d'autant plus grande qu'il est plus large.

135. **Principe de la presse hydraulique.** — Il est intéressant de montrer comment les propriétés de la presse hydraulique découlent immédiatement du ***principe de la conservation du travail*** (§ 18).

Supposons que, tout étant en équilibre, on exerce, à l'aide

d'un levier, un effort de 1 kilogramme sur le petit piston Supposons, en outre, que nous imprimions au petit piston un déplacement de 1 mètre. La force appliquée au petit piston aura effectué un travail de 1 kilogrammètre.

L'eau est incompressible; le volume liquide, chassé du petit cylindre, doit donc se retrouver dans le grand; et, comme celui-ci a une section 100 fois plus grande que le petit, il y occupe une hauteur 100 fois plus petite, soit 1 centimètre. ***Le travail consommé dans le déplacement du gros***

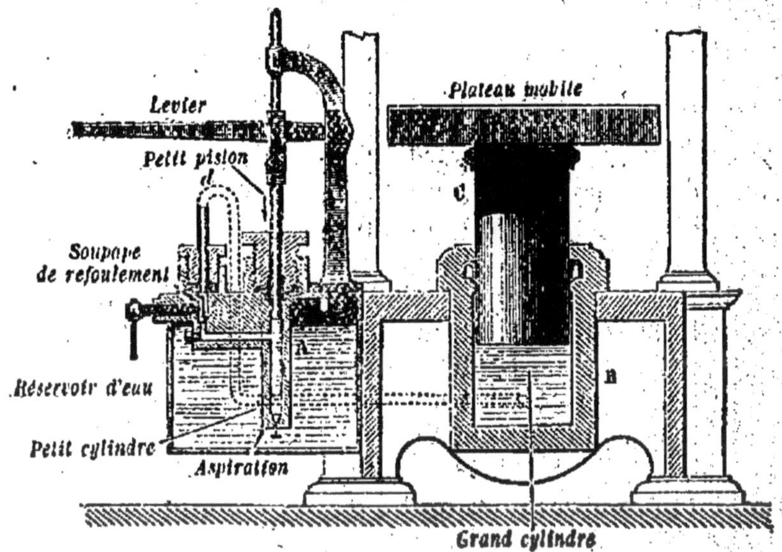

FIG. 88. — COUPE DE LA PRESSE HYDRAULIQUE.
On voit que la partie essentielle de l'appareil consiste en deux corps de pompe de sections très différentes. On injecte de l'eau du petit dans le grand.

piston doit être égal à celui qu'on a dépensé pour faire mouvoir le petit, soit 1 kilogrammètre. L'effort exercé sur le gros piston est donc de 100 kilogrammes. La machine pourra servir à soulever des poids 100 fois plus grands que la force dont on dispose; mais, le chemin parcouru est 100 fois plus faible que celui dont on a déplacé le petit piston.

Les efforts exercés sur les deux pistons, supposés en équilibre, sont proportionnels à leurs surfaces.

C'est, en cet énoncé, que consiste le ***principe de Pascal.***

136. Description de la presse hydraulique. — Nous venons d'indiquer le principe de la presse hydraulique; mais il n'est pas inutile de compléter par quelques détails la description de ce remarquable appareil qui est un des plus ingénieux et des plus puissants outils de l'industrie moderne.

Une pompe foulante (fig. 87 et 88), de petit diamètre, refoule, par le tube *d*, sous le gros piston, l'eau qu'elle puise dans un réservoir extérieur : à chaque coup de pompe, le gros piston s'élève donc d'une petite quantité. Les corps à comprimer sont ainsi progressivement serrés entre un plateau formant la tête du piston et un autre plateau que de solides colonnes en fer rendent solidaire du cylindre B.

FIG. 89. — CUIR EMBOUTI.
Le cuir embouti supprime toutes les fuites entre le piston et le corps de pompe.

Il est indispensable d'éviter les moindres fuites d'eau par les soupapes et autour des pistons.

A cet effet, le gros piston est entouré d'un *cuir embouti* (fig. 89) : c'est une sorte de gouttière circulaire et renversée, en cuir épais, qui se loge dans une rainure pratiquée à la partie supérieure de la paroi du cylindre B. L'eau pénètre dans la concavité et, lorsque la pression est considérable, appuie fortement les bords de la gouttiere sur le piston et sur le cylindre et produit ainsi une fermeture hermétique.

La presse hydraulique est utilisée dans une foule d'opérations industrielles ; compression du foin et du coton pour les transports par bateaux, extraction des huiles, opérations métallurgiques variées, etc., etc.

137. **Essai des chaudières**. — Pour procéder aux essais des chaudières, on utilise la petite pompe foulante d'une presse hydraulique : on détache le tube de cuivre qui conduisait l'eau dans le grand cylindre, on le relie à la chaudière et on refoule de l'eau dans celle-ci sous une pression notablement plus forte que celles auxquelles la chaudière est destinée. Si aucune fuite ni aucune déchirure ne survient pendant l'opération, la chaudière peut être employée sans danger au service de la machine à vapeur.

Dans ces essais, les pressions se mesurent à l'aide du manomètre qui sera décrit plus loin, au § 176.

138. **Ascenseurs hydrauliques.** — Le fonctionnement des ascenseurs hydrauliques dans les constructions modernes s'explique d'une façon analogue.

Décrivons comme exemple un ascenseur destiné à desservir une maison de cinq étages, ayant 20 mètres de haut.

La partie essentielle de l'appareil consiste en un large tube de fonte C, de 20 mètres de haut, fermé par le bas et installé verticalement dans le sol (fig. 90). Dans ce tube, analogue au gros corps de pompe d'une presse hydraulique, s'engage un piston plongeur P de même longueur, mais de diamètre un peu moindre. Sur la tête du piston est installée la cabine A destinée au transport des personnes ou des fardeaux.

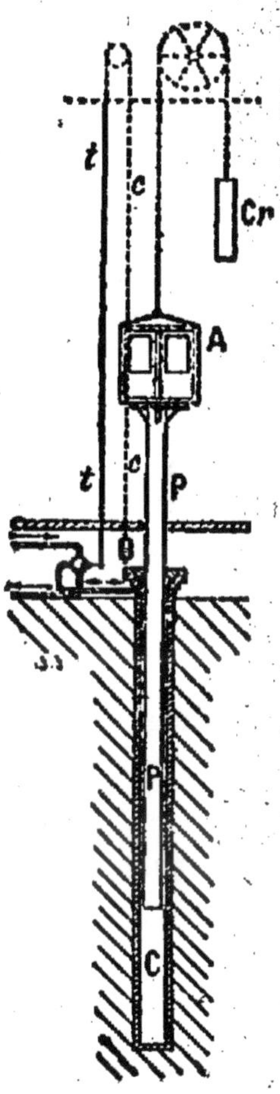

FIG. 90. — ASCENSEUR HYDRAULIQUE.
Le piston P est soulevé par la poussée qu'exerce sur sa base l'eau qui s'introduit sous pression dans le cylindre C.

Le corps de pompe peut être mis en communication soit avec une conduite reliée au réservoir central des eaux de la ville, soit avec un canal d'échappement. Dans le premier cas, l'eau pénètre dans le corps de pompe et vient exercer sa poussée sur la base inférieure du piston. Si cette poussée est suffisante, le piston s'élève au fur et à mesure de l'arrivée de l'eau et s'arrête quand on ferme le robinet.

La descente s'opère en ouvrant le tuyau d'écoulement : le piston s'enfonce alors par son propre poids dans le corps de pompe, à mesure que l'eau s'échappe. Quatre glissières verticales placées aux angles de la cabine guident le mouvement de celle-ci et s'opposent à toute déviation.

Supposons, par exemple, que la section du piston ait 2 décimètres carrés et que, dans le réservoir central, le niveau de l'eau soit a 25 mètres au-dessus du sol. Quand la cabine est au rez-de-chaussée, la base du piston se trouve à 45 mètres au-dessous du niveau et reçoit, par conséquent, une poussée de 900 kilogrammes, égale au poids d'un cylindre d'eau ayant pour base 2 décimètres carrés et pour hauteur 450 décimètres. Cette poussée diminue, d'ailleurs, au fur et à mesure que l'ascenseur monte ; et, si le piston a 20 mètres de long, elle n'est plus que de 500 kilogrammes quand il est au sommet de sa course.

3. — PRINCIPE D'ARCHIMÈDE

139. Expérience établissant le principe d'Archimède. — Revenons à l'expérience que nous avons décrite plus haut (§ 125).

On pourrait interpréter le résultat obtenu, en disant que le cylindre plein semble perdre, quand on le plonge dans l'eau, une partie de son poids, égale au poids de l'eau déplacée.

Cette propriété ne tient pas à la forme particulière du corps plongé dans l'eau, ni à la direction particulière dans laquelle il y est placé : elle est absolument générale.

Voici, en effet, l'expérience que l'on peut faire :

On suspend au-dessous d'un des plateaux d'une balance un corps A, un morceau de métal par exemple ; sur le même

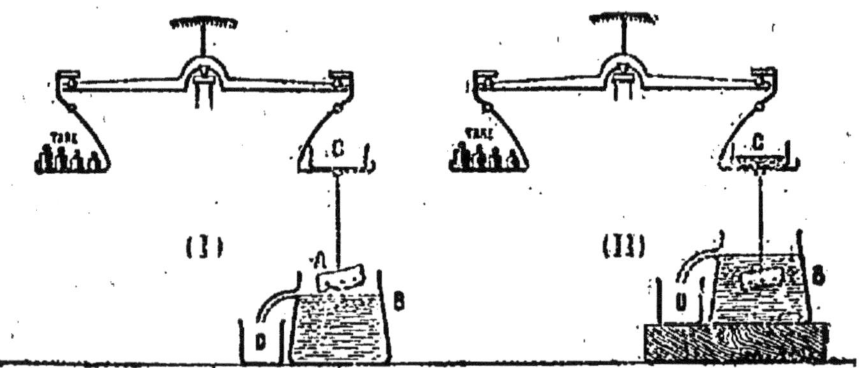

FIG. 91. — VÉRIFICATION DU PRINCIPE D'ARCHIMÈDE.
L'équilibre de la balance n'est pas altéré, si l'on verse dans le vase C l'eau que l'immersion du corps A a chassée du récipient B.

plateau on place un récipient vide C et l'on fait la tare du tout (fig. 91, I).

On dispose, d'autre part, au-dessous du corps A, un vase B rempli d'eau jusqu'au niveau d'un trop-plein latéral. En élevant le vase B ou en abaissant à l'aide d'une crémaillère le fléau de la balance, on oblige le corps A à plonger dans l'eau. On voit tout aussitôt le fléau s'incliner du côté de la tare, ce qui démontre l'existence d'une poussée de bas en haut subie par le corps ; on vérifie ensuite que l'équilibre se rétablit lorsque, dans le récipient C, on verse l'eau que l'immersion du corps a fait écouler par l'ajutage et dont le volume est évidemment égal à celui du corps A (fig. 91, II).

On observe, en outre, que le fil de suspension est resté vertical quand le corps a été immergé, ce qui démontre que le corps n'est soumis, de la part du liquide, à aucune poussée latérale.

140. Énoncé du principe d'Archimède. — Nous sommes ainsi conduits à énoncer les propriétés suivantes dont l'ensemble constitue le ***principe d'Archimède***.

Quand un corps est immergé dans un fluide, il supporte en tous les éléments de sa surface des poussées normales, dont on peut affirmer :

1° ***Que ces poussées peuvent être remplacées par une force unique***, que l'on appelle leur ***résultante***;

2° ***Que cette résultante est verticale et dirigée vers le haut;***

3° ***Qu'elle est égale au poids du fluide déplacé.***

Ces résultats restent vrais, quelle que soit la forme du corps immergé.

CHAPITRE III

MASSES SPÉCIFIQUES ET DENSITÉS DES SOLIDES ET DES LIQUIDES

141. Masses spécifiques. Définition. — Tout le monde sait qu'à grosseur égale une boule de plomb pèse plus qu'une boule de fer, et celle-ci plus qu'une boule de bois.

Sous le même volume, ces diverses substances ont par conséquent des masses (§ 64), et, par suite aussi, des poids de valeurs très inégales.

On dit que leurs *masses spécifiques* sont différentes. Voici comment on définit la masse spécifique d'un corps : ***La masse spécifique d'un corps est la masse en grammes d'un centimètre cube de ce corps.***

Dire que la masse spécifique du mercure est égale à 13,6, cela signifie donc qu'un centimètre cube de mercure a une masse égale à 13gr,6.

La masse spécifique d'un corps est, souvent aussi, désignée sous le nom de ***densité absolue.***

142. Expression algébrique de la définition précédente. — Supposons que V centimètres cubes d'une substance aient une masse de M grammes. La masse spécifique μ de cette substance s'obtiendra, d'après la définition même, en prenant le quotient $\frac{M}{V}$.

On aura ainsi : $\mu = \frac{M \text{ (grammes)}}{V \text{ (centimètres cubes)}}$.

On peut encore écrire cette relation sous la forme :

$$M = V \times \mu;$$

et l'on voit ainsi que :

L'on obtient la masse d'un corps (en grammes) en multipliant l'un par l'autre deux nombres, dont l'un exprime son volume en centimètres cubes, et dont l'autre exprime sa masse spécifique.

143. Densités relatives. — Prenons maintenant une masse

de plomb de $22^{gr},70$. Nous exposerons plus loin (§ 147) des méthodes qui nous permettront de mesurer la valeur d'une masse d'eau, occupant exactement le même volume que la masse de plomb considérée. Supposons que cette expérience soit faite à la température[1] de 4 degrés; nous trouverions pour valeur de cette masse d'eau 2 grammes.

On convient de dire que le rapport $\frac{22,70}{2} = 11,35$ représente la ***densité relative du plomb.***

On appellera donc densité relative D d'un corps le rapport

$$D = \frac{M}{M'}$$

qui existe entre la masse M d'un certain corps et la masse M' d'un égal volume d'eau, prise à la température de 4 degrés.

Nous aurons donc, pour un même corps, à distinguer les deux définitions que voici :

1° ***La masse spécifique*** :

$$\mu = \frac{M \text{ (grammes)}}{V \text{ (centimètres cubes)}};$$

2° ***La densité relative*** :

$$D = \frac{M}{M'}.$$

144. Comparaison des densités absolues et relatives. — La masse spécifique a une valeur qui dépend du choix des unités : *de masse* (on a choisi le gramme) et de *volume* (on a choisi le centimètre cube).

La densité relative est définie comme un rapport; c'est le quotient de deux grandeurs de même nature. Elle ne dépend donc pas du choix des unités.

Faisons une application particulière de chacune des deux formules précédentes.

Un morceau de marbre a, par exemple, un volume V de 5 centimètres cubes. La masse M' d'eau qui, à 4 degrés, occu-

1. La température sera définie avec précision quand nous étudierons le *thermomètre* (§ 209 et suivants). Qu'il nous suffise, pour le moment, de supposer que l'on dispose de l'un de ces appareils, et qu'on le plonge dans un bain liquide. C'est la lecture numérique, faite sur ce thermomètre, que nous appelons *température* du bain et que nous évaluons en *degrés*.

perait ce même volume, est évidemment égale à 5 grammes. Donc, $M' = V$, et par suite :

$$\mu = D.$$

Ainsi donc, grâce au choix de nos unités (centimètre cube et gramme), grâce aussi à notre convention de définir les densités par rapport à l'eau, prise à 4 degrés, ***nous pourrons dorénavant confondre les valeurs numériques de la densité absolue et de la densité relative d'un même corps.*** C'est ce que nous ferons désormais.

145. **Les densités dépendent de la température.** — Quand on chauffe un corps, sa masse ne change pas. — Son volume varie, et, en général, croît avec la température. — Toute variation du volume entraîne nécessairement une variation inverse de la densité :

$$D = \frac{M}{V}$$

Celle-ci sera donc, en général, d'autant plus faible que la température sera plus élevée.

D'ailleurs, les solides et les liquides étant pratiquement très peu compressibles, leur volume et leur densité ne peuvent changer que si on change leur température. Donc :

A chaque valeur de la température correspondra, pour un solide ou un liquide déterminé, une valeur particulière de la densité.

146. **Densité de l'eau.** — L'étude de la dilatation de l'eau, que nous ferons plus loin (§ 274), a montré qu'entre 0° et 20° la densité de l'eau varie seulement de 2 pour 1000, c'est-à-dire de $\frac{1}{500}$ de sa valeur. Cette variation est assez faible pour être négligée dans la plupart des applications pratiques. C'est ce que nous ferons toujours par la suite.

Au contraire, à 100°, la densité de l'eau n'est que les $\frac{24}{25}$ de ce qu'elle est à 0°. Ce serait une approximation grossière que de la considérer comme égale à 1.

147. **Mesure du volume d'un corps solide à la température ordinaire.** — La mesure du volume d'un corps solide est des plus simples. Introduisons le corps solide dans un récipient entièrement rempli d'eau. Pesons l'eau chassée par

le solide. Si le corps a chassé M' grammes d'eau, son volume est égal à M' centimètres cubes

Dans la pratique ordinaire, on pourrait prendre un flacon à large ouverture, dont les bords seraient très réguliers. Une lame de verre peut s'appliquer exactement sur ces bords et fermer hermétiquement le flacon (fig. 92).

FIG. 92. FLACON ET OBTURATEUR. *Pouvant servir à la mesure du volume des corps solides.*

Soit à mesurer le volume d'un certain nombre de fragments de cristal de roche. Remplissons le flacon d'eau pure, par-dessus bord. Appliquons la plaque en chassant l'excès d'eau, et en évitant de laisser des bulles d'air à la partie supérieure du liquide. Essuyons le flacon. Plaçons-le sur le plateau d'une balance de Roberval (§ 61). Plaçons sur le même plateau les fragments de cristal de roche ; et faisons la tare du tout.

Débouchons le flacon. Introduisons les fragments de cristal. Achevons de remplir le flacon d'eau avec les mêmes précautions que la première fois; fermons avec la plaque de verre, sans interposition de bulles d'air ; essuyons avec soin. Reportons enfin sur le plateau de la balance. Le fléau s'incline du côté de la tare. Ramenons l'aiguille à la même division que tout à l'heure. Pour cela, il faut placer P' grammes à côté du flacon. D'après ce que nous avons dit au début de ce paragraphe, nous en concluons que les fragments de cristal de roche ont un volume de P' centimètres cubes.

118. **Remarque sur la méthode précédente.** — Cette méthode exige que le corps étudié puisse subir sans s'altérer le contact de l'eau. Elle serait donc inapplicable aux substances qui, comme le sucre et le sel, se dissolvent dans l'eau et à celles qui, comme le sodium, donnent avec l'eau des réactions chimiques.

Il est toujours facile de tourner la difficulté ; il suffit d'appliquer le même mode opératoire en se servant d'un liquide qui soit sans action sur le corps. Par exemple, pour le sucre, le sel et le sodium, on pourra employer la benzine ou le pétrole. On remplira le flacon d'un des liquides et, comme on l'a indiqué, on déterminera la masse M' de liquide chassé par l'introduction du corps. Le volume de celui-ci s'obtiendra alors en divisant la masse M' par la densité d' du liquide.

149. Mesure de la densité d'un corps à la température ordinaire. — Maintenant que nous savons peser un corps et mesurer son volume, nous pouvons, par cela même, déterminer sa densité, qui est numériquement égale au quotient de sa masse par son volume.

Il résulte immédiatement de ce qui précède que la mesure de la densité d'un corps comprendra deux opérations : la pesée du corps lui-même et celle d'un égal volume d'eau. On conduit ces opérations de manière à réduire au minimum les observations faites avec la balance et à utiliser toujours la méthode de *double pesée*.

150. Valeurs des densités pour quelques corps usuels. — Le tableau ci-contre donne la valeur de la densité, à la température ordinaire, d'un certain nombre de corps usuels.

DENSITÉS DE QUELQUES CORPS USUELS
PRIS A LA TEMPÉRATURE ORDINAIRE

CORPS SOLIDES		CORPS LIQUIDES	
Platine fondu . . .	21,45	Mercure	13,596 à 0°
Platine écroui . . .	23,00	Brome.	2,966
Or.	19,26	Acide sulfurique normal.	1,848
Plomb.	11,35	Vin	0,99
Argent fondu . . .	10,47	Huile d'olive. . . .	0,915
Cuivre fondu. . . .	8,86	Essence de térébenthine	0,87
Laiton.	8,43	Alcool (à 20°) . . .	0,792
Fer forgé	7,55	Ether	0,730
Zinc.	6,90		
Diamant.	de 3,50 à 3,53		
Verre à vitres . . .	2,53		
Aluminium.	2,50		
Soufre.	1,98		
Phosphore ordinaire	1,82		
Caoutchouc	0,99		
Glace	0,918		
Potassium	0,86		
Bois de chêne . . .	0,60 env.		
Moelle du sureau .	0,08		

151. Mesure du volume extérieur d'un corps solide par application du principe d'Archimède. — Le volume extérieur d'un corps solide peut encore se déterminer par une autre méthode. Plaçons le corps à étudier, C, sur le plateau d'une balance et faisons la tare en mettant des poids dans le plateau opposé (fig. 93; I). Puis faisons plonger entièrement le corps dans un liquide (fig. 93; II) qui soit sans action sur lui : de l'eau, par exemple. Le fléau s'incline alors du côté de la tare ; mais on rétablit l'équilibre en plaçant des poids *M'* sur le plateau qui supporte le corps. Ces poids *M'* représentent, avec l'exactitude d'une double pesée, le poids

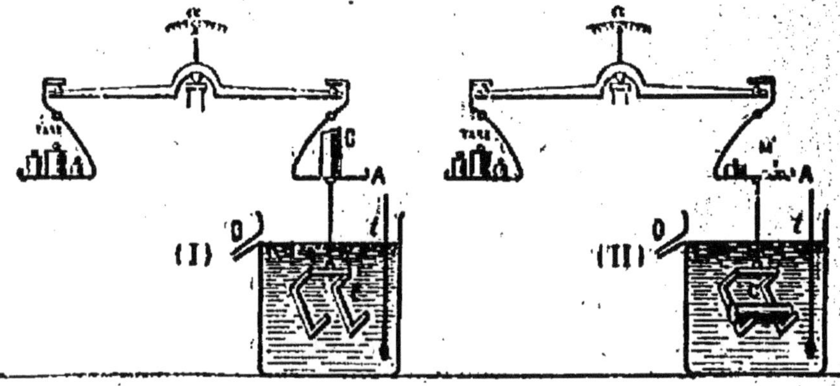

FIG. 93. — MESURE DU VOLUME D'UN CORPS.
On obtient ce volume en déterminant la perte de poids que le corps éprouve quand on l'immerge dans l'eau.

d'un volume de liquide égal au volume du corps. La densité de l'eau étant précisément égale à l'unité, le volume du corps contiendra autant de centimètres cubes qu'il y a de grammes dans le poids *M'*.

Quand on a ainsi mesuré le volume d'un corps, si l'on en détermine le poids, on a les deux éléments nécessaires au calcul de sa densité.

152. **Exercice.** — ***Un lingot de cuivre pesant 205gr,6 est immergé dans l'eau et ne pèse plus alors que 182gr,4. On demande quel est son volume et quelle est sa densité?***

La perte de poids dans l'eau est de 205gr,6 — 182gr,4 ou 23gr,2. Elle représente le poids d'un volume d'eau égal à celui du cuivre et, comme la densité de l'eau est 1, ce volume aura pour valeur 23cc,2.

Dès lors, la densité cherchée s'obtiendra en divisant 205,6 par 23,2. On trouve ainsi 8,86, c'est-à-dire que 1 centimètre cube de cuivre pèse 8gr,86.

CHAPITRE IV

CORPS FLOTTANTS

153. Conditions d'équilibre d'un corps flottant. — Le principe d'Archimède permet d'expliquer facilement les propriétés des corps flottants.

Soit P' le poids d'un corps solide, P le poids du liquide qu'il déplace, quand il y est complètement immergé.

Le corps, abandonné librement à lui-même à l'intérieur du liquide, est soumis à deux forces :

1° Son poids P', dirigé vers le bas et appliqué à son centre de gravité G.

2° La poussée verticale P, dirigée vers le haut, et appliquée au centre de gravité C de la masse liquide déplacée, point que nous appellerons *centre de poussée*.

Trois cas peuvent se présenter :

1° $P' > P$. Le corps se déplace de haut en bas dans le liquide, et va gagner le fond. Pour le soulever, il suffira d'un effort égal à $P' - P$.

2° $P' = P$. Le corps, complètement immergé, peut se maintenir en équilibre en un point quelconque du liquide. Les deux forces égales, P et P', doivent être directement opposées. Donc, leurs points d'application, c'est-à-dire les centres de gravité, G et C, se mettront sur une même verticale.

Si le corps est homogène, ces deux points sont confondus; le corps est en équilibre indifférent.

Si le corps n'est pas homogène (par exemple une sphère, partie en bois et partie en fer), le corps pourra se maintenir en équilibre en un point quelconque du liquide; mais il y prendra une direction déterminée.

3° $P' < P$. Le corps se meut de bas en haut, comme s'il était uniquement sollicité par la force $P - P'$. Si le liquide présente une surface libre, le mouvement ascendant du corps amène celui-ci à émerger partiellement et à *flotter* à la surface.

Dans ces conditions, le principe d'Archimède étant, comme

nous le verrons, applicable à la fois aux gaz (§ 160) et aux liquides, la poussée qu'il subit est égale à la somme des poids du liquide et de l'air déplacés.

Mais, dans la plupart des cas usuels, le poids de l'air déplacé est négligeable par rapport au poids du liquide déplacé. On peut donc se borner à dire que :

Lorsqu'un corps flotte en équilibre à la surface d'un liquide :

1° *Le poids du liquide déplacé est égal au poids du corps;*

2° *Le centre de gravité du corps et le centre de gravité du liquide déplacé se trouvent sur une même verticale.*

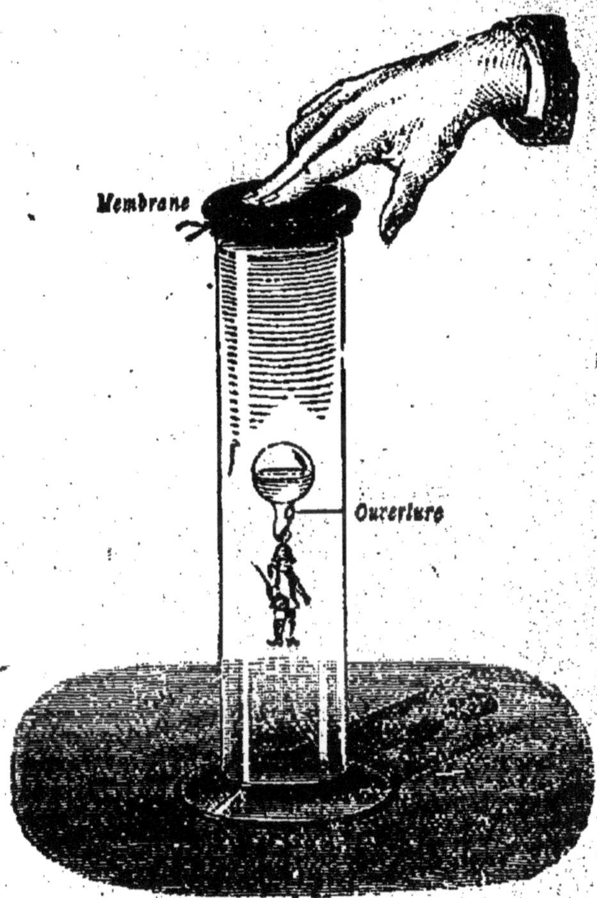

FIG. 94. — LUDION.
Quand on presse sur la membrane, un peu d'eau pénètre dans le flotteur; et celui-ci, alors alourdi, descend jusqu'au fond de l'éprouvette.

154. Le Ludion. — Ces divers effets se vérifient dans les cours à l'aide du *ludion*. Dans une éprouvette fermée par une membrane et contenant de l'eau, plonge une petite figurine en émail, creuse, renfermant un peu d'air. A la partie inférieure de cette figurine est pratiquée une petite ouverture (fig. 94).

A l'ordinaire, le petit équipage flotte à la surface de l'eau; mais si l'on comprime l'air au-dessus de l'éprouvette, en appuyant les doigts sur la membrane, la pression se transmet dans le liquide, le volume de l'air diminue dans la figurine et celle-ci s'alourdit, en raison de l'accès d'un peu d'eau par la petite ouverture. On peut alors voir l'équipage s'immerger complètement et descendre au fond de l'éprouvette; ou bien, par une pression convenable, rester en équilibre au sein du liquide; et enfin flotter à nouveau à la surface dès qu'on cesse d'agir sur la membrane, car la détente de l'air dans la figurine chasse alors l'eau introduite et l'équipage s'allège d'autant.

155. **Bateaux sous-marins.** — Les bateaux sous-marins, qui comptent depuis peu comme unités de combat dans quelques marines, ont une coque ovoïde et allongée qu'on

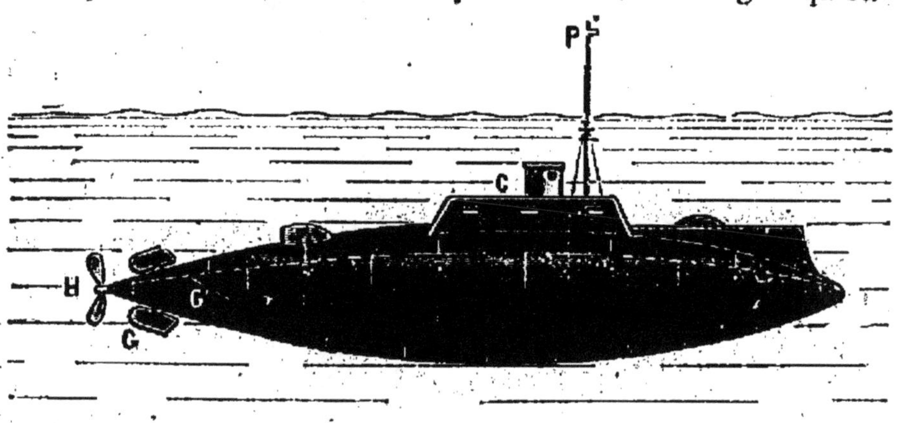

FIG. 95. — BATEAU SOUS-MARIN.
Le bateau est actionné par une hélice, mise en mouvement par un moteur électrique pendant la plongée.

peut clore hermétiquement. A l'une des extrémités se trouve un organe propulseur constitué par une ***hélice*** H qu'on actionne à l'aide d'un moteur électrique pendant la plongée et à l'aide d'un moteur à pétrole lorsque le petit bâtiment navigue à la surface. Deux ***gouvernails*** G, G', l'un ***horizontal***, l'autre ***vertical***, sont placés près de l'hélice et permettent d'imprimer au bateau telle direction que l'on veut (fig. 95).

La plongée peut s'obtenir par deux procédés, suivant qu'elle doit s'effectuer ***au repos*** ou ***en marche***.

La plongée au repos se fait de la même manière que celle du ***ludion***. Dans la cale du sous-marin sont disposés des réservoirs étanches qu'une pompe puissante permet de remplir plus ou moins complètement d'eau. Quand ces réservoirs sont vides, le bateau flotte à la surface; mais, au fur et à mesure qu'ils se remplissent, le bateau s'alourdit et s'enfonce jusqu'à disparaître à l'intérieur de l'eau.

Pour la ***plongée en marche***, il n'est nullement nécessaire que le poids du bateau soit égal au poids de l'eau déplacée. Cette manœuvre s'effectue en orientant le gouvernail horizontal de façon que le bateau, poussé par son hélice, ***pique*** légèrement de l'avant. L'immersion ne persiste que pendant la marche, et le bateau, dont le poids est un peu moindre que celui de l'eau déplacée, remonte de lui-même à la surface quand l'hélice s'arrête.

Un petit appareil optique, P, qui, pendant la plongée, affleure à la surface, permet de guider les mouvements du bateau. On doit emporter des réservoirs d'oxygène comprimé destiné à renouveler l'atmosphère dans laquelle respirent les hommes de l'équipage.

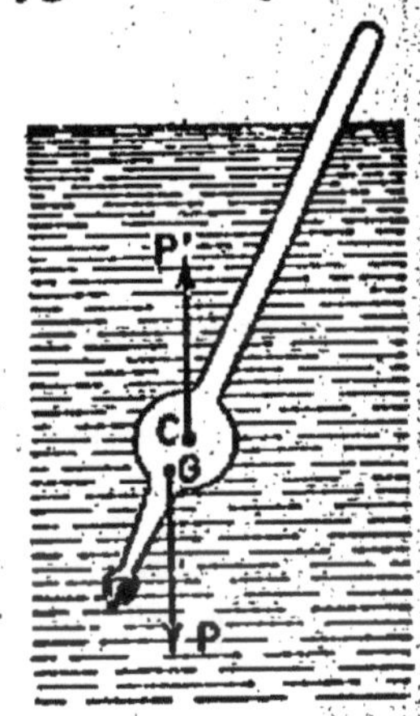

FIG. 96. FORME GÉNÉRALE DES ARÉOMÈTRES.
Pour que l'instrument se maintienne vertical, on le leste avec un peu de mercure, de manière à placer son centre de gravité au-dessous du centre de poussée.

156. **Aréomètres.** — Ce sont de petits instruments dont on se sert dans l'industrie pour repérer immédiatement la densité d'un liquide ou pour suivre la concentration d'un liquide en cours de fabrication.

Ils se composent d'une ampoule de verre creuse, surmontée d'une tige cylindrique ***étroite*** qui se tient verticale lorsque l'appareil flotte librement dans un liquide.

Pour que cette condition se trouve réalisée, on a soin de ***lester*** (fig. 96) l'instrument en plaçant, à la partie inférieure de l'ampoule, un peu de mercure ou de grenaille de plomb.

La tige cylindrique d'un aréomètre porte une graduation en parties d'égale longueur qui permet de repérer sa position d'équilibre dans un liquide. On note, pour cela, celle des divisions qui se trouve dans le plan de la surface libre et que nous appellerons ***division d'affleurement***.

L'appareil, dont le poids est constant, s'enfonce d'autant moins dans un liquide que celui-ci est plus dense.

La graduation employée diffère suivant les usages auxquels on destine l'instrument. En principe, on l'établit de façon que l'aréomètre marque certaines divisions dans des liquides de densité déterminée. La figure 97 représente les graduations de deux aréomètres Baumé dont l'un, le ***pèse-acide*** est destiné aux liquides plus lourds que l'eau ; l'autre, le ***pèse-éther,*** aux liquides plus légers.

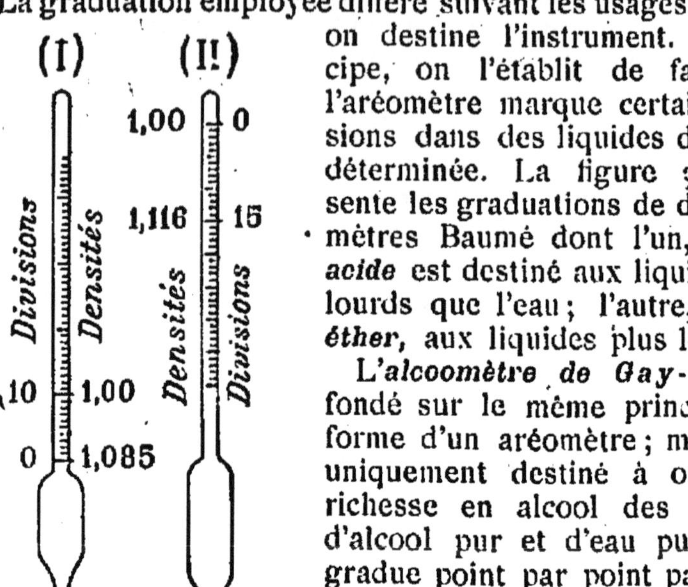

Pèse éther. Pèse acide

FIG. 97.
ARÉOMÈTRES DE BAUMÉ.
Ces appareils, dont le poids est constant, s'enfoncent d'autant moins dans un liquide que celui-ci est plus lourd.

L'***alcoomètre de Gay-Lussac,*** fondé sur le même principe, a la forme d'un aréomètre ; mais il est uniquement destiné à obtenir la richesse en alcool des mélanges d'alcool pur et d'eau pure. Il se gradue point par point par immersion dans des mélanges titrés, préparés à l'avance.

Lorsqu'on plonge l'alcoomètre de Gay-Lussac dans une eau alcoolisée, la division n devant laquelle il affleure indique le nombre n de centimètres cubes d'alcool pur que contiennent 100 centimètres cubes du mélange.

C'est ce qu'on appelle le ***degré alcoolique*** de la liqueur.

CHAPITRE V

ÉQUILIBRE DES GAZ

1. — PRESSIONS DANS LES GAZ

157. Existence de pressions dans les gaz. — Nous avons vu plus haut (§ 119) que les gaz, comme les liquides, ***sont fluides***, c'est-à-dire qu'ils n'opposent aucune résistance aux déformations qui se produisent sans variation de volume.

Il en résulte que les gaz, tout comme les liquides, ***exercent des pressions*** sur les parois des vases qui les contiennent, et que ces ***pressions sont normales*** aux parois sur lesquelles elles s'exercent.

Prenons deux exemples particuliers dans l'air qui nous entoure.

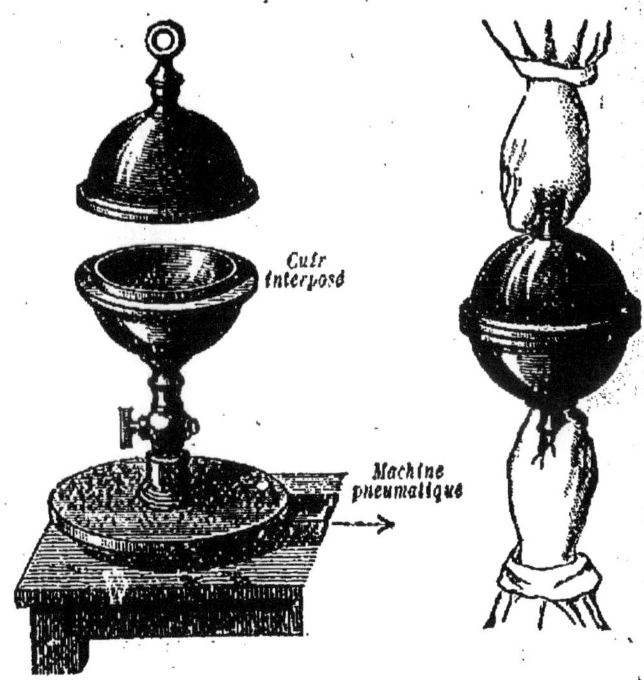

FIG. 98. — EXPÉRIENCE DES HÉMISPHÈRES DE MAGDEBOURG.

Quand on a fait le vide à l'intérieur des hémisphères, la pression extérieure les maintient fortement appliqués l'un contre l'autre.

Hémisphères de Magdebourg. — Deux hémisphères creux en métal peuvent s'appliquer par leurs bords; une bande de cuir graissé, placée entre eux, rend possible une fermeture hermétique. L'un des hémisphères porte un tube à robinet que l'on peut visser sur la machine pneumatique (§ 192). Dès que le vide est fait à l'intérieur, on ne peut plus séparer les deux hémisphères que par une traction considérable (fig. 98). Cela tient à ce que les poussées normales reçues par les deux hémisphères appliquent fortement ceux-ci l'un contre l'autre. Si on laisse rentrer l'air, les hémisphères se séparent sans difficulté parce que les poussées intérieures compensent alors les poussées extérieures.

FIG. 99. — MESURE DE LA PRESSION ATMOSPHÉRIQUE.
La poussée de l'air est égale et opposée à la force nécessaire pour soulever le piston dans le corps de pompe vide.

Mesure approximative de la pression atmosphérique. — Pour mesurer approximativement la *pression atmosphérique*, c'est-à-dire la force normale à laquelle se trouve soumise une surface de 1 centimètre carré en contact avec l'air, on peut employer la pompe à main décrite plus loin au § 191.

On fixe la pompe sur le sol ou sur une table et l'on recouvre le piston d'une couche d'huile lourde pour adoucir les frottements et obtenir une étanchéité parfaite. Puis on enfonce le piston dans le corps de pompe de façon à chasser tout l'air que contient celui-ci, et l'on ferme les robinets des tubulures inférieures. Si l'on essaye alors de soulever le piston, le vide se fait au-dessous de lui et la traction qu'il faut développer est au moins égale à la poussée que l'air extérieur imprime au piston (fig. 99).

En exerçant cette traction par l'intermédiaire d'un dynamomètre ou d'une balance romaine, on constate que, si le piston a une section de 20 centimètres carrés, il est nécessaire que la traction soit au moins de 20 kilogrammes et demi.

Si on recommence l'expérience, les robinets des tubulures inférieures étant ouverts, on constate qu'il suffit d'un effort extrêmement faible pour soulever le piston.

Il résulte de là que *la poussée atmosphérique par centimètre carré est un peu supérieure à 1 kilogramme.*

Les scaphandriers, dans leurs travaux sous-marins, sont exposés souvent à une pression trois fois plus forte que la pression atmosphérique; les touristes, sur les hautes montagnes, à une pression beaucoup moins grande; et pourtant, les uns et les autres supportent, sans trop de troubles, le séjour dans des conditions si différentes des conditions ordinaires.

158. **Autres exemples de pressions exercées par les gaz.** — On pourrait facilement multiplier les exemples de pressions exercées par les gaz.

Le gaz qui, se dégageant d'une bouteille de limonade ou de vin de Champagne, expulse violemment le bouchon et le projette au loin; les gaz qui, provenant de la combustion de la poudre dans une pièce à feu ou dans une tranchée de mine, exercent des actions si énergiques; l'air comprimé employé dans un grand nombre de moteurs; l'air que l'on refoule dans les pneus de bicyclettes ou d'automobiles pour augmenter leur rigidité et les empêcher de s'écraser sous le poids des charges supportées; autant d'exemples des pressions exercées par les gaz et des usages nombreux et divers pour lesquels on peut les utiliser.

159. **Les principes d'hydrostatique s'appliquent aux gaz.** — Nous avons vu (§ 123) que, pour les liquides, la pression exercée en un point est indépendante de l'orientation de la surface qui supporte la pression. Il en est de même pour les gaz. C'est ce que nous constaterons facilement à l'aide d'un petit appareil connu sous le nom de *baromètre métallique.*

Tous les touristes connaissent ce petit appareil qui n'est guère plus gros qu'une montre et dont la pièce essentielle est une petite boîte plate en maillechort, à l'intérieur de laquelle on a fait le vide et que les variations de la poussée atmosphérique déforment momentanément. Dans le modèle de Vidi (fig. 100), la boîte est circulaire et les bases présentent des cannelures concentriques qui en augmentent beaucoup la flexibilité. L'une des bases est fixée en son milieu sur le socle de l'instrument, tandis qu'au centre de l'autre

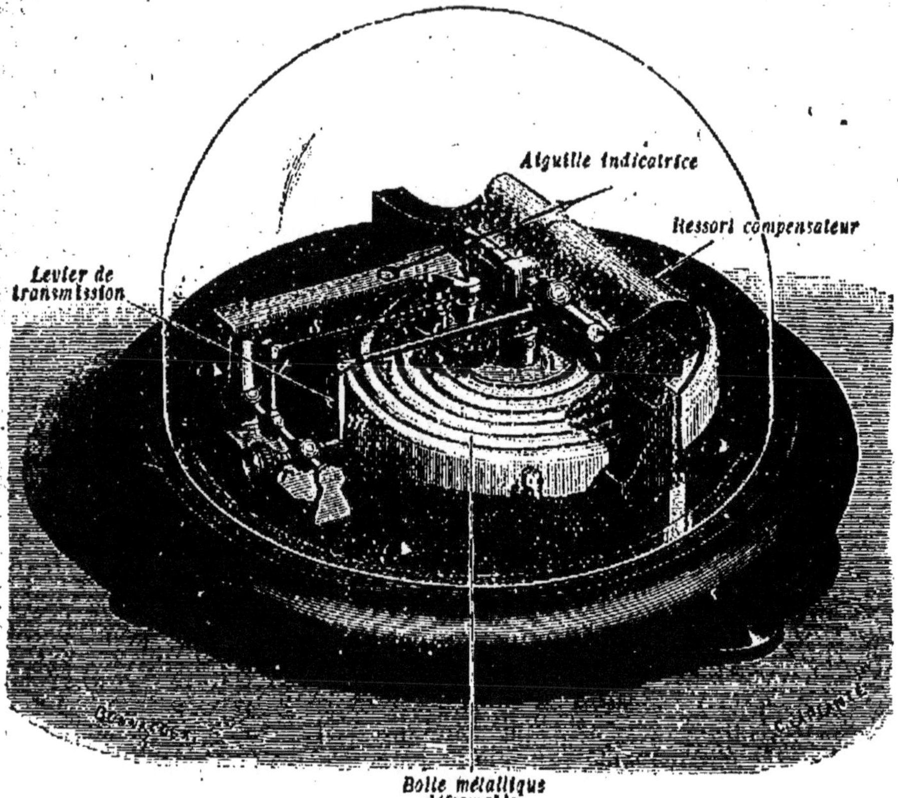

FIG. 100. — BAROMÈTRE MÉTALLIQUE DE VIDI.
Les déformations que les variations de la poussée atmosphérique impriment à la surface de la boîte vide M sont amplifiées par un système de leviers et se traduisent par les déplacements de l'aiguille indicatrice.

s'attache un puissant ressort antagoniste qui maintient les bases écartées, malgré la pression atmosphérique qui tend à les aplatir. Lorsque la pression augmente, les faces de la boîte se courbent et se rapprochent; le déplacement de l'extrémité du ressort est *amplifié* par un système de petits leviers articulés et se traduit finalement par le déplacement d'une aiguille sur un cadran divisé qui, sur la figure, a été supprimé pour rendre le dessin plus clair.

Observons le baromètre quand la boîte est horizontale; puis inclinons l'instrument; mettons même la boîte verticale, nous constaterons que l'aiguille ne bouge pas; il faut en conclure que *la poussée exercée par l'atmosphère sur les bases cannelées est indépendante de leur orientation.*

160. Propriétés générales d'un gaz en équilibre. — Les autres propriétés que nous avons établies pour les liquides se vérifient également bien pour les gaz.

1° *Dans un gaz en équilibre, la pression est la même en tous les points d'un même plan horizontal.* — Le baromètre de Vidi peut nous servir également à cette vérification. — L'aiguille ne bouge pas, si nous déplaçons l'appareil, en le laissant dans un même plan horizontal;

2° *Dans un gaz en équilibre, la pression augmente avec la profondeur.* — Il suffit d'observer le même baromètre de Vidi, successivement aux différents étages d'une même maison. On voit la pression diminuer quand on s'élève. Nous reviendrons d'ailleurs plus en détail sur ce point (§ 168);

3° *A l'intérieur d'un gaz en équilibre, la différence des pressions en deux points a pour valeur*

$$p' - p = h \varpi,$$

h désignant la différence de niveau des deux points considérés, et ϖ le poids spécifique du gaz.

4° *Principe d'Archimède.* — L'énoncé reste le même que celui que nous avons donné à propos des liquides (§ 140). On peut le vérifier pour les gaz de la façon suivante :

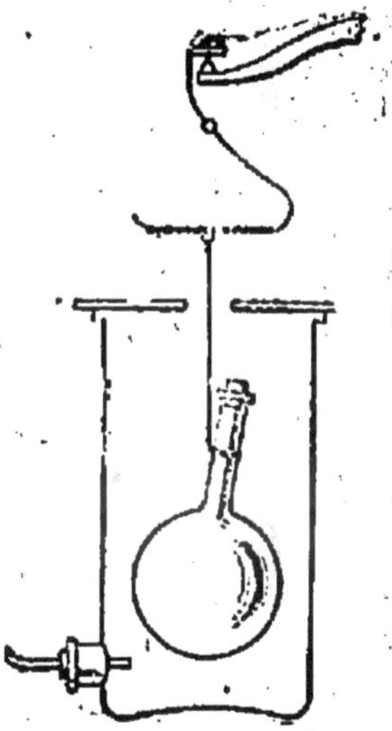

FIG. 101. VÉRIFICATION DU PRINCIPE D'ARCHIMÈDE POUR LES GAZ.
Le ballon, taré, quand le récipient extérieur est plein d'air, se soulève quand on remplit ce récipient de gaz carbonique.

161. Principe d'Archimède dans le cas des gaz. — Au-dessous d'un des plateaux d'une balance, on suspend par un long fil un gros ballon de verre mince fermé par un bouchon. On fait plonger ce ballon dans un large récipient dont la partie supérieure est recouverte d'une feuille de carton percée d'un trou, à travers lequel passe librement le fil attaché à la balance. On tare alors le ballon en plaçant des poids sur le plateau libre (fig. 101).

Si le principe d'Archimède est exact, le ballon reçoit, de la part de l'air extérieur, une poussée verticale égale et opposée au poids de l'air déplacé. Cette poussée doit nécessairement augmenter si, par une tubulure inférieure, on remplace l'air par du gaz carbonique, plus lourd.

Un litre de gaz carbonique pèse environ 2 grammes dans les conditions ordinaires; un litre d'air pèse 1gr,3. Si donc le volume extérieur du ballon est de 3 litres, il faudra placer à côté de celui-ci $3 \times (2 - 1,3)$ ou 2gr,1 pour rétablir l'équilibre dans le gaz carbonique. C'est ce que l'expérience vérifie.

2. — AÉROSTATS

162. Principe des aérostats. — Le principe des aérostats n'est pas autre chose que le principe d'Archimède (§ 160) appliqué aux gaz. Si l'aérostat, avec le gaz qu'il contient, avec les voyageurs, la nacelle et les appareils qu'elle renferme, pèse moins lourd que l'air déplacé, l'aérostat s'élève dans les airs, sous l'action d'une force, qu'on appelle ***force ascensionnelle***, et qui est ***égale à la différence entre le poids de l'air déplacé, d'une part, et le poids total de l'aérostat, d'autre part.***

L'aérostat est gonflé d'un gaz plus léger que l'air, tel que l'hydrogène ou le gaz d'éclairage.

Ce gaz est contenu dans une enveloppe formée de plusieurs couches d'un tissu mince et serré, rendu imperméable par des enduits en caoutchouc ou en vernis. Elle est entourée d'un filet auquel des cordages rattachent la nacelle; dans celle-ci prendra place l'aéronaute avec ses instruments de voyage et d'observation (fig. 102).

Application. — Un mètre cube d'air, dans les conditions habituelles de température et de pression, pèse près de 1300 grammes; un mètre cube d'hydrogène, dans les mêmes conditions, pèse 91 grammes. Si l'on veut qu'un ballon puisse contenir 100 kilogrammes d'hydrogène, il devra avoir un volume voisin de $\frac{100}{0,091} = 1100$ mètres cubes. Il déplace alors $1100 \times 1,3 = 1430$ kilogrammes d'air. L'excès de poids entre l'air déplacé et le gaz de l'aérostat est de $1430 - 100 = 1330$ kilogrammes.

Ce ballon de 1100 mètres cubes, s'il était gonflé complètement d'hydrogène au départ, ne devrait donc pas peser plus de 1330 kilogrammes, en y comprenant l'enveloppe, la nacelle, les agrès, les aéronautes. L'écart entre son poids réel total et les 1330 kilogrammes dont il vient d'être question, représente sa force ascensionnelle.

Si l'on gonflait un aérostat avec du gaz d'éclairage qui pèse environ 520 grammes par mètre cube, la différence par mètre cube entre le poids d'air déplacé et le poids du gaz serait de 1300 — 520 = 780 grammes. Pour que le ballon puisse soulever un poids total égal au précédent, à savoir 1330 kilogrammes, son volume devra être de $\frac{1330}{0,78} = 1705$ mètres cubes.

FIG. 102. — AÉROSTAT.
La force ascensionnelle de l'aérostat est égale à l'excès du poids de l'air déplacé sur le poids total de l'appareil.

Détails complémentaires relatifs à l'aérostation. — Le ballon ne doit être que partiellement gonflé au départ. Il est du reste librement ouvert à la partie inférieure. Il se gonfle au fur et à mesure qu'il s'élève dans l'air, puisque la pression atmosphérique extérieure diminue. Une fois complètement gonflé, il commence à perdre du gaz; sa force ascensionnelle se met alors à diminuer. On peut l'augmenter, en jetant du lest; ce que l'on fait, si l'on veut monter plus haut.

Si, au contraire, on veut descendre, on ouvre une soupape

placée à la partie supérieure du ballon; du gaz sort alors de l'aérostat et se trouve remplacé par de l'air plus lourd.

Les aérostats, que nous venons d'étudier, prennent nécessairement la direction et la vitesse du vent au milieu duquel ils se trouvent.

Au contraire, les ***ballons dirigeables*** sont actionnés par des moteurs, que l'on cherche à rendre très puissants sous

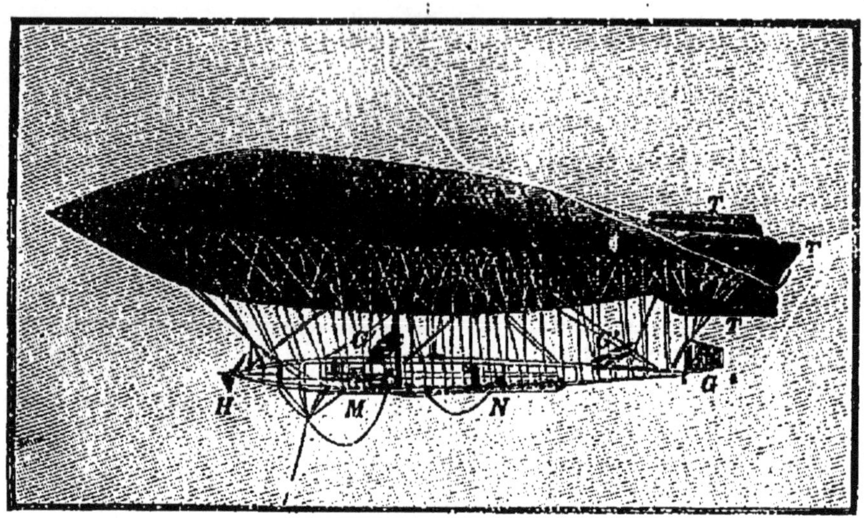

FIG. 103. — BALLON DIRIGEABLE.

Les ballons dirigeables sont actionnés par des moteurs que l'on cherche à rendre très puissants sous le poids le plus faible possible.

le poids le plus faible possible. Ces moteurs agissent sur des hélices comparables à celles des navires proprement dits (fig. 103).

Des gouvernails permettent d'agir sur la direction prise par l'appareil. Il faut toutefois, pour que le ballon puisse se diriger, que la vitesse du vent ne dépasse pas une certaine valeur limite.

3. — MESURE DE LA PRESSION ATMOSPHÉRIQUE PAR LE BAROMÈTRE A MERCURE

163. Description de l'expérience de Torricelli. — Nous avons montré, à l'aide des ***hémisphères de Magdebourg*** et de la ***pompe à gaz*** (§ 157), que les gaz en général et l'air en particulier, exercent des pressions sur la surface des objets qui y sont plongés.

Cette étude peut se faire avec une précision beaucoup plus grande, à l'aide de la célèbre expérience de Torricelli.

Prenons un tube de verre, fermé à un bout, de 1 mètre de long environ et d'un centimètre de diamètre (fig. 104). Remplissons-le de mercure. Fermons l'ouverture avec le doigt;

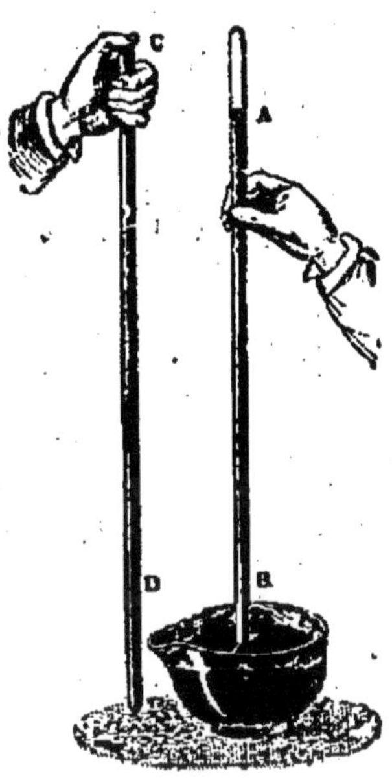

FIG. 104. — EXPÉRIENCE DE TORRICELLI.

Quand on retourne sur la cuvette un long tube rempli de mercure, le niveau se maintient dans le tube à une certaine hauteur au-dessus de la cuvette.

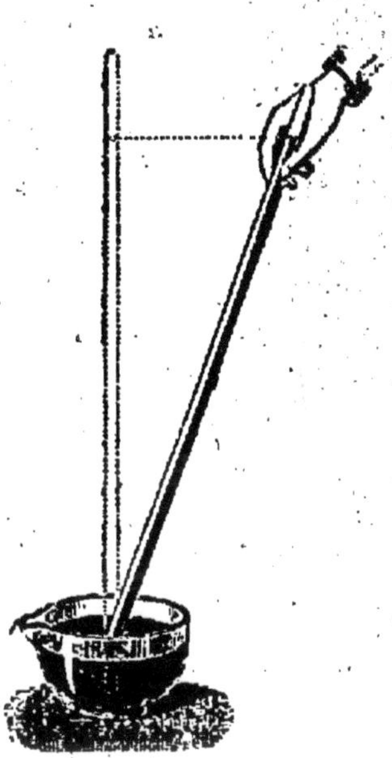

FIG. 105. — INVARIABILITÉ DE LA HAUTEUR BAROMÉTRIQUE AVEC L'INCLINAISON DU TUBE.

La hauteur verticale de mercure soulevé ne dépend pas de l'inclinaison donnée au tube. Elle ne dépend pas davantage ni de la forme ni des dimensions du tube.

retournons le tube et plongeons complètement dans le mercure l'extrémité qui est fermée avec le doigt. Retirons le doigt. Le mercure descend dans le tube. Il laisse donc un vide derrière lui. Le niveau du liquide se maintient d'ailleurs à une ***hauteur verticale*** de 76 centimètres environ au-dessus de la surface libre dans la cuvette.

Cette hauteur verticale reste constante, si on incline le tube (fig. 105).

Elle reste encore la même, si on reprend l'expérience avec

d'autres tubes, plus ou moins larges, de formes et de sections différentes.

164. Théorie de l'expérience de Torricelli. — Au-dessus du mercure dans le tube ne se trouve aucune substance connue ; cet espace est *vide*. Il n'y règne évidemment aucune pression.

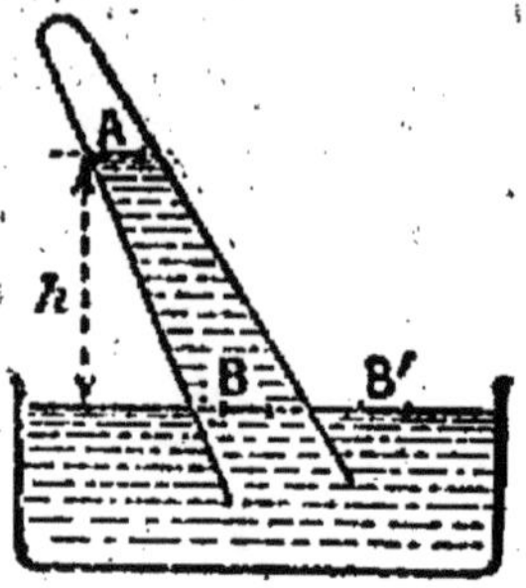

FIG. 106. — THÉORIE DE L'EXPÉRIENCE DE TORRICELLI. *Elle résulte de l'application du théorème fondamental de l'hydrostatique aux deux points B et B' de la masse mercurielle.*

Au contraire, chaque centimètre carré de surface libre du mercure dans la cuvette supporte une pression, qui est précisément la ***pression atmosphérique***.

Cette pression est la même en tous les points du plan horizontal formé par la surface libre du mercure dans la cuvette.

A l'extérieur du tube, en B' (fig. 106), elle est exercée par l'atmosphère elle-même ; soit p, sa valeur.

A l'intérieur du tube, en B, elle a la même valeur, p.

La différence des pressions en B et en A a pour valeur $h\,\varpi$ (§ 126), (ϖ désignant le poids spécifique du mercure, égal à 13,6).

On a donc :

$$p = h.\,\varpi = h \times 13{,}6.$$

Donc, la hauteur h ne peut varier que si la pression p varie. Elle reste la même, quelle que soit ***la forme***, quelles que soient ***les dimensions*** et ***l'inclinaison du tube***. C'est ce que l'expérience nous a donné.

165. Mesure précise de la pression atmosphérique. — La théorie et l'expérience précédentes nous donnent une mesure de la pression atmosphérique.

Supposons, comme il arrive à peu près en moyenne, que la hauteur observée h soit égale à 76 centimètres.

Un centimètre cube de mercure pèse $13^{gr},6$; une colonne de mercure de 1 centimètre carré de base et de 76 centimètres de hauteur a un volume de 76 centimètres cubes et, par suite, un poids de

$$76 \times 13{,}6 = 1033 \text{ grammes.}$$

Conclusion. — La pression atmosphérique moyenne est de 1033 grammes par centimètre carré.

En nombre rond, la pression atmosphérique moyenne dépasse à peine 1 kilogramme par centimètre carré.

166. Baromètre à mercure. — On appelle ***baromètres des instruments destinés spécialement à mesurer la pression atmosphérique.***

Le dispositif de Torricelli constitue le plus précis et le plus sensible des baromètres; la mesure de la pression atmosphérique se trouve ramenée à la mesure d'une différence de niveau, qu'on peut obtenir avec une grande exactitude.

Dans ce dispositif, qui constitue le ***Baromètre à mercure*** :

1° ***La pression atmosphérique est proportionnelle à la hauteur verticale h de mercure soulevé dans le tube au-dessus du niveau de la surface libre dans la cuvette;***

2° ***A un centimètre de hauteur de mercure soulevé, correspond une pression de 13^{gr},6 par centimètre carré.***

167. Disposition pratique du baromètre à mercure. — On a donné au baromètre à mercure les formes les plus diverses.

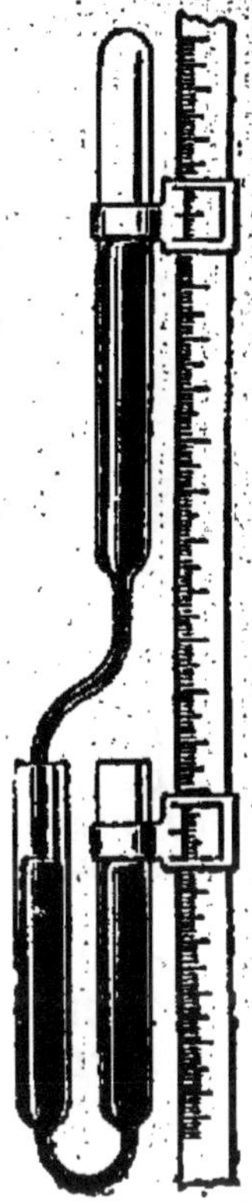

Une des formes les plus heureuses pour un baromètre de précision est celle que représente la figure 107 et que l'on nomme ***baromètre à siphon***. L'instrument est fixe; la cuvette est un large tube de verre de 1 à 2 centimètres de diamètre, recourbé en forme d'U et dans l'une des branches duquel plonge le tube barométrique.

FIG. 107. BAROMÈTRE A SIPHON. — *La hauteur barométrique se lit sur l'échelle divisée; elle est égale à la distance qui sépare les curseurs quand ceux-ci ont été amenés exactement au niveau des surfaces mercurielles dans le tube et dans la cuvette.*

La chambre barométrique est formée d'un tube de même diamètre que la cuvette; elle se trouve exactement au-dessus de la branche libre de celle-ci. Il est évident que la théorie de l'expérience de Torricelli s'applique encore ici mot pour mot; la pression atmosphérique est donc proportionnelle à la différence des niveaux mercuriels dans le tube et dans la cuvette. On mesure cette hauteur sur une règle divisée verticale, installée près de l'appareil. Pour repérer exactement le sommet de la colonne mercurielle, on se sert d'un petit curseur qui glisse le long de la règle (fig. 108) et qui entraîne une bague cylindrique entourant le tube barométrique. Ce curseur est muni d'un zéro situé dans le plan inférieur de la bague. On amène celui-ci à être tangent au sommet de la colonne et on lit la position du trait sur la règle divisée. On fait la même observation sur le curseur de la cuvette et l'écart des deux lectures indique la hauteur cherchée.

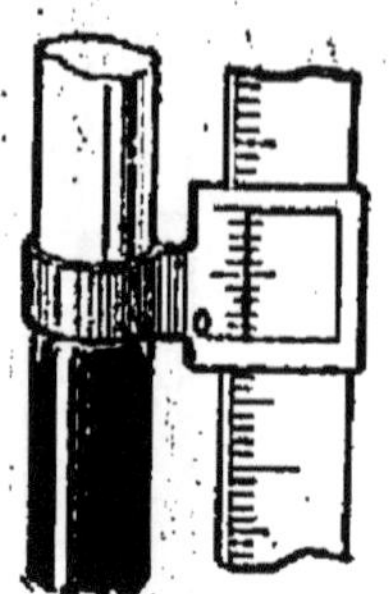

FIG. 108. CURSEUR DE BAROMÈTRE. *Le zéro du curseur se trouve dans le plan de la base inférieure de l'anneau.*

168. Expériences de Pascal. — Pascal a vérifié la théorie que nous venons de donner du baromètre, par les expériences suivantes :

1° ***Expérience de Rouen.*** — S'il est vrai que c'est la pression atmosphérique qui soulève le mercure à 76 centimètres de hauteur, la même pression devra soulever un liquide 13,6 fois plus léger, tel que l'eau ou le vin, à une hauteur 13,6 fois plus grande; c'est-à-dire à $76 \times 13{,}6 = 1033$ centimètres de hauteur; c'est l'expérience connue sous le nom d'***expérience de Rouen.***

2° ***Expérience du Puy de Dôme.*** — S'il est vrai que c'est la pression atmosphérique qui soulève le mercure dans le baromètre, et si, d'autre part, comme on l'a vu plus haut (§ 160), la pression atmosphérique diminue quand on s'élève dans l'atmosphère, il en résulte que la hauteur de mercure soulevé doit diminuer quand l'altitude augmente. C'est l'expérience que Pascal fit faire ***au Puy de Dôme*** par son beau-frère Périer. La hauteur barométrique au sommet de la montagne fut trouvée, de 8 centimètres environ, inférieure à celle que l'on observait au même moment au pied de la montagne.

3° ***Expérience de la tour Saint-Jacques.*** — Si l'explication que nous avons donnée est exacte, l'expérience de Torricelli n'est qu'un cas particulier de l'expérience des vases communicants avec des fluides de nature différente (§ 133). L'un des fluides est l'air; l'autre est le mercure; les hauteurs soulevées doivent être en raison inverse de leurs poids spécifiques. Or, 1 litre de mercure pèse 13600 grammes environ; 1 litre d'air pèse un peu moins de 1gr,3; le mercure pèse donc à peu près 10000 fois plus lourd que l'air.

Supposons maintenant que l'on monte de 10 mètres dans

l'atmosphère. On supprime dans l'une des branches de nos vases communicants, une hauteur de 10 mètres d'air; dans l'autre branche, qui est formée par le tube barométrique, doit se produire un abaissement du liquide contenu, 10 000 fois plus petit que cette hauteur de 10 mètres; c'est-à-dire de 1 millimètre environ. Le résultat pouvait donc être annoncé d'avance. Il fut donné par l'expérience de *la tour Saint-Jacques.*

169. **Applications du baromètre.** — 1° Le calcul précédent peut s'appliquer toutes les fois que l'on veut mesurer de faibles hauteurs.

Soit à déterminer la hauteur du Puy de Dôme au-dessus de sa base, sachant que le baromètre marque au sommet 8 centimètres de moins qu'à la base.

Cette hauteur est égale à 80 fois 10m,50, c'est-à-dire à 840 mètres.

Ce calcul ne s'appliquerait plus, toutefois, s'il s'agissait de montagnes très élevées. En effet, au fur et à mesure que l'on s'élève, la pression atmosphérique diminue; or, nous savons que les gaz sont compressibles (§ 126); une même masse d'air occupe donc, quand on s'élève, des volumes de plus en plus grands; autrement dit, l'air devient de plus en plus léger. Il faut, pour produire un même abaissement du niveau barométrique, des hauteurs d'air de plus en plus grandes.

On a établi des formules spéciales permettant de tenir compte de ce fait et qui résolvent la question dans le cas le plus général.

2° Les baromètres peuvent encore fournir d'utiles indications pour la prévision du temps. ***Dans nos contrées, une baisse subite de pression est presque toujours suivie de mauvais temps.***

4. — OBSERVATIONS BAROMÉTRIQUES COURANTES

170. **Baromètre de Vidi.** — Le baromètre à mercure est un appareil délicat, que l'on ne peut facilement transporter dans les excursions.

Dans ce cas, on emploie de préférence les baromètres métalliques. Nous avons déjà décrit l'un d'eux sous le nom de **Baromètre de Vidi** (§ 159).

171. **Baromètres enregistreurs.** — Le baromètre métallique se prête très bien à la construction de baromètres enregistreurs.

L'un des plus simples est celui de Richard que représente la figure 109.

Une série de boîtes vides, analogues à celles du baromètre de Vidi et pourvues de ressorts antagonistes intérieurs, sont vissées les unes sur les autres. Leurs flexions

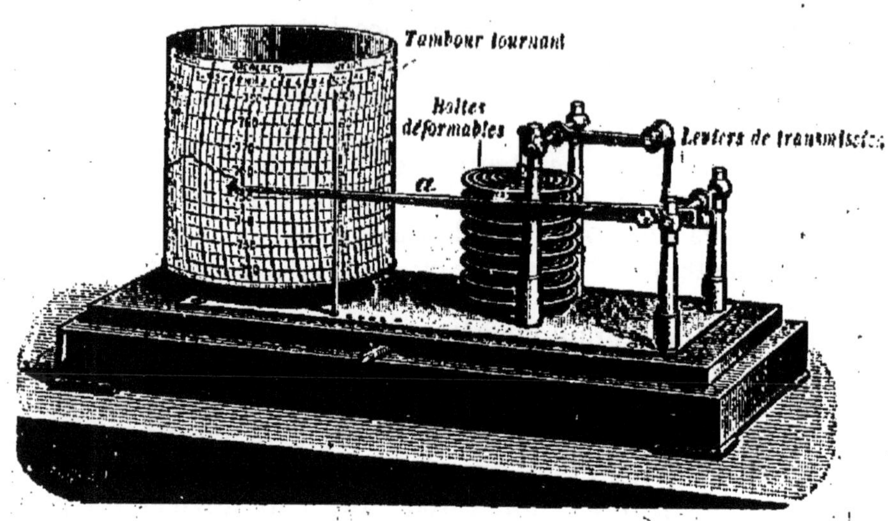

FIG. 109. — BAROMÈTRE ENREGISTREUR DE RICHARD.
L'extrémité de l'aiguille a porte une pointe chargée d'encre; elle trace sur le tambour tournant une ligne irrégulière qui traduit les déformations que les changements de pression extérieure impriment aux boîtes élastiques

s'ajoutent. La déformation totale est transmise à une aiguille dont l'extrémité est chargée d'encre.

Cette extrémité appuie doucement sur une feuille de papier, enroulée sur un cylindre, qui fait un tour en une semaine. — Le mouvement est entretenu par un appareil d'horlogerie.

Les jours et les heures sont repérés par des lignes imprimées sur la feuille de papier. Un autre système de lignes (lignes horizontales de la feuille de papier) permet de connaître la valeur de la pression à chaque instant.

La ligne courbe irrégulière, tracée pendant une semaine sur la feuille de papier, permet donc de suivre très facilement les variations de la pression atmosphérique pendant cet intervalle de temps.

172. **Application des baromètres métalliques.** — Les baromètres métalliques ne donnent pas une mesure directe absolue de la pression atmosphérique. — Leurs indications

ont dû être comparées à celles du baromètre à mercure. — Elles doivent être contrôlées de temps à autre, par comparaison avec le même baromètre.

Ce ne sont donc pas des appareils de précision.

Ils rendent toutefois de grands services :

1° A cause de leur *légèreté*, de leur petit volume, et de leur solidité qui les rendent facilement transportables;

2° A cause de la ***grande sensibilité*** à laquelle ils peuvent facilement atteindre.

5. — MESURE DE LA PRESSION DANS LES GAZ

173. Mesure d'une pression. — On appelle ***manomètre*** tout appareil permettant la mesure d'une pression.

Les baromètres ne sont donc, en réalité, que des manomètres particuliers destinés à la mesure spéciale de la pression atmosphérique.

Nous savons que la pression sur une surface S a pour mesure la valeur du quotient $\frac{F}{S}$, F désignant la force exercée, et S la surface sur laquelle cette force s'exerce.

174. Soupape de sûreté. — Cette mesure peut se faire directement. Imaginons, par exemple, une soupape de sûreté.

La soupape de sûreté est un obturateur métallique, fer-

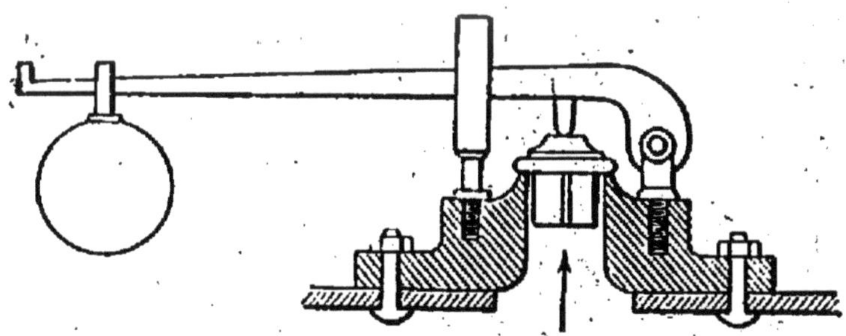

FIG. 110. — SOUPAPE DE SURETÉ.
La soupape se soulève dès que la pression dans la chaudière dépasse une certaine limite fixée d'avance.

mant hermétiquement une ouverture pratiquée dans la paroi d'une chaudière (fig. 110). Elle ne doit rester fermée que si la pression ne dépasse pas une valeur dangereuse.

Supposons que cette soupape ait une surface de 10 centimètres carrés. Supposons qu'elle doive supporter au moins un poids de 40 kilogrammes, pour être maintenue fermée, malgré la pression exercée par la vapeur.

Nous en déduirons que $p = \frac{40}{10} = 4$ kilogrammes par centimètre carré, représente l'excès de la pression dans la chaudière sur la pression atmosphérique extérieure.

175. Unité de pression. — On emploie souvent, en physique, comme ***unité de pression, la pression atmosphérique moyenne, correspondant à une hauteur de 76 centimètres de mercure.*** — On emploie couramment dans l'industrie, comme ***unité usuelle de pression, la pression exercée par une force efficace de 1 kilogramme par centimètre carré.*** Cette unité diffère peu de la précédente (§ 165); il sera souvent inutile de faire cette distinction.

176. Manomètre à piston. — Les manomètres à piston

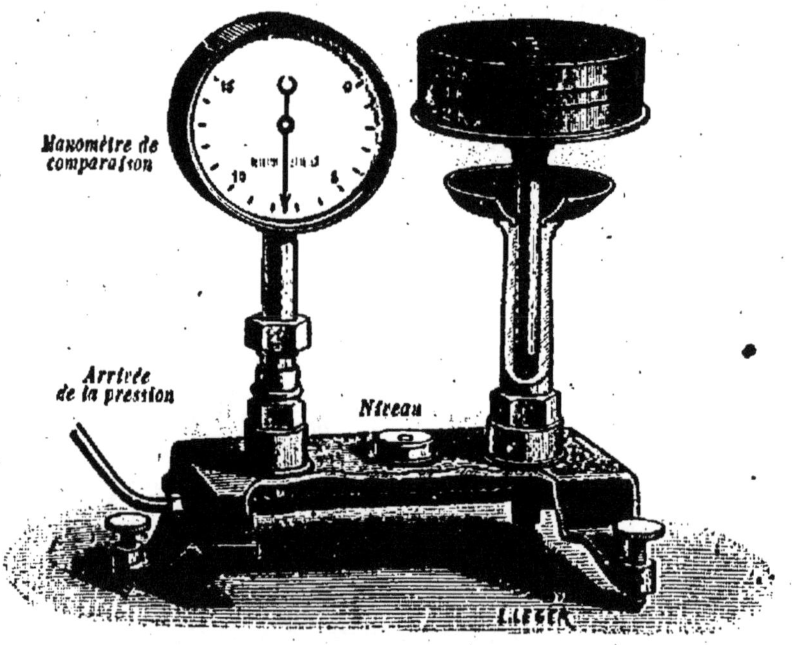

FIG. 111. — MANOMÈTRE A PISTON.
La pression se mesure en équilibrant par des poids la poussée qu'elle imprime à un piston de surface connue.

sont des appareils fondés sur le même principe que la soupape de sûreté.

Un piston ferme une cavité cylindrique, contenant un

liquide (huile lourde), et communiquant avec l'enceinte où règne la pression à mesurer (fig. 111).

Exemple. — Supposons que le piston ait 1,2 centimètre carré de section, et qu'il pèse 4 kilogrammes. Supposons qu'on doive le charger de 5 kilogrammes pour le maintenir en équilibre. Quelle est la mesure de la pression?

On a évidemment $p = \frac{F}{S} = \frac{4+5}{1,2} = 7,5$ comme pression exercée par le poids du piston et sa surcharge; c'est le cas représenté par la figure 111.

Si, de plus, on tient compte de la pression atmosphérique, qui, évidemment, s'exerce aussi sur le piston, et dont l'action vient s'ajouter à celle des poids précédents, on en déduira que la pression totale à l'intérieur de la chaudière est de 8^atm^,5.

177. Manomètres métalliques. — Comme les baromètres métalliques, les manomètres métalliques reposent sur la propriété (§ 159) que possèdent des lames métalliques suffisamment minces de pouvoir *se déformer* sous l'influence des variations de pression, et de *reprendre la même forme,* quand la pression reprend la même valeur.

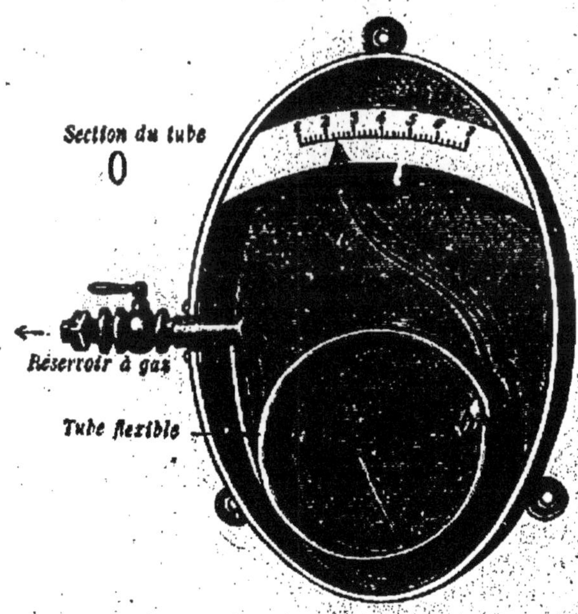

FIG. 112. — MANOMÈTRE MÉTALLIQUE.
Lorsque la pression augmente à l'intérieur du tube flexible b, celui-ci se déroule et l'aiguille se déplace vers la droite sur le cadran divisé.

La partie principale de l'appareil est un tube métallique, à parois élastiques, courbé en spirale. — Une extrémité est fermée et reliée à une aiguille mobile sur un cadran, gradué en kilogrammes par centimètre carré. — L'autre extrémité est fixe et communique avec le récipient à gaz ou à vapeur (fig. 112).

Quand la pression augmente, la spirale tend à se dérouler; l'aiguille se déplace dans un certain sens, et d'une certaine quantité. — Quand la pression varie en sens contraire, l'aiguille revient vers sa position première. — ***Quand la pression reprend la même valeur, l'aiguille reprend la même position.***

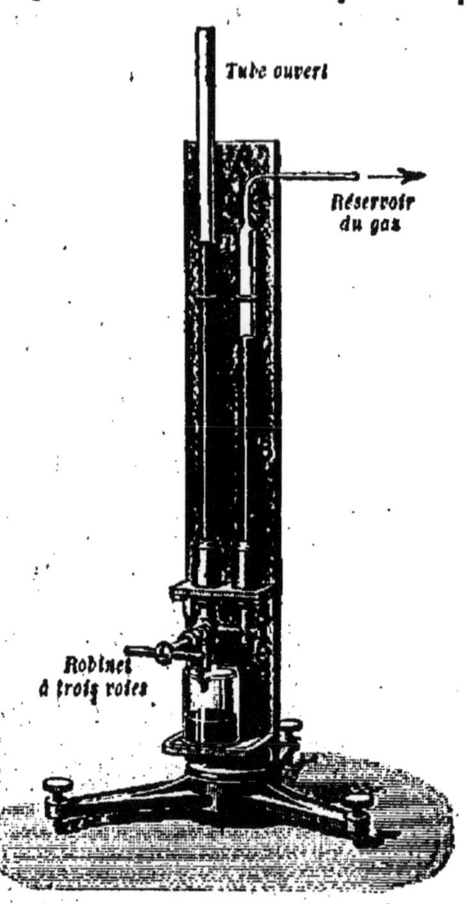

FIG. 113. — MANOMÈTRE A MERCURE, DE REGNAULT.

La pression dans le réservoir à gaz s'obtient en augmentant ou en diminuant la pression atmosphérique de la pression mesurée par la dénivellation du mercure dans les deux branches du manomètre.

Ces appareils ont un double avantage : ils ne sont pas volumineux; ils ne sont pas fragiles.

178. Manomètre à mercure. — Le manomètre à mercure ne saurait servir aux pressions élevées, sans prendre des dimensions encombrantes.

Il se compose de deux larges tubes de verre communiquant à leur partie inférieure par un tube de fer C deux fois coudé, aux extrémités duquel ils sont mastiqués (fig. 113). Les deux branches contiennent du mercure; l'extrémité de la grande branche est librement ouverte, tandis qu'on met la plus petite en communication avec le récipient qui contient le gaz.

L'emploi de cet appareil repose sur le principe fondamental de l'hydrostatique (§ 126).

La pression du gaz en *b* est égale à la pression atmosphérique en *a*, augmentée ou diminuée de la pression produite par une hauteur de mercure égale à la dénivellation *ab*, suivant que, dans la grande branche, le mercure arrive plus haut ou plus bas que dans la petite.

La pression atmosphérique est mesurée par la hauteur H^{cm} du baromètre. Si la dénivellation entre les surfaces du mercure dans les deux branches est de h^{cm}, la pression p du gaz, mesurée en grammes par centimètre carré sera

$$p = (H \pm h)\ 13{,}6.$$

Dans l'expression $H \pm h$, on prendra le signe $+$, au cas où les niveaux a et b sont disposés comme dans la figure 113. On prendrait le signe $-$, si le niveau a était inférieur au niveau b.

Dans tous les cas, la mesure d'une pression exigera l'observation de la hauteur barométrique H et celle de la différence verticale de niveau h qui règne entre les deux branches du manomètre.

Remarque. — Il arrive fréquemment, dans la pratique, qu'on définisse une pression par la hauteur H' de mercure à laquelle elle fait équilibre. On pose :

$$H' = H \pm h.$$

C'est ainsi qu'on parlera d'une pression de 1 mètre de mercure, pour indiquer la pression, produite sur sa base, par une colonne mercurielle de 1 mètre de haut; cette pression vaut $100 \times 13{,}6 = 1360$ grammes par centimètre carré.

179. Manomètre à eau. — Quand il s'agit de pressions qui s'écartent très peu de la pression atmosphérique, on utilise l'***eau*** comme liquide manométrique; c'est ce que nous avons déjà fait à maintes reprises (fig. 73, 74, etc.).

CHAPITRE VI

COMPRESSIBILITÉ DES GAZ

1. — CAS D'UN GAZ UNIQUE

180. **Les gaz sont compressibles.** — Les propriétés que nous venons d'étudier sont communes aux liquides et aux gaz. Aussi dit-on que les liquides et les gaz sont des ***fluides.***

Les gaz se distinguent des liquides, en ce que leur volume peut varier énormément, quand on fait varier la pression qu'ils supportent. Aussi dit-on que les gaz sont ***compressibles.***

181. **Question à résoudre.** — Le volume d'un gaz dépend donc de sa pression. Il dépend aussi de la température à laquelle il est porté. Nous n'étudierons que plus tard ce second côté de la question (§ 277).

Actuellement, pour simplifier, nous supposerons la température du gaz invariable; et nous nous contenterons de rechercher comment le volume du gaz dépend de la pression qu'il supporte.

182. **Appareil simple pour l'étude de la compressibilité des gaz.** — Il va donc falloir un appareil qui nous permette de mesurer : 1° ***les volumes***; 2° ***les pressions.***

Un même appareil simple va suffire à ce double but :

Un tube cylindrique de verre AR (fig. 114) est fermé à sa partie supérieure par un robinet R. C'est dans ce tube que sera renfermé le gaz à étudier.

Un long tube de caoutchouc met le tube AR en communication avec une cuvette B, librement ouverte et contenant du mercure. Cette partie de l'appareil constitue, comme on le voit facilement, ***un manomètre à mercure*** (§ 178).

Si l'on fait monter la cuvette B, on augmente la pression supportée par le gaz contenu en AR. Inversement; si on la fait descendre, la pression supportée par le gaz diminue.

Le tube AR et la cuvette B sont placés le long d'une réglette verticale, portant des divisions en centimètres.

Le *volume* du gaz s'observe facilement sur le tube AR, la valeur de ***la pression, en colonne de mercure***, est donnée par le manomètre à mercure, que constitue précisément l'appareil. Nous prendrons pour mesure des pressions les hauteurs

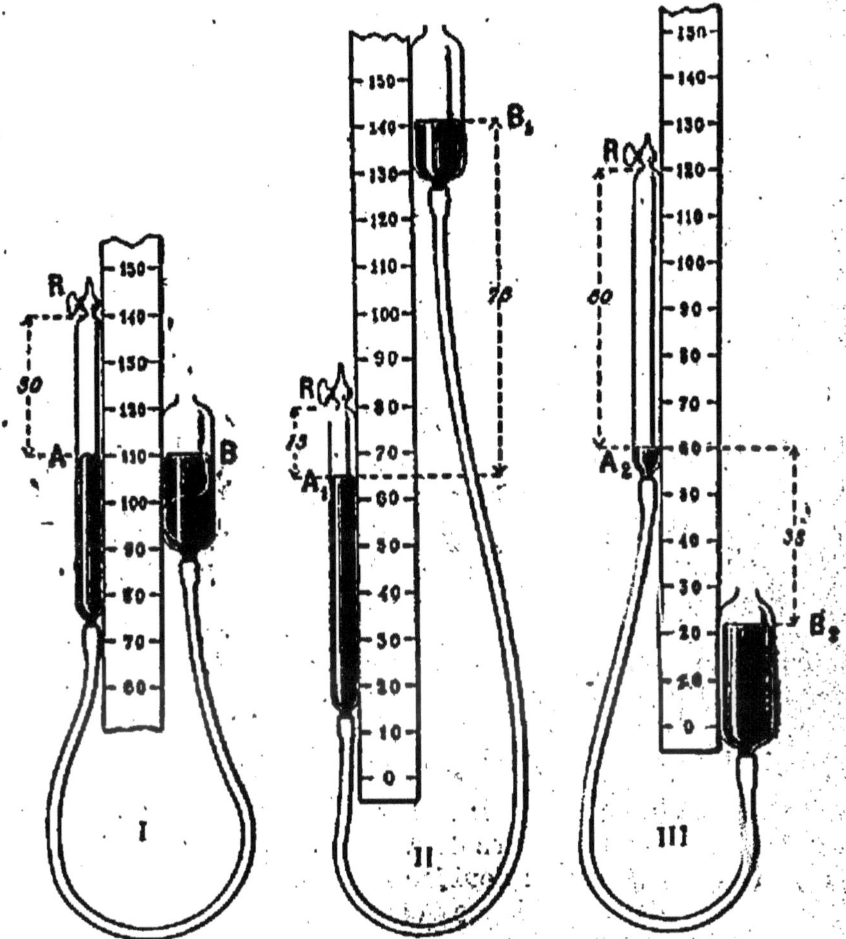

FIG. 114. — VARIATION DU VOLUME D'UN GAZ AVEC LA PRESSION.
Le volume d'un gaz, enfermé en AR sous la pression atmosphériq[illegible] (I), devient moitié moindre, quand on double sa pression (II); elle de[illegible]ent double, au contraire, quand on réduit sa pression à moitié (III).

de mercure auxquelles elles font équilibre (§ 178, remarque

183. Exemple d'une expérience. — I. Nous ouvrons le robinet R. Nous amenons le niveau de la cuvette en B (fig. 114, I), à 30 centimètres au-dessous du robinet R.

La pression en R est égale à la pression atmosphérique.

Lisons le baromètre. Il marque 76 centimètres, par exemple. Fermons le robinet.

Nous pouvons, dans cette première expérience, prendre pour mesures :

1° Du volume v, le nombre 30;

2° De la pression p, le nombre 76.

Nous poserons $v=30$; $p=76$.

II. Soulevons la cuvette B. La pression du gaz augmente; son volume diminue.

Cherchons à réduire le volume, dans le tube fermé, à 15 centimètres (fig. 114, II). Lisons la différence des niveaux $A_1B_1=h'$, entre le mercure de la cuvette et celui du tube à gaz. Nous trouvons $h'=76$ centimètres.

Nous aurons donc, pour cette seconde expérience (en conservant les mêmes unités de mesure que pour la première) :

$$v'=15 \qquad p'=76+76=152.$$

III. Comme troisième expérience, abaissons maintenant la cuvette. La pression du gaz diminue; son volume augmente.

Cherchons à amener ce volume à être le double du volume primitif : soit $v''=2\times 30=60$ centimètres. Lisons la différence $A_2B_2=h''$ (fig. 114, III). On trouve $A_2B_2=38$ centimètres.

Nous aurons donc pour cette troisième expérience, à poser

$$v''=60;$$
$$p''=76-38=38.$$

184. Conclusions. — La seconde expérience, comparée à la première, nous montre que, ***pour réduire le volume d'un gaz à moitié, il a fallu doubler la pression.***

La troisième expérience, comparée à la première, nous montre que, ***pour doubler le volume d'un gaz, il a fallu réduire sa pression à moitié.***

On opérerait de même, pour augmenter ou pour réduire le volume d'un gaz dans le rapport de 1 à 3, ou dans un rapport quelconque.

On opérerait de même pour un gaz quelconque, autre que l'air. On trouverait les mêmes résultats. D'où cet énoncé :

185. Loi de Mariotte. — ***A une même température, le volume d'une même masse de gaz est en raison inverse de sa pression.***

Cet énoncé porte le nom de ***loi de Mariotte***, du nom de son inventeur.

On l'exprime algébriquement par une relation très simple. Nous avions plus haut :

$$v = 30, \text{ pour } p = 76;$$
$$v' = 15, \text{ pour } p' = 2 \times 76;$$
$$v'' = 60, \text{ pour } p'' = \frac{1}{2} \times 76.$$

On a donc évidemment :

$$v \times p = v' \times p' = v'' \times p''.$$

Il en est toujours de même, pourvu que la température reste invariable, ainsi que la masse de gaz sur lequel on opère.

D'où ce second énoncé :

A une même température, le produit du volume d'une même masse de gaz par sa pression reste invariable.

$$p \times v = \text{constante}.$$

186. **Autre énoncé de la loi de Mariotte.** — Quand le volume d'une certaine quantité de gaz se réduit de moitié, sa densité absolue (masse de l'unité de volume, § 141) devient évidemment double.

On peut donc encore énoncer la loi de Mariotte en disant : « A une même température, si la pression d'un gaz devient double, sa densité absolue devient double » ; ou bien, d'une façon plus générale :

A une même température, la densité absolue d'un même gaz est proportionnelle à sa pression.

Remarque relative à ce dernier énoncé de la loi de Mariotte. — Ce dernier énoncé a, sur les précédents, cet avantage que l'on n'est plus limité par la condition d'opérer sur une masse constante de gaz. Il est bien évident, en effet, que la densité est la même pour une masse totale de gaz, ou pour une partie seulement de cette masse, quand on la prend dans les mêmes conditions.

187. **Application.** — ***Une certaine quantité d'air occupe 400 litres sous une pression de 75 centimètres de mercure. Quel volume occuperait-elle, à la pression de 3 mètres de mercure?***

La nouvelle pression étant $\frac{360}{75} = 4$ fois plus grande que la première, le nouveau volume sera 4 fois plus petit que le premier; il sera donc de 100 litres.

188. **La loi de Mariotte n'est qu'une loi approchée.** — Dans les expériences que nous avons décrites pour étudier la compressibilité des gaz, la pression ne dépasse guère 3 ou 4 atmosphères; mais de nombreux observateurs ont pu, à l'aide de dispositifs spéciaux, pousser les recherches sur la compressibilité des gaz jusqu'à des pressions de plusieurs centaines et même de plusieurs milliers d'atmosphères.

On a reconnu ainsi que la ***loi de Mariotte n'est qu'une loi approchée.*** — Très sensiblement exacte pour des gaz tels que l'air, l'oxygène, l'azote, quand la pression ne dépasse pas une vingtaine d'atmosphères, elle est déjà moins exacte pour le gaz carbonique; elle l'est moins encore pour le gaz sulfureux. — ***Elle est d'autant moins exacte que le gaz est plus facile à liquéfier.***

Toutefois, si le gaz ne se liquéfie pas, et si la pression ne dépasse pas quelques atmosphères, la loi de Mariotte reste assez approchée de la réalité, pour qu'on puisse l'appliquer, sans erreur notable, dans les calculs de compressibilité des gaz. C'est ce que nous ferons.

2. — MÉLANGE DES GAZ

189. **Loi du mélange des gaz.** — ***Deux liquides en contact ne se mélangent pas toujours.*** Exemples : de l'eau et du mercure; de l'eau et de l'huile.

— Au contraire, ***deux gaz en présence l'un de l'autre se mélangent toujours intimement*** (même en dehors de toute cause d'agitation).

Ceci résulte de l'expérience suivante, due à Berthollet.

Deux ballons (fig. 115) munis de robinets, sont remplis l'un d'hydrogène, l'autre de gaz carbonique.

Les robinets sont fermés; les ballons sont vissés l'un au-dessus de l'autre, et placés dans une cave profonde, à température invariable. Le ballon à hydrogène est disposé au-dessus. (On sait que l'hydrogène est 22 fois moins lourd que le gaz carbonique.)

Après un certain temps, quand on peut être sûr que chaque gaz est bien en équilibre et qu'ils ont pris tous les deux la même température, on ouvre les deux robinets.

Toute cause d'agitation a donc été supprimée.

Quelque temps après, on ferme les robinets; on sépare les deux ballons : on les ouvre séparément sur une cuve à mercure.

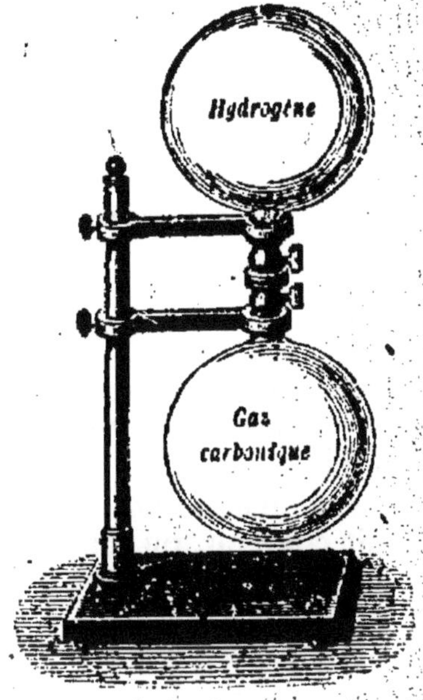

FIG. 115.
EXPÉRIENCE DE BERTHOLLET.
Deux gaz, mis en contact, se diffusent toujours l'un dans l'autre; même quand on les place dans les conditions les moins favorables à la diffusion, le mélange finit toujours par devenir homogène.

On trouve :

1° Que, dans chacun des deux ballons, la pression est restée égale à celle sous laquelle les ballons avaient été fermés;

2° Que chacun des deux ballons contient les deux gaz en même proportion.

Nous sommes donc ainsi conduits à énoncer les deux lois suivantes :

Première loi. — Lorsque des gaz sont mis en contact, ils se diffusent toujours les uns dans les autres; le mélange finit toujours par devenir homogène.

Deuxième loi. — Le volume du mélange est égal à la somme des volumes des gaz mélangés, tous ces volumes étant supposés mesurés sous la pression du mélange lui-même.

Ainsi, 79 litres d'azote, mesurés sous la pression de 1 atmosphère, et 21 litres d'oxygène, mesurés sous la pression de 1 atmosphère, donnent $79 + 21 = 100$ litres de mélange, mesurés ***sous la même pression*** de 1 atmosphère.

CHAPITRE VII

POMPES A GAZ ET A LIQUIDES

1. — POMPES A GAZ

190. Objet des pompes à gaz. — Les pompes à gaz sont des appareils qui permettent de provoquer à volonté le passage d'un gaz d'un endroit dans un autre.

Si on les emploie à faire sortir le gaz d'un récipient où il était contenu, on les appelle *machines pneumatiques.*

Si on les emploie à refouler le gaz dans un récipient, où l'on veut accumuler ce gaz, on les appelle *pompes de compression.*

On peut d'ailleurs employer un même appareil à produire ces deux effets en même temps : retirer le gaz d'un récipient, pour le refouler dans un autre.

C'est le cas de la pompe à main que nous allons tout d'abord étudier.

191. Pompe à main. — La pompe à main est un appareil que l'on trouve dans tous les laboratoires. C'est la pompe à main, à peine modifiée, que tout le monde a vu fonctionner pour le gonflement des pneumatiques d'automobile.

L'appareil se compose d'un corps de pompe A (fig. 116), dans lequel se meut un piston plein P. A la partie inférieure du corps de pompe aboutissent deux tubulures E, S, munies chacune d'une soupape.

La soupape B, placée dans la tubulure E, s'ouvre vers l'intérieur du corps de pompe ; la soupape C, placée dans la tubulure S, s'ouvre vers l'extérieur.

192. Fonctionnement de la pompe à main comme machine pneumatique. — Laissons la tubulure S ouverte à l'air. Mettons E en communication avec le récipient R' (fig. 116) où nous voulons raréfier le gaz et où règne d'abord la pression atmosphérique.

1er *temps.* Soulevons le piston : le vide se fait au-dessous de lui ; la pression atmosphérique maintient donc fermée la soupape C. Au contraire, la pression du gaz contenu en R' ouvre la soupape B.

Du gaz passe alors du récipient dans le corps de pompe.

2° *temps*. Baissons le piston. Tout de suite, B se ferme; le gaz se comprime sous le piston, finit par ouvrir C et se trouve expulsé.

Le piston est revenu au bas de sa course. Nous sommes donc ramenés au même état qu'au début, sauf qu'une certaine quantité de gaz a été expulsée du récipient.

Un nouveau coup de piston poussera plus loin la raréfaction; et ainsi de suite.

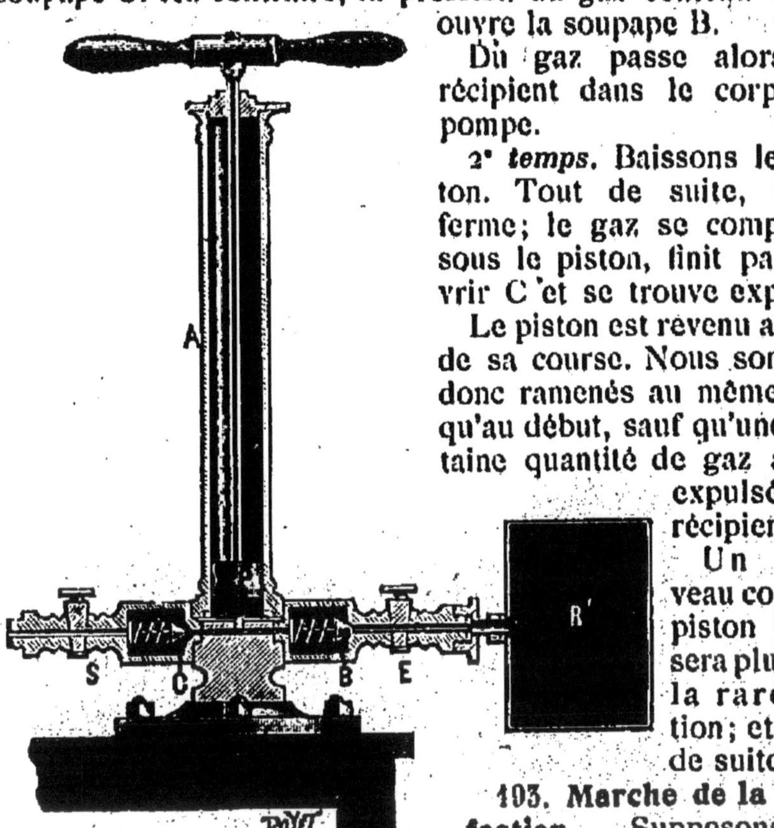

FIG. 116. — POMPE A MAIN, FONCTIONNANT COMME MACHINE PNEUMATIQUE.

La tubulure S est ouverte à l'air. La tubulure E communique avec le récipient R' dans lequel on veut raréfier le gaz.

103. Marche de la raréfaction. — Supposons, par exemple, que le récipient ait 1 litre de capacité, et le corps de pompe 1/4 de litre.

On voit facilement que chaque coup de piston rejette uniquement le contenu du corps de pompe, c'est-à-dire le 1/5 du gaz contenu dans tout l'appareil. Il reste donc, après chaque coup de piston, les 4/5 de la quantité précédente.

Au bout de deux coups de piston, il restera donc les $\frac{4}{5}$ de $\frac{4}{5}$, c'est-à-dire $\left(\frac{4}{5}\right)^2 = \frac{16}{25}$ de la quantité initiale.

Au bout de trois coups de piston il restera de même les $\left(\frac{4}{5}\right)^3 = \frac{64}{125}$; c'est-à-dire un peu plus de la moitié de ce qu'il y avait au début.

De même, au bout de trois autres coups de piston, il resterait un peu plus de la moitié du reste précédent; c'est-à-dire un peu plus du quart de ce que le récipient contenait au début.

Les trois premiers coups de piston avaient enlevé la moitié du gaz; les trois suivants n'en enlèvent que le quart.

Les quantités de gaz successivement rejetées sont donc de plus en plus faibles.

194. Limite du vide. — Des fuites légères se produisent toujours autour du piston et des soupapes. Ces fuites s'exagèrent, à mesure que la raréfaction est poussée plus loin.

Dès que, pour cette raison, il rentre autant de gaz que la machine en expulse, on n'a plus aucun avantage à continuer la manœuvre de la machine.

Il y a donc une ***limite du vide.***

A cette première cause d'imperfection, s'en ajoute d'ailleurs toujours une autre : le piston, quand il est au bas de sa course, ne vient pas s'appliquer exactement sur le corps de pompe.

Le petit intervalle, ainsi laissé libre entre le piston et le corps de pompe, s'appelle ***espace nuisible.***

Son existence, à elle seule, suffirait pour empêcher la raréfaction d'être complète et pour imposer une limite du vide.

Avec une bonne pompe à main, on peut réduire la pression à 5 millimètres de mercure; et cela suffit largement dans toutes les expériences de cours, où nous aurons à faire le vide.

Nous n'insisterons pas davantage. La figure 154 représente une machine pneumatique Carré, qui est d'un usage continuel dans les cours de Physique.

195. Machines de compression. — ***Applications de l'air comprimé.*** — Laissons la tubulure E ouverte à l'air: mettons S en communication avec le récipient R, où nous voulons comprimer de l'air (fig. 116).

1er ***temps.*** Faisons descendre le piston. La pression augmente sous le piston; la soupape B reste donc fermée; la soupape C finit par s'ouvrir; et l'air qui emplissait le corps de pompe est alors refoulé dans le récipient.

2e ***temps.*** Relevons le piston. La soupape C est maintenue fermée par la pression qui règne dans le récipient R; la soupape B s'ouvre; le corps de pompe se remplit d'air à nouveau.

A chaque coup de piston, une même quantité d'air est refoulée dans le récipient. ***La pression croît donc proportionnellement au nombre des coups de piston.***

Toutefois, la pression ne pourra pas croître indéfiniment. On sera limité pour les mêmes raisons que plus haut :

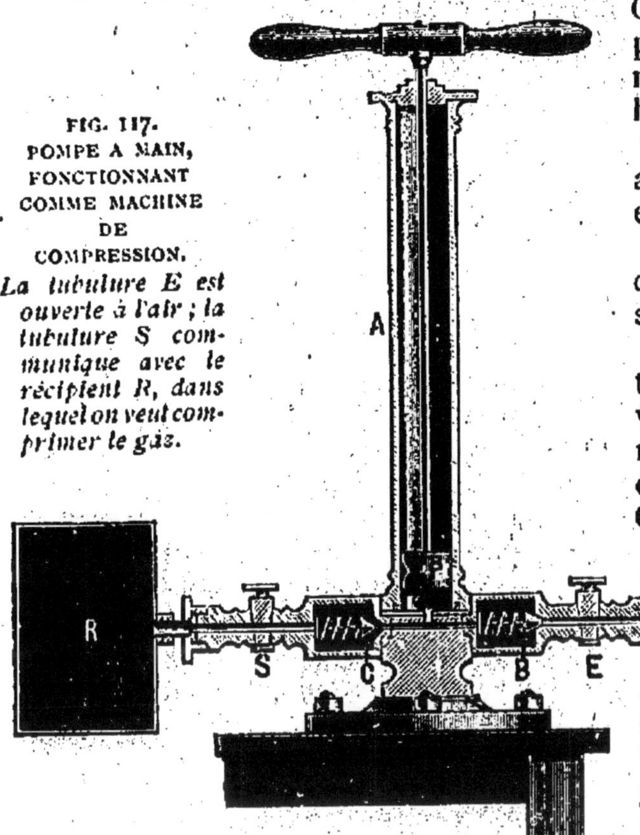

FIG. 117. POMPE A MAIN, FONCTIONNANT COMME MACHINE DE COMPRESSION.
La tubulure E est ouverte à l'air ; la tubulure S communique avec le récipient R, dans lequel on veut comprimer le gaz.

1° Les fuites autour du piston et des soupapes ;

2° La présence d'un espace nuisible.

Nous n'insisterons pas davantage sur les machines de compression. Contentons-nous de signaler rapidement les principales applications de l'air comprimé : fonctionnement de ***petits moteurs*** dans l'industrie domestique, mise en action des ***machines perforatrices*** dans les tunnels, ***cloches à plongeur*** pour les travaux hydrauliques, ***télégraphie pneumatique, distribution de l'heure à domicile***, commande des ***freins*** sur les wagons, etc., etc.

2. — POMPES A LIQUIDES

100. **Diverses espèces de pompes.** — Les pompes à liquides sont des appareils dont on se sert pour élever les liquides d'une façon commode. On en construit de plusieurs systèmes. Parmi celles que nous décrirons et qui sont toutes des ***pompes à piston***, nous distinguerons les ***pompes aspirantes***, les ***pompes foulantes*** et les ***pompes aspirantes et foulantes***.

107. Description d'une pompe aspirante. — La figure 118 représente les parties essentielles de ces machines.

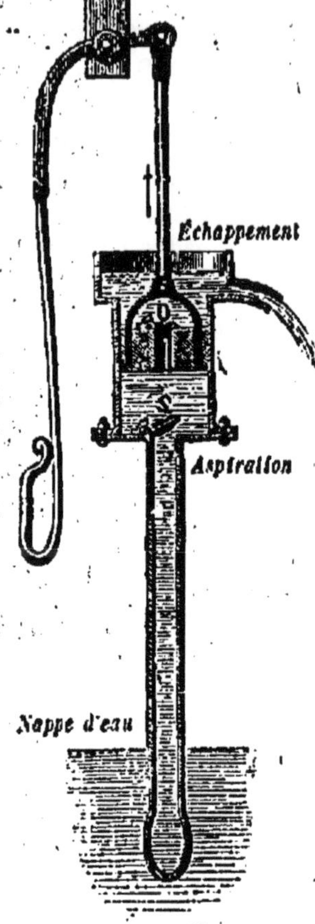

FIG. 118.
POMPE ASPIRANTE.
A chaque montée du piston, le corps de pompe se remplit d'eau, tandis qu'un volume égal du liquide s'écoule par le tube de déversement.

Dans un corps de pompe vertical peut se déplacer un piston, muni d'une soupape O, s'ouvrant du bas vers le haut.

Le bas du corps de pompe est également muni d'une soupape S, s'ouvrant du bas vers le haut.

Cette soupape met le corps de pompe en communication avec un tuyau vertical, plongeant dans la pièce d'eau. Ce tuyau est appelé ***tube d'aspiration***.

Les soupapes peuvent avoir les formes et les dispositions présentées par les figures 119 et 120.

108. Fonctionnement de la pompe aspirante. — La machine doit d'abord être ***amorcée***.

Voici en quoi cela consiste :

1er ***temps***. Soulevons le piston. Le vide se fait au-dessous de lui; la pression atmosphérique maintient donc fermée la ***soupape O***. — Au contraire, la pression du gaz contenu dans le tuyau d'aspiration ouvre la soupape S. — Par suite, la pression diminue dans le tuyau d'aspiration; et la pression atmosphérique force l'eau à monter à une certaine hauteur dans le tuyau.

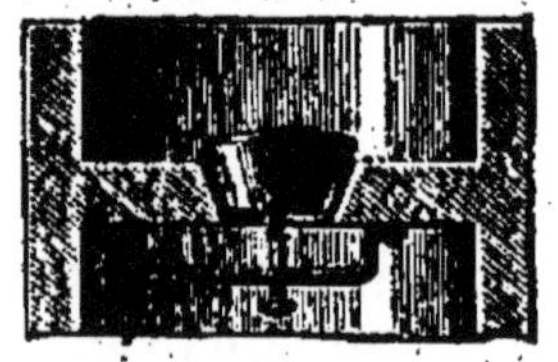

FIG. 119 et 120. — FORMES DE CLAPETS.

2e ***temps***. Baissons le piston. Tout de suite, S se ferme; l'air contenu dans le corps de pompe se comprime et finit par ouvrir la soupape O. Cet air est donc expulsé. D'autre part, puisque S est restée fermée, l'eau s'est maintenue à la même hauteur, dans le tuyau d'aspiration, pendant tout le temps de la descente du piston.

Le piston est revenu au bas de sa course.

Nous sommes donc ramenés au même état qu'au commencement, sauf ces deux points : 1° une certaine quantité d'air a été expulsée du corps de pompe; 2° l'eau s'élève maintenue à une certaine hauteur dans le tuyau d'aspiration.

Un nouveau coup de piston chassera une nouvelle quantité d'air et fera monter l'eau à un niveau encore plus élevé.

Supposons que l'eau puisse ainsi monter jusque dans le corps de pompe. On dira, à ce moment, que la machine est *amorcée*.

Or, nous savons (§ 168) que la pression atmosphérique peut faire équilibre à une hauteur d'eau de 10m,30.

Si donc le piston et la soupape joignent bien, et si le tuyau d'aspiration a moins de* 10m,30 *de hauteur, la machine finira par s'amorcer au bout d'un certain nombre de coups de piston.

La machine étant amorcée, chaque *descente* du piston fait ouvrir la soupape O et maintient fermée la soupape S. L'eau qui remplit le corps de pompe passe de la partie inférieure du piston à la partie supérieure. Rien ne s'écoule par le tuyau de déversement.

Chaque *montée* du piston remplit d'eau le corps de pompe et fait sortir par le tube de déversement un volume d'eau égal.

L'écoulement de l'eau est donc intermittent.

199. **Travail et force dans la pompe aspirante.** — La pompe aspirante doit, comme toute machine, satisfaire au principe de la conservation du travail (§ 18).

Supposons que le corps de pompe ait une capacité de 4 litres. Supposons que l'eau doive être élevée à 6 mètres de hauteur, et que la course du piston soit de 1 mètre.

Si l'on voulait, ***sans se servir de machine***, monter directement la quantité d'eau déversée par un coup de piston (montée et descente), le travail à effectuer serait de ($4^{lit} \times 6^m$) = 24 kilogrammètres.

Or, le déplacement de la main, pendant la montée du piston, est de 1 mètre. — La force à exercer pour soulever le piston sera donc de 24 kilogrammes.

Dans la pratique, cette force sera toujours plus grande,

parce que les frottements inévitables consomment toujours en pure perte une partie du travail cédé par la main.

200. **Application des principes d'hydrostatique.** — Ce résultat pouvait être obtenu directement à l'aide des principes d'hydrostatique.

Le corps de pompe a une capacité de 4 litres; le piston une course de 1 mètre. La section du corps de pompe est donc de $\frac{4000 \text{ (centimètres cubes)}}{100 \text{ (centimètres)}} = 40$ (centimètres carrés).

Pendant la course ascendante du piston, la soupape O étant fermée, les masses liquides qui sont en dessus et en dessous du piston ne communiquent pas entre elles.

Les deux faces du piston supportent des pressions de sens contraires. La face supérieure supporte une pression plus grande que la pression atmosphérique; la face inférieure supporte une pression plus petite; la différence de ces deux pressions est égale, à chaque instant, à une pression exercée par 6 mètres d'eau.

L'effort à vaincre pour soulever le piston est donc égal au poids d'un cylindre d'eau de 6 mètres de hauteur et de 40 centimètres carrés de base. Le volume de ce cylindre est de $40 \times 600 = 24\,000$ centimètres cubes. — Son poids est de 24 kilogrammes, résultat précédemment obtenu.

201. **Principe des pompes foulantes.** — Dans les pompes foulantes, on obtient l'ascension de l'eau par une poussée directe sur un piston plein; et non plus par la pression atmosphérique.

Le fond du corps de pompe est muni d'une soupape d'aspiration (fig. 121) qui s'ouvre de bas en haut.

Il est immergé dans la nappe liquide.

A sa partie inférieure, débouche le *tuyau de refoulement.* L'ouverture de ce tuyau porte une soupape, s'ouvrant du bas vers le haut.

1er *temps.* Soulevons le piston; le cylindre se remplit d'eau par la soupape d'aspiration.

2e *temps.* Baissons le piston; l'eau est refoulée dans le canal latéral. — Elle peut monter d'autant plus haut que la poussée sur le piston est plus considérable.

La hauteur d'ascension du liquide n'est donc plus limitée comme dans la machine précédente.

Le travail exigé par chaque coup de piston (montée et descente) est égal au travail qui serait nécessaire pour élever directement et sans machine, du niveau de la nappe à celui du déversoir, le poids d'eau qui remplit le cylindre.

202. **Principe des pompes aspirantes et foulantes.** — Dans la pompe aspirante et foulante on élève l'eau à la fois par aspiration et par compression (fig. 122).

Le dispositif est le même que le précédent.

La seule différence est que le corps de pompe est placé au-dessus de la nappe liquide et communique avec elle par un tuyau d'aspiration.

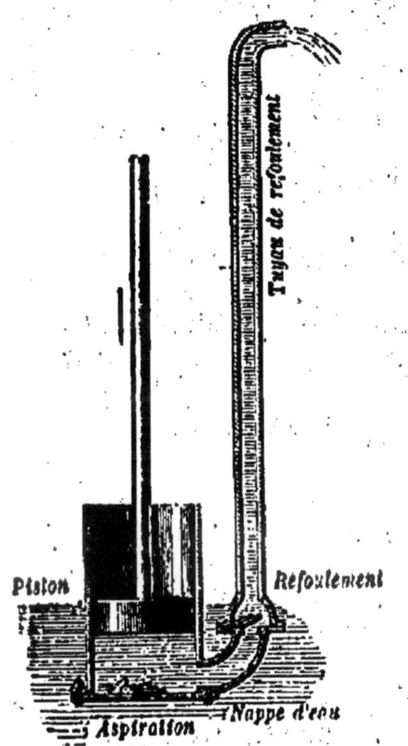

FIG. 121. — POMPE FOULANTE.
A chaque montée du piston, le cylindre se remplit d'eau, qu'on refoule ensuite dans le canal latéral en appuyant fortement sur le piston.

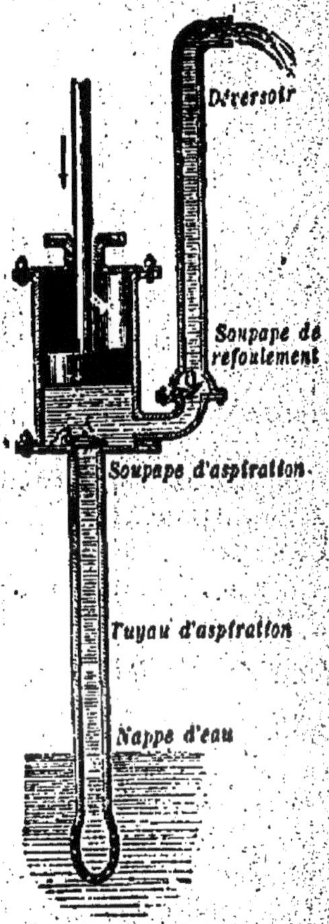

FIG. 122. — POMPE ASPIRANTE ET REFOULANTE.
L'eau, aspirée à la montée du piston, est refoulée à la descente de celui-ci.

On peut répéter, pour cet appareil, ce qui a été dit du travail à effectuer pour les appareils précédents.

TROISIÈME PARTIE

CHALEUR

CHAPITRE I

TEMPÉRATURE

I. — REPÉRAGE DES TEMPÉRATURES

203. Première idée du chaud et du froid. — C'est par le sens du *toucher* que nous recevons les impressions de chaud et de froid.

Quand nous disons qu'un corps est plus chaud ou plus froid qu'un autre, nous traduisons une impression qui a pour nous un sens précis.

Nous ne pourrions pas exprimer plus clairement cette impression à l'aide d'autres mots que les mots : chaud et froid.

204. Les données du toucher sont insuffisantes. — Toutefois, il serait impossible de faire une étude précise de la chaleur et des phénomènes qui s'y rattachent, à l'aide de ces seules impressions de froid et de chaud. En effet :

1° Nous n'avons pas assez de mots à notre disposition pour traduire les multiples impressions que nous ressentons au point de vue du chaud et du froid;

2° Des corps très chauds ou très froids produisent des impressions très douloureuses et peuvent désorganiser nos tissus. On ne peut songer à les étudier avec le toucher;

3° Les sensations de chaud ou de froid nous laissent des souvenirs trop fugitifs et trop peu précis. Elles nous exposeraient donc à des erreurs grossières.

4° Enfin, le toucher est insuffisamment sensible. Il ne permettrait pas de reconnaître avec certitude les variations lentes et régulières par lesquelles passe une masse d'eau chauffée sur un foyer.

En somme, ***le toucher est insuffisant pour l'étude précise des états calorifiques d'un corps.***

205. **Équilibre de température.** — L'expérience va nous permettre de résoudre ces difficultés.

Elle nous conduit facilement à faire la constatation suivante :

Quand on met un corps qui nous paraît froid en contact prolongé avec un corps qui nous paraît chaud, le premier s'échauffe, le second se refroidit.

Au bout d'un certain temps, la sensation de chaud ou de froid, que nous éprouvons au contact du système des deux corps, semble rester invariable.

Nous disons que les deux corps se sont mis en ***équilibre de température.***

On dit encore que celui des deux corps qui, primitivement, nous paraissait le plus chaud, se trouvait à une température plus élevée que l'autre.

Les résultats qui précèdent peuvent donc se traduire ainsi :

Quand on met en contact prolongé deux corps qui sont primitivement à des températures différentes, leurs températures tendent à s'égaliser. Les températures de l'un et de l'autre ne demeurent invariables, que quand elles sont devenues identiques pour les deux corps. On dit alors que les deux corps se sont mis en équilibre de température.

206. **Principe du thermomètre.** — De ce qui précède résulte encore que :

Si la température d'un corps, plongé dans un liquide, reste invariable, on peut affirmer que cette température est précisément celle du liquide dans lequel il se trouve plongé.

Reste à constater, autrement qu'avec le toucher, si la température d'un corps reste invariable ou non.

L'expérience, encore une fois, va nous permettre de résoudre facilement cette question.

On constate, en effet, que ***le volume d'un corps solide augmente quand on le chauffe*** (c'est-à-dire quand sa température s'élève).

Rappelons à ce propos l'expérience de S'Gravesande.

A la température ordinaire, une sphère de cuivre passe exactement dans un anneau de même métal fixé sur un support (fig. 123). Lorsque cette sphère a été chauffée toute seule à la flamme d'une lampe à alcool ou d'un bec de gaz, elle ne peut plus passer à travers l'anneau demeuré froid; ceci nous prouve l'accroissement de volume de la sphère. Mais si l'on chauffe en même temps, et également, la boule et l'anneau, le passage peut toujours s'opérer librement; ce qui prouve d'abord qu'un solide creux se dilate; et, en outre, qu'il se dilate de la même manière qu'un solide plein, de même nature et de même volume.

Le mercure et l'alcool (parmi les liquides) ***se dilatent plus encore que les solides.***

Prenons, en effet, un petit réservoir soufflé à l'extrémité

FIG. 123 — ANNEAU DE S'GRAVESANDE.
La sphère qui, à l'ordinaire, passe exactement dans l'anneau, n'y passe plus quand elle a été chauffée seule sur une lampe.

d'un tube de verre très étroit. Remplissons-le de mercure ou d'alcool. Exposons-le à l'action de la chaleur; le niveau du liquide monte dans le tube étroit.

Nous en concluons que, sous l'action de la chaleur : 1° ***le liquide se dilate; 2° il se dilate plus que son enveloppe de verre.***

Ce petit appareil sera donc à une température invariable, quand le niveau du liquide dans le tube étroit restera invariable.

Si ce résultat (***niveau invariable***) a été atteint, tandis que ce petit appareil restait plongé dans un bain liquide, nous sommes assuré que sa température invariable était précisément égale à la température, invariable aussi, du bain dans lequel il était plongé.

Ce petit appareil est un ***thermoscope***[1].

207. **L'appareil précédent permet de définir les températures.** — Traçons maintenant des traits quelconques A, B, C,... sur le tube étroit de l'appareil précédent (fig. 124).

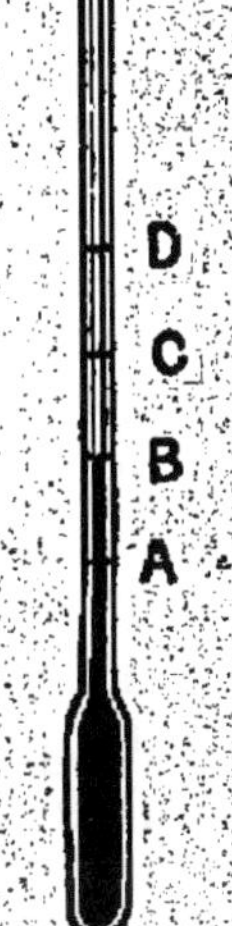

FIG. 124. REPÉRAGE DES TEMPÉRATURES. *Chacun des traits marqués sur la tige de l'appareil définit une température.*

Installons ensuite ce petit appareil dans un récipient contenant de l'huile, que nous chauffons régulièrement sur un fourneau à gaz.

Au fur et à mesure que l'huile s'échauffe, le niveau du mercure s'élève constamment dans le tube étroit et vient passer successivement devant chacune de ses divisions.

Nous pouvons dire alors : plus le mercure s'élève dans la tige, plus la température de l'huile est élevée.

Retirons la source de chaleur; nous savons, par le toucher, que la température de l'huile baisse constamment; nous constatons, en même temps, que la colonne de mercure est constamment descendante.

La variation du niveau du mercure a donc lieu dans le même sens que la variation de température.

Si maintenant l'huile s'échauffe ou se refroidit de plus en plus lentement, le niveau du mercure dans l'appareil monte ou baisse de plus en plus lentement. Si la température du bain reste fixe quelque temps, le niveau du mercure dans le thermoscope reste fixe pendant le même temps. D'où, cette conclusion capitale :

Chacune des divisions du thermoscope correspond à une température bien déterminée.

Pour les reconnaître, nous inscrivons un numéro d'ordre en face de chaque division, en allant du bas de la tige vers le haut. On dit alors que le thermoscope est ***gradué***. L'appareil porte le nom de ***thermomètre***[2].

1. Ce mot veut dire : *observateur des températures.*

2. Ce mot veut dire : *mesureur des températures.* Il n'est donc pas tout à fait correct, puisqu'il ne saurait être question de dire combien de fois une température en contient une autre (§ 217).

Nous savons donc ***définir avec précision les températures*** dont nous voulons parler.

Nous pouvons, en outre, en notant le trait où s'est arrêtée précédemment la colonne de mercure, ***reproduire exactement une température*** antérieurement observée.

Notre thermoscope nous a donné un ***langage précis des températures.***

208. **Comparabilité des thermomètres.** — L'appareil précédent présenterait encore un grave inconvénient.

Les indications de divers appareils, construits par différents observateurs, n'auraient rien de comparable entre elles.

On devra donc choisir un mode particulier de division de la tige qui nous fournisse des ***appareils comparables entre eux.***

Ces appareils devront : 1° être faciles à reproduire à volonté; 2° donner les mêmes indications numériques, si on les plonge dans un même bain.

Cette graduation une fois adoptée, notre appareil sera un véritable ***thermomètre.***

2. — THERMOMÈTRE A MERCURE*

209. **Nécessité de points fixes.** — Le problème serait notablement simplifié, si nous savions établir sur cette graduation quelques points bien déterminés, dont la fixation entraînerait la connaissance de tous les autres points de la graduation.

A ces points devront correspondre des températures fixes. Ce seront les ***points fixes*** du thermomètre. Cherchons donc, par expérience, à réaliser des températures :

1° Qui soient ***absolument fixes***;

2° Qui soient ***faciles à reproduire.***

210. **Choix d'un premier point fixe. Température constante d'ébullition de l'eau.** — Faisons bouillir de l'eau bien pure.

Supposons que le baromètre (§ 166) marque 76 centimètres.

Plongeons notre thermomètre dans la vapeur d'eau bouillante.

Nous constatons que, pendant tout le temps de l'ébullition, le niveau du liquide dans la tige de l'appareil se maintient à un même niveau β (fig. 125).

Nous dirons donc que :

Sous la pression de 76 centimètres de mercure, l'eau pure bout toujours à une même température : cette température se maintient constante pendant tout le temps de l'ébullition.

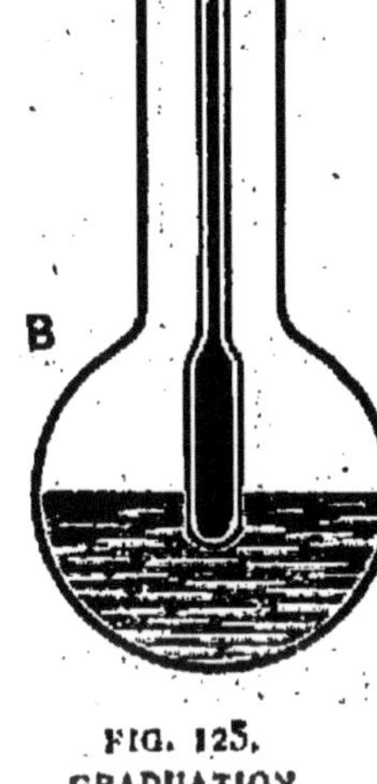

FIG. 125. GRADUATION DU THERMOMÈTRE. *On obtient le point fixe β en immergeant l'appareil dans la vapeur d'eau bouillante, sous la pression de 76 centimètres de mercure.*

Le point β sera un premier point fixe.

211. **Choix du second point fixe. Température constante de la glace fondante.** — Prenons maintenant de la glace. Ajoutons-y de l'eau.

Reprenons notre thermoscope non encore gradué. Plongeons le dans le mélange d'eau et de glace. Nous constatons que le niveau du liquide s'arrête toujours au même point de la tige, tant qu'il reste de la glace non fondue.

La seule condition est d'opérer sur de l'eau et de la glace bien pures.

Nous savons donc maintenant que :

La glace fond toujours à une même température ; cette température se maintient constante pendant tout le temps de la fusion.

FIG. 126. GRADUATION DU THERMOMÈTRE. *On obtient le point fixe α en plaçant l'appareil dans la glace fondante.*

Cette température peut donc être choisie pour une des températures fixes de notre graduation.

Marquons le point α (fig. 126), où le liquide du thermoscope s'arrêtait dans la glace fondante.

Ce point α sera le second de nos points fixes.

212. **Échelles thermométriques.** — Supposons maintenant que nous divisions l'intervalle (α, β) en un nombre déterminé de parties égales.

Nous aurons une ***échelle thermométrique*** déterminée.

Chaque température sera définie par une division de la tige, et chaque division par un numéro d'ordre.

Deux appareils, construits comme nous venons de le dire, seront évidemment comparables.

215. **Échelle centigrade.** — On a, dans la plupart des pays, l'habitude, qui se généralise de plus en plus :

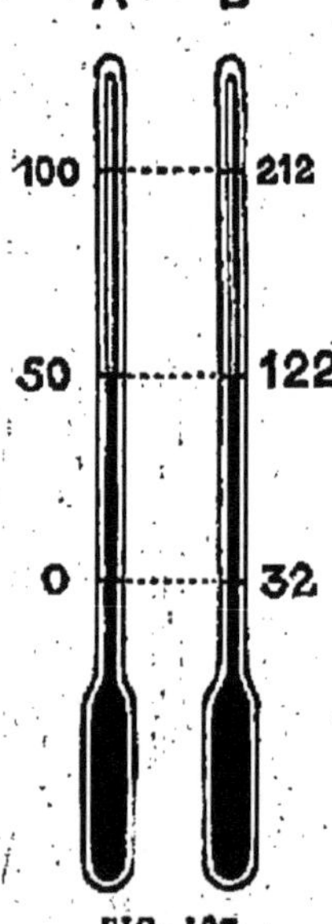

FIG. 127. COMPARAISON DE DEUX ÉCHELLES THERMOMÉTRIQUES. *Les points fixes sont marqués 0 et 100 sur l'échelle centigrade; 30 et 212 sur l'échelle Fahrenheit.*

1° De diviser l'intervalle α, β en 100 parties égales;

2° De marquer 0 au point α;

3° De marquer 100 au point β.

L'échelle ainsi construite s'appelle ***l'échelle centigrade des températures.***

214. **Échelle Réaumur.** — Dans ***l'échelle Réaumur***, on marque :

0, au point α;

80, au point β.

L'intervalle α, β est divisé en 80 parties égales.

215. **Échelle Fahrenheit.** — L'échelle, habituellement employée dans les pays de langue anglaise, porte :

32, au point α;

212, au point β.

L'intervalle α, β est divisé en 180 parties égales.

C'est ***l'échelle Fahrenheit.***

216. **Exercice numérique.** — Supposons deux appareils identiques, portant :

L'un, A, la graduation centigrade;

L'autre, B, la graduation Fahrenheit (fig. 127). Supposons qu'ils soient plongés dans un même bain liquide, et que le niveau du liquide, dans chacun d'eux, s'élève à égale distance des deux points fixes.

Le thermomètre A marquera la division 50.

Le thermomètre B marquera un chiffre équidistant de 32 et de 212, c'est-à-dire

$$\frac{212 + 32}{2} = 122.$$

Ainsi, à la température 50, sur l'échelle centigrade, correspond la température 122 sur l'échelle Fahrenheit. On remarquera que les nombres 100 et 50 ne sont pas dans le même rapport que les nombres 212 et 122. ***Il ne peut être question du rapport de deux températures.***

217. La température n'est pas une grandeur mesurable. — Quelle que soit l'échelle thermométrique que l'on adopte, le thermomètre ne sert qu'à définir avec précision une température et nullement à la ***mesurer*** (au sens rigoureux du mot mesure).

Cela tient à ce que la température elle-même n'est pas une grandeur mesurable. Nous n'avons, en effet, aucun moyen de définir une température double ou triple d'une autre.

On ne peut non plus ***ajouter*** deux températures l'une à l'autre. On ne peut que ***repérer*** chacune d'elles, c'est-à-dire indiquer comment elles sont toutes distribuées, les unes par rapport aux autres.

De là provient cette large part de convention, qui intervient dans la fixation de toute échelle thermométrique.

218. Degré centigrade. — Dans la suite, nous supposerons toujours que nous nous servions de l'échelle centigrade.

Chaque division de l'échelle centigrade définit un ***degré centigrade*** de température. L'échelle se prolonge au-dessus de 100 et au-dessous de 0. On affectera du signe — les divisions placées au-dessous de 0.

La température correspondant au trait 50, par exemple, sera désignée sous le nom de température de 50 degrés. On la représente souvent par la notation 50°.

Nous pourrons donc dire :

Le degré centigrade du thermomètre à mercure est l'élévation de température qui produit sur le mercure, dans le verre, le centième de l'augmentation apparente de volume que l'on observe dans le même appareil, quand on passe de la température de la glace fondante à celle de l'eau bouillante sous la pression barométrique de 76 centimètres de mercure.

219. Construction du thermomètre à mercure. — Ceci posé, voici comment se construit un thermomètre à mercure :

Prenons d'abord un tube de verre à parois épaisses, mais très étroit et bien cylindrique.

Pour nous assurer de la régularité du tube, introduisons-y une goutte de mercure, que nous promenons d'un bout à l'autre du tube. Cette goutte doit conserver partout la même longueur si la section du tube est partout la même.

Soufflons à une extrémité de ce tube un réservoir de dimensions convenables. Emplissons l'appareil de mercure (par un procédé qu'il est inutile de décrire ici).

Portons l'appareil à la plus haute température qu'il devra indiquer plus tard (nous chassons ainsi l'excès de mercure que l'appareil pourrait contenir).

Fermons à la lampe l'extrémité de la tige.

220. **Détermination des points fixes.** — Ceci fait, on détermine les points fixes.

1° *Point fixe supérieur.* — On se sert, à cet effet, du dispositif que représente la figure 125.

On place de l'eau pure dans un ballon à long col B et l'on introduit le thermomètre dans celui-ci. On porte l'eau à l'ébullition; et l'on s'arrange pour que le thermomètre, au moins dans toute la partie qui renferme du mercure, soit immergé dans la vapeur. On verra, plus tard (§ 327), la raison de cette disposition.

Lorsque l'eau bout, le niveau du mercure doit venir affleurer en β. On repère la position en β de ce niveau, dès qu'elle est devenue invariable. Si le baromètre marque 76 centimètres au moment de l'expérience, c'est au point β qu'on marquera 100° dans l'échelle centigrade.

2° *Point fixe inférieur.* — On plonge le thermomètre dans un vase contenant de la glace finement pilée, ou mieux, râpée et mouillée d'eau distillée (*glace fondante*), et on marque 0° au point de la tige où se fixe alors le niveau du mercure.

221. **Construction de l'échelle.** — Les points fixes étant ainsi déterminés, on mesure, à l'aide d'une machine spéciale (*machine à diviser*), la longueur *L* qui les sépare.

La longueur de 1 degré est alors la 100e partie de *L*; et il ne reste plus qu'à tracer les divisions de degré en degré et à les numéroter.

222. **Lecture d'une température.** — Pour prendre la température d'un bain, on y plongera le thermomètre, et on cherchera à satisfaire aux deux conditions suivantes :

1° ***Le niveau du mercure dans le thermomètre reste invariable*** (sans quoi, le thermomètre n'aurait pas encore pris la température du bain);

2° ***Le niveau du mercure dans le thermomètre affleure à la surface du bain*** (sans quoi, tout le mercure du thermomètre ne serait pas à la température du bain).

On lira alors la position du mercure dans le thermomètre

le numéro d'ordre de la division d'affleurement donnera en degrés centigrades la température du bain.

223. **Avantages présentés par le thermomètre à mercure.** — L'expérience a montré que les thermomètres à mercure ainsi construits donnaient tous très sensiblement les mêmes indications entre — 20° et + 250°.

Ils sont donc, à très peu de chose près, *comparables* entre eux; c'est la qualité essentielle que nous ayons à demander à un thermomètre.

En outre, ces appareils sont d'une observation *commode*. En raison de la petite quantité de mercure qu'ils renferment, ils se mettent vite en équilibre de température avec le milieu ambiant.

Ils peuvent d'ailleurs être assez *sensibles* pour permettre de saisir une variation de température de $\frac{1}{200^e}$ de degré.

224. **Insuffisance du thermomètre à mercure.** — Toutefois, il pourra se faire que des thermomètres à mercure, fabriqués avec des verres différents, donnent des indications légèrement différentes, dont on ait à tenir compte dans certaines expériences de haute précision. — Dans ce cas, le thermomètre à mercure sera évidemment insuffisant.

De même, on pourra avoir à apprécier des températures inférieures à — 40° (température de congélation du mercure), ou supérieures à 360° (température d'ébullition du mercure). — Les thermomètres à *mercure* sont alors évidemment inutilisables.

225. **Thermomètres à gaz.** — Il faudra, dans les cas précédents, avoir recours à d'autres thermomètres.

On emploie pour cela des thermomètres dont le principe est analogue à celui du thermomètre à mercure, et repose sur la dilatation des gaz par la chaleur (§ 284).

3. — THERMOMÈTRES SPÉCIAUX

226. **Thermomètres médicaux.** — La température d'un homme en bonne santé s'écarte peu de 37°. Au-dessus de 39°, la fièvre est déjà forte. La vie ne pourrait se maintenir quelque temps, ni au-dessous de 36°, ni au-dessus de 40°. Les thermomètres médicaux comportent des échelles qui ne s'étendent que de 34° à 42° environ. Cette portion de l'échelle est divisée en dixièmes de degré. Lorsque l'appareil a été

appliqué contre le corps du malade, la colonne mercurielle reste maintenue au point atteint, grâce à un petit étranglement qui se trouve au bas de la tige et qui s'oppose au retour du mercure dans le réservoir. L'appareil peut donc alors être observé à loisir. Une légère secousse ramène au contact les deux portions du liquide thermométrique. L'appareil (fig. 128) est prêt alors pour de nouvelles observations.

FIG. 128. THERMOMÈTRES MÉDICAUX.
L'échelle divisée ne comprend que les températures allant de 34° à 42°.

227. Thermomètre à maxima et minima. — Un thermomètre à alcool A a sa tige verticale deux fois recourbée. Elle contient à sa partie inférieure une longue colonne de mercure en forme d'U. L'une des extrémités de cette colonne monte donc pendant que l'autre descend. Devant chaque niveau mercuriel se trouve un petit index d'émail qui, par un fil de verre, fait ressort contre la paroi du tube. Lorsque la température varie, le volume de l'alcool change; le mercure pousse alors un des index et abandonne l'autre au milieu de l'alcool où il se trouve plongé. L'un des index indique ainsi la température maxima, l'autre la température minima (fig. 129).

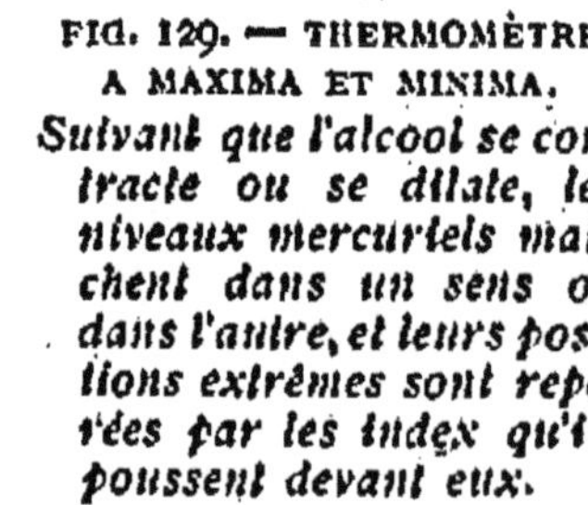

FIG. 129. — THERMOMÈTRE A MAXIMA ET MINIMA.
Suivant que l'alcool se contracte ou se dilate, les niveaux mercuriels marchent dans un sens ou dans l'autre, et leurs positions extrêmes sont repérées par les index qu'ils poussent devant eux.

Pour préparer l'instrument à une observation, on amène les index au contact du mercure en agissant à l'aide d'un aimant sur un petit morceau de fer doux contenu dans chacun d'eux.

228. Thermomètre enregistreur Richard. — La pièce

principale de cet appareil, employé fréquemment en météorologie, est une boîte métallique à parois élastiques, D, entièrement remplie de pétrole ou d'alcool. La forme de cette boîte rappelle celle du tube d'un manomètre métallique (§ 177) : elle est incurvée dans le sens de la longueur et présente

FIG. 130. — THERMOMÈTRE ENREGISTREUR.
Les déformations que les variations de température impriment au tube rempli de pétrole sont amplifiées par des leviers et s'inscrivent sur un tambour tournant.

une section ovoïde. Lorsqu'on l'expose à une élévation de température, le pétrole se dilate plus que l'enveloppe métallique et produit à l'intérieur de celle-ci une pression énergique sous l'influence de laquelle la courbure diminue. L'une des extrémités de la boîte est fixe. Les déplacements de l'autre, amplifiés par un système de leviers, s'inscrivent en *a* sur un tambour T tournant d'un mouvement uniforme et sur lequel les heures sont repérées (fig. 130).

Ces divers instruments se graduent par comparaison avec un bon thermomètre à mercure.

CHAPITRE II

CALORIMÉTRIE

1. — NOTION DE LA QUANTITÉ DE CHALEUR

229. **Qu'est-ce qu'une quantité de chaleur?** — Prenons deux ballons, contenant chacun 1 litre d'eau, à la même température, par exemple à 0°. — Chaque ballon est muni d'un thermomètre. Chauffons chacun d'eux avec la flamme d'un bec de gaz.

Nous pourrons, après quelques tâtonnements, régler le robinet de l'un d'eux de façon que les températures des deux ballons soient égales à chaque instant.

Nous dirons que les deux flammes de gaz fournissent pendant le même temps des ***quantités de chaleur égales.***

Réunissons maintenant nos deux becs de gaz sous un seul ballon rempli d'eau. Nous dirons que celui-ci reçoit, pendant le même temps, une ***quantité de chaleur deux fois plus grande*** que celle que recevait chacun des deux premiers.

Nous concevons donc qu'il puisse être question :

1° de deux ***quantités de chaleur égales;***

2° d'une ***quantité de chaleur double*** d'une autre.

230. **La quantité de chaleur est une grandeur mesurable.** — Nous pourrions de même nous faire une idée nette d'une quantité de chaleur triple, quadruple..., d'une autre.

Les quantités de chaleur sont donc des ***grandeurs mesurables.***

Nous avons vu qu'il n'en était pas de même pour les températures (§ 217).

231. **Comparaison de deux quantités de chaleur.** — On peut imaginer divers procédés de comparaison entre les quantités de chaleur :

1° Deux becs de gaz produisent séparément, pendant le même temps, des effets identiques. Nous sommes convenus de dire que ***les deux becs de gaz employés ensemble fournissent une quantité de chaleur double;***

2° On pourra dire encore qu'un bec de gaz fournit deux fois plus de chaleur en dix minutes qu'en cinq minutes. ***On pourrait donc, pour comparer des quantités de chaleur, comparer des intervalles de temps.***

3° Supposons que l'un de nos becs de gaz échauffe un litre d'eau de 0° à 50° en cinq minutes. Supposons qu'un autre foyer de chaleur, pendant le même temps, échauffe aussi de 0° à 50° une masse de deux litres d'eau. Nous dirons que cette seconde source de chaleur fournit deux fois plus de chaleur, pendant le même temps, que le bec de gaz de comparaison. ***On pourra donc, pour comparer des quantités de chaleur, comparer les masses des corps soumises à l'action de la chaleur.***

Dans l'industrie, on évalue par ***tonnes de houille*** les quantités de chaleur à dépenser.

232. Choix d'une unité de chaleur. Calorie. — Les procédés précédents ne seraient pas assez précis, pour permettre habituellement de bonnes mesures.

Dans les mesures de précision, on convient de prendre pour unité de chaleur la quantité de chaleur qui serait nécessaire pour échauffer un gramme d'eau de 0° à 1°. On la désigne sous le nom de ***calorie.***

La calorie est donc la quantité de chaleur nécessaire pour élever de 0° à 1° la température d'un gramme d'eau.

On désigne aussi quelquefois sous le nom de ***grande calorie*** une quantité de chaleur 1000 fois plus grande : à savoir, celle qui est nécessaire pour élever de 0° à 1° la température d'un kilogramme d'eau.

2. — MESURES CALORIMÉTRIQUES

233. Objet de la calorimétrie. — On désigne sous le nom de ***calorimétrie*** l'étude des procédés qui permettent de faire des mesures exactes de quantités de chaleur.

Les appareils qui servent à ces opérations sont désignés sous le nom de ***calorimètres.***

Les quantités de chaleur sont mesurées en ***calories*** (§ 232).

234. Principes fondamentaux sur les échanges de chaleur entre les corps. — Les méthodes calorimétriques reposent sur des principes très simples :

Premier principe : Nous admettrons que :

S'il faut fournir à un corps une certaine quantité de cha-

leur pour lui faire subir une transformation déterminée (échauffement, fusion, vaporisation), la transformation inverse abandonnera exactement la même quantité de chaleur.

Un litre d'eau, qu'on chauffe de 20° à 30°, exige une quantité de chaleur égale à celle qu'il abandonne, en se refroidissant de 30° à 20°.

Un kilogramme d'eau exige, pour se vaporiser, une quantité de chaleur juste égale à celle qu'abandonne la vapeur en se condensant et en reprenant l'état liquide.

Deuxième principe (***Principe des mélanges.***) Nous admettrons que :

Lorsqu'on met en contact plusieurs corps à des températures différentes, la quantité de chaleur abandonnée par ceux qui se refroidissent est égale à la quantité de chaleur absorbée par ceux qui s'échauffent.

235. **Quantités de chaleur et élévations de température.** — L'élévation de température d'un corps dépend évidemment de la quantité de chaleur qu'on lui fournit. Comment en dépend-elle?

C'est à l'expérience de nous l'apprendre.

Faisons l'expérience suivante : Préparons un litre d'eau à 10° et un litre d'eau à 30°. Mélangeons-les. Attendons que la température du mélange se fixe. Elle est de 20°.

Nous en concluons que, pour passer de 10° à 20°, 1 litre d'eau demande la même quantité de chaleur que pour passer de 20° à 30°.

Ces résultats peuvent s'énoncer d'une façon plus générale, en disant :

La chaleur nécessaire pour échauffer de quelques degrés un certain poids d'eau est directement proportionnelle à l'élévation de sa température.

236. **Application numérique.** — Les résultats précédents nous permettent de calculer immédiatement la chaleur nécessaire pour échauffer d'un certain nombre de degrés un poids d'eau connu.

Soit à élever 620 grammes d'eau de 12°,1 à 15°,6.

Il faudra fournir 620 (15,6 — 12,1) = 2170 calories.

237. **Principe des mesures calorimétriques.** — Le principe sur lequel reposent les mesures calorimétriques se comprendra maintenant facilement.

Il suffira que la quantité de chaleur à mesurer soit uniquement employée à échauffer un poids d'eau connu.

Le nombre de calories mises en jeu se calcule alors, comme dans l'exemple précédent, en multipliant le poids de l'eau (estimé en grammes) par le nombre de degrés dont elle s'est échauffée.

238. **Le calorimètre doit être isolé au point de vue thermique.** — Pour être précise, l'opération exige :

1° ***Que l'échauffement de l'eau provienne uniquement de la chaleur à mesurer***;

2° ***Que la chaleur à mesurer soit tout entière employée à échauffer l'eau, sur laquelle on opère.***

Il est donc indispensable que les objets environnants n'enlèvent ni ne fournissent de la chaleur à la masse d'eau calorimétrique.

Le calorimètre doit être isolé (au point de vue des échanges de chaleur avec les corps voisins).

Voyons comment ce résultat peut être atteint.

239. **Détails de construction.** — Le ***calorimètre*** dont on fait le plus habituellement usage est constitué par un vase cylindrique en laiton mince qui renferme de 500 à 2000 grammes d'eau et dans lequel plongent un ***thermomètre sensible*** T et un ***agitateur*** (fig. 131).

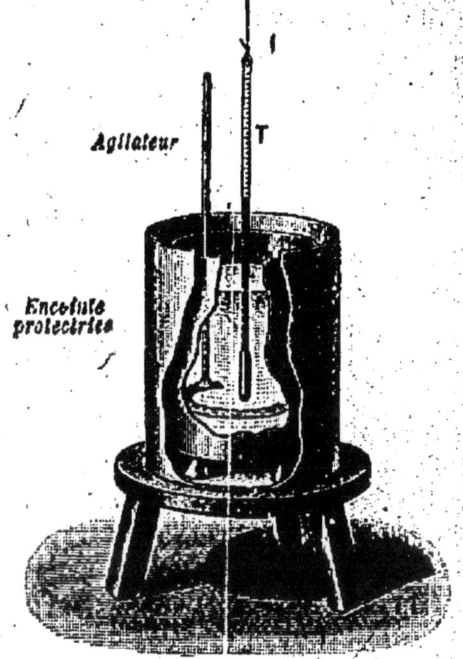

FIG. 131. — CALORIMÈTRE

On mesure une quantité de chaleur en observant l'élévation de température qu'elle produit sur une masse d'eau connue et thermiquement isolée du milieu extérieur.

On évite les pertes de chaleur ***par conductibilité*** en faisant reposer le calorimètre sur ***trois pointes de liège,*** qui conduisent très mal la chaleur.

On diminue les pertes de chaleur ***par rayonnement*** :

1° En prenant comme vase calorimétrique un vase en laiton ***poli***;

2° En plaçant le calorimètre dans un autre récipient métallique, poli intérieurement, et qui servira ***d'enceinte protectrice.***

Enfin, dans les expériences de précision, on emploie souvent un dispositif indiqué par M. Berthelot (fig. 132).

Tout l'appareil est placé au milieu d'une enceinte à double paroi, contenant 8 à 10 litres d'eau. Cette enceinte est recouverte d'une enveloppe en feutre épais. On régularise de cette

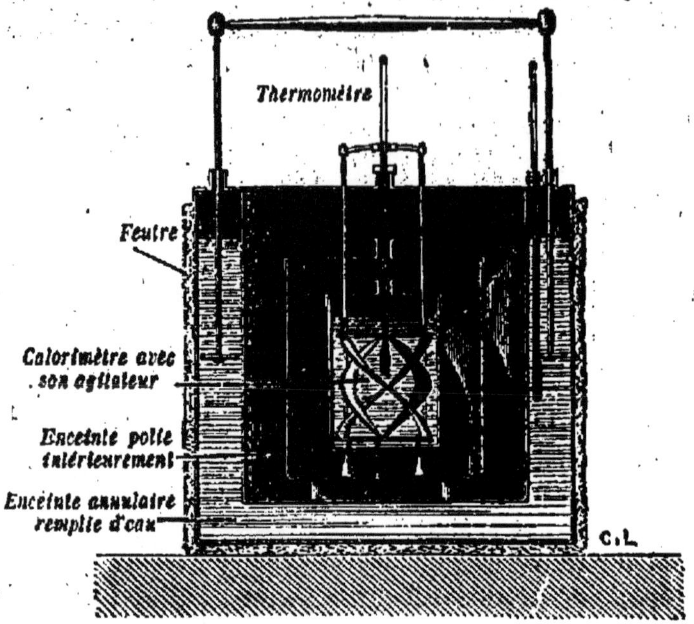

FIG. 132. — CALORIMÈTRE BERTHELOT.
Le calorimètre est plongé dans une sorte de cave artificielle, qui régularise les échanges de chaleur avec l'extérieur.

façon les échanges de chaleur du calorimètre avec le milieu extérieur.

240. Marche d'une opération. — Suivant la nature de la question que l'on se propose d'étudier, on emploiera tel ou tel dispositif pour ***produire, au milieu du calorimètre, la quantité de chaleur à mesurer.***

On note la température du calorimètre au commencement de l'expérience. On la note à la fin. Par un ***calcul*** analogue à celui que nous avons fait plus haut (§ 236), on en déduit la quantité de chaleur prise par le calorimètre; c'est-à-dire (si le calorimètre est parfaitement isolé) la quantité de chaleur que nous voulions mesurer.

CHAPITRE III

CHALEURS SPÉCIFIQUES

1. — DÉFINITION DES CHALEURS SPÉCIFIQUES

241. La même quantité de chaleur n'échauffe pas également des poids égaux de différents corps. — Reprenons l'exemple qui nous a déjà servi (§ 229) de deux fourneaux à gaz, fournissant la même quantité de chaleur pendant le même temps.

Sur l'un et l'autre disposons un récipient en fer mince.

Dans le premier mettons deux litres d'eau; dans le second, deux kilogrammes de mercure Proposons-nous de les chauffer l'un et l'autre de 80 degrés.

Le premier exigera, pour cela, 10 minutes, par exemple; le second, au contraire, emploiera à peine une demi-minute.

Le même poids de mercure exige donc beaucoup moins de chaleur que l'eau, pour s'échauffer d'un même nombre de degrés.

Chaque corps se comporte donc à ce point de vue d'une façon qui lui est propre.

De l'expérience précédente on pourrait conclure : ***Pour un même poids du corps à échauffer, et pour une même élévation de température, l'eau exige plus de 20 fois la quantité de chaleur nécessaire au mercure.***

242. Définition des chaleurs spécifiques. — La conclusion précédente porterait toutefois sur une mesure qui comporte peu de précision.

Prenons, au contraire, l'expérience suivante.

Une masse de mercure de 100 grammes, portée à 100^0, est plongée dans un calorimètre contenant 800 grammes d'eau à la température de $19^0,67$. La température de l'eau s'est élevée à 20^0. L'eau a donc gagné :

$$800\,(20 - 19^0,67) = 264 \text{ calories.}$$

Nous pouvons en conclure que le mercure a abandonné 264 calories, en se refroidissant de 80 degrés.

Recommençons avec la même masse de mercure, le refroidissement étant maintenant de 40 degrés seulement. Nous trouverions qu'elle aurait abandonné 132 calories, c'est-à-dire deux fois moins.

Donc, dans les limites de nos expériences, ***la chaleur abandonnée par un corps qui se refroidit est proportionnelle à l'abaissement de sa température***; et, par suite :

La chaleur à fournir à un corps que l'on chauffe est proportionnelle à l'élévation de sa température.

100 grammes de mercure ont abandonné 264 calories en se refroidissant de 80 degrés, ou encore 132 calories en se refroidissant de 40 degrés.

Ils abandonneraient $\frac{264}{80} = \frac{132}{40} = 3^{cal},3$ en se refroidissant de 1 degré.

Un gramme de mercure, en se refroidissant de 1 degré, abandonnerait donc $\frac{3,3}{100} = 0,033$ calorie.

Il exigerait la même quantité de chaleur pour s'échauffer de 1 degré.

C'est là ce qu'on appelle ***la chaleur spécifique*** du mercure; d'où cette définition :

La chaleur spécifique d'un corps est le nombre constant de calories qu'absorbe un gramme de ce corps en s'échauffant de un degré.

2. — MESURE DES CHALEURS SPÉCIFIQUES

243. Exemple de détermination numérique. — Nous avons vu plus haut comment l'expérience (§ 242) permettrait d'obtenir une valeur approchée de la chaleur spécifique d'un corps déterminé; du mercure, par exemple.

Reprenons en détail la marche d'une expérience sur un autre exemple. Supposons qu'il s'agisse du plomb.

Prenons un échantillon de plomb. Pesons le; soit 828 grammes son poids. — Portons-le dans l'appareil qui sert à fixer le point 100 du thermomètre; il y prendra exactement la température de l'eau bouillante : 100°.

Pesons d'autre part notre calorimètre.

Soit 80 grammes le poids du vase vide. Supposons le vase en laiton. Soit 620 grammes le poids de l'eau qu'il contient.

Notons la température primitive de cette eau; soit : 12°,1.

Retirons la masse de plomb de l'étuve; immergeons-la *rapidement* dans le calorimètre. Celui-ci s'échauffe et le plomb se refroidit.

La température du calorimètre monte jusqu'à 15°,6, sans aller au delà.

L'eau du calorimètre a donc reçu

$$620(15{,}6-12{,}1)=2170 \text{ calories.}$$

Le métal du calorimètre a reçu également de la chaleur. Si nous admettons 0,1 pour valeur approchée de la chaleur spécifique du laiton, le métal du vase a absorbé pour sa part

$$80\times 0{,}1\times(15{,}6-12{,}1)=28 \text{ calories.}$$

Le calorimètre et le vase ont donc absorbé en tout

$$2170+28=2198 \text{ calories.}$$

Or, le plomb s'est refroidi de 100 — 15,6 = 84°,4.

Le plomb, en se refroidissant de 1 degré, n'aurait donc abandonné que

$$\frac{2198}{84{,}4}=26^{\text{cal}},04.$$

Un gramme de plomb en aurait abandonné 828 fois moins, soit $\frac{26{,}04}{828}=0^{\text{cal}},031$.

Nous dirons donc que la chaleur spécifique du plomb est égale à 0,031.

244. Calcul d'une expérience, dans le cas général. — Soit P le poids du corps étudié; T, sa température primitive; x, sa chaleur spécifique inconnue.

Soit M le poids d'eau contenu dans le calorimètre; p, le poids du vase vide; c, la chaleur spécifique du métal dont il est construit.

Soit t, la température primitive de l'eau du calorimètre; et θ, la température finale, obtenue par la méthode des mélanges.

On aura (en reprenant un raisonnement identique à celui qui précède) la relation applicable à tous les cas :

$$Px(T-\theta)=(M+p.c)(\theta-t).$$

Le facteur $M+p.c$ s'appelle le ***poids en eau*** du calorimètre.

245. Résultats numériques. — Voici un tableau des chaleurs spécifiques de quelques corps.

SUBSTANCES	CHALEURS SPÉCIFIQUES	SUBSTANCES	CHALEURS SPÉCIFIQUES
Eau	1,000	Mercure	0,033
Argent.	0,057	Charbon de bois .	0,25
Cuivre.	0,095	Laiton.	0,094
Or.	0,032	Verre.	0,2
Plomb	0,031	Marbre.	0,22
Fer.	0,114	Cristal de roche .	0,191
Zinc	0,096	Alcool.	0,55
Soufre	0,178		

Dulong et Petit ont observé que, ***pour les corps simples à l'état solide, le produit de la chaleur spécifique par le poids atomique est sensiblement invariable, et voisin de 6,4.***

246. Grandeur relative de la chaleur spécifique de l'eau. — Le tableau du paragraphe précédent nous montre que la chaleur spécifique de l'eau est environ double de celle de l'alcool, quadruple de celle du charbon et *qu'elle est, d'une façon générale, beaucoup plus grande que celle des solides.*

A égalité de poids, un vase rempli d'eau peut emmagasiner plus de chaleur que tout autre corps et se maintenir chaud pendant plus longtemps.

247. Climats maritimes et climats continentaux. — La grandeur relative de la chaleur spécifique de l'eau a, dans la nature, une importance considérable. Elle nous explique, dans une certaine mesure, la différence profonde des ***climats maritimes et des climats continentaux.***

La chaleur que le soleil verse à la surface de la Terre est absorbée par le sol et par l'eau des mers; mais elle les échauffe inégalement, l'un et l'autre.

L'eau de la mer s'échauffe peu; et cela tient à plusieurs causes. Une forte proportion de la chaleur solaire qui lui arrive est consommée par l'évaporation (§ 339), le reste seulement échauffe le liquide et l'échauffe peu, parce que la chaleur spécifique de celui-ci est très grande et aussi parce que l'agitation des flots et les courants marins empêchent la chaleur de rester localisée dans les couches superficielles et la dissipent dans la masse entière de la mer. Même dans la zone tropicale, la température, au niveau des océans, reste, pendant l'été, inférieure à 31°.

En hiver, le phénomène est inverse. Le refroidissement des continents est rapide, celui des océans est beaucoup plus lent. Pour tout dire, ***la mer n'est pas chaude en été ; elle n'est pas froide en hiver.*** Naturellement le climat des rivages et des îles participe à cette constance relative de la température des mers et, à latitude égale, il est plus tempéré que celui des régions continentales.

CHAPITRE IV

DILATATION DES SOLIDES

1. — DILATATION LINÉAIRE DES SOLIDES

248. Expériences sur les dilatations linéaires. — Nous savons déjà par l'expérience de S'Gravesande (§ 206) que le rayon d'une sphère solide augmente, quand on chauffe la sphère.

De même, une tige solide ***augmente de longueur***, quand on la chauffe.

On le montre aisément, à l'aide du ***pyromètre à cadran*** (fig. 133).

L'une des extrémités d'une tige métallique est serrée en B

FIG. 133. — PYROMÈTRE A CADRAN.
Le déplacement de l'aiguille K montre que la tige de métal, dont l'extrémité B est fixe, se dilate quand on la chauffe.

par une vis qui la maintient immobile. L'autre extrémité vient s'appuyer librement sur le petit bras d'un levier K mobile devant un cadran. Lorsqu'on chauffe la tige en brûlant de l'alcool dans le réservoir placé au-dessous, l'extrémité du grand bras de levier se déplace sur le cadran. On constate ainsi un allongement progressif de la barre, au fur et à mesure que sa température s'élève.

Si on fait l'expérience, d'abord avec une barre de fer,

ensuite avec une barre de cuivre, on constate que, dans le second cas, les déplacements de l'aiguille sont plus considérables que dans le premier. — ***Le cuivre est plus dilatable que le fer.***

Le levier revient à sa position primitive, dès que la tige se refroidit. — ***La dilatation est un phénomène temporaire.***

Les allongements observés sont d'ailleurs toujours très petits. Ainsi, une barre de fer de 2 mètres de longueur ne s'allonge que de $2^{mm},4$ seulement, quand sa température s'élève de cent degrés.

Nous verrons un peu plus loin (§ 254) par quel procédé de mesure on peut étudier expérimentalement les dilatations linéaires des solides.

Il est nécessaire de faire précéder cet exposé de quelques définitions préalables.

249. **Définition des dilatations.** — Supposons qu'on ait constaté qu'une barre de fer de 2 mètres se soit allongée de $2^{mm},4$, quand on l'a chauffée de 0° à 100°.

Une barre de fer de 1 mètre, également chauffée, s'allongerait évidemment de $1^{mm},2$.

On appelle dilatation linéaire de la barre, de 0° à t^{o}, l'accroissement de longueur que subirait l'unité de longueur, prise sur cette barre, quand on la chauffe de 0° à t^{o}.

Ainsi, dans l'exemple précédent, l'***allongement*** de la barre de fer de 2 mètres était de $2^{mm},4$; soit $0^{cm},24$.

La ***dilatation*** de la même règle sera donnée par le rapport de $0^{cm},24$ à 2 mètres; elle est donc égale à $\frac{0,24}{200} = 0,0012$.

L'allongement est représenté par une ***longueur*** ($2^{mm},4$)

La dilatation est représentée par un ***rapport***, un ***nombre*** (0,0012) qui restera le même, quelle que soit l'unité de longueur employée dans les mesures.

250. **Représentation graphique des dilatations.** — La dilatation, observée entre la température 0° et la température t, dépend évidemment de la température t. Elle est, pour tous les corps solides, d'autant plus grande que t est plus grand. — Comment dépend-elle de la température t?

Supposons que nous ayons fait un certain nombre d'expériences de mesure, et que nous voulions représenter les résultats obtenus. — Le plus simple est d'avoir recours à une ***construction graphique***.

Nous opérerons de la façon suivante :

Traçons deux droites rectangulaires (fig. 134) : la droite Ox, horizontale; la droite Oy, verticale. — Nous les appellerons les deux ***axes de coordonnées.***

A partir du point O, nous compterons les températures sur la droite Ox.

Portons, à partir de O, des longueurs égales

$$OA = AB = BC = CD = ...$$

Le point O correspondra à la température de la glace fon-

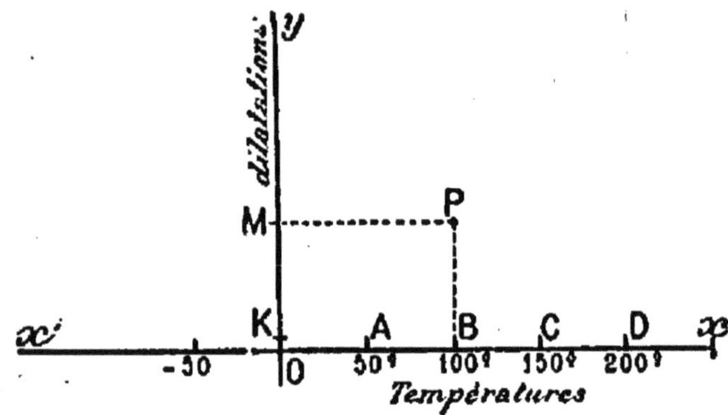

FIG. 134. — REPRÉSENTATION GRAPHIQUE D'UNE DILATATION.
L'une des coordonnées OB du point P représente la température t; l'autre OM représente la dilatation pour 1°.

dante. — Supposons maintenant que nous fassions correspondre le point A à la température de 50°; le point B correspondra à 100°; C à 150°; D à 200°; etc....

D'autre part, à partir du point O comptons les dilatations sur la droite Oy. — Par exemple, convenons qu'une dilatation de $\frac{1}{10000}$ soit représentée par une longueur OK, égale à un millimètre, et comptée verticalement dans le sens Oy.

Une dilatation égale à $0{,}0012 = \frac{12}{10000}$ serait représentée par une longueur OM, 12 fois plus grande que OK; soit $OM = 12$ millimètres.

Achevons le rectangle OBPM. Le point P servira à représenter l'expérience qui a été faite sur la barre, en la chauffant de 0° à 100°.

La longueur MP = OB représente la température (100°).

La longueur BP = OM représente la dilatation (0,0012).

251. Représentation graphique d'une série d'expériences. — Chaque expérience particulière est donc représentée par un point particulier P.

D'une expérience à une autre, ce point varie.

Si l'on pouvait faire des expériences dans des conditions infiniment peu différentes les unes des autres, on obtiendrait une infinité de points tels que P; *le point P décrirait une ligne continue* (fig. 135).

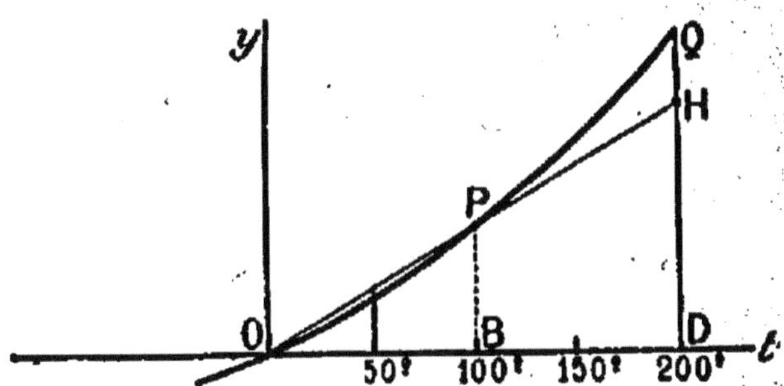

FIG. 135. — COURBE DE DILATATION.
Quand la température varie, le point figuratif P décrit une courbe continue OPQ.

Cette ligne continue sera, en général, une ligne courbe, dont la direction varie plus ou moins d'un point à un autre.

Dans la plupart des cas, on trouve que *cette courbe présente une concavité à peine accusée du côté de l'axe positif des ordonnées.*

On peut, en général, au degré de précision des mesures, confondre cette ligne avec une droite, du moins lorsque les variations de température ne sont pas trop grandes.

Lorsqu'il en est ainsi, on doit en conclure que *la dilatation est proportionnelle à la variation de température.*

Si donc l'expérience nous a donné une ligne droite, nous saurons que, pour le corps considéré, la dilatation est 2 fois plus grande de 0° à 100° que de 0° à 50°, et 100 fois plus petite de 0° à 1° que de 0° à 100°.

Mais, si la ligne donnée par expérience n'est pas une droite, nous n'aurons plus le droit de faire un calcul aussi simple.

Si, par exemple, les dilatations sont représentées par la figure ci-contre (fig. 135), on aura DQ > 2. BP.

Or,

DQ représente la dilatation de 0° à 200°
et BP — — de 0° à 100°.

La dilatation de 0° à 200° serait donc plus de deux fois supérieure à celle de 0° à 100°; et l'excès serait donné par la petite portion de droite HQ.

Supposons donc que la ligne obtenue soit une droite. C'est ce qui aura lieu, très sensiblement :

1° S'il s'agit d'un métal;

2° Si, en outre, on ne considère pas des différences de température trop élevées (si l'on reste, par exemple, dans un intervalle de température de 200 degrés).

252. **Définition du coefficient de dilatation linéaire.** — Supposons les conditions précédentes réalisées. La dilatation est alors proportionnelle à l'élévation de la température.

Calculons-la pour une élévation de température de 1 degré. On aura ce qu'on appelle le ***coefficient de dilatation linéaire*** du corps.

Ainsi, on appelle ***coefficient de dilatation linéaire d'un corps solide la valeur moyenne de sa dilatation linéaire pour une élévation de température de 1 degré.***

253. **Expression algébrique de la dilatation linéaire.** — Désignons par la lettre λ le coefficient de dilatation linéaire d'une règle; c'est l'allongement que subit, en moyenne, sur cette règle, une longueur de 1 centimètre, pour une élévation de température de 1 degré.

Soit l_0 cm la longueur de cette règle à 0°.

Quelle est sa longueur l, à la température t?

Un centimètre s'allonge de λ pour une élévation de température de 1 degré; il s'allonge de $\lambda \times t$, pour t degrés.

La longueur l_0 cm s'allonge donc de $l_0 \lambda t$.

La longueur cherchée s'obtiendra, en ajoutant cet allongement à la longueur primitive l_0. On aura donc :

$$l = l_0 + l_0 \lambda t,$$

c'est-à-dire

$$l = l_0 (1 + \lambda t),$$

expression qui permettra de résoudre facilement toutes les questions relatives aux dilatations linéaires.

254. **Mesure du coefficient de dilatation linéaire.** — Parmi les procédés de mesure du coefficient de dilatation linéaire, nous ne retiendrons que celui qui est en usage au Bureau international des Poids et Mesures. L'appareil employé porte le nom de ***comparateur.***

La règle à étudier est placée sur des supports, à l'intérieur d'une auge, dans laquelle on peut faire circuler de l'eau, soit à 0°, soit à toute autre température t, bien consta[illegible] très soigneusement déterminée.

L'auge peut se déplacer sur des rails, et les e[illegible]émités de la règle être amenées sous des microscopes invariablement fixés à de solides piliers en maçonnerie (fig. 136). On règle successivement la ligne de visée de chaque microscope (fig. 137 et légende) de façon à mettre au point à la fois sur chacun des traits que la règle porte au voisinage de ses deux extrémités.

On note, pour une variation connue de la température, les déplacements correspondants des deux traits de la règle; on

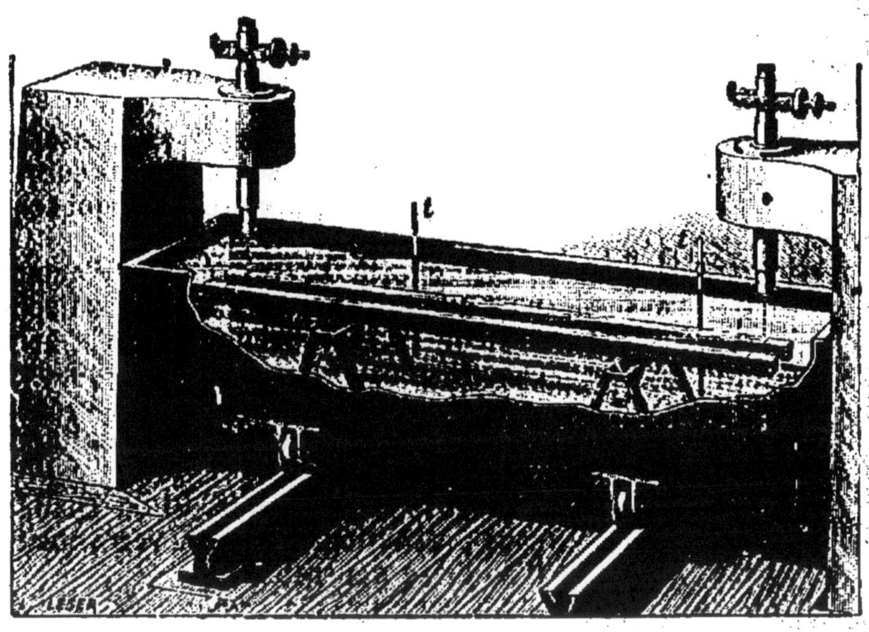

FIG. 136. — COMPARATEUR.
Pour mesurer la dilatation d'une règle, on fait varier la température de l'auge et l'on observe dans les microscopes le déplacement des traits extrêmes de la règle.

en déduit facilement la valeur de son coefficient de dilatation.

255. **Résultats d'expériences de mesure.** — Voici un tableau de quelques coefficients de dilatation linéaire :

SUBSTANCES	COEFFICIENTS DE DILATATION
Cuivre	0,000018
Fer	0,000012
Verre	0,000009
Acier au nickel (métal invar.).	0,00000088

Le cuivre est l'un des plus dilatables parmi les métaux usuels; l'acier au nickel (à 36 pour 100 de nickel) est, au contraire, le moins dilatable des corps solides actuellement connus.

256. Applications diverses des dilatations. — On devra, dans les constructions métalliques, tenir le plus grand compte des dilatations possibles qui risqueraient de compromettre la solidité de l'ensemble (charpentes, toitures, tuyaux de conduite, voies ferrées, etc., etc.).

257. Ruptures provoquées par des inégalités de dilatations. — Un corps solide chauffé uniformément se dilate régulièrement en chacune de ses parties.

Chauffé inégalement en différents points de sa masse, il sera, au contraire, soumis à des efforts de traction ou de compression, qui sont énormes.

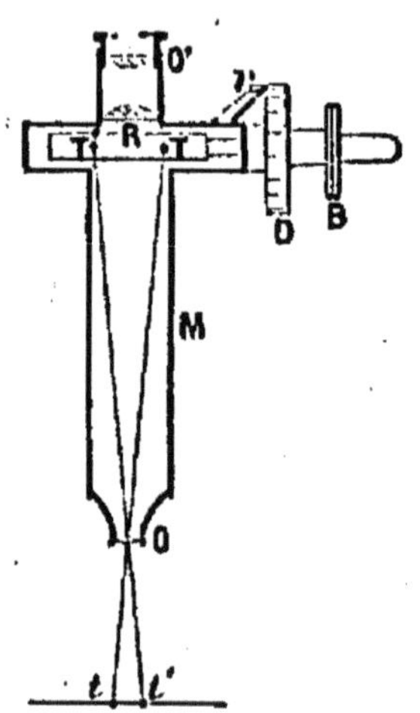

FIG. 137.
DISPOSITIF DE L'OCULAIRE MICROMÉTRIQUE.
Le déplacement tt' est proportionnel à la rotation qu'il faut imprimer à la vis micrométrique D pour amener le réticule R à coïncider avec les images TT' que l'objectif O donne successivement du même trait.

Ces efforts se produiront d'autant plus que le corps sera moins bon conducteur de la chaleur et qu'il sera chauffé plus brusquement, c'est-à-dire qu'il pourra présenter de plus grands écarts de température entre ses différents points.

C'est le cas du verre. Si on chauffe sans précaution un vase en verre épais, il se brise généralement.

Au contraire, la ***soudure du platine au verre*** résiste bien à l'action de la chaleur. La raison en est très simple; le platine et le verre ont très sensiblement même coefficient de dilatation : 0,000009.

258. Correction d'une règle graduée. — Il est bien évident que les chiffres marqués sur une règle métallique divisée, qui a été graduée à 0°, ne feront connaître la vraie longueur qui sépare deux de ses divisions, que lorsque cette règle sera maintenue à la température de 0°.

Dès lors, une distance x, mesurée par n divisions d'une règle maintenue à $t°$, a en réalité pour valeur

$$x = n(1 + \lambda t);$$

λ étant le coefficient de dilatation linéaire de la substance qui forme la règle.

Nous ferons une application de cette remarque aux corrections barométriques (§ 273).

2. — DILATATION CUBIQUE DES SOLIDES

259. **Définition du coefficient de dilatation cubique des solides.** — Sans que nous ayons à reprendre (§ 252) ce que nous avons dit plus haut pour la dilatation linéaire, on comprendra qu'on appelle ***coefficient de dilatation cubique d'un corps l'accroissement de volume, que subirait l'unité de volume de ce corps, pour une élévation de température de 1 degré.***

260. **Relation entre la dilatation cubique et la dilatation linéaire des solides.** — Soit un cube de fer (fig. 138) qui aurait exactement une arête de 1 décimètre à 0°. Son volume est alors de 1 décimètre cube.

Chauffons-le à 100°. Chaque arête se dilate d'une quantité égale à

$$10 \times 100 \times 0^{cm},000012 = 0^{cm},012.$$

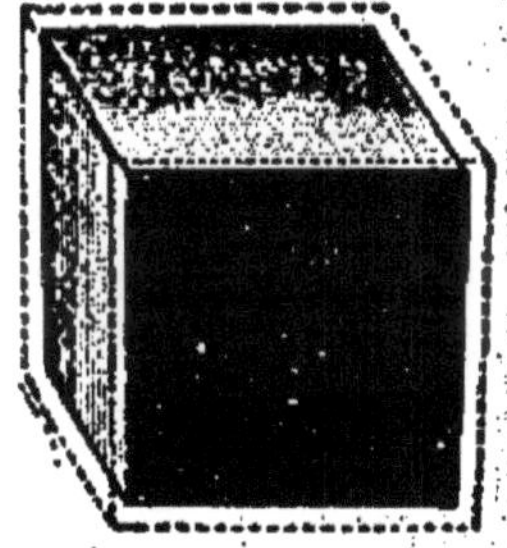

FIG. 138. DILATATION CUBIQUE. *Un cube de substance homogène conserve la même forme quand il se dilate.*

Chaque arête a donc pour nouvelle longueur $10^{cm},012$. Le volume du cube est devenu égal à $(10,012)^3$.

Faisons le calcul. — Effectuons d'abord le produit de 10,012 par 10,012. On trouve 100,240144. Les derniers chiffres décimaux de ce résultat représentent des quantités trop faibles et trop incertaines pour être conservées. On peut, sans erreur sensible, prendre 100,24 pour valeur du produit $10,012 \times 10,012$.

Reste à multiplier encore une fois 100,24 par 10,012. On trouve 1003,60288. Pour les mêmes raisons que plus haut, nous ne devons conserver que le premier chiffre décimal du produit. L'augmentation de volume a été de $3^{cm^3},6$. La dilatation, telle que nous l'avons définie, est égale à $\frac{3,6}{1000} = 0,0036$.

Ce nombre est le triple de la dilatation linéaire 0,0012.

Il en est toujours ainsi; d'où, cette conclusion :

Le coefficient de dilatation cubique d'un solide quelconque est le triple de son coefficient de dilatation linéaire.

261. Expression algébrique du volume d'un corps à différentes températures. — Soit δ le coefficient de dilatation cubique d'une substance déterminée.

Nous pourrons reprendre un raisonnement identique à celui que nous avons fait pour la dilatation linéaire (§ 253).

Soit V_0 le volume du corps à 0°, V son volume à t^o.

On aura :

$$V = V_0(1 + \delta . t).$$

262. Variation de la densité avec la température. — Quand on chauffe un solide ou un liquide, le volume change; mais la masse ne change pas.

Si le volume pouvait doubler, la densité serait réduite à la moitié de sa valeur primitive.

D'une façon générale, la densité variera en raison inverse du volume. Or, le volume varie proportionnellement au facteur $(1 + \delta . t)$. La densité variera donc en raison inverse de ce même facteur; et l'on aura, d'une façon générale :

$$D = D_0 \times \frac{1}{1 + \delta . t}.$$

263. Application numérique. — *La densité d'un échantillon de cuivre à 0° est égale à 8,85. — Quelle est-elle à 100°, sachant que le coefficient de dilatation cubique du cuivre, δ, est égal à 3 fois son coefficient de dilatation linéaire, lequel (voir n° 262) est égal à 0,000018?*

Le coefficient de dilatation cubique du cuivre étant égal à $3 \times 0{,}000018 = 0{,}000054$, il en résulte qu'une masse de cuivre, qui occupait 1 centimètre cube à 0°, occupera à 100° un volume de $1 + (100 \times 0{,}000054) = 1^{cm^3},0054$. Elle pèse toujours $8^{gr},85$. Un centimètre cube pèse donc maintenant

$$\frac{8{,}85}{1{,}0054} = 8^{gr},80.$$

La nouvelle densité du cuivre est donc égale à 8,80. Elle a varié de $\frac{5}{885} = \frac{1}{177}$ de sa valeur primitive.

CHAPITRE V

DILATATION DES LIQUIDES

1. — EXPÉRIENCES ET DÉFINITIONS

264. **Expériences sur la dilatation des liquides.** — Prenons un ballon rempli de liquide (fig. 139); fermons-le avec un bouchon, traversé par un tube étroit ouvert aux deux bouts. Plongeons brusquement l'appareil dans un bain d'eau chaude.

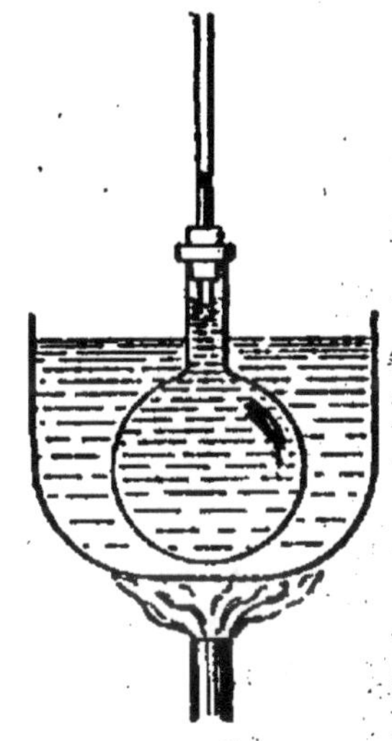

FIG. 139.
DILATATION APPARENTE D'UN LIQUIDE.
Quand on immerge brusquement dans l'eau chaude un ballon plein de liquide, le niveau du liquide descend d'abord, pour remonter ensuite.

Nous voyons tout d'abord le niveau du liquide baisser dans le tube, puis remonter rapidement et dépasser de beaucoup sa position primitive.

Nous constatons ainsi que :

1° ***Le ballon s'est dilaté tout d'abord***; ce qui produit l'affaissement du niveau;

2° ***Le liquide s'est dilaté à son tour.*** — Sa dilatation est beaucoup plus grande que celle du ballon;

3° Les lectures que nous ferions du niveau sur la tige de l'appareil ne nous donneraient ***que l'augmentation apparente de volume du liquide dans le ballon.***

Supposons, en effet, que le niveau du liquide, après s'être abaissé, fût revenu à son état primitif; nous n'aurions pas pu en conclure que l'augmentation de volume du liquide eût été nulle, mais seulement qu'elle eût été égale à l'augmentation de volume du ballon.

265. **Définitions.** — On pourra, pour les liquides, reprendre la définition que nous avons donnée (§ 259) du coefficient de dilatation cubique des solides.

Par suite, ***le coefficient de dilatation cubique d'un liquide***

est l'accroissement de volume, estimé en centimètres cubes, que subit un centimètre cube de ce liquide, quand sa température monte de 1 degré.

Il résulte du paragraphe précédent que le coefficient de dilatation réelle d'un liquide est nécessairement plus grand que le coefficient que l'on déduirait de la simple lecture du niveau sur le tube de l'appareil. Cette lecture ne pourrait donner que le ***coefficient de dilatation apparente.***

En fait, ***le coefficient de dilatation absolue d'un liquide est égal au coefficient de dilatation apparente, augmenté du coefficient de dilatation de l'enveloppe dans laquelle il es contenu.***

266. **Méthode générale pour la détermination du coefficient de dilatation absolue d'un liquide quelconque.** — La mesure directe du coefficient de dilatation absolue d'un liquide est très délicate.

Elle a été effectuée par Dulong et Petit, dans le cas du mercure. Nous aurons à exposer leurs expériences avec quelques détails (§ 268). Elles sont d'une importance capitale, parce que le résultat obtenu permettra ensuite de déterminer (§§ 270 et 271) :

1° la dilatation d'une enveloppe quelconque ;

2° la dilatation absolue d'un liquide quelconque.

Tout revient donc à déterminer d'abord le coefficient de dilatation absolue du mercure.

267. **Dilatation du mercure.** — Voici le principe du procédé par lequel Dulong et Petit ont déterminé directement cette dilatation jusqu'à 300°.

On sait (§ 133) que les hauteurs de deux liquides, qui exercent une même pression, sont en raison inverse de leurs poids spécifiques ou de leurs densités (§ 144). Si donc on mesure les hauteurs h_0 et h_t de deux colonnes de mercure à 0° et à t^0 qui se font équilibre, on aura, en désignant par D_0 et D_t les densités de ce métal à ces deux températures, $\frac{h_t}{h_0}=\frac{D_0}{D_t}$.

La relation établie au paragraphe 262 devient alors :

$$\frac{h_t}{h_0}=1+mt \quad \text{et par suite} \quad mt=\frac{h_t-h_0}{h_0}. \qquad (2)$$

Dans cette relation, m représente le coefficient de dilatation cubique absolue du mercure.

268. **Expériences de Dulong et Petit.** — Deux larges tubes

de verre (fig. 140) communiquaient à leur partie inférieure par un tube rectiligne, court, de 1 millimètre de diamètre intérieur et que l'on pouvait rendre horizontal à l'aide de vis calantes qui supportaient le socle de l'appareil (fig. 140).

Les deux branches contenaient du mercure; l'une d'elles, B, était entourée d'un manchon renfermant de la glace fondante et par suite constamment maintenue à 0°; l'autre, A, était enveloppée d'un cylindre plein d'huile et chauffé par un foyer extérieur qui n'a pas été représenté sur la figure. La température moyenne de cette huile était donnée par un thermomètre à air (§ 284), de réservoir allongé *r*. On s'arrangeait d'ailleurs dans chaque détermination de façon que les niveaux du mercure dépassassent tout juste assez les manchons pour pouvoir être visés.

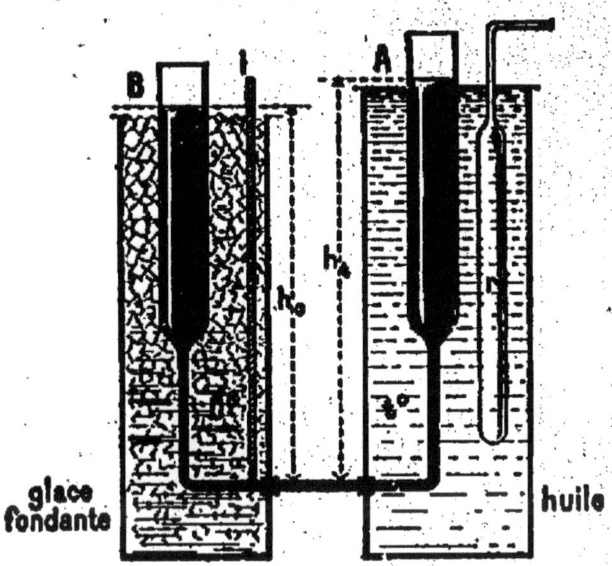

FIG. 140. — MESURE DE LA DILATATION ABSOLUE DU MERCURE.

Le rapport des densités du mercure à t° et à 0° est en raison inverse de celui des hauteurs mercurielles qui se font équilibre dans les deux branches A et B. Celles-ci communiquent entre elles par un tube étroit et horizontal. La première de ces deux branches est portée à t°, tandis que l'autre est maintenue à 0°.

Pour procéder à une mesure, on opérait de façon à obtenir une température stationnaire pendant quelque temps. On notait cette température t, au thermomètre à air. On mesurait au même moment la différence des niveaux, $h_t - h_0$ dans les deux tubes et la hauteur h_0 du mercure dans le tube à 0°.

La quantité $h_t - h_0$ atteint au plus 2 centimètres. La valeur de h_0 était voisine de 50 centimètres. La première de ces longueurs est donc toujours beaucoup plus petite que la seconde. Elle doit être déterminée avec un soin tout particulier.

Dulong et Petit ont résumé les résultats qu'ils ont obtenus, dans un graphique analogue à celui du § 251.

La courbe de dilatation du mercure présente vers le haut une concavité à peine marquée.

Le coefficient de dilatation du mercure croît donc très légèrement avec la température. Il a pour valeurs :

entre 0° et 100°. 0,000 181
entre 0° et 300°. 0,000 186

On adopte généralement dans les calculs la valeur approchée :

$$\frac{1}{5550} = 0{,}000180$$

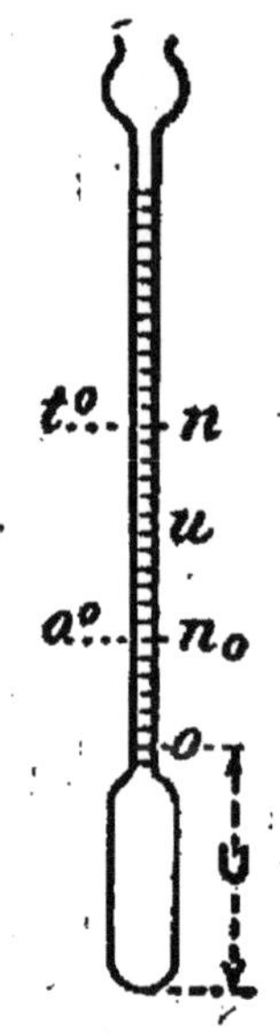

FIG. 141. DILATOMÈTRE A TIGE. *C'est une enveloppe thermométrique jaugée et calibrée dans laquelle on observe la dilatation apparente des liquides.*

269. Dilatomètre à liquides. — Le dilatomètre est une enveloppe de verre (fig. 141) de quelques centimètres cubes de capacité. Elle est surmontée par un tube cylindrique très étroit, divisé en parties égales. A l'aide de pesées, on détermine au préalable le rapport $\frac{U}{u}$ qui existe entre le volume U du réservoir compté jusqu'au zéro, et le volume u d'une division de la tige.

270. Mesure de la dilatation d'une enveloppe. — L'enveloppe précédente est remplie partiellement de mercure, dont on connaît la dilatation absolue.

L'étude de la dilatation apparente de ce liquide permet de calculer le coefficient de dilatation cubique de l'enveloppe.

271. Mesure du coefficient de dilatation absolue d'un liquide. — La même enveloppe pourra servir ensuite à déterminer le coefficient de dilatation absolue d'un liquide quelconque, par exemple de l'alcool.

L'enveloppe est, dans ce but, remplie d'alcool et plongée dans la glace fondante. On la porte ensuite à une température connue. On mesure la dilatation apparente du liquide. On connaît la dilatation vraie de l'enveloppe; on en déduit la dilatation vraie de l'alcool.

272. Résultats des mesures. — Voici, à titre d'exemple,

les valeurs du coefficient de dilatation *absolue*, pour quelques liquides :

SUBSTANCES	COEFFICIENT DE DILATATION
Mercure	0,00018
Alcool	0,00125
Éther	0,00175

On remarquera :

1° Que ces nombres sont ***beaucoup plus élevés*** que ceux que nous avons donnés pour les solides (§ 255);

2° Qu'ils sont ***très différents entre eux***. — Le coefficient de l'alcool est 7 fois plus grand que celui du mercure; et celui de l'éther près de 10 fois plus grand.

273. Application de la dilatation du mercure aux corrections barométriques. — Deux observations barométriques ne sont comparables entre elles, qu'autant qu'elles ont été faites dans des conditions où la densité du mercure est restée la même. — Aussi, s'accorde-t-on à ramener les indications du baromètre à ce qu'elles seraient si le mercure était, à chaque fois, à la température de 0°.

Si l'observation est faite à la température t, la densité D du mercure, au lieu d'être D_0, est égale à $\frac{D_0}{1+mt}$ (en appelant m le coefficient de dilatation du mercure) (§ 262). La pression p a pour valeur (en désignant par h la hauteur actuelle du mercure) :

$$p = hD = h\frac{D_0}{1+mt} \text{ (§ 178).}$$

Si le mercure était observé à 0°, il s'élèverait à une hauteur x, telle que :

$$p = xD_0.$$

Comparant ces deux égalités, il vient,

$$x = h\frac{1}{1+mt}.$$

Dans cette formule, h désigne la hauteur réelle du mercure soulevé, au moment et au lieu de l'observation. On sait qu'elle a pour valeur (§ 258) :

$$h = n(1 + \lambda t),$$

en désignant par n le nombre de divisions lues sur la règle graduée de l'appareil et par λ le coefficient de dilatation linéaire de la substance dont est faite la règle graduée de l'appareil.

Finalement, il vient donc, pour la hauteur barométrique corrigée de la dilatation de la règle et de la dilatation du mercure :

$$x = n \frac{1 + \lambda t}{1 + mt}.$$

Supposons la règle en laiton. Le coefficient de dilatation linéaire $\lambda = 0,000018$ est égal au dixième du coefficient de dilatation absolue, $m = 0,000180$ du mercure.

Si, par exemple, on fait $n = 760$ millimètres et $t = 15^{\circ}$, on trouve que la correction atteint $1^{mm},84$.

La lecture du baromètre à 1/10 de millimètre près n'a donc de sens que si la température est déterminée à moins de 1 degré.

2. — CAS PARTICULIER DE L'EAU

274. Dilatation de l'eau. — La dilatation de l'eau présente une particularité extrêmement remarquable.

Indiquons d'abord les résultats. Nous verrons ensuite comment on les a obtenus.

Chauffons de l'eau à partir de 0°; le volume, au lieu d'augmenter, diminue d'abord, jusqu'à 4°.

A partir de 4°, le volume augmente comme pour les autres liquides.

A 4°, le volume de l'eau est donc plus petit qu'à toute autre température. On dit qu'il présente un minimum.

On peut dire encore :

L'eau passe par un maximum de densité, pour la température de 4°.

275. Expérience de Hope. — Ce maximum de densité peut facilement être mis en évidence, à l'aide de l'expérience suivante, due à Hope.

Une éprouvette à pied (fig. 142) est entourée d'un manchon, vers le milieu de sa hauteur.

Deux thermomètres horizontaux plongent dans l'éprouvette, l'un dans le bas, l'autre dans le haut.

L'éprouvette est remplie d'eau. Le manchon est rempli d'un mélange réfrigérant de glace et de sel.

On observe la marche des thermomètres.

Voici ce que donne l'expérience :

1re phase. — Le thermomètre inférieur baisse d'abord rapidement.

Le thermomètre supérieur reste à peu près invariable.

Le thermomètre inférieur cesse de baisser, quand il atteint 4°.

2e phase. — A partir de ce moment, le thermomètre supérieur baisse rapidement à son tour. Il atteint 4°. A ce moment, toute l'eau de l'éprouvette est à 4°. Enfin le thermomètre supérieur continue à marquer des températures de plus en plus basses.

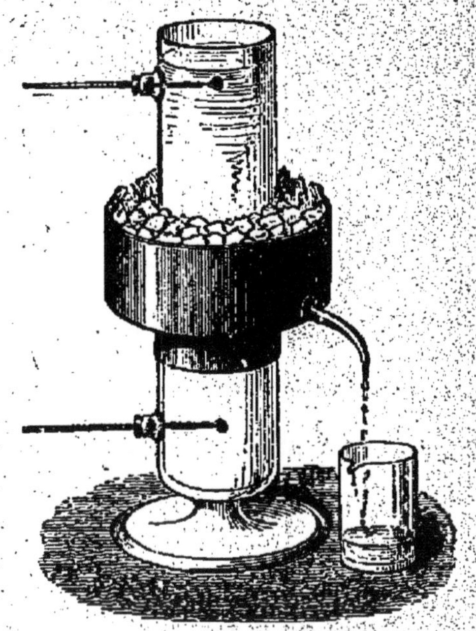

FIG. 142. — EXPÉRIENCE DE HOPE.
On observe que le thermomètre inférieur peut être à 4°, alors que celui du haut marque des températures plus élevées ou plus basses ; ce qui démontre que la densité de l'eau est maxima à 4°.

Ces résultats s'expliquent immédiatement. Dans la première phase de l'expérience, l'eau de l'éprouvette dont la température est encore supérieure à 4° devient plus lourde en se refroidissant. Elle tombe au bas de l'éprouvette. Le thermomètre inférieur se refroidit.

Dans la deuxième phase de l'expérience, l'eau que l'on refroidit au-dessous de 4° devient de plus en plus légère. Elle gagne la partie supérieure de l'éprouvette. Le thermomètre supérieur se refroidit. Ainsi, à 4°, l'eau est plus lourde qu'à toute autre température, plus élevée ou plus basse.

A 4°, l'eau passe donc par un maximum de densité.

Résultats relatifs à la dilatation de l'eau. — Les résultats des déterminations relatives à la dilatation de l'eau sont contenus dans la dernière colonne du tableau numérique ci-après :

TEMPÉRATURES	MASSE SPÉCIFIQUE DE L'EAU	VOLUME DE 1 KILOGRAMME D'EAU
		cm³ cm³
—10°	0,9981	1000 + 1,9
0°	0,9998	1000 + 0,2
4°	1,0000	1000
8°	0,9998	1000 + 0,2
10°	0,9997	1000 + 0,3
15°	0,9991	1000 + 0,9
20°	0,9982	1000 + 1,8
25°	0,9971	1000 + 2,9
30°	0,9957	1000 + 4,3
50°	0,9882	1000 + 12,8
100°	0,9586	1000 + 43,2

On voit sur ce tableau qu'entre — 10° et + 20° la densité de l'eau varie seulement de 2 pour 1000, c'est-à-dire de $\frac{1}{500}$ de sa valeur.

C'est la raison pour laquelle on a choisi la température de 4°, quand on a voulu définir le gramme avec précision.

Rappelons seulement que le gramme est ainsi défini : ***c'est la masse du centimètre cube d'eau à la température du maximum de densité de l'eau.***

270. Importance du maximum de densité de l'eau dans la nature. — Un phénomène, analogue à celui que nous avons décrit dans l'expérience de Hope, se produit pendant l'hiver dans les lacs tranquilles et profonds.

L'eau se refroidit par la surface. Elle gagne le fond, pour être remplacée à la surface par de l'eau plus chaude qui se refroidit à son tour.

Ces mouvements de l'eau s'arrêteront quand la masse entière du liquide sera arrivée à 4°.

A partir de ce moment, si les couches superficielles continuent à se refroidir, elles restent à la surface. Ainsi :

1° L'eau d'un lac ne pourra se congeler à la surface avant que toute la masse de l'eau n'en soit descendue à 4°. ***La congélation est retardée.***

2° La congélation ayant lieu à la surface, les couches inférieures peuvent rester liquides à 4°. ***La vie aquatique peut persister sous la couche de glace superficielle.***

CHAPITRE VI

DILATATION DES GAZ

1. — LOI DE GAY-LUSSAC

277. Deux formes principales de la dilatation des gaz. — Les gaz sont beaucoup plus dilatables que les liquides. — Nous savons aussi qu'ils sont compressibles (§ 180).

On peut les chauffer en maintenant leur pression constante : ils augmenteront de volume.

On peut les chauffer, puis, en les comprimant, ramener leur volume à sa valeur initiale.

Dans le premier cas, ***la pression est restée constante; le gaz que l'on a chauffé a augmenté de volume.***

Dans le deuxième cas, ***le volume n'a pas changé; le gaz que l'on a chauffé est porté à une plus forte pression.***

Examinons successivement ces deux formes d'expériences.

278. Dilatation sous pression constante. — Prenons un petit ballon de 100 centimètres cubes environ (fig. 143); fermons-le par un bouchon, traversé d'un tube étroit, ouvert aux deux bouts, dans lequel nous aurons introduit une goutte de mercure ou d'alcool coloré.

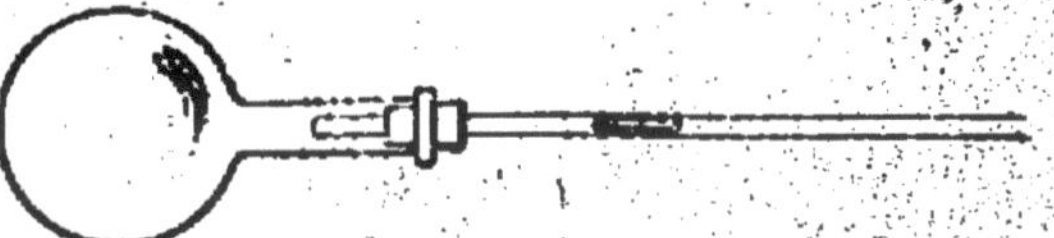

FIG. 143.
DILATATION D'UN GAZ A PRESSION CONSTANTE.
Il suffit de chauffer le ballon avec la main pour que l'index de mercure s'avance vers l'extrémité ouverte du tube.

La pression à l'intérieur du ballon restera constamment égale à celle de l'atmosphère; la goutte obéirait, en effet, à la moindre différence de poussée sur ses deux faces.

Chauffons alors le ballon avec la main. Nous voyons tout aussitôt l'index liquide s'avancer vers l'extrémité ouverte du tube. — Nous constatons ainsi une augmentation notable du volume gazeux.

279. Définition du coefficient de dilatation d'un gaz sous pression constante. — Le volume d'un gaz s'accroît toujours quand on le chauffe à pression constante.

L'expérience montre que cet accroissement reste proportionnel à la variation de température.

On peut donc définir pour les gaz un ***coefficient de dilatation.***

Le coefficient de dilatation d'un ***gaz est la fraction du volume initial dont augmente le volume du gaz, quand on élève sa température de 1 degré, en maintenant sa pression invariable.***

280. Loi de Gay-Lussac. — La dilatation des gaz obéit à une loi extrêmement simple, l'une des plus importantes de la Physique. Cette loi, due à Gay-Lussac, peut s'énoncer ainsi :

1° ***Le coefficient de dilatation de tous les gaz est constant.***

2° ***Il est le même pour tous les gaz.***

3° ***Il est égal à 0,00367 ou*** $\frac{1}{273}$.

281. Remarques relatives à la dilatation des gaz. — On remarquera, sur l'énoncé précédent :

1° Que les gaz sont 100 fois plus dilatables que le fer et 130 fois plus dilatables que le verre.

2° Que le volume d'un gaz, en passant de 0° à 100°, augmente un peu plus d'un tiers de sa valeur.

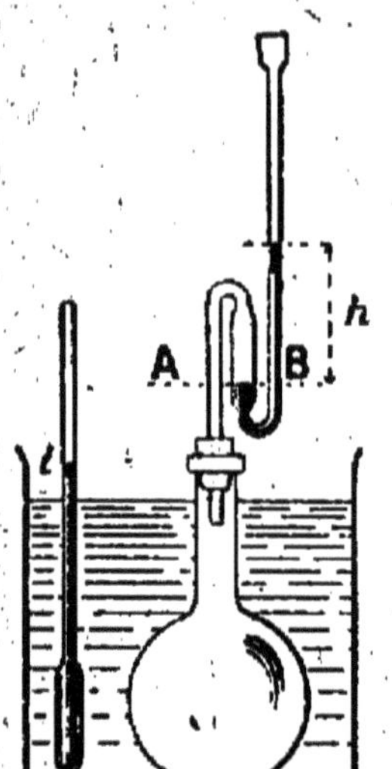

FIG. 144. AUGMENTATION DE PRESSION D'UN GAZ A VOLUME CONSTANT.
La dénivellation dans le manomètre varie régulièrement avec la température du ballon.

282. Augmentation de pression d'un gaz à volume constant. — Prenons maintenant un ballon d'un demi-litre. Fermons-le par un bouchon, traversé par un tube deux fois recourbé. Versons du mercure dans ce tube; l'air contenu dans le ballon se trouvera emprisonné; le tube recourbé pourra faire office de ***manomètre à air libre*** (fig. 144).

Il nous indiquera la différence entre la pression qui règne dans le ballon et la pression atmosphérique. Cette différence sera à tout instant repérée par la dénivellation ***h*** du mercure dans les deux branches du manomètre.

Plaçons le ballon dans la glace fondante. Supposons que le mercure se trouve alors au même niveau AB dans les deux branches; la pression dans le ballon est justement égale à celle de l'atmosphère.

Introduisons maintenant le ballon dans l'eau tiède; plaçons dans le même bain un thermomètre qui en donnera la température. Sous l'action de la chaleur, le volume de l'air emprisonné tend à augmenter.

Opposons-nous à cette dilatation, en versant une certaine quantité de mercure par la branche ouverte du manomètre, de façon à maintenir le niveau en A, c'est-à-dire à ***laisser invariable le volume gazeux.***

Nous observerons ainsi que, pour la température t, la pression dans le ballon surpasse de h centimètres de mercure la pression atmosphérique.

La pression d'un gaz augmente donc toujours quand on le chauffe à volume constant.

En répétant la même expérience à diverses températures, on trouve que l'augmentation de pression est en raison directe de l'élévation de température et on peut alors définir pour les gaz un ***coefficient d'augmentation de pression. C'est la fraction de la pression initiale dont augmente la pression d'un gaz quand on élève sa température de 1 degré, en maintenant son volume constant.***

Ce second coefficient a précisément la même valeur que le coefficient de dilatation, $\frac{1}{273}$. Posons $\frac{1}{273} = \alpha$.

283. **Formule des gaz parfaits.** — ***Toutes les fois qu'un gaz se trouve dans des conditions de pression et de température éloignées de celles où il pourrait se liquéfier :***

1° ***Sa compressibilité est sensiblement régie par la loi de Mariotte*** (§ 185);

2° ***Sa dilatation, par celle de Gay-Lussac.***

On convient de dire qu'un gaz se rapproche d'autant plus de l'***état gazeux parfait*** qu'il satisfait mieux aux conditions indiquées.

Soit donc une certaine quantité d'un ***gaz parfait***; soit V, son volume; P, sa pression; t, sa température. Il est facile de s'assurer que l'expression

$$\frac{PV}{1 + \alpha t}$$

représente le volume que cette masse de gaz occuperait à 0° sous une pression égale à l'unité. Elle reste constante, si la masse de gaz reste constante; et cela, quels que soient son volume, sa température et sa pression; d'où la relation :

$$\frac{PV}{1+\alpha t}=K.$$

C'est la formule des gaz parfaits, ou *formule de Gay-Lussac.*

2. — THERMOMÈTRE A GAZ

284. Application de la dilatation des gaz. — Reprenons l'appareil q ‹ vient de nous servir (§ 282) à montrer l'augmentation de pression d'un gaz chauffé sous volume constant. On en peut faire un *appareil thermométrique*, très simple, très sensible et très sûr.

Si la pression du gaz à 0^0 est de 76 centimètres de mercure, une élévation de température de 100 degrés produira un accroissement de pression, mesuré par une colonne de mercure égale à $\frac{1}{273}\times 76\times 100=27^{cm},8$.

Divisons cet accroissement de pression en 100 parties égales. Chaque division du manomètre correspondra à un degré centigrade. Imaginons maintenant que nous remplacions le ballon de verre par un récipient moins fusible, en platine ou en porcelaine.

Nous pourrons avec cet appareil déterminer des températures extrêmement élevées, ce que nous ne pouvions pas faire avec le thermomètre à mercure, puisque le mercure bout à 360^0.

Ce même dispositif, légèrement modifié, nous permettrait également de descendre bien au-dessous de -40^0 (température de congélation du mercure).

CHAPITRE VII

FUSION — SOLIDIFICATION

1. — NOTIONS SUR LES CHANGEMENTS D'ÉTAT

285. Changements d'état physique. — Nous savons déjà que la chaleur que l'on fournit à un corps peut se traduire par les effets suivants :

1° ***Élévations de température*** (§ 229) ;

2° ***Dilatations*** (§§ 248 et suivants).

Ces effets ne sont pas les seuls.

La chaleur peut provoquer, dans l'état des corps, des transformations plus profondes.

Chauffons, par exemple, du plomb ou du sel dans un tube à essai. Quand la température sera suffisamment élevée, nous les verrons l'un et l'autre se changer peu à peu en liquides : c'est le phénomène de la ***fusion***.

Si, après avoir fondu complètement le solide, nous cessons de chauffer en abandonnant le tube à essai au refroidissement de l'air extérieur, nous voyons bientôt le liquide se prendre en masse et repasser à l'état solide : c'est le phénomène de la ***solidification***.

La fusion et la solidification sont du domaine de la Physique.

De même, faisons bouillir de l'eau dans un ballon. L'eau contenue dans le ballon disparaît peu à peu ; de la vapeur d'eau sort du col du ballon, et se répand à l'extérieur. L'eau liquide se transforme donc en vapeur. C'est le phénomène de ***l'évaporation***.

Inversement, la vapeur d'eau laisse déposer des gouttelettes d'eau liquide sur les corps froids qu'elle vient à rencontrer. C'est le phénomène de la ***condensation***.

On dit que ces phénomènes : ***fusion, solidification, vaporisation, condensation*** sont des ***changements d'état physique***.

286. Changements d'état chimique. — Au contraire, chauffons dans notre tube à essai de petits morceaux de bois. Nous n'observons aucune fusion. Nous voyons seulement la couleur du bois se foncer peu à peu et celui-ci émettre bientôt des gaz combustibles que nous pouvons enflammer à l'ouverture du tube. Après une chauffe suffisante, il reste dans le tube de petits morceaux de charbon, que nous n'arriverons pas à fondre, même en élevant la température jusqu'à la fusion du verre lui-même.

Le bois a donc subi, dans ces conditions, un changement d'état plus profond encore que celui de la fusion.

En effet :

1° On a vu apparaître des corps nouveaux : gaz combustibles, charbon;

2° Un simple retour à la température primitive ne ramène pas les corps à leur état primitif.

On dit que ce sont des ***changements d'état chimique.***

Nous n'aurons pas à nous en occuper ici.

Nous nous occuperons donc exclusivement des changements d'état physique.

287. Fusion franche et fusion pâteuse. — Les corps fusibles ne fondent pas tous de la même manière :

Si nous chauffons du plomb, du sel ou du soufre, ils se liquéfient franchement dès que leur température est suffisamment élevée, et le solide baigne alors dans son liquide, aussitôt que la fusion est commencée. C'est le cas de la ***fusion franche.***

Au contraire, chauffons de la cire ou du verre. Il en sera tout autrement. Ces substances se ramollissent tout d'abord. Elles perdent peu à peu leur consistance, et ne prennent que progressivement l'état franchement liquide. C'est le cas de la ***fusion pâteuse.***

Cette dernière forme de fusion se présente surtout pour les substances dont la composition chimique n'est pas nettement définie et peut varier d'un échantillon à un autre. C'est le cas des ***mélanges de corps*** de propriétés voisines. Il en est ainsi, en particulier, pour le verre, la cire, la paraffine, le beurre, etc.

288. Changement de volume accompagnant la fusion. — Le soufre solide occupe le fond du ballon, où il est en train de fondre. Le soufre solide est donc plus dense que le soufre liquide; par suite, il augmente de volume en fondant. De même, ***la plupart des corps augmentent de volume en fondant. Il n'y a guère que la glace et le fer qui fassent exception à cette règle.***

Tout le monde sait que, lorsqu'on met un morceau de glace dans un verre d'eau, la glace surnage et flotte à la surface : c'est qu'elle est plus légère que l'eau. Pour la même raison, la glace qui se forme pendant l'hiver sur les lacs profonds reste à leur surface, et c'est à cette heureuse circonstance que les plantes et les animaux qui vivent dans le fond doivent la conservation de leur existence pendant les hivers rigoureux (voir § 276).

La densité de la glace étant $0{,}92 = \frac{11}{12}$, on voit que 12 litres de glace en fondant donnent seulement 11 litres d'eau. Inversement, 11 litres d'eau donnent 12 litres de glace.

289. **Efforts produits par la solidification de l'eau.** — La compressibilité de l'eau est si faible que, pour résister à l'augmentation de volume qui survient au moment de la congélation, il faudrait soumettre la glace à des pressions de plusieurs milliers de kilogrammes par centimètre carré.

Un ballon de verre, un morceau de canon de fusil entièrement remplis d'eau, solidement fermés et placés dans un mélange réfrigérant, éclatent quand l'eau se congèle.

La rupture des tuyaux de conduite par les froids rigoureux, la désagrégation des pierres poreuses (*pierres gélives*) pendant l'hiver, les désordres que les gelées apportent à la vie végétale, en provoquant le déchirement des cellules remplies de sève, sont dus à la même cause.

2. — LOIS DE LA FUSION ET DE LA SOLIDIFICATION

290. **Point de fusion.** — Plaçons de l'eau dans une éprouvette en verre ; installons-y un thermomètre, puis amenons cette eau à congélation, par l'action prolongée d'un mélange extérieur de glace et de sel, analogue à ceux qu'on emploie pour glacer les sorbets.

Une fois la solidification complète obtenue, retirons du mélange réfrigérant l'éprouvette remplie de glace et abandonnons-la à la température ordinaire, 17°, par exemple. Le thermomètre implanté dans la glace marquera d'abord plusieurs degrés au-dessous de zéro ; puis, sous l'action du réchauffement extérieur, la température s'élèvera peu à peu, et, à un moment donné, nous verrons apparaître de l'eau liquide dans le fond de l'éprouvette. Si nous lisons le thermomètre à cet instant, nous constaterons qu'il indique zéro.

A partir de ce moment, la fusion continue; la quantité d'eau augmente, celle de la glace diminue; mais *la température du mélange reste constamment égale à zéro pendant tout le temps de la fusion*, et il en est ainsi tant qu'il subsiste une parcelle de glace. C'est seulement lorsque l'éprouvette ne contient plus que de l'eau liquide que la température de celle-ci commence à s'élever progressivement jusqu'à atteindre celle du milieu ambiant.

291. **Point de solidification.** — Refaisons maintenant l'expérience en sens inverse, c'est-à-dire replongeons l'éprouvette dans le mélange réfrigérant de glace et de sel et suivons les indications du thermomètre en ayant soin d'agiter le liquide. Tant que la température restera au-dessus de zéro, nulle trace de glace n'apparaîtra dans l'éprouvette; mais aussitôt que le thermomètre sera descendu à zéro, une parcelle de glace projetée dans l'éprouvette provoquera un commencement de solidification; *la température du mélange liquide et solide reste dès lors constamment égale à zéro pendant tout le temps de la solidification.* La température commencera à descendre au-dessous de zéro que lorsque l'éprouvette ne contiendra plus qu'un bloc de glace.

Cette température de zéro est *le point de fusion ou de solidification* de l'eau.

292. **Lois de la fusion et de la solidification.** — Les résultats que nous venons d'obtenir pour l'eau sont d'ordre général et s'appliquent aussi aux autres corps qui éprouvent la fusion franche, à cela près que chacun d'eux a un point de fusion particulier : le mercure fond à — 40°; l'acide acétique à 17°; le soufre à 120°.

Nous pouvons donc énoncer les lois suivantes :

Un corps à fusion franche commence toujours, sous la pression atmosphérique, à fondre à une même température qui lui est particulière et que l'on nomme son point de fusion.

Pendant toute la durée de la fusion, la température du mélange solide et liquide se maintient invariable.

On peut dire encore, sous une forme plus générale :

Il existe, pour tout corps franchement fusible, une température particulière, que nous appellerons son point de fusion ou de solidification *et pour laquelle on peut avoir dans un même récipient un mélange de liquide et de solide en toutes proportions. Au-dessous de cette température, le mélange passe entièrement à l'état solide ; au-dessus, le mélange passe entièrement à l'état liquide.*

293. **Points de fusion des corps usuels.** — Voici un tableau des points de fusion des corps les plus usuels :

SUBSTANCES	POINTS DE FUSION	SUBSTANCES	POINTS DE FUSION	
Mercure	−39°,5	Bismuth	265°	
Glace	0°	Plomb	335°	
Benzine	0°	Aluminium	600° environ	
Acide acétique	17°	Argent	1000° »	Dans les fours industriels à charbon.
Phosphore	44°	Cuivre	1050° »	
Acide stéarique	70°	Fonte	de 1100° à 1200° »	
Sodium	90°	Or	1250° »	
		Fer	1500° »	
Alliage Darcet	95°	Platine	1700°	Dans la flamme du chalumeau oxhydrique.
Soufre	120°	Silice		Dans le four électrique.
Étain	235°	Chaux		

Les points de fusion s'étendent ainsi dans toute l'échelle des températures.

Le charbon se ramollit seulement aux températures les plus élevées.

294. **Cas des alliages.** — Les quelques centièmes de carbone qu'on allie au fer pour constituer ***la fonte*** en abaissent considérablement le point de fusion.

De même, l'***alliage Darcet*** (8 parties de bismuth, 3 parties d'étain, 5 de plomb) se liquéfie à une température beaucoup plus basse que le plus fusible des métaux qui entrent dans sa composition. Il fond, en effet, dans l'eau bouillante.

C'est le cas de la plupart des alliages : ***ils fondent, en général, à une température plus basse que les métaux constituants.***

295. **Surfusion** — Lorsqu'on chauffe un solide jusqu'à son point de fusion, ***il fond toujours.***

— Inversement, au contraire, quand on refroidit un liquide, il ne reprend pas ***nécessairement*** l'état solide à cette même température. Souvent même, on peut le refroidir bien au-dessous sans obtenir sa congélation. Ce phénomène porte le nom de ***surfusion.***

On montre la ***surfusion de l'eau*** à l'aide de l'appareil que représente la figure 145. C'est un petit flacon à moitié rempli d'eau pure bouillie et dans lequel est assujetti un thermomètre ; en le refroidissant avec précaution, dans un mélange de glace et de sel, on peut facilement amener l'eau liquide à — 10°.

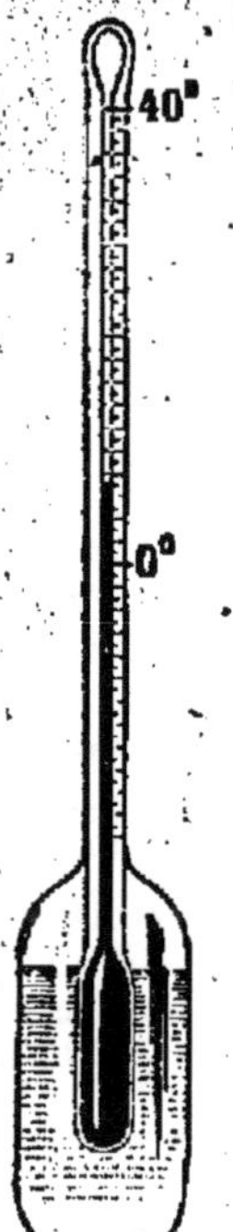

FIG. 145. SURFUSION DE L'EAU. *L'appareil contient de l'eau bien pure. En le refroidissant dans un mélange de glace et de sel, on peut amener l'eau à — 10°, sans la congeler.*

Il est donc possible de conserver l'eau liquide à des températures pour lesquelles elle se trouve habituellement à l'état solide.

Seulement, elle ne se trouve pas alors dans un état d'équilibre véritablement stable. — Agitons, en effet, le flacon qui contient de l'eau surfondue. Une solidification partielle se produit aussitôt ; et, grâce à la chaleur que produit la congélation, le thermomètre ***remonte aussitôt à la température normale d'un mélange d'eau liquide et de glace, c'est-à-dire à 0°.***

Quand un liquide est enfermé dans un récipient de petites dimensions, tel qu'un tube capillaire, par exemple, il entre facilement en surfusion. C'est en profitant de ce phénomène que l'on a pu étudier la dilatation de l'eau, dans un dilatomètre à tige (§ 269), pour des températures très inférieures à 0°.

Les végétaux doivent à la surfusion de pouvoir, dans une certaine mesure, résister aux gelées ; mais, par contre, lorsque la congélation survient, l'augmentation du volume du liquide aqueux qui remplit les cellules est si brusque que celles-ci éclatent immédiatement.

Il peut arriver que l'agitation seule ne suffise pas à détruire cette sorte d'équilibre instable dans lequel se trouve un liquide surfondu ; mais on y parvient ***toujours en projetant dans le liquide une parcelle du solide correspondant*** et la température revient encore au point de fusion de celui-ci.

L'expérience se fait facilement avec du phosphore que l'on maintient en surfusion sous une couche d'eau.

296. **Regel et plasticité apparente de la glace.** — Le point de fusion de la glace s'abaisse, sous l'influence d'une forte pression. On explique ainsi le phénomène du regel.

Regel. — Prenons de la glace en fragments et soumettons-la à une pression *P* énergique ; son point de fusion descend au-dessous de zéro. Elle fond ***partiellement***, jusqu'à ce que, par suite de l'absorption de chaleur due au changement d'état, la température du mélange, glace et eau, ait atteint ce nouveau point de fusion. Si, à ce moment, la pression *P* vient à cesser, l'eau se trouvant à une température inférieure à 0° ne peut rester surfondue et se recongèle, soudant ainsi les fragments de glace les uns aux autres.

FIG. 146. — EXPÉRIENCE DE TYNDALL.
De petits morceaux de glace, comprimés fortement entre deux pièces de bois, se soudent en un bloc homogène quand la pression cesse de s'exercer.

C'est le cas de l'expérience de Tyndall, suffisamment expliquée par la figure ci-contre (fig. 146).

3. — CHALEUR DE FUSION

297. La fusion absorbe de la chaleur. La solidification dégage de la chaleur. — Prenons un mélange d'eau et de glace ; sa température est de 0°. — Supposons que la température extérieure soit supérieure à 0° ; soit, par exemple, 17°. ***La glace fond*** ; mais ***cette transformation n'est pas instantanée.*** Il est évident que, pendant tout le temps que la glace met à fondre, elle ***reçoit de la chaleur des corps environnants.***

Chauffons maintenant ce mélange d'eau et de glace sur un foyer ; la transformation de la glace en eau sera plus rapide ; elle ne sera jamais instantanée. La transformation est d'autant plus rapide qu'on a fourni à la glace une plus grande quantité de chaleur pendant le même temps.

Il ne suffit donc pas, pour fondre complètement un corps, de l'échauffer jusqu'à son point de fusion : il faut encore lui fournir de la chaleur depuis le moment où commence à apparaître le liquide jusqu'à la fin du changement d'état. Nous devons en conclure que ***la fusion absorbe de la chaleur.***

Semblablement, pour solidifier un liquide, il ne suffit pas de le refroidir jusqu'à son point de solidification, il faut encore lui enlever de la chaleur pendant tout le temps que la congélation se produit, et le changement d'état s'opère d'autant plus rapidement que le refroidissement est plus intense. ***La solidification dégage donc de la chaleur*** : en reprenant l'état solide, un corps restitue au milieu extérieur toute la chaleur qu'il lui avait empruntée en fondant.

Il n'y a pas de changement d'état sans absorption ou sans dégagement de chaleur correspondants.

298. **Définition de la chaleur de fusion.** — D'une manière générale, nous appellerons ***chaleur de fusion d'un corps le nombre φ de calories qu'il faut fournir à 1 gramme de solide, préalablement porté à la température de fusion, pour le transformer en liquide à cette même température.*** En revenant à l'état solide dans les mêmes conditions, le liquide restitue cette même chaleur au milieu ambiant.

La fusion de m grammes du solide exige qu'on lui fournisse $m\varphi$ calories.

299. **Mesure de la chaleur de fusion de la glace.** — Proposons-nous de mesurer la chaleur de fusion de la glace.

Choisissons un morceau de glace pure de 30 à 50 grammes, bien transparent, bien exempt de bulles. — Plaçons-le quelque temps dans de la glace fondante, pour que sa température soit exactement 0°. — Retirons-le; essuyons-le rapidement avec du papier buvard et introduisons-le dans un calorimètre. Soit 22° la température du calorimètre avant introduction de la glace, et 2 kilogs le poids d'eau qu'il renfermait avant l'expérience. La température du calorimètre descend et se fixe quelque temps à 20°. C'est la température la plus basse obtenue. Pesons le calorimètre : son poids a augmenté de 40 grammes; le poids de glace introduit était donc de 40 grammes.

La chaleur perdue par le calorimètre est égale à

$$2000\,(22 - 20) = 4000 \text{ calories.}$$

La chaleur employée pour échauffer de 0° à 20° les 40 grammes de glace, une fois fondus, est égale à

$$40 \times 20 = 800 \text{ calories.}$$

La différence 4000 — 800 = 3200 calories représente donc la chaleur prise au calorimètre pour effectuer la fusion de la glace. Or, il y a eu 40 grammes de glace fondus.

La fusion d'un gramme de glace nécessite donc

$$\frac{3200}{40} = 80 \text{ calories.}$$

80 calories représentent la chaleur de fusion de la glace.

300. Grandeur de la chaleur de fusion de la glace. — Le tableau suivant donne la chaleur de fusion de quelques corps usuels.

SUBSTANCES	CHALEUR DE FUSION	SUBSTANCES	CHALEUR DE FUSION
Phosphore	5,0	Acide acétique . .	41,0
Soufre	9,4	Azotate de sodium.	64,0
Plomb	5,4	Glace.	80,0
Etain.	14,2		

On voit que la glace a une chaleur de fusion supérieure à celle des autres corps. Il est à peine besoin d'insister sur l'importance de cette particularité. Elle nous explique que les neiges et les glaciers puissent persister pendant l'été sur les montagnes élevées sans être fondus par le rayonnement solaire. La quantité de chaleur que nécessite la fusion des énormes masses de glace accumulées pendant l'hiver est, en effet, tellement considérable que cette fusion est toujours lente et partielle.

Si la chaleur de fusion de la glace était moindre, les glaciers disparaîtraient à l'approche de l'été, certains grands fleuves seraient changés en torrents redoutables à la fin du printemps et réduits à sec pendant les fortes chaleurs.

Rapprochons ces résultats de ceux que nous avons exposés à la fin du chapitre III; nous comprendrons que l'eau qui recouvre la surface terrestre joue le rôle essentiel de régulateur des climats. Elle doit ce rôle : 1° à sa grande chaleur spécifique; 2° à sa grande chaleur de fusion.

CHAPITRE VIII

VAPORISATION

1. — VAPORISATION PROPREMENT DITE ET SUBLIMATION

301. **Ce qu'on entend par vaporisation.** — Tout le monde sait que si, par un temps sec, on expose au soleil un récipient largement ouvert, contenant de l'eau, la quantité du liquide diminue peu à peu dans le récipient et finit par disparaître complètement.

Il en est de même si on prolonge suffisamment l'ébullition de l'eau contenue dans un vase.

Dans les deux cas, ***l'eau s'est vaporisée***. Elle a pris l'état gazeux et s'est diffusée dans l'air environnant.

Ce changement d'état a reçu le nom de ***vaporisation***.

302. **Nature des vapeurs.** — Les vapeurs ne diffèrent pas essentiellement des gaz.

Si on leur donne un nom spécial, c'est uniquement pour rappeler qu'on les obtient habituellement en partant de corps qui ne sont pas gazeux dans les conditions ordinaires.

303. **Condensation des vapeurs.** — Le passage inverse de l'état gazeux à l'état liquide se nomme ***condensation***. On l'observe aisément, car une vapeur suffisamment refroidie finit toujours par se condenser. Si l'on place un corps froid au-dessus d'un récipient où l'on fait bouillir de l'eau, on ne tarde pas à voir sa surface se recouvrir de gouttelettes d'eau liquide; le refroidissement de la vapeur a provoqué sa condensation.

304. **Sublimation.** — En général, si on chauffe un corps solide, il fond d'abord, ne se vaporise qu'ensuite.

L'état liquide est donc habituellement intermédiaire entre l'état solide et l'état gazeux.

Il n'en est cependant pas toujours ainsi.

Chauffons légèrement de l'iode dans un ballon. Nous voyons celui-ci se remplir d'une vapeur violette, très lourde, qui est de la vapeur d'iode. Nous n'apercevons pas trace de liquide dans le ballon.

De même la neige carbonique (voir § 352) exposée à l'air se transforme en gaz et disparaît totalement, sans qu'on puisse apercevoir la moindre trace de fusion.

On dit que l'iode et que la neige carbonique se sont sublimés.

On désigne donc par ***sublimation le phénomène du passage direct de l'état solide à l'état gazeux.***

Inversement, la vapeur d'iode, au contact d'une paroi froide, repassera à l'état solide, en donnant de petits cristaux plats, violacés et brillants.

Les cristaux d'iode sont donc obtenus par ***sublimation.***

Nous n'étudierons en détail que le phénomène de vaporisation proprement dit, c'est-à-dire le passage de l'état liquide à l'état gazeux.

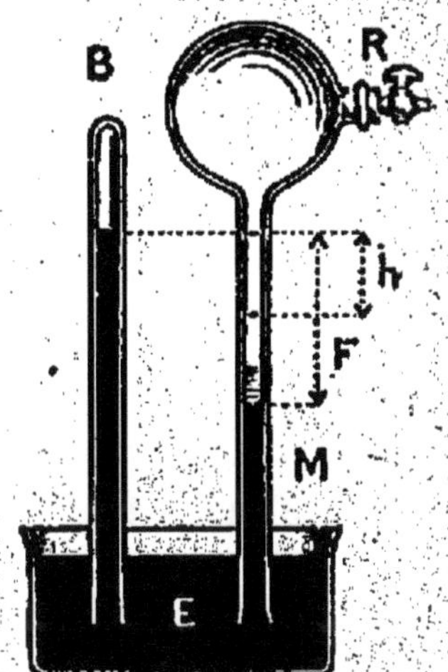

FIG. 147. — VAPORISATION D'UN LIQUIDE DANS LE VIDE.
A la température ordinaire, un liquide se vaporise jusqu'à ce que la pression de sa vapeur ait acquis une certaine valeur F qu'elle ne peut dépasser.

2. — VAPEURS SATURANTES ET VAPEURS NON SATURANTES

305. Formation des vapeurs dans le vide. — Nous supposerons d'abord que la ***vapeur se forme dans le vide.***

Nous emploierons pour cette étude l'appareil suivant :

Un tube M (fig. 147) de 80 centimètres de long et de 1^{cm},5 de diamètre intérieur, est terminé à la partie supérieure par un ballon d'un demi-litre environ. Ce ballon est muni d'un robinet R.

L'extrémité ouverte E du tube plonge dans une cuve à mercure, à côté d'un baromètre B.

Avec une bonne machine pneumatique, faisons le vide dans le ballon ; puis fermons le robinet R.

Le mercure monte alors dans le tube M, sensiblement au même niveau que dans le baromètre B.

A l'aide d'un petit dé en verre, introduisons quelques gouttes d'éther dans l'entonnoir E.

Cet éther s'élève à travers la colonne mercurielle ; puis, on constate que le niveau du mercure baisse brusquement dans le tube M, d'une quantité ***h***.

A la surface du mercure dans le tube M, on n'aperçoit pas de trace de liquide transparent; donc, pas trace d'éther liquide.

Tout l'éther s'est donc vaporisé immédiatement dans le vide qui se trouvait à la partie supérieure du tube M.

La vapeur d'éther ainsi formée nous est rendue manifeste par la pression qu'elle exerce à la surface du mercure dans le tube M. Cette pression est équivalente à celle qu'exerce une colonne de mercure, de hauteur h.

306. **Vapeurs non saturantes.** — Recommençons l'expérience. Introduisons à nouveau de l'éther goutte à goutte dans le tube M.

On voit la pression augmenter peu à peu, à chaque nouvelle introduction du liquide volatil.

On constate en même temps qu'il n'y a pas de liquide transparent en excès, à la surface supérieure du mercure dans le tube M.

Chaque nouvelle introduction de liquide a donc donné de nouvelles quantités de vapeur et une nouvelle augmentation de pression.

On dit que la ***vapeur n'est pas saturante.***

307. **Vapeurs saturantes.** — Toutefois, il arrive un moment où, pour de nouvelles introductions d'éther, le niveau mercuriel ne baisse plus dans le tube M.

A partir de ce moment, l'éther introduit dans le tube M s'accumule simplement à la surface du mercure dans le tube M.

La vaporisation est donc limitée.

Au moment où ces phénomènes apparaissent, on dit que la ***vapeur est devenue saturante.***

308. **Loi des vapeurs non saturantes.** — Des expériences précédentes résulte l'énoncé suivant :

1° ***A une même température, la pression de la vapeur dans le vide peut prendre successivement toutes les valeurs, depuis la valeur*** o ***jusqu'à une certaine valeur maxima F ;***

2° ***Cette valeur maxima F est atteinte, dès que la vapeur reste en contact permanent avec un excès du liquide générateur.***

309. **Lois des vapeurs saturantes.** — On pourrait reprendre l'expérience précédente sur un ballon de volume différent.

Les résultats resteraient les mêmes. La vaporisation s'arrêterait dès que la vapeur d'éther aurait acquis la même pression F que dans la première expérience.

Concluons donc :

La tension maxima de la vapeur est indépendante de l'espace offert à la vaporisation.

Ce résultat est d'une importance capitale. Nous allons le retrouver par un procédé plus simple et plus instructif.

Dans un baromètre disposé sur une cuve profonde (fig. 148), introduisons une petite quantité d'éther qui gagne d'abord le sommet de la colonne mercurielle et se vaporise instantanément dans la chambre barométrique. Le niveau du mercure se déprime et, lorsqu'il reste à sa surface un excès du liquide volatil, la vapeur est saturante (*a*).

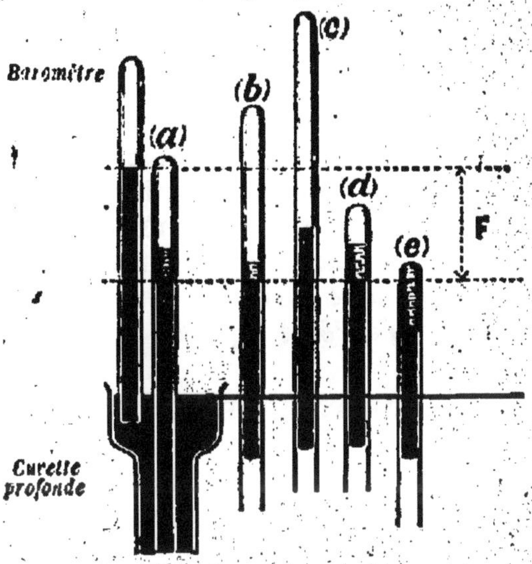

Soulevons alors le tube de façon à augmenter l'espace offert à la vapeur : nous constaterons que le niveau du liquide reste invariable c'est-à-dire que la pression ne change pas, tant qu'il reste du liquide à la surface du mercure (*b*). Par conséquent, une nouvelle vaporisation se produit au fur et à mesure que nous soulevons le tube.

FIG. 148. — ÉQUILIBRE D'UN LIQUIDE VOLATIL ET DE SA VAPEUR. *Cet équilibre exige que, pour une température donnée, le système soit à une pression déterminée.*

La pression ne commence à diminuer que lorsqu'il n'y a plus de liquide (*c*), et nous pouvons alors vérifier que, si nous doublons le volume, la pression diminue sensiblement de moitié; ce qui signifie qu'***une vapeur non saturante se comporte comme un gaz*** (§ 185).

Si maintenant nous enfonçons à nouveau le tube dans la cuvette, la pression de la vapeur augmente jusqu'à ce que du liquide apparaisse sur le mercure : à partir de ce moment, elle reste constante, c'est-à-dire que la vapeur se condense au fur et à mesure que son volume diminue (*d*). Nous arrivons même à la condenser complètement. Et si nous continuons alors à enfoncer le tube (*e*), la partie supérieure de celui-ci se trouvera remplie de liquide à la température ordinaire sous une pression supérieure à *F*.

310. **Conclusions générales.** — Résumons les résultats précédemment obtenus. Nous aurons les énoncés suivants :

1° ***Sous une pression inférieure à une certaine valeur* F, *le corps volatil existe entièrement à l'état gazeux (cas des vapeurs non saturantes)*;**

2° ***Sous la pression* F, *le corps volatil peut exister à l'état de vapeur et à l'état de liquide, en proportions quelconques;***

3° ***Sous cette pression F, une augmentation de volume se traduit uniquement par une évaporation partielle du liquide; une diminution de volume se traduit uniquement par une condensation partielle de la vapeur.*** La pression *F* reste invariable, tant que, à une même température, liquide et vapeur sont en présence l'un de l'autre;

4° ***Sous une pression supérieure à* F, *le corps ne peut exister qu'à l'état liquide.***

3. — VARIATION DE LA TENSION MAXIMA D'UNE VAPEUR AVEC LA TEMPÉRATURE

311. **La tension maxima d'une vapeur, F, augmente avec la température à laquelle on la porte.** — Reprenons le tube qui nous a servi dans l'expérience précédente, et supposons qu'il contienne à la fois du liquide et une certaine quantité de sa vapeur. Si nous venons à chauffer la partie du tube occupée par ce mélange, nous observons que le niveau de mercure s'abaisse immédiatement.

Nous concluons que :

La tension maxima* F *croît en même temps que la température.

312. **A la même température chaque espèce de vapeur possède une pression maxima particulière.** — Sur une même cuve à mercure, installons quatre tubes barométriques (fig. 149) ; le mercure s'élève dans tous les quatre au même niveau. Dans le second tube, introduisons à l'aide d'une pipette *un peu d'eau*; dans le troisième, *un peu d'alcool*; et enfin, dans le dernier, *un peu d'éther*. Ces liquides se vaporisent partiellement; leur tension maxima de vapeur se mesure en observant la dépression qu'aura éprouvée la colonne mercurielle dans chacun des tubes.

Si la température est de 20°, on trouve ainsi que la pression maxima de la vapeur d'eau équivaut à 17 millimètres de mercure ; celle de l'alcool à 44 millimètres et celle de l'éther à 450 millimètres.

Les divers liquides ont donc des pressions maxima de vapeur très différentes.

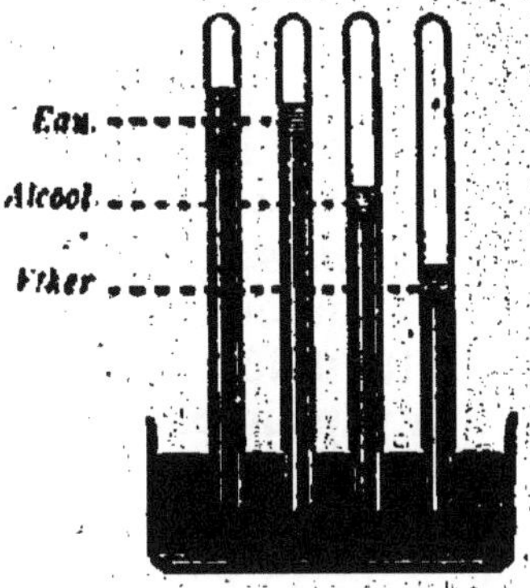

313. En quoi consiste le problème des tensions de vapeurs. — Chaque liquide a donc une manière propre à lui de se transformer en vapeur. Chaque liquide exigera donc une étude expérimentale spéciale.

D'autre part, pour chaque liquide, à chaque température, nous avons vu que les phénomènes obtenus dépendaient uniquement de la valeur de la pression maxima *F*.

Eau. Alcool Éther

FIG. 149. — PRESSION MAXIMA DES VAPEURS.
Chaque espèce de vapeur possède, pour une même température, une pression maxima particulière.

Enfin, cette pression maxima *F*, qui ne dépend pas du volume offert à la vapeur, dépend de la température et ne dépend que d'elle. La seule question qui nous reste à étudier est donc celle-ci :

Comment la tension maxima d'une vapeur dépend-elle de la température?

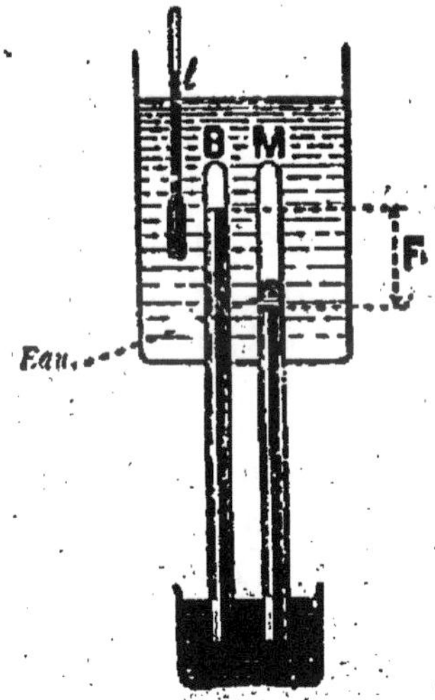

Nous étudierons cette question dans le cas particulier de l'eau.

l B M F Eau.

FIG. 150. — PRESSION MAXIMA DE LA VAPEUR D'EAU, AUX TEMPÉRATURES MOYENNES.
On la détermine, en notant la différence des hauteurs mercurielles pour chaque température du bain.

314. Mesure de la tension maxima de la vapeur d'eau jusqu'à 20 centimètres de mercure. — Les dispositifs sont quelque peu différents suivant la grandeur des pressions qu'il s'agit de mesurer. Tant qu'elles n'atteignent pas 15 ou 20 centimètres de mercure, on peut utiliser l'appareil suivant ;

Sur la même cuvette sont montés deux baromètres B et M entre lesquels on peut supposer dressée une règle métallique, divisée en millimètres (fig. 150). Dans l'un des deux tubes M on introduit une petite quantité d'eau, suffisante pour saturer la chambre barométrique et pour laisser un excès de liquide à la surface du mercure. La partie supérieure des deux tubes est entourée d'une caisse en tôle, fermée antérieurement par une glace et dans laquelle on place de l'eau qu'on chauffe avec un bec de gaz.

On règle le chauffage de façon que la température de l'eau s'élève ***très lentement*** et l'expérience consiste à noter ***au même instant***, d'une part, la température du bain, et d'autre part la différence de niveau dans les deux tubes.

Cette différence de niveau fait connaître la pression maxima de la vapeur pour chaque température observée.

515. Expériences au-dessus de 20 centimètres de mercure. — A 60°, la tension maxima de la vapeur d'eau est environ de 15 centimètres de mercure; au delà, elle augmente rapidement avec la température, et le dispositif que nous venons de décrire peut difficilement être utilisé : nous en emploierons alors un autre, fondé d'ailleurs sur le même principe.

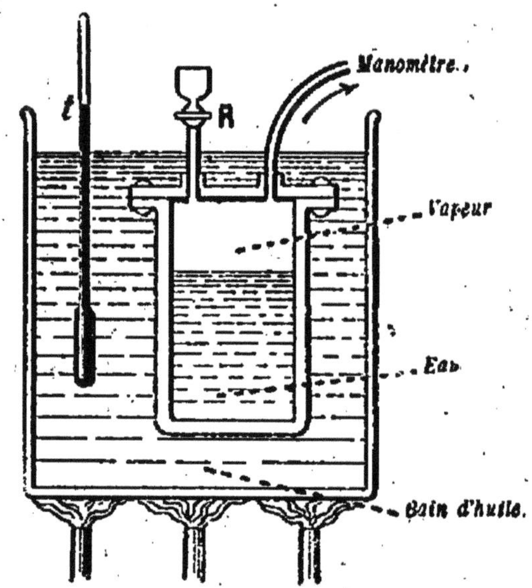

FIG. 151. — PRESSION MAXIMA DE LA VAPEUR D'EAU, AUX TEMPÉRATURES ÉLEVÉES.
On la détermine, en suivant la variation qu'éprouve avec la température la pression qui règne dans une chaudière contenant uniquement de l'eau et de la vapeur d'eau.

Le récipient qui contiendra l'eau et sa vapeur est une petite chaudière en bronze épais ayant environ 15 centimètres de hauteur et 6 à 8 centimètres de diamètre intérieur (fig. 151). Le couvercle, fixé par une couronne de boulons, est muni d'un petit entonnoir à robinet et d'un tube de cuivre ***fin*** et flexible qui fait communiquer la chaudière avec le manomètre.

Le manomètre pourra d'ailleurs être : soit un manomètre métallique sensible (§ 177), soit le manomètre à piston (§ 176). Le premier pourrait d'ailleurs convenir également pour les expériences à faibles pressions.

Voici comment nous conduirons les déterminations :

Avant de relier la chaudière au manomètre, ouvrons le robinet à entonnoir R et remplissons la chaudière, aux trois quarts, d'eau bien pure. Établissons ensuite la communication avec le manomètre; puis, laissant le robinet R ouvert, chauffons directement la chaudière avec un bec de gaz et faisons bouillir l'eau pendant quelques instants. En s'échappant par le robinet, la vapeur aura bientôt entraîné tout l'air que renfermait la chaudière et, si nous fermons le robinet pendant l'ébullition même, la chaudière ne contiendra plus que de l'eau et de la vapeur.

Installons maintenant la chaudière dans un bain d'huile et réglons le bec de gaz qui chauffe celui-ci de façon que la température s'élève très lentement. Si on emploie le manomètre métallique, il suffira alors de noter au *même moment* la pression qu'il marque et la température du bain. On trouve ainsi que, ***pour 100°, la pression maxima de la vapeur d'eau équivaut à 76 centimètres de mercure, c'est-à-dire à 1033 grammes par centimètre carré : c'est la pression normale de l'atmosphère.***

Au-dessus de 100°, nous pourrons utiliser le manomètre à piston : nous chargerons celui-ci de poids connus et nous observerons la température du bain au moment où le piston se soulèvera. A ce moment la pression dans la chaudière équilibrera la pression produite par les poids, augmentée de la pression atmosphérique.

Supposons, par exemple, que le piston du manomètre pèse 1 kilogramme et qu'il ait 1 centimètre carré de section. Si nous ne le chargeons pas, nous observons qu'il se soulève quand la température de la chaudière est de 120°. La pression qu'exerce la vapeur est alors 1000 + 1033 = 2033 gr. par centimètre carré.

Chargé de 1 kilogramme, le piston se soulève à partir de 133°. La pression de la vapeur est alors 1000 + 1000 + 1033 = 3033 gr. par centimètre carré.

A 180°, la vapeur soulèverait le piston chargé de 8 kilogrammes : sa pression serait donc de 10 kilogrammes par centimètre carré : c'est la pression utilisée dans les machines à vapeur modernes.

316. **Représentation graphique des résultats précédents.** — Le tableau suivant indique l'ensemble des résultats auxquels conduisent les expériences que nous venons de décrire.

PRESSIONS MAXIMA DE LA VAPEUR D'EAU

TEMPÉRATURES	PRESSIONS en millim. de mercure.	PRESSIONS en gr. par cent. carré.	TEMPÉRATURES	PRESSIONS en mètres de mercure.	PRESSIONS en kilogr. par cent. carré.
0°	4,6	6,3	120°	1,49	2,03
20°	17,4	23,7	140°	2,72	3,7
40°	55	75	160°	4,65	6,3
60°	149	203	180°	7,6	10,3
80°	355	483	200°	11,7	15,9
100°	760	1033	225°	19,0	25,9

On peut représenter par un graphique la variation de la pression maxima de la vapeur d'eau. Sur une feuille de papier quadrillé, choisissons deux lignes rectangulaires qui nous serviront d'axes de coordonnées (fig. 152); les températures sont portées en abscisses et les pressions correspondantes en ordonnées. On obtient ainsi les courbes de la figure 152. Ces deux courbes ne sont pas faites à la même échelle : de 0° à 80°, une même ordonnée représente une pression dix fois plus petite que de 60° à 200°. *A simple lecture,* ces courbes montrent, par exemple, qu'à 150° la pression maxima de la vapeur d'eau est de $4^{kg},8$.

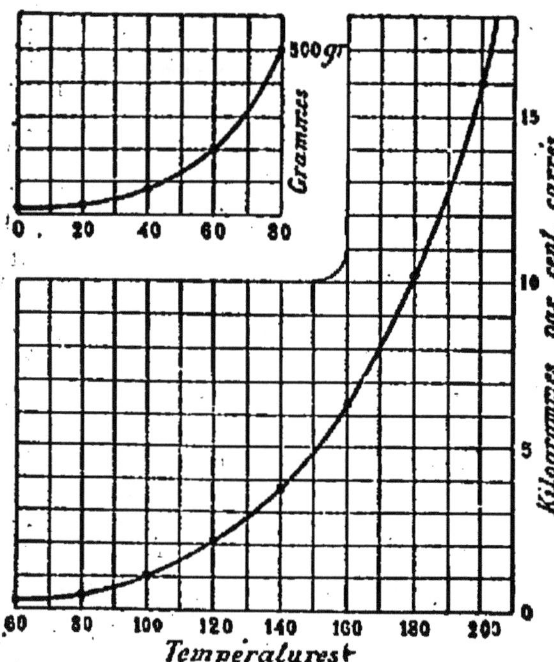

FIG. 152. — VARIATION DE LA PRESSION MAXIMA DE LA VAPEUR D'EAU.

Cette pression augmente de plus en plus rapidement avec la température.

Dans la pratique industrielle, on admet que la pression p de la vapeur d'eau en atmosphères est donnée approximativement par la relation :

$$p = \left(\frac{T}{100}\right)^4.$$

Cette formule donne 1 atmosphère pour 100°, et 5 atmosphères pour 150°.

Elle est suffisamment approchée, pour la pratique, jusqu'à 200°.

CHAPITRE IX

ÉVAPORATION — ÉBULLITION — DISTILLATION

1. — MÉLANGE DES GAZ ET DES VAPEURS

317. Formation des vapeurs dans les gaz. — Nous avons d'abord étudié la formation des vapeurs dans le vide; cette étude était plus facile.

Passons à l'étude de la formation des vapeurs dans les gaz. Reprenons, dans ce but, l'appareil que représente la figure 147 et qui nous a déjà servi pour étudier la vaporisation dans le vide (§ 305).

Commençons par faire un vide seulement partiel dans le ballon R. Soit 30 centimètres la différence des niveaux du mercure dans les tubes B et M.

L'air contenu dans le ballon est donc sous une pression de 30 centimètres de mercure.

Introduisons quelques gouttes d'éther dans le ballon. Aussitôt, nous verrons le niveau du mercure commencer à descendre dans le tube M; mais il ne descendra que *lentement.*

Nous concluons :

La vaporisation n'est pas immédiate dans les gaz, comme elle l'était dans le vide.

318. Analogie de l'évaporation dans les gaz et dans le vide. — La lenteur de l'évaporation dans les gaz est la principale différence que présentent entre elles l'évaporation dans les gaz et l'évaporation dans le vide.

En effet, si on continue à ajouter de l'éther au-dessus du mercure contenu dans le tube M,

1° Il arrive toujours un moment où la dénivellation n'augmente plus. ***La vaporisation, ici encore, est donc limitée.*** L'éther que l'on continue à introduire finit par s'accumuler simplement à la surface du mercure dans le tube M;

2° ***La valeur de l'augmentation de pression due à la présence de la vapeur saturante est précisément égale à la pression maxima F que cette vapeur aurait acquise dans le vide à la même température.***

319. Loi du mélange des gaz et des vapeurs. — Nous conclurons donc par les énoncés suivants :

1° *La vaporisation d'un liquide dans un gaz est d'autant plus lente que la pression de celui-ci est plus élevée;*

2° *La pression d'une atmosphère gazeuse, limitée, en contact permanent avec un liquide, s'obtient en ajoutant à la pression qu'exercerait le gaz, s'il était seul, la tension maxima qu'atteindrait la vapeur du liquide, dans le vide et à la température de l'expérience.*

Ou encore :

La pression du mélange est égale à la somme de celles qu'auraient séparément le gaz et la vapeur, si chacun d'eux occupait seul le volume entier du mélange.

Sous cette dernière forme, cette loi n'est autre que celle du mélange des gaz entre eux (§ 189);

3° *Les mélanges de gaz et de vapeurs non saturantes suivent également la loi du mélange des gaz.*

320. Évaporation. — Lorsqu'on place de l'eau dans un récipient large et peu profond et qu'on l'expose au soleil, on

FIG. 153. — MARAIS SALANTS.
Le sel marin est extrait de l'eau de mer par évaporation.

constate qu'au bout de peu de temps l'eau a complètement disparu. Elle s'est lentement vaporisée par sa surface, et sa vapeur, au fur et à mesure qu'elle s'est produite, s'est diffusée dans l'air ambiant. A cette forme spéciale de vaporisation on donne le nom d'*évaporation.*

C'est à l'évaporation qui se produit à la surface des mers, des rivières et du sol, que sont dues les vapeurs qui s'élèvent dans l'atmosphère, s'y condensent en *nuages* et se résolvent en *pluie*.

L'évaporation a des applications industrielles importantes : c'est par l'évaporation spontanée de l'eau de mer qu'on extrait le sel dans les *marais salants* (fig. 153).

321. Circonstances qui favorisent l'évaporation. — Il est

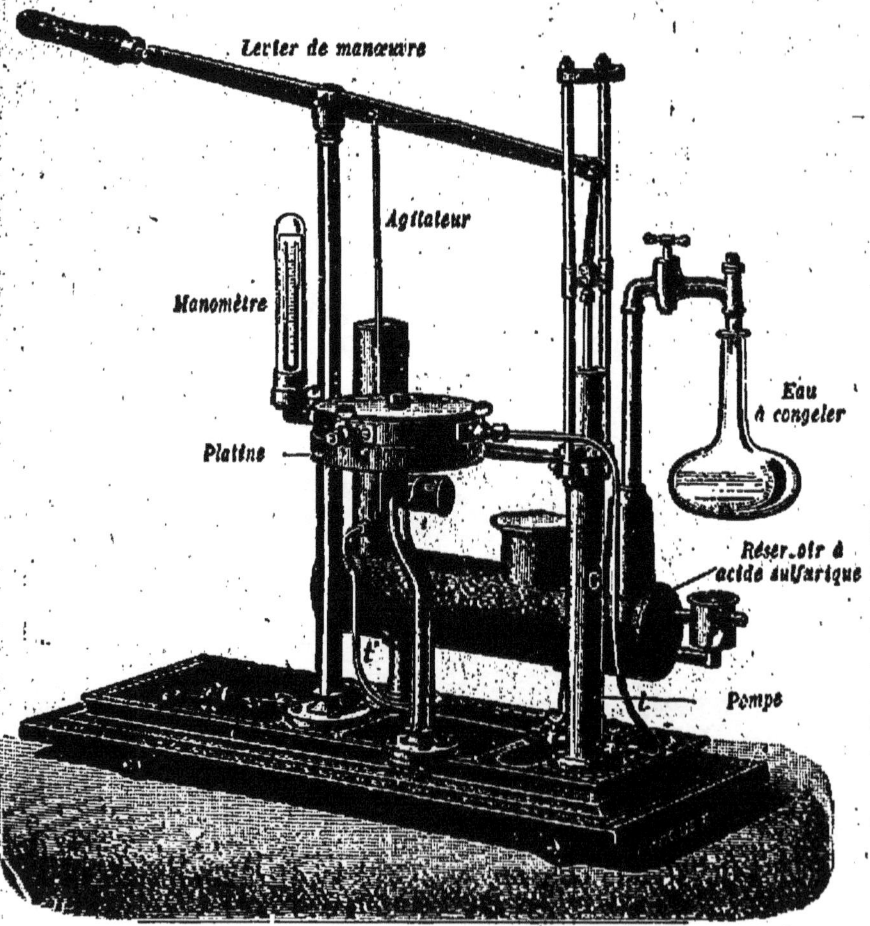

FIG. 154. — FROID PRODUIT PAR L'ÉVAPORATION.
Une évaporation active de l'eau, contenue dans la carafe, la refroidit suffisamment pour qu'elle se congèle.

d'abord évident qu'une certaine quantité de liquide s'évaporera d'autant plus vite que :

1° *on lui donnera une plus grande surface libre;*

2° *que la pression de l'air extérieur sera plus faible;*

3° *que le liquide sera maintenu à une température notablement plus élevée que celle de l'air ambiant.*

322. **Froid produit par l'évaporation.** — Versons un peu d'éther sur une mince couche de coton enveloppant le réservoir d'un thermomètre; on voit aussitôt le niveau du mercure baisser fortement. Qu'elle se fasse par ébullition ou par évaporation, ***le passage de l'état liquide à l'état de vapeur absorbe donc toujours de la chaleur.***

On explique de la même façon l'expérience, qui consiste à placer de l'eau dans une large carafe, où l'on fait le vide à l'aide d'une machine pneumatique Carré. Un récipient clos, à moitié rempli d'acide sulfurique concentré, est placé sur le trajet de la vapeur d'eau aspirée; il l'absorbe à mesure qu'elle se dégage. Une active évaporation se produit donc dans la carafe, où l'on voit, en quelques minutes, se former des aiguilles de glace (fig. 154).

On produit industriellement la glace dans des machines à fonctionnement continu, où l'on utilise le froid produit par l'évaporation de l'ammoniaque liquide.

FIG. 155. — ÉBULLITION.
Des bulles de vapeur se détachent de la paroi chauffée, grossissent en s'élevant, puis viennent crever à la surface du liquide qu'elles agitent violemment.

2. — LOIS DE L'ÉBULLITION

323. **Ébullition.** — Un ballon plein d'eau (fig. 155) a été placé sur le feu.

A un certain moment, on voit apparaître, sur les parois directement exposées à l'action du foyer, une foule de petites bulles qui se détachent, s'élèvent et, rencontrant, à quelque distance des parois, des couches plus froides, se condensent presque aussitôt. Il en résulte un bruissement particulier; on dit alors que *l'eau chante.*

Enfin, bientôt après, on constate que ces mêmes bulles gazeuses, au lieu de disparaître, se mettent à grossir démesurément en s'élevant. Elles viennent crever tumultueusement à la surface. L'eau est alors évidemment le siège d'une *vaporisation intérieure très active.* C'est le phénomène de *l'ébullition.*

324. **Constance de la température pendant l'ébullition.** — Pendant ces différents phénomènes, suivons la marche d'un *thermomètre, plongé dans la vapeur d'eau du ballon.*

La température monte d'abord régulièrement, jusqu'au moment où l'ébullition commence. A partir de cet instant, le thermomètre ne monte plus.

Supposons que la pression atmosphérique soit, pendant l'expérience, de 76 centimètres de mercure. Le thermomètre atteindra la température de 100° (puisque c'est ainsi que le point 100 a été déterminé), puis il s'y maintiendra indéfiniment, tant qu'il restera de l'eau dans le ballon.

325. **La vaporisation d'un liquide se fait avec absorption de chaleur.** — Nous tirons de là une conséquence importante. La chaleur que le foyer continue à céder à l'eau est donc employée autrement qu'à élever sa température. Elle est uniquement employée à transformer l'eau, de l'état liquide à 100°, à l'état de vapeur à 100°.

La vaporisation de l'eau absorbe donc de la chaleur.

Nous reviendrons un peu plus loin sur cette importante question (§§ 335 et suivants).

326. **L'ébullition normale ne se produit que s'il existe au sein du liquide des bulles d'un gaz étranger.** — Si on prolonge quelque temps l'ébullition de l'eau dans un vase de verre, et si l'on cesse de chauffer, l'ébullition s'arrête, bien que la température de l'eau soit notablement plus élevée que celle qui théoriquement devrait suffire à déterminer le phénomène. — C'est le phénomène du *retard à l'ébullition.*

Il suffit de plonger dans le liquide une petite cloche ménagée à l'extrémité d'une baguette de verre et contenant une fine bulle d'air, pour que l'ébullition reprenne aussitôt : les bulles de vapeur naissent à l'ouverture de la clochette, puis s'élèvent en grossissant jusqu'à éclater à la surface; le phénomène continue tant que la température du liquide reste supérieure à T (fig. 156).

L'expérience a été variée de bien des façons; elle a toujours conduit au même résultat :

Pour qu'un liquide entre en ébullition à la température minima à laquelle il puisse bouillir, sous une pression déterminée, il faut que ce liquide contienne des bulles d'un gaz étranger (M. Gernez).

S'il en est ainsi, ***la température du liquide pendant le phénomène sera la même que celle de sa vapeur***; on dit alors que ***l'ébullition est normale.***

Des bulles d'air, presque imperceptibles, suffisent largement à entretenir une ébullition normale.

FIG. 156.
EXPÉRIENCE DE GERNEZ.
Lorsqu'on plonge dans un liquide surchauffé une petite clochette renfermant une bulle d'air, le liquide se met à bouillir et les bulles de vapeur naissent uniquement à l'ouverture de la clochette.

327. Détermination des points d'ébullition. — Le ***retard à l'ébullition*** est toujours à craindre. Aussi convient-il, lorsqu'on veut observer le point d'ébullition d'un liquide sous une pression déterminée, d'éviter une chauffe trop prolongée. ***On place ordinairement le réservoir du thermomètre à une faible distance au-dessus du liquide, en ayant soin que la vapeur enveloppe complètement la tige de l'instrument***; c'est ce qui explique la disposition que nous avons prise pour fixer le point 100 du thermomètre (§ 220).

328. Lois de l'ébullition. — Considérons l'ébullition comme une véritable évaporation se produisant dans toute la masse du liquide. Voyons les conséquences qui découlent de cette manière de voir.

Les bulles de vapeur, formées dans l'ébullition, sont évidemment constituées par de la vapeur saturante, puisqu'elles sont en présence d'un excès de liquide. ***La vapeur formée est à la pression F.***

D'autre part, si l'ébullition a déjà duré un certain temps, le ballon ne renferme plus d'air; il ne contient que de l'eau liquide et de la vapeur d'eau; ***la pression de la vapeur est égale à la pression extérieure P***, puisque le ballon est librement ouvert. Donc :

Un liquide ne peut bouillir que si on le porte à une température telle que la tension maxima de sa vapeur, pour cette température, soit égale à la pression extérieure.

329. Conséquences des lois de l'ébullition. — La loi fondamentale, que nous venons d'établir, comporte les conséquences suivantes :

1° *Sous une pression déterminée, un liquide aéré bout à une température déterminée, que l'on appelle point d'ébullition du liquide sous cette pression;*

2° *La température du liquide reste invariable pendant tout le temps de l'ébullition, si la pression extérieure ne change pas;*

3° *La pression extérieure augmentant, la température d'ébullition s'élève; et inversement, la pression extérieure diminuant, la température d'ébullition s'abaisse.*

Toutes ces conséquences se vérifient facilement par expérience.

330. Variation de la température d'ébullition avec la pression. — Par convention, le point 100 du thermomètre centigrade est la température d'ébullition de l'eau sous la pression normale de l'atmosphère qui équivaut à 76 centimètres de mercure.

Si le baromètre ne marque pas 76 centimètres, l'eau ne bout pas à 100°; mais le graphique du § 316 nous permet de connaître son point d'ébullition sous une pression quelconque.

Au voisinage immédiat de la pression atmosphérique normale, une variation de pression de 27 millimètres de mercure entraîne une variation de 1 degré pour le point d'ébullition de l'eau.

Ainsi, l'eau bouillirait à 101° sous une pression extérieure de 787 millimètres de mercure.

Elle bouillirait à 99°, sous une pression extérieure de $(760-27)=733$ millimètres de mercure.

On peut montrer aisément cette variation du point d'ébullition par les expériences suivantes :

331. Expérience de Franklin. — Dans un ballon de verre, on fait bouillir de l'eau de façon à en chasser complètement l'air (fig. 157); on le bouche alors, on l'éloigne aussitôt du foyer et on le retourne. L'ébullition s'arrête; une légère distillation subsiste seule et la condensation qui se produit ainsi sur la paroi libre entretient celle-ci à la température même T du liquide : la vapeur possède donc dans le ballon la tension maxima qui correspond à la température T^{o}. Mais si, à l'aide d'une éponge imbibée d'eau froide, on maintient la paroi libre à une température inférieure, une condensation rapide de la vapeur se produit; une diminution de pression en résulte, et le liquide qui est resté sensiblement à la température T^o dans le ballon, se remet à bouillir.

332. Ébullition dans le vide. — Si on place sous la cloche de la machine pneumatique un récipient contenant de l'eau tiède, elle se met à bouillir dès qu'on fait le vide sous la cloche.

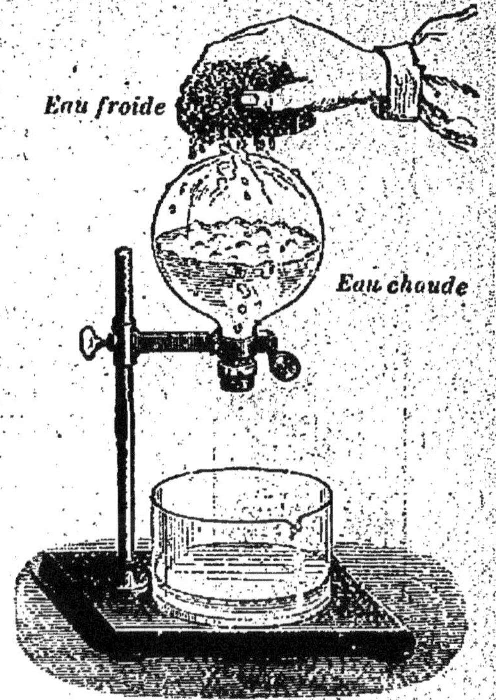

FIG. 157. — EXPÉRIENCE DE FRANKLIN.
En versant de l'eau froide sur un ballon vide d'air et renfermant de l'eau chaude, on provoque la condensation partielle de la vapeur et, par suite, l'ébullition de l'eau chaude.

Sur les hautes montagnes, où la pression atmosphérique est moindre qu'au niveau des mers, l'eau bout toujours au-dessous de 100°. Au sommet du Mont-Blanc, par exemple, la température normale d'ébullition de l'eau est de 85°.

333. Chauffage d'un liquide en vase clos. — Lorsqu'on chauffe un liquide dans un vase clos dont tous les points sont maintenus à la même température, l'espace situé au-dessus du liquide est toujours saturé de vapeur, quelle que soit la température à laquelle on porte le récipient. Cet espace ne peut recevoir de nouvelles quantités de vapeur.

L'ébullition ne peut donc avoir lieu.

On peut ainsi porter le liquide à des températures supérieures à son point d'ébullition normal. C'est ce que l'on fait, en particulier, avec les ***autoclaves.***

On désigne sous ce nom des récipients très résistants (fig. 158), complètement clos, munis de soupapes de sûreté, dont on peut faire varier la charge à volonté. Dans ces récipients on peut porter l'eau à des températures convenablement choisies, suivant la charge que l'on fait porter à la soupape de sûreté.

Ces appareils sont employés à la préparation de la gélatine, à la fabrication des savons, des conserves alimentaires, etc.

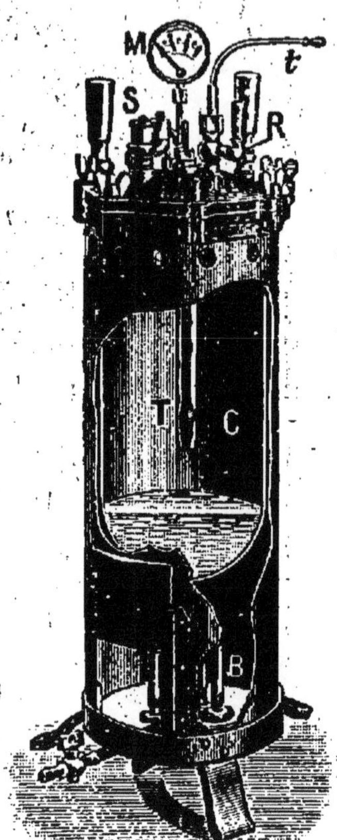

FIG. 158 — AUTOCLAVE.
On peut, dans ces récipients, porter l'eau à des températures supérieures à 100° et d'autant plus élevées que l'on charge davantage la soupape de sûreté.

334. **Chauffage d'un liquide dans une chaudière.** — Mais si, dans un des appareils précédents, on vient à retirer une partie de la vapeur, la pression baisse brusquement; l'ébullition se produit tout à coup. Elle s'arrête d'ailleurs, dès que la pression normale s'est rétablie.

C'est ce qui arrive dans une chaudière de machine à vapeur.

Quand la machine ne fonctionne pas, l'eau ne bout pas dans la chaudière; mais, aussitôt que la machine est mise en marche, chaque coup de piston consomme une certaine quantité de vapeur et détermine une brusque ébullition dans la chaudière.

3. — CHALEUR DE VAPORISATION DE L'EAU

335. **Définition de la chaleur de vaporisation.** — Nous savons que la transformation de l'eau en vapeur exige une certaine quantité de chaleur (§ 325).

On appelle chaleur de vaporisation L d'un liquide, à une température T°, le nombre de calories qu'il faut fournir à un gramme du liquide, préalablement porté à T°, pour le transformer en vapeur saturée à cette même température.

336. **Valeur de la chaleur de vaporisation de l'eau.** — Les mesures de Regnault ont établi qu'à la température de 100° ***la chaleur de vaporisation de l'eau a pour valeur 537.***

La chaleur de vaporisation diminue, quand la température s'élève.

Nous nous bornerons à décrire, à cause de sa simplicité, l'appareil de M. Berthelot.

Ce dispositif permet d'opérer sur une faible quantité de liquide. Celui-ci est placé dans une fiole de verre F (fig. 159), fermée à sa partie supérieure et traversée par un tube TT ouvert à ses deux extrémités. Ce tube est soudé dans le fond de la fiole et il se raccorde par un ajutage à l'émeri avec un serpentin en verre immergé dans le calorimètre. Ce serpentin se termine par un réservoir R et communique avec l'atmosphère par le tube *t*.

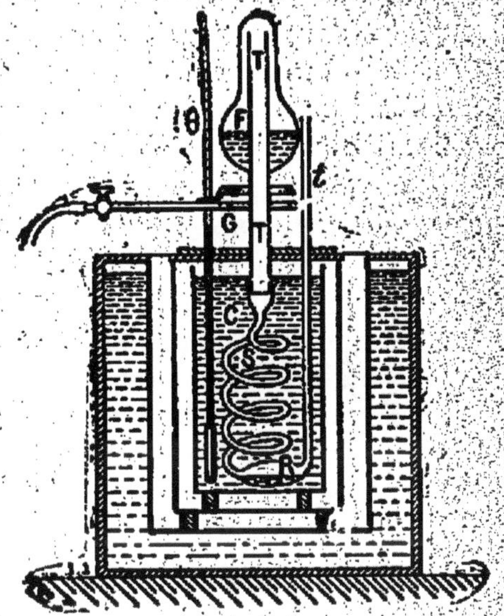

FIG. 159. — APPAREIL DE BERTHELOT. *On mesure la chaleur de vaporisation du liquide contenu en F, en faisant bouillir celui-ci et en notant l'élévation de température qu'entraîne la condensation de la vapeur au sein du calorimètre.*

Le fond de la fiole est chauffé par une couronne de gaz G; un écran de carton épais recouvre le calorimètre et arrête le rayonnement du foyer.

Voici comment on conduit une expérience.

La fiole contenant le liquide est tarée d'avance. On la chauffe et on note en même temps la température initiale *t* du calorimètre; comme la quantité de liquide est faible, l'ébullition ne tarde pas à se produire; elle a lieu, évidemment, sous la pression atmosphérique, puisque le haut de la fiole est en libre communication avec l'air extérieur, par le serpentin et le réservoir R.

La vapeur saturée descend par le tube T, se condense dans le serpentin et se rassemble dans le réservoir R; en même temps le calorimètre s'échauffe. On arrête l'expérience avant que tout le liquide n'ait disparu; on note alors la température maxima θ marquée par le thermomètre calorimétrique.

Après refroidissement, on détermine la perte de poids de

la fiole; on connaît ainsi le poids m de liquide vaporisé.

On conduit le calcul comme pour la détermination de la chaleur de fusion de la glace (§ 299).

337. Application industrielle. — Pour une machine à vapeur, travaillant sous une pression déterminée, le poids de houille que l'on brûle sous la chaudière est évidemment proportionnel au poids de vapeur consommé par la machine; ce dernier est lui-même proportionnel au travail obtenu.

Les machines modernes brûlent environ 1 kilogramme de charbon par cheval (§ 546) ***et par heure.***

338. Phénomène inverse. — Condensation de la vapeur. — La ***condensation d'une vapeur est accompagnée d'un dégagement de chaleur.***

Un gramme de vapeur d'eau à 100°, en se condensant à l'état d'eau liquide à 100°, abandonne 537 calories.

Ce phénomène bien connu est utilisé industriellement comme moyen de chauffage modéré.

339. Grandeur relative de la chaleur de vaporisation de l'eau. — De tous les liquides, ***c'est l'eau dont la chaleur de vaporisation est la plus grande.*** Nous avons déjà vu qu'il en est de même de sa chaleur de fusion (§ 300). La chaleur de vaporisation de l'eau à 100° est de 537 calories. Celle de l'alcool (à la température d'ébullition) est de 208 calories. Celle de l'éther (à la température d'ébullition) est de 91 calories.

Cette grande chaleur de vaporisation joue un rôle considérable dans la régularisation de la température à la surface de la Terre. La vapeur d'eau qui se forme en abondance à la surface des mers équatoriales, absorbe une grande partie de la chaleur solaire. Emportée par les vents reguliers, cette vapeur va se condenser dans les contrées plus froides, en dégageant la chaleur qu'elle avait tout d'abord absorbée.

4. — DISTILLATION

340. Principe de la paroi froide. — Considérons un récipient (fig. 160), rempli d'une vapeur en contact avec un excès du liquide générateur placé en A et ***maintenu à T°.*** Si tous les points de la paroi sont aussi à $T°$, la vapeur aura la tension maxima F qui correspond à cette température : toute vaporisation sera arrêtée et le système restera indéfiniment dans le même état.

Mais si nous ***maintenons la partie B à une température***

inférieure t^o, la vapeur en contact avec la paroi froide ne pourra posséder que la tension maxima f qui est relative à t^o et qui est plus petite que F : elle se condensera donc partiellement en B; la pression diminuant alors dans le récipient, une nouvelle vaporisation se produira en A; de cette façon, ***tout le liquide distillera, très rapidement** d'ailleurs, de A en B.*

Dans l'état d'équilibre final, c'est-à-dire lorsque la distillation sera terminée, la vapeur n'aura dans tout le récipient que la tension maxima f qui correspond à la température t la plus basse de la paroi.

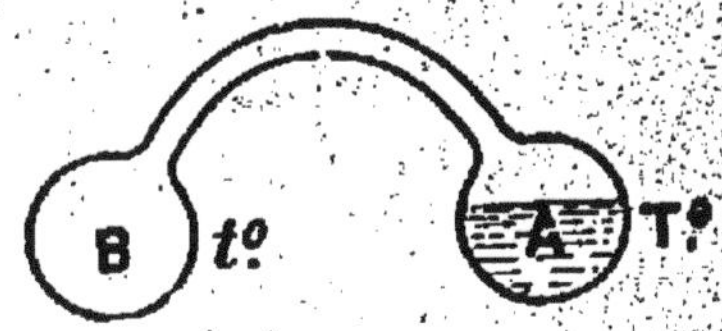

FIG. 160.
PRINCIPE DE LA DISTILLATION.
Si on maintient une différence de température entre deux régions de la paroi d'un même récipient, un liquide, placé dans la région chaude A, se vaporise et se condense peu à peu dans la région froide B.

Cette proposition porte le nom de ***principe de Watt.***

341. **Distillation. — Alambic.** — La ***distillation*** permet

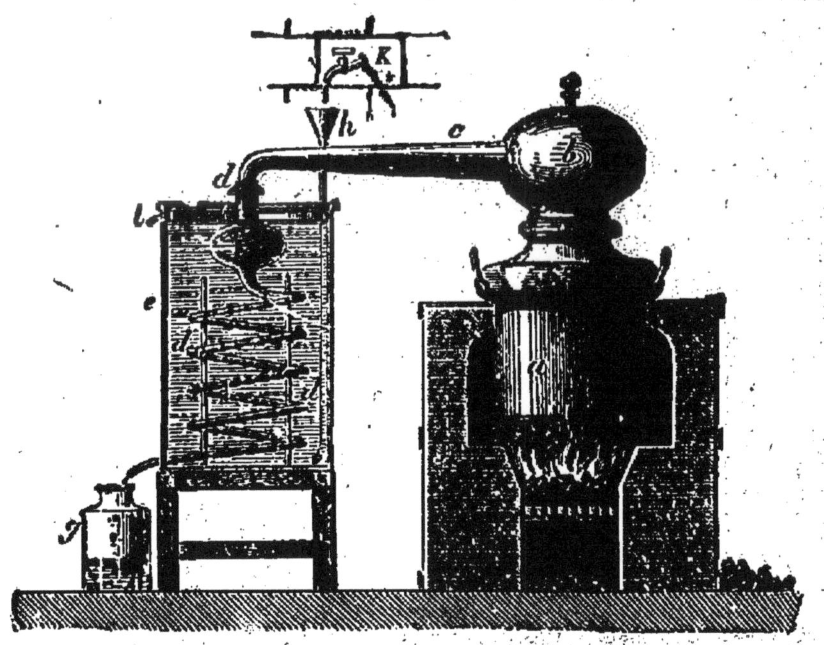

FIG. 161. — ALAMBIC.
La vapeur, produite dans la chaudière a, vient se condenser dans un serpentin d, entouré d'eau froide. Le liquide, ainsi distillé, se recueille dans le vase g.

de séparer un liquide volatil des substances fixes qu'il tient en dissolution. Pour cela, on fait bouillir le liquide proposé dans une cornue; et l'on condense dans un autre récipient la vapeur qui se dégage : les produits non volatils que contenait le liquide restent dans la cornue.

Les appareils employés à la distillation portent le nom d'*alambics* (fig. 161). Ils se composent essentiellement d'une chaudière en cuivre *a*, fermée par un couvercle en forme de dôme *b* et installée sur un fourneau. On remplit cette chaudière du liquide à distiller et l'on chauffe : le dôme porte un long col *c* qui conduit la vapeur dans un appareil de condensation constitué par un tube *d* contourné en spirale et entouré d'eau froide. La vapeur se condense dans ce *serpentin* et le liquide est recueilli dans un vase *g*.

L'eau qui entoure le serpentin s'échauffe rapidement; on la renouvelle incessamment en faisant parcourir le vase réfrigérant par un courant continu d'eau froide, entrant par *h* et sortant par *l*.

342. **Eau distillée.** — C'est à l'aide d'un alambic ainsi disposé que l'on distille l'eau de puits ou de rivière pour la débarrasser des sels qu'elle tient en dissolution.

343. **Distillation de l'alcool.** — La distillation permet aussi de séparer deux liquides inégalement volatils. Si, par exemple, on distille du vin ou des jus fermentés, l'alcool, qui est beaucoup plus volatil que l'eau, passe tout d'abord et peut ainsi être extrait à peu près complètement.

CHAPITRE X

POINT CRITIQUE

1. — EXPÉRIENCES DE NATTERER

344. Un liquide ne peut bouillir dans un récipient clos, dont la température est uniforme. — Nous avons déjà indiqué au § 333 qu'***un liquide ne peut bouillir dans un récipient clos, dont la température est uniforme.***

Qu'arrive-t-il, dans ces conditions, si l'on chauffe de plus en plus le récipient?

L'expérience montre que les phénomènes que l'on observe alors sont très différents suivant la quantité initiale, plus ou moins grande, du liquide enfermé dans le récipient.

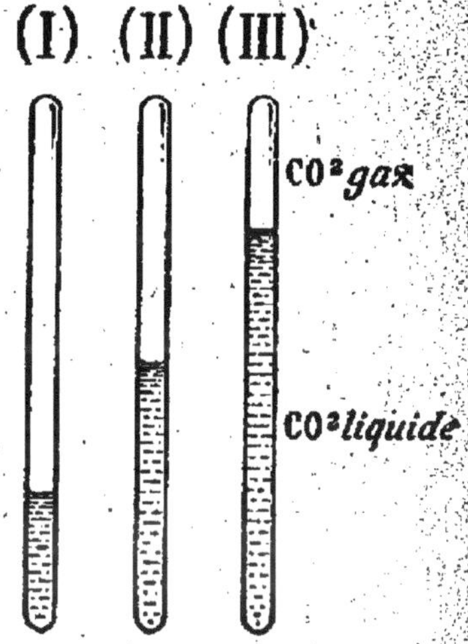

345. Tubes de Natterer. — On trouve dans les cabinets de physique une collection de trois tubes de verre fermés à la lampe, dits tubes de *Natterer* (fig. 162).

FIG. 162. — TUBES DE NATTERER. *Quand on élève la température, le ménisque descend dans le tube I et monte, au contraire, dans le tube III. Il reste en place dans le tube II, mais s'efface peu à peu et disparaît pour la température critique.*

Chacun de ces tubes contient de l'anhydride carbonique, dont une partie est à l'état liquide et l'autre partie à l'état gazeux. Cette dernière, plus légère, occupe la région supérieure du tube.

A la température ordinaire, le volume du liquide est environ un quart du volume total dans le premier tube (tube I). Il est la moitié du volume total, dans le second tube (tube II). Il est les trois quarts du volume total dans le troisième (tube III).

Première expérience. — Plongeons entièrement le

tube I dans une éprouvette pleine d'eau, dont on élève progressivement la température par des additions d'eau chaude.

Le ménisque de séparation entre la partie liquide et la partie gazeuse s'abaisse peu à peu dans le tube, et finit par disparaître à la partie inférieure du tube.

Le liquide se vaporise donc lentement et disparaît totalement à une température qui n'atteint jamais 31°.

Deuxième expérience. — Répétons la même expérience avec le tube III. Ici, au contraire, le ménisque monte peu à peu dans le tube, à mesure que la température s'élève.

Le gaz finit par se condenser entièrement et le ménisque atteint le sommet du tube à une température qui est toujours inférieure à 31°.

Troisième expérience. — La même expérience, reprise avec le tube II, donne les résultats suivants. La température s'élevant régulièrement, le niveau du liquide dans le tube II reste sensiblement invariable; mais quand on approche de 31°, la surface de séparation du liquide et du gaz perd de sa netteté; elle s'estompe pour ainsi dire peu à peu, se perd dans une sorte de brouillard confus, et disparaît ***sur place***, à 31°.

Ici, ***la ligne de démarcation du liquide et du gaz devient donc de moins en moins nette et finit par disparaître, sur place, à 31°.***

Réciproquement, si on refroidit lentement les trois tubes qui ont servi aux expériences précédentes, les mêmes apparences se reproduisent en sens inverse.

346. **Conclusions.** — De ces expériences découlent simplement des conséquences très importantes.

La vapeur saturée et le liquide, maintenus au contact l'un de l'autre, semblent tendre vers un même état physique, lorsque leur température, s'élevant peu à peu, se rapproche de 31°. A partir de 31°, la vapeur saturée et le liquide ne se distinguent plus l'un de l'autre.

On donne à cette température de 31° le nom de ***point de vaporisation totale de l'anhydride carbonique***, ou, plus simplement, le nom de ***point critique de l'anhydride carbonique.*** A cette température, la vapeur saturée a une pression déterminée. Cette pression s'appelle la ***pression critique*** de l'anhydride carbonique.

347. **Généralisation.** — Ce sont là des phénomènes d'ordre tout à fait général. On peut énoncer les conclusions suivantes :

Il existe, pour chaque liquide volatil, une température cri-

tique, particulière à ce liquide, au-dessus de laquelle ce liquide ne saurait être observé au contact de sa vapeur saturée.

2. — CONTINUITÉ ENTRE L'ÉTAT LIQUIDE ET L'ÉTAT GAZEUX

348. Propriétés du liquide et de la vapeur au voisinage du point critique. — Dans le cas de la troisième expérience, réalisée avec le tube II (§ 345), la densité du liquide, que l'on chauffe, est allée en diminuant peu à peu ; en même temps, la densité de la vapeur saturée est allée en augmentant, puisque cette vapeur saturée est portée à des pressions très rapidement croissantes avec la température. On comprend que ces densités, dont celle qui était la plus grande va en diminuant, dont celle qui était la plus petite va en augmentant, finissent par devenir égales. A ce moment, il ne doit plus y avoir de surface de séparation entre le liquide et la vapeur.

La densité d'un liquide et la densité de sa vapeur sont, au point critique, égales entre elles.

Mais, ce n'est pas tout. Des expériences, que nous ne pouvons décrire ici, ont montré qu'à la température du point critique *la chaleur de vaporisation est nulle.*

Cela veut dire que, à cette température, la transformation du liquide en vapeur n'exige aucune dépense de chaleur, et que la transformation inverse ne fournit aucun dégagement de chaleur. Les deux états physiques sont alors infiniment voisins l'un de l'autre.

349. Résultats numériques. — Voici les points critiques de quelques substances et les pressions correspondantes :

GAZ	TEMPÉRATURE CRITIQUE	PRESSION CRITIQUE
Hydrogène	— 241°	15 atmosphères.
Oxygène	— 119°	35 —
Éthylène	+ 10°	58 —
Gaz carbonique. .	+ 31°	73 —
Alcool	243°	63 —
Benzine.	289°	48 —
Eau	365°	200 —

350. Application à la liquéfaction des gaz. — Les conditions du passage de l'état gazeux à l'état liquide ont été établies par *Andrews*, dans un remarquable travail sur l'anhydride carbonique, travail dans lequel fut mise en évidence, pour la première fois, l'existence du point critique.

Voici les conclusions de ce travail :

Il existe, pour toute substance volatile, une température au-dessus de laquelle elle ne peut être observée à l'état liquide, quelle que soit sa pression. Cette température, qui est de 31° pour l'anhydride carbonique, est celle que nous avons définie, sous le nom de point critique, à propos de la vaporisation totale.

La liquéfaction d'un gaz n'est donc possible que si le gaz est préalablement refroidi au-dessous de son point critique; on peut alors, mais seulement dans ce cas, l'amener à l'état de vapeur saturante et le liquéfier, soit par un refroidissement plus énergique, soit par une compression progressive, soit enfin en associant ces deux moyens.

CHAPITRE XI

LIQUÉFACTION DES GAZ

I. — EMPLOI DE LA COMPRESSION ET DU REFROIDISSEMENT

351. **Principes généraux.** — Nous savons qu'on peut faire condenser (§ 310) une vapeur non saturante :

1° Soit en ***augmentant sa pression***, jusqu'à ce qu'on atteigne la tension maxima **F** de la vapeur à la température de l'expérience;

2° Soit en ***la refroidissant***, jusqu'à une température pour laquelle la tension maxima ***F*** soit inférieure à la pression actuelle de la vapeur.

On sera donc naturellement conduit à essayer de liquéfier les gaz :

1° Soit ***par compression***;

2° Soit ***par refroidissement***.

Nous savons d'ailleurs que ces deux opérations (compression ou refroidissement) sont loin d'avoir une importance équivalente. C'est ce que nous ont montré les expériences sur le point critique. ***La température devra d'abord être abaissée au-dessous du point critique*** (§ 350).

Cette condition étant supposée remplie, il sera d'ailleurs avantageux de combiner les deux procédés, et d'opérer :

3° ***Par compression et refroidissement simultanés.***

352. **Liquéfaction par compression.** — De ce qui précède, il résulte que :

On peut, par une compression suffisante, liquéfier à la température ordinaire (15°, par exemple) tous les gaz dont la température critique est supérieure à la température de l'expérience.

La température critique du gaz carbonique est de 31°. Celle de l'ammoniaque est de 130°. Ces deux gaz peuvent donc être liquéfiés par compression, à la température de 15°, par exemple. Il suffira que la pression atteigne la tension maxima de la vapeur pour cette température de 15°.

Anhydride carbonique. — L'anhydride carbonique liquide se trouve aujourd'hui dans le commerce à un prix modique. On le prépare en comprimant à 60 atmosphères environ, dans des cylindres en fer très résistants, le gaz qu'on obtient par la dissociation du bicarbonate de soude sous l'action de la chaleur. Ces récipients portent un robinet à pointeau par lequel on peut extraire le gaz, quand besoin est. Lorsqu'on dirige par un *large* ajutage, le jet de liquide carbonique dans un sac de laine dont on a coiffé le robinet, la détente et la vaporisation de ce liquide produisent un refroidissement assez énergique pour congeler le reste; et le sac de laine se remplit d'une sorte de neige d'anhydride solide (fig. 163). ***A l'air ordinaire, la neige carbonique disparaît lentement et sans fondre, en se maintenant à la température constante de — 79°.*** Ce phénomène constitue une véritable sublimation (§ 304). Quand on ajoute un peu d'éther à cette neige, on obtient une pâte qui mouille bien les corps qu'on y plonge et qui se maintient également à — 79°.

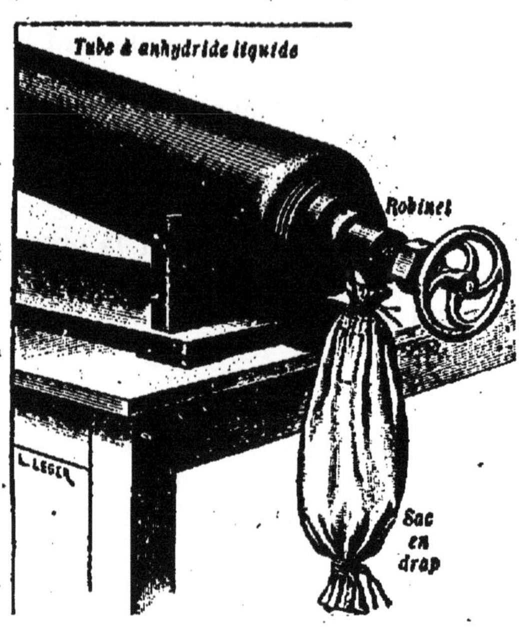

FIG. 163.
SOLIDIFICATION DE L'ANHYDRIDE CARBONIQUE.
On dirige par un large ajutage un jet de liquide carbonique dans un sac de drap qui se remplit bientôt de neige consistante.

La température de la neige carbonique, mélangée d'un peu de chlorure de méthyle, s'abaisse à — 85° à la pression ordinaire et à — 125° quand on l'évapore dans le vide.

353. Liquéfaction par refroidissement. — ***On peut, à la pression ordinaire, liquéfier, par un refroidissement suffisant, les gaz dont la pression critique est supérieure à la pression extérieure***, c'est-à-dire, en fait, à peu près tous les gaz. Il suffit d'abaisser la température jusqu'à celle qui correspond à l'ébullition du liquide sous la pression atmosphérique.

Ammoniac. — Le gaz ammoniac se liquéfie lorsqu'on le dirige dans un tube fermé à l'une de ses extrémités et refroidi extérieurement par une pâte de neige carbonique et d'éther (fig. 164); l'expérience se réalise très facilement dans un cours.

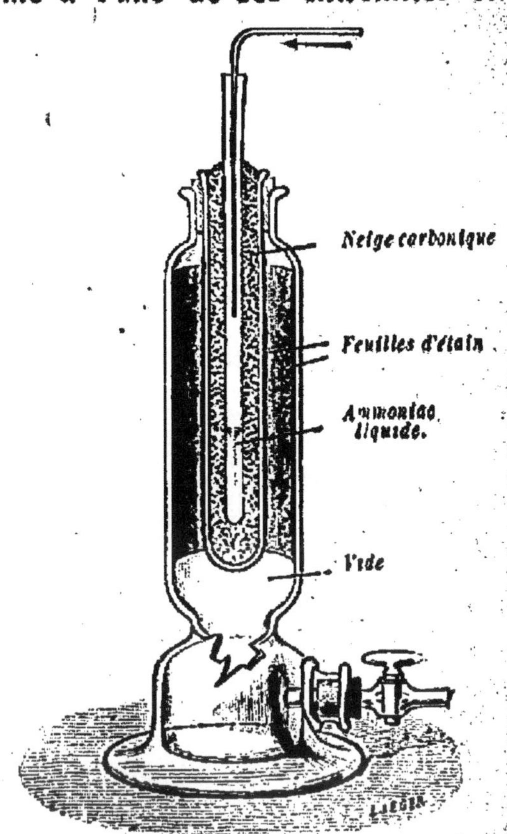

FIG. 164. — LIQUÉFACTION DU GAZ AMMONIAC PAR SIMPLE REFROIDISSEMENT.

Il suffit de diriger le gaz dans un tube refroidi extérieurement par un mélange de neige carbonique et d'éther.

354. **Liquéfaction par compression et refroidissement.** — Nous avons dit plus haut (§ 351) que la liquéfaction serait facilitée si on associait le refroidissement et la compression.

Les procédés de réfrigération employés peuvent différer beaucoup. Nous nous bornerons à indiquer le plus énergique des procédés de réfrigération; c'est celui de la ***détente***.

2. — EMPLOI DE LA DÉTENTE

355. **Principe de la détente.** — Le principe de ce procédé est facile à comprendre :

Un gaz s'échauffe quand on le comprime brusquement. L'élévation de température ainsi produite peut même être très considérable si la compression est assez rapide pour que le gaz n'ait pas le temps de céder la chaleur dégagée au milieu extérieur. On le montre par l'expérience saisissante du ***briquet à air*** : dans un épais cylindre de verre, fermé à l'une des extrémités, un piston emprisonne une certaine quantité d'air. Une compression énergique et brusque élève suffisamment la température de celui-ci pour ***enflammer un morceau d'amadou*** fixé à la base du piston.

Par contre, un gaz se refroidit énergiquement par une brusque augmentation de volume.

Les abaissements de température qu'on peut obtenir de cette façon sont considérables. Ainsi, supposons que l'on détende brusquement jusqu'à 10 atmosphères de l'oxygène préalablement comprimé sous 300 atmosphères, à la température ordinaire ; la température tombera à — 170°. Or, la température critique de l'oxygène est de — 160° ; d'autre part, à — 170°, la pression maxima de la vapeur d'oxygène est moindre que 10 atmosphères : il en résulte que la fin de la détente sera nécessairement accompagnée d'une condensation du gaz. On voit, en effet, un nuage blanc et opaque envahir soudain toute la masse. Ce nuage est formé de fines particules solides ou liquides et sa présence démontre indubitablement que le gaz a changé d'état.

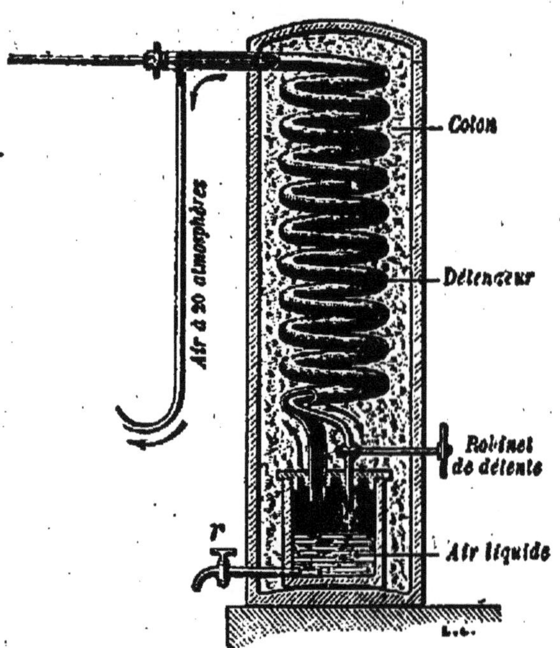

FIG. 165. — LIQUÉFACTION DE L'AIR (LINDE).
L'air se détend de 200 à 16 atm. dans un long tube contourné en spirale et s'échappe ensuite par un autre tube qui enveloppe le premier, de telle façon que l'air qui vient de se détendre refroidit celui qui va se détendre. La température s'abaisse ainsi progressivement jusqu'à ce que l'air commence à se liquéfier.

D'ailleurs, si, au lieu d'être à la température ordinaire, le gaz comprimé avait tout d'abord été fortement refroidi dans un mélange de neige carbonique et d'éther on aurait pu, par une détente ménagée, observer l'oxygène non pas à l'état de brouillard, mais réellement à l'état liquide.

356. Détente continue. — C'est le même procédé de la détente, qui, sous une forme un peu différente, est appliqué dans l'industrie pour la fabrication de grandes quantités d'air liquide.

Ici, on s'arrange de façon que la détente, au lieu de se produire brusquement, soit au contraire entretenue à l'aide de machines convenables.

On a donc affaire ici, non à une détente brusque, mais à une détente continue.

C'est le cas de la ***machine de Linde*** (fig. 165) et des appareils de Claude.

La figure représente une disposition schématique de la machine de Linde.

L'air est constamment amené par des machines de compression à une pression de 200 atmosphères environ. Cet air comprimé, préalablement ramené à la température ordinaire, arrive à l'une des extrémités d'un long tube contourné en spirale dans lequel il se détend jusqu'à 16 atmosphères. Cette détente est réglée par un robinet qui arme l'extrémité inférieure du tube.

Le gaz, fortement refroidi par cette détente, arrive dans un récipient en fer, puis s'échappe par un autre tube en spirale, qui entoure complètement le premier.

De cette sorte, ***l'air qui vient de se détendre refroidit constamment celui qui va se détendre*** et l'on observe alors que la température s'abaisse ***progressivement*** dans le petit récipient où débouchent les deux tubes. Une partie du gaz finit enfin par se condenser dans ce récipient, et, à partir de ce moment, la liquéfaction se poursuit régulièrement : on soutire le liquide par le robinet *r*.

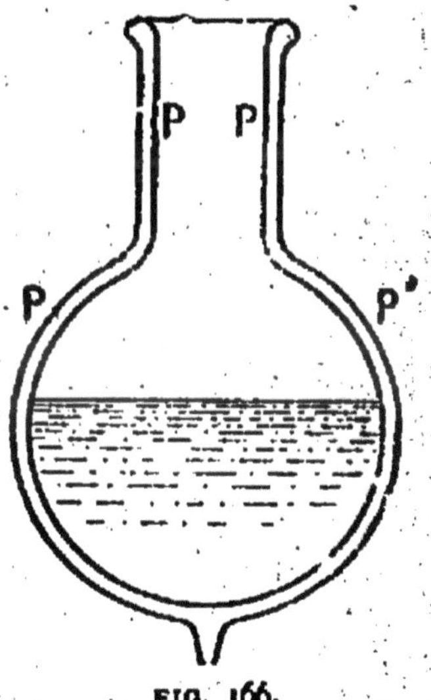

L'appareil est protégé contre le rayonnement extérieur par un manchon rempli de ouate.

Lorsqu'on abandonne à l'air un vase de verre contenant de l'air liquide, celui-ci entre en ébullition tranquille ; mais l'azote, plus volatil que l'oxygène, se dégage tout d'abord et, au bout de quelque temps, le liquide restant est de l'oxygène presque

FIG. 166.
RÉCIPIENT POUR GAZ LIQUÉFIÉS
Le liquide est protégé par le vide contre toute convection ou conduction de la chaleur venue du dehors. Les surfaces argentées opaques arrêtent tout rayonnement calorifique d'origine extérieure.

pur. On peut alors recueillir le gaz oxygène lui-même, et cette extraction économique de l'oxygène de l'air ne constitue pas l'un des moindres éléments d'intérêt du remarquable dispositif de Linde.

L'air liquide ne peut être conservé que dans des *vases ouverts* (fig. 166), formés de deux enveloppes concentriques en verre argenté entre lesquelles on a fait le vide. La surface argentée renvoie la chaleur venue de l'extérieur. D'autre part, aucune matière ne peut transporter la chaleur de l'enveloppe extérieure vers l'enveloppe intérieure.

357. **Solidification des gaz.** — La plupart des gaz ont pu également être solidifiés.

Il suffit, en général, pour obtenir ce résultat, de projeter dans un récipient peu conducteur un jet du gaz liquéfié.

L'évaporation très rapide d'une partie du liquide est accompagnée d'un refroidissement suffisant pour solidifier le reste.

C'est ce qui se passe, comme nous l'avons vu (§ 352) dans l'obtention de la neige carbonique.

358. **Applications des gaz liquéfiés.** — Les gaz liquéfiés ont reçu de nombreuses applications; ces applications vont d'ailleurs en augmentant rapidement en nombre et en importance. Nous nous contenterons de signaler les principales :

Production industrielle du froid, et, par suite, conservation des matières alimentaires.

— ***Préparation industrielle de certains gaz;*** par exemple, séparation de l'azote et de l'oxygène de l'air (voir plus haut, § 356).

— ***Production artificielle de force motrice et de pression.***

— ***Nombreuses applications chimiques particulières à chacun des gaz employés*** (exemple : le chlore, pour le blanchiment de la pâte à papier ; l'anhydride sulfureux, pour le blanchiment des éponges, des plumes et de la laine).

— L'industrie de la fabrication du gaz carbonique liquide a pris de jour en jour une extension des plus importantes.

CHAPITRE XII

VAPEUR D'EAU DANS L'ATMOSPHÈRE

1. — NOTIONS SOMMAIRES D'HYGROMÉTRIE

559. Présence de la vapeur d'eau dans l'air. — ***L'air renferme toujours une plus ou moins grande quantité de vapeur d'eau.*** Une bouteille, extraite d'une cave fraiche, se recouvre rapidement d'un dépôt de rosée. Une timbale d'argent, contenant de l'eau, et dans laquelle on projette de petits morceaux de glace, perd aussitôt son vif éclat, par l'effet de la mince couche de gouttelettes d'eau qui recouvre sa surface. Ces dépôts de rosée ne peuvent provenir que de l'air environnant; ***l'air contient donc de l'eau; et cette eau s'y trouve répandue partout à l'état de vapeur.***

D'ailleurs, un grand nombre de phénomènes atmosphériques ont pour cause évidente la présence de la vapeur d'eau dans l'air. Tels sont, pour ne citer que les principaux, la pluie, la neige, la grêle, le brouillard, le dépôt de fleurs de glace sur les vitres pendant l'hiver.

560. « L'air est plus ou moins humide »; que faut-il entendre par là? — Par une belle matinée de printemps, la rosée est souvent abondante, le brouillard envahit les vallées, les horizons apparaissent voilés de brumes. On dit communément que l'***air est humide***. Mais, que le soleil monte, l'air devient transparent, la rosée a disparu des objets qu'elle recouvrait le matin même. On dit communément que ***l'air est sec***.

Il est bien évident, d'autre part, que l'air ne contient pas moins de vapeur d'eau dans le second cas que dans le premier.

Il importe donc de remarquer tout d'abord que les expressions :* air humide, air sec *ne désignent pas un air contenant une plus ou moins grande quantité de vapeur d'eau.

561. État hygrométrique. — Une masse d'air ***est très humide***, si elle renferme à peu près toute la vapeur d'eau qu'elle peut contenir à ***la même température***.

Elle ***est très peu humide***, si elle ne renferme qu'une fraction très petite de la quantité de vapeur d'eau qu'elle pourrait renfermer, ***à la même température***.

Ceci nous conduit à la définition de l'***état hygrométrique***.

On appelle état hygrométrique d'une masse d'air déterminée le rapport du poids de vapeur d'eau qu'elle contient au poids maximum de vapeur qu'elle pourrait contenir, à la même température, si elle était saturée.

Prenons un exemple.

En été, à une température voisine de 30°, l'air serait saturé de vapeur d'eau, s'il en contenait 32 grammes par mètre cube. Au contraire, en hiver, à une température de 0° (pour laquelle la ***tension maxima*** de la vapeur d'eau est beaucoup plus faible), l'air serait saturé s'il contenait 4gr,86 de vapeur d'eau par mètre cube.

En conséquence, de l'air qui, à 30°, contiendrait 4 grammes de vapeur d'eau par ***mètre cube***, posséderait un état hygrométrique égal à $\frac{4}{32} = \frac{1}{8}$. Il ne renfermerait que la huitième partie de la vapeur qu'il pourrait renfermer à la même température; ce serait un air ***très sec***. Au contraire, de l'air qui, à 0°, renfermerait également 4 grammes de vapeur d'eau par mètre cube, aurait un état hygrométrique égal à $\frac{4}{4,86}$, c'est-à-dire très voisin de l'unité; ce serait de l'air ***très humide***.

Occupons-nous des principaux phénomènes météorologiques qui sont dus à la présence de la vapeur d'eau dans l'atmosphère.

362. Le point de rosée. — Nous avons vu plus haut qu'une timbale d'argent contenant de l'eau, et que l'on refroidit en y projetant progressivement de petits morceaux de glace, ne tarde pas à se recouvrir d'un mince dépôt de rosée.

L'explication de ce phénomène est simple. La couche d'air, qui est au contact immédiat de la timbale, se refroidit avec elle; mais, nous venons de voir que plus l'air est froid, moins il peut contenir de vapeur d'eau, à la température à laquelle est actuellement la timbale. Si donc on continue à refroidir celle-ci, la vapeur d'eau en excès se déposera en gouttelettes.

La température, à partir de laquelle ce phénomène se produit, est désignée sous le nom de ***point de rosée***.

On voit que, si l'air est très humide, le plus petit refroidissement déterminera l'apparition de la rosée sur la timbale. Si, au contraire, il est très sec, la rosée n'apparaîtra pas, ou ne se produira que pour un refroidissement très intense.

363. — **Détermination du point de rosée. Hygromètre à condensation.** — Les appareils qui servent à la détermination du point de rosée se nomment des *hygromètres à condensation*. Tous se composent d'un réservoir métallique dont la paroi, très polie, est en contact avec l'air. Pour provoquer le dépôt de rosée sur cette paroi, on refroidit progressivement un liquide placé dans le récipient jusqu'à ce que les couches d'air voisines arrivent à saturation ; on note alors la température θ de ce liquide, au moment précis où la paroi du vase se ternit.

Parmi les appareils que l'on peut employer à la détermination précise du point de rosée, on peut citer celui d'Alluard que représente la figure 167.

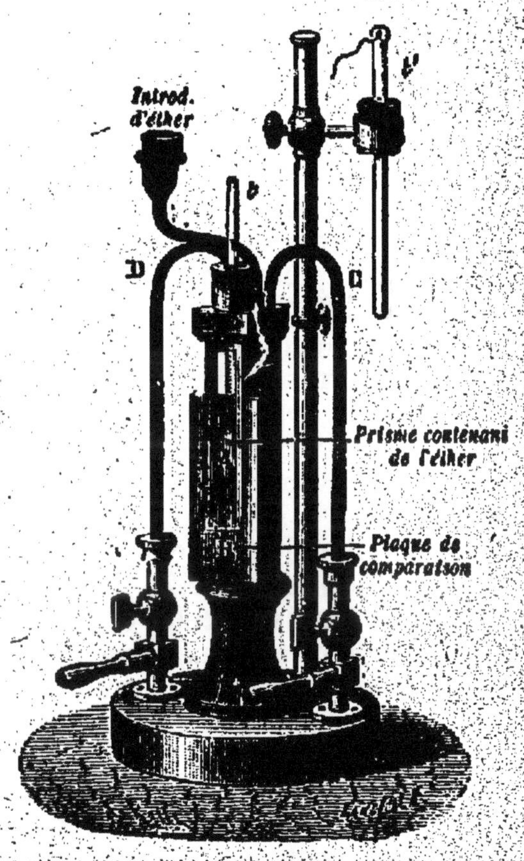

FIG. 167. — HYGROMÈTRE D'ALLUARD.
On refroidit progressivement le prisme A, en faisant évaporer l'éther qu'il contient, à l'aide d'un courant d'air qui circule dans les tubes CD. La température qui correspond à l'apparition d'un dépôt de rosée sur les parois du prisme est celle pour laquelle l'air extérieur est saturé.

Un petit prisme A en laiton doré, dans lequel est assujetti un thermomètre *t*, contient de l'éther dont on détermine l'évaporation progressive en y amenant par le tube C un courant d'air qui se dégage ensuite par le tube D. Les parois du prisme se refroidissent ainsi peu à peu, et leur température, maintenue uniforme par l'agitation continue de l'éther, est à tout instant la même que celle qu'indique le thermomètre t.

Au contact de ces parois, les couches d'air se refroidissent à leur tour, deviennent saturées et laissent bientôt déposer, sur la surface polie du prisme, une buée qui la ternit et dont l'apparition est d'autant plus facile à saisir que l'aspect de cette surface ternie A contraste alors vivement avec celui d'une lame dorée B qui l'encadre sans la toucher et qui conserve tout son éclat.

On observe la température θ_1 pour laquelle les premières traces de rosée se montrent sur le prisme; on arrête ensuite presque entièrement le courant d'air qui servait à vaporiser l'éther. L'appareil se réchauffe alors quelque peu; on note la température θ_2 à laquelle le dépôt d'humidité disparaît complètement. On peut amener les températures θ_1 et θ_2 à ne différer que de 0°,2; la première est certainement un peu inférieure, l'autre un peu supérieure à la température θ qui correspond à la saturation; on aura donc une valeur suffisamment approchée de celle-ci en prenant la moyenne :

$$\theta = \frac{\theta_1 + \theta_2}{2}$$

L'appareil doit être exposé dans un air calme : c'est là une condition essentielle pour qu'il y ait, entre la température des parois et celle des couches d'air qui sont à leur contact, l'identité qu'exige le principe même de la méthode.

La définition de l'état hygrométrique, que nous avons donnée au § 361, peut d'ailleurs être remplacée par cette autre, équivalente :

L'état hygrométrique d'une masse d'air déterminée est égal au rapport de la tension actuelle de la vapeur d'eau dans cette masse d'air à la tension maxima de la vapeur d'eau, pour la même température.

Or, la tension de la vapeur d'eau qui existe dans l'air est précisément égale à la pression maxima F_θ de cette vapeur pour le point de rosée θ. ***L'état hygrométrique*** de l'air pourra donc se calculer en prenant le rapport des pressions maxima, F_θ et F_t, pour le point de rosée θ et pour la température actuelle t de l'air.

2. — MÉTÉORES AQUEUX

304. Rosée. — Ce qui précède nous donne l'explication du phénomène bien connu de la rosée.

Après une nuit *calme* et *claire*, un peu avant le lever du soleil, on observe fréquemment, sur les objets placés au *voisinage du sol*, un dépôt de fines gouttelettes d'eau. Ce dépôt ne se montre pas sur les feuilles des arbres élevés de quelques mètres.

FIG. 168. — CIRRUS. *Nuages très déliés et très élevés, formés de petits cristaux de glace. Ils présagent, d'ordinaire, la fin d'une période de beau temps.*

FIG. 169. — CUMULUS. *Gros nuages blancs et arrondis, constitués par de fines gouttelettes d'eau.*

La rosée ne peut pas provenir d'une chute d'eau qui aurait eu lieu pendant la nuit; car : 1° les objets élevés, tels que les feuilles d'arbres, n'en sont pas recouverts; 2° la rosée se produit seulement pendant les nuits claires, c'est-à-dire quand le ciel est absolument dépourvu de nuages, qui seuls, pourraient donner de la pluie.

L'explication est la suivante : pendant la nuit, et surtout pendant une nuit claire, la terre rayonne sa chaleur vers le ciel et se refroidit peu à peu. Les couches d'air qui sont son contact immédiat se refroidissent à leur tour, progressivement; et, comme pour l'expérience de la timbale rappelée plus haut, leur température peut descendre au-dessous de ce que nous avons précisément appelé *point de rosée*. Ces couches d'air laissent alors déposer une partie de la vapeur d'eau qu'elles contenaient et donnent ces fines gouttelettes d'eau qui apparaissent à la surface des objets.

Cette explication, si simple, rend parfaitement compte de toutes les particularités présentées par le phénomène de la rosée.

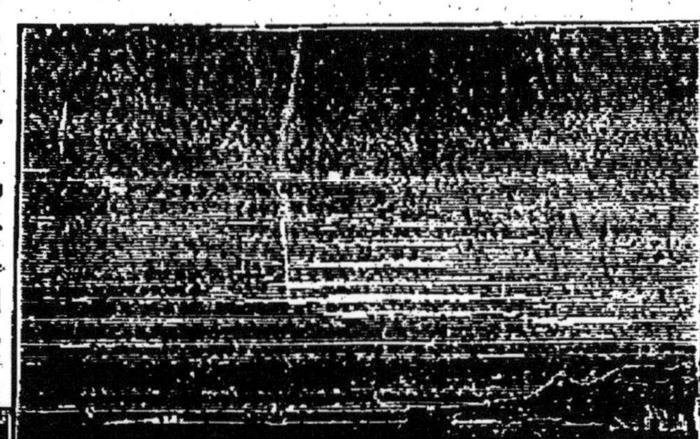

FIG. 170. STRATUS
Bandes horizontales qui apparaissent ordinairement au coucher du soleil.

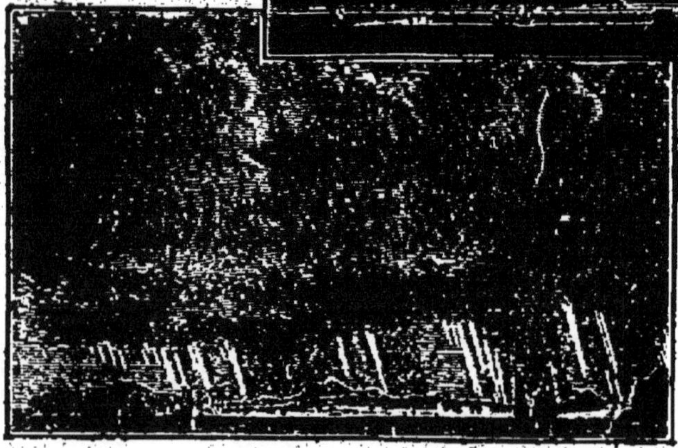

FIG. 171. — NIMBUS.
Nuages gris, épais et très bas, qui se résolvent ordinairement en pluie.

365. **Gelée blanche.** — Enfin, si le refroidissement du sol par rayonnement est très intense, et s'il continue après le dépôt de rosée sur le sol, la température de celui-ci pourra descendre au-dessous de zéro; les gouttelettes d'eau se congèlent alors et donnent ce qu'on appelle la *gelée blanche*.

366. **Brouillards.** — Lorsque, pour une cause quelconque, une grande masse d'air humide se refroidit au-dessous de sa température de saturation, la vapeur d'eau s'y condense et forme des amas de très fines gouttelettes liquides ou de très petits cristau[illegible] glace, qui peuvent rester en suspension

dans l'atmosphère (§ 98) et constituent ce qu'on appelle les nuages ou les brouillards.

On donne le nom de ***brouillards*** à des couches plus ou moins épaisses de gouttelettes d'eau, en suspension dans l'air, qui, pendant les nuits calmes et sereines, se forment au ras du sol, dans les endroits encaissés et humides. Il sont dus à ce que le refroidissement du sol, pendant les nuits claires, abaisse, sur une épaisseur plus ou moins grande, la température des couches d'air voisines. Les brouillards sont formés de fines gouttelettes d'eau et se dissipent quand le sol se réchauffe, après le lever du soleil.

367. Nuages. — Les ***nuages*** proprement dits occupent toujours les régions supérieures de l'atmosphère. Ils peuvent être dus à plusieurs causes, dont la principale est probablement la suivante. Lorsque, par suite des courants qui règnent dans l'atmosphère, une colonne d'air humide s'élève, sa pression diminue graduellement; une détente en résulte; et l'on sait que la détente d'un gaz est toujours accompagnée d'un refroidissement (§ 355). Ce refroidissement peut être suffisant pour entraîner la condensation d'une partie de la vapeur d'eau sous forme de nuage, contenant en suspension de menus cristaux de glace ou des gouttelettes liquides, suivant que le refroidissement aura été plus ou moins énergique.

Les nuages affectent des formes extrêmement variables. On a donné à quelques-unes d'entre elles des noms particuliers, tels que : cirrus, cumulus, stratus, nimbus (fig. 168 et suiv.).

368. Du rôle des poussières dans la formation des nuages et des brouillards. — L'expérience a montré que si l'on refroidit une vapeur débarrassée de toutes poussières, on peut, sans provoquer sa condensation, abaisser sa température bien au-dessous de celle pour laquelle la condensation devrait avoir lieu. Il se produit alors un retard à la condensation, analogue au retard à la congélation, que nous avons étudié précédemment (§ 295), sous le nom de ***surfusion***. La vapeur possède alors, à une température donnée, une pression supérieure à sa tension maxima. Il y a ***sursaturation***. La vapeur sursaturée n'est pas en équilibre stable. La présence de fines poussières suffit à provoquer sa condensation. La poussière des grandes villes industrielles, comme Londres, joue certainement un rôle de première importance dans la formation des brouillards et des nuages et dans leur condensation sous forme de pluie.

369. Pluie. — Lorsque, par suite d'un refroidissement brusque de l'air humide, la condensation de la vapeur d'eau est assez rapide, les corpuscules aqueux, qui prennent naissance et constituent les nuages, peuvent acquérir une masse assez grande pour tomber avec une vitesse sensible.

Deux cas se présentent alors :

1° Si les couches d'air, situées en dessous du nuage, sont très éloignées de leur saturation, les corpuscules s'évaporent pendant leur chute et n'atteignent pas le sol; le nuage tend à se dissiper et à disparaître;

2° Si, au contraire, les mêmes couches d'air sont très humides, les petites masses liquides ou solides condensent, à leur surface, en tombant, de nouvelles quantités de vapeur. Leur poids augmente au fur et à mesure; elles tombent de plus en plus vite, étant de moins en moins retenues par la résistance de l'air. Elles arrivent jusqu'au sol.

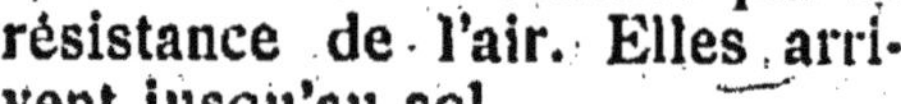

Si la vapeur d'eau s'est condensée en gouttelettes liquides, c'est le phénomène de la *pluie*.

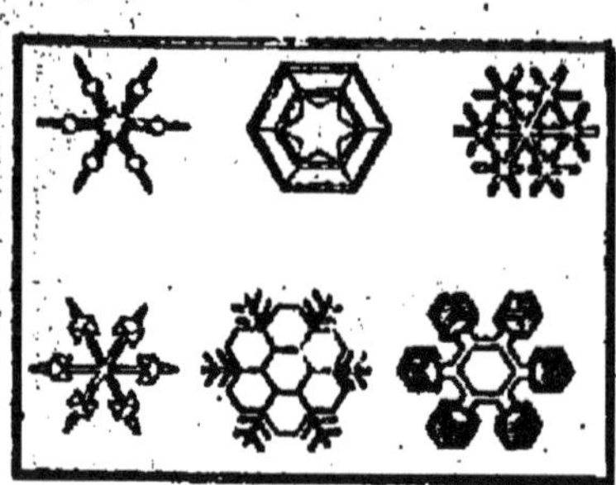

FIG. 172. — CRISTAUX DE NEIGE.
Les cristaux de neige affectent la forme d'étoiles à six branches, plus ou moins compliquées.

370. Neige. — Si la vapeur d'eau s'est condensée en menus cristaux de glace, c'est le phénomène de la *neige*. Ce dernier cas ne peut d'ailleurs se produire que pour une température au plus égale à 0°.

Examinés au microscope, les cristaux de neige (fig. 172) sont constitués par de fines aiguilles de glace, groupées de manière à offrir l'aspect d'étoiles à six branches, plus ou moins compliquées.

371. Grêle. — La grêle ne survient que par les temps d'orage, quand l'air est violemment agité. Les grêlons, qui atteignent parfois plusieurs centimètres de diamètre, sont constitués par un noyau blanc opaque, entouré d'une enveloppe de glace transparente et très dure.

La chute de la grêle est ordinairement précédée ou accompagnée d'éclairs et de tonnerre. Les circonstances qui accompagnent la formation de la grêle sont encore mal connues, et l'explication complète du phénomène laisse beaucoup à désirer.

572. **Verglas.** — Le verglas est produit par une pluie fine, qui, après avoir traversé une atmosphère refroidie au-dessous de 0°, arrive, à l'état de surfusion, sur le sol et se congèle alors immédiatement en recouvrant les corps d'une couche de glace lisse et transparente.

QUATRIÈME PARTIE

OPTIQUE

CHAPITRE I

PROPAGATION DE LA LUMIÈRE

375. **Impressions lumineuses.** — Plaçons-nous, la nuit, au milieu d'une salle close de toutes parts. Nous ne distinguons aucun des objets qui s'y trouvent.

Introduisons au milieu de la salle une bougie allumée; ou bien, à l'aide d'un courant électrique, portons au rouge blanc le filament d'une lampe à incandescence. Notre œil reçoit alors des impressions particulières qu'il ne ressentait pas, un moment auparavant. — On les désigne sous le nom d'*impressions lumineuses*.

374. **Distinction entre sources lumineuses et corps éclairés.** — L'éclat de la lampe ou de la bougie met ces corps mêmes immédiatement en évidence.

Nous disons que ce sont des corps *lumineux par eux-mêmes.*

La salle renferme des objets que nous n'apercevions pas avant l'introduction de la bougie ou de la lampe. Ce ne sont donc pas des corps lumineux par eux-mêmes.

Nous les distinguons maintenant : on dit qu'ils sont devenus lumineux. Ils doivent évidemment cette propriété nouvelle à la présence de la lampe ou de la bougie.

En conséquence :

1° Nous admettrons que la bougie, la lampe électrique, et, d'une façon générale, les corps lumineux par eux-mêmes ont, en outre, la propriété d'envoyer de la lumière, dans toutes les directions, sur les objets qui les entourent. Nous dirons que ce sont des *sources lumineuses.*

2° Nous concluons de ce qui précède qu'un corps ne peut être visible que par la lumière qu'il envoie à l'œil; soit qu'il émette directement cette lumière (*sources lumineuses*), soit qu'il la renvoie à son tour (*corps éclairés*), après l'avoir reçue d'un corps lumineux, autre que lui-même.

375. **Application des définitions précédentes.** — Le soleil, les étoiles, les lampes, les appareils si divers que nous utilisons à notre éclairage, et, d'une façon générale, tous les corps dont la température dépasse 800° rentrent dans la première catégorie; ce sont des sources lumineuses.

La Lune et les planètes, au contraire, rentrent dans la seconde. Leur face, éclairée par le Soleil, est inégalement visible à notre œil, à différentes époques. C'est ce qui explique, en particulier, le phénomène bien connu des phases de la Lune.

376. **Corps transparents, corps translucides, corps opaques.** — Les corps non lumineux peuvent eux-mêmes, au point de vue de la lumière qu'ils reçoivent, être divisés en plusieurs groupes.

On appelle *corps transparents* ceux qui, comme l'air, l'eau, le verre, se laissent traverser par la lumière; à travers ces corps, on peut apercevoir distinctement les objets éclairés ou lumineux.

On désigne sous le nom de *corps translucides* ceux qui s'éclairent seulement sur le passage de la lumière à la façon d'une plaque mince de porcelaine ou d'une feuille de papier huilé, mais à travers lesquels il est impossible d'apercevoir les objets lumineux eux-mêmes.

Enfin, les *corps opaques* sont ceux que la lumière ne traverse pas. Le bois, les métaux, le papier, pris sous une épaisseur suffisante, sont opaques; mais ils deviennent translucides et même transparents quand ils sont en feuilles extrêmement minces.

Au reste, il y a tous les degrés entre la transparence l'opacité absolues; nous verrons d'ailleurs que ces propriétés ne dépendent pas uniquement des corps eux-mêmes, mais aussi des radiations qu'ils reçoivent : tel corps est transparent pour une couleur et opaque pour une autre.

377. **Propagation rectiligne de la lumière dans les milieux homogènes.** — Rappelons d'abord un fait d'observation familière.

Lorsque la lumière du Soleil pénètre par la fente d'un volet dans une chambre obscure, elle y donne un faisceau *rectiligne*, qui dessine une tache très éclairée sur les murs ou le parquet. Ce faisceau lumineux est rendu visible sur tout son parcours, grâce aux poussières solides qui flottent dans l'air et qui s'éclairent vivement sur le passage des rayons solaires.

Nous sommes ainsi conduits à dire : ***Dans l'air qui nous environne, la lumière se propage en ligne droite.*** Étudions le phénomène d'un peu plus près. Devant une flamme S (fig. 173), tout près d'elle, plaçons un écran opaque, percé d'une petite ouverture O.

FIG. 173.
POINT LUMINEUX.
Pour l'obtenir, on masque la flamme S avec un écran percé d'un petit trou O.

Nous avons ainsi réalisé une source lumineuse de très faible étendue, ***un point lumineux***, pour ainsi dire, qui émet de la lumière dans toutes les directions.

Devant cette petite ouverture, et à quelque distance, disposons un corps opaque E_2, percé d'un petit trou o_2. La lumière émise par o_1 est arrêtée par cet écran, sauf une faible partie qui traverse le diaphragme o_2.

L'expérience montre alors que, pour apercevoir le point lumineux o_1 (fig. 174), à travers l'ouverture o_2, il faut que l'œil se trouve exactement sur la ligne droite $o_1\, o_2$; en dehors de cette ligne, l'œil ne reçoit plus aucune lumière.

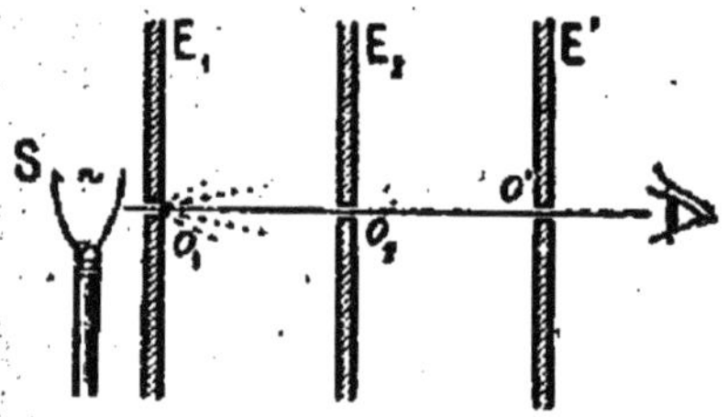

FIG. 174.
PROPAGATION RECTILIGNE DE LA LUMIÈRE.
Dans un milieu homogène, les rayons lumineux sont des lignes droites.

Il faut conclure de là que la lumière qui a traversé o_2, au lieu de se répandre de tous côtés comme celle qui part de o_1, suit un chemin bien déterminé qui, dans le cas présent, est une ligne droite.

Nous retrouvons donc le résultat énoncé plus haut.

La ligne droite, suivant laquelle se propage la lumière, porte le nom de ***rayon lumineux***.

Nous sommes conduits à formuler cet énoncé général :

Dans tous les milieux homogènes, la lumière se propage en ligne droite.

Remarque. — Toutefois, ces résultats supposent que le faisceau lumineux ne devienne pas excessivement étroit. L'ouverture o_2, par exemple, ne doit pas devenir aussi petite qu'un trou d'épingle. Sans quoi, il se produirait des phénomènes.

de *diffraction* sur lesquels nous reviendrons plus loin (§ 787).

378. — **Applications de la propagation rectiligne de la lumière. Ombre. Pénombre.** — Le principe de la propagation rectiligne de la lumière va nous permettre d'expliquer facilement des phénomènes bien connus.

Lorsque, entre un écran PQ et une source lumineuse S (fig. 175), on dispose un corps opaque M, certains rayons sont arrêtés par celui-ci et n'atteignent plus l'écran dont une

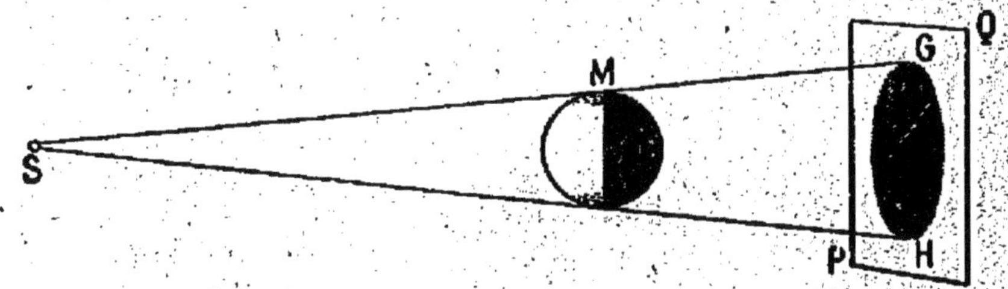

FIG. 175. — OMBRE PORTÉE.
Quand la source lumineuse S est très petite, les contours GH de l'ombre portée par le corps opaque M sur un écran PQ sont très nets.

région se trouve ainsi moins éclairée : on dit que le corps M fait *ombre* sur l'écran.

Quand le foyer lumineux est extrêmement petit, cette ombre est nettement délimitée. Dans le cas contraire, ses contours s'estompent, se fondent, pour ainsi dire; il est d'ailleurs facile d'en trouver la raison.

Supposons, pour simplifier, que, la source S étant une sphère lumineuse, le corps M (fig. 176) ait aussi la forme sphérique et considérons les cônes qui leur sont tangents extérieurement et intérieurement (fig. 176). Le premier découpe sur l'écran une courbe GH et le second une courbe DC qui enveloppe la première. Aucun rayon n'arrive aux points situés à l'intérieur de la courbe GH, puisqu'il est impossible de tracer de l'un d'eux à un point de la source une ligne droite qui ne rencontre pas le corps opaque : la courbe GH forme la limite de l'*ombre proprement dite* du corps M

En dehors de la courbe DC, tout point K de l'écran est éclairé par la source entière, parce qu'il est possible de joindre par une ligne droite ce point K à un point quelconque de la source sans rencontrer le corps opaque M.

Il n'en est pas de même pour ceux des points de l'écran qui sont compris entre les deux courbes. En effet, si de l'un de ces points, I par exemple, nous menons le cône tangent au corps opaque M, ce cône partage la source en deux régions dont l'une, plus intéressante pour notre objet, éclaire seule le point I. Cette région efficace est d'autant plus grande que le point I est plus voisin de la courbe DC. Ainsi donc l'éclairement, nul dans l'ombre proprement dite, augmente d'une

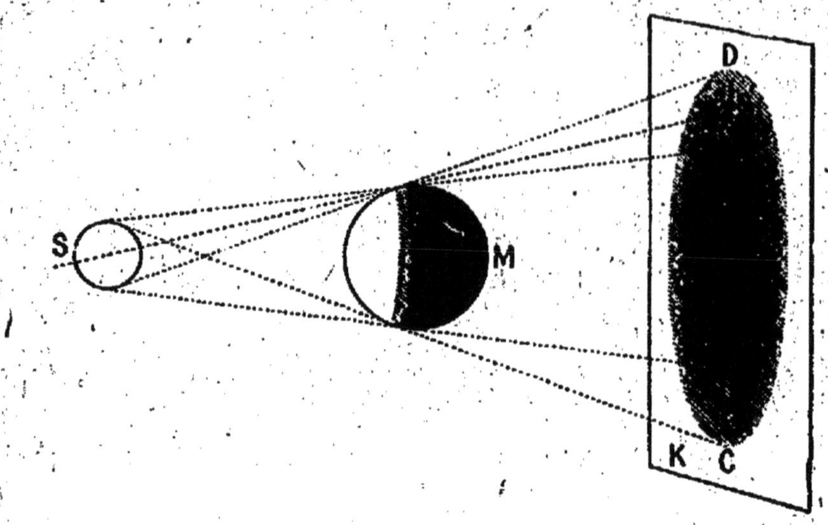

FIG. 176. — OMBRE ET PÉNOMBRE.
Quand la source lumineuse S n'est pas extrêmement petite, l'ombre proprement dite GH, est entourée d'une pénombre CH, GD, qui va en se dégradant.

façon continue à mesure qu'on s'éloigne de celle-ci jusqu'à la limite de la ***pénombre***.

La largeur de la pénombre est, toutes choses égales, d'autant moindre que les dimensions de la source sont elles-mêmes plus faibles. Si celle-ci est extrêmement petite, les deux cônes tangents sont presque confondus et l'ombre est nettement tranchée sur l'écran.

Des considérations géométriques, analogues aux précédentes, permettraient d'expliquer facilement le grand phénomène astronomique des ***éclipses***.

379. Images données par les petites ouvertures. — Si l'on perce un trou très petit dans le volet d'une chambre obscure (fig. 177), et si, à quelque distance en arrière, on place un écran blanc, on voit se peindre sur cet écran un dessin représentant, renversée, la disposition exacte des objets extérieurs.

Ce phénomène est une conséquence immédiate de la propagation rectiligne de la lumière.

Un point lumineux *a* envoie, en effet, dans la chambre obscure un faisceau de rayons. Celui-ci donne sur l'écran une petite tache lumineuse a_1, dont la forme est celle de l'ouverture O. Cette tache est plus ou moins éclairée, suivant que le point *a* est lui-même plus ou moins brillant.

Au point *a* de la flamme correspond la tache lumineuse a_1;

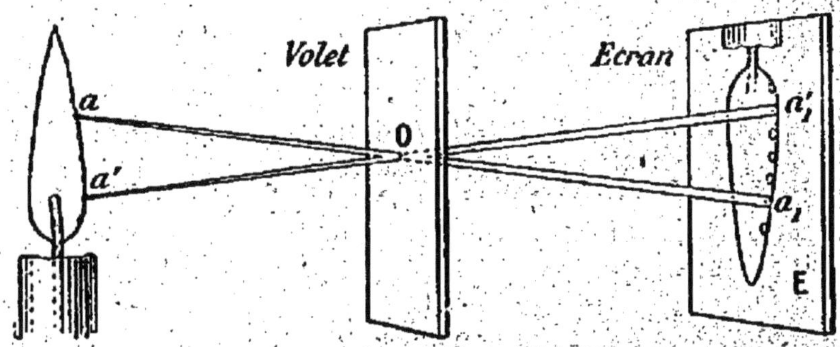

FIG. 177. — IMAGES DONNÉES PAR LES PETITES OUVERTURES.
Quand on place un écran derrière un volet percé d'un petit trou O, on voit se dessiner sur l'écran une image renversée des objets extérieurs.

au point *a'* de la flamme correspondra une autre tache lumineuse a'_1.

A chacun des points de l'objet lumineux correspondra donc une petite tache sur l'écran.

Une droite lumineuse donnera une succession de [illegible]es, se groupant suivant une bande lumineuse, d'autant [illegible] nette que le petit trou O sera plus étroit. Les contour[illegible] des objets se reproduiront renversés, avec leur éclat relatif.

La flamme d'une bougie apparaîtra renversée, comme le montre la figure.

On peut fonder sur ce principe des appareils très simples, auxquels on a donné le nom de ***chambres noires***.

CHAPITRE II

VITESSE DE LA LUMIÈRE

380. Méthode de la roue dentée. — La lumière ne se propage pas instantanément. De nombreuses méthodes ont été employées pour déterminer sa vitesse de propagation. Nous ne retiendrons que l'une d'elles, remarquable à la fois par l'extrême simplicité du principe sur lequel elle s'appuie et par la précision des résultats obtenus. C'est la méthode de la *roue dentée*, employée par Fizeau.

Supposons approximativement connu le résultat que nous cherchons : la vitesse de la lumière est très voisine de 300 000 kilomètres par seconde. Cherchons à nous faire une idée de la sensibilité qui sera nécessaire à nos mesures.

Supposons deux stations A et B, distantes de 15 kilomètres. De la station A, projetons un faisceau de lumière très étroit qui, après s'être réfléchi sur un miroir placé en B, reviendra à la station de départ A, où se trouve l'observateur. Le trajet total de 30 kilomètres doit se faire en $\frac{1}{10\,000}$ de seconde.

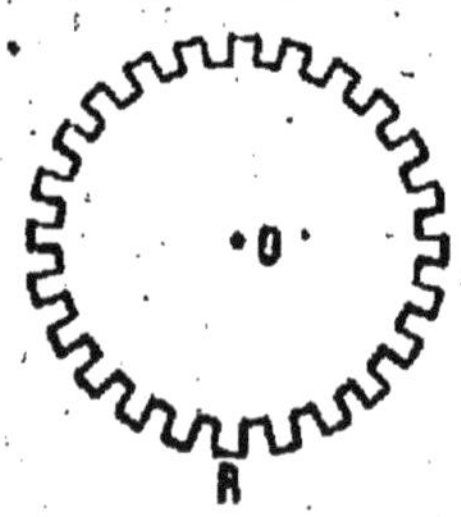

FIG. 178. ROUE DENTÉE DE FIZEAU. *Les dents sont rectangulaires ; et les creux égaux aux pleins.*

C'est ce petit intervalle de temps qu'il faut arriver à mettre en évidence.

Imaginons, à cet effet, une roue dentée (fig. 178), portant sur son pourtour des creux et des dents rectangulaires, de même largeur. Supposons le nombre des dents égal à 500 ; le nombre total des *intervalles* (creux et dents) est égal à 1000. ***Il suffirait de faire faire à la roue 10 tours par seconde pour que, pendant la durée du trajet de la lumière (aller et retour), la roue tourne d'un intervalle, c'est-à-dire d'un creux au plein immédiatement voisin.***

Supposons maintenant que les choses soient ainsi disposées que le faisceau de lumière ne puisse, au départ et au retour, passer que par un creux de la roue dentée, tandis qu'un plein l'arrête totalement.

Ceci posé, faisons tourner la roue avec une vitesse graduellement croissante; et cherchons quels seront les effet observés. Si la roue fait un tour par seconde, la lumière retrouve au retour le creux même par lequel elle était passée au départ; il n'a tourné que d'un dixième d'intervalle. La lumière peut revenir à l'œil de l'observateur. Le même phénomène se produit pour les creux suivants. Cinq cents fois par seconde, l'œil reçoit de la lumière. Il en résulte pour lui une ***sensation de lumière continue***, due à la persistance des impressions rétiniennes.

Augmentons graduellement la vitesse de la roue. Quand elle fera dix tours par seconde, la lumière qui, au départ, aura passé par un ***creux*** retrouvera, au retour, le ***plein*** suivant. Elle sera totalement interceptée. L'œil ne verra plus rien. Il y aura ***éclipse***.

Si la vitesse, continuant à croître, devient de 20 tours par seconde, toute lumière qui, au départ, aura passé par un ***creux*** passera, au retour, par le ***creux*** suivant; elle arrivera donc librement à l'œil. Il y aura ***réapparition*** de la lumière.

La lumière disparaîtrait pour des vitesses de 30, 50, 70 tours. Elle reparaîtrait pour des vitesses de 40, 60, 80 tours,... On obtiendra donc, pour des vitesses graduellement croissantes de la roue dentée, une succession d'***éclipses*** et de ***réapparitions lumineuses***.

381. **Dispositif expérimental.** — A la station de départ (fig. 179), est une source lumineuse S, de très petites dimensions. Elle éclaire une lame sans tain m, inclinée à 45°.

Cette lame fait alors fonction de ***miroir***. Le faisceau lumineux est donc réfléchi vers S_1, sur le pourtour de la roue O. Une lentille L_1 l'envoie dans la direction de la seconde station; il y est reçu par une seconde lentille L_2, qui le fait enfin converger en S_2, sur un miroir M. Le faisceau lumineux revient alors en sens contraire, rencontre le pourtour de la roue dentée et, lorsqu'il tombe sur un creux, vient à nouveau frapper la lame sans tain m.

La lame sans tain fait alors fonction de ***lame transparente***.

L'œil de l'observateur, placé en arrière, peut donc observer les éclipses et réapparitions successives de la lumière. La lame sans tain a permis de déplacer latéralement la source de lumière, sans que la tête de l'opérateur soit une gêne à l'observation de l'image de retour.

Un compteur de tours permet de connaître les vitesses de la roue, aux instants où se produisent les éclipses et les réapparitions de lumière.

382. Calcul d'une expérience. — L'exposé qui précède peut facilement se généraliser. Désignons par n le nombre de dents de la roue ($2n$ sera le nombre d'intervalles) et par N le nombre de tours de la roue par seconde, *au moment*

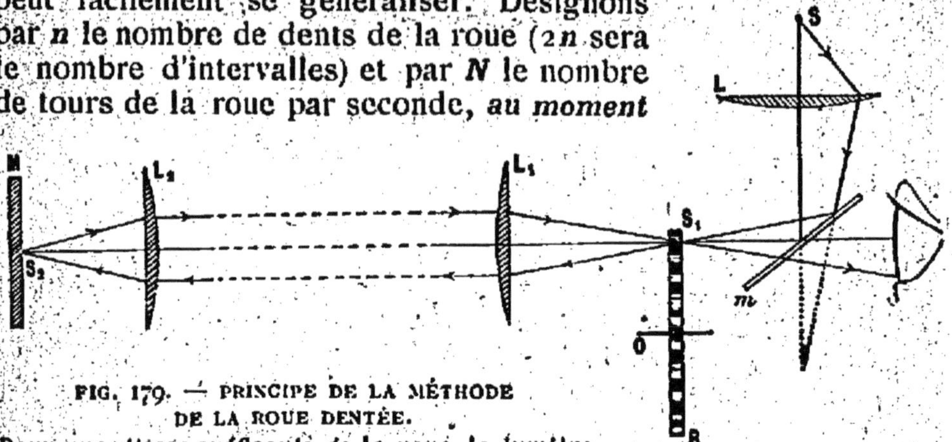

FIG. 179. — PRINCIPE DE LA MÉTHODE DE LA ROUE DENTÉE.
Pour une vitesse suffisante de la roue, la lumière, passant au départ, à travers un creux, rencontre un plein au retour, et se trouve interceptée.

de la première éclipse. La durée, qui sépare le passage d'un intervalle au suivant, est alors égale à $\frac{1}{2Nn}$; d'autre part, si D est la distance des deux stations, et si V désigne la vitesse de la lumière que nous cherchons, le trajet de la lumière (aller et retour) exige un temps $\frac{2D}{V}$.

On a donc l'égalité :

$$\frac{1}{2Nn} = \frac{2D}{V}$$

qui permettra de calculer V.

De même, si N' désignait le nombre de tours de la roue par seconde, au moment de la p^e éclipse, on aurait :

$$\frac{2p+1}{2N'n} = \frac{2D}{V}.$$

Fizeau d'abord, Cornu plus tard, ont ainsi trouvé pour vitesse de la lumière une valeur très voisine de 300000 kilomètres par seconde.

CHAPITRE III

RÉFLEXION DE LA LUMIÈRE

383. **Réflexion et réfraction de la lumière.** — La propagation de la lumière ne se fait plus en ligne droite et des phénomènes nouveaux apparaissent, quand les rayons lumineux viennent à rencontrer une surface polie, séparant deux milieux différents.

Installons dans une chambre obscure un petit aquarium (fig. 180) rempli d'eau. Dans cette eau, agitons un peu d'iodure de plomb précipité ; les grains d'iodure s'éclaireront sur le passage des rayons auxquels on va faire traverser l'eau. Dirigeons maintenant, obliquement à la surface de l'eau, les rayons lumineux qui pénètrent par un trou pratiqué dans le volet de la chambre obscure (fig. 180).

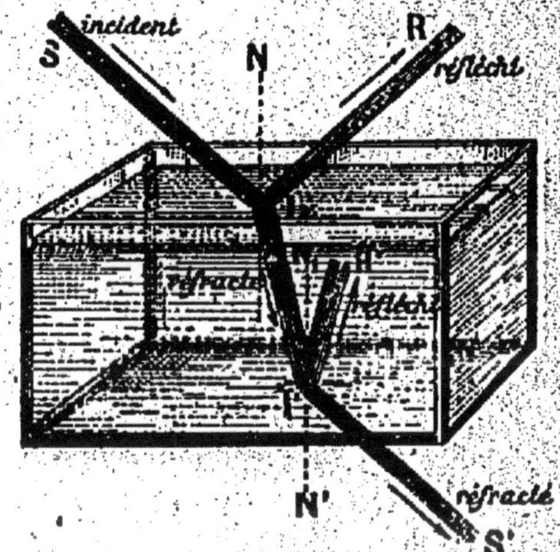

FIG. 180. — RÉFLEXION ET RÉFRACTION DE LA LUMIÈRE.

Toutes les fois qu'un faisceau lumineux rencontre la surface unie d'un corps transparent, une partie de la lumière pénètre dans celui-ci, tandis que l'autre se réfléchit à sa surface.

Nous observons que la lumière incidente SI se partage en deux faisceaux, possédant des ***directions nouvelles***.

L'un d'eux, II', pénètre dans la masse de l'eau.

L'autre, IR, est renvoyé dans l'air, sans pénétrer dans la masse de l'eau.

Le premier, II', porte le nom de ***rayon réfracté*** ; le second, IR, porte le nom de ***rayon réfléchi***.

C'est là un fait qui se produit en général, quand la lumière se présente à la surface de séparation de deux milieux transparents.

384. Dispositif expérimental pour étudier les lois de la réflexion. — Cherchons les lois de la réflexion.

Prenons un large demi-cercle, divisé en degrés (fig. 181).

FIG. 181. — RÉFLEXION DE LA LUMIÈRE SUR UNE GLACE PLANE.

Après s'être réfléchis sur la glace M, les rayons issus du point A semblent *provenir d'un point* a *symétrique de A par rapport à la glace plane M.*

Installons ce demi-cercle horizontalement; et, suivant la ligne 0°-90°, disposons une glace transparente de verre mince, normalement au plan du demi-cercle. Masquons ensuite la flamme d'un bec de gaz ou d'une bougie par un écran de métal, percé d'un *petit* trou A; et plaçons ce petit trou tout contre la division 60°, par exemple, du demi-cercle.

Plaçons maintenant l'œil du côté même de la lame de verre où se trouve déjà la source lumineuse.

Nous apercevons un point lumineux *a* de l'autre côté de la glace.

Ce point n'a évidemment aucune existence réelle.

Cherchons à préciser les conditions dans lesquelles le phénomène se produit.

385. **Direction dans laquelle apparaît l'image vue par réflexion.** — Supposons le petit trou A, placé au-dessus de la division 60° du cercle divisé. Au-dessus du même cercle, sur ses bords, déplaçons un petit écran de papier blanc, portant, en son centre, une petite croix, tracée à l'encre.

On peut vérifier que la petite croix est vue, à travers la lame, dans la même direction que si la lame était supprimée.

Après quelques tâtonnements, nous voyons, à travers la lame de verre, se superposer le point lumineux *a* et la petite croix.

A ce moment, la petite croix est juste au-dessus de la division 120°.

Nous pouvons alors déplacer l'œil autour du cercle gradué. — La coïncidence du point *a* et de la croix persiste.

386. **Position de l'image vue par réflexion.** — Ce n'est

pas tout. — Laissons la petite croix en face de la division 120; mais rapprochons-la du centre du cercle. On pourra, en déplaçant l'œil, amener la séparation de la petite croix et de la tache lumineuse *a*.

Le résultat serait le même, si, laissant la petite croix en regard de la division 120, on éloignait le petit écran du centre du cercle divisé.

Concluons :

1° Le point *a* possède une position parfaitement déterminée.

2° ***Le point A et le point a sont symétriquement placés par rapport à la surface réfléchissante.***

On devra se rappeler que l'on appelle symétriques l'un de l'autre, par rapport à un plan, deux points qui, situés sur une même perpendiculaire à ce plan, sont, de part et d'autre, à une même distance de ce plan.

587. **Définition de l'expression : Image virtuelle.** — Il est facile d'interpréter les résultats de l'expérience précédente.

Le point A envoie ses rayons lumineux sur la lame de verre.

La lame les réfléchit; l'œil les reçoit.

L'expérience montre donc que les rayons, venus de A, ont tous été réfléchis par la lame, de telle façon qu'ils viennent maintenant du point *a*.

Nous dirons que le point *a* est une *image*.

Cette image n'a d'ailleurs aucune existence réelle; en particulier, la tache lumineuse disparaît pour un œil situé, par rapport à la lame, du même côté que l'écran. Nous dirons que c'est une *image virtuelle*.

Chacun des rayons réfléchis semble venir de l'image virtuelle. — Aucun d'eux n'est, en réalité, passé en ce point.

388. **Loi des miroirs plans.** — Nous pouvons maintenant énoncer la loi suivante :

Un point lumineux réel, A, donne par réflexion sur un miroir plan une image virtuelle a, symétrique du point lumineux A par rapport au miroir.

Si, maintenant, nous passons d'un point lumineux à un objet lumineux quelconque, nous voyons immédiatement que :

Lorsqu'un objet lumineux AB (fig. 182) ***est placé devant un miroir, celui-ci en donne une image virtuelle ab, dont chaque point est le symétrique, par rapport au plan du miroir, d'un point correspondant de l'objet.***

La figure permet alors de se rendre compte de la marche des rayons lumineux, qui arrivent à l'œil.

Les traits pleins, partis du point B, marquent le chemin réellement suivi par la lumière; les traits pointillés, partis de *b*, montrent la formation de l'image virtuelle *b*. On voit bien que la lumière, issue de B, n'est pas réellement passée par *b*.

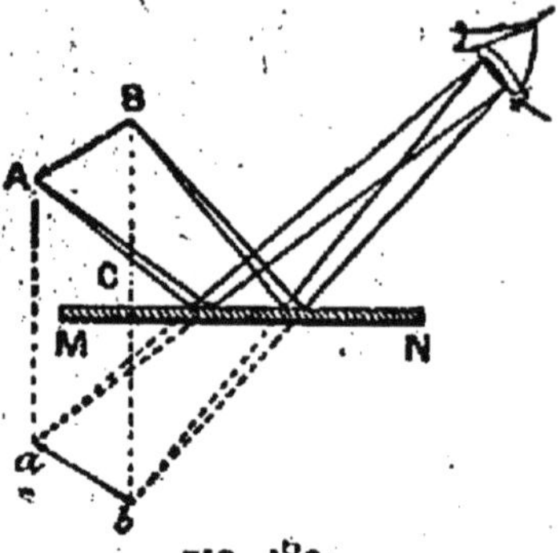

FIG. 182.
IMAGE VIRTUELLE D'UN OBJET DANS UN MIROIR PLAN.
Les rayons, partis de A, arrivent à l'œil comme s'ils venaient du point a.

Le point *b* est une image virtuelle.

389. Objet et image ne sont pas superposables. — En général, ***cette image n'est pas superposable à l'objet.***

Elle est par rapport à l'objet, comme la main droite est à la main gauche; et l'on sait que le gant de la main droite ne peut pas être interchangé avec celui de la main gauche.

390. Lois de la réflexion. — On peut déduire de l'expérience, que nous avons décrite au paragraphe 385, une loi tout à fait générale qui s'applique non seulement à la réflexion sur un miroir plan, mais encore à la réflexion sur une surface courbe quelconque.

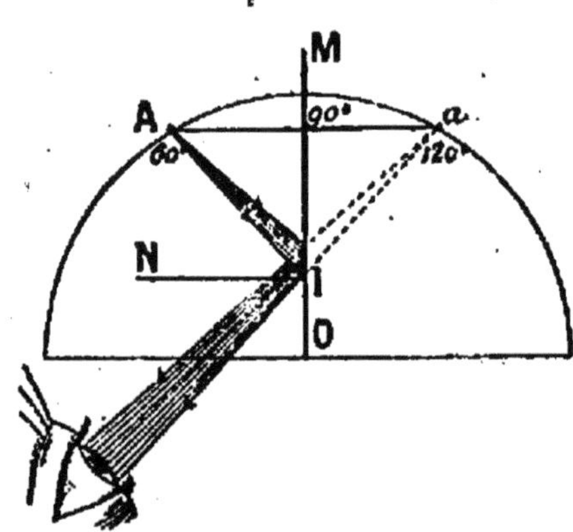

FIG. 183. — MARCHE DES RAYONS DANS LA RÉFLEXION PAR UN MIROIR PLAN.
Les rayons réfléchis provenant de A donnent l'illusion d'un point lumineux qui se trouverait placé en a.

Considérons un rayon lumineux AI (fig. 183) frappant le miroir plan M au point d'incidence I. Menons en I la normale IN au miroir, et soit *a* le symétrique du point A par rapport au plan M. La direction du rayon réfléchi devant passer à la fois par *a* et par I, ce rayon lui-même sera nécessairement la droite IR dont le prolongement passe en *a*.

On voit alors immédiatement que ***le rayon réfléchi IR est symétrique du rayon incident AI par rapport à la normale IN***

menée au point d'incidence sur la surface réfléchissante.

On énonce souvent la loi de la réflexion d'une autre façon ; on appelle respectivement ***angle d'incidence*** et ***angle de réflexion*** les angles AIN et RIN que les rayons incident et réfléchi font avec la normale ; on dit alors :

1° ***Le rayon incident, la normale et le rayon réfléchi sont toujours dans un même plan que l'on nomme plan d'incidence.***

2° ***Les angles d'incidence et de réflexion sont égaux.***

391. **Retour inverse de la lumière.** — Il est évident, d'après cela, qu'un rayon lumineux incident, dirigé suivant RI (fig. 183) se réfléchirait précisément suivant IA. C'est là un cas particulier d'une propriété d'ordre général, que l'on désigne habituellement sous le nom de ***principe du retour inverse de la lumière*** (§ 417) et que l'on peut énoncer ainsi :

Le trajet suivi par un rayon lumineux reste le même, si l'on ne change que le sens de propagation de la lumière. En d'autres termes, ***quel que soit le chemin que la lumière émise par une source lumineuse suive pour arriver jusqu'à notre œil, ce chemin restera encore le même, si l'on intervertit simplement les positions de l'œil et de la source lumineuse.***

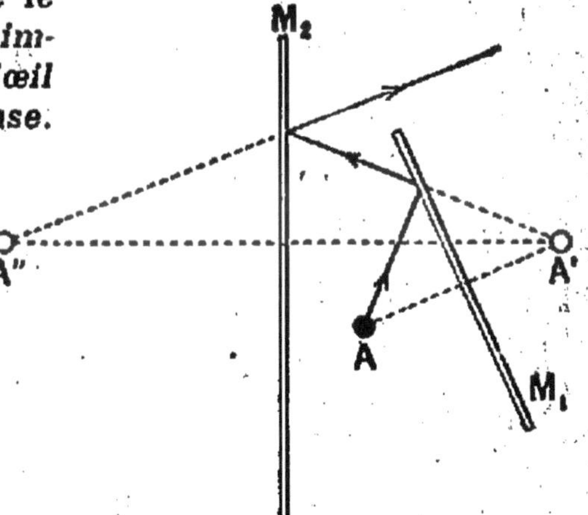

FIG. 184. — ASSOCIATION DE MIROIRS PLANS. *Chacune des images : A' par exemple, fonctionne à son tour comme objet ; et donne, dans le miroir suivant, une nouvelle image A''.*

392. **Association de miroirs.** — Les considérations qui précèdent permettront facilement d'expliquer les effets obtenus par une combinaison de deux miroirs (fig. 184).

En se réfléchissant sur l'un ou l'autre des deux miroirs, les rayons émis par l'objet lumineux A donnent une image virtuelle A'. Chacune de ces images fonctionne évidemment, à son tour, comme un nouvel objet et fournit par suite une nouvelle image A'', sur laquelle on peut reprendre le même raisonnement. Chacune des images ainsi obtenues est la symétrique, par rapport au miroir qui la donne, de l'image précédente, qui avait été fournie par l'autre miroir.

Bornons-nous à signaler à ce propos les effets donnés par

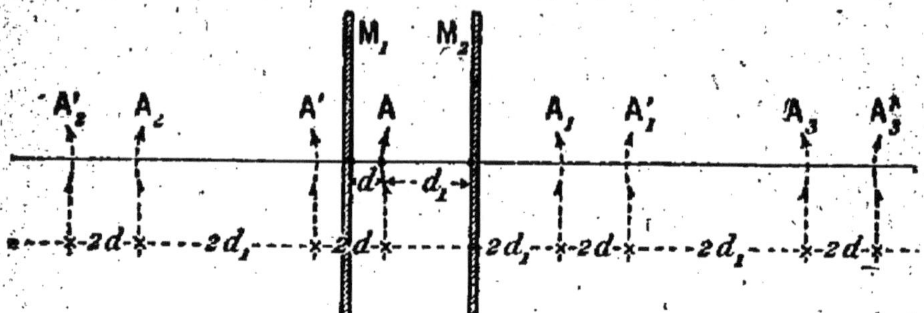

FIG. 185. — IMAGES DONNÉES PAR DEUX MIROIRS PLANS PARALLÈLES.
On voit dans chacun des miroirs une suite indéfinie d'images, disposées par groupes de deux, et alternativement symétriques et superposables à l'objet.

deux glaces parallèles dont les faces réfléchissantes sont en regard l'une de l'autre.

— L'objet A placé entre deux miroirs parallèles M_1 et M_2 (fig. 185) donne d'abord dans l'un d'eux M_1 une image symétrique A'. Tout se passe ensuite comme si un groupe de deux objets A, A' se trouvait devant le miroir M_2 qui en donne le groupe d'images symétriques A_1 A'_1. Celles-ci à leur tour forment un nouveau groupe d'images A_2, A'_2 dans le miroir M_1; et ainsi de suite. Si les réflexions successives n'atténuaient la lumière, on verrait donc dans chacun des miroirs une *suite indéfinie* d'images alternativement symétriques et superposables à l'objet.

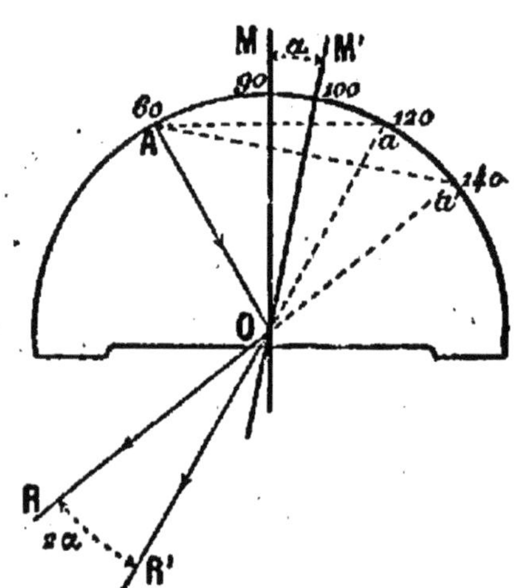

FIG. 186.
PROPRIÉTÉ DES MIROIRS TOURNANTS.
L'image a d'un point A tourne d'un angle double de celui dont a tourné le miroir.

393. Miroirs tournants. — Reprenons l'expérience fondamentale du § 385.

La glace réfléchissante étant normale au demi-cercle suivant la ligne o-90, nous avons observé que l'image *a* d'un point A situé devant la division 60, se faisait devant la division 120. La ligne A*a* est alors normale au plan de la glace (fig. 186).

Laissons le point lumineux A à la même place, mais orientons maintenant la glace suivant le rayon 0-100 du cercle : la glace aura alors tourné de 10 degrés autour de l'axe O du cercle. Dans ces conditions l'image *a'* de A se sera aussi déplacée : on la retrouve alors en regard de la division 140; c'est-à-dire qu'elle a tourné elle-même d'un angle double.

Ainsi donc, ***quand un miroir plan tourne d'un certain angle autour d'un axe, l'image d'un objet dans ce miroir tourne elle-même d'un angle double autour du même axe.***

Cette propriété des miroirs tournants trouve son application dans un grand nombre d'appareils de mesure (voir galvanomètre, § 653).

CHAPITRE IV

MIROIRS SPHÉRIQUES

394. **Définitions.** — Les ***miroirs sphériques*** (fig. 187) sont des calottes sphériques, formées d'une surface réfléchissante en métal ou en verre argenté.

Le centre C et le rayon CS de la sphère, dont le miroir fait partie, sont appelés ***centre du miroir*** et ***rayon du miroir***.

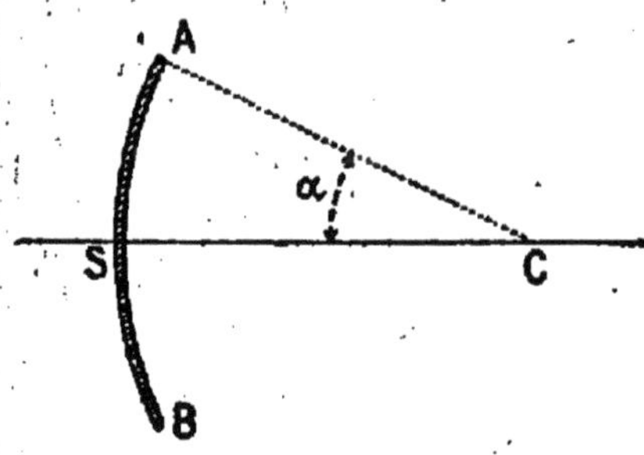

FIG. 187.
MIROIR SPHÉRIQUE CONCAVE.
C est le centre; S, le sommet du miroir; CS, l'axe principal; α, l'angle d'ouverture.

La perpendiculaire CS, abaissée du centre C sur la base AB de la calotte sphérique, s'appelle l'***axe principal*** du miroir.

Le point de rencontre S de l'axe et du miroir s'appelle le ***sommet*** du miroir.

On appelle ***ouverture*** du miroir l'angle ACS $= \alpha$, générateur du cône qui a pour sommet le centre C et pour directrice le contour AB du miroir.

Enfin, un miroir sphérique peut être ***concave*** ou ***convexe***, suivant que sa surface réfléchissante est tournée vers le centre du miroir ou vers le côté opposé.

Nous ne nous occuperons ici que des miroirs concaves qui seuls présentent un intérêt pratique.

395. **Ce qu'il faut entendre par le mot : Image.** — Avant d'étudier les propriétés des miroirs, il est nécessaire d'insister une fois de plus sur les caractères auxquels satisfait une véritable ***image***.

Supposons, pour fixer les idées, que l'objet soit réduit à un point lumineux A, placé devant le miroir. Quel que soit ce miroir, l'œil qui recevra les rayons réfléchis n'utilisera que le faisceau lumineux *très étroit* qui pénètre dans la pupille. Ces rayons sembleront alors toujours venir d'un certain point *a*.

Cela ne suffit pas cependant pour qu'il y ait une véritable image; il faut encore que ce point *a* ne varie pas, si l'on change la position de l'œil de façon à recevoir d'autres pinceaux lumineux. ***Il faut donc, pour qu'il y ait image, que tous les rayons issus du point objet A passent, après s'être réfléchis, par un même point a, qui reste le même, quand on déplace l'œil.*** — Quand il en est ainsi, ce point *a* prend le nom d'image. Les boules de jardin ne satisfont pas à cette condition. Elles ne donnent donc pas de véritables images.

Nous n'étudierons dans ce qui suivra que les propriétés des miroirs sphériques ***de faible ouverture***. Seuls, ils donnent de véritables images.

596. **Images virtuelles.** — Tout près d'un miroir sphérique ***concave*** approchons une bougie allumée (fig. 188).

Le miroir nous en donne une image légèrement agrandie, qui nous semble placée ***derrière*** le miroir, et qui, par conséquent, n'est qu'une illusion d'optique.

Cette image est tout à fait comparable à celle que donne un miroir plan. — Nous dirons que c'est une ***image virtuelle.***

Cela veut dire que cette image est formée par des rayons qui, partis du point objet Q, ***semblent, après réflexion, provenir*** d'un autre point Q', situé derrière le miroir (fig. 189).

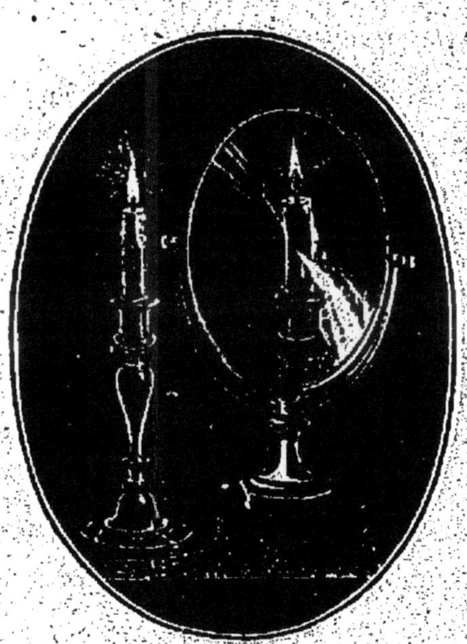

FIG. 188. — IMAGE VIRTUELLE.
Quand on place une bougie tout près d'un miroir concave, on voit derrière ***le miroir une image droite et agrandie*** *de la bougie.*

Remarquons que cette image se distingue cependant de celles que donnent les miroirs plans, en ce qu'elle est plus grande que l'objet et située plus loin derrière le miroir. Elle n'est plus symétrique de l'objet par rapport à la surface du miroir.

397. Images réelles. — On peut, avec les miroirs sphériques concaves, observer des images d'une autre nature.

En effet, éloignons progressivement la bougie de notre miroir concave. Nous constatons tout d'abord que l'image virtuelle grandit et semble s'éloigner elle-même.

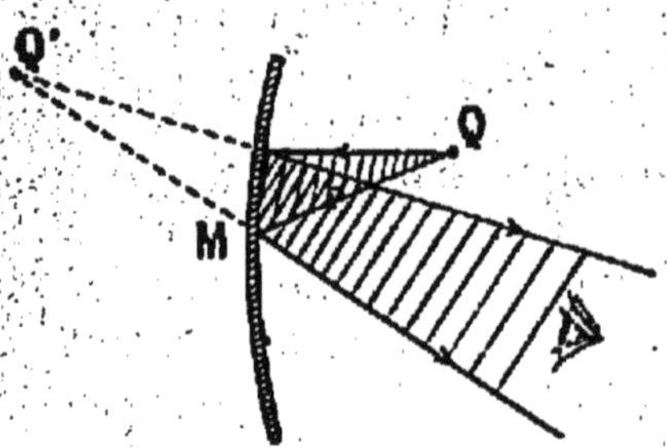

FIG. 189. — MARCHE DE RAYONS DONNANT UNE IMAGE VIRTUELLE DANS UN MIROIR CONCAVE.
Les rayons issus du point Q arrivent à l'œil, après réflexion, comme s'ils venaient d'un point Q' situé derrière *le miroir.*

Quand la bougie a dépassé un certain point, nous ne voyons plus derrière le miroir qu'une lueur dont la forme est tout à fait indécise et qui ne peut être considérée comme une véritable image virtuelle.

Déplaçons encore un peu la bougie dans le même sens; et déplaçons-nous en ayant la précaution de recevoir sur un écran de papier blanc la lueur renvoyée par le miroir, c'est-à-dire le faisceau des rayons réfléchis.

Nous obtiendrons facilement une position pour laquelle l'image de la bougie viendra nettement *se peindre* sur l'écran (fig. 190).

FIG. 190. — OBSERVATION D'UNE IMAGE RÉELLE.
Une image réelle est visible de tous côtés, lorsqu'on la reçoit sur un écran blanc diffusant.

Nous avons obtenu une nouvelle image différente des précédentes. On dit que c'est une *image réelle.*

Chacun des points de cette image se trouve sur le trajet *réel* des rayons réfléchis provenant du point correspondant de l'objet.

Ainsi, en Q′, nous avons l'image réelle du sommet Q de la flamme, parce que tous les rayons partis du point Q sont

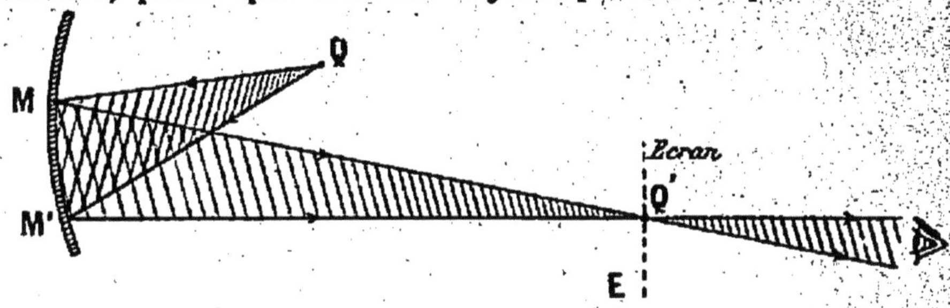

FIG. 191. — MARCHE DE RAYONS DONNANT UNE IMAGE RÉELLE DANS UN MIROIR CONCAVE.
Les rayons issus du point Q de l'objet concourent après réflexion en un point Q' situé devant *le miroir.*

venus, après réflexion sur le miroir, passer réellement au point Q′ (fig. 191).

L'image réelle, ainsi obtenue sur un écran, pourra alors être vue par diffusion dans toutes les directions, quel que soit le point d'où l'on regarde l'écran.

Cette même image peut être aperçue également, sans le concours d'un écran, en plaçant l'œil dans le faisceau des rayons réfléchis. On la verra alors se former à l'endroit même où l'écran devrait être placé, pour réaliser l'expérience précédente.

Mais, nous emploierons de préférence le premier procédé d'observation, qui est plus facile, peut être suivi par tout un auditoire, et qui, enfin, se prête mieux aux mesures.

398. Un miroir donne toujours une image d'un objet lumineux. — Tirons des résultats précédents une conclusion générale très importante :

Si l'on vient à déplacer l'objet lumineux par rapport au miroir, l'image peut se déplacer; elle peut même s'éloigner indéfiniment; elle peut être droite ou renversée; elle peut grandir ou diminuer; elle peut changer de nature, être réelle ou virtuelle. *Il y a toujours une image,* dont on peut suivre le déplacement et les transformations graduels.

399. Objet virtuel. — Nous avons donc été conduits par l'expérience à distinguer l'*image réelle* et l'*image virtuelle*.

Une distinction analogue peut se faire à propos de l'objet. Supposons que, sur le trajet des rayons réfléchis par un miroir concave M (fig. 192) et en avant de l'image réelle Q',

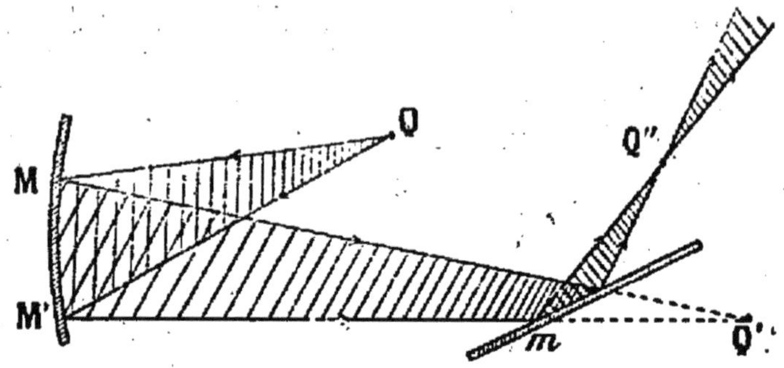

FIG. 192. — OBJET VIRTUEL.
L'image réelle Q', que l'on empêche de se former, joue, par rapport au miroir m, *le rôle d'un* objet virtuel.

donnée par ce miroir, nous placions un second miroir quelconque *m*. Supposons, pour simplifier, que ce soit un miroir plan.

Dans ce cas, l'image réelle Q', donnée par le miroir concave, ne pourra plus se former. Mais, le miroir *m* est frappé par des rayons qui, de nouveau réfléchis, vont former une image réelle en Q''.

Nous devons dire que Q'' est une image réelle donnée par le petit miroir plan *m*.

Nous considérerons Q'' comme étant l'image du point Q', où les rayons incidents sur le petit miroir auraient été converger, si on ne les avait pas arrêtés.

Relativement au miroir *m*, Q'' est donc une image réelle ; — Q' est l'objet correspondant. ***Cet objet n'a aucune existence matérielle ; nous dirons que c'est un objet virtuel.***

400. Objet réel et objet virtuel ; image réelle et image virtuelle. — ***Un point sera donc désigné sous le nom d'image, toutes les fois qu'il sera commun à tous les rayons d'un faisceau réfléchi, provenant primitivement d'un point lumineux.***

Un point sera désigné sous le nom d'objet lumineux, toutes les fois qu'il sera commun à tous les rayons d'un faisceau lumineux incident.

L'image est *réelle*, si elle est sur le parcours réel des rayons réfléchis.

L'objet est *réel*, si les rayons incidents en partent réellement.

Dans le cas contraire, l'objet ou l'image sont dits virtuels.

401. Application des définitions précédentes au miroir plan. — Appliquons ce qui précède au cas du miroir plan.

Nous savions déjà qu'un miroir plan donne d'un objet réel une image virtuelle, symétrique de l'objet.

Le principe du retour inverse de la lumière et l'examen de la figure 192 nous permettent d'ajouter :

Un miroir plan m donne d'un objet virtuel Q', une image réelle Q'', symétrique de l'objet.

L'expérience se réalise sans difficultés.

402. Dispositif expérimental. — Nous emploierons, pour notre étude, des miroirs de verre, très minces, non argentés et par conséquent transparents.

Sans doute, les images que nous obtiendrons ainsi seront moins lumineuses ; mais nous corrigerons ce défaut, en choisissant des objets très éclatants : bougie ou lampe électrique.

Nous y gagnerons de pouvoir repérer non seulement les images réelles que l'on peut toujours recueillir sur un écran, mais aussi les images virtuelles, en opérant sensiblement comme nous avons déjà fait pour les miroirs plans (§ 386).

403. Foyers secondaires. Foyer principal. Première propriété. — Considérons le soleil comme un objet lumineux, infiniment éloigné.

Tournons vers lui la concavité du miroir. Si l'on reçoit le faisceau réfléchi sur un petit écran, nous observons que les rayons renvoyés par le miroir donnent une petite image réelle, circulaire, ayant son centre en un certain point Φ (fig. 193) ; on dit que le point Φ est un *foyer secondaire* du miroir. On pourrait facilement enflammer des substances combustibles placées en ce point : ce qui explique suffisamment l'origine de ce nom « *foyer* ».

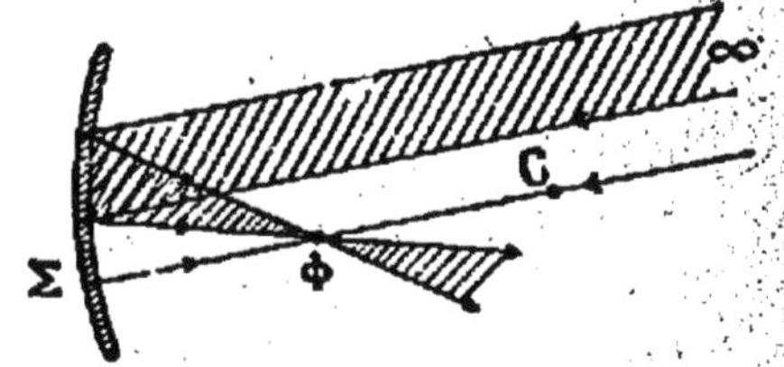

FIG. 193. — FOYER RÉEL DANS LES MIROIRS CONCAVES.
Un foyer est l'image d'un point infiniment éloigné.

Ce point se trouve en ligne droite avec le centre du soleil et le centre du miroir. L'expérience montre, en outre, qu'il est à égale distance du miroir et du centre.

Les rayons qui nous viennent du centre du soleil peuvent être regardés comme parallèles entre eux; on peut donc dire que :

Tout faisceau de rayons parallèles qui frappe un miroir concave concourt, après réflexion, en un point Φ, qui se trouve sur la parallèle menée par le centre du miroir à la direction des rayons incidents, et à égale distance du centre et du miroir.

404. Application du principe du retour inverse des rayons lumineux. Seconde propriété des foyers. Foyer principal. — Si nous appliquons maintenant au cas que représente la figure 193 le principe du retour inverse de la lumière, nous obtiendrons la figure 194, sur laquelle nous voyons que :

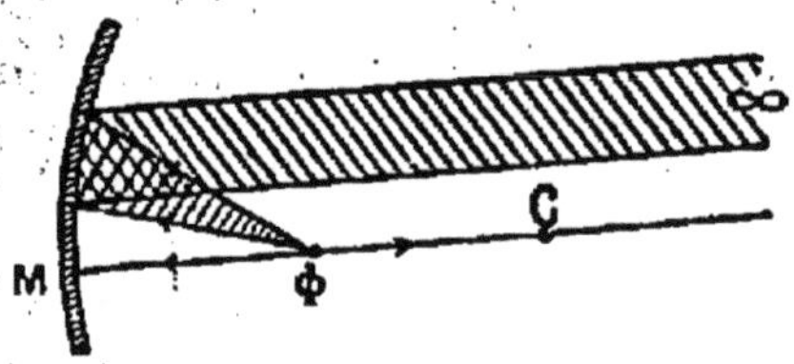

FIG. 194. — FOYER RÉEL DANS LES MIROIRS CONCAVES. PROPRIÉTÉ RÉCIPROQUE.
Un faisceau de rayons partis du foyer Φ est transformé par le miroir en un faisceau de rayons parallèles.

Réciproquement, tout faisceau émis par un point Φ, situé à égale distance du centre et du miroir, donne, après réflexion, un faisceau parallèle à la direction ΦC.

Nous avons vu qu'en réserve le nom ***d'axe principal*** du miroir à la ligne droite qui joint le centre C et le sommet S.

De même, on appelle ***foyer principal*** du miroir, point F qui se trouve sur l'axe principal, au milieu de SC.

405. **Construction de l'image d'un point dans les miroirs concaves.** — Nous pouvons maintenant construire graphiquement l'image Q′ d'un point Q et, par conséquent, d'un objet quelconque dans un miroir concave (fig. 195).

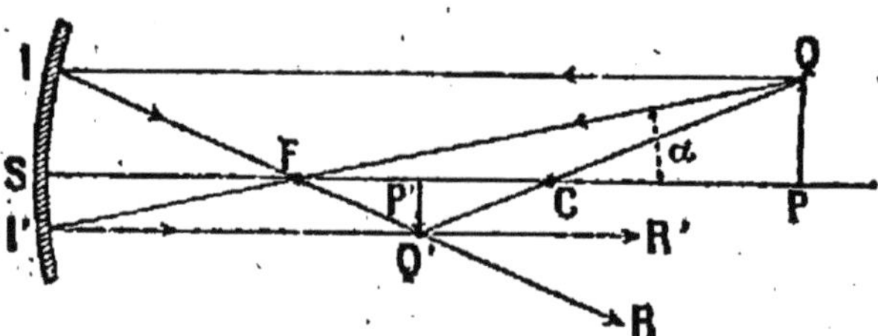

FIG. 195. — CONSTRUCTION GÉOMÉTRIQUE DE L'IMAGE DANS LES MIROIRS CONCAVES. IMAGE RÉELLE.
Un objet PQ, situé au delà du centre, donne une ***image P′Q′ réelle, renversée, plus petite que l'objet*** *et située entre le centre et le foyer du miroir.*

En effet, nous savons d'abord qu'***il y a une image*** (§ 398); c'est-à-dire que tous les rayons incidents, partis de Q, passent, après réflexion, par un même point, qui est le point cherché, Q'.

Il suffirait, à la rigueur, de savoir construire la marche de deux de ces rayons.

Traçons un des axes du miroir, CS par exemple. Soit F le foyer correspondant, qui pourrait être le foyer principal.

Nous connaissons alors la marche de trois rayons lumineux issus du point Q :

1° Le rayon QI, parallèle à l'axe CS, se réfléchit en passant par le foyer correspondant F.

2° Le rayon QF, passant par le foyer F, se réfléchit suivant I'R', parallèlement à l'axe correspondant SC.

3° Le rayon QC, passant par le centre, rencontrerait la surface du miroir suivant la normale, et, par suite, se réfléchirait sur lui-même.

Les trois droites QC, IF, I'R' doivent concourir en un même point Q'. Ce point Q' est l'image cherchée du point Q.

406. **Construction de l'image d'une droite.** — Il suffit de répéter cette construction pour chacun des points de l'objet, si l'on veut avoir l'image de l'objet.

Dans la pratique, on peut simplifier cette dernière partie de l'opération.

Dans le cas où le miroir donne de bonnes images, l'expérience montre, en effet, que :

L'image d'une petite droite PQ, normale à l'axe principal CS, est aussi une petite droite P'Q', normale au même axe.

Il suffira donc de construire d'abord l'image Q' d'un point Q de la droite lumineuse; puis d'abaisser de Q' une perpendiculaire sur CS, pour avoir l'image P'Q' d'une droite PQ, normale elle-même à l'axe CS.

407. **Positions relatives de l'image et de l'objet, dans le cas des miroirs concaves.** — Reprenons la figure 195 ; il est visible que le quadrilatère QICF étant un trapèze dans lequel le côté CF est moindre que QI, les deux lignes IF et QC se rencontrent *en avant* du miroir. Il résulte de cette construction qu'***un miroir concave donne d'un objet PQ situé au delà du centre une image réelle P'Q', renversée, plus petite que l'objet et située entre le centre et le foyer.***

Le principe du retour inverse de la lumière, appliqué à ce cas, nous indique immédiatement qu'***un objet P'Q' placé entre le foyer et le centre, aurait une image réelle PQ, renversée, plus grande que l'objet et placée au delà du centre.***

C'est le cas que représentent les figures 190 et 195.

Considérons maintenant le cas d'un objet PQ (fig. 196) placé entre le foyer principal F et le miroir lui-même. Répétons mot pour mot la construction indiquée au § 405. Il est visible que dans le trapèze QICF, le côté QI est plus petit que CF; les deux lignes IF et QC se rencontrent alors *derrière* le miroir. Dès lors l'image P'Q' est *virtuelle*.

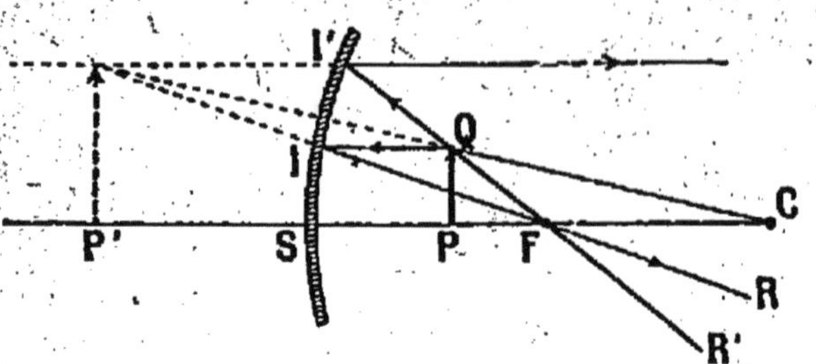

FIG. 196. — CONSTRUCTION GÉOMÉTRIQUE DE L'IMAGE DANS LES MIROIRS CONCAVES. IMAGE VIRTUELLE.
Un objet PQ, situé entre le foyer et le miroir, donne une image virtuelle, droite et agrandie P'Q'.

D'un *objet PQ placé entre le foyer et le miroir concave, celui-ci donne donc une image virtuelle, droite, agrandie*; c'est le cas de l'expérience représentée (fig. 196 et 188).

408. Cas d'un objet virtuel. — Le principe du retour inverse de la lumière, appliqué au cas de la figure 196 nous indique immédiatement qu'*un objet virtuel P'Q' aurait dans un miroir concave une image PQ réelle, droite, rapetissée et comprise entre le foyer et le miroir.*

Un faisceau incident, dont tous les rayons sont dirigés vers le point virtuel Q', donne un faisceau réfléchi dont tous les rayons constituants vont passer réellement par l'image réelle Q.

En résumé, *l'image et l'objet, dans le cas d'un miroir concave, sont toujours situés d'un même côté du foyer; en outre, ils sont toujours séparés l'un de l'autre soit par le centre du miroir, soit par son sommet.*

409. Application pratique des miroirs sphériques. — On emploie les miroirs sphériques concaves dans les lanternes de voiture et dans les grands *projecteurs* utilisés par les marines de guerre.

Le miroir est en métal argenté; le foyer lumineux est placé en son foyer. Après s'être réfléchis sur le miroir, les rayons émis par le foyer forment un faisceau parallèle, capable de parvenir, à de grandes distances, sans diminution notable d'intensité.

Les miroirs sphériques concaves sont également employés dans la construction des *télescopes* dont ils constituent l'organe le plus important.

CHAPITRE V

RÉFRACTION DE LA LUMIÈRE

410. Description du phénomène de la réfraction. — Nous avons déjà expliqué et montré au § 383 en quoi consiste le phénomène de la *réfraction.*

Toutes les fois qu'un faisceau lumineux traverse obliquement une surface polie séparant deux milieux transparents, il change de direction (fig. 197).

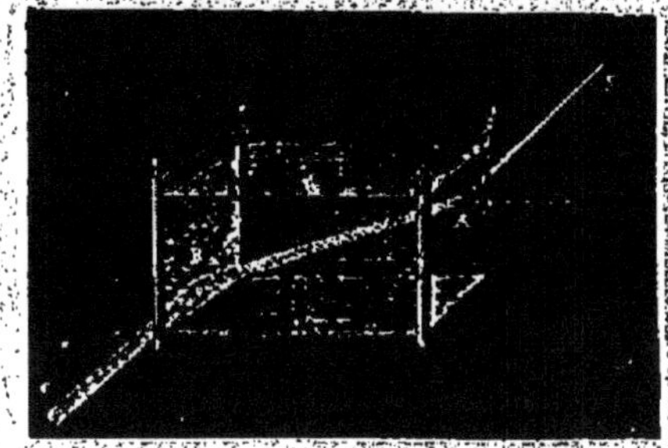

FIG. 197. — RÉFRACTION OBLIQUE.
Un rayon lumineux change de direction, quand il traverse obliquement la surface de séparation de deux milieux transparents.

Il n'y a qu'un cas où le faisceau n'est point dévié : c'est celui où il frappe normalement la surface réfringente (fig. 198).

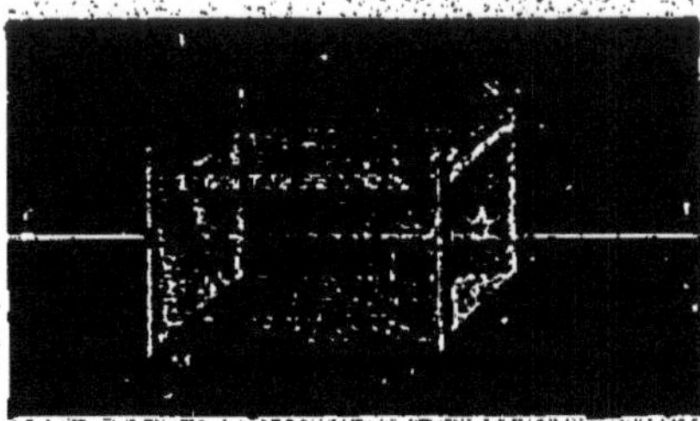

FIG. 198. — RÉFRACTION NORMALE.
Un rayon lumineux n'est pas dévié, quand il frappe normalement la surface de séparation de deux milieux transparents.

411. Appareil permettant d'étudier la réfraction. — On peut étudier les lois de la réfraction, à l'aide d'un appareil facile à construire.

Sur l'équateur d'un ballon en verre (fig. 199), de 20 centimètres de diamètre environ, sont collées bout à bout deux bandes de papier d'égale longueur, divisées chacune en 180 parties égales, c'est-à-dire en degrés. Les divisions 0 sont marquées au milieu des bandes, de telle sorte que les lignes 0-0 et 90-90 forment deux diamètres rectangulaires de l'équateur du ballon.

Dans le fond du ballon est soudée à la cire Golaz une tige de laiton A terminée par un anneau interrompu. Cette tige a été réglée, une fois pour toutes, de manière que l'interruption de l'anneau se trouve exactement au centre I de l'équateur du ballon, c'est-à-dire sur les diamètres o-o et 90-90.

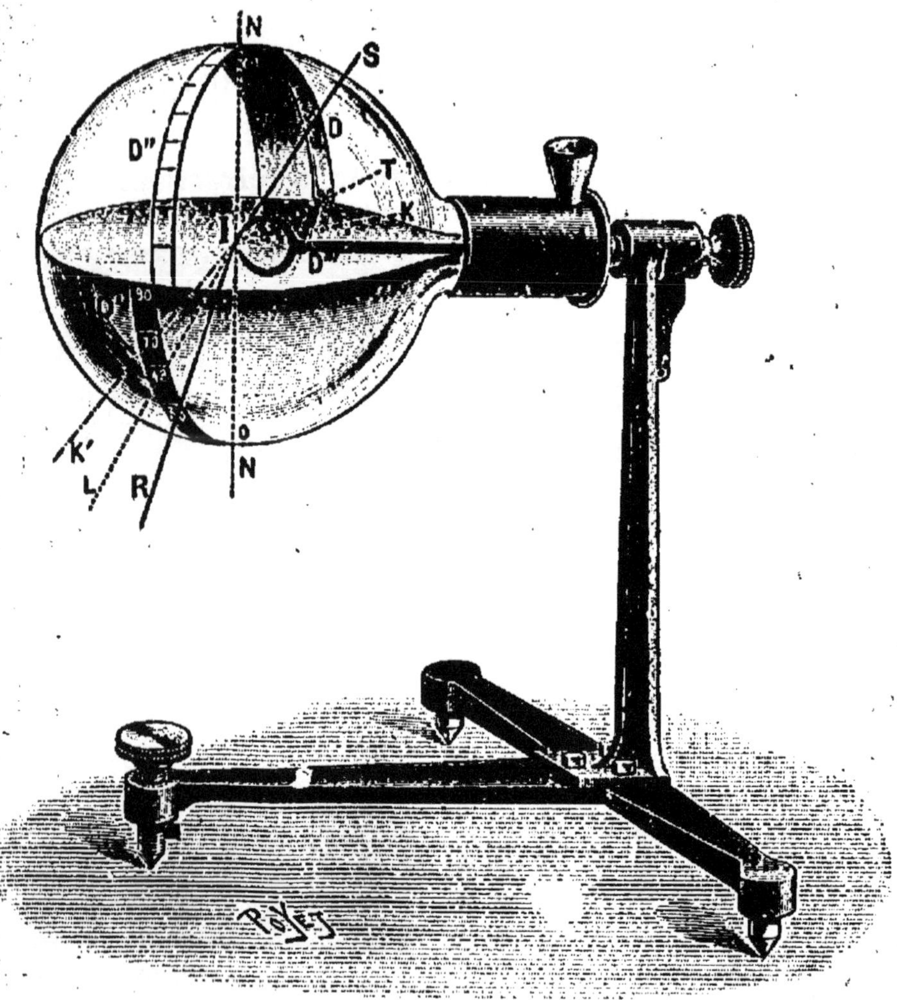

FIG. 199. — APPAREIL POUR LA RECHERCHE DES LOIS DE LA RÉFRACTION. *Les divisions des bandes D et D' qui, pour l'œil visant dans la direction SI, paraissent coïncider simultanément avec le point I, font connaître les angles d'incidence et de réfraction correspondants.*

Le ballon peut tourner autour de son axe; le support de l'appareil, muni d'une vis calante, peut basculer autour d'une direction perpendiculaire à la précédente

On remplit le ballon, à moitié, avec de l'eau qu'on introduit par un entonnoir placé latéralement sur la tubulure. Un réglage facile permet de satisfaire aux deux conditions suivantes : 1° le plan des bandes de papier est vertical; 2° le niveau de l'eau arrive aux divisions 90-90 où se rejoignent ces bandes.

Alors le diamètre o-o se trouve dirigé suivant la verticale au point I.

412. Première loi de la réfraction. — Dirigeons un rayon visuel à travers l'eau, de manière à voir une division de la bande D recouvrir le point I. On observe que le même rayon visuel rencontre la bande D'. Il faut en conclure que :

Le rayon incident* SI, *le rayon réfracté* IR *et la normale* IN *au point d'incidence sont toujours dans un même plan.

Cette première loi est générale et s'applique, quelle que soit la forme de la surface réfringente.

413. Recherche expérimentale de la deuxième loi de la réfraction. — Appelons *angle d'incidence* l'angle SON (fig. 200) que le rayon incident SO forme avec la normale ON.

Appelons *angle de réfraction* l'angle ωON' que le rayon réfracté Oω forme avec la normale ON'.

Notre appareil nous permet de suivre facilement la variation de l'angle de réfraction ωON' $= r$, avec celle de l'angle d'incidence correspondant SON $= i$.

Il suffit, pour cela, de maintenir l'œil dans le plan d'équateur du ballon, et de le déplacer de N' vers N, en notant chaque fois celles des divisions des bandes D et D' qui sont vues simultanément en coïncidence avec le point O (fig. 200).

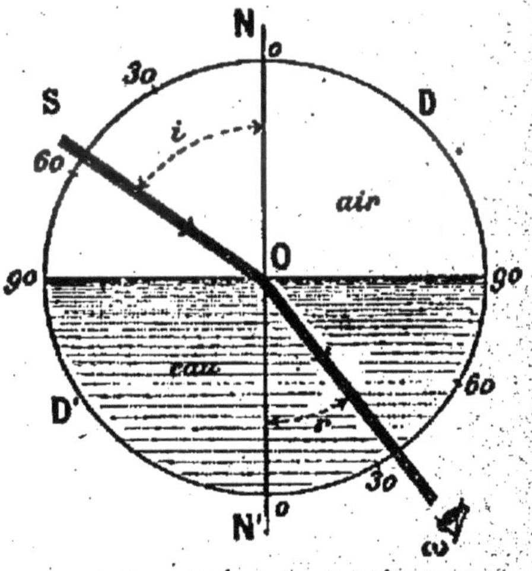

FIG. 200. — OBSERVATION D'UN RAYON QUI SE RÉFRACTE.

Il suffit, pour obtenir les angles d'incidence et de réfraction, de noter les divisions des bandes D et D' qui paraissent en ligne droite avec le point O.

Le numéro lu sur la bande D donne l'angle d'incidence SON $= i$; le numéro lu sur la bande D' donne l'angle de réfraction correspondant ωON' $= r$.

Les mesures peuvent s'effectuer sans difficulté à un demi-degré près.

Nous inscrivons dans les deux premières colonnes du tableau suivant, quelques-unes de ces valeurs correspondantes des angles i et r.

De l'inspection de ce tableau, résultent plusieurs conséquences importantes :

1° ***L'angle d'incidence allant en croissant, l'angle de réfraction va constamment en croissant.***

2° ***L'angle de réfraction croît d'abord proportionnellement à l'angle d'incidence.***

Ainsi, l'angle de réfraction pour l'incidence de 20 degrés est le double de l'angle de réfraction pour l'incidence de 10 degrés. On pourra donc considérer l'angle de réfraction comme proportionnel à l'angle d'incidence, tant que ce dernier restera suffisamment petit.

3° ***L'angle de réfraction finit par croître de moins en moins vite, quand l'angle d'incidence augmente de plus en plus.***

C'est ce que montre immédiatement la troisième colonne du tableau ci-joint.

i	r	VALEURS DU RAPPORT $\frac{r}{i}$
10°	7°,5	0,750
20°	15°	0,750
40°	29°	0,725
60°	40°,5	0,675
80°	47°,5	0,593

414. Étude graphique de la deuxième loi de la réfraction. — On peut maintenant chercher à traduire graphiquement les résultats précédemment obtenus.

Dessinons sur le papier un cercle (fig. 201) qui représentera le plan d'equateur de notre ballon.

Menons le diamètre horizontal de ce cercle; I représentera la surface libre de l'eau dans l'expérience précédente.

Représentons par un tracé les résultats de chacune des expériences précédentes :

Soit, par exemple, NOS un angle de 60 degrés. Menons, à l'aide d'un rapporteur, la droite OR faisant avec ON' l'angle r observé précédemment, soit un angle de 40°,5.

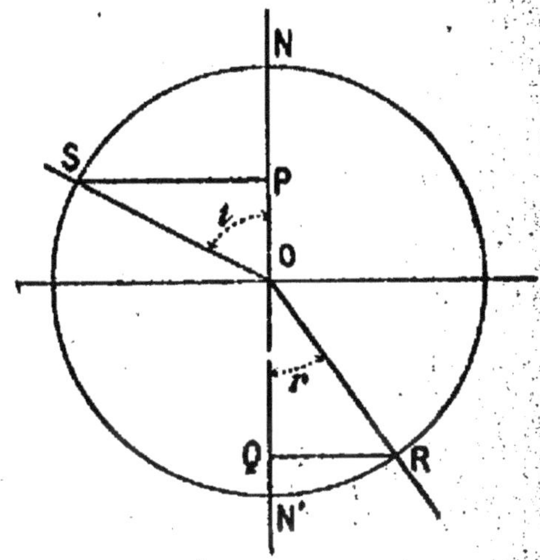

FIG. 201. — LOI DE LA RÉFRACTION.
Quand le rayon incident varie, le rapport des longueurs SP et RQ reste constant.

Abaissons des points S et R les perpendiculaires SP et RQ sur le diamètre NN'; puis avec les deux pointes d'un compas mesurons le plus exactement possible les longueurs de ces deux perpendiculaires. Enfin, calculons le rapport de la première à la seconde, c'est-à-dire $\frac{SP}{RQ}$. Nous le trouverons très voisin de 1,33.

Recommençons la même opération pour chacune des lectures que nous avons faites.

Si nous opérons avec soin, nous trouverons à chaque fois le même nombre 1,33; ou, du moins, les petites différences que nous obtiendrons seront assez faibles pour que nous ne puissions pas répondre qu'elles ne tiennent pas à quelque petite erreur, soit dans nos lectures, soit dans notre construction graphique.

Ainsi, ***la constance*** qui n'existait pas dans le rapport des angles d'incidence et de réfraction, ***nous la trouvons dans le rapport des deux droites SP et RQ,*** qui sont déterminées par chacun de ces angles.

415. **Énoncé de la deuxième loi de la réfraction.** — Pour simplifier le langage, et pour ne pas avoir à rappeler, à chaque fois, la série des opérations que nous venons d'exécuter, nous conviendrons de dire que la droite ***SP mesure le sinus de l'angle d'incidence*** SOP. Nous dirons,

de même, que la droite ***RQ mesure le sinus de l'angle de réfraction*** ROQ.

Comme nous n'avons à prendre que des rapports, peu importe l'échelle à laquelle ces grandeurs sont construites et l'unité de longueur avec laquelle elles sont mesurées.

Il reste alors, comme énoncé de la loi que nous cherchions :

Quand la lumière passe d'un milieu dans un autre, le rapport entre le sinus de l'angle d'incidence et le sinus de l'angle de réfraction conserve une valeur constante.

416. **Indices de réfraction.** — Ce rapport constant est égal à 1,33 dans le cas particulier où le premier milieu est formé par l'air et le second par l'eau.

Dans le cas de l'air et du verre, ce rapport constant est égal à 1,5.

On dit que ***1,33 est l'indice de réfraction de l'eau par rapport à l'air.*** — De même, on dit que ***1,5 est l'indice de réfraction du verre par rapport à l'air.***

On dira qu'un milieu est d'autant ***plus réfringent*** que son indice de réfraction par rapport à l'air est plus élevé.

417. **Retour inverse de la lumière.** — Dirigeons maintenant l'œil suivant SO (fig. 200) : nous observerons encore que la division 40 de la bande D semble coïncider avec la division 29 de la bande D'. Ceci nous montre que si le rayon incident SO se réfracte de l'air dans l'eau suivant OR, inversement le rayon RO se réfractera de l'eau dans l'air suivant OS. En d'autres termes, ***le trajet suivi par un rayon lumineux reste le même, si l'on ne change que le sens de propagation de la lumière.*** C'est le principe du retour inverse de la lumière, déjà énoncé pour la réflexion (§ 391).

Une des conséquences immédiates de ce principe, c'est que ***lorsqu'un rayon lumineux traverse une lame transparente à faces parallèles, il possède, à l'émergence, la même direction qu'à l'incidence.*** Il est seulement déplacé parallèlement à lui-même. Ce déplacement est, d'ailleurs, extrêmement faible si la lame est mince : c'est pourquoi la marche d'un rayon lumineux n'est en rien modifiée par son passage à travers une lame dont l'épaisseur est seulement de quelques dixièmes de millimètre (§ 385).

418. **Définition de l'angle limite.** — En dirigeant, comme nous l'avons expliqué, un rayon visuel vers le point O, dans le plan des deux bandes, on constate que lorsque l'angle d'incidence SON dans l'air augmente, l'angle de réfraction RON'

dans l'eau augmente aussi, mais en restant toujours plus petit.

Lorsque la division de la bande supérieure arrive au voisinage de la surface de l'eau et que, par suite, l'incidence atteint presque 90 degrés, l'angle de réfraction prend une valeur très voisine de 48 degrés.

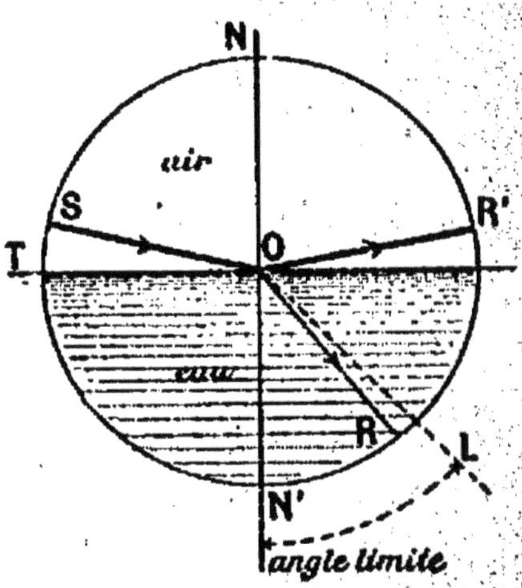

FIG. 202. — RÉFRACTION DANS LE CAS D'UNE GRANDE INCIDENCE.
Le faisceau incident SO se réfléchit presque totalement suivant OR' et ne donne qu'un faisceau réfracté OR très affaibli.

Tous les rayons incidents qui arrivent au point O se trouvent donc, en pénétrant dans l'eau, compris dans un cône N'OL qui a pour axe la verticale au point O et dont l'angle générateur a pour valeur 48 degrés (fig. 202).

Le rayon réfracté sous cet angle de 48 degrés marque la limite des rayons réfractés de l'air dans l'eau : on l'appelle l'***angle limite*** de l'eau. C'est l'angle de réfraction des rayons qui, dans l'air, tomberaient au point O, en rasant la surface réfringente.

419. Réflexion totale. — Considérons maintenant un faisceau lumineux qui se propageant dans l'eau, arrive à la surface de séparation de l'eau et de l'air.

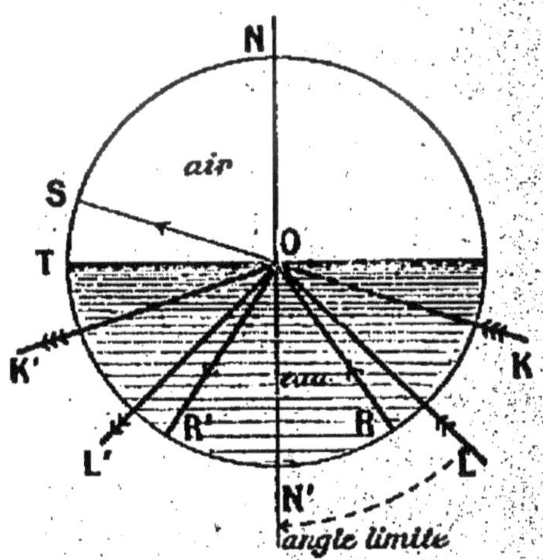

FIG. 203. — RÉFLEXION TOTALE.
Le faisceau KO qui, dans l'eau, frappe la surface sous un angle supérieur à l'angle limite, se réfléchit totalement *suivant OK' et ne donne plus de rayon réfracté.*

D'après le principe du retour inverse des rayons lumineux (§ 417), la réfraction ne sera possible qu'autant que l'incidence des rayons qui cheminent dans l'eau sera moindre que l'angle limite.

Un rayon qui, dans l'eau, serait dirigé suivant l'une des

génératrices OL (fig. 202) du cône limite sortirait, *théoriquement* du moins, en rasant la surface réfringente, suivant OT.

Pratiquement, le rayon émergent OT serait très notablement affaibli.

Un rayon KO (fig. 203), tombant sous une incidence supérieure *à l'angle limite*, ne donne plus de rayon réfracté dans l'air. Toute la lumière incidente est alors réfléchie suivant OK' et reste dans l'eau. ***La réflexion d'un rayon qui chemine dans l'eau est donc totale toutes les fois qu'il frappe la surface sous une incidence égale ou supérieure à l'angle limite.***

FIG. 204. — EXPÉRIENCE DE RÉFLEXION TOTALE. *En regardant, par dessous, la surface de l'eau, on aperçoit l'image de la cuiller, réfléchie comme dans un véritable miroir.*

Ce phénomène s'observe aisément : on remplit d'eau un verre à boire et on y plonge une cuiller (fig. 204); en regardant par-dessous la surface du liquide, on voit dans celle-ci l'image réfléchie de la partie de la cuiller qui est plongée dans l'eau; et cette image est aussi brillante que celle que donnerait le miroir le mieux argenté.

Étant donnés deux milieux transparents au contact l'un de l'autre, la réflexion totale ne peut se produire que dans le plus réfringent (§ 416) ***de ces deux milieux; à deux milieux donnés correspond une valeur particulière de l'angle limite.***

Pour le verre au contact de l'air, l'angle limite est de 42 degrés.

La réflexion totale peut de même se produire dans le verre, au contact de l'eau; l'angle limite est alors de 62 degrés.

420. Prisme à réflexion totale. — On désigne sous ce nom un prisme en verre dont la section droite est un triangle rectangle isocèle. On l'emploie dans certains appareils au lieu d'un miroir plan, toutes les fois qu'il est nécessaire d'éviter des pertes de lumière par réflexion.

Il est aisé d'en comprendre le rôle optique.

Considérons, en effet, un faisceau lumineux OI tombant normalement sur une des faces AB de l'angle droit (fig. 205).

Ce faisceau pénétrera dans le verre sans presque s'affaiblir, puis il viendra frapper la face hypoténuse sous un angle de 45 degrés qui est supérieur à l'angle limite (42 degrés). Dès lors, il y aura réflexion totale et le faisceau réfléchi, renvoyé normalement à l'autre face AC de l'angle droit, sortira dans l'air en conservant son intensité.

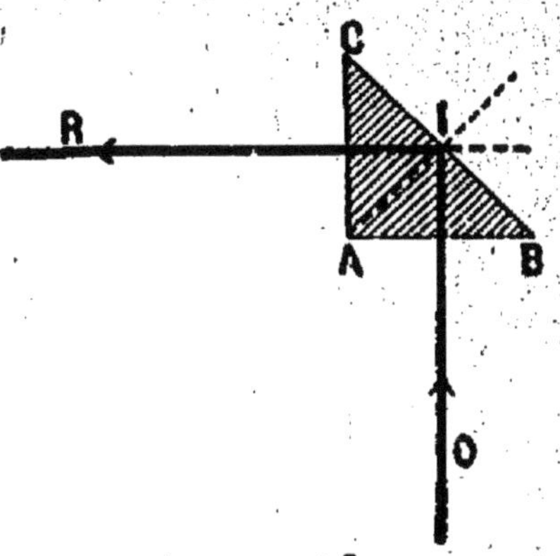

FIG. 205.
PRISME A RÉFLEXION TOTALE.
Le faisceau OI subissant la réflexion totale en I, le prisme joue le même rôle qu'un miroir plan qui occuperait la place de sa face hypoténuse BC.

Le prisme fonctionne dans ces conditions comme un miroir plan parfaitement réflecteur qui occuperait la place de la face hypoténuse.

Si donc l'œil est placé sur le trajet du faisceau émergent IR, on apercevra dans le prisme une image virtuelle et très brillante des objets qui se trouvent dans la direction IO.

Le prisme à réflexion totale a comme avantages : sur les miroirs plans métalliques, de ne pas s'oxyder à l'air, et sur les miroirs de verre étamés, de ne pas donner d'images multiples.

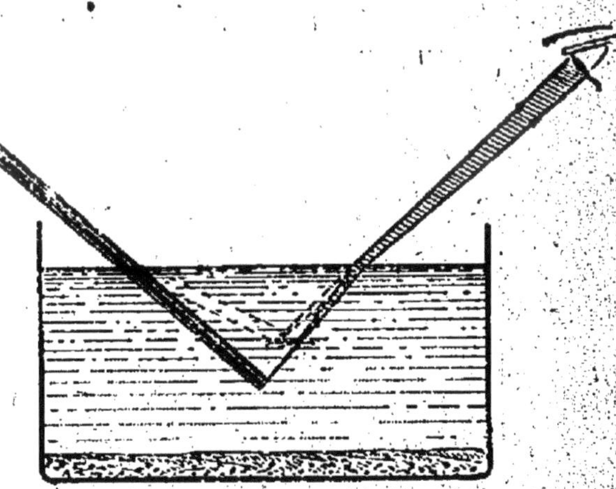

FIG. 206. — EXPÉRIENCE DU BATON BRISÉ.
La partie immergée paraît relevée vers la surface libre de l'eau.

421. Effet de la réfraction. Relèvement apparent des objets immergés. — Lorsqu'on regarde un objet immergé dans le fond d'un vase rempli de liquide, cet objet semble se rapprocher de la surface libre du liquide. Par exemple, un bâton plongé dans l'eau paraît brisé au niveau de la surface et son extrémité inférieure semble relevée (fig. 206).

Cet effet est facile à expliquer : les rayons lumineux, tels que LA, LB, qui viennent d'un point L situé dans le liquide (fig. 207), s'écartent de la normale en pénétrant dans l'air et paraissent alors provenir d'un point L' situé plus haut que le point L.

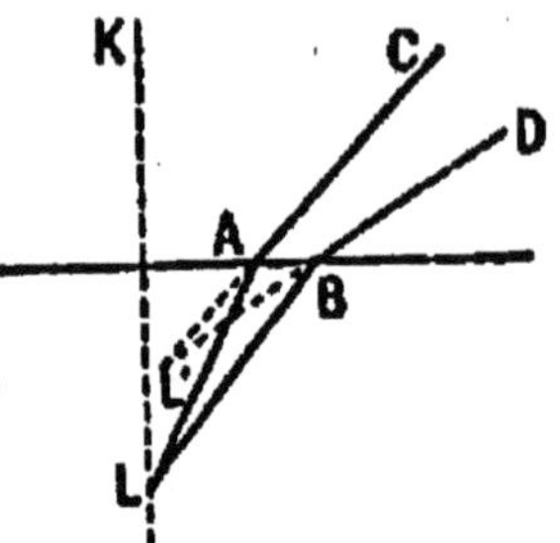

FIG. 207. — EXPLICATION DE L'EXPÉRIENCE DU BATON BRISÉ.

Le relèvement apparent du point en L' tient à ce que les rayons émis par ce point s'écartent de la normale en pénétrant dans l'air.

Toutefois, la réfraction à travers une seule surface plane ne donne pas, en général, de véritables images; il est facile, en effet, de s'assurer que, si on incline l'œil vers la direction de la surface du liquide, le point L' semble se relever de plus en plus.

Cependant l'expérience montre que si on n'utilise pour la vision que des rayons de faible incidence, c'est-à-dire ***si l'on regarde le point*** L ***presque normalement à travers la surface, on observe sur la normale*** KL ***une véritable image de ce point.***

Un objet, plongé à une profondeur de 4 mètres dans l'eau, paraît situé à une profondeur de 3 mètres seulement. Plongé à une profondeur h dans un liquide, dont l'indice de réfraction est n, il paraît situé à une profondeur égale à $\frac{h}{n}$.

CHAPITRE VI

LENTILLES

1. — DÉFINITIONS ET PRINCIPES GÉNÉRAUX

422. Définition des lentilles. — La plupart des appareils d'optique comportent des *lentilles*. Ce sont habituellement des ***portions de verre ou de cristal, limitées par deux surfaces, dont l'une au moins est sphérique, et dont l'autre peut être plane ou sphérique.***

D'après cette définition, les lentilles peuvent avoir des formes assez diverses.

423. Lentilles à bords minces. — Si nous considérons, en effet, la partie commune à deux sphères qui se coupent (fig. 208) on voit aisément que, suivant la position des

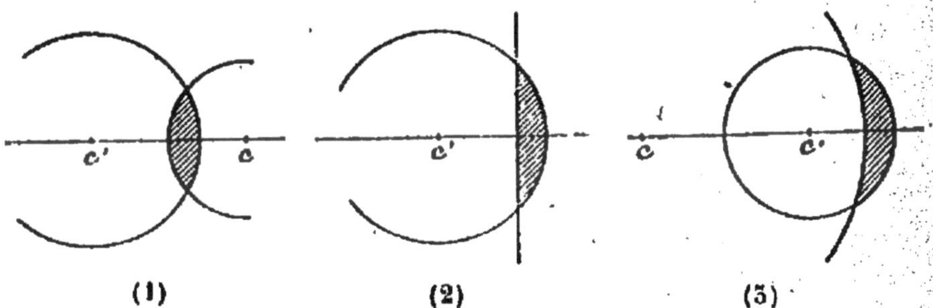

FIG. 208. — PREMIER GROUPE DE LENTILLES : LENTILLES CONVERGENTES.
Toutes ces lentilles sont plus épaisses au milieu que sur les bords.

centres et la grandeur des rayons, cette partie commune peut être convexe sur ses deux faces (1), convexe sur l'une et plane sur l'autre (2), ou enfin convexe sur l'une et concave sur l'autre (3).

Les trois formes de lentilles de la figure 208 ont un caractère commun. Elles sont plus épaisses au milieu que sur les bords. Ces *lentilles* sont dites ***à bords minces*** ou à ***centre épais.***

424. Lentilles à bords épais. — Au contraire, si nous considérons maintenant deux sphères qui ne se coupent pas (fig. 209), et si nous supposons l'espace compris entre elles occupé par un milieu réfringent, nous pouvons avoir une lentille concave sur ses deux faces (1'), concave sur l'une et plane sur l'autre (2'), ou enfin, concave sur l'une et convexe sur l'autre (3').

Ces trois nouvelles formes de lentilles, à l'inverse des

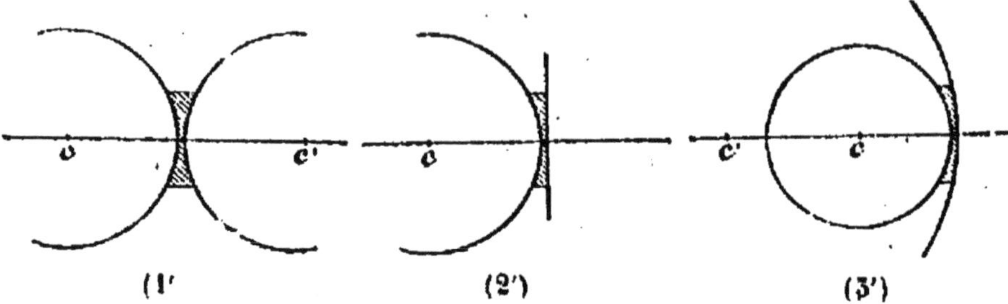

FIG. 200. — SECOND GROUPE DE LENTILLES : LENTILLES DIVERGENTES.
Toutes ces lentilles sont plus minces au milieu que sur les bords.

précédentes, sont ***plus épaisses sur les bords*** qu'en leur milieu. Ce sont des ***lentilles à bords épais*** ou à ***centre mince.***

425. **Restrictions nécessaires qu'il faut apporter à la définition des lentilles usuelles.** — Mais, toutes les lentilles, que l'on pourrait construire d'après les définitions précédentes, ne fourniraient pas de bons résultats.

Les lentilles très épaisses ne sont presque jamais employées. — De même, celles dont les faces couvriraient une fraction trop grande de la surface des sphères dont elles font partie. On dit de ces dernières que leurs faces sont de trop grande ***ouverture.*** — Les unes et les autres ne donneraient que des images de mauvaise qualité.

Nous supposerons donc toujours, par la suite :

1° Que l'***ouverture des faces est très faible***;

2° Que l'***épaisseur de la lentille, en son milieu, ne dépasse pas quelques millimètres*** (quand bien même il s'agirait de celle que l'on désigne sous le nom de lentille à centre épais).

426. **Définitions de l'axe principal et du centre optique d'une lentille.** — On appelle ***axe principal*** d'une lentille la droite qui joint les centres *c* et *c'* des deux sphères terminales.

Le point de rencontre de cette droite et de la lentille (considérée comme infiniment mince) s'appelle ***centre optique*** de la lentille, ou, plus simplement, centre de la lentille.

127. Les lentilles donnent de véritables images des objets. — Choisissons d'abord le cas d'une lentille à bords minces. Montrons comment on peut constater la production d'une image par cette lentille.

La lentille C est montée sur un pied vertical xy (fig. 210).

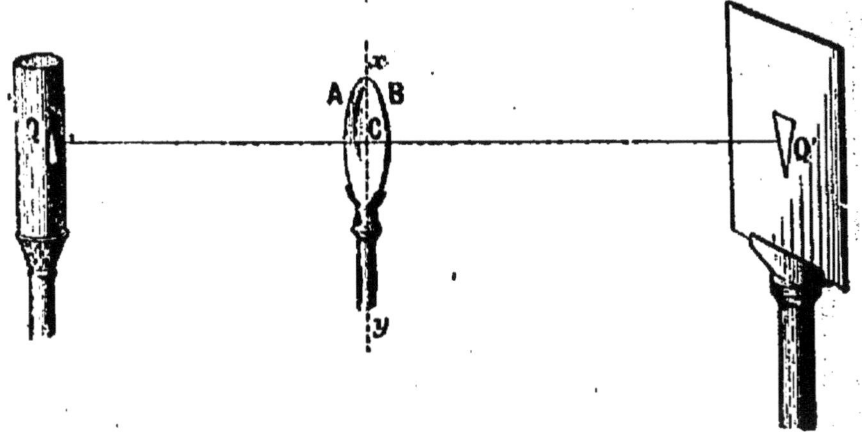

FIG. 210. — ÉTUDE EXPÉRIMENTALE DES LENTILLES.

Les positions de l'objet Q et de la lentille AB étant fixes, on cherche la position à donner à l'écran, pour que l'image Q' de l'objet Q soit la plus nette possible.

A quelque distance disposons une source lumineuse Q : flamme d'une bougie ou fente découpée dans une cheminée de clinquant, entourant un bec de gaz allumé.

Recevons sur un écran les rayons qui, venus de l'objet lumineux, ont traversé la lentille, en se réfractant successivement à travers ses deux faces.

Si l'objet lumineux est assez éloigné de la lentille, il sera possible de trouver une position de l'écran, telle que le faisceau réfracté y dessine une image ***réelle*** et renversée de l'objet lumineux. Cette image pourrait d'ailleurs se voir directement, sans le concours d'un écran, si l'on plaçait l'œil dans la direction même des rayons qui la produisent.

Rapprochons maintenant l'objet de la lentille. L'image change de grandeur et de position. Il arrive un moment, toutefois, où l'on ne peut plus recueillir d'image réelle sur un écran. Quelle que soit la position de celui-ci, le faisceau réfracté n'y dessine plus qu'une tache éclairée, aux contours imprécis. Dans ces conditions, la lentille ne donne plus d'image réelle.

Mais, si l'on place l'œil sur le trajet des rayons émergents, on observe que ceux-ci semblent provenir d'une image Q' (fig. 212), qui est située derrière la lentille, c'est-à-dire du même côté de la lentille que l'objet lui-même. Cette image est droite et agrandie. Elle reste fixe, quand on déplace l'œil. Il est d'ailleurs bien évident qu'elle n'a aucune existence réelle. C'est une véritable image ***virtuelle***.

On réaliserait aisément des expériences analogues avec les lentilles du second groupe.

Concluons :

Une lentille donne de véritables images des objets lumineux.

La grandeur et la position de l'image dépendent de la distance de l'objet à la lentille.

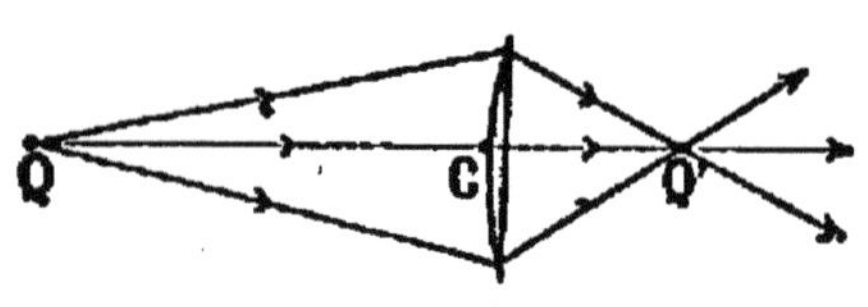

FIG. 211. — FORMATION DE L'IMAGE RÉELLE PAR UNE LENTILLE.
Les rayons qui viennent du point Q concourent réellement en un point Q' à leur sortie de la lentille.

Comme dans le cas des miroirs, l'image peut se présenter dans deux conditions différentes, qu'il importe de nettement distinguer :

1° Ou bien l'image d'un point lumineux Q est formée par le point de concours réel Q' des rayons réfractés (fig. 211). On peut recueillir cette image sur un écran placé au point Q'. On dit alors que l'image est ***réelle***.

2° Ou bien cette image est formée par le prolongement géométrique Q' des rayons réfractés (fig. 212). Les rayons réfractés n'ont donc pas passé réellement par ce point Q'. Un écran placé en ce point n'y recueille pas l'image considérée. Mais un œil placé au delà de la lentille reçoit les rayons, comme s'ils venaient tous de Q'. On dit que Q' est une image ***virtuelle***.

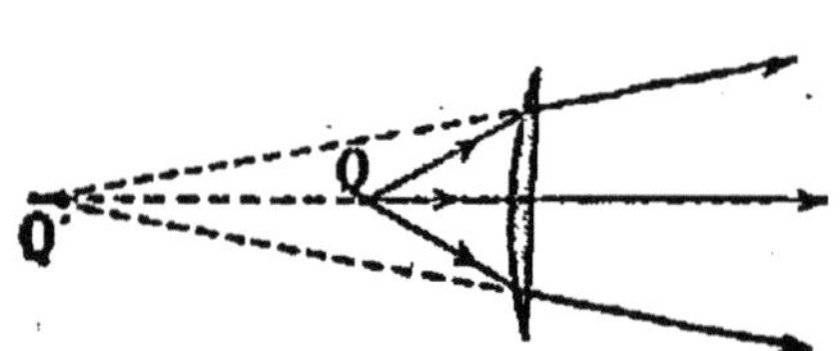

FIG. 212. — FORMATION DE L'IMAGE VIRTUELLE PAR UNE LENTILLE.
Les rayons qui viennent du point Q semblent, à leur sortie de la lentille, venir d'un point Q' situé du côté d'où vient la lumière incidente.

428. **Propriété du centre optique des lentilles.** — Reprenons l'expérience que représente la figure 210 et recueillons aussi exactement que possible sur l'écran l'image réelle Q'

de l'objet Q. Faisons alors tourner la lentille autour de l'axe xy de son support. Si le centre C de la lentille se trouve sur cet axe, ce point restera immobile et l'orientation de la lentille par rapport à l'objet Q se trouvera simplement changée.

On constate ainsi que, ***si le centre de la lentille ne bouge pas, l'image Q' reste immobile et conserve sa netteté tant que l'axe principal de la lentille s'écarte peu de la direction moyenne des rayons qui viennent de l'objet Q.***

Au contraire, l'image Q' perdrait toute netteté si les rayons incidents s'écartaient notablement de l'axe principal.

Ces observations si simples nous conduisent immédiatement aux importantes conclusions suivantes, qui s'appliquent à toutes les formes de lentilles :

420. **Principes généraux de la théorie des lentilles.** — I. ***Les lentilles donnent de véritables images des objets, toutes les fois que ceux-ci ne leur envoient que des rayons peu écartés de l'axe principal.***

II. ***Un point lumineux et son image sont toujours en ligne droite avec le centre C de la lentille.*** Ce point particulier C joue donc le même rôle optique que le centre d'un miroir sphérique, et, pour rappeler ce fait, on donne au centre C de la lentille le qualificatif de ***centre optique.***

III. ***L'image d'une petite droite lumineuse perpendiculaire à l'axe principal*** et dont on peut, par conséquent, regarder tous les points comme équidistants de la lentille, ***est aussi une petite droite normale à l'axe principal.***

2. — ÉLÉMENTS DE LA THÉORIE DES LENTILLES

430. **Foyers des lentilles. Cas des lentilles à bords minces. Lentilles convergentes.** — Prenons une lentille du premier groupe, plus épaisse au milieu que sur les bords.

Tournons l'une de ses faces A vers le Soleil, que nous considérons comme un ***objet*** lumineux, infiniment éloigné.

Nous constatons qu'après avoir traversé la lentille, les rayons, venus du Soleil, donnent une petite image réelle, circulaire, ayant son centre en un certain point Φ' (fig. 213).

Ce point Φ' est un ***foyer réel*** pour la lentille.

Il est en ligne droite avec le centre du Soleil et le centre optique de la lentille.

Le principe du retour inverse de la lumière (§ 417) nous montre immédiatement que les rayons issus d'un point lumineux, qui serait placé en Φ′, sortiraient par la face A de la lentille, en formant un faisceau parallèle à Φ′ C (fig. 214).

Recommençons la même expérience, en tournant maintenant vers le Soleil la face B de la lentille qui, dans l'expérience précédente, jouait le rôle de face de sortie pour les rayons lumineux.

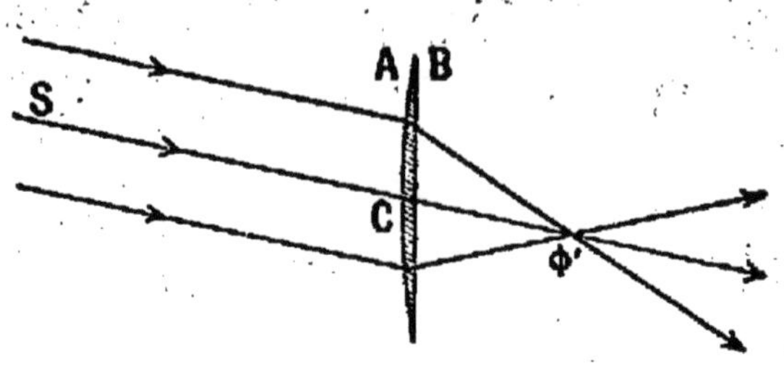

FIG. 213.
FOYER RÉEL DES LENTILLES CONVERGENTES.
A leur sortie de la lentille, des rayons qui étaient parallèles à l'incidence convergent *en un point* Φ′.

Les rayons lumineux, venus du centre du Soleil, vont encore ***converger*** en un certain point. Ce point est à la même distance de la lentille que le foyer précédent : mais il se trouve maintenant du côté de la face A de la lentille.

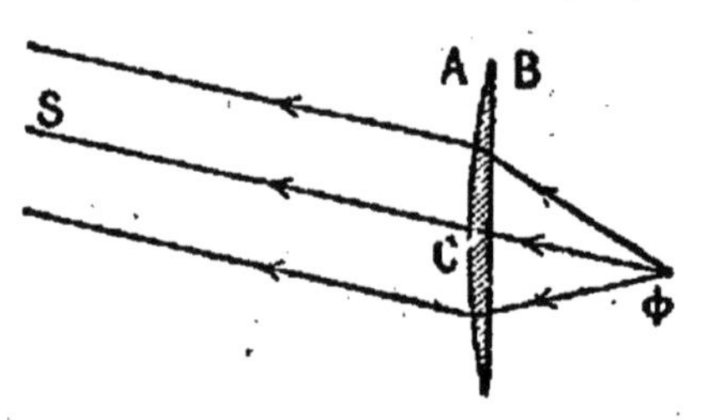

FIG. 214.
FOYER RÉEL DES LENTILLES CONVERGENTES.
PROPRIÉTÉ RÉCIPROQUE.
Les rayons partis d'un foyer Φ′ *de la lentille convergente forment, à la sortie de la lentille, un faisceau de rayons parallèles.*

Il est indispensable de remarquer qu'à chaque direction de rayons parallèles frappant l'une des faces de la lentille, correspond un foyer réel particulier. Tous ces foyers sont dans un même plan, perpendiculaire à l'axe principal. C'est dans ce plan que se formerait l'image d'une droite lumineuse infiniment éloignée et perpendiculaire à l'axe. — On l'appelle ***plan focal***.

On réserve le nom de ***foyers principaux*** aux deux foyers qui se trouvent sur l'axe principal. On se rappellera que ***les deux foyers principaux sont, de part et d'autre, à égale distance de la lentille.***

451. **Foyers des lentilles. Cas des lentilles à bords épais. Lentilles divergentes.** — Étudions maintenant une lentille du second groupe, plus mince au milieu que sur les bords.

Un faisceau venu du centre du Soleil tombe sur la lentille, par l'une quelconque de ses faces. Il *diverge* à la sortie, comme si tous les rayons semblaient provenir d'un point Φ' (fig. 215). Ce point prend le nom de *foyer*. C'est un *foyer virtuel*.

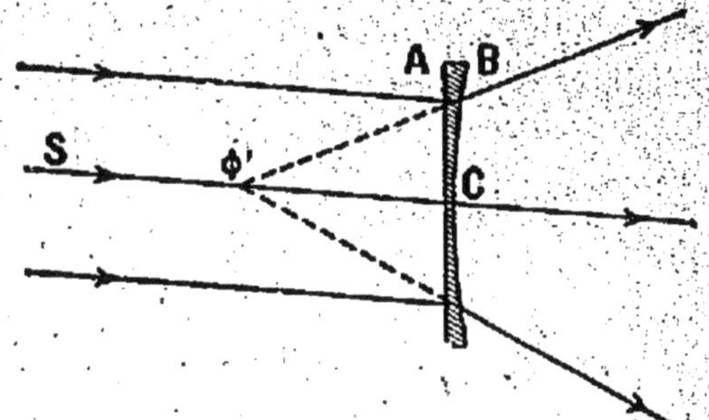

FIG. 215. — FOYER VIRTUEL DES LENTILLES DIVERGENTES.
A leur sortie de la lentille, des rayons qui étaient parallèles à l'incidence semblent provenir d'un foyer virtuel Φ'.

On constaterait, comme ci-dessus, que ce point Φ' se trouve sur la ligne droite, menée par le centre optique de la lentille, parallèlement aux rayons incidents.

Le principe du retour inverse des rayons lumineux, appliqué au cas actuel, montre immédiatement (fig. 216) qu'un faisceau de rayons lumineux incidents, dirigés de façon à ce que leurs prolongements aillent tous converger au foyer Φ', situé derrière la lentille, sortent de celle-ci en formant un faisceau de rayons parallèles.

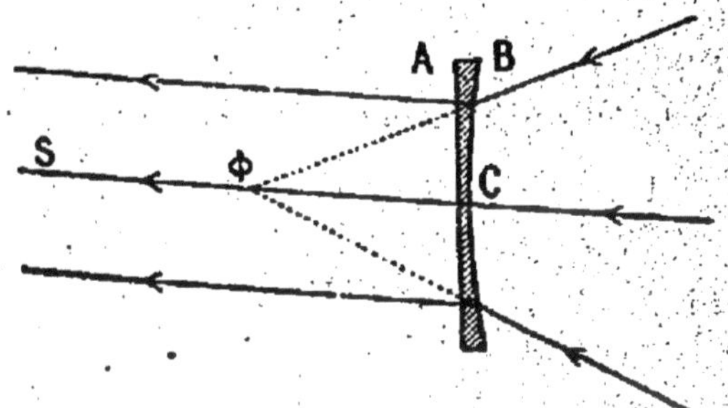

FIG. 216. — FOYER VIRTUEL DES LENTILLES DIVERGENTES. PROPRIÉTÉ RÉCIPROQUE.
Un faisceau incident, dont tous les rayons convergent au foyer Φ' situé derrière la lentille, se transforme en un faisceau de rayons parallèles.

432. **Lentilles convergentes et divergentes. — Distinction du rôle propre à chacun des deux foyers principaux pour une même lentille.** — Aux lentilles plus épaisses au milieu que sur les bords, et qui font *converger* les rayons du Soleil, nous donnerons le nom de *lentilles convergentes*. — *Leurs foyers sont réels*. Aux lentilles plus minces au milieu que sur les bords, et qui font *diverger* les rayons du Soleil, nous donnerons le nom de *lentilles divergentes*. — *Leurs foyers sont virtuels.*

Pour la commodité des explications qui suivent, il est indispensable de distinguer les deux foyers principaux d'une lentille.

Nous appellerons ***foyer d'incidence***, et nous désignerons par la lettre F le ***point commun à tous les rayons incidents qui sortent de la lentille parallèlement à l'axe.***

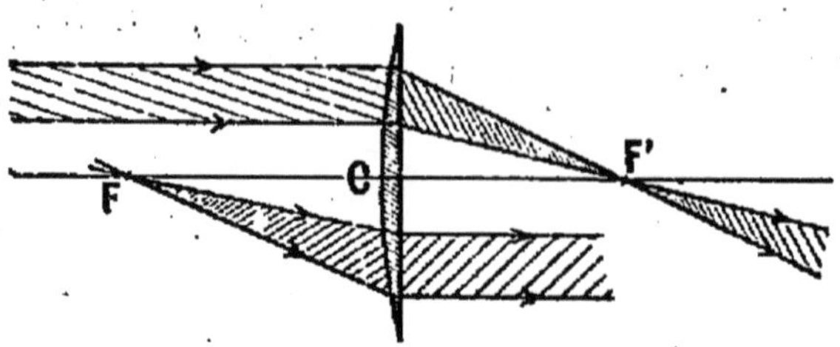

FIG. 217. — POSITION ET ROLE DES DEUX FOYERS DANS LES LENTILLES CONVERGENTES.
Le foyer d'incidence F est du côté d'où vient la lumière; le foyer d'émergence F' est du côté opposé.

Nous appellerons ***foyer d'émergence***, et nous désignerons par F', ***le point de concours, à l'émergence, des rayons qui tombent sur la lentille parallèlement à l'axe.***

Pour les lentilles convergentes, le foyer d'incidence F se trouve du côté d'où vient la lumière; et le foyer d'émergence F' du côté par où elle sort (fig. 217).

Pour les lentilles divergentes, au contraire, le foyer d'incidence F se trouve du côté opposé à celui d'où vient la lumière; et le foyer d'émergence F' du côté où elle pénètre dans la lentille (fig. 218).

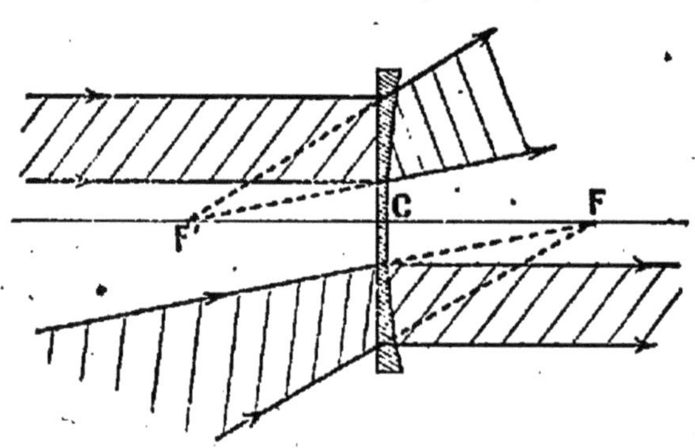

FIG. 218. — POSITION ET ROLE DES DEUX FOYERS DANS LES LENTILLES DIVERGENTES.
Le foyer d'émergence F' est du côté d'où vient la lumière; le foyer d'incidence F est du côté opposé.

Il importe de bien se familiariser avec le rôle propre à chacun des deux foyers d'une même lentille.

433. Construction des images données par les lentilles. — Les propriétés que nous venons d'établir nous permettent maintenant de construire géométriquement l'image P'Q' d'une droite PQ normale à l'axe principal (fig. 219).

Cherchons d'abord l'image Q' d'un point quelconque Q, appartenant à l'objet.

Or, nous savons tout d'abord que l'image Q' se trouvera

sur la ligne droite QC menée du point Q au centre optique de la lentille (§ 429).

De plus, parmi les rayons incidents, qui passent par Q, il en est deux dont la marche est particulièrement simple à tracer :

1° Le rayon QI, parallèle à l'axe principal, sort en passant par le foyer d'émergence, F';

2° Le rayon QI', qui passe par le foyer d'incidence F, sort suivant I'Q', parallèlement à l'axe principal.

Les droites IF', I'Q' doivent se couper en un même point Q' de la droite QC.

Ce point Q' est l'image cherchée du point Q.

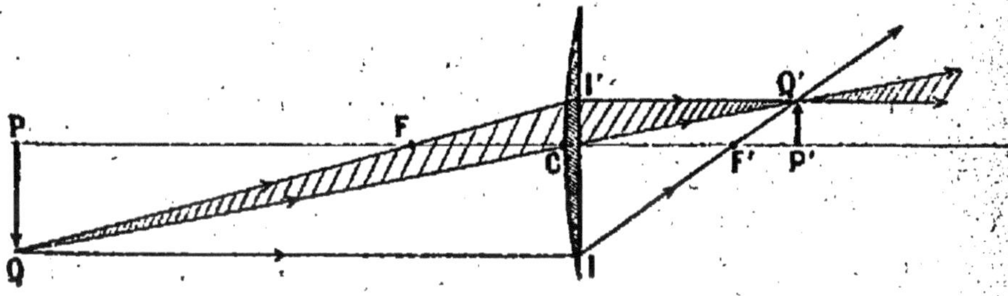

FIG. 219. — CONSTRUCTION DE L'IMAGE DONNÉE PAR UNE LENTILLE CONVERGENTE. — IMAGE RÉELLE.

Ici, l'objet PQ, placé au delà du foyer F, donne une image P'Q', réelle et renversée.

Deux des trois lignes QC, IF' et I'Q' auraient d'ailleurs suffi à déterminer ce point Q'.

Si maintenant on mène des points Q et Q' des normales PQ et P'Q' à l'axe principal, la droite P'Q' sera l'image cherchée de la droite PQ.

431. Généralité du mode de construction de l'image. — Ces mêmes constructions ont été reproduites à dessein sur trois figures différentes, avec les mêmes notations pour ces trois cas différents.

Il importe que l'élève s'exerce à tracer de lui-même des figures analogues.

On verra ainsi :

1° Sur la figure 219, comment une ***lentille convergente donne d'un objet très éloigné*** PQ ***une petite image*** P'Q', ***réelle***, renversée et placée à une distance du centre optique un peu supérieure à la distance focale.

2° Sur la figure 220, comment ***un objet réel, situé un peu***

en deçà du foyer d'une lentille convergente*, donne une image *virtuelle, agrandie, droite et très éloignée.

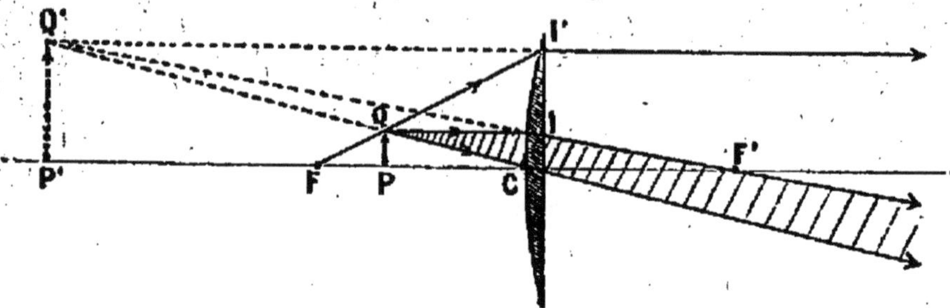

FIG 220. — CONSTRUCTION DE L'IMAGE DONNÉE PAR UNE LENTILLE CONVERGENTE. — IMAGE VIRTUELLE.

Ici, l'objet PQ, placé en deçà du foyer d'incidence F, donne une image P'Q' ***virtuelle et droite.***

3° Sur la figure 221, comment ***une lentille divergente donne d'un objet virtuel PQ, placé un peu au delà du foyer F, une image virtuelle, renversée et agrandie.***

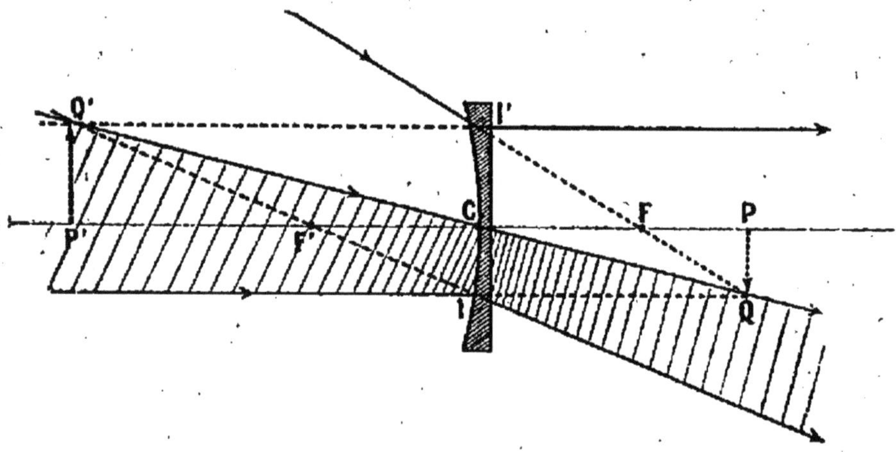

FIG. 221. — CONSTRUCTION DE L'IMAGE DONNÉE PAR UNE LENTILLE DIVERGENTE.

La lentille transforme en un faisceau divergent le faisceau primitivement convergent en PQ. Il n'y a plus, à proprement parler, d'objet lumineux. On dit que PQ est un ***objet virtuel.*** *Son* ***image*** *P'Q' est* ***virtuelle et renversée.***

Il importe, non pas tant de chercher à retenir ces résultats, que de se bien pénétrer de la méthode générale qui nous a permis de les obtenir.

435. **Vérifications expérimentales des propriétés des**

lentilles convergentes. — Les résultats précédents ont été obtenus par de simples considérations géométriques.

Reste à les comparer avec les faits.

On opérera, comme on l'a vu plus haut (§ 427) :

On constate ainsi que :

1° Si l'on approche l'objet lumineux de la lentille, son image réelle s'éloigne et grandit.

2° En particulier, l'objet et l'image ont des dimensions égales et se trouvent à la même distance de part et d'autre de la lentille, quand l'objet est placé au double de la distance focale.

3° Si la bougie est située entre le foyer d'incidence et la lentille, il n'y a plus d'image réelle ; l'œil aperçoit alors, à travers la lentille, une image, virtuelle, droite et agrandie, qui se rapproche de la lentille en même temps que la bougie et va constamment en diminuant de grandeur.

436. Vérifications expérimentales des propriétés des lentilles divergentes. — Si l'on passe aux lentilles divergentes, on devra de même s'exercer à prévoir les résultats par une construction géométrique, et les comparer ensuite à ceux que donne l'expérience directe.

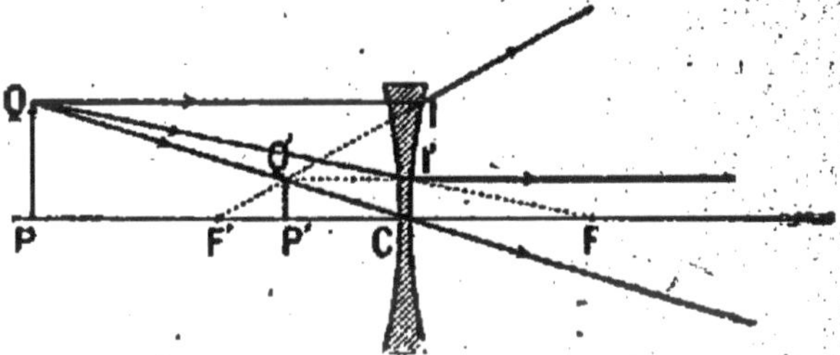

FIG. 222. — VÉRIFICATION EXPÉRIMENTALE DE LA THÉORIE DES LENTILLES DIVERGENTES.
L'image P'Q' d'un objet réel PQ est toujours virtuelle et droite. *Elle est d'autant plus petite et plus rapprochée du foyer F', que l'objet est plus éloigné.*

On trouvera toujours une concordance parfaite entre les résultats de la théorie et les faits donnés par l'expérience.

Soit, par exemple, un objet lumineux réel PQ, placé en avant d'une lentille divergente de centre C (fig. 222).

LES RAYONS INCIDENTS		LES RAYONS RÉFLÉCHIS
QC QI QF	ont donné respectivement	QQ'C F'Q'I Q'I'

qui se coupent en Q'. ***L'image P'Q' est virtuelle.***

On verrait facilement qu'il en sera toujours de même, pour une lentille divergente, quel que soit l'objet réel considéré. C'est ce que l'expérience confirme.

On verrait de même que cette image virtuelle est droite et plus petite que l'objet, et que, si l'objet s'éloigne indéfiniment de la lentille, l'image se rapproche de plus en plus et indéfiniment du foyer d'émergence F', en diminuant indéfiniment de grandeur.

457. Positions relatives d'un objet et de son image dans une lentille. Formules des lentilles. — Ces discussions et toutes les discussions analogues, que l'on pourrait faire au sujet d'une lentille, conduisent à énoncer les règles suivantes :

1° ***Toutes les fois que l'objet est à droite du foyer d'incidence, son image est à gauche du foyer d'émergence ; et inversement.***

2° ***Toutes les fois que la distance de l'objet au foyer d'incidence est moindre que la distance focale de la lentille, celle de l'image au foyer d'émergence est, au contraire, plus grande que la distance focale.***

Ces règles peuvent aisément se vérifier sur les figures. Elles sont absolument générales.

Les triangles semblables FPQ, FCI' des figures 219, 220, 221 et 222 donnent l'égalité de rapports :

$$\frac{PQ}{P'Q'}=\frac{FP}{FC}.$$

Les triangles semblables F'P'Q', F'CI des mêmes figures donnent de même :

$$\frac{PQ}{P'Q'}=\frac{F'C}{F'P'}.$$

On obtient ainsi les deux égalités :

$$\frac{PQ}{P'Q'}=\frac{FP}{FC}=\frac{F'C}{F'P'}.$$

Ces équations, connues sous le nom de ***formules de Newton***, sont absolument générales et permettent de résoudre facilement tout problème numérique, relatif aux images fournies par les lentilles.

CHAPITRE VII

INSTRUMENTS D'OPTIQUE

1. — LA LOUPE

438. **Principe de la loupe.** — La loupe est une simple lentille convergente à court foyer, que l'on place entre l'œil et l'objet, ***à une distance de celui-ci un peu moindre que la distance focale.***

De cette façon, ***la loupe donne alors de l'objet une image virtuelle, droite et agrandie,*** dont l'observation se trouve ainsi substituée à celle de l'objet lui-même.

La figure 223, où l'on a construit cette image par les

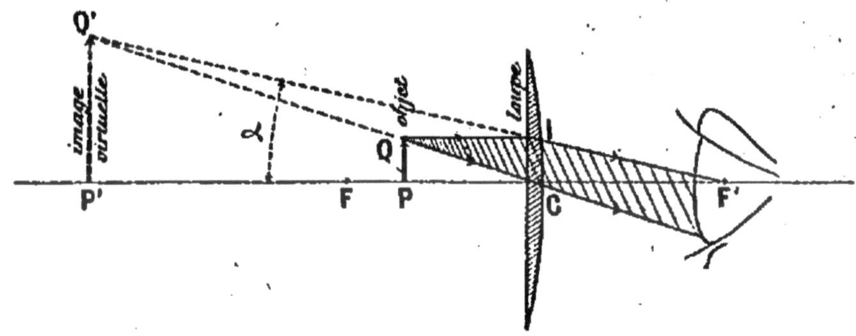

FIG. 223. — LOUPE.
C'est une lentille convergente à travers laquelle on regarde l'objet et qui donne de celui-ci une ***image virtuelle, agrandie et droite.***

procédés indiqués au § 433, n'est que la répétition de la figure 220.

La distance focale f des loupes ordinaires varie, en général, de 5 millimètres à 5 centimètres.

439. **Mise au point.** — Soit PQ une petite droite lumineuse figurant l'objet, placé un peu en deçà du foyer F, et soit P'Q' son image virtuelle que l'on a construite sur la figure en appliquant les procédés exposés aux §§ 433 et 434. ***La mise au point*** exige que cette image se forme à une dis-

tance convenable de l'œil, pour que l'observateur puisse l'apercevoir distinctement. On réalise cette condition en éloignant ou en rapprochant l'objet de la lentille.

Le plus souvent, on tient la loupe d'une main et le petit objet de l'autre. Les loupes puissantes que les naturalistes emploient dans les recherches anatomiques sont supportées par un pied articulé qui permet de les mettre, une fois pour toutes, à bonne distance de l'objet étudié; celui-ci est installé dans une position fixe, et l'opérateur a les deux mains libres pour le disséquer.

440. **Définition de la puissance de la loupe.** — On dit qu'une loupe a une ***puissance*** d'autant plus grande qu'elle nous permet de voir un objet d'une certaine longueur sous un angle plus grand.

La puissance d'une loupe sera donc définie par le plus grand angle sous lequel elle nous permet de voir l'unité de longueur.

Numériquement, elle sera donc ***égale au quotient de l'angle sous lequel nous voyons une certaine longueur de l'objet par cette longueur elle-même.*** L'objet est, bien entendu, supposé normal à la direction des rayons.

441. **Calcul de la puissance de la loupe.** — Pour simplifier, nous nous bornerons à calculer la puissance de la loupe, en supposant que l'œil se trouve exactement placé au foyer d'émergence F'.

Le calcul général, que nous ne voulons pas faire, montrerait, en effet, que la valeur obtenue dans notre hypothèse diffère extrêmement peu de celles que l'on obtiendrait dans tous les autres cas, suivant la position de l'œil et suivant la distance à laquelle se forme l'image virtuelle.

On voit sur la figure 223 que la longueur PQ est vue à travers la loupe sous l'angle P'F'Q' ou IF'C, que nous appellerons α.

Or, si du point F' comme centre, avec F'C pour rayon, on décrivait une circonférence, l'angle α intercepterait sur cette circonférence un arc qui différerait extrêmement peu de CI, c'est-à-dire de PQ. On peut prendre pour mesure du petit angle α le quotient

$$\frac{CI}{F'C} \quad \text{ou} \quad \frac{PQ}{f}.$$

Pour avoir la puissance $\mathfrak{P}$ de la loupe, il suffit de diviser la valeur de cet angle par la longueur de l'objet, PQ. On obtient ainsi

$$\mathfrak{p}=\frac{1}{f}.$$

La puissance d'une loupe est donc numériquement exprimée par l'inverse de sa distance focale.

On emploie habituellement pour unité de distance le mètre. On dit alors que la puissance de la loupe est mesurée en ***dioptries***.

Une lentille convergente de 1 mètre de distance focale a donc une puissance de 1 dioptrie. Une loupe de 5 centimètres de distance focale est 20 fois plus puissante; sa puissance est de 20 dioptries.

442. Application numérique. — Ainsi donc, d'après la définition même de la puissance d'une loupe, un objet de longueur 1 sera vu, à travers la loupe, sous un angle égal à

$$\mathfrak{p}=\frac{1}{f}.$$

Un objet, de longueur L, sera vu sous un angle égal à $L\times\mathfrak{p}$.

Soit, par exemple, un objet de 1 millimètre de longueur, que l'on regarde à travers une loupe de 2 centimètres de distance focale.

La puissance de cette loupe est $\mathfrak{p}=\frac{1}{f}=\frac{1}{0^{m},02}=50$ dioptries.

L'image sera vue sous un angle égal à

$$L\times\mathfrak{p}=0^{m},001\times 50=\frac{1}{20}.$$

Ceci veut dire que l'image P'Q' sera vue sous un angle $P'F'Q'=\alpha$, tel que

$$\frac{P'Q'}{P'F'}=\frac{1}{20}.$$

443. Définition du radian. — Un angle qui, dans notre manière de compter, serait égal à l'unité, aurait une grandeur de 3440 minutes environ.

On le désigne sous le nom de ***radian***.

Dans le cas actuel, nous venons de voir que l'objet de

1 millimètre sera vu sous un angle de $\left(\frac{1}{20}\right)$ de radian, c'est-à-dire de $\frac{3440}{20} = 172$ minutes $= 2^\circ,52'$.

Si l'on regardait ce même objet à l'œil nu, en le maintenant à une distance de 15 centimètres, on le verrait sous un angle qui ne serait plus égal qu'à $\frac{1}{150}$ *de radian*, c'est-à-dire sous un angle 7 fois et demi plus petit que sans le secours de la loupe.

2. — LE MICROSCOPE

441. Description et principe du microscope. — Le microscope est, comme la loupe, destiné à l'observation des objets très petits; mais sa puissance est beaucoup plus grande que celle de la loupe.

Il se compose essentiellement (fig. 224) :

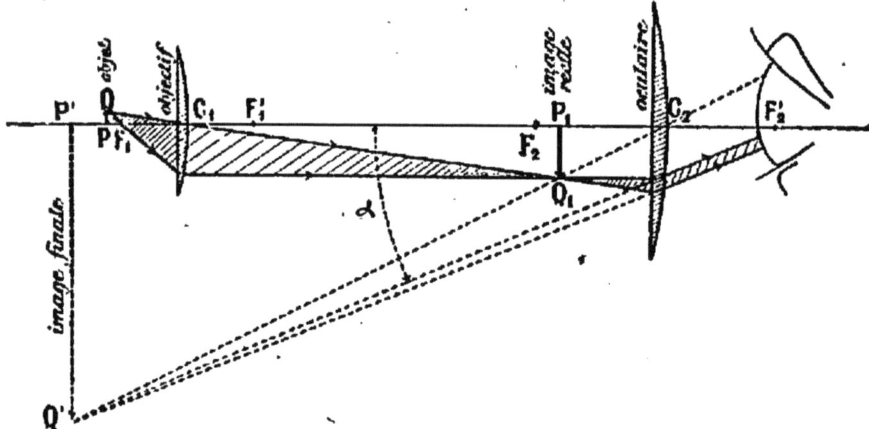

FIG. 224. — PRINCIPE DU MICROSCOPE.

L'objectif donne de l'objet PQ une première ***image réelle et agrandie*** *P_1Q_1 ; l'œil contemple une seconde* ***image, virtuelle et agrandie****, P'Q', que donne de la précédente l'oculaire faisant fonction de loupe.*

1° D'une lentille convergente C_1, à court foyer, tournée vers l'objet PQ et destinée à donner de cet objet une image réelle très agrandie, P_1Q_1. Cette lentille porte le nom d'***objectif***;

2° D'une seconde lentille convergente C_2, tournée vers l'œil, et fonctionnant comme loupe. Cette lentille, avec laquelle on regarde l'image réelle P_1Q_1, porte le nom d'***oculaire***.

L'œil observe l'image virtuelle P'Q' que l'oculaire donne de l'image réelle P_1Q_1.

445. **Marche des rayons lumineux à travers le microscope.** — La marche des rayons lumineux à travers les deux lentilles de l'instrument est suffisamment indiquée par la figure 224.

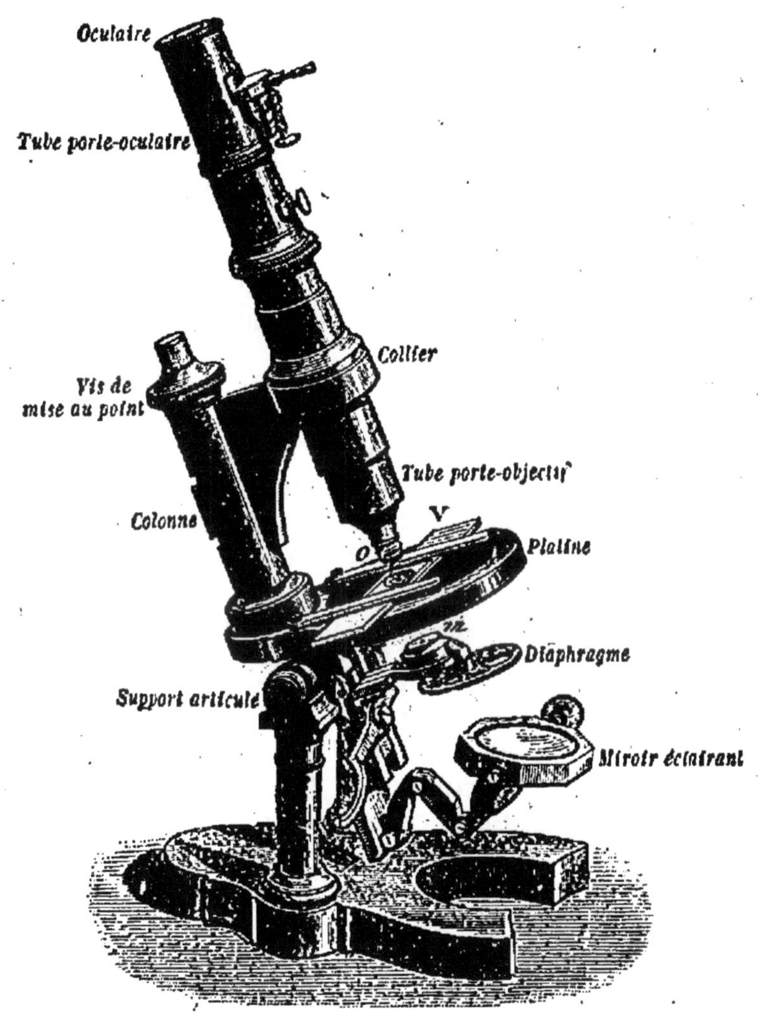

FIG. 225. — MICROSCOPE.

L'objet, fixé sur la lame de verre V, est placé au centre de la platine; on l'éclaire fortement, par-dessous, à l'aide d'un miroir et d'un condenseur de lumière m, qui concentrent sur lui les rayons solaires. On met au point en agissant sur une vis latérale qui déplace le tube de l'instrument et permet d'amener l'objectif O à bonne distance de l'objet.

On remarquera notamment qu'un pinceau lumineux, issu de Q, donne un faisceau réfracté dont tous les rayons constituants vont passer réellement en Q_1, où se forme l'***image réelle*** donnée par l'objectif, tandis que le même faisceau, continuant sa marche jusqu'à l'oculaire et à travers l'oculaire, sort de ce dernier, comme si tous ses rayons constituants venaient de Q', sans qu'aucun d'eux ait réellement passé en ce point. Les rayons qui parviennent à l'œil semblent venir de Q'; ***Q' est une image virtuelle.***

446. Détails de construction. — En général, l'objectif et l'oculaire sont montés aux extrémités de deux tubes concentriques qui peuvent coulisser l'un dans l'autre de façon à faire varier, s'il en est besoin, la distance des verres.

On peut, à l'aide d'une ***vis de mise au point*** (fig. 225), rapprocher ou éloigner tout le corps du microscope de l'objet lui-même. Celui-ci est ordinairement fixé sur une plaque de verre V, que deux ressorts maintiennent appliquée sur la ***platine.***

Le plus habituellement l'objet est transparent : on l'éclaire alors vivement par-dessous, en concentrant sur lui la lumière du ciel ou celle d'une forte lampe.

447. Mise au point. — Pratiquement, l'œil de l'observateur est placé très près du foyer d'émergence de l'oculaire. — C'est là qu'il recevra le plus de lumière possible, venant de l'objet.

La mise au point exige que l'image réelle P_1Q_1, formée par l'objectif, se trouve à une distance de l'oculaire telle que son image virtuelle P'Q', dans l'oculaire, puisse être distinctement aperçue par l'observateur.

Pour obtenir ce résultat, on fait glisser à la main le corps du microscope dans le collier, de façon à rapprocher progressivement l'objectif de l'objet ; dès que l'on commence à apercevoir celui-ci, on achève la mise au point en agissant sur le bouton fileté qui permet d'imprimer au microscope des déplacements très petits.

448. Puissance du microscope. — La puissance du microscope se définirait comme celle de la loupe (§ 440) ; mais nous n'insisterons pas davantage.

3. — LA LUNETTE ASTRONOMIQUE

449. Description et principe de la lunette astronomi-

que. — La lunette astronomique est un instrument destiné à l'observation des objets très éloignés.

Elle se compose essentiellement d'un large ***objectif*** convergent C_1 à long foyer (fig. 226), qui donne des objets éloignés une image réelle et renversée P_1Q_1, et d'un ***oculaire*** grossissant, à travers lequel on regarde cette dernière. L'objectif est monté à l'une des extrémités d'un long tube cylindrique, à l'autre bout duquel coulisse un tube à tirage qui porte l'oculaire.

L'image P_1Q_1 des objets placés à l'infini se forme dans le

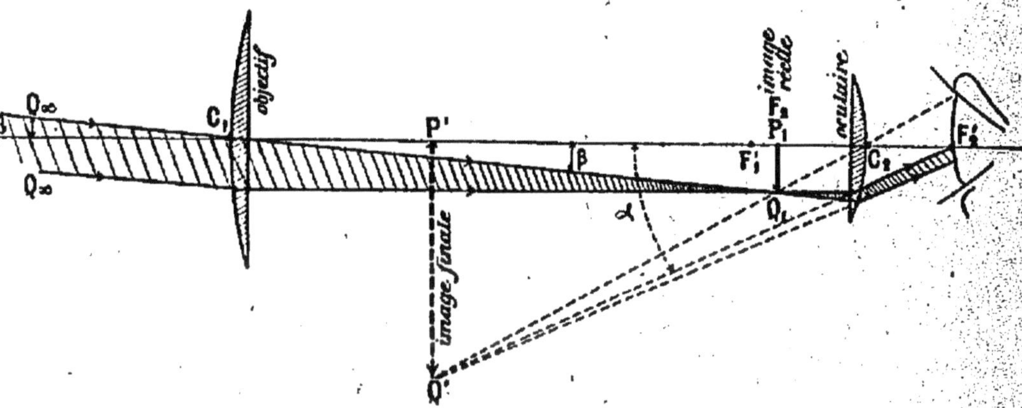

FIG. 226. — PRINCIPE DE LA LUNETTE ASTRONOMIQUE.

L'objet éloigné forme dans le plan focal de l'objectif ***une image réelle*** P_1Q_1. *L'œil, placé au foyer de l'oculaire, observe cette image à travers un verre convergent qui en donne* ***une image*** P'Q', ***virtuelle, agrandie et renversée*** *par rapport à l'objet.*

plan focal de l'objectif et se trouve, par conséquent, fixe. On met alors au point en rapprochant ou en éloignant l'oculaire de cette image jusqu'à ce que l'image virtuelle P'Q' qu'il en donne lui-même apparaisse avec le plus de netteté.

P_1Q_1 fonctionne comme un objet réel dont on regarde l'image virtuelle P'Q', donnée par l'oculaire C, fonctionnant comme loupe.

On a tracé, sur la figure, la marche, à travers la lunette, d'un faisceau de rayons parallèles issus d'un point Q infiniment éloigné.

450. Grossissement de la lunette astronomique. — Pour la lunette astronomique, comme pour le microscope, l'œil doit se placer sensiblement au foyer d'émergence de l'oculaire. C'est là, en effet, que le faisceau lumineux qui sort de la lunette se rétrécit davantage et que l'œil reçoit de l'instrument la plus grande quantité de lumière.

On appelle ***grossissement*** d'une lunette astronomique le rapport des angles sous lesquels on voit un même objet lointain à travers l'instrument et à l'œil nu.

On voit sur la figure 226 que l'angle α sous lequel est vue l'image finale P'Q' est l'angle $P'F'_2Q'$. — De même, l'angle β, sous lequel l'objet PQ serait vu à l'œil nu, est égal à l'angle $P_1C_1Q_1$.

Le grossissement G de la lunette a donc pour expression :

$$G = \frac{\alpha}{\beta}.$$

Or, l'œil se trouvant au foyer d'émergence de la loupe oculaire, la puissance de celle-ci est égale à l'inverse de sa distance focale f (§ 441).

On a donc $$\frac{1}{f} = \frac{\alpha}{P_1Q_1}.$$

D'autre part, comme l'angle β est toujours très petit, on peut lui donner pour mesure le quotient $\frac{P_1Q_1}{C_1P_1}$, ou encore $\frac{P_1Q_1}{\Phi}$, puisque C_1P_1 est précisément égal à la distance focale Φ de l'objectif.

Le grossissement a donc pour valeur

$$G = \frac{P_1Q_1}{f} \times \frac{\Phi}{P_1Q_1}; \text{ c'est-à-dire } G = \frac{\Phi}{f}.$$

Le grossissement d'une lunette est donc numériquement égal au rapport des distances focales de son objectif et de son oculaire.

Une lunette, pour être très grossissante, devra avoir un objectif de grande distance focale et un oculaire de petite distance focale.

Une lunette qui aurait un objectif de 1 m. 20 de foyer et un oculaire de 3 centimètres de foyer, grossirait 40 fois.

La figure 227 représente le grand cercle méridien de l'Observatoire de Paris. Cet appareil consiste en une lunette astronomique mobile autour d'un axe perpendiculaire au méridien de l'Observatoire. L'axe optique de cet instrument est donc mobile dans le plan même du méridien de l'Observatoire. L'instrument sert à noter les heures exactes de passage d'un astre quelconque au méridien.

451. **Mesure des angles.** — La lunette porte toujours,

FIG. 227. — GRAND CERCLE MÉRIDIEN (*Observatoire de Paris*). *C'est une puissante lunette astronomique réservée à des observations spéciales.*

dans le plan focal de l'objectif, un système de deux fils très fins, tendus en croix ; c'est le ***réticule***.

Pour effectuer une ***visée***, on opère de façon à voir, superposées dans l'oculaire, les deux images virtuelles du point de croisement des fils du réticule et du point lumineux considéré.

La mesure précise des angles se fait avec les lunettes ; on lit sur un cercle gradué l'angle que forment entre elles deux lignes de visée successives.

452. **Clarté de la lunette.** — Les étoiles ne paraissent pas plus grosses dans la lunette qu'à l'œil nu ; mais, elles apparaissent beaucoup plus brillantes. A l'œil nu, en effet, la rétine ne reçoit d'une étoile que le faisceau de lumière limité par la pupille. Avec la lunette, elle reçoit de la même étoile tout le faisceau qui pénètre par l'objectif, et qui, par l'instrument, est conduit à l'intérieur de la pupille. Les grandes lunettes permettent de distinguer en plein jour les étoiles très brillantes.

4. — LA LUNETTE DE GALILÉE

453. **Description et principe de la lunette de Galilée.** — L'*objectif* de cet instrument, comme celui de la lu-

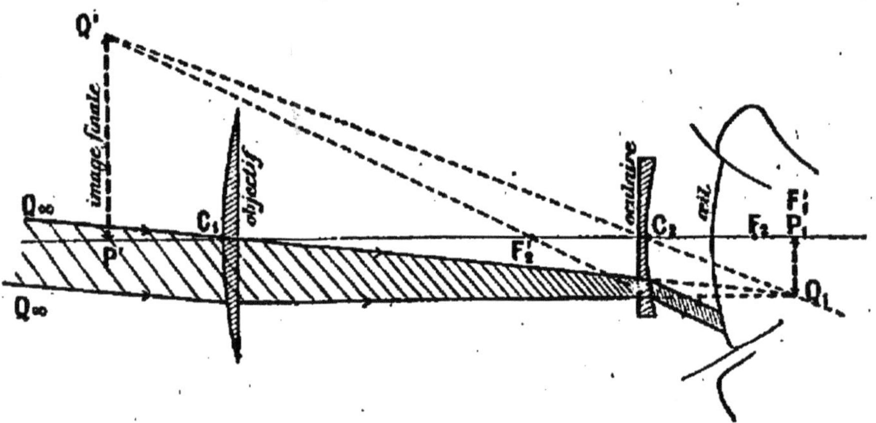

FIG. 228. — LUNETTE DE GALILÉE.

Les rayons reçus par l'objectif formeraient au delà du foyer de l'oculaire une **image réelle** *P_1Q_1 des objets éloignés; mais ces rayons, après avoir été réfractés à travers l'oculaire divergent, semblent provenir d'une* **image virtuelle** *P'Q', qui est* **droite** *par rapport à l'objet.*

nette astronomique, est une large lentille convergente, qui, tournée vers un objet lointain, en donnerait une image réelle P_1Q_1 renversée, et située dans son plan focal principal.

Avant de former cette image, les rayons, sortis de l'objectif, viennent rencontrer une ***lentille divergente***, derrière laquelle est placé l'œil. Cette seconde lentille joue le rôle ***d'oculaire***.

On a expliqué au § 432 et sur la figure 218 que, si cet objet virtuel est au delà du foyer d'incidence F de l'oculaire divergent, celui-ci en donne à son tour une image virtuelle, à nouveau renversée, et par conséquent droite par rapport à l'objet visé. C'est cette seconde image P'Q' qui est contemplée par l'œil.

On obtient ainsi le redressement, sans interposition de verres auxiliaires comme dans la lunette terrestre ; et les images y gagnent en clarté, puisqu'on évite la perte de lumière qui résulte de multiples réfractions.

La figure 228, dans laquelle on a supposé la lunette pointée sur un objet PQ indéfiniment éloigné, indique la marche, à travers l'instrument, d'un faisceau de rayons parallèles provenant du point Q.

On démontre — il est inutile de reproduire ici le calcul, que l'on conduirait comme dans le cas de la lunette astronomique — que le grossissement d'une lunette de Galilée est très approximativement égal, comme celui d'une lunette astronomique, au rapport des distances focales de son objectif et de son oculaire :

$$G = \frac{\Phi}{f}.$$

454. Lorgnettes de spectacle ou jumelles. — Ces instruments se composent de deux lunettes de Galilée identiques dont les axes, disposés parallèlement, présentent le même écartement que les deux yeux. Les deux objectifs d'une part, les deux oculaires de l'autre, sont montés dans des tubes réunis par une traverse. Une même vis rapproche ou éloigne les deux traverses et permet ainsi de mettre simultanément au point les deux lunettes.

Le grossissement de celles-ci dépasse rarement 4 ou 5. Leur principal avantage est d'être peu encombrantes.

CHAPITRE VIII

DISPERSION DE LA LUMIÈRE

I. — LE PRISME

455. **Définitions.** — On appelle *prisme*, en optique, un milieu réfringent (fig. 229), ordinairement verre ou cristal, limité par deux faces planes, AA'BB' et AA'CC'.

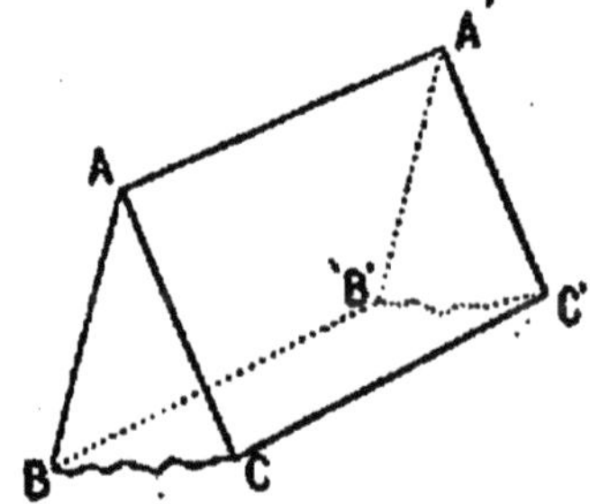

FIG. 229. — LE PRISME.
ABA'B' et ACA'C' sont les deux faces du prisme; AA' est son arête; BAC, B'A'C' sont deux plans de section principale.

L'intersection de ces deux faces est *l'arête* du prisme, AA'.

L'angle du dièdre qu'elles forment est *l'angle du prisme.*

La région BB'CC' du prisme, opposée à l'arête AA', porte le nom de *base du prisme.*

Enfin, on appelle *section principale* du prisme *toute section effectuée par un plan normal* à l'arête.

456. **Propriétés optiques du prisme.** — Nous nous bornerons à étudier quelques propriétés fondamentales du prisme dans le cas où les rayons qui le traversent sont à peu près normaux à l'arête, c'est-à-dire peu écartés d'un plan de section principale.

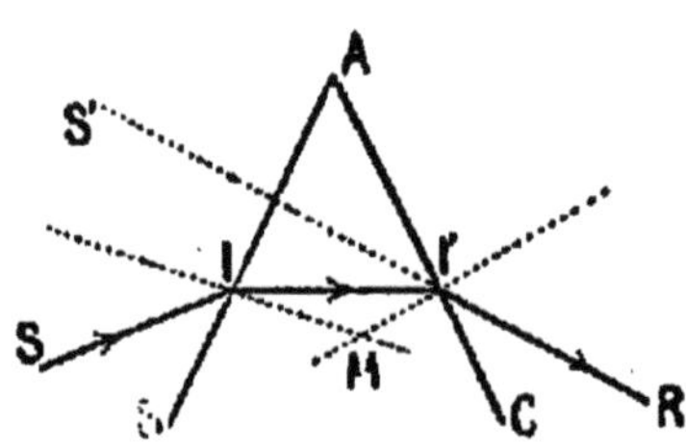

FIG. 230. — EFFET D'UN PRISME SUR LA MARCHE D'UN RAYON.
En traversant un prisme, le rayon lumineux incident SI se trouve dévié du côté opposé à l'arête et sort en I'R.

L'effet d'un prisme sur la marche d'un rayon lumineux est facile à prévoir.

En effet, un rayon SI (fig. 230), qui frappe la face AB du prisme, pénètre dans celui-ci en se rapprochant de la normale. Le rayon réfracté II' rencontre alors la face AC en I' et il éprouve, quand l'incidence est moindre que l'angle limite (§ 418), une seconde réfraction qui donne le rayon émergent I'R. L'effet des deux réfractions successives est évidemment de dévier le rayon du côté opposé à l'arête. Si donc l'on regarde un objet S à travers un prisme, on verra cet objet relevé en S' du côté de l'arête.

On appelle ***déviation*** du rayon lumineux l'angle *D* (fig. 231) que forme la direction du rayon incident SI avec celle du rayon émergent I'R.

457. Minimum de déviation et images dans le prisme. — Les propriétés les plus importantes du prisme résultent de l'expérience suivante :

On éclaire, avec la lumière solaire, une figure P'Q' découpée dans un écran opaque et masquée par un verre rouge (fig. 231).

A quelque distance, on place une lentille qui donne de cette figure lumineuse une image réelle PQ sur un écran E.

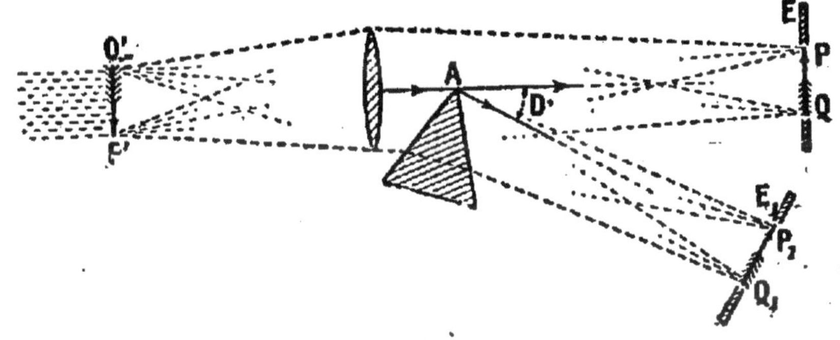

FIG. 231. — IMAGES DANS UN PRISME QUELCONQUE.
Un objet virtuel PQ forme dans un prisme A une image réelle et égale P_1Q_1 lorsque les rayons qui traversent le prisme subissent la déviation minima.

On utilise cette image réelle PQ à la facon d'un ***objet virtuel*** et on intercepte la moitié du faisceau qui concourt en PQ, à l'aide d'un prisme placé derrière la lentille. Tandis que les rayons directs continuent à donner sur l'écran E l'image réelle PQ, un peu moins éclairée seulement, ceux qui ont traversé le prisme dessinent, sur un écran E_1, ***disposé à la même distance de l'arête*** A ***que l'écran*** E ***lui-même***, une tache rouge qui, en général, ne présente aucune netteté.

Quand on fait tourner le prisme autour de son arête comme axe, c'est-à-dire, en somme quand on fait varier l'incidence des rayons, on constate que cette tache rouge se rapproche ou s'éloigne de l'image PQ; mais l'expérience montre qu'il n'est pas possible de diminuer leur distance au-dessous d'une certaine limite.

Il faut conclure de là :

1° *que la déviation éprouvée par un rayon lumineux, qui traverse un prisme, dépend de l'incidence sur la première face du prisme;*

2° *que cette déviation est susceptible d'un minimum.*

Si l'on observe la position du prisme pour laquelle la déviation prend sa valeur minima, on constate, en outre, que *le faisceau incident et le faisceau émergent sont également inclinés sur les faces d'entrée et de sortie.*

Ce n'est pas tout; *la tache rouge formée sur l'écran* E_1 *devient, quand la déviation des rayons est minima,* et seulement dans ce cas, *une image réelle très nette,* précisément égale et superposable à l'objet virtuel PQ.

2. — COMPOSITION DE LA LUMIÈRE

458. **Lumières simples et lumières complexes.** — Reprenons sous une forme un peu différente l'expérience du paragraphe précédent. Derrière une fente fine F (fig. 232) installons un brûleur de Bunsen dans la flamme duquel nous placerons un peu de chlorure de sodium. Le sel se volatilise légèrement; et sa vapeur, partiellement dissociée par la chaleur, communique à la flamme une coloration jaune très intense.

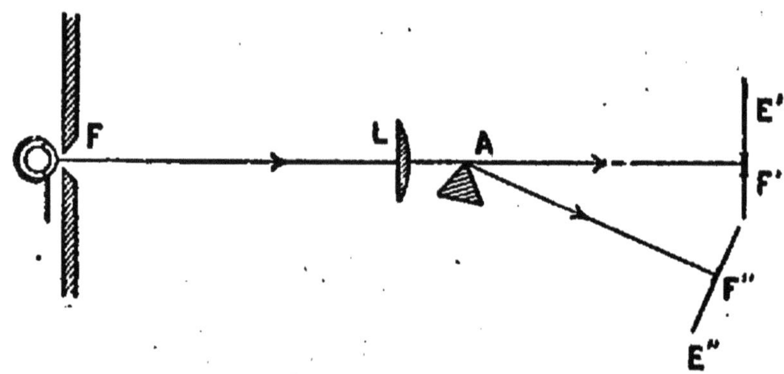

FIG. 232. — COULEURS SIMPLES.

On reconnaît que la lumière émise par la fente F est simple, à ce que l'introduction du prisme A, au minimum de déviation, derrière la lentille L, a pour unique effet de dévier l'image donnée par celle-ci.

Recevons la lumière sur une lentille convergente L, assez éloignée pour donner une image réelle F' de la fente éclairée. Si nous recueillons cette image F' sur un écran blanc E', nous constatons qu'elle est parfaitement nette, jaune et sans irisation.

Coupons maintenant le faisceau qui sort de la lentille par un prisme de verre dont l'arête soit parallèle à la fente puis, tournons ce prisme de façon à obtenir le minimum de déviation : nous aurons, en F'', ***une raie jaune***, image réelle de la fente, égale à l'image F', et aussi nette qu'elle. Cette raie, que l'on ne verrait apparaître en double, que si les appareils étaient très puissants et la fente suffisamment fine, est désignée sous le nom de ***raie*** D (Planche en couleurs, IV).

Nous dirons que ***la lumière émise par la flamme sodée est une lumière simple***. D'une façon générale, nous appellerons ***lumière simple*** toute lumière pour laquelle l'expérience précédente sera possible, c'est-à-dire pour laquelle l'introduction du prisme, au minimum de déviation derrière la lentille, amènera ***uniquement*** une déviation de l'image donnée par celle-ci.

Si, au lieu de mettre dans la flamme du chlorure de sodium, nous y introduisons du chlorure de lithium, nous obtenons sur l'écran E'' une image rouge très nette, moins déviée que l'image jaune donnée par la flamme sodée. Le chlorure de thallium, au contraire, nous donne une image verte, plus déviée.

Nous reconnaissons ainsi :

1° ***Qu'il existe d'autres rayons simples que ceux de la flamme sodée*** ;

2° ***Que ces rayons simples ont chacun une coloration particulière :***

3° Enfin, que ces rayons, en traversant un prisme, éprouvent des déviations inégales, ce qui revient à dire qu'***ils ne se réfractent pas de la même façon dans une même substance.***

Si, au contraire, nous éclairons la fente avec une flamme contenant du chlorure de strontium (Planche en couleurs, III), nous obtenons simultanément sur l'écran une image bleue, une image jaune et tout un groupe d'images rouges; la lumière produite dans ces conditions est une ***lumière complexe***, formée de plusieurs radiations simples que l'expérience précédente permet d'analyser.

459. Inégale réfrangibilité des lumières simples. — Lorsque nous éclairons la fente F (fig. 232) avec la lumière complexe d'un bec Bunsen dans lequel on a placé du chlorure de strontium, toutes les colorations simples que contient cette lumière se trouvent superposées à l'incidence sur le prisme; mais elles cessent de l'être dès qu'elles ont pénétré dans celui-ci.

Dès la première réfraction sur la face AB du prisme, les rayons simples se séparent : ***les rayons violets se rapprochent plus de la normale que les jaunes,*** et ***ceux-ci plus que les rouges*** (fig. 233). On dit alors que les rayons violets sont ***plus réfrangibles*** que les jaunes et ceux-ci plus que les rouges. Il en résulte qu'en entrant dans le verre, le faisceau complexe s'étale en éventail, c'est-à-dire se ***disperse.*** La seconde réfraction a pour effet d'augmenter encore cette dispersion à la sortie du prisme.

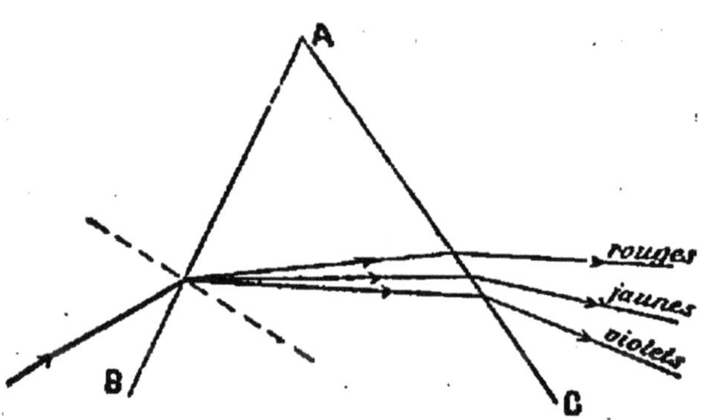

FIG. 233. — DISPERSION D'UNE LUMIÈRE COMPLEXE.
En pénétrant dans le prisme, les rayons simples qui composent la lumière complexe incidente se séparent : les rayons violets se rapprochant plus de la normale que les rayons rouges.

Un prisme en cristal, de 70°, donnerait ainsi dans l'expérience de la figure 233 un écart de 6° entre les rayons émergents rouges et violets. Les images, rouge et violette, de la fente, reçues sur un écran placé à 2 mètres du prisme, se trouveraient alors à 20 centimètres l'une de l'autre, l'image violette étant plus déviée, c'est-à-dire plus rapprochée de la base du prisme que l'image rouge.

460. Complexité de la lumière blanche. — Spectre solaire. — Éclairons la fente avec de la ***lumière solaire***; nous voyons se dessiner sur l'écran une région lumineuse étalée perpendiculairement à l'arête du prisme (Planche; VI); elle est évidemment formée par la juxtaposition d'un grand nombre d'images diversement colorées, dont chacune caractérise une lumière simple déterminée. C'est le ***spectre solaire.***

La lumière blanche, qui nous vient du Soleil, est donc constituée par un ensemble de lumières colorées simples dont chacune

se réfracte d'une façon particulière dans une même substance.

Pour fixer les idées, on peut distinguer successivement dans le spectre solaire sept régions principales, qui sont les régions des ***violets***, des ***indigos***, des ***bleus***, des ***verts***, des ***jaunes***, des ***orangés*** et des ***rouges***. L'extrémité la moins déviée du spectre est formée d'une plage rouge; la plus déviée, d'une plage violette.

Lorsque la fente est très fine et le spectre très étalé, on observe, à l'intérieur du spectre, un nombre plus ou moins considérable de ***raies noires***. Ces raies indiquent évidemment, dans la lumière du soleil, l'absence de certaines radiations (voir la planche en couleurs; VI).

461. **Spectres d'absorption.** — Le rayonnement solaire n'est pas le seul qui puisse donner un spectre. Nous avons vu que les vapeurs métalliques de sodium, de lithium ou de strontium, portées à l'incandescence dans un brûleur de Bunsen, donnent également des spectres caractéristiques. On dit que tous ces spectres sont des ***spectres d'émission*** (Planche; I, II, III, IV).

Les spectres d'émission donnés par des solides ou des liquides incandescents sont continus (Planche; I).

Les spectres d'émission donnés par des gaz ou des vapeurs incandescents sont discontinus (Planche; II, III, IV).

En dehors des spectres d'émission, il y a lieu de distinguer encore les ***spectres d'absorption*** (Planche; V, VI, VII, VIII).

Faisons passer, à travers une substance transparente quelconque, un faisceau lumineux susceptible de donner un spectre continu. Le spectre apparaîtra sillonné d'un certain nombre de raies ou de ***bandes noires***. Ces bandes sont variables d'une substance transparente à une autre. Elles sont caractéristiques de chacune d'elles; elles définissent son spectre d'absorption. Le bichromate de potasse, la chlorophylle ont des spectres d'absorption caractéristiques (Planche; VII, VIII).

La double raie noire D (Planche; V) constitue le spectre d'absorption donné par les vapeurs de sodium. On dit que ce spectre est le spectre IV ***renversé***.

Les raies noires du spectre solaire (Planche; VI) constituent un spectre d'absorption caractéristique des substances qui se trouvent à l'état de vapeurs transparentes dans l'atmosphère du Soleil.

Sous le nom d'***analyse spectrale***, l'étude des différents spectres constitue un des procédés de recherche les plus délicats et les plus fréquemment employés (chimie, métallurgie, médecine légale, astronomie, etc.).

462. Recomposition de la lumière blanche à l'aide d'une lentille. — Il nous reste maintenant à faire l'opération inverse : la ***synthèse*** de la lumière blanche. Nous ne décrirons en détail que la ***recomposition de la lumière à l'aide d'une lentille***.

A quelque distance d'un prisme réfringent A (fig. 234), dont l'arête est verticale, plaçons une fente ***fine*** S, verticale

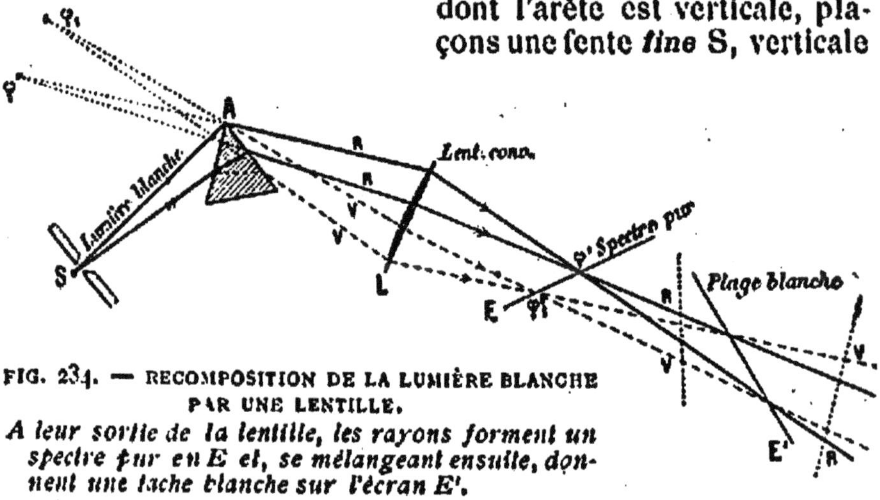

FIG. 234. — RECOMPOSITION DE LA LUMIÈRE BLANCHE PAR UNE LENTILLE.
A leur sortie de la lentille, les rayons forment un spectre pur en E et, se mélangeant ensuite, donnent une tache blanche sur l'écran E'.

aussi, que nous éclairerons, soit à l'aide des rayons solaires soit à l'aide d'une lampe Drummond.

Masquons provisoirement cette fente à l'aide d'un verre rouge; puis orientons le prisme dans la direction qui convient au minimum de déviation.

A leur sortie du prisme, les rayons rouges sembleront provenir d'une image virtuelle φ de la fente S, égale à celle-ci et à la même distance de l'arête A.

Recevons ces rayons sur une lentille convergente L, placée à une distance du prisme supérieure à sa distance focale; nous obtiendrons une image réelle φ' que nous pourrons observer sur un écran où elle aura l'apparence d'un trait rouge vertical.

Supposons maintenant la fente éclairée avec de la lumière blanche. Un écran E, placé en φ', et convenablement orienté recevrait un spectre pur.

Eloignons progressivement l'écran de la lentille. Après

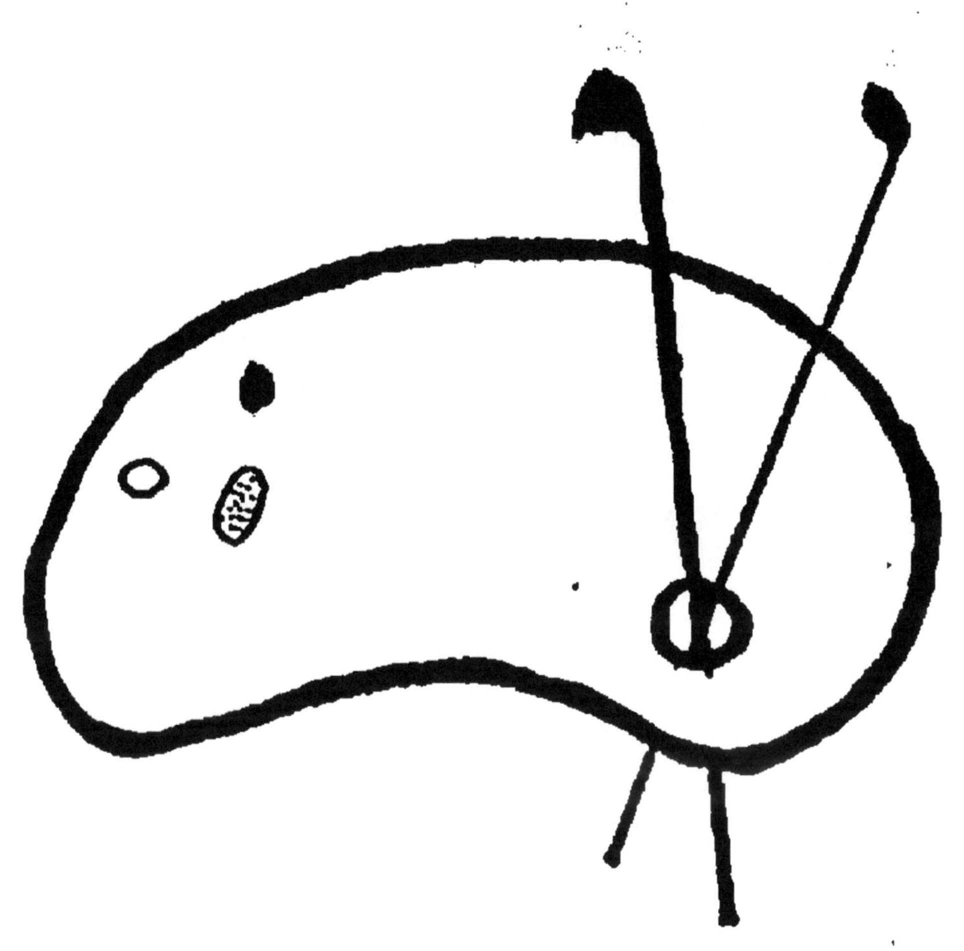

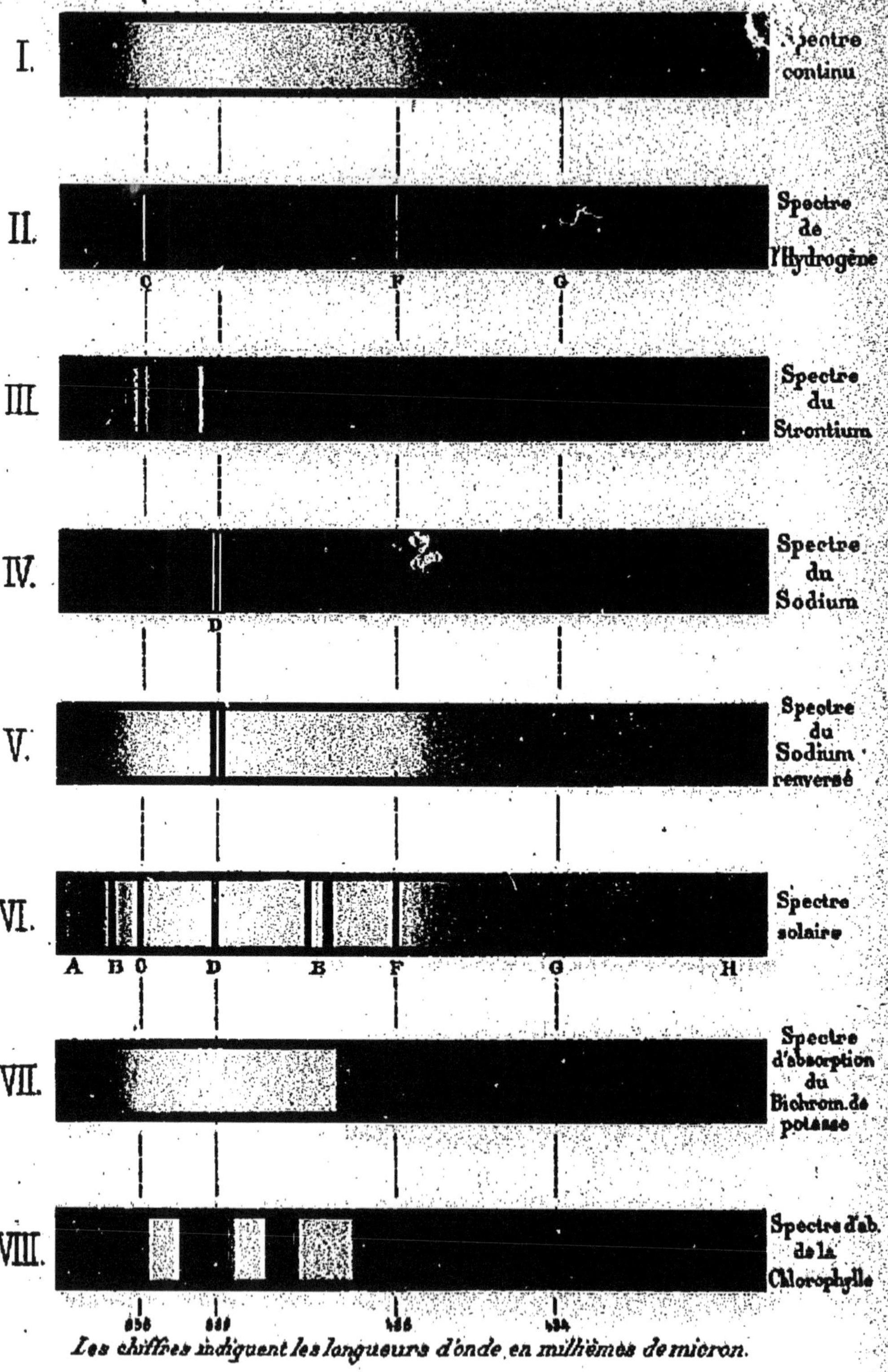

Les chiffres indiquent les longueurs d'onde en millièmes de micron.

quelques tâtonnements, on parviendra à lui donner une position E', telle que toutes les irisations disparaissent : on obtient une ***plage uniquement blanche***, à bords parfaitement nets.

Dans cette région, toutes les couleurs du spectre, primitivement séparées, se sont à nouveau mélangées pour donner de la lumière blanche.

Au delà de E' les irisations réapparaissent.

463. **Couleurs complémentaires.** — On dit que deux couleurs sont ***complémentaires*** lorsque, superposées sur un écran blanc, elles donnent à l'œil la même impression que si l'écran était éclairé par de la lumière solaire.

Le dispositif que nous venons de décrire se prête très heureusement à l'étude des couleurs complémentaires.

Si, par exemple, un petit écran opaque est placé dans le rouge du spectre pur E, la plage E' reçoit une belle lumière verte.

Voici quelques groupes de couleurs complémentaires :

Rouge	***et***	***Vert bleuâtre,***
Orangé	***et***	***Bleu,***
Jaune	***et***	***Bleu d'outremer,***
Jaune verdâtre	***et***	***Violet.***

464. **Couleur des corps.** — Un faisceau de lumière simple qui tombe sur un corps peut traverser celui-ci ou bien se réfléchir ou se diffuser à sa surface ; mais, dans tous les cas, le corps émet alors moins de lumière qu'il n'en reçoit.

En général, ***le rapport de la lumière absorbée à la lumière incidente varie, toutes choses égales d'ailleurs, avec la couleur de celle-ci;*** en sorte qu'un corps, éclairé par de la lumière blanche, absorbe en proportions inégales les diverses radiations, affaiblit certaines d'entre elles plus que les autres, et renvoie par conséquent une lumière colorée, évidemment complémentaire de celle qui est absorbée.

Telle est l'explication physique de la couleur des corps.

Une étoffe rouge, par exemple, absorbe très fortement toutes les radiations complémentaires du rouge et assez peu cette couleur elle-même, en sorte que, placée dans les diverses régions d'un spectre, elle nous semblera encore rouge dans le rouge, mais noire dans les autres parties du spectre et, en particulier, dans le vert.

Un objet nous paraît donc blanc lorsqu'il ***diffuse*** également et en forte proportion toutes les radiations qu'il reçoit ; il nous paraît noir, au contraire, s'il les absorbe toutes.

La lumière blanche réfléchie par des ***corps transparents polis*** est ***blanche***, même quand ceux-ci sont teintés : éclairés de la même façon, un verre rouge et un verre violet renvoient par réflexion la même lumière et n'acquièrent des colorations différentes que lorsqu'on les regarde par transparence.

Au contraire, la lumière réfléchie par des ***métaux polis*** est ***colorée;*** réfléchie un grand nombre de fois, elle donne au cuivre une coloration rouge intense, au zinc une teinte indigo, à l'acier une nuance violette extrêmement faible.

Les radiations absorbées par le métal sont d'ailleurs complémentaires de celles qu'il réfléchit le mieux ; c'est ainsi que les feuilles d'or extrêmement minces que l'on emploie dans la dorure sur bois offrent par transparence une coloration verte complémentaire de la couleur jaune orangé de l'or.

465. **Expérience du disque de Newton.** — Sur un disque de carton on a peint, en respectant autant que possible leur éclat relatif, les sept couleurs principales du spectre, chacune d'elles couvrant un secteur dont l'angle est proportionnel à l'étendue de cette couleur dans le spectre lui-même.

FIG. 235. — EXPÉRIENCE DU DISQUE DE NEWTON.

Sur les secteurs du disque, sont peintes en plusieurs séries les colorations du spectre. Quand le disque tourne rapidement, la superposition des impressions colorées donne la sensation du blanc.

Lorsqu'on imprime à ce disque une rotation rapide autour de son axe, sa surface paraît blanche (fig. 235). Voici l'explication de ce fait :

On sait que ***les sensations lumineuses persistent quelque temps*** encore (1/10 de seconde environ) après que la cause qui les a produites a cessé. Si donc nous regardons un point du disque coloré, alors que celui-ci effectue plus de dix tours à la seconde, l'impression du rouge n'aura pas disparu que déjà nous recevrons celle du violet; les diverses colorations, se trouvant ainsi superposées, nous donneront la même sensation que la lumière blanche.

L'expérience est assez grossière, parce que la lumière blanche n'est pas seulement composée de sept couleurs, mais d'une infinité de couleurs qu'il est impossible de reproduire exactement avec leurs intensités et leurs tonalités respectives.

Il n'est pas inutile de remarquer que le mélange direct des couleurs qui ont servi à peindre les secteurs donnerait le plus souvent une teinte fort différente de celle qu'on observe en superposant les impressions par la rotation du disque. C'est ainsi que le bleu et le jaune artificiels mélangés donnent du vert et non du blanc.

3. — SPECTRE INFRA-ROUGE ET SPECTRE ULTRA-VIOLET

466. **Propriétés calorifiques du spectre.** — Si l'on produit un spectre pur et réel de lumière solaire, par le dispositif indiqué fig. 232; et si l'on promène dans les diverses couleurs un appareil thermométrique très sensible, on reconnaît que les rayons peu réfrangibles du spectre sont ***calorifiques***, tandis que les autres le sont fort peu.

Placé dans le bleu ou le violet, le thermomètre reste insensible et accuse, au contraire, une élévation de température dans le rouge. On reconnaît, en outre, que, dans cette région même, la propriété calorifique est atténuée, sinon éteinte, précisément aux endroits où le spectre lumineux présente des raies noires.

On peut donc, à l'aide d'un thermomètre délicat, explorer le spectre, au moins dans sa partie la moins réfrangible, et on trouve alors qu'il n'est pas restreint à la partie visible et qu'il s'étend au delà. Le spectre purement calorifique que l'on découvre ainsi est formé de rayons obscurs, invisibles à l'œil et moins réfrangibles encore que le rouge; on le nomme le ***spectre infra-rouge***.

Ce spectre calorifique présente aussi des ***raies***, c'est-à-dire des régions très limitées où la propriété calorifique diminue brusquement.

Le spectre infra-rouge est particulièrement étendu, lorsqu'on fait usage pour l'obtenir d'un prisme et d'une lentille en sel gemme. ***Le sel gemme absorbe fort peu les rayons calorifiques obscurs.*** Le verre, au contraire, est à peu près opaque pour les mêmes rayons.

467. **Propriétés chimiques du spectre.** — D'autre part, on sait que la lumière détermine certaines réactions chimiques; c'est ainsi qu'elle décompose à la longue les sels d'argent en mettant le métal en liberté et qu'elle provoque la combi-

naison de l'hydrogène et d'un certain nombre d'autres gaz avec le chlore, etc.

Or, si l'on reçoit le spectre solaire sur une de ces feuilles de papier sensible que l'on emploie en photographie, on reconnaît, en premier lieu, que les rayons rouges sont à peu près inactifs. La feuille sensible est surtout impressionnée par les rayons les plus réfrangibles, notamment les rayons violets, et elle l'est encore dans la région invisible, au delà du violet même. On reconnaît, en second lieu, que le sel d'argent reste inaltéré dans le spectre lumineux, partout où celui-ci présente des raies noires.

La photographie nous permet ainsi de découvrir dans la lumière solaire un ***spectre ultra-violet***, dont les rayons, plus réfrangibles que le violet et invisibles à l'œil comme ceux du spectre infra-rouge, jouissent de propriétés purement chimiques. Ce spectre est sillonné de ***raies inactives***, comme le spectre lumineux lui-même.

D'ailleurs, ce n'est pas uniquement l'action sur les sels d'argent qui est particulièrement marquée dans le violet et l'ultra-violet, mais aussi tous les autres phénomènes chimiques produits par la lumière : par exemple, la transformation du phosphore blanc en phosphore rouge.

Le spectre ultra-violet est particulièrement développé lorsqu'on emploie pour l'obtenir un prisme et une lentille de quartz. Nous en concluons que cette substance, ***le quartz, absorbe fort peu les rayons ultra-violets***.

L'arc électrique possède un spectre ultra-violet plus étendu que la lumière solaire : cela tient, au moins en partie, à ce que l'atmosphère terrestre absorbe assez fortement les rayons les plus réfrangibles contenus dans la lumière solaire.

Le zinc, l'aluminium, le magnésium, qui brûlent avec un si puissant éclat, sont remarquables par la richesse et l'intensité de leur spectre ultra-violet.

4. — PHOTOGRAPHIE

408. Principe de la photographie. — On désigne sous le nom de photographie l'ensemble de tous les procédés qui permettent de fixer l'image réelle d'un objet sur l'écran qui la reçoit.

Ces procédés sont très divers; mais ils reposent tous sur les modifications chimiques ou physiques que certaines substances éprouvent sous l'action des radiations les plus réfrangibles de la lumière blanche.

Contentons-nous de rappeler que la lumière décompose à la longue les sels d'argent, en mettant en liberté le métal sous forme d'un dépôt noir. Les opérations à effectuer sont les suivantes :

1° La plaque sensible doit avoir été préparée dans l'obscurité. Elle est constituée par une plaque de verre recouverte d'une couche uniforme de substance impressionnable à la

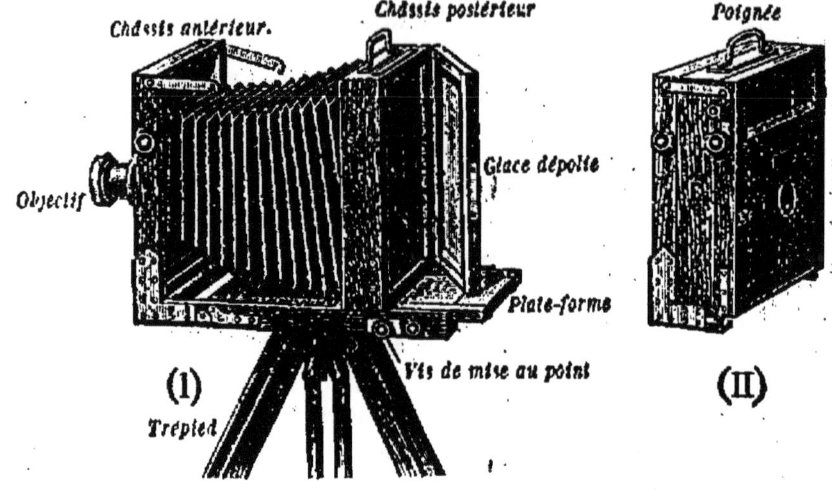

FIG. 236. — CHAMBRE PHOTOGRAPHIQUE.
La figure (I) montre la chambre installée sur son pied et prête à servir. La figure (II) représente la même chambre, repliée de manière à être commodément transportable.

lumière, généralement du bromure d'argent émulsionné dans la gélatine.

2° On produit sur cette ***plaque sensible***, à l'aide de dispositifs qui seront décrits un peu plus loin (§§ 469, 470, 471), l'image réelle de l'objet à photographier; la lumière agit alors plus vivement aux points les plus éclairés; l'action est nulle aux points qui sont restés dans l'obscurité.

3° Au bout d'un temps qui varie suivant les cas, on reporte dans l'obscurité la plaque, ***maintenant impressionnée***. On la soumet alors à une série de traitements qui ont pour but de la ***développer***, c'est-à-dire, en continuant l'action commencée par la lumière, de faire apparaître nettement l'image; puis de la ***fixer***, c'est-à-dire d'enlever ce qui reste de substance sensible, inaltérée. Cette série d'opérations sera décrite aux paragraphes 472 et 473.

469. Chambre noire. — L'appareil photographique se compose de deux châssis réunis entre eux par un soufflet en toile opaque qui permet de les rapprocher ou de les éloigner l'un de l'autre. Cet ensemble constitue une ***chambre noire***

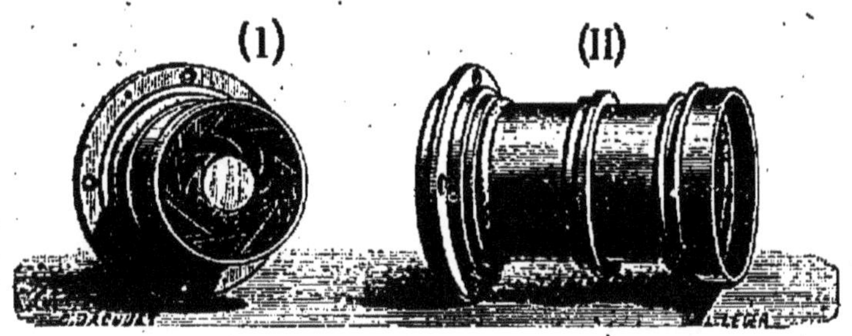

FIG. 237. — OBJECTIF MUNI D'UN DIAPHRAGME IRIS.
Le diaphragme sert à diminuer, quand il en est besoin, la quantité de lumière qui concourt à la formation des images.

à fond mobile (fig. 236). Dans le châssis antérieur est fixé l'***objectif*** : c'est un système convergent, ordinairement formé de plusieurs lentilles ; sa distance focale est d'environ 20 centimètres (fig. 252). Il donne des objets extérieurs une

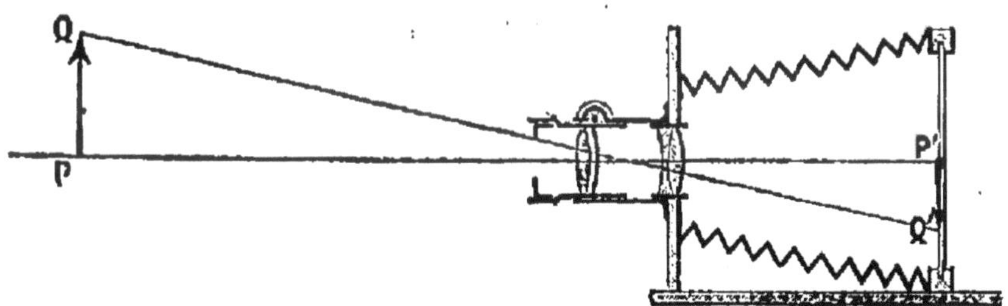

FIG. 238. — FORMATION DES IMAGES DANS LA CHAMBRE NOIRE.
Pour mettre au point, on applique une glace dépolie contre le châssis postérieur ; puis on déplace ce dernier jusqu'à ce que les images formées par l'objectif sur la glace soient bien nettes.

image réelle et renversée que l'on peut recevoir exactement sur le fond de la chambre en déplaçant convenablement le châssis postérieur, opération qui constitue la ***mise au point.***

470. Diaphragme. Obturateur. — L'objectif est, en outre, muni d'un ***diaphragme*** à ouverture variable, qui le découvre plus ou moins (fig. 237), et d'un ***obturateur*** qui permet de limiter à volonté la durée de l'accès des rayons lumineux dans la chambre. Les systèmes d'obturateurs sont très nombreux; celui que représente la figure 239 se place devant l'objectif.

La plupart des obturateurs sont disposés de façon à permettre d'obtenir des temps de pose très différents.

L'appréciation du temps de pose qui convient à chaque cas est une des principales difficultés de la photographie.

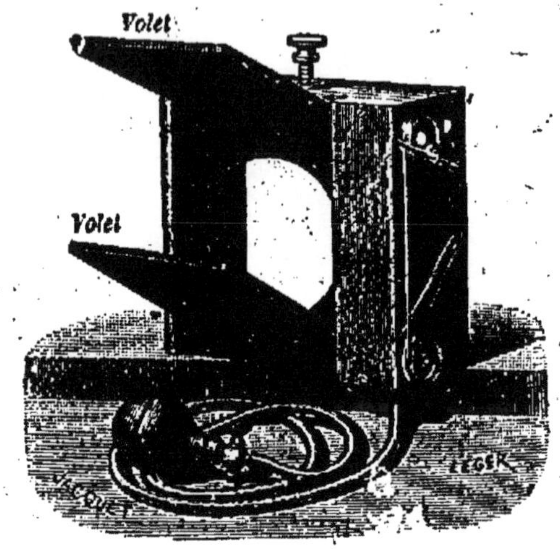

FIG. 239. — OBTURATEUR.
Cet obturateur, composé de deux volets qu'un déclenchement pneumatique met en mouvement, se place devant l'objectif.

471. **Mise au point.** — Pour effectuer la mise au point (fig. 238), on recouvre l'appareil d'un voile noir en découvrant complètement l'objectif; on place une glace dépolie dans le châssis postérieur et on fixe celui-ci dans la position pour laquelle l'image, examinée par transparence à travers la glace, apparaît aussi nette que possible. On substitue ensuite la plaque sensible à la glace dépolie.

472. **Opérations chimiques de la photographie.** — La plaque impressionnée est transportée dans l'obscurité. On la soumet à des actions réductrices convenables. Les régions qui ont subi l'action de la lumière se recouvrent alors d'une couche noire d'argent très divisé, tandis que le reste de la plaque conserve l'aspect blanc laiteux de l'émulsion sensible. C'est en cela que consiste le ***développement*** de l'image.

Les solutions révélatrices les plus employées sont l'***oxalate ferreux*** (sulfate ferreux et oxalate neutre de potassium), l'***acide pyrogallique*** mélangé de carbonate et de sulfite de sodium, l'***hydroquinone*** additionné de carbonate et de sulfite de sodium, le ***chlorhydrate de diamidophénol*** mélangé de sulfite de sodium, etc.

On immerge ensuite la plaque dans une solution d'hyposulfite de soude à 20 pour 100 qui dissout le bromure d'argent non altéré; après quoi, l'image peut être sans danger observée à la lumière du jour; il ne reste plus qu'à laver une dernière fois la plaque et à la sécher. On a ainsi un ***cliché négatif*** sur lequel les clairs de l'objet photographié apparaissent en noir et qui est transparent aux points les moins éclairés de cet objet.

473. Tirage des positifs sur papier. Épreuves aux sels d'argent. — Le cliché négatif une fois obtenu, on en tire des ***épreuves positives.*** Le papier dont on fait le plus fréquemment usage se trouve à bon marché dans le commerce : il est sensibilisé, sur l'une de ses faces, au chlorure ou au citrate d'argent. A l'aide d'un châssis-presse (fig. 240)

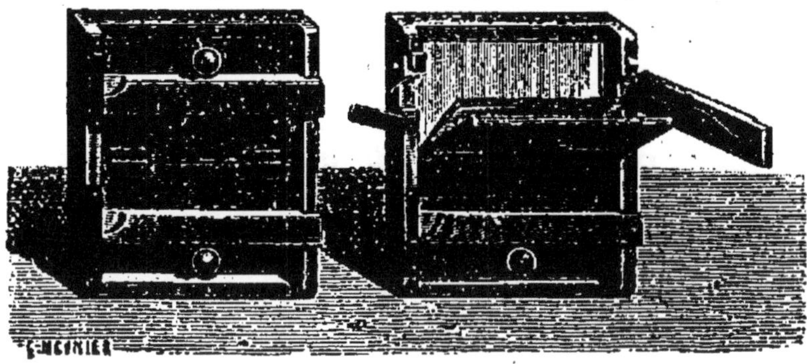

FIG. 240. — CHASSIS A POSITIFS.
La charnière permet de découvrir l'une ou l'autre moitié du châssis. On peut suivre ainsi les progrès de l'insolation, sans risquer de déranger les épreuves.

on maintient une feuille de ce papier exactement appliquée contre le cliché et on l'expose à la lumière solaire qui réduit alors le sel d'argent et noircit la feuille de papier sous les parties transparentes du cliché, tandis que les régions qui se trouvent sous les parties obscures conservent leur blancheur.

Dès qu'elle est suffisamment venue, on retire du châssis l'***épreuve positive*** ainsi obtenue. Elle présente des tons bruns qu'on fait ***virer*** au noir en l'immergeant dans un bain de chlorure d'or à 1/1000ᵉ, additionné de carbonate de soude (bain de virage). On ***fixe*** ensuite l'image en laissant tremper l'épreuve pendant 10 à 15 minutes dans un bain d'hyposulfite de soude à 10 pour 100 qui dissout le sel d'argent non altéré. On lave enfin l'épreuve pendant plusieurs heures à l'eau courante et on la laisse sécher.

Il est clair qu'on peut renouveler cette opération autant de fois qu'on le veut, puisqu'elle ne fait subir au cliché aucune altération.

CINQUIÈME PARTIE

ÉLECTRICITÉ ET MAGNÉTISME

CHAPITRE I

PHÉNOMÈNES FONDAMENTAUX D'ÉLECTRICITÉ STATIQUE

474. **Électrisation par le frottement. Premier exemple d'un phénomène électrique.** — Prenons un bâton de verre ou de résine. Frottons-le avec une étoffe de drap.

Nous constatons aussitôt qu'il attire les corps légers, tels que fragments de papier, barbes de plumes, etc. (fig. 241).

FIG. 241. — ÉLECTRISATION D'UN BATON DE RÉSINE. *Un bâton de résine, frotté avec une étoffe de drap, acquiert la propriété d'attirer les corps légers.*

On dit que le verre ou la résine se sont *électrisés* par le frottement.

L'expérience précédente constitue un premier exemple de *phénomène électrique*.

On appelle *électricité* la cause spéciale de ce phénomène.

475. **Tous les corps peuvent s'électriser par le frottement.** — Prenons maintenant une tige de cuivre à la main.

Frottons-la avec une étoffe de drap. Elle ne s'électrise pas.

Recommençons avec une autre tige de cuivre, munie d'un manche de verre (fig. 242). Tenons-la à la main par le

FIG. 242. — CORPS BONS ET MAUVAIS CONDUCTEURS.
Une tige de cuivre, tenue par un manche de verre, s'électrise par le frottement. Elle ne s'électrise pas si on la tient directement à la main.

manche de verre; frottons le cuivre avec une étoffe de drap; le cuivre se comporte alors comme le verre ou la résine du paragraphe précédent; il attire les corps légers.

Cette expérience pourrait se répéter avec tout autre corps que le cuivre. Nous en tirons cette conclusion :

Tous les corps peuvent s'électriser par le frottement.

476. Corps bons conducteurs et corps mauvais conducteurs. — Revenons sur les expériences précédentes.

On constate facilement que :

1° Le verre ou la résine frottés n'ont acquis la propriété d'attirer les corps légers que sur les points mêmes où ils ont été frottés;

2° La tige de cuivre a acquis cette propriété sur toute sa longueur. Cette propriété s'est donc propagée du point frotté aux autres points de la surface du cuivre. Nous dirons que le cuivre est ***bon conducteur*** de l'électricité.

Il en est de même de tous les métaux, du bois, du lin, du chanvre, de l'eau, du corps humain et du sol lui-même. Ce sont des corps bons conducteurs.

Par contre, nous dirons que le verre ou la résine sont ***mauvais conducteurs***. Il en est de même, à des degrés divers, de la gutta-percha, de la gomme laque, de la soie, du caoutchouc durci, du soufre, du pétrole, de la paraffine.

477. Rôle des isolants. — Tous les corps peuvent donc s'électriser par le frottement.

L'électricité, développée en un point d'un corps conducteur, se répandra en tous les points de sa surface.

L'expérience montre encore que, par simple contact, l'électricité passe d'un corps conducteur à un autre. Par le contact de la main, elle se dissipe, à travers le corps, dans le sol.

Il sera donc nécessaire, pour maintenir l'électricité sur les corps conducteurs, et pour l'observer, de placer, entre les corps conducteurs et le sol, un support mauvais conducteur. *Il faut les isoler.*

Tous les corps mauvais conducteurs peuvent être employés comme isolants. La paraffine est un des meilleurs isolants. Il suffira, pour isoler nos appareils, de les placer sur un gâteau de paraffine.

Il est bon de faire remarquer que l'air est nécessairement un isolant, puisqu'un conducteur peut rester électrisé dans l'air. Il en est d'ailleurs de même de tous les autres gaz et vapeurs, y compris la vapeur d'eau.

Le verre n'isole mal que quand il est recouvert d'eau à l'état liquide.

478. Pendule électrique au sol. — Pour reconnaître l'électrisation d'un corps, on se sert utilement d'un pendule (fig. 243), constitué par une petite balle de sureau très légère *a*, suspendue à une tige métallique par un fil de lin, long et mince.

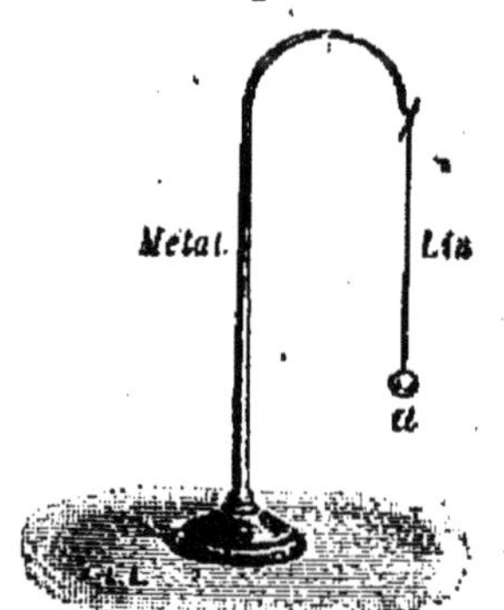

FIG. 243.
PENDULE AU SOL.
C'est une petite balle de sureau suspendue par un fil de lin à un support métallique.

On nomme cet appareil ***pendule au sol***, parce que la balle de sureau est en communication permanente avec le sol, par l'intermédiaire du fil de lin, qui est conducteur, et de son support métallique.

Le pendule au sol est ***toujours attiré*** par les corps électrisés qu'on lui présente; il vient au contact de ces derniers, si on les rapproche suffisamment. Si ces corps électrisés sont conducteurs, ils perdent alors leur électricité, puisqu'ils se trouvent en communication avec le sol, et ***le pendule retombe.*** Si les corps électrisés ne sont pas conducteurs, l'électricité ne disparaît qu'au point touché : le pendule n'en est pas moins attiré par les points voisins et ***la balle de sureau reste appliquée*** à la surface du corps électrisé.

479. Pendule isolé. — Les choses se passent tout autrement avec le ***pendule isolé.***

Celui-ci est constitué par une petite balle de sureau (fig. 244), suspendue à l'aide d'un fil de soie à un bâton de paraffine, fixé lui-même à l'extrémité d'une tige de verre recourbée.

Approchons de cet équipage un bâton de verre préalablement frotté avec un morceau de drap : la balle de sureau est attirée, vient toucher le bâton de verre, et tout aussitôt se trouve vivement repoussée.

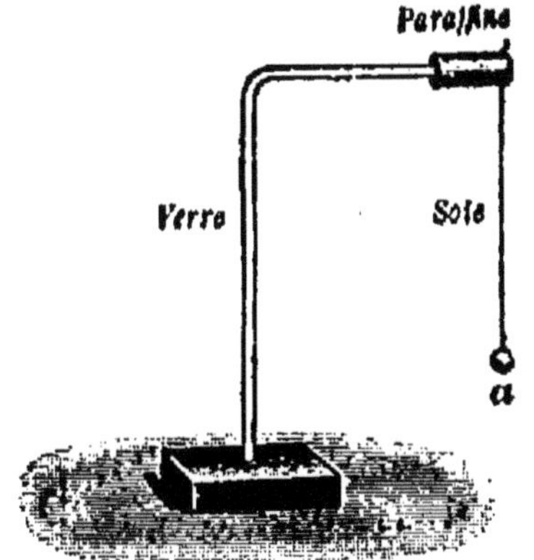

FIG. 244. — PENDULE ISOLÉ.
C'est une petite balle de sureau suspendue par un fil de soie à un support isolant.

Cette expérience nous conduit à faire une distinction importante :

1° Un corps électrisé attire toujours les corps légers, quand ceux-ci ne présentent tout d'abord aucun signe d'électrisation;

2° Il les repousse, aussitôt qu'ils ont été électrisés à son contact.

480. Il y a lieu de distinguer plusieurs espèces d'électricités. — La même expérience réussit également bien avec la résine.

Un bâton de résine électrisé attire le pendule à balle de sureau, quand celle-ci n'est pas encore électrisée; il le repousse, dès que le pendule est venu à son contact.

Mais, si nous présentons le bâton de résine électrisé à la

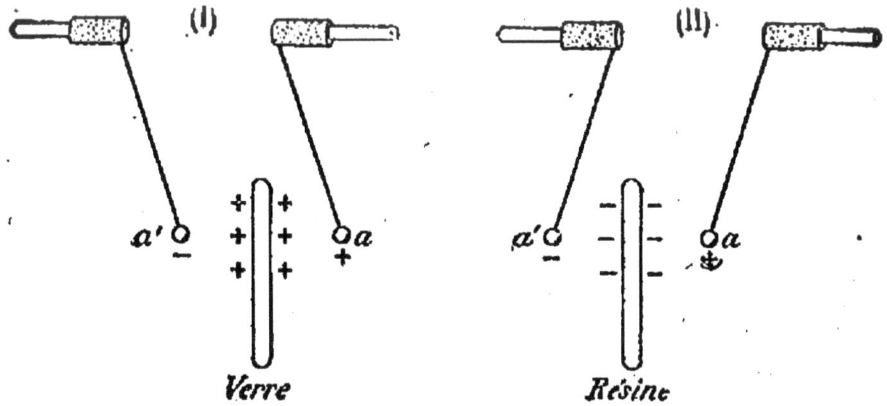

FIG. 245. — DISTINCTION DE DEUX ESPÈCES D'ÉLECTRICITÉ.
Les électricités de même nom se repoussent; celles de nom contraire s'attirent.

balle de sureau *a*, qui a été électrisée au contact du verre, nous constatons que cette balle *a* est vivement attirée (fig. 245).

De même, un bâton de verre électrisé attire la balle de sureau *a'*, qui a été électrisée au contact de la résine.

Ainsi, le bâton de verre et le bâton de résine agissent différemment sur la même balle de sureau électrisée. La balle *a*, attirée par la résine, est repoussée par le verre.

Nous dirons donc que le verre et la résine ne sont pas électrisés de la même façon.

Nous sommes donc conduits à distinguer ***plusieurs espèces d'électricités.***

481. **Il n'y a que deux espèces d'électricités.** — Recommençons l'expérience précédente avec un corps électrisé quelconque : cuivre, verre, résine, soufre, etc.

Examinons son action sur les deux balles de sureau électrisées : l'une, *a*, par son contact avec le verre électrisé, l'autre, *a'*, par son contact avec la résine électrisée.

Toujours, on constate que le corps électrisé attire l'une des balles et repousse l'autre.

Jamais un corps électrisé n'attire à la fois les deux balles *a* et *a'*; jamais il ne les repousse toutes les deux à la fois.

Un corps électrisé quelconque se comporte donc vis-à-vis des balles *a* et *a'*, soit comme le verre, soit comme la résine. C'est ce qu'on exprime en disant :

Il n'y a que deux espèces d'électricités.

Comme d'ailleurs les effets de ces deux électricités sont de sens contraire, rien ne s'oppose à ce que l'une d'elles soit qualifiée de ***positive***, l'autre de ***négative***.

L'électricité négative est celle de la résine frottée.

482. **Actions mutuelles des deux électricités.** — Nous tirons encore une conséquence importante des expériences précédentes.

Puisque le verre électrisé repousse la balle *a*, qui a été électrisée à son contact, nous pouvons dire :

Deux corps chargés d'une même électricité se repoussent.

On voit de même que :

Deux corps chargés d'électricités de nom contraire s'attirent.

483. **Développement simultané des deux électricités.** — Prenons deux plateaux (fig. 246) : l'un, de verre poli ; l'autre, de bois, recouvert de drap. L'un et l'autre sont portés par des manches isolants.

Frottons-les vivement l'un contre l'autre. Séparons-les l'un de l'autre; et présentons-les successivement aux balles de sureau électrisées.

Nous constatons que :

1° Le plateau de verre est électrisé positivement; c'est ce que nous savions déjà;

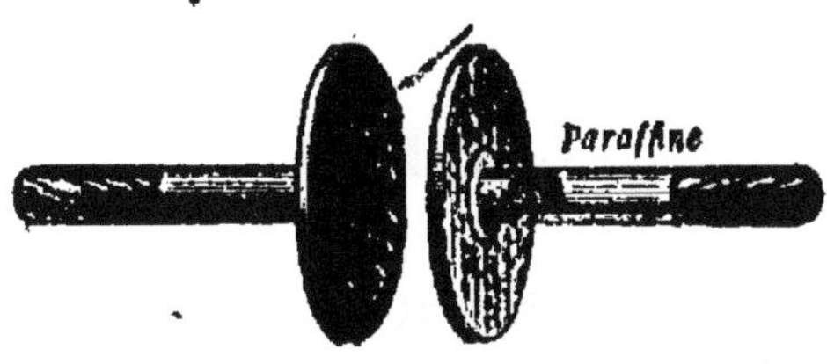

FIG. 246. — DÉVELOPPEMENT SIMULTANÉ DES DEUX ÉLECTRICITÉS.
Deux corps différents, montés sur des manches isolants et frottés l'un contre l'autre, s'électrisent toujours en sens contraire.

2° L'étoffe de drap est électrisée négativement.

D'où, cette conclusion :

On ne peut développer une électricité sans développer, en même temps, de l'électricité de nom contraire.

Ramenons les deux plateaux l'un contre l'autre; et présentons leur ensemble à l'un des pendules de sureau électrisés. L'effet est nul. Donc :

L'ensemble des deux électricités, développées simultanément par le frottement de deux corps l'un contre l'autre, exerce à l'extérieur un effet total rigoureusement nul.

CHAPITRE II

ÉLECTROSCOPE A FEUILLES

181. **Description de l'électroscope à feuilles.** — La répulsion qui s'exerce entre deux corps chargés de même électricité trouve une première application dans l'*électroscope à feuilles.*

Voici en quoi consiste cet appareil très simple et très sensible à la fois.

Une tige de cuivre (fig. 262), isolée par un bloc de paraffine, porte, suspendues à son extrémité inférieure, deux feuilles, étroites, longues et extrêmement minces, d'aluminium ou d'or.

Ces feuilles, très fragiles, sont entourées d'une *cage métallique*, qui, entre autres effets, les protège contre l'agitation de l'air extérieur.

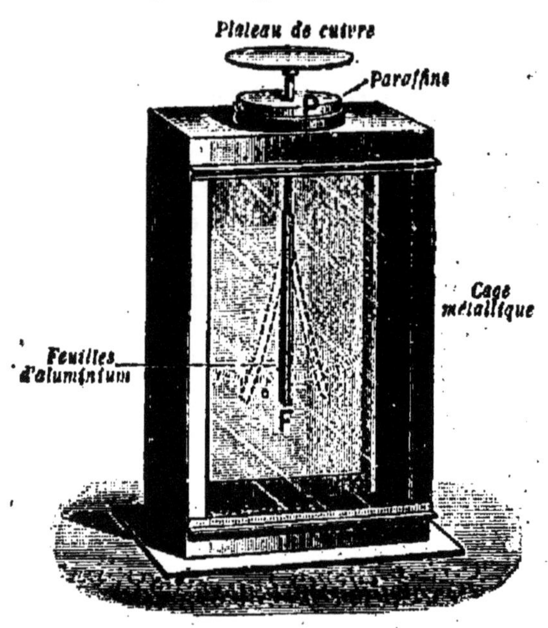

FIG. 247. — ÉLECTROSCOPE A FEUILLES.
L'électricité communiquée au plateau se répand sur les feuilles d'aluminium et les fait s'écarter l'une de l'autre.

La cage est fermée antérieurement par une glace de verre.

Enfin, l'extrémité supérieure de la tige de cuivre porte un petit plateau de même métal. L'électricité qu'on communique à celui-ci se répand sur les feuilles qui, très légères et très flexibles, se repoussent et s'écartent, pour retomber dans la verticale, lorsqu'on touche le plateau avec le doigt.

L'électroscope à feuilles est extrêmement sensible; il suffit de frapper une seule fois le plateau avec un morceau de drap, pour voir les feuilles s'écarter sous l'influence de l'électricité développée par le frottement.

485. **Les différents corps peuvent être groupés par ordre de conductibilité électrique.** — Comme première application, cet appareil va nous permettre de revenir, avec plus de précision, sur la distinction (§ 476) que nous avions établie plus haut entre corps bons et mauvais conducteurs.

Cette distinction est loin d'être absolue. Un conducteur électrisé et isolé est mis en communication avec l'électroscope; il l'électrise instantanément, si la communication est faite par un fil de cuivre; lentement, si elle est faite par un fil de coton ciré. Enfin, l'effet paraît nul avec une baguette de verre.

Le coton ciré a donc une conductibilité électrique intermédiaire entre celle du verre, que nous avons pris pour type des corps isolants, et celle du cuivre, que nous avons pris pour type des corps conducteurs.

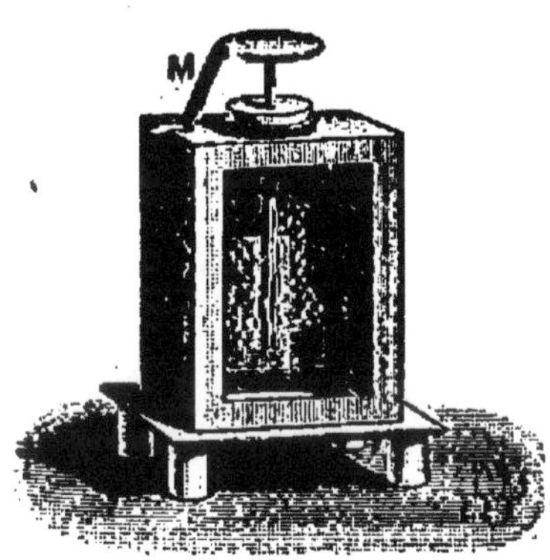

FIG. 248.
ABSENCE D'ÉLECTRICITÉ A L'INTÉRIEUR D'UN CONDUCTEUR.
On réunit le plateau et la cage d'un électroscope par une bande d'étain M; et l'on constate que les feuilles ne divergent pas quand on électrise l'appareil après l'avoir isolé.

486. **L'électricité se porte à la surface des corps.** — L'électroscope peut encore servir à établir très simplement une proposition de la plus haute importance.

Nous voulons faire voir que ***l'électricité qui charge un conducteur se porte tout entière à sa surface extérieure.***

Pour cela, prenons un électroscope à feuilles. Plaçons-le sur de petits blocs de paraffine (fig. 248). Il est isolé.

Mettons son plateau en communication permanente avec la cage, à l'aide d'une bande de papier d'étain M.

La cage de l'appareil, le plateau, les feuilles constituent, dans ces conditions, un conducteur isolé.

Électrisons-le par les procédés ordinaires. Quelle que soit la charge fournie, les feuilles d'aluminium ne divergent pas.

D'où, cette importante conclusion :

Aucune trace d'électricité ne se porte à l'intérieur d'un corps conducteur électrisé en équilibre.

A titre de contre-épreuve, enlevons la bande M ; il suffit de frotter légèrement le plateau, avec un morceau de drap, pour que les feuilles divergent fortement. — Ici, le conducteur, soumis à l'expérience, est formé par le plateau et les feuilles. — Les feuilles ne sont pas à l'intérieur de ce conducteur. Elles se chargent.

487. **Mode d'emploi de l'électroscope.** — Dans toutes nos expériences, à moins d'indication contraire, nous mettrons toujours la cage de l'appareil en communication avec le sol.

Dans ces conditions, la divergence des feuilles et l'électrisation du plateau sont deux phénomènes tels, que l'un des deux ne peut pas se produire sans que l'autre ait également lieu.

Il n'en serait plus nécessairement de même si l'électroscope était isolé, comme ceci avait lieu dans l'expérience du paragraphe précédent.

CHAPITRE III

QUANTITÉ D'ÉLECTRISATION OU CHARGE ÉLECTRIQUE

488. **Description du cylindre de Faraday.** — Prenons un long cylindre creux de métal; plaçons-le sur un bloc de paraffine (fig. 249); et mettons-le en communication par un fil de

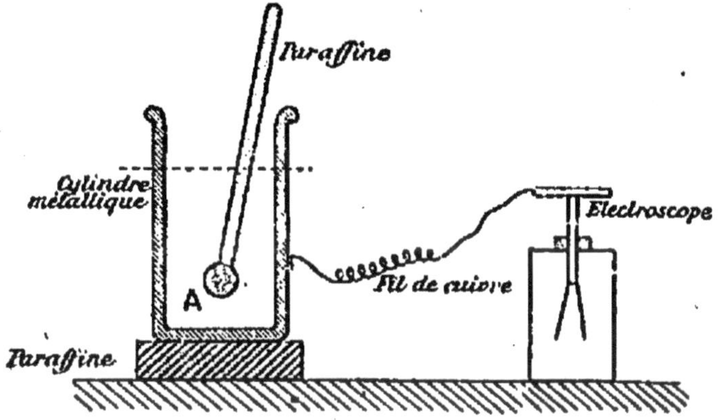

FIG. 249. — REPÉRAGE DE L'ÉLECTRISATION D'UN CORPS A.
Dès que le corps A est plongé assez avant dans le cylindre, la divergence des feuilles de l'électroscope conserve une valeur invariable.

cuivre long et fin avec le plateau d'un électroscope, dont la cage est au sol.

Le cylindre et le plateau ne forment ainsi qu'un seul conducteur; le plateau fait partie de la surface extérieure de ce conducteur.

Quand le cylindre est électrisé, le plateau l'est également, les feuilles divergent.

Quand le cylindre n'est pas électrisé, les feuilles restent au zéro.

Ce dispositif est connu sous le nom de ***cylindre de Faraday.***

489. **Ce qu'on entend par phénomène d'influence électrique.** — Introduisons dans le cylindre un petit conducteur

A électrisé, et fixé à l'extrémité d'un long manche isolant (fig. 249).

Dès que ce conducteur s'approche du cylindre, nous voyons les feuilles de l'électroscope s'écarter.

Il faut en conclure que le cylindre s'électrise alors lui-même.

On dit qu'il s'est ***électrisé par influence.***

Retenons, de ce qui précède, qu'***un conducteur isolé s'électrise quand on en approche un autre corps électrisé.***

Nous étudierons plus tard les lois de ce phénomène (§ 502). Pour l'instant, passons outre; et revenons à notre expérience du cylindre de Faraday.

490. Expérience du cylindre de Faraday. — Au fur et à mesure que nous enfonçons le corps électrisé A dans le cylindre, la divergence des feuilles augmente; mais pas indéfiniment; elle atteint un maximum, quand le corps A est plongé assez avant. Elle reste dès lors invariable, quelle que soit la façon dont on le déplace à l'intérieur du cylindre.

Nous pouvons maintenant procéder de deux façons différentes :

1° Nous pouvons retirer le corps électrisé A, sans l'avoir mis en contact avec le cylindre. Dans ces conditions, les feuilles de l'électroscope retombent au zéro. Le corps A est resté électrisé. Les feuilles éprouveraient à nouveau la même divergence, si le corps A était introduit une seconde fois dans le cylindre.

2° ***Nous pouvons retirer le corps électrisé, après lui avoir fait toucher le fond du cylindre.***

Chose curieuse, ***la divergence des feuilles ne change pas.***

Si nous retirons le conducteur A, le cylindre reste électrisé; les feuilles conservent toujours le même écart. — Le conducteur A est entièrement déchargé.

L'interprétation de cette expérience est facile :

Au moment du contact, en effet, le conducteur A et le cylindre lui-même n'ont plus formé qu'un seul conducteur, à l'intérieur duquel il ne peut y avoir de charges électriques. Celle que possédait le corps A a donc dû se répandre à l'extérieur du cylindre et sur le plateau de l'électroscope.

491. L'électrisation est une grandeur. — Recommençons l'expérience précédente, après avoir déchargé le cylindre de Faraday, en le touchant avec le doigt.

Le conducteur A, électrisé une seconde fois, est introduit à nouveau dans le cylindre, et mis en contact avec lui. Nous observons la divergence des feuilles. En général, elle n'aura pas la même valeur que la première fois.

Si elle avait conservé la même valeur, nous dirions que ***l'électrisation*** ou la charge électrique de A ***avait eu la même valeur*** dans les deux expériences.

Si la divergence est plus grande pour la seconde expérience que pour la première, nous dirons que ***l'électrisation ou la charge électrique de A est plus grande*** dans le second cas que dans le premier.

D'où résulte que :

L'électrisation ou charge électrique d'un corps A est une grandeur spéciale qu'on peut repérer par la divergence qu'indique un électroscope mis en communication métallique avec un cylindre isolé, dans lequel on introduit le corps A.

Deux charges, qui donnent la même divergence, sont égales. L'écart des feuilles ne nous indique d'ailleurs rien sur le signe même de l'électrisation.

Reprenons, par exemple, l'expérience (§ 483) des deux plateaux isolés, que l'on a électrisés en les frottant l'un contre l'autre. Introduisons-les successivement dans le cylindre de Faraday. Ils donnent la même divergence des feuilles. Nous savons d'ailleurs que l'un est électrisé positivement, et l'autre négativement. Nous retrouvons, sous une forme plus précise, avec un énoncé plus simple, le résultat précédemment rencontré : ***Les deux plateaux portent des charges égales et contraires.***

492. On peut faire la somme de deux charges électriques. — Introduisons maintenant dans le cylindre de Faraday deux conducteurs électrisés A et A'. Dès qu'ils sont plongés assez avant, l'écart des feuilles de l'électroscope reste invariable.

Déplaçons maintenant les deux conducteurs l'un par rapport à l'autre. Faisons-les, si l'on veut, toucher l'un à l'autre. La déviation des feuilles conserve la même valeur.

Faisons-les toucher au cylindre : la déviation conserve encore la même valeur; quels que soient les points touchés, que les contacts avec la paroi aient été simultanés ou successifs; et dans quelque ordre qu'ils aient eu lieu.

On pourrait toujours trouver un conducteur électrisé B, qui, à lui seul, produirait le même effet que les deux corps A et A' dont nous venons de parler.

On dira que la charge électrique du corps B est égale à la somme des charges électriques des corps A et A'.

Le mot ***somme*** doit être pris ici dans son sens algébrique. Nous avons vu, en effet, que les deux charges électriques, égales et contraires, portées par les deux plateaux de l'expérience de Wilcke, exercent un effet total nul sur le pendule à balle de sureau (§ 483); ils produiraient également un effet total nul sur l'électroscope de l'expérience actuelle.

493. **L'électrisation est une grandeur mesurable.** — Il résulte de tout cela que l'électrisation ou charge électrique est non seulement une grandeur; mais encore, que c'est ***une grandeur mesurable.***

On peut, en effet, graduer l'électroscope du dispositif de Faraday de manière que l'observation de la divergence des feuilles nous donne le ***rapport*** de deux charges électriques introduites dans le cylindre.

Voici comment on procède : on électrise, au moyen de l'électrophore qui sera décrit plus loin (§ 509), un petit plateau métallique B, fixé à l'extrémité d'un manche isolant. Il est facile de constater, à l'électroscope, que le petit plateau A acquiert, à chaque fois, la même charge. Puis, on introduit successivement ce plateau électrisé jusqu'au fond du cylindre de Faraday. De cette façon, on donne à celui-ci des charges électriques qui vont en croissant comme la série des nombres entiers.

A chaque addition nouvelle, on note la divergence des feuilles de l'électroscope rattaché au cylindre. On dresse une table, dans laquelle on inscrit, d'un côté, le nombre de charges égales apportées par le petit plateau A, et, de l'autre, la déviation correspondante de l'électroscope.

La ***graduation*** une fois achevée, on pourra facilement déterminer le rapport de deux charges électriques quelconques, successivement introduites dans le cylindre.

494. **Loi des actions électriques.** — Nous savons que deux corps qui possèdent des électrisations de même nom se repoussent et que deux corps qui possèdent des électrisations contraires, s'attirent (§ 482).

Coulomb a institué de nombreuses expériences pour déterminer les lois numériques de ces actions. Nous nous bornerons à en indiquer les résultats ***dans le cas où les corps électrisés ont des dimensions extrêmement faibles, par rapport à la distance qui les sépare.***

Leur action mutuelle, attraction ou répulsion, ***s'exerce alors suivant la ligne qui les joint.***

1° ***Elle est proportionnelle à leurs charges électriques.***

2° ***Elle est en raison inverse du carré de leur distance.***

Cela veut dire que, si l'on double l'une des charges, la force que les deux corps exercent l'un sur l'autre devient double; si l'on double à la fois les deux charges, la force devient quadruple; si l'on réduit de moitié la distance des deux corps électrisés, l'action mutuelle devient quatre fois plus grande.

495. **Unité de quantité d'électrisation ou de charge électrique. Le coulomb.** — Du moment que l'électrisation est une grandeur mesurable, il est nécessaire de lui choisir une unité.

Cette unité a reçu le nom de ***coulomb***, du nom du physicien français qui s'est illustré par ses belles recherches d'électricité statique. Nous aurons, d'ailleurs, occasion de donner plus tard une ***définition pratique du coulomb*** (§ 584).

Cette unité, qui a surtout été choisie en vue des besoins de l'industrie électrique, est ***extrêmement grande*** par rapport aux quantités d'électrisation qui sont mises en jeu dans les expériences que nous avons décrites jusqu'ici. On calcule, en effet, que deux charges de 1 coulomb, placées à 100 mètres l'une de l'autre, se repousseraient avec une force de plus de 90 tonnes. Avec les charges que nous employons dans nos expériences, il serait difficile de constater entre deux corps électrisés et distants de quelques centimètres seulement, des actions qui atteignent 1 décigramme.

CHAPITRE IV

DISTRIBUTION DE L'ÉLECTRICITÉ SUR LES CORPS CONDUCTEURS

496. **Le plan d'épreuve.** — Nous nous proposons de rechercher comment les charges sont distribuées à la surface d'un corps conducteur. Nous savons qu'elles sont rigoureusement nulles en tout point pris à l'intérieur (§ 486).

Nous nous servirons pour cette étude du petit appareil suivant qu'on appelle le ***plan d'épreuve*** (fig. 250).

C'est un petit disque de métal D, d'un centimètre de diamètre environ, porté à l'extrémité d'un bâton E de paraffine ou de quelque autre isolant.

E

P

Paraffine

D

Disque métallique

FIG 250.
PLAN D'ÉPREUVE.
Quand on l'applique sur un conducteur électrisé, le petit disque D se charge de toute l'électricité que portait la surface qu'il recouvre.

497. **Mesure d'une densité électrique.** — Pour se servir de ce petit appareil, on l'applique sur le conducteur à étudier, le petit disque se substitue momentanément au petit élément de surface *s* qu'il recouvre. Il se charge donc lui-même de l'électricité que portait la petite surface *s* du conducteur. On le retire alors bien normalement. Il emporte ainsi l'électricité qui se trouvait sur la portion de surface *s* du conducteur. On l'introduit alors dans le cylindre de Faraday, et l'on mesure la charge ainsi transportée.

On recommence cette mesure pour diverses régions du corps conducteur.

On conviendra de dire que les diverses quantités ainsi mesurées définissent, en valeurs relatives, ***les densités électriques*** du corps conducteur aux différents points de sa surface.

498. **Résultats expérimentaux.** — On utilise souvent, pour

représenter la distribution électrique, le procédé graphique que voici :

En chaque point P du conducteur (fig. 251), on élève une normale sur laquelle on porte une longueur PA, proportionnelle à la densité électrique, mesurée en ce point. Le lieu des points A, ainsi obtenu, forme une surface dont l'aspect permet de saisir d'un coup d'œil l'ensemble de la distribution électrique.

D'une manière générale, l'électricité se porte plus particulièrement sur les parties saillantes des conducteurs; ***la densité électrique est relativement considérable sur les arêtes vives ou sur les pointes extérieures;*** elle est, au contraire, très faible dans les cavités; surtout lorsque celles-ci sont fortement accusées.

La figure 251 montre la distribution électrique dans certains cas intéressants :

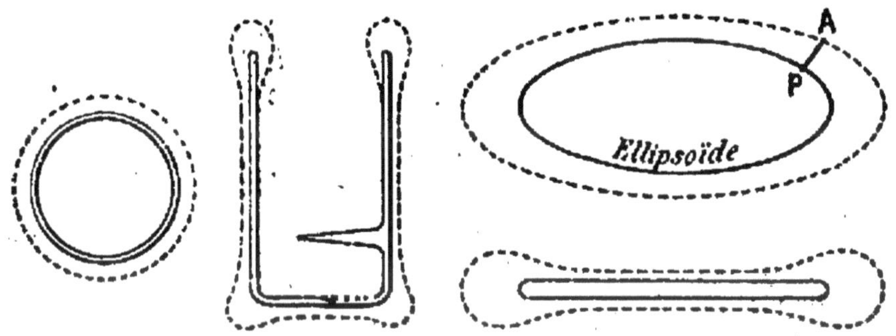

FIG 251. — EXEMPLES DE DISTRIBUTION ÉLECTRIQUE SUR LES CONDUCTEURS.
La densité électrique est considérable sur les parties saillantes et très faible, au contraire, dans les parties creuses.

1° Sur un ellipsoïde allongé, la densité électrique est plus grande aux extrémités que dans la région médiane.

2° La distribution est uniforme sur une sphère conductrice isolée, et sur la partie médiane d'un disque.

3° A une certaine profondeur, la surface interne d'un long cylindre creux, même quand elle est armée de pointes, ne présente pas trace d'électricité.

499. **Pouvoir des pointes.** — L'électricité n'est maintenue à la surface des conducteurs que par la résistance de l'air ambiant, qui constitue lui-même un milieu isolant, mais cette résistance n'est pas indéfinie. L'expérience montre, en effet, que l'électricité qui s'accumule sur les pointes proéminentes

d'un conducteur, peut s'en échapper et se porter sur les particules d'air environnantes qui s'électrisent ainsi et sont alors vivement repoussées.

Un conducteur armé d'une pointe aiguë ne peut conserver qu'une charge minime et, s'il est en relation avec une machine qui renouvelle constamment cette charge, un flux continu d'électricité s'échappe par la pointe. Cette ***décharge*** du conducteur donne lieu à des phénomènes lumineux très remarquables, quand on l'observe dans l'obscurité. Suivant que la pointe laisse écouler de l'électricité positive ou de l'électricité négative, on voit apparaître à son extrémité soit une ***large aigrette violacée,*** soit une ***petite étoile brillante.***

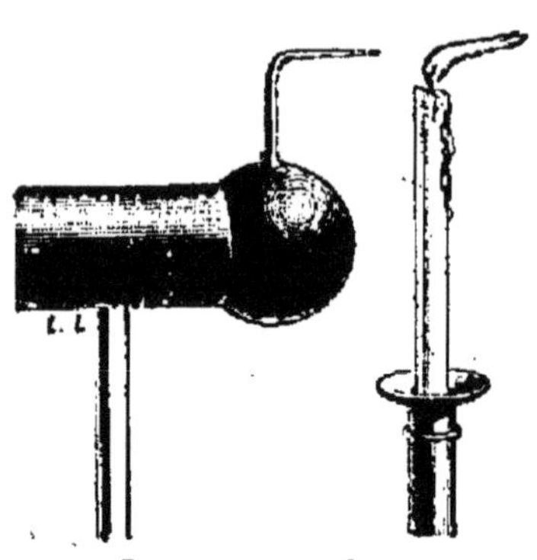

FIG. 252. — VENT ÉLECTRIQUE. *Il est produit par l'air qui s'électrise à la pointe et qui se trouve ensuite repoussé.*

On rend manifeste la répulsion qu'éprouvent les particules d'air électrisées en approchant une bougie d'une pointe placée sur le collecteur d'une machine électrique en fonctionnement : on voit alors la flamme de la bougie s'incliner comme sous l'action d'un courant d'air et parfois même s'éteindre (fig. 252).

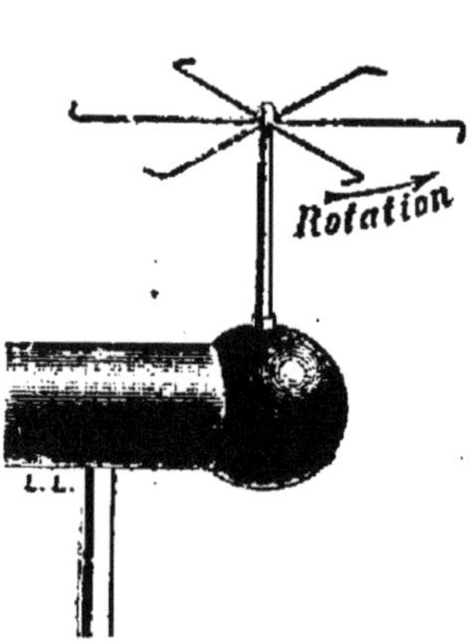

FIG. 253.
TOURNIQUET ÉLECTRIQUE.
Le mouvement des pointes est dû à la réaction de l'air qu'elles ont électrisé et qui les repousse.

L'air, électrisé, repousse également la pointe; et, si celle-ci est mobile, la fait fuir en sens inverse. On réalise l'expérience à l'aide du ***tourniquet électrique.*** Sur un pivot fixé à la machine électrique est placée une chape à laquelle sont adaptés cinq ou six rayons métalliques dont les extrémités pointues se recourbent dans le même sens. Lorsqu'on actionne la machine, on voit cette sorte d'étoile tourner en sens contraire des pointes (fig. 253).

Cette faculté qu'ont les pointes métalliques de laisser s'échapper l'électricité qui les charge constitue ce que l'on appelle le ***pouvoir des pointes.***

500. Paratonnerre de Franklin. — Le paratonnerre inventé par Franklin pour protéger les édifices contre la foudre repose sur le pouvoir des pointes. Il se compose d'une tige en fer de 8 à 10 mètres de long installée au faîte de l'édifice. Cette tige se termine à son extrémité supérieure par une pointe en platine ou en cuivre doré et se trouve mise en communication avec le sol par un gros câble de fil de fer (fig. 254).

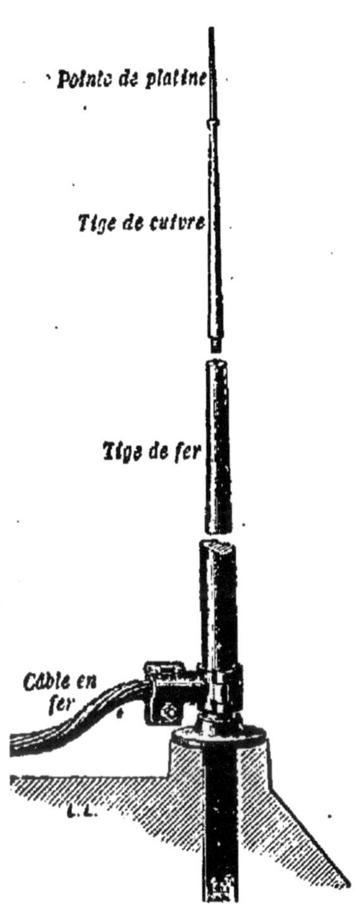

FIG. 254.
PARATONNERRE DE FRANKLIN.
Grâce au pouvoir des pointes, le paratonnerre affaiblit la charge électrique des nuages orageux qui passent au-dessus de lui.

Dans ces conditions, si un nuage orageux, électrisé positivement, par exemple, passe au-dessus du paratonnerre, il agit par influence sur celui-ci; l'électricité négative, qui afflue alors vers la pointe, s'en échappe d'une façon continue, neutralise peu à peu le nuage et toute étincelle devient ainsi impossible entre celui-ci et le sol. ***Le paratonnerre exerce, par conséquent, un effet préventif contre la foudre.***

Cependant, il peut se faire évidemment que l'arrivée de l'orage soit trop soudaine pour que cet effet soit tout à fait efficace. dans ce cas, l'étincelle éclatera malgré la pointe; mais la décharge frappera de préférence le paratonnerre, qui est la partie la plus exposée de l'édifice, et l'électricité s'écoulera dans le sol par le câble conducteur, sans causer de grands dommages. ***Le paratonnerre exerce alors un rôle protecteur.***

Le paratonnerre protège donc réellement, et dans tous les cas, les points situés dans son voisinage. On admet, dans la pratique, sans que, d'ailleurs, il y ait rien de bien certain à cet égard, que le rayon de la zone protégée est égal au double de la hauteur de la pointe au-dessus du sol.

501. Conditions auxquelles doit satisfaire un paratonnerre. — Il résulte de l'explication qui précède que, pour bien fonctionner, un paratonnerre doit être en ***communication parfaite avec le sol.*** Le mieux est d'employer un câble assez gros dont l'extrémité plonge dans l'eau d'un puits ou, tout au moins, se trouve reliée à une large plaque de fer, mise au contact d'un sol humide ou de braise de boulanger.

Il est d'ailleurs indispensable que ***le paratonnerre communique avec les grosses pièces métalliques de l'édifice,*** afin que l'électricité mise en jeu par influence dans ces pièces puisse facilement, par le paratonnerre, s'écouler dans le sol.

Enfin, si plusieurs paratonnerres doivent être installés sur le même bâtiment, il sera bon de les relier entre eux par des fils métalliques, de façon que les uns puissent suppléer à une mauvaise conduction possible des autres.

On se rend facilement compte qu'***un paratonnerre, dont la pointe serait émoussée ou qui communiquerait mal avec le sol, serait non seulement inutile, mais dangereux.***

On trouvera au § 507 la description du paratonnerre de Melsens.

CHAPITRE V

INFLUENCE ÉLECTRIQUE

502. **Expériences d'influence électrique.** — Nous avons déjà rencontré précédemment des phénomènes d'influence électrique.

1° Quand on approche un corps électrisé du plateau d'un électroscope (§ 484), on voit les feuilles diverger. Les feuilles sont donc chargées. Elles sont chargées par influence.

2° Nous avons vu dans l'expérience du cylindre de Faraday (§ 490), que les feuilles de l'électroscope divergent, avant que le corps A n'ait touché la paroi du cylindre. Le cylindre et l'électroscope sont chargés. Ils sont chargés par influence.

Nous concluons de ces expériences, que : ***On peut développer de l'électricité sur les conducteurs, en les amenant simplement au voisinage d'autres corps électrisés.***

C'est à ce mode particulier d'électrisation qu'on a donné le nom d'***influence électrique.***

503. **Cas où le corps soumis à l'influence est isolé.** — Cherchons à découvrir les lois de l'influence.

Nous distinguerons deux cas :

1° Celui où le corps, soumis à l'influence, est isolé;

2° Celui où le corps, soumis à l'influence, est mis en communication avec le sol.

Pour étudier le premier cas, nous emploierons le dispositif suivant :

Isolons par deux blocs de paraffine un cylindre conducteur BB' (fig. 255).

Approchons ensuite de l'une de ses extrémités un corps électrisé quelconque, une sphère métallique A, isolée et chargée positivement, par exemple.

Nous reconnaîtrons alors, ***à l'aide d'un plan d'épreuve,*** que deux plages d'électricités contraires, E, E', se sont formées sur le cylindre BB'; la moins étendue et aussi la plus voisine de A est négative; la plus éloignée est positive.

Ces deux plages sont séparées par une ligne neutre N, tout

le long de laquelle la densité électrique est nulle. Les quantités d'électricités contraires ainsi développées sont d'ailleurs égales. En effet, vient-on à éloigner la sphère conductrice A, le cylindre BB' revient de nouveau à l'état neutre.

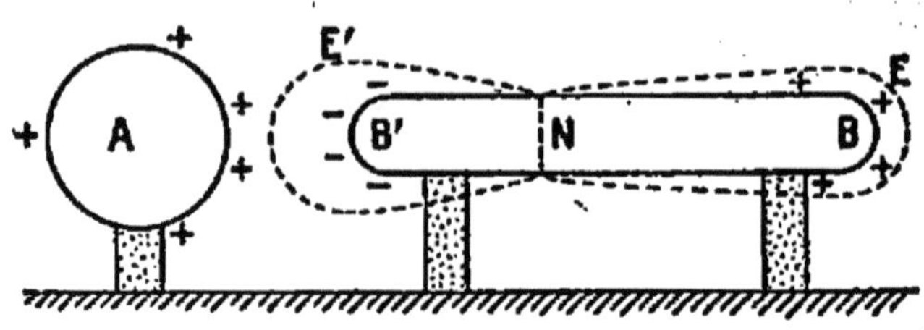

FIG. 255. — INFLUENCE SUR UN CONDUCTEUR ISOLÉ. *Le conducteur isolé BB', amené près du corps électrisé A, prend sur les régions, les plus voisines de celui-ci, une charge de nom contraire à celle de A; il prend une charge de même nom sur les régions les plus éloignées.*

L'emploi du plan d'épreuve et de l'électroscope permet d'ailleurs de mesurer la densité aux divers points du cylindre et on reconnaît ainsi qu'elle est maxima aux extrémités, c'est-à-dire dans la région la plus rapprochée et dans la région la plus éloignée de la sphère A.

Quant aux signes des plages électrisées E, E', on l'obtiendrait simplement en chargeant d'abord fortement l'électroscope avec de l'électricité positive et constatant ensuite que la divergence des feuilles augmente ou diminue suivant qu'on ajoute à la charge de l'électroscope *un peu* d'électricité empruntée à l'aide du plan d'épreuve soit à la plage E, soit à la plage E'.

La figure 255, où l'on a utilisé le mode de représentation graphique indiqué à propos de la distribution électrique (§ 498), représente l'ensemble de ces résultats.

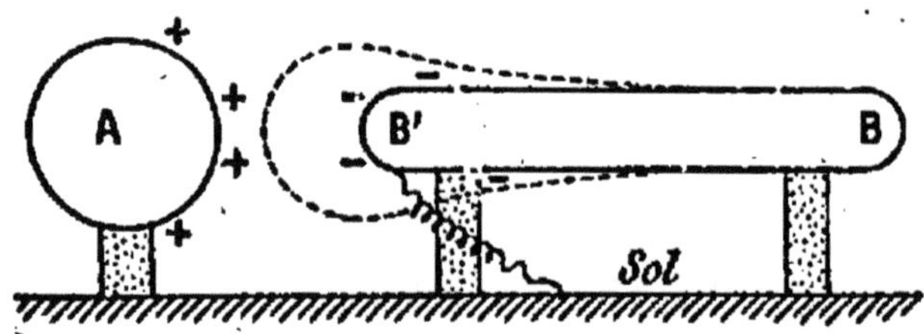

FIG. 256. — INFLUENCE SUR UN CONDUCTEUR AU SOL. *Le conducteur au sol BB', amené près du corps électrisé A, prend uniquement une charge de nom contraire à celle du conducteur A.*

504. Le corps soumis à l'influence est mis en communication avec le sol. — Mettons maintenant le conducteur BB' au sol par un point quelconque (fig. 256). L'influence de la sphère A s'exerce alors sur un vaste conducteur formé du cylindre BB' lui-même et de la Terre : l'électricité positive est repoussée dans les parties éloignées, c'est-à-dire rejetées dans le sol; et le cylindre, ***quel que soit le point touché,*** conserve uniquement de l'électricité négative. L'étude de sa distribution montre que l'électricité se trouve alors accumulée vers l'extrémité B' et qu'en particulier sa densité est très faible sinon nulle en B.

Les charges développées par influence sur le cylindre BB', extérieur à A, sont toujours inférieures à la charge inductrice portée par A.

505. **Application des phénomènes précédents.** — Reprenons l'expérience du paragraphe précédent. Rompons la communication entre le cylindre et le sol; éloignons la sphère électrisée.

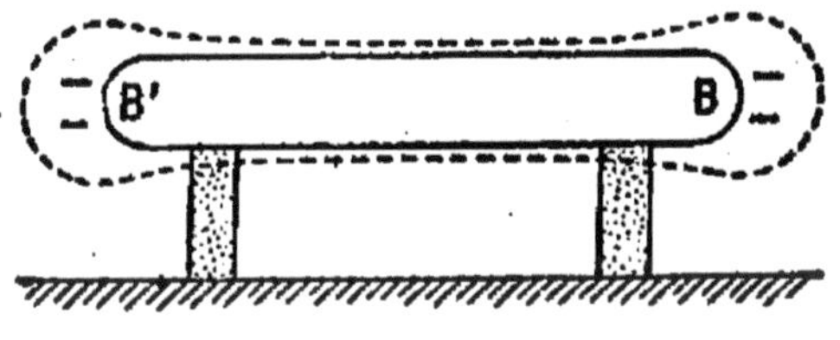

FIG. 257. — CHARGE D'UN CONDUCTEUR PAR INFLUENCE.

On amène le conducteur près d'un corps électrisé; on le met momentanément en communication avec le sol et on l'éloigne ensuite ; il est alors électrisé lui-même.

Le cylindre reste chargé négativement; mais, la quantité d'électricité qui le recouvre se répand maintenant sur toute sa surface, en s'accumulant légèrement aux deux extrémités (fig. 257).

Il résulte de là un moyen de charger un conducteur BB' par influence.

On approche du conducteur BB' un corps électrisé A; on met alors le conducteur BB' au sol, puis on rompt la communication avec la Terre. On éloigne le corps inducteur A, et le conducteur BB' reste chargé d'électricité contraire à celle que possédait l'inducteur.

Remarque. — Ce procédé est celui qu'on emploie habituellement, quand on veut charger l'électroscope à feuilles avec un corps électrisé. — On risquerait de le détériorer, en le touchant sans précaution avec un corps électrisé fortement. — On le charge par influence, en opérant à des distances considérables d'abord, puis, s'il le faut, graduellement décroissantes.

506. **Ecrans électriques.** — Les expériences d'influence ne réussiraient pas, si entre le corps influent et le conducteur soumis à l'influence, on interposait une toile métallique tenue à la main.

Les phénomènes d'influence seraient rigoureusement supprimés, si le conducteur qu'on veut soumettre à l'influence était complètement entouré d'un conducteur métallique fermé.

On dit que la toile métallique ou le conducteur métallique fermé jouent le rôle d'*écrans électriques*.

De ces faits résultent deux propositions importantes.

1° ***L'influence électrique est impossible à travers tout corps conducteur fermé.***

2° ***L'influence électrique s'exerce toujours, à travers tous les corps isolants, quels qu'ils soient.***

507. **Paratonnerre Melsens.** — Le *paratonnerre Melsens* que l'on emploie aujourd'hui concurremment avec celui de Franklin (§ 500), repose sur les propriétés des ***écrans électriques***.

FIG. 258. — PARATONNERRE MELSENS.
L'édifice est protégé par une sorte d'écran électrique constitué par un réseau de tiges métalliques qui l'enveloppent complètement et communiquent avec le sol.

Un édifice pourra donc garanti contre les effets de la foudre, s'il est enveloppé d'une sorte de cage conductrice formée de barres métalliques, étroitement reliées entre elles et en parfaite communication avec la terre. Bien entendu, on disposera ces barres de façon qu'elles suivent les ornements de la façade, sans en altérer le caractère architectural (fig. 258).

Comme pour le paratonnerre de Franklin, et pour les mêmes raisons il sera bon de mettre en relation avec la cage conductrice extérieure les grosses pièces de fer de l'édifice ainsi que les canalisations de gaz ou d'eau qui y pénètrent. Enfin on augmente peut-être encore l'efficacité du paratonnerre en plaçant, de distance en distance, sur le faîte de l'édifice, des gerbes de petites pointes métalliques.

Ce mode de protection a été appliqué à l'hôtel de ville de Bruxelles et à un certain nombre de constructions parisiennes.

508. **Attraction des corps légers.** — Les lois de l'influence électrique vont nous permettre d'expliquer certains phénomènes précédemment rencontrés §§ 478 et 479.

1° ***Expérience du pendule isolé.*** Recouvert par influence de deux plages de nom contraire, l'action qu'il subit est la différence des forces qui s'exercent sur chacune d'elles; la force attractive domine, parce que la charge contraire à la charge agissante est la plus voisine. Le pendule est donc attiré; mais cette attraction n'est sensible qu'à une faible distance.

2° ***Expérience du pendule au sol.*** La charge induite, de même nom que celle du corps influent A, est repoussée dans le sol. Il y a donc attraction, plus grande que dans le cas précédent.

Pour déterminer le signe de la charge d'un corps électrisé, le pendule au sol ne peut être employé. Quel que soit ce signe, ce pendule est toujours attiré. Au contraire, un pendule isolé électrisé sera attiré ou repoussé suivant la nature de l'électricité qu'on lui présentera.

CHAPITRE VI

MACHINES ÉLECTRIQUES

509. **Électrophore.** — L'électrophore est l'appareil le plus simple que l'on puisse employer à la production indéfinie de charges électriques.

Il se compose (fig. 259) de deux parties distinctes :

1° ***Un disque de résine ou de paraffine*** P, coulé dans un moule de métal M. Une pointe métallique S, fixée au moule, dépasse légèrement la surface supérieure du disque isolant.

2° ***Un plateau conducteur*** T, muni d'un manche isolant A.

Frottons le disque isolant à l'aide d'une peau de chat. Il s'électrise négativement. Appliquons alors à sa surface le plateau conducteur T.

Ce plateau se trouve alors en communication avec le sol par l'intermédiaire de la pointe qui le touche et du moule. Dans ces conditions, l'électricité négative du disque induit, sur le plateau T, de l'électricité positive qui reste localisée à la face inférieure. Soulevons le plateau en le tenant par le manche isolant : il reste chargé d'électricité positive.

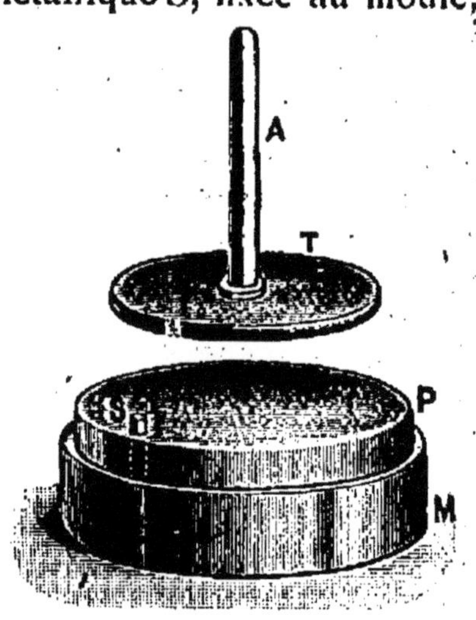

FIG. 259. — ÉLECTROPHORE.
L'instrument se compose d'un disque P de matière isolante, coulé dans un moule de métal M, et d'un plateau conducteur T, porté par un manche isolant A.

Si petite que soit cette charge, on peut néanmoins, en répétant l'opération, donner à un conducteur une grande quantité d'électrisation. Il suffit pour cela d'associer à l'appareil un long cylindre conducteur isolé, dans lequel on décharge le plateau. On sait que, dans ces conditions, le plateau cède sa charge entière, quel que soit l'état électrique du cylindre; en sorte que la charge de celui-ci augmente régulièrement à chaque voyage du plateau.

510. Principe des machines électriques. — Nous dirons que l'électrophore est une ***machine électrique.***

Dans toute machine électrique à influence, comme dans l'électrophore, on trouve trois organes principaux : un ***inducteur***, un ***transporteur***, un ***collecteur.***

Dans le cas de l'électrophore, l'***inducteur est constitué par le disque de paraffine***; ***le transporteur par le plateau; le collecteur par le cylindre lui-même.***

Les machines les plus employées sont les machines à influence. Nous prendrons comme type l'une des plus répandues, qui est la ***machine de Wimshurst.***

511. Machine de Wimshurst. — Cette machine (fig. 260) comporte deux plateaux de verres rapprochés, P, P', tournant en sens inverse l'un de l'autre. Ces plateaux font office, l'un et l'autre, de ***transporteurs.***

Les conducteurs métalliques *p*, *p'* sont intérieurement munis de pointes qui viennent à une très faible distance des plateaux. Ils jouent le rôle de ***collecteurs.***

Chacun des plateaux joue enfin, par rapport à l'autre, le rôle ***d'inducteur.***

Les arcs métalliques *c d*, *c' d'* étant amenés au contact l'un de l'autre, il suffit de faire tourner la machine pendant quelques tours, pour entendre un bruissement caractéristique : ***la machine est amorcée.***

Si alors on sépare les boules *d* et *d'*, on obtient entre elles des étincelles brillantes et répétées, tant que l'on continue à faire tourner la machine.

512. Travail dans les machines électriques. — L'électrophore, ainsi du reste que la machine de Wimshurst, ne fonctionne que si l'on dépense du travail pour le faire fonctionner (§ 516).

Il faut dépenser du travail pour accroître l'électrisation d'un conducteur. L'énergie (§ 687) ***de ce dernier augmente alors.***

Elle n'augmente qu'en proportion du travail qui a été dépensé.

513. Pôles des machines électriques. — Les phénomènes d'électrisation par frottement, aussi bien que ceux d'électrisation par influence, nous ont montré qu'***on ne peut produire quelque part une certaine quantité d'électricité sans produire, par ailleurs, une quantité d'électricité exactement égale et contraire.***

On dit que ***toute machine électrique a deux pôles :*** Le ***pôle positif*** fournit de l'électricité positive, quand on met le ***pôle négatif*** au sol.

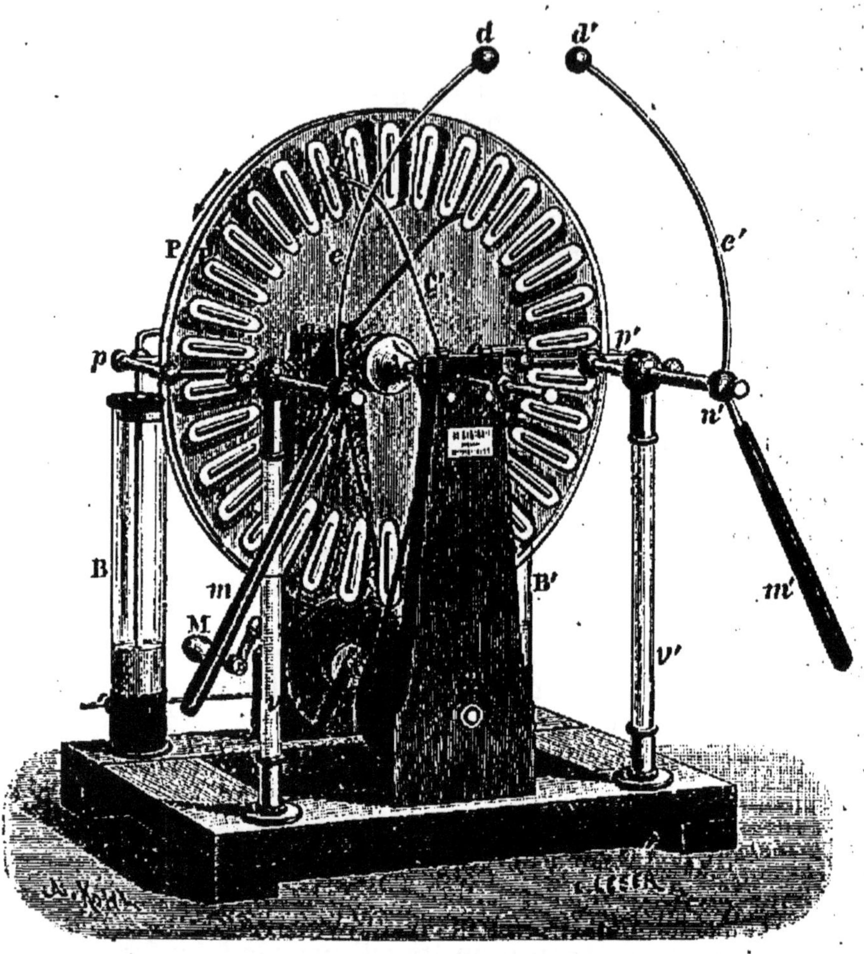

FIG. 260. — MACHINE DE WIMSHURST.

Deux plateaux de verre très rapprochés tournent en sens inverse l'un de l'autre; chacun d'eux fait office d'inducteur par rapport à l'autre et agit comme transporteur pour son propre compte; les collecteurs sont formés par les mâchoires p, p', intérieurement munies de pointes, voisines de la surface des plateaux.

Inversement, le ***pôle négatif*** fournit de l'électricité négative, quand on met le ***pôle positif*** au sol.

Dans le cas de la machine de Wimshurst, que nous venons de décrire (§ 511), les deux pôles sont constitués par les deux arcs métalliques *cd, c'd'*.

CHAPITRE VII

LE POTENTIEL

514. **Premières analogies entre les phénomènes d'hydrostatique et les phénomènes d'électrisation.** — Deux notions sont fondamentales dans l'étude des phénomènes électriques :

1° La notion de ***quantité ou de charge électrique*** (§ 493) ;

2° La notion de ***travail électrique.***

515. **Calcul d'un travail hydraulique.** — Cherchons à préciser la notion de travail électrique. Nous nous servirons, dans ce but, d'une comparaison avec les phénomènes hydrauliques.

Prenons pour unités :

de longueur. . .	le ***décimètre*** ;
de surface. . .	le ***décimètre-carré*** ;
de volume. . .	le ***décimètre-cube*** ou ***litre*** ;
de poids.	le poids du litre d'eau ou ***kilogramme*** ;
de travail . . .	le travail nécessaire pour soulever l'unité de poids de l'unité de longueur, c'est-à-dire le ***kilogramme-décimètre***.

Considérons un cylindre (fig. 261) contenant primitivement de l'eau jusqu'au niveau zéro (niveau d'une nappe voisine indéfinie, R : niveau de la mer, par exemple).

Supposons la section droite de ce cylindre égale à S décimètres carrés. Prenons-la assez large pour que l'adjonction de 1 kilogramme d'eau n'élève pas sensiblement le niveau de la surface libre dans le cylindre.

Transportons une masse d'eau, égale à P kilogrammes, de la nappe R dans le cylindre. Le niveau monte dans ce dernier de H décimètres au-dessus du zéro.

On a (1) $P = SH.$

Supposons que l'on veuille continuer à ajouter de l'eau dans le cylindre.

Cherchons quel serait maintenant le travail nécessaire pour ajouter un nouveau kilogramme d'eau.

La force à exercer est d'un kilogramme. Elle doit faire

parcourir à son point d'application un chemin égal à H décimètres. Le travail effectué est donc égal à

$$(2) \quad T = H \times 1 = H \text{ kilogrammes-décimètre.}$$

Tirons de là deux conclusions :

1° Le même nombre H mesure la ***hauteur du niveau*** dans le cylindre et le ***travail*** nécessaire pour ajouter à la masse d'eau, actuellement contenue dans le cylindre, une nouvelle masse d'eau, égale à 1 kilogramme.

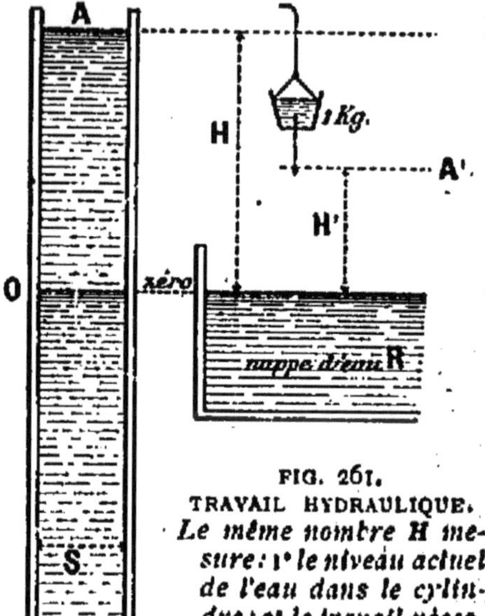

FIG. 261.
TRAVAIL HYDRAULIQUE.
Le même nombre H mesure : 1° le niveau actuel de l'eau dans le cylindre ; 2° le travail nécessaire pour élever 1 kilogramme d'eau depuis la nappe R jusqu'au niveau de la surface libre A.

2° Le travail $T = H$, nécessaire pour amener 1 kilogramme d'eau de la nappe extérieure à l'intérieur du cylindre, est d'autant plus grand que celui-ci renferme déjà une plus grande quantité d'eau.

On a, en effet,

$$T = H = \frac{P}{S}.$$

Ce travail est directement proportionnel à la quantité d'eau, P, déjà renfermée dans le cylindre.

516. Expression d'un travail électrique. — Revenons maintenant à l'électrophore avec son cylindre collecteur isolé.

Le collecteur est d'abord à l'état neutre. On l'électrise, en transportant à plusieurs reprises le plateau conducteur depuis le disque de paraffine jusque dans le collecteur.

Admettons que le plateau conducteur emporte à chaque fois une même charge électrique. Admettons que ce soit l'unité de charge. Supposons, en outre, que le collecteur ait déjà reçu la charge Q.

Si nous voulons continuer à accroître cette charge, il faut fournir au transporteur un certain travail, dû à ce que le collecteur électrisé repousse la charge qu'on lui apporte.

Or, la charge qui recouvre le transporteur reste constante à chaque voyage; mais l'électrisation Q du collecteur augmente à chaque fois; et, d'après la loi de Coulomb

(§ 494), la répulsion, qui en résulte, est en raison directe de cette quantité Q.

Comme, dans chaque voyage, on peut faire suivre au transporteur le même chemin, il devient évident que le travail dépensé dans un voyage est, lui aussi, proportionnel à l'électrisation Q du collecteur. Donc :

Le travail V, nécessaire pour amener l'unité de charge électrique, depuis le disque isolant de l'électrophore, jusque sur le conducteur, est en raison directe de la quantité Q d'électricité, que porte déjà le conducteur.

517. Analogies entre l'expression du travail hydraulique et celle du travail électrique. — La proposition qui termine le paragraphe précédent est identique à celle que nous avons formulée, après avoir étudié le remplissage d'un cylindre avec de l'eau.

Le tableau suivant nous permettra de préciser les analogies que nous venons de mettre en évidence.

Le réservoir cylindrique renferme ***une certaine masse d'eau, P.***	Le conducteur électrisé renferme ***une certaine quantité d'électricité, Q.***
Il faut, pour porter, à partir du niveau de la nappe extérieure, dans le réservoir cylindrique, une nouvelle masse d'eau égale à un kilogramme, ***un certain travail H.***	***Il faut***, pour porter, à partir d'un point en contact avec le sol jusque dans le collecteur d'électricité, une nouvelle charge égale à l'unité, ***un certain travail V.***
Ce travail H, à effectuer, ***est proportionnel à la masse d'eau P***, actuellement contenue dans le réservoir.	***Ce travail V***, à effectuer, ***est proportionnel à la charge actuelle, Q***, du conducteur.

Il nous sera facile de pousser plus loin ces analogies. En effet :

Nous pouvons dire :	Nous conviendrons de dire maintenant :
Le même nombre H, qui mesure le travail nécessaire pour porter dans le réservoir une nouvelle charge de 1 kilogramme d'eau puisée dans la nappe extérieure peut encore être pris pour mesurer l'altitude du niveau actuel de l'eau dans le réservoir.	***Le même nombre V, qui mesure le travail, nécessaire pour porter l'unité de charge électrique depuis le sol jusque sur le conducteur, peut être pris pour mesure du niveau électrique actuel du conducteur.***

Première remarque. — L'usage a prévalu de remplacer l'expression ***niveau électrique*** par l'expression ***potentiel électrique.***

Deuxième remarque. — D'après la définition précédente, le potentiel du sol est nécessairement nul. C'est le zéro de l'échelle des potentiels. De même, la surface de la nappe liquide était le zéro de l'échelle des niveaux hydrostatiques.

Troisième remarque. — ***D'après ce qui précède, le potentiel, ou niveau électrique V, possède une valeur constante dans toute la masse d'un conducteur électrisé, en équilibre*** (§ 523).

Le même parallélisme se maintient encore, si les variations des niveaux se font dans l'un ou l'autre sens :

Pour porter une masse d'eau à une plus grande hauteur, il faut ***dépenser*** du travail.	Pour porter une charge électrique positive à un potentiel, plus élevé, il faut ***dépenser*** du travail.
Quand l'eau éprouve une chute de niveau, elle peut fournir du travail.	***Quand l'électricité positive subit une chute de potentiel, elle peut fournir un travail.***

518. Expression générale du travail électrique.

Si, au lieu de prendre 1 kilogramme d'eau à la surface de nappe, nous le prenons en un point A', qui soit lui-même à un niveau ***H'***, il faudra fournir, pour l'amener ensuite dans le réservoir au niveau ***H***, un travail représenté par ***H-H'***, différence des niveaux entre A et A'.	Si, au lieu de prendre l'unité de charge électrique sur le sol, nous l'empruntons à un conducteur A', qui soit lui-même au potentiel ***V'***. il faudra fournir, pour l'amener ensuite sur un conducteur A, dont le potentiel est ***V***, un travail représenté par ***V-V'***, différence des niveaux électriques entre A et A'.

Si, maintenant, on recommence, un certain nombre de fois ***Q***, la même opération, la charge transportée étant ***Q*** fois plus grande, le travail total sera ***Q*** fois plus grand.

Donc, l'expression générale du travail électrique ***T*** sera :

$$T = Q(V - V').$$

519. Unité de potentiel. Le Volt. — Reste à choisir nos unités.

En électricité, pour des raisons que nous n'avons pas à

développer ici, on a adopté une unité de travail, que l'on appelle le *joule*.

Il nous suffira de savoir que

$$1 \text{ joule} = 1 \frac{\text{kilogrammètre}}{9,81}.$$

Le joule [1] vaut donc à peu près un dixième de kilogrammètre.

D'autre part, nous savons que l'unité pratique de charge électrique a reçu le nom de ***coulomb*** (§ 495).

Ces deux unités, le joule et le coulomb, étant choisies, l'unité de potentiel en résulte nécessairement.

En effet, nous avons été conduits à écrire la formule :

$$T = Q(V - V').$$

Or, si nous faisons $T = 1$ joule, $Q = 1$ coulomb dans cette formule, il reste :

$$V - V' = 1$$

ce qui définit une différence de potentiel égale à l'unité.

On donne à cette unité le nom de ***volt*** [2].

On dira donc que $V - V' = 1$, c'est-à-dire que la différence de potentiel entre deux conducteurs est égale à ***1 volt***, quand le transport de ***un coulomb*** de l'un de ces conducteurs sur l'autre mettra en jeu un travail de ***un joule***.

Il est intéressant de remarquer une fois de plus l'analogie entre l'expression du travail hydraulique et celle du travail électrique.

$T = p\,(H\text{-}H')$	$T = q\,(V\text{-}V')$
représente en ***kilogrammes-décimètres*** le travail mis en jeu par ***p kilogrammes*** d'eau éprouvant une variation de niveau égale à ***(H-H') décimètres***.	représente en ***joules*** le travail mis en jeu par ***q coulombs*** éprouvant une variation de potentiel égale à ***(V-V') volts***.

520. Exercice numérique. — ***Quel serait le travail mis en jeu par $\frac{1}{2000}$ de coulomb éprouvant une chute de potentiel de 8000 volts?***

1. Ce nom a été choisi en mémoire du physicien anglais *Joule*, qui s'illustra par ses belles recherches (§ 692) sur l'équivalence de la chaleur et du travail.

2. Ce nom a été choisi en mémoire du physicien italien *Volta* qui s'est illustré par la découverte de la pile électrique (§ 590).

Ce travail serait fourni au milieu extérieur. Il aurait pour valeur en joules.

$$T = \frac{1}{2000} \times 8000 = 4^{J}.$$

521. **Équilibre entre deux conducteurs électrisés.** Procédons toujours par comparaison.

Considérons d'abord deux cylindres verticaux A et A', contenant de l'eau. Soient H et H' les hauteurs des niveaux au-dessus du plan horizontal pris pour origine.

Mettons ces réservoirs en communication par un tube D.

Deux cas peuvent se produire :

1° Les hauteurs H et H' étaient égales. — L'eau reste en équilibre dans les deux réservoirs ;

2° Les hauteurs H et H' étaient inégales. — Supposons $H > H'$. L'eau s'écoule du vase à niveau le plus élevé vers le vase à niveau le plus bas.

Cet écoulement peut être employé *à produire du travail* — Un nouvel état d'équilibre est atteint.

Considérons de même deux conducteurs chargés, pour lesquels les potentiels ont les valeurs V et V'.

Mettons-les en communication par un fil métallique D.

Deux cas peuvent se produire :

1° Les potentiels V et V' étaient égaux. — Rien ne change dans la distribution électrique sur les deux conducteurs ;

2° Les potentiels V et V' étaient inégaux. Supposons $V > V'$. L'électricité positive s'écoulera du conducteur à potentiel V vers le conducteur à potentiel V'. Cet écoulement peut être employé à *produire du travail.* — Un nouvel état d'équilibre est atteint.

522. **Mesure relative du potentiel d'un conducteur.** — C'est encore à notre comparaison habituelle que nous aurons recours.

Imaginons qu'il s'agisse de mesurer le niveau H (fig. 262) auquel s'élève l'eau dans notre récipient cylindrique A. Nous pouvons, entre autres méthodes, proposer la suivante :

Mettons en communication, par un tube très étroit, avec le réservoir A lui-même, un autre cylindre a, de section s très faible, et dont la base se trouvera à la hauteur du zéro de l'échelle des niveaux. Dans ces conditions, l'eau s'établira, dans ce cylindre étroit a, au même niveau H que dans le réservoir A lui-même.

Et ce niveau aura à peine été changé dans le réservoir.

Il suffira de savoir mesurer le niveau atteint dans ce vase communicant; c'est ce qu'on fait, en particulier, dans le niveau d'eau des chaudières à vapeur.

Considérons maintenant un conducteur A, porté au potentiel *V* (fig. 263). Mettons par un fil fin ce conducteur en communication avec le plateau d'un électroscope, que nous supposerons de très petites dimensions.

Mettons au sol la cage de cet électroscope.

Dans ces conditions, le plateau *a* et les

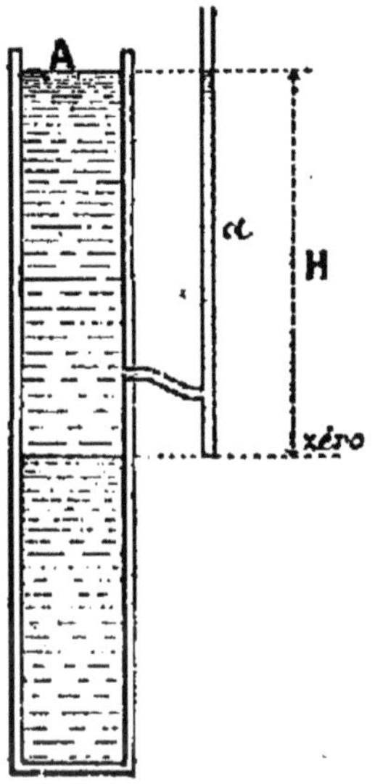

FIG. 262. PRISE DE NIVEAU A L'AIDE DE VASES COMMUNICANTS.
L'eau s'établit au même niveau dans les deux vases.

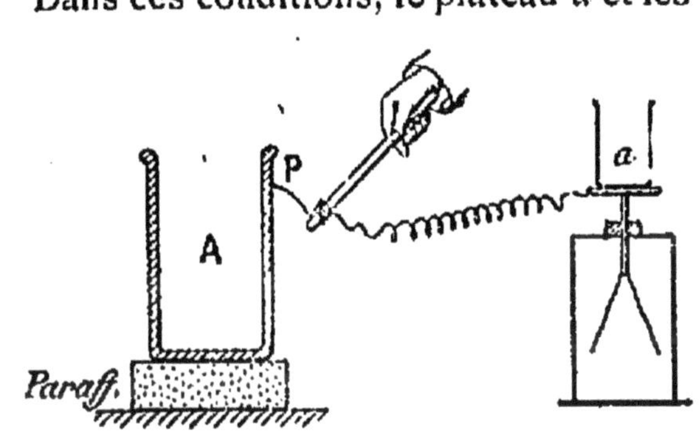

FIG. 263. — MESURE RELATIVE DU POTENTIEL.
Un électroscope, mis en communication lointaine avec un conducteur électrisé A, prend une charge constante, proportionnelle au potentiel du conducteur et indépendante du point P où aboutit le fil de jonction.

feuilles de l'électroscope se mettront au même potentiel *V* que le conducteur A. Et ce potentiel aura à peine été modifié sur le conducteur.

Il suffira donc de savoir mesurer le potentiel auquel sont portées les feuilles de l'électroscope.

Nous savons d'ailleurs que le potentiel de ces feuilles est proportionnel à leur charge actuelle (§ 517).

Si donc l'appareil a été gradué comme nous l'avons indiqué (§ 493), l'observation de la divergence des feuilles nous donnera une valeur relative de la charge *q*, et par conséquent du potentiel *V*. L'appareil est alors un ***électromètre***.

Suivant que le potentiel *V* sera positif ou négatif, la charge *q* sera elle-même positive ou négative. Elle serait nulle, et les feuilles ne divergeraient pas, si le conducteur A communiquait avec le sol. Dans ce cas, en effet, le plateau et la cage de l'appareil communiquent ensemble par l'intermédiaire du sol (§ 487).

523. **Vérification expérimentale.** — De ce qui précède résulte une conséquence importante, que nous sommes en mesure de vérifier :

Le résultat obtenu dans l'expérience précédente ne doit pas dépendre des points d'attache du fil de communication entre le conducteur et l'électroscope.

Soutenons le fil de communication par un bâton isolant. Promenons son extrémité P sur toute la surface du conducteur A ; on constate que ***la divergence des feuilles reste invariable.*** C'est la confirmation cherchée :

Le potentiel est constant en tous les points d'un conducteur en équilibre électrique.

En particulier, nous pouvons toucher une partie saillante du conducteur, où nous savons que la densité électrique est considérable (§ 498); nous pouvons établir le contact en un point intérieur, où nous savons que la densité est nulle (§ 486). Aucun changement ne se produit dans la divergence des feuilles.

Cette expérience achève de nous montrer clairement la distinction essentielle que nous voulions établir :

1° Entre ***le potentiel*** d'un conducteur, qui reste constant dans toute la masse de ce conducteur;

2° La ***densité électrique***, qui varie d'un point à l'autre de ce même conducteur; et qui, en particulier, est toujours nulle à son intérieur.

524. **Unité de puissance. — Le watt.** — La puissance d'une machine représente le travail qu'elle peut fournir pendant l'unité de temps.

L'unité de puissance, employée en électricité, a reçu le nom de ***watt***[1].

Or, nous avons dit que l'unité de travail, employée en électricité, est le ***joule.***

Le watt est donc la puissance d'une machine qui peut fournir en une seconde le travail de 1 joule.

1. Ce nom a été choisi en mémoire du physicien anglais *Watt*, qui perfectionna si admirablement la machine à vapeur.

525. Exercice numérique — *Comparer le watt au cheval-vapeur.*

Par définition, une machine d'un cheval-vapeur fournit un travail de 75 kilogrammètres par seconde.

Un kilogrammètre vaut d'ailleurs 9,81 joules (§ 519).

Un cheval-vapeur est donc la puissance d'une machine capable de fournir $75 \times 9{,}81 = 736$ joules par seconde.

Cette puissance est 736 fois plus grande que celle d'une machine qui fournirait 1 joule par seconde.

Elle est donc de 736 watts.

Un cheval-vapeur vaut, par suite, 0 kilowatt, 736.

CHAPITRE VIII

CAPACITÉ ÉLECTRIQUE

526. **Notion de capacité électrique.** — Nous avons démontré que, ***pour un conducteur, soustrait à toute influence exercée par des conducteurs voisins, le niveau électrique V est en raison directe de la charge portée Q*** (§ 517).

Si donc la charge Q d'un conducteur ***isolé*** devient 2, 3, 4... fois plus grande, son potentiel V devient 2, 3, 4... fois plus grand.

Le quotient du nombre Q par le nombre V reste donc invariable. C'est une constante C.

$$\frac{Q}{V} = C.$$

Cette relation définit une nouvelle grandeur C. Cette grandeur est particulière au conducteur considéré. Elle reste fixe pour un même conducteur ***suffisamment éloigné de tout autre conducteur.*** Elle varie d'un conducteur à un autre.

Cette grandeur a reçu le nom de ***capacité électrique*** du conducteur.

527. **Unité de capacité. Le Farad et le Microfarad.** — L'unité de capacité a reçu le nom de ***farad***[1]. Elle est complètement déterminée par la relation précédente, $Q = C. V.$

En effet, si nous faisons $Q = 1$ coulomb, $V = 1$ volt, dans cette formule, il reste $C = 1$.

On voit donc que :

Le farad est la capacité d'un conducteur tel que, si on le charge de 1 coulomb, il se trouve porté au potentiel de 1 volt.

Pour les applications pratiques, le farad est une unité beaucoup trop grande. On exprime le plus habituellement les capacités en microfarads.

Le ***microfarad*** est, par définition, la millionième partie du farad.

1. Ce nom a été choisi en mémoire du physicien anglais *Faraday*, auquel on doit les travaux les plus remarquables sur l'électricité statique.

On se fera une idée de l'énormité du farad par cette simple indication : La capacité du conducteur formé par la Terre entière n'atteint pas 710 microfarads.

528. **Exercice.** — ***Quelle serait la capacité d'un conducteur qui se trouverait au potentiel de 100 volts, sous une charge de $\frac{1}{20000}$ de coulomb?***

Appliquons ici l'équation de définition :

$$C \text{ (farads)} = \frac{Q \text{ (coulombs)}}{V \text{ (volts)}}.$$

Nous aurons :

$$C \text{ (farads)} = \frac{1}{20000 \times 100} = \left(\frac{1}{2000000}\right) \text{farad} = \frac{1}{2} \text{microfarad}.$$

529. **La capacité électrique peut être comparée à la section constante d'un réservoir d'eau de forme cylindrique.** — Servons-nous encore des mêmes analogies qui nous ont déjà servi tant de fois.

Un poids d'eau P est contenu dans un cylindre vertical.	***Une quantité d'électricité Q*** charge un conducteur.
Le niveau s'élève à la hauteur ***H***.	***Le potentiel*** du conducteur est ***V***.
On a la relation $P = S.H$.	On a la relation $Q = C.V$.
S est la section constante du réservoir cylindrique.	***C*** est la capacité du conducteur électrisé.

La capacité électrique ***C*** d'un conducteur est donc comparable à la section constante ***S*** du réservoir cylindrique, qui jusqu'ici nous a servi à poursuivre nos comparaisons.

530. **Comparaison de deux capacités électriques.**

1° Considérons d'abord deux cylindres verticaux A et A (fig. 264). Leurs sections sont ***S*** et ***S'***. Ils renferment tous deux de l'eau. Les hauteurs des niveaux sont ***H*** et ***H'*** au-dessus du niveau origine.

Mettons-les en communication par un tube D de section négligeable. L'eau s'établit au même niveau dans les deux cylindres. Ce niveau sera intermédiaire aux deux précédents. Soit ***H''*** sa hauteur au-dessus du niveau origine.

La quantité d'eau contenue dans les deux réservoirs au-dessus du niveau origine n'a pas changé.

Elle était : $SH + S'H'$.

Elle est maintenant $(S + S')\ H''$.

On a donc : $SH + S'H' = (S + S')\ H'$.

2° Considérons maintenant deux conducteurs A et A'. Supposons-les éloignés, l'un de l'autre, pour que nous n'ayons pas à nous occuper de l'influence électrique de l'un sur l'autre. Leurs capacités sont C et C'. Ils sont tous les deux électrisés. L'un est au potentiel V; l'autre au potentiel V'.

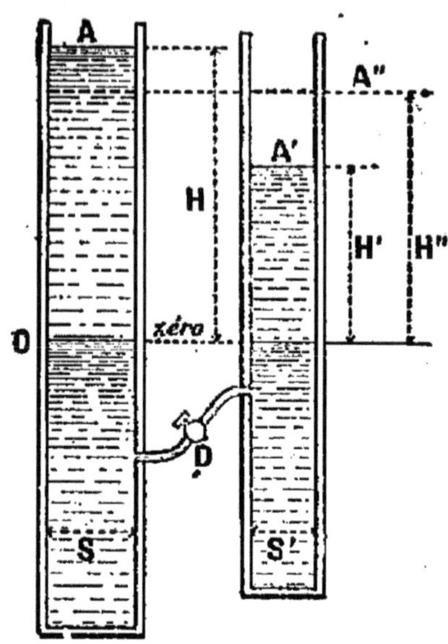

FIG. 264. — RÉPARTITION D'UNE MASSE LIQUIDE ENTRE DEUX VASES, PRIMITIVEMENT SÉPARÉS, MIS ENSUITE EN COMMUNICATION.

L'eau s'établit à un même niveau H'', intermédiaire aux niveaux primitifs, H et H'.

Mettons-les en communication par un fil métallique fin, de capacité négligeable. Le potentiel prendra une même valeur sur les deux conducteurs. Cette valeur sera intermédiaire aux deux précédentes. Désignons-la par V''.

La charge électrique totale portée par les conducteurs n'a pas changé.

Elle était :

$$CV + C'V'.$$

Elle est maintenant

$$(C + C')\ V''.$$

On a donc

$$CV + C'V' = (C + C')\ V''.$$

De cette expression, on peut tirer le rapport de C à C'. Il vient, en effet

$$\frac{C}{C'} = \frac{V'' - V'}{V - V''}.$$

Si donc on sait mesurer les valeurs relatives des potentiels V, V', V'', on en déduira le rapport des capacités C et C' des deux conducteurs.

Il sera donc possible d'effectuer des mesures de capacités électriques.

CHAPITRE IX

CONDENSATION ÉLECTRIQUE

531. La capacité d'un conducteur varie, si l'on vient à faire varier l'étendue de sa surface extérieure. — Diverses circonstances peuvent modifier la capacité d'un conducteur.

En premier lieu, elle varie quand on change l'étendue de la surface du conducteur. On le montre par l'expérience suivante.

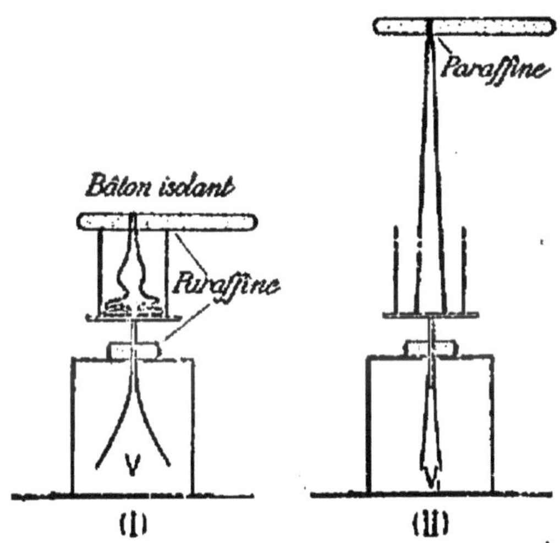

FIG. 265. — VARIATION DE LA CAPACITÉ D'UN CONDUCTEUR AVEC L'ÉTENDUE DE SA SURFACE EXTÉRIEURE.
Quand on augmente la surface extérieure d'un corps électrisé, son potentiel diminue et sa capacité augmente.

Sur le plateau de l'électroscope à feuilles, on place un petit cylindre métallique (fig. 265, I) contenant une chaînette; et on électrise l'instrument, dont le potentiel est alors indiqué par l'écart des feuilles (§ 522).

Soulevons maintenant une des extrémités de la chaîne à l'aide d'un bâton isolant. ***On voit les feuilles se rapprocher*** (fig. 265, II).

Or, la charge n'a pas changé. Le rapprochement des feuilles indique une diminution de potentiel. Il faut en conclure que la capacité a augmenté.

La capacité électrique d'un conducteur varie dans le même sens que la grandeur de sa surface extérieure.

532. La capacité d'un conducteur est plus grande quand on place auprès de lui un autre conducteur en communication avec le sol. — Mettons au sol la cage d'un électroscope. Électrisons le plateau. Observons la divergence des feuilles. Cette divergence caractérise le potentiel V auquel est porté le plateau (fig. 266, I).

Approchons maintenant du plateau un autre plateau, communiquant avec le sol (fig. 266, II).

Nous voyons les feuilles se rapprocher. La nouvelle diver-

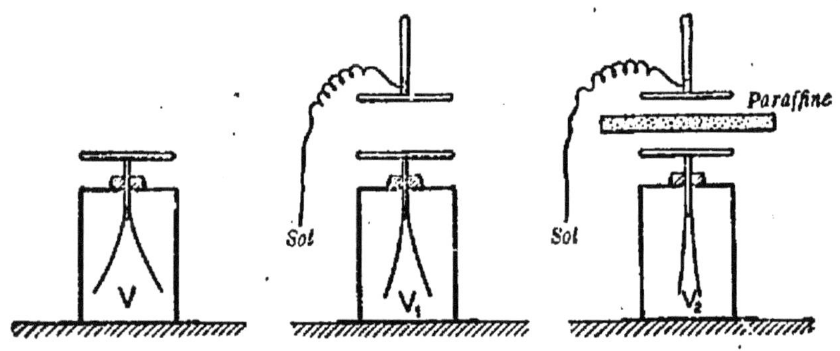

FIG. 266. — PRINCIPE DE LA CONDENSATION.
Le potentiel d'un conducteur, isolé et électrisé, diminue et sa capacité augmente, quand on en approche un conducteur au sol. Il en est encore de même, quand on introduit une lame isolante entre ces deux conducteurs.

gence caractérise un nouveau potentiel V_1, plus petit que V.

Or, la charge de l'électroscope n'a pas changé. Il faut en conclure que la capacité du plateau de l'électroscope et des feuilles a augmenté. Donc :

La capacité d'un conducteur augmente, quand on en approche un second conducteur en communication avec le sol.

533. Du rôle des corps isolants interposés entre deux conducteurs. — Une troisième circonstance, enfin, peut influer sur la valeur de la capacité.

Reprenons l'électroscope électrisé, et, à une certaine distance au-dessus de lui, plaçons un second plateau en communication avec le sol. La capacité de l'électroscope, dans ces conditions, est déjà plus grande que si ce second plateau n'existait pas.

Glissons maintenant (fig. 266, III) entre les deux plateaux une lame isolante (en verre, paraffine ou ébonite) dont on a d'abord constaté l'état de neutralité parfaite [1]. On voit aussitôt l'écart des feuilles diminuer. Il reprendrait sa valeur primitive, si l'on retirait la lame isolante.

L'introduction de la lame isolante a donc produit le même effet qu'un rapprochement du plateau auxiliaire. Cet effet est d'ailleurs d'autant plus grand que la lame isolante est plus épaisse.

534. Condensateurs. — Ces diverses expériences suffisent à montrer comment doit être construit un ***condensateur***, c'est-à-dire un conducteur de grande capacité.

Sur les deux faces d'un large carreau de vitre, on colle deux feuilles d'étain de même dimension, en laissant autour d'elles, sur les bords, une large bande de verre, qu'on vernit ensuite à la gomme laque, pour obtenir un meilleur isolement.

Ces deux feuilles d'étain se nomment les ***armatures*** du condensateur. L'une d'elles sera en communication permanente avec le sol ; l'autre constituera, à proprement parler, le ***collecteur*** de grande capacité.

On démontre que la capacité d'un condensateur est : 1° proportionnelle à la surface des armatures ; 2° en raison inverse de la distance des deux armatures.

On calcule qu'un condensateur de 1 mètre carré dont les armatures seraient séparées par une lame de verre de 1 millimètre d'épaisseur, aurait une capacité de $\frac{1}{20}$ de microfarad.

535. Bouteille de Leyde. — La ***bouteille de Leyde*** est une des formes les plus usitées de condensateurs.

C'est une bouteille en verre tapissée intérieurement et extérieurement de feuilles d'étain jusqu'à une certaine distance du goulot. L'armature intérieure communique avec une tige de cuivre recourbée qui passe à travers le bouchon et se termine par un bouton. Dans les bouteilles à goulot étroit, la feuille d'étain intérieure, qui serait difficile à coller, est remplacée par des feuilles de clinquant ou de la limaille dont on emplit la bouteille. La partie supérieure de celle-ci, où le verre est nu, est, ainsi que le bouchon, vernie à la gomme laque.

Pour charger la bouteille, on met l'armature externe au

1. On neutralise très aisément une lame isolante en la promenant pendant quelques secondes au-dessus de la flamme d'une lampe à alcool.

sol, soit en la tenant à la main, soit en la faisant communiquer avec la terre par une chaînette. Puis on réunit l'armature intérieure à l'un des pôles d'une machine électrique dont l'autre pôle est à la terre (fig. 267). La bouteille est chargée si aucune étincelle n'éclate quand on sépare la tige de la bouteille du conducteur polaire.

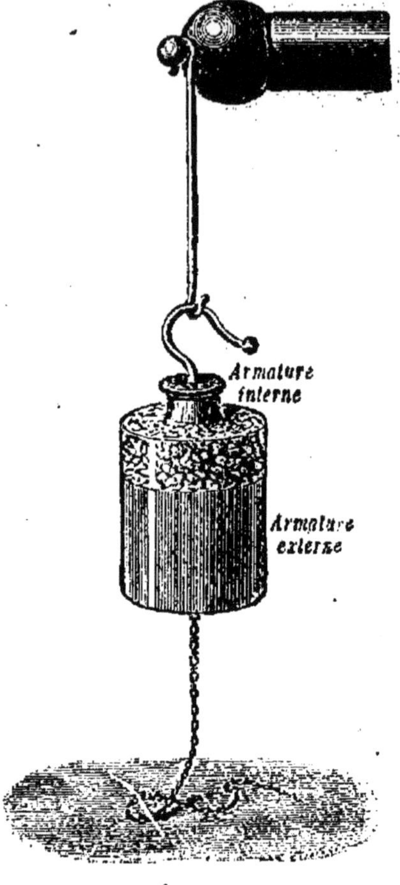

FIG. 267. — CHARGE D'UNE BOUTEILLE DE LEYDE.
L'armature externe est mise en communication avec le sol et l'armature interne avec l'un des pôles de la machine électrique.

536. **Batteries de condensateurs.** — Quand on a besoin de condensateurs d'une ***très grande*** capacité, on associe plusieurs bouteilles de Leyde en faisant communiquer ensemble, d'une part, toutes les armatures internes; de l'autre, toutes les armatures externes. Ce mode d'association revient, on le voit, à accroître la ***surface*** du condensateur.

Les modèles ordinaires de ***batteries en surface*** comprennent quatre ou neuf grandes bouteilles de Leyde à large goulot, nommées ***jarres***, installées dans une caisse à compartiments doublés de feuille d'étain. Les armatures externes communiquent ainsi entre elles. Quant aux armatures internes, elles sont toutes reliées par de grosses tiges de laiton à un anneau A (fig. 268).

Pour charger la batterie, on met la caisse en communication avec le sol par une chaînette et on relie l'anneau au pôle d'une machine électrique. Chacune des bouteilles se charge alors comme si elle était seule. La capacité de la batterie est, par conséquent, la somme de celle des jarres.

537. **Décharge des condensateurs.** — On peut amener un condensateur à l'état neutre, soit par des ***décharges successives***, soit par ***une décharge brusque.***

1° ***Décharges successives.*** — Ce premier procédé n'a d'ailleurs que peu d'intérêt pratique. Il consiste à isoler le condensateur et à mettre alternativement ses deux armatures en communication avec le sol. Chacun des contacts entraîne une petite décharge électrique ; et la différence de potentiel

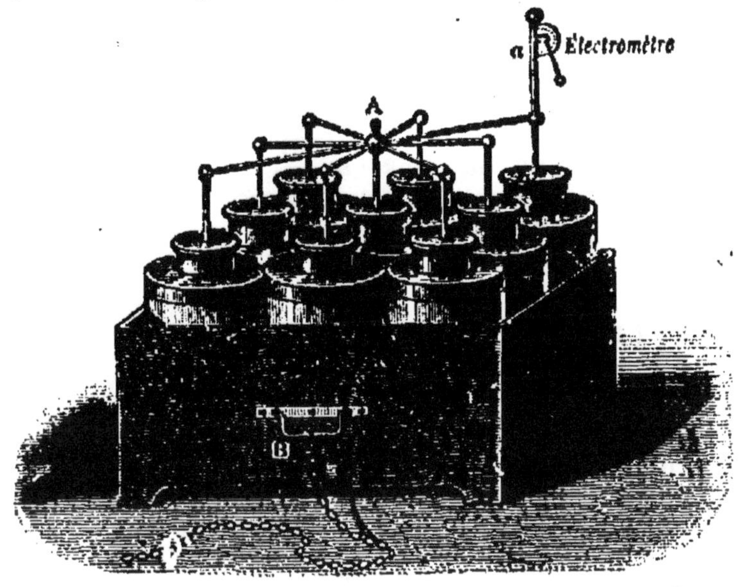

FIG. 268. — BATTERIE DISPOSÉE EN SURFACE.
Toutes les armatures internes sont reliées par de grosses tiges de laiton Les armatures extérieures communiquent entre elles par un revêtement en papier d'étain qui tapisse à l'intérieur la caisse de la batterie.

entre les armatures diminue ainsi ***progressivement*** jusqu'à devenir nulle.

2° ***Décharge brusque.*** — Il suffit, pour décharger un condensateur en une seule fois, de mettre en communication métallique ses deux armatures.

On se sert pour cela de ***l'excitateur***, appareil formé de deux branches métalliques articulées, que l'on tient habituellement par des manches de verre (fig. 269). On appuie l'une des branches contre l'armature externe du condensateur et on approche l'autre de l'armature interne. Un peu avant le contact éclate une étincelle ; et le condensateur se trouve déchargé.

538. **Travail accumulé dans un condensateur.** — Nous avons dit, à propos des machines électriques (§ 512), que l'élec-

trisation d'un conducteur avait pour effet d'augmenter son énergie potentielle. Cherchons le travail que peut fournir la décharge d'un condensateur électrisé.

FIG. 269. — DÉCHARGE INSTANTANÉE D'UNE BOUTEILLE DE LEYDE AVEC L'EXCITATEUR.

On applique l'une des branches de l'excitateur contre l'armature externe; on approche l'autre de l'armature interne. Un peu avant le contact, éclate une étincelle et la bouteille se trouve déchargée.

C'est encore notre comparaison avec l'hydrostatique qui va nous donner cette expression.

Considérons, en effet, le cylindre A de la figure 261 : il contient une masse d'eau P dont le niveau est à une hauteur H au-dessus de celui de la nappe extérieure. Si nous vidons le cylindre dans celle-ci, le travail que nous pourrons recueillir sera évidemment le même que celui qu'on obtiendrait en supposant que le poids P d'eau tombe tout d'un coup dans la nappe. Le centre de gravité de cette eau éprouverait alors une chute égale à $\frac{H}{2}$ et le travail correspondant serait

$$T = P\frac{H}{2}.$$

Par analogie, le travail T mis en jeu dans la décharge d'un conducteur, possédant une charge Q au potentiel V, sera

$$T = Q\frac{V}{2}.$$

Le travail que peut fournir la décharge d'un condensateur est donc seulement la moitié de celui que donnerait la charge Q, subissant en bloc une chute de potentiel égale à V. Cela tient à ce que, pendant la décharge, le potentiel du condensateur ne reste pas constant ; il diminue au fur et à mesure que les charges électriques s'écoulent.

539. Transformations de l'énergie électrique. — L'énergie fournie par la décharge d'un condensateur électrisé peut se manifester sous forme de chaleur.

Lorsqu'on provoque, en effet, la décharge d'un condensateur en réunissant ses armatures par un conducteur qui comprend un fil métallique fin, celui-ci s'échauffe et peut même être fondu et volatilisé.

La figure 270 montre, par exemple, le dispositif expérimental qui permet d'obtenir ***la volatilisation d'un fil d'or.*** On

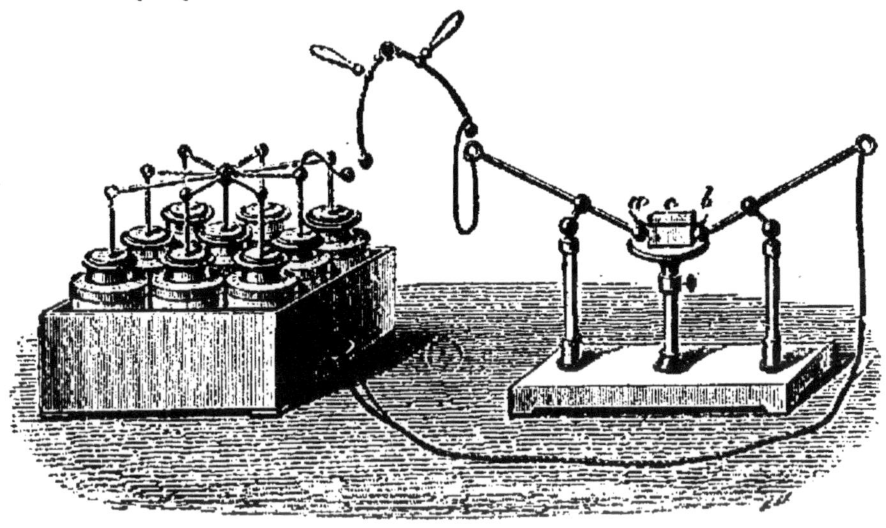

FIG. 270. — TRANSFORMATION DE L'ÉNERGIE ÉLECTRIQUE EN CHALEUR.
Lorsqu'on décharge une batterie à travers un fil d'or fin, celui-ci est volatilisé et laisse une trace noirâtre sur une carte de papier c préalablement disposée près de lui.

se sert pour cela d'un ***excitateur universel*** formé de deux tiges métalliques, montées à charnière sur des pieds de verre et entre lesquelles on tend un cordon de soie parfilé d'or *ab*. Quand on provoque à travers celui-ci la décharge d'une forte batterie, la soie reste à peu près intacte, mais le fil d'or est volatilisé et sa vapeur, en se condensant, vient former une traînée noirâtre sur une carte en papier *c* préalablement disposée contre le fil.

Cette transformation de l'énergie électrique en chaleur est une conséquence particulière d'un principe que nous retrouverons plus loin (§ 691) sous le nom de ***principe de l'équivalence*** et qu'on peut énoncer ainsi :

Toutes les fois que du travail se perd, on recueille une quantité de chaleur équivalente au travail disparu; et l'expérience a montré qu'à ***la destruction de 4,18 joules correspond la production d'une calorie-gramme.***

510. Divers effets de la décharge électrique. — La décharge des condensateurs peut être employée à produire des effets variés. Nous venons d'étudier ses ***effets calorifiques.*** Elle peut encore produire :

Des effets lumineux : étincelle; illumination des tubes à gaz raréfiés (fig. 423);

Des effets mécaniques : la décharge peut pulvériser le verre sur son passage;

Des effets chimiques : inflammation de mélanges détonants (eudiomètre), production d'ozone;

Des effets physiologiques : secousses plus ou moins violentes, pouvant aller jusqu'à un choc foudroyant.

CHAPITRE X

LE COURANT ÉLECTRIQUE — LOI DE OHM

541. **Première notion du courant électrique.** — Supposons qu'entre les pôles d'une machine électrique, dont le plateau tourne avec une vitesse constante, soit tendu un fil *peu conducteur* : il finira par s'établir un régime permanent dans lequel la différence de niveau entre les pôles, c'est-à-dire entre les extrémités du fil, conservera une valeur invariable.

Rappelons-nous, d'ailleurs, que ***donner de l'électricité négative*** ou ***enlever de l'électricité positive*** sont des expressions synonymes.

Dans ces conditions, le fil de communication se trouvera parcouru par un flux d'électricité positive allant du pôle positif au pôle négatif, c'est-à-dire du potentiel le plus élevé au potentiel le plus bas.

On peut dire encore que ce fil est parcouru par un flux d'électricité négative allant du pôle négatif au pôle positif, dans le sens où les potentiels vont en croissant.

On convient de dire que ce fil est le siège d'un ***courant électrique***, dans le sens des potentiels décroissants.

542. **Notion de débit. Intensité de courant.** — Du moment que le pôle négatif emprunte autant d'électricité positive qu'en fournit le pôle positif lui-même, il est bien clair que l'électricité ne pourra s'accumuler nulle part le long du fil conducteur. Cela revient à dire que ***la quantité d'électricité qui traverse une section du fil dans une seconde, par exemple, est toujours la même, quelle que soit la section considérée.***

L'analogie du courant électrique, parcourant un conducteur, avec un courant d'eau parcourant un tuyau est ici, du moins, presque évidente.

La principale grandeur à considérer, dans l'un des cas, comme dans l'autre, c'est le ***débit,*** c'est-à-dire la quantité d'eau ou d'électricité transportée par seconde. On réserve le nom d'***intensité*** au débit du courant électrique.

L'intensité d'un courant électrique est une grandeur spéciale, numériquement exprimée par la quantité d'électricité transportée en une seconde.

513. **Unité d'intensité. L'ampère.** — L'unité pratique d'intensité de courant a reçu le nom ***d'ampère***[1].

L'ampère est l'intensité d'un courant qui transporterait un coulomb en une seconde.

Dire qu'un courant a une intensité de 10 ampères, c'est dire qu'à travers le conducteur que parcourt ce courant, 10 coulombs passent en une seconde.

514. **Circulation de l'électricité.** — Dans les conditions indiquées, l'électricité positive parcourt, en réalité, un ***circuit fermé.***

Elle va du pôle positif de la machine au pôle négatif à travers le fil conducteur, et du pôle négatif a pôle positif à travers la machine elle-même.

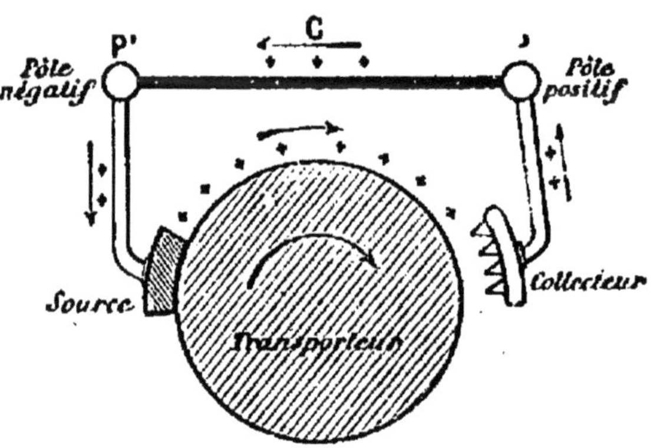

FIG. 271. — MACHINE ÉLECTRIQUE FONCTIONNANT COMME ÉLECTROMOTEUR.
L'électricité positive circule du pôle positif au pôle négatif dans le conducteur extérieur et en sens inverse dans l'électromoteur lui-même.

On peut dire que le rôle de la machine est de produire ce dernier déplacement de l'électricité.

La figure 271 montre nettement cette circulation de l'électricité positive dans le cas d'une machine électrique.

Les machines électriques que nous avons étudiées jusqu'ici ne pourraient donner que des courants extrêmement faibles, quelques millièmes d'ampère, tout au plus; nous en emploierons habituellement d'autres qui sont basées sur des principes tout différents. Nous leur donnerons le nom général d'***électromoteurs.***

1. Ce nom a été choisi en mémoire du physicien français *Ampère*, auquel on doit la découverte des lois de l'électromagnétisme.

515. Électromoteurs usuels. — Ces électromoteurs rentrent généralement dans une des trois catégories suivantes :

Piles; — Accumulateurs; — Dynamos.

Nous n'avons, pour le moment, à décrire aucun de ces appareils.

Qu'il nous suffise de savoir que chacun d'eux ne donne de courant, qu'à la condition de dépenser une certaine quantité d'énergie.

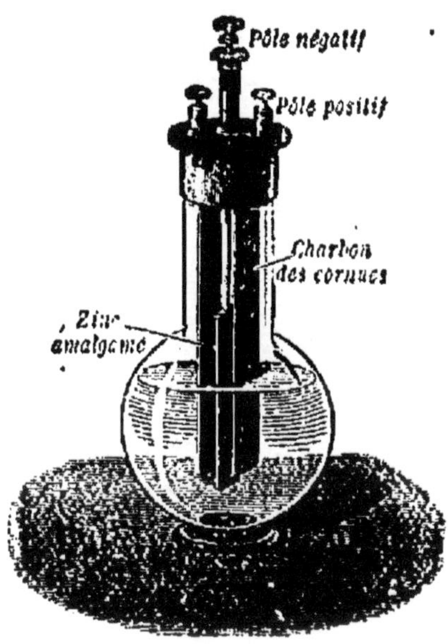

FIG. 272.
ÉLÉMENT DE PILE AU BICHROMATE.
Le liquide est une solution de bichromate de potasse, additionnée d'acide sulfurique. Le pôle négatif est une lame de zinc; le pôle positif est formé par deux lames de charbon des cornues, réunies l'une à l'autre à leur partie supérieure.

Dans les piles (fig. 272), l'énergie est dépensée par les actions chimiques, qui se produisent à l'intérieur même de l'appareil. — ***La pile s'use par son propre fonctionnement.***

Dans les accumulateurs (fig. 273), l'énergie mise en jeu provient du courant même qui a servi à les charger. ***L'accumulateur se décharge par son propre fonctionnement.***

Les ***dynamos*** (fig. 333) sont des machines qui donnent du courant, à la condition d'être mises en mouvement par une énergie étrangère; chute d'eau, machine à vapeur, etc. ***La dynamo cesse de donner du courant dès qu'on cesse de la faire tourner.***

546. F. é. m. des électromoteurs usuels. — Chaque électromoteur est caractérisé par sa ***force électromotrice*** (**f. é. m.**), ***qui est la différence de potentiel que présenteraient ses deux pôles si on les réunissait par un fil infiniment long et fin.***

Les plus employées des piles sont les piles de

Volta, de *f. é. m.*	=	1v;
Daniell	=	1v;
Leclanché.	=	1v,6
Bunsen	=	1v,8

Les *accumulateurs* ont une *f. é. m.* voisine de 2ᵛ, au moment de la charge. Leur *f. é. m.* ne doit pas descendre

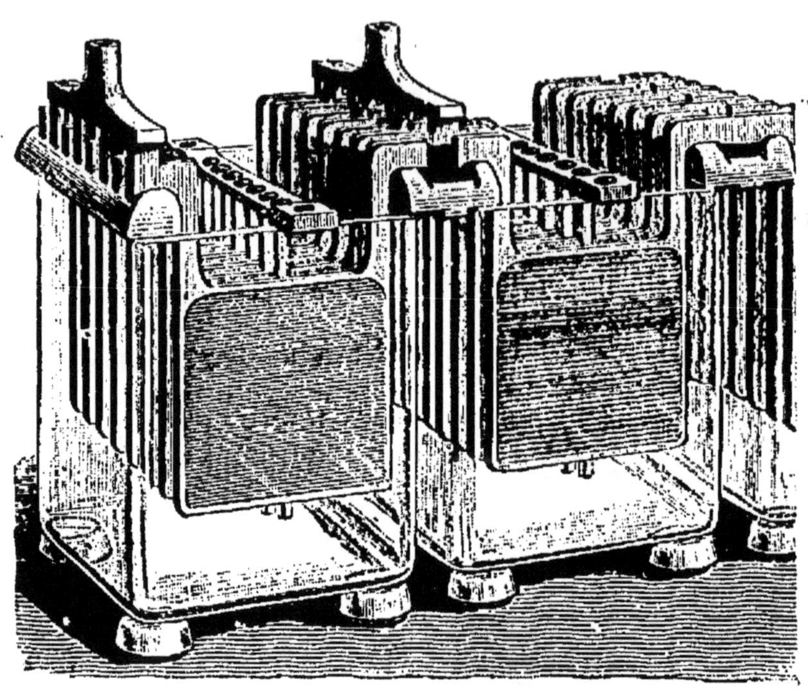

FIG. 273. — ACCUMULATEURS MONTÉS EN SÉRIE.

L'énergie, disponible dans les accumulateurs, a été empruntée au courant qui a servi à les charger. L'accumulateur se décharge par son propre fonctionnement.

au-dessous de 1ᵛ,8 pendant leur décharge. Les *f. é. m.* des dynamos varient beaucoup d'une machine à l'autre. Pour une même dynamo, elle est, en général, d'autant plus grande qu'on la fait tourner plus vite.

517. Groupement des électromoteurs. — Quand un électromoteur ne possède pas une *f. é. m.* suffisante, on en dispose plusieurs *en série* (fig. 274).

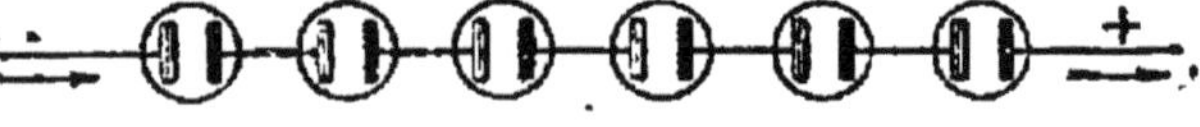

FIG. 274. — UNE SÉRIE DE PILES.

Le pôle négatif d'un élément est relié au pôle positif de l'élément suivant.

Cela signifie que le pôle négatif de l'un est directement rattaché au pôle positif du suivant, de façon à former une seule ligne, une seule série, d'électromoteurs.

L'une des extrémités de la série est donc constituée par un pôle positif; l'autre extrémité par un pôle négatif.

Ce seront les pôles : positif et négatif de la série.

Il est évident que, dans ce cas, les différences de potentiel dues à chaque électromoteur s'ajoutent d'un bout à l'autre de la série.

La f. é. m. totale est égale à la somme des f. é. m. des différents éléments de la série.

Exemple : Une série de 10 piles Bunsen, dont chacune a une ***f. é. m*** de 1ᵛ,8, a une ***f. é. m. totale*** de 18 volts.

518. Analogies hydrauliques. Variation de charge le long d'un tuyau parcouru par une circulation d'eau régulière. — On emploie souvent en hydraulique des appareils qui jouent un rôle tout à fait analogue à celui d'un électromoteur; ce sont de petites turbines animées par un volant extérieur M et intercalées dans une conduite d'eau C fermée sur elle-même (fig. 275). L'eau est aspirée d'un côté de la turbine, refoulée de l'autre et circule ainsi incessamment dans la conduite. C'est par ce procédé que l'on obtient dans les automobiles la circulation d'eau nécessaire au refroidissement du moteur.

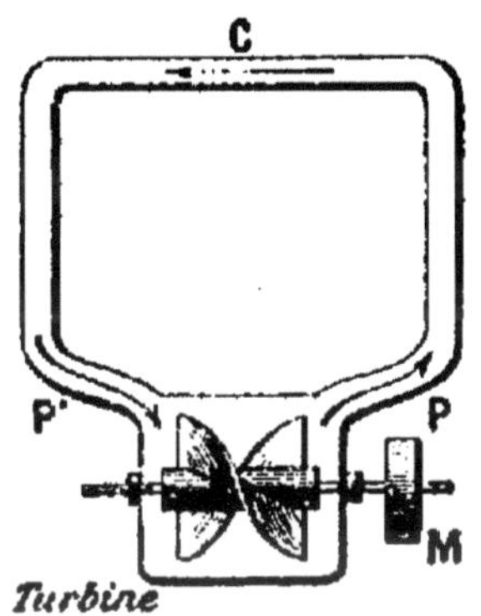

FIG. 275.
ANALOGIE D'UNE TURBINE ET D'UN ÉLECTROMOTEUR.
La rotation de la turbine provoque la circulation de l'eau dans la conduite fermée C.

Procédons encore par analogie. Supposons qu'à la base du récipient A (fig. 276) soit adapté un large tuyau dont l'extrémité s'ouvre librement en B, et que, tout le long de ce tuyau, soient implantés de petits tubes de verre verticaux.

Admettons, en outre, que le récipient A contienne de l'eau et que le niveau de celle-ci y soit maintenu ***invariable***.

Si nous fermons momentanément l'extrémité B du tuyau, l'eau s'établit dans les tubes de verre au même niveau que dans le récipient lui-même. Mais si nous ouvrons B, le tuyau fixé au récipient devient le siège d'un courant d'eau qui est nécessairement ***régulier*** et nous voyons alors l'eau descendre dans les tubes de verre, en A_1, A_2, A_3, ***pour s'arrêter dans chacun d'eux à une hauteur fixe.***

Pour éviter toute confusion, on appelle ordinairement ***charge en un point du tuyau*** la hauteur verticale à laquelle s'élève l'eau dans un tube de verre fixé en ce point sur le tuyau.

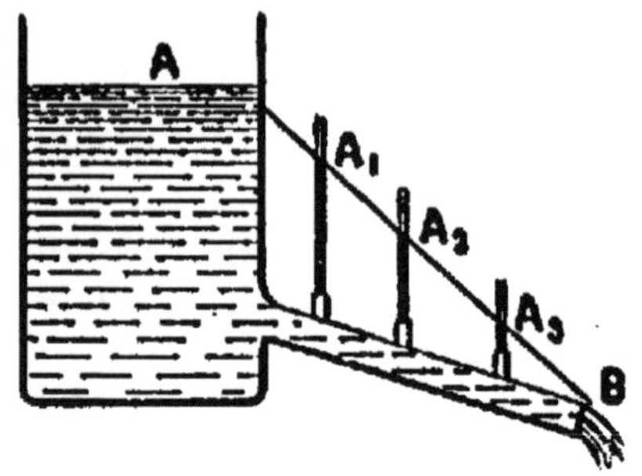

FIG. 276. — PERTE DE CHARGE DANS L'ÉCOULEMENT DE L'EAU.
La hauteur, à laquelle l'eau s'élève dans les tubes de verre successifs, A_1, A_2, A_3, portés par un même tuyau, va en diminuant dans le sens même du courant de l'eau à travers le tuyau.

On reconnaît alors que ***la charge aux divers points du tuyau diminue dans le sens même du courant***, comme le montre la figure 276.

549. **Variation de potentiel le long d'un conducteur parcouru par un courant électrique constant.** — Il se produit quelque chose de tout à fait analogue dans un conducteur parcouru par un courant électrique régulier.

Si, par un procédé ou par un autre, à l'aide d'un électromoteur, par exemple, on maintient, entre les extrémités du conducteur, une dénivellation électrique constante, le potentiel prend en chaque point du conducteur une valeur invariable; mais ***il va en diminuant, dans le sens du courant, depuis la valeur la plus élevée qui règne à l'une des extrémités du conducteur jusqu'à la valeur la plus basse qui règne à l'autre.***

550. **Dispositif expérimental. Voltmètres** — Proposons-nous d'étudier cette variation.

Nous savons que le rôle d'indicateur de niveau, en électricité, est joué par l'électroscope à feuilles (§ 484).

Si donc nous voulons apprécier la chute de potentiel entre deux points d'un fil conducteur parcouru par un courant, il nous suffirait de réunir ces deux points par des fils métalliques : l'un, au plateau, l'autre à la cage isolée de l'électroscope; puis, d'observer alors la divergence des feuilles.

Mais l'emploi de l'électroscope ordinaire à feuilles n'est guère commode, dans la pratique ordinaire des courants. Les feuilles d'or sont trop fragiles. L'appareil ne peut guère mettre en évidence que des différences de potentiel assez élevées, d'une centaine de volts, par exemple.

On conçoit facilement que d'autres appareils puissent se prêter au même usage. On les désigne sous le nom de ***voltmètres.***

Peu importe, pour le moment du moins, le principe sur lequel repose l'emploi des voltmètres. Nous aurons d'ailleurs l'occasion d'y revenir plus loin (§ 647).

Un voltmètre a l'apparence extérieure d'une boîte cylindrique (fig. 277), dont le couvercle porte un cadran devant

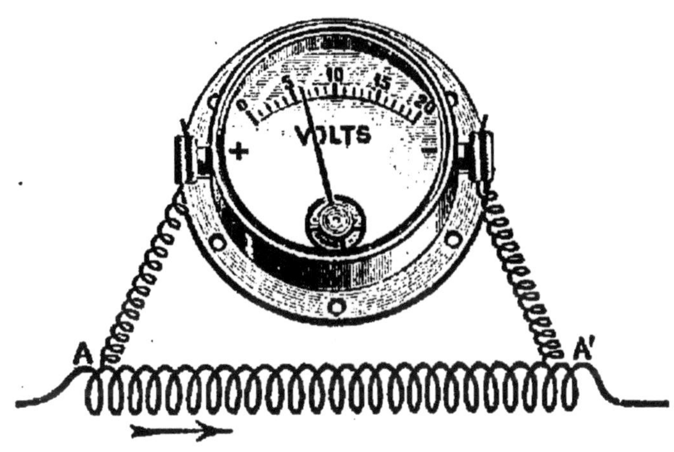

FIG. 277. — VOLTMÈTRE.

Les deux bornes de l'appareil sont mises en communication par des fils métalliques avec les deux points A et A' entre lesquels on désire connaître la différence de potentiel.

lequel peut se déplacer une aiguille mobile. Sur les côtés de la boîte sont deux bornes que l'on rattache par des fils métalliques aux deux points A et A', entre lesquels on désire connaître la différence de potentiel. Cette différence est lue directement en ***volts*** sur le cadran de l'appareil, au point même où s'arrête l'aiguille.

551. **Ampèremètre. Marche d'une expérience.** — Nous prendrons, pour faire nos expériences, un électromoteur bien simple et bien connu : celui, par exemple, qui sert au fonctionnement de nos sonneries électriques. C'est ce qu'on désigne habituellement sous le nom de ***pile électrique***.

Peu importent, pour le moment, les détails de construction de ce petit appareil. Peu nous importe également de connaître les causes de son fonctionnement.

Comme tout électromoteur, la pile a deux pôles. Réunissons ces deux pôles par un ***conducteur métallique***. Un courant passe dans le circuit formé par la pile et le fil métallique. Ce courant a une certaine intensité, qui est la même dans toute l'étendue du circuit (§ 542).

Certains appareils peuvent nous faire connaître immédiatement cette intensité. On les désigne sous le nom d'***ampèremètres***.

Un ampèremètre (fig. 278) a le même aspect extérieur qu'un voltmètre. Pour s'en servir, on doit l'intercaler dans le circuit où passe le courant étudié. L'aiguille de l'ampèremètre marque alors sur le cadran la valeur de l'intensité du courant en ampères.

FIG. 278. — AMPÈREMÈTRE.
L'ampèremètre doit être intercalé en série, dans le circuit traversé par le courant étudié.

Nous n'avons pas, pour le moment, à rechercher comment fonctionne cet appareil. Nous y reviendrons plus loin (§ 646), quand nous connaîtrons mieux les propriétés des courants. Nous pouvons cependant, pour le moment, vérifier que, si l'ampèremètre occupe une position quelconque dans le circuit, son indication reste bien invariable, comme cela doit être, s'il fait effectivement connaître l'intensité du courant.

L'expérience est donc disposée, comme l'indique la figure 279. Sur un circuit fermé, réunissant les deux pôles de la pile, est placé un ampèremètre. Deux points A et A' de ce circuit sont reliés par des fils métalliques aux deux bornes d'un voltmètre. On dit que ***le voltmètre est mis en dérivation*** entre les deux points A et A'.

Ceci posé, soit E le nombre de volts, donné par le voltmètre comme étant la différence des potentiels entre les points A et A'; soit *I* le nombre d'ampères donné par l'ampèremètre.

Conservons le fil conducteur AB; mais changeons d'électromoteur; par exemple, si notre pile est formée d'un certain nombre de vases semblables, réunis les uns aux autres (le pôle positif de l'un communiquant avec le pôle négatif du suivant), supprimons quelques-uns de ces vases, qu'on appelle des ***éléments de pile***. Le voltmètre donnera, entre A et A', une nouvelle indication *E'*; l'ampèremètre donnera une nouvelle indication *I'*.

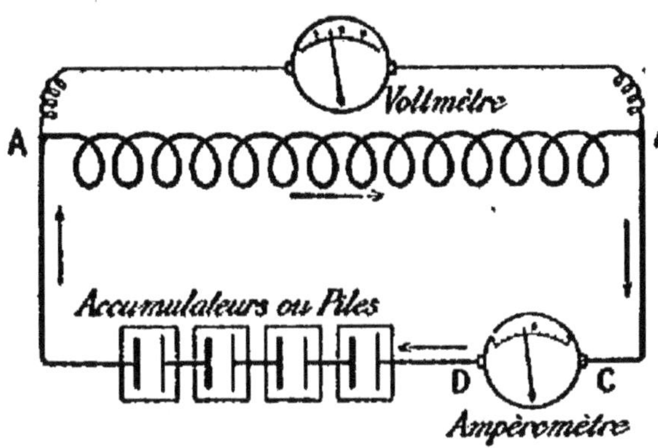

FIG. 279. — MESURE PRATIQUE DU VOLTAGE ET DE L'AMPÉRAGE. LOI DE OHM.

L'ampèremètre traversé par le courant fait connaître son intensité; le voltmètre, placé en dérivation sur les points A et A', fait connaître la différence de potentiel entre ces deux points.

552. Résultats des expériences. Loi de Ohm. — La comparaison des nombres obtenus nous donne :

$$\frac{E}{I} = \frac{E'}{I'}.$$

Nous sommes ainsi conduits à énoncer la loi suivante qui porte le nom de Ohm, son inventeur :

La différence de potentiel E, qui règne entre les extrémités, d'un conducteur invariable AA' parcouru par un courant d'intensité I, est proportionnelle à cette intensité.

CHAPITRE XI

RÉSISTANCE ÉLECTRIQUE

553. **Notion de résistance électrique.** — On peut donner de la loi de Ohm une autre expression que voici :

Pour un conducteur déterminé, il existe un rapport constant R entre le nombre E donné par le voltmètre et le nombre I donné par l'ampèremètre. Nous aurons donc, par définition,

$$\frac{E}{I} = R.$$

Ce rapport constant R mesure une grandeur spéciale que l'on appelle la ***résistance électrique*** du conducteur. Nous verrons que cette grandeur dépend à la fois de la nature et des dimensions du conducteur lui-même. Elle change, en général, si l'on vient à changer le conducteur. Elle reste invariable, quand on conserve le même conducteur entre les points A et A'.

554. **Unité de résistance. L'Ohm.** — Comme toute grandeur, celle-ci a son unité particulière que les électriciens ont appelée ***ohm***[1] et qu'ils représentent par le symbole ω[2].

L'ohm est la résistance électrique d'un conducteur qui, parcouru par un courant de 1 ampère, présente entre ses extrémités une différence de potentiel de 1 volt.

On emploie, pour la mesure des résistances, des ***résistances étalonnées*** contenues dans des boîtes, dites ***boîtes de résistances*** (§ 564), et dont on se sert d'une façon analogue à celle des boîtes de poids (§ 53).

1. Ce nom est celui du physicien allemand *Ohm* (1787-1854), qui, le premier, énonça la loi qui nous occupe.
2. Prononcez oméga.

Des recherches précises ont établi que l'*ohm* est pratiquement représenté par la résistance d'une colonne de mercure de 1 millimètre carré de section et de 106 centimètres de longueur.

D'après ce qui précède, si l'on évalue :

en ***ohms***, la résistance R d'un conducteur,

en ***ampères***, l'intensité I du courant qui le traverse,

en ***volts***, la différence de niveau électrique E qui règne alors entre ses extrémités,

la loi de Ohm se trouve exprimée par la formule $E^{\text{volts}} = R^{\text{ohms}} \times I^{\text{ampères}}$.

555. Exercice. — ***Quelle est la résistance d'une lampe électrique qui fonctionne sous une différence de potentiel de 110 volts et qui consomme 1/2 ampère?***

Cette résistance, calculée par une simple application de la relation précédente, est

$$R^{\omega} = 110 : \frac{1}{2} = 220^{\omega}.$$

556. La résistance électrique d'un conducteur dépend de sa nature. — Reprenons l'expérience fondamentale qui nous a servi à établir expérimentalement la loi de Ohm (§ 551).

Supposons que, dans le même circuit, nous ayons placé, ***l'un à la suite de l'autre***, deux fils, l'un en fer, l'autre en cuivre, de même longueur et de même diamètre.

Nous constaterons que l'indication du voltmètre, placé en dérivation sur les deux extrémités du fil de fer, est 6 fois plus grande que l'indication qu'il fournit, quand on le met en dérivation sur les deux extrémités du fil de cuivre.

Le courant dans les deux fils est le même. Le quotient $R = \frac{E}{I}$ est 6 fois plus grand pour le fer que pour le cuivre. Un fil de fer a donc une résistance 6 fois plus grande qu'un fil de cuivre de même longueur et de même diamètre. Donc :

La résistance d'un conducteur dépend de sa nature.

Le tableau suivant donne les résistances de divers corps qui, tous, auraient la forme de cylindres de 1 mètre de long et de 1 millimetre carré de section.

CORPS	RÉSISTANCE EN ω
Argent	0ω,015
Cuivre	0ω,016
Fer.	0ω,095
Mercure.	0ω,94
Charbon des cornues	700ω,
Solution saturée de sulfate de cuivre.	370000ω,

557. **La résistance d'un conducteur est proportionnelle à sa longueur.** — Considérons un conducteur cylindrique AA′ dont la résistance est R^{ω}. Parcouru par un courant de I^{a}, il offre entre ses extrémités une *f.é.m.* E que l'on calcule par la formule de Ohm,

$$E = RI.$$

Plaçons au bout A′ de ce conducteur un autre conducteur A′A″, tout pareil, ***de même substance et de même section***.

Supposons que l'on s'arrange de façon que l'ensemble des deux fils soit encore parcouru par un courant I.

La différence de potentiel entre A et A′ est de E volts. Elle est aussi de E volts entre A′ et A″. Elle est donc de $2E$ volts entre A et A″. Nous dirons qu'entre A et A″ la force électromotrice est de $2E$ volts.

Désignons par R' la résistance du conducteur AA″ ; la loi de Ohm donne :

$$2E = R'I.$$

La comparaison de ces deux égalités nous donne immédiatement :

$$R' = 2R.$$

Sous cette forme, nous voyons que :

La résistance d'un conducteur électrique est proportionnelle à sa longueur.

558. **La résistance électrique d'un conducteur est en raison inverse de sa section.** — Au lieu de placer bout à bout nos deux conducteurs identiques, imaginons que nous les placions l'un contre l'autre en leur donnant des extrémités communes, et supposons que chacun d'eux soit parcouru par un courant dont l'intensité est égale à I.

La *f.é.m.* E aux extrémités de l'ensemble sera évidemment la même que pour un seul. On aura ici

$$E = 2I . R''$$

en désignant par R″ la résistance de l'ensemble des deux conducteurs juxtaposés.

Pour l'un des deux conducteurs juxtaposés, la *f.é.m.* est toujours E ; et l'intensité du courant est I. Si donc R désigne sa résistance, on a

$$E = I \times R.$$

La comparaison de ces deux égalités donne immédiatement

$$R'' = \frac{R}{2}.$$

Le conducteur doublé a une résistance deux fois moindre que le conducteur simple de même longueur et de même section.

Sous cette forme, nous voyons que :

La résistance d'un conducteur cylindrique est en raison inverse de sa section.

559. **Calcul de la résistance d'un conducteur.** — Nous venons de voir, comme conclusions de chacun des trois paragraphes précédents, que la résistance R d'un conducteur

1° ***dépend de sa nature,***

2° ***est proportionnelle à sa longueur,*** l ;

3° ***est en raison inverse de sa section,*** S.

On peut dire que ces trois énoncés, joints à celui du § 552, constituent ***les lois de Ohm.***

Ces résultats peuvent se résumer dans une formule unique :

$$R = \rho . \frac{l}{S}.$$

Dans cette formule, ρ est un coefficient spécifique, qui caractérise la nature du conducteur et qu'on nomme sa ***résistivité.***

Si l'on compte l en centimètres, et S en centimètres carrés, le coefficient ρ, dans le cas du cuivre, est égal à 1,6 millionième.

On devra donc, dans les formules, faire, s'il s'agit du cuivre, $\rho = 0,0000016$.

On voit que la valeur numérique de ce coefficient s'obtiendra en divisant par 10 000 les nombres qui figurent au tableau du paragraphe 556.

560. **Exercices numériques.** — I. ***Quelle est, en ohms, la résistance d'un fil de cuivre d'un kilomètre de longueur et d'un millimètre carré de section?***

Dans la formule

$$R = \rho . \frac{l}{S},$$

nous devons faire :

$$\rho = 0{,}0000016; \quad l = (1000 \times 100) \text{ cm}; \quad S = \frac{1}{100},$$

d'où :

$$R = 0{,}0000016 \times 100000 \times 100 = 16.$$

La résistance du conducteur proposé est égale à 16 ohms.

II. ***L'ohm est la résistance d'une colonne de mercure de 1 millimètre carré de section et de 106 centimètres de longueur. En déduire la résistivité du mercure?***

On doit faire ici :

$$R = 1; \ l = 106; \ S = \frac{1}{100}.$$

Transportons dans l'égalité

$$R = \rho . \frac{l}{S}; \text{ il vient } \rho = \frac{1}{10600} = 94 \text{ millioniièmes.}$$

La résistance électrique du mercure est près de 60 fois plus grande que celle du cuivre.

561. **Loi de Ohm pour un circuit fermé. Exercices.** — Vraie pour une portion quelconque du circuit, ***la loi de Ohm reste vraie encore pour le circuit tout entier,*** si, dans l'égalité $E = RI$, on désigne par E la ***f. é. m. totale*** de l'électromoteur et par ***R la résistance totale*** du circuit.

Nous ne pouvons mieux faire, pour montrer toute l'importance de cette loi, que d'en donner, à titre d'exercices, plusieurs applications numériques.

Premier problème. — ***On dispose une série de 5 éléments Bunsen, dont chacun a une f. é. m. de 1v,8. Chacun des éléments a une résistance intérieure de 1/5 d'ohm. Le fil conducteur qui relie entre eux les deux pôles de la série a une résistance de 3ω,5. On demande quelle est l'intensité du courant qui passe dans le fil.***

La résistance des 5 éléments placés bout à bout est égale (§ 557) à 5 fois la résistance de l'un d'eux, c'est-à-dire à 1 ohm.

La résistance du fil interpolaire étant de 3ω,5, la résistance totale R du circuit a pour valeur : $1^{\omega} + 3^{\omega},5 = 4^{\omega},5$

D'autre part, la *f. é. m.* totale de la série est :

$$E = 5 \times 1^{v},8 = 9 \text{ volts.}$$

La loi de Ohm : $E = IR$ donne ici :

$$I = \frac{E}{R} = \frac{9}{4,5} = 2.$$

L'intensité du courant est de 2 ampères.

562. **Deuxième problème.** — ***Dix éléments Volta ont chacun une résistance intérieure de 1/2 ohm et une f. é. m. de 1 volt. On les dispose en série. Entre les deux pôles de cette série est placé un circuit, comprenant : 1° un fil conducteur de 4_{ω}, et 2° une dérivation, formée de deux fils ayant chacun une résistance de 2 ohms. On demande quelle est l'intensité du courant obtenu?***

La résistance des 10 éléments placés bout à bout (§ 578) est égale à 10 fois la résistance de l'un d'eux ; c'est-à-dire $10 \times \frac{1}{2} = 5$ ohms.

La résistance des conducteurs est égale à celle du fil de 4 ohms, augmentée de celle de la dérivation.

La résistance de deux fils identiques, placés en dérivation, (§ 558), est égale à la moitié de la résistance de chacun d'eux, c'est-à-dire à 1 ohm.

La résistance totale du circuit est donc égale à :

$$5 + 4 + 1 = 10 \text{ ohms.}$$

Or, la *f. é. m.* totale de la série est de 10 volts.

L'intensité du courant sera donc de 1 ampère dans les piles et dans le fil de 4 ohms. Elle sera de 1/2 ampère dans chacun des deux fils de la dérivation.

563. **Troisième problème.** — ***L'intensité d'un courant est de 15 ampères dans un circuit. On supprime dans celui-ci une résistance de 1 ohm ; l'intensité monte alors à 20 ampères. On demande quelle était la résistance primitive du circuit, quelle est la f. é. m. de l'électromoteur ; et quelle serait la nouvelle intensité du courant, si on supprimait encore du circuit une résistance de 1 ohm.***

La formule de Ohm :

$$E = I . R$$

donne, dans le premier cas :

$$E = 15 . R,$$

E désignant la ***f. é. m.*** de l'électromoteur, et ***R*** la résistance totale inconnue du circuit.

On supprime une résistance de 1 ohm; la résistance totale devient donc ($R - 1$) ohms; la ***f. é. m.*** n'a pas changé; elle est donc restée égale à ***E***; et l'intensité est devenue de 20 ampères

La loi de Ohm donne encore :

$$E = 20 (R - 1).$$

Comparant ces deux équations, on tire immédiatement :

$$15 R = 20 (R - 1)$$

d'où ***R* = *4 ohms***; et par suite $E = 15R = 15 \times 4 =$ ***60 volts.***

La résistance totale primitive était de 4 ohms; si on en retranche encore un ohm, elle sera de 2 ohms; et l'intensité du courant, $I = \frac{E}{R} = \frac{60}{2} = 30$, deviendra égale à 30 ampères.

564. **Boîtes de résistances.** — Pour les opérations de la pratique courante, on a besoin de résistances ***variables*** et ***connues***. Elles sont groupées dans des ***boîtes de résistances*** (fig. 280), de la même façon que les poids dans les boîtes de poids.

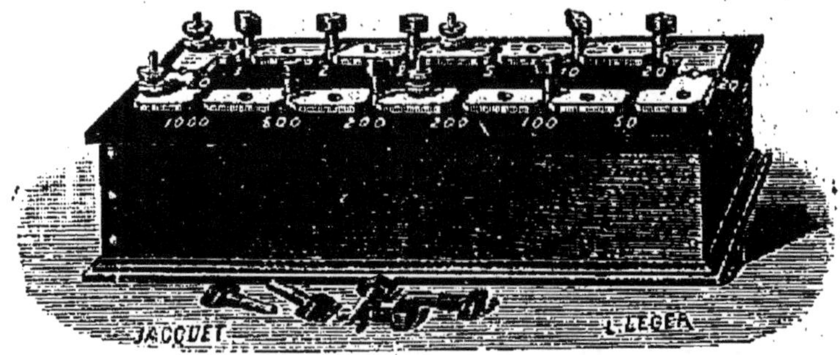

FIG. 280. — BOÎTE DE RÉSISTANCES.

On réunit dans une même boîte une série de multiples de l'ohm offrant les mêmes combinaisons qu'une boîte de poids ordinaire.

La boîte est placée dans le circuit et traversée par le courant; elle donne, à simple lecture, la valeur de la résistance qu'elle introduit dans le circuit. Il suffit, pour connaître cette résistance, de faire la somme des nombres correspondants aux fiches qui ont été enlevées. La boîte, telle que la représente la figure 280, réalise une résistance de 1275 ohms.

CHAPITRE XII

LOIS DE JOULE

565. **Un conducteur, traversé par un courant, est le siège d'une certaine quantité d'énergie disponible.** — Nous avons vu que, pour porter une charge de Q coulombs à un niveau potentiel plus élevé de V volts, il faut ***dépenser un travail*** :

$$\mathfrak{T} = (Q \times V) \text{ joules.} \qquad (\S\ 518)$$

Inversement, une charge Q, en descendant de V volts, peut ***fournir un travail*** équivalent :

$$\mathfrak{T} = (Q \times V) \text{ joules.}$$

L'énergie, correspondant à cette chute de potentiel, peut être acquise par le milieu extérieur sous forme de chaleur.

Nous en avons vu un exemple dans l'échauffement d'un fil par la décharge électrique (§ 539).

Revenons au courant continu passant dans un conducteur.

Ici, l'électricité passe dans le conducteur d'une façon ***continue, d'un potentiel fixe à un autre potentiel fixe,*** moins élevé.

Ce conducteur doit donc être le siège d'une transformation continue de l'énergie électrique.

Cette énergie peut être recueillie sous forme mécanique; on peut l'employer à faire tourner un moteur; c'est ce que nous verrons plus tard, à propos des dynamos (§ 667).

Quand il n'en est pas ainsi, nous devons nous attendre à retrouver cette énergie sous une autre forme : sous forme de chaleur, par exemple. C'est le cas d'une lampe à incandescence (§ 570), traversée par un courant.

566. **Étude expérimentale des actions calorifiques des courants.** — Proposons-nous d'étudier expérimentalement la quantité de chaleur développée par le passage du courant dans un conducteur.

Soit donc un calorimètre contenant 345 grammes d'eau, par exemple. Plongeons à son intérieur une lampe à incandescence (§ 570), dont la résistance (§ 554) nous soit connue. Soit, par exemple, une lampe de 15 ohms. Nous rattachons les deux bornes de cette lampe aux deux pôles d'une série (§ 547) de six accumulateurs, dont chacun possède une f. é. m. (§ 546) de 2 volts.

Un thermomètre est placé, dans le calorimètre, à côté de la lampe. Nous nous en servons comme agitateur, afin d'obtenir une température uniforme, et nous observons ses indications, à intervalles de temps réguliers.

En 5 minutes, le thermomètre a passé de 15° à 17°.

Dans les 5 minutes suivantes, il passe très sensiblement de 17° à 19°.

D'où cette première conséquence :

Le passage du courant dans un conducteur dégage une quantité de chaleur Q, proportionnelle au temps t.

Recommençons maintenant la même expérience, en conservant la même lampe, le même calorimètre, le même poids d'eau, mais en ne laissant plus, sur le circuit, que 3 accumulateurs au lieu de 6.

Le thermomètre met maintenant 10 minutes à passer de 16° à 17°.

La marche du thermomètre est 4 fois plus lente que la première fois. — Le dégagement de chaleur est 4 fois plus faible.

D'autre part, si l'on se souvient que la résistance intérieure des accumulateurs est pratiquement négligeable, on obtient pour valeurs de l'intensité du courant :

dans la première expérience, $\frac{2 \times 6}{15} = 0^a,8$;

dans la deuxième, $\frac{2 \times 3}{15} = 0^a,4$.

L'intensité du courant est 2 fois plus faible dans la seconde expérience que dans la première.

Nous dirons donc :

Le dégagement de chaleur Q, produit par le passage d'un courant dans un conducteur, est proportionnel au carré I^2 de l'intensité du courant.

Plaçons maintenant deux lampes à incandescence, à la suite l'une de l'autre, chacune d'elles dans un calorimètre séparé. Supposons, pour simplifier, que les deux calorimètres renferment la même quantité d'eau. Réunissons ces deux lampes à une série d'accumulateurs.

Les deux calorimètres s'échaufferont inégalement, à moins que les deux lampes aient précisément la même résistance. Si les résistances sont inégales, le calorimètre contenant la lampe de plus grande résistance recevra une quantité de chaleur plus grande. Si, enfin, nous connaissons les résistances de nos deux lampes, nous constatons facilement que les dégagements de chaleur produits dans les deux calorimètres sont proportionnels aux résistances des lampes qui s'y trouvent plongées.

Si, enfin, nous remarquons que nos deux lampes sont traversées par un courant de même intensité, nous tirons, de ce qui précède, cette troisième conclusion :

Le dégagement de chaleur Q, produit par le passage d'un même courant dans différents conducteurs, est proportionnel à la résistance R de ces conducteurs.

567. Expression générale des résultats précédents. Lois de Joule. — Les expériences précédentes nous conduisent donc aux énoncés suivants :

La quantité de chaleur Q, dégagée par le passage d'un courant dans un conducteur, est proportionnelle.

1° ***Au temps t;***

2° ***A la résistance R du conducteur;***

3° ***Au carré I^2 de l'intensité I, du courant.***

L'ensemble de ces résultats d'expérience est connu sous le nom de ***lois de Joule.***

Ces lois sont résumées dans la formule unique :

$$Q = \frac{I}{J} \times RI^2t.$$

Dans cette formule, J désigne un facteur constant, qui reste à déterminer.

Reprenons, pour cela, les résultats de la première expérience (§ 566) :

345 grammes d'eau se sont échauffés de 4 degrés, ce qui représente une quantité de chaleur, $Q = 345 \times 4 = 1380$ calories.

L'intensité du courant était $I = 0^a,8$.

La résistance de la lampe était $R = 15$ ohms.

La durée de l'expérience (10 minutes) avait pour valeur $= 10 \times 60 = 600$ secondes.

Portons ces valeurs dans la formule qui exprime les lois de Joule. Il vient :

$$J = \frac{15 \times 0{,}64 \times 600}{345 \times 4} = 4{,}18.$$

Les lois de Joule se résument donc enfin dans la formule unique :

$$Q = \left(\frac{RI^2t}{4{,}18}\right) \text{ calories.}$$

568. **Principe de l'équivalence.** — On aurait pu prévoir les résultats précédents.

On sait (§ 518) qu'une charge électrique, de Q coulombs, en descendant de V volts, peut fournir un travail :

$$\mathfrak{T} = (Q \times V) \text{ joules.}$$

Or, on sait (§ 553), qu'étant donné un conducteur de résistance R, traversé par un courant d'intensité I, la différence de potentiels, V, entre ses deux extrémités, est égale à

$$V = (R \times I) \text{ volts.}$$

D'autre part, d'après la définition même de l'ampère, il passe dans le fil, pendant t secondes, une quantité d'électricité, Q, égale à :

$$Q = (I \times t) \text{ coulombs.}$$

Le travail nécessaire à l'entretien du courant dans le conducteur est donc égal à :

$$\mathfrak{T} = (Q \times V) \text{ joules} = RI^2t \text{ joules.}$$

Or, les expériences précédentes nous ont montré qu'il s'est produit un dégagement de chaleur égal à $\frac{RI^2t}{4{,}18}$ calories.

A RI^2t calories correspondent donc $4{,}18 \times R \times I^2 \times t$ joules.

A une calorie correspondrait 4,18 joules.

Nous dirons donc que :

Toutes les fois qu'il y a dépense de travail égale à 4,18 joules, il y a production de chaleur d'une calorie-gramme.

C'est en ce dernier énoncé que consiste le ***principe de l'équivalence***, déjà énoncé au § 539.

Nous retrouverons ce principe sous une forme plus générale au paragraphe 693.

Pour nous résumer, les expériences précédentes ont donc une double importance :

1° Elles établissent les lois de Joule, relatives au dégagement de chaleur produit par les courants ;

2° Elles fixent la valeur mécanique en joules de la quantité de chaleur égale à une calorie-gramme.

569. **Conséquences des lois de Joule.** — Si le fil conducteur du courant ne perdait pas de chaleur par rayonnement, sa température s'élèverait indéfiniment. Mais, en fait, la température maxima du fil est celle pour laquelle le gain de chaleur provenant du courant est égal à la perte par rayonnement.

Les lois de Joule nous expliquent que, lorsqu'un même flux électrique parcourt une suite de conducteurs de même nature, mais de diamètres très différents, les plus étroits s'échauffent beaucoup plus que les autres, parce qu'ils sont plus résistants.

Le cuivre est, de tous les métaux communs, celui qui, sous des dimensions données, possède la plus faible résistance électrique. Aussi, dans les installations électriques d'éclairage ou de transport de la force, emploie-t-on presque exclusivement des câbles de cuivre.

On évite ainsi la perte d'une trop grande quantité d'énergie, qui se dépenserait inutilement sous forme de chaleur, en dehors des appareils où l'on veut l'utiliser.

570. **Application des lois de Joule. Lampe électrique.** — La lampe à incandescence est une application directe des lois de Joule (§ 567). Elle se compose d'un filament de charbon F (fig. 281) contourné en boucle ou en spirale et enfermé dans une ampoule A où on a fait le vide. Ce filament de charbon est parcouru par un courant qui le porte au rouge blanc, sans que sa combustion soit possible, puisqu'il n'y a pas d'oxygène dans l'espace qui l'entoure.

Les lampes d'une même installation sont le plus souvent montées en dérivation, c'est-à-dire de telle façon que le courant principal se partage entre les lampes. Dans ces conditions, la rupture de l'une d'elles n'empêche pas les autres de fonctionner.

Les lampes à filament de charbon ne sont plus les seules employées aujourd'hui. On a construit des lampes à filament métallique (tantale, osmium, etc.) exigeant une dépense d'énergie beaucoup plus faible.

La lampe à filament de tantale, d'intensité lumineuse moyenne égale à 24 bougies, est traversée par un courant de $0^a,4$ quand on la place sous une différence de potentiel de 110 volts. Elle présente donc, quand elle est en activité, une résistance de

$$\frac{110}{0,4} = 275 \text{ ohms.}$$

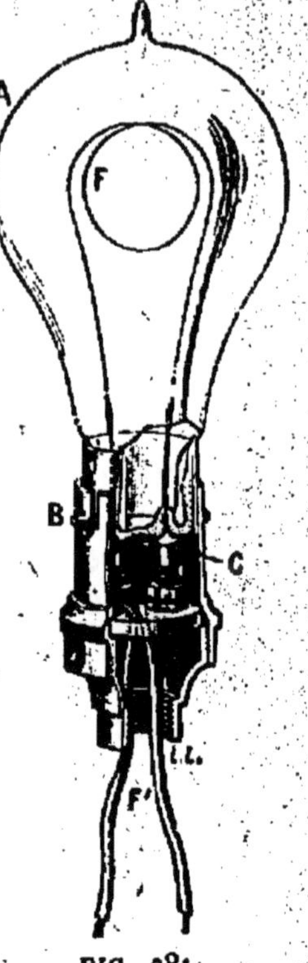

FIG. 281.
LAMPE ÉLECTRIQUE A INCANDESCENCE.
Elle se compose d'un filament de charbon contourné en boucle et placé dans une enceinte vide d'air. Ce filament est porté à l'incandescence par un courant.

Sa consommation est de $RI^2 = 275 \times \overline{0,4}^2 = 44$ joules par seconde. Il faut donc, pour la maintenir allumée, disposer d'une puissance de 44 watts, c'est-à-dire sensiblement moins de 2 watts par bougie.

La durée d'une lampe à incandescence varie de 1000 à 2000 heures.

A égalité d'intensité lumineuse, une lampe à incandescence chauffe environ 10 fois moins qu'une lampe à gaz ; c'est là un des nombreux avantages de l'éclairage électrique.

571. Arc voltaïque. — Supposons que l'on dispose d'une f. é. m. de 55 à 80 volts. Rattachons une baguette de charbon à chacun des deux pôles de l'électro-moteur; mettons-les au contact l'une de l'autre, puis écartons-les progressivement. On voit éclater entre elles une lumière éblouissante; c'est l'***arc électrique***.

Le procédé le plus commode pour étudier en détail l'aspect du phénomène consiste à projeter son image sur un écran à l'aide d'une lentille convergente. On reconnaît alors que l'arc lui-même est beaucoup moins éclatant que les pointes des charbons, et, en particulier, que celle du charbon positif; on voit, d'ailleurs, que celui-ci se creuse en forme de cratère tandis que le charbon négatif s'allonge en pointe, et l'on constate nettement un transport de matière de l'un à l'autre dans le sens du courant (fig. 282). Au reste, le charbon positif s'use deux fois plus vite que l'autre.

Un résultat capital découle des recherches calorimétriques qui ont eu pour objet de déterminer la température de l'arc : c'est que ***la température de la pointe positive est toujours la même,*** aussi bien pour les arcs faibles que pour les plus puissants : on l'évalue à 3500° (M. Violle). Ce fait indique évidemment que cette pointe est le siège d'un changement d'état bien défini, qui ne peut être que l'***ébullition*** du carbone.

FIG. 282.
ARC VOLTAÏQUE.
Quand on sépare et qu'on maintient à faible distance deux baguettes de charbon réunies aux pôles d'une pile de 50 volts, il se produit entre elles une vive lumière qui porte le nom d'arc électrique. Tout porte à croire que le phénomène est accompagné d'une ébullition du carbone.

L'arc lui-même est constitué par un mélange d'air et de vapeur de carbone dont la température est au moins de 3500° ; il constitue un conducteur très résistant dans lequel le courant développe, d'après la loi de Joule, une grande quantité de chaleur.

La partie la plus lumineuse de l'arc est le charbon positif. On devra donc disposer l'arc verticalement, le charbon positif en haut, si l'on se propose d'éclairer le sol.

La grosse difficulté de l'éclairage par l'arc consiste à maintenir constante la distance des charbons malgré leur usure progressive ; il existe aujourd'hui un très grand nombre de ***régulateurs*** (fig. 283) qui permettent d'obtenir ce résultat. Bien que leurs dispositifs soient très variés, leur principe est généralement le même et consiste à utiliser

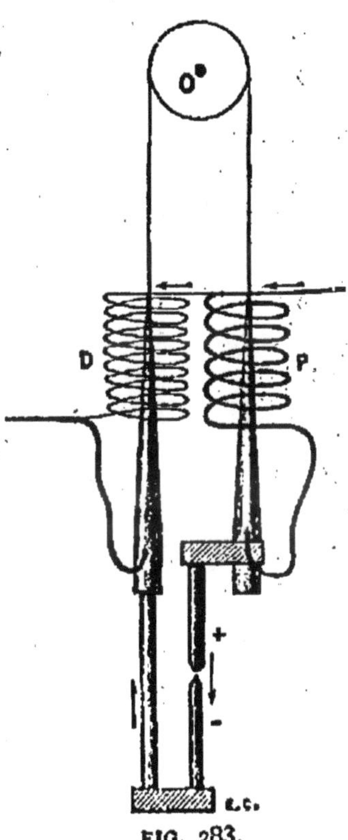

FIG. 283.
RÉGULATEUR A ARC.
Quand le courant principal diminue dans l'arc, il augmente dans la bobine D et tend à rapprocher les charbons.

l'augmentation de résistance qui se produit dans l'arc à mesure que sa longueur augmente.

572. Application de l'arc à la production des hautes températures. — ***Four électrique.*** — La haute température de l'arc électrique, qui est d'ailleurs la plus élevée de celles que nous sachions produire, a été utilisée dans la construc-

FIG. 284. — FOUR ÉLECTRIQUE.

Cet appareil, qui permet d'atteindre des températures de 3500°, se compose d'une enceinte en charbon, logée au milieu d'un bloc de calcaire. A son intérieur, on fait jaillir un arc électrique entre deux grosses électrodes de charbon.

tion du ***four électrique***. Cet appareil se compose d'une enceinte en charbon logée au milieu d'un bloc de pierre calcaire, et à l'intérieur de laquelle on fait jaillir un arc électrique entre deux grosses électrodes en charbon (fig. 284).

Les fours de laboratoire fonctionnent avec un courant de 30 ***ampères*** sous 80 ***volts*** et consomment ainsi de 3 à 4 ***chevaux***; mais on en a employé dans lesquels l'intensité dépassait 1000 ***ampères*** sous 80 ***volts***.

Aux températures élevées que l'on obtient dans ces appareils, les substances les plus réfractaires, la silice et la chaux même, sont fondues et volatilisées; les oxydes les plus stables, comme ceux de chrome et de manganèse, sont réduits par le charbon (M. Moissan); la chaux et la baryte, mises en présence de carbone, se transforment en carbures métalliques utilisés pour la préparation du gaz acétylène.

Soudure électrique. — On a aussi appliqué l'arc électrique à la soudure autogène des métaux. Pour souder deux plaques de tôle on les réunit bord à bord et on les met en relation avec l'un des pôles d'une machine à 110 volts. On promène alors le long de la jointure une baguette de charbon communiquant à l'autre pôle : l'arc électrique, qui éclate entre cette baguette et les plaques, fond celles-ci sur les bords et les soude intimement.

CHAPITRE XIII

ACTIONS CHIMIQUES DES COURANTS

573. **Les différents liquides sont conducteurs, isolants ou électrolytes.** — Lorsqu'on intercale une colonne liquide dans un circuit, traversé par un courant, il peut se présenter trois cas différents :

1° Le liquide laisse passer le courant, à la façon d'un conducteur ordinaire. On dit alors que le liquide est ***conducteur. Lorsqu'il en est ainsi, le liquide est nécessairement un corps simple*** : mercure, ou métaux fondus.

2° Le liquide ne laisse pas passer le courant. Il intercepte complètement le courant, et reste inaltéré. On dit alors que le liquide est ***isolant***. C'est le cas de l'alcool, de l'éther, de la benzine ; ce serait aussi le cas de l'eau parfaitement pure.

3° Le liquide laisse passer le courant, en même temps qu'il est décomposé. On dit alors que le liquide est un ***électrolyte***.

574. **Définitions.** — Un ***liquide composé*** ne se comporte donc jamais à la façon d'un conducteur ordinaire.

Il ne laisse jamais passer une quantité d'électricité sans subir une décomposition correspondante.

Ce phénomène porte le nom d'***électrolyse***.

L'électrode positive, ou ***anode***, est le conducteur qui amène le courant dans le liquide.

L'électrode négative, ou ***cathode***, est le conducteur par lequel le courant sort du liquide.

On appelle ***électrolyte*** le liquide soumis à la décomposition.

L'expérience a montré que les seuls corps qui paraissent susceptibles d'électrolyse, sont ceux qu'en Chimie on désigne sous les noms d'***acides***, ***bases*** ou ***sels***. Ils doivent être à l'état de ***fusion*** ou de ***dissolution***.

575. **Lois qualitatives de l'électrolyse.** — L'électrolyse obéit toujours aux lois qualitatives que nous allons énoncer :

1° ***Les produits de la décomposition apparaissent exclusivement sur les électrodes*** (fig. 285). Ils n'apparaissent jamais dans la masse du liquide interposé.

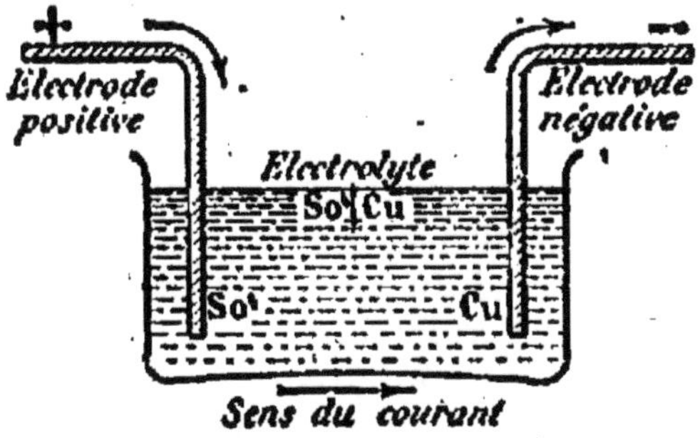

FIG. 285. — PHÉNOMÈNE DE L'ÉLECTROLYSE. *Quand un courant traverse une dissolution saline, il la décompose; le métal du sel se dépose à l'électrode négative, le reste de la molécule saline apparaît à l'électrode positive.*

2° ***La décomposition de l'électrolyte se fait toujours en deux fractions.*** Dans le cas, où l'électrolyte est constitué par un acide ou un sel, l'une des fractions renferme tout l'hydrogène de l'acide ou tout le métal du sel.

3° ***La première de ces deux fractions (hydrogène ou métaux) se porte toujours sur la cathode***; on l'appelle le ***cathion***. ***L'autre se porte toujours sur l'anode***; on l'appelle l'***anion***.

576. Réactions secondaires. — Il arrive souvent que l'électrolyse ne donne pas des résultats aussi simples que ceux qui sembleraient découler des énoncés précédents.

Il peut arriver, en effet, que les ***ions*** mis en liberté réagissent soit sur les électrodes, soit sur l'électrolyte, soit enfin l'un sur l'autre. On observe alors des phénomènes consécutifs à l'électrolyse proprement dite. On les désigne sous le nom de ***réactions secondaires***.

Nous prendrons comme exemples particuliers :

l'électrolyse du sulfate de cuivre, SO^4Cu;
— du sulfate de potassium, SO^4K^2;
— de l'acide sulfurique.

577. Électrolyse du sulfate de cuivre. — Prenons d'abord comme électrodes des lames de platine. Le ***cuivre*** se déposera sur l'électrode négative en une couche rougeâtre; tandis qu'à l'électrode positive on verra se dégager, au lieu du radical SO^4, un gaz qui est de l'***oxygène***. Ce fait résulte d'une réaction secondaire : le radical SO^4, qui n'existe pas à l'état libre, agit sur l'eau dans laquelle le sulfate est dissous et donne ainsi de l'acide sulfurique et de l'oxygène

$$SO^4 + H^2O = SO^4H^2 + O.$$

Si nous choisissons maintenant comme électrode positive une lame de cuivre, nous n'observerons plus le dégagement d'oxygène, car le radical SO^4 se combinera avec le cuivre pour reformer une quantité de sulfate précisément égale à celle qui avait été décomposée. Ce sulfate reformé se dissoudra et ***la concentration de l'électrolyte ne changera pas;*** mais l'électrode positive semblera se dissoudre au fur et à mesure que la négative se recouvrira de cuivre. Tout se passe donc, dans ce cas, comme si le courant avait simplement transporté le métal de l'électrode positive à l'électrode négative. La ***galvanoplastie***, ainsi que la ***dorure*** et l'***argenture*** reposent sur un phénomène de ce genre (§ 586).

578. **Électrolyse du sulfate de potassium.** — Si nous plongeons des électrodes en platine dans une dissolution de sulfate de potassium, un dégagement d'***oxygène*** se produit sur l'électrode positive; en même temps, le liquide devient fortement acide autour de cette électrode, par suite de l'action du radical SO^4 sur l'eau. D'autre part, le potassium, qui devrait apparaître à l'électrode négative, ne peut rester au contact de l'eau sans donner la réaction $K + H^2O = KOH + H$. Il se dégage donc de l'***hydrogène*** sur l'électrode négative et le liquide qui la baigne devient fortement alcalin. On fait ordinairement l'expérience dans un tube en U, en ajoutant un peu de sirop de violettes au sulfate de potassium. Le liquide rougit à l'électrode positive A sous l'action de l'acide sulfurique et verdit de l'autre côté, en C, sous l'action de la potasse (fig. 286).

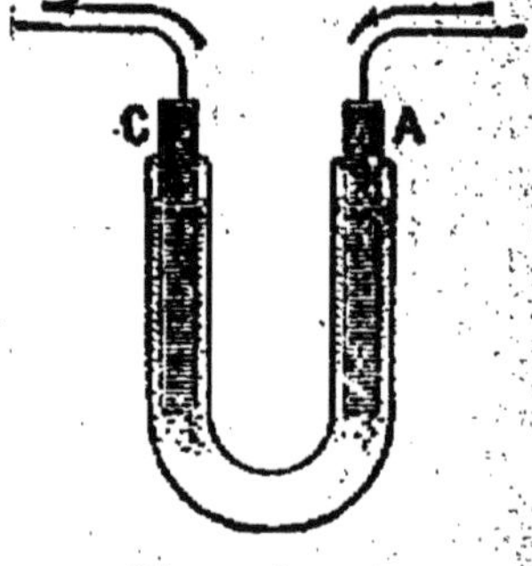

FIG. 286. — ÉLECTROLYSE DU SULFATE DE POTASSIUM. *Le liquide devient acide au voisinage de l'anode et basique à la cathode.*

Si, après quelque temps, on abandonne l'expérience à elle-même, la potasse et l'acide sulfurique se diffusent dans la masse et reforment le sulfate de potassium; il semble alors que tout se soit passé comme si l'eau seule avait été décomposée en hydrogène et oxygène.

579. **Électrolyse de l'acide sulfurique.** — Lorsqu'on dirige, à l'aide de conducteurs en platine, un courant dans de l'eau à laquelle on a ajouté un peu d'acide sulfurique, on obtient de l'***hydrogène*** à l'électrode négative et de l'***oxygène*** à l'électrode positive. Il semble que l'eau seule ait été

décomposée; mais en réalité l'apparition de l'oxygène est due à la réaction secondaire du radical SO^4 sur l'eau elle-même.

L'appareil dont on se sert pour faire cette expérience a reçu le nom de ***voltamètre***. C'est un vase en verre (fig. 287) dont le fond est traversé par deux lames de platine, qui servent d'électrodes. On recouvre chacune de ces lames d'une petite éprouvette pleine d'eau et l'on constate que ***le passage d'un courant dans le voltamètre provoque à l'électrode négative un dégagement d'hydrogène et à l'électrode positive un dégagement d'oxygène.***

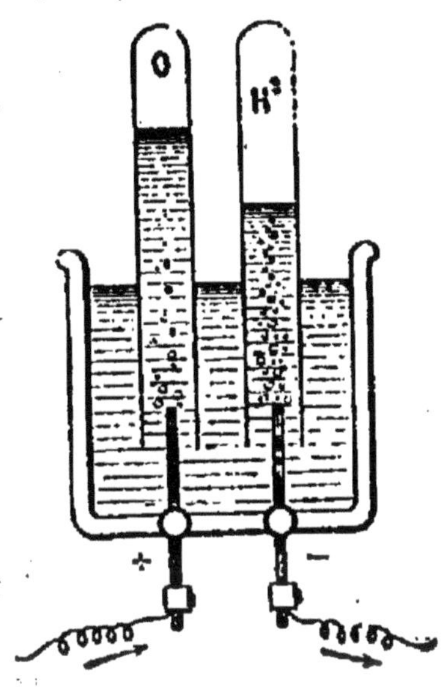

FIG. 287. — VOLTAMÈTRE A ACIDE SULFURIQUE.

Le passage d'un courant électrique, conduit par des électrodes en platine, dans une solution d'acide sulfurique, libère de l'oxygène à l'anode et de l'hydrogène à la cathode.

Ces deux gaz se recueillent dans les éprouvettes et l'on observe que ***le volume de l'hydrogène est double de celui de l'oxygène.*** Tout se passe donc, en apparence du moins, comme si l'eau ***seule*** avait été décomposée.

580. Lois quantitatives de l'électrolyse. Effets produits sur un même électrolyte. — Les lois quantitatives de l'électrolyse ont été énoncées par Faraday. Elles sont au nombre de trois :

1° ***Pour un même électrolyte, la masse P, décomposée pendant un certain temps t, ne dépend que de l'intensité du courant qui traverse l'électrolyte.*** Elle reste la même, si l'on vient à faire varier la position, la forme, les dimensions, la résistance des électrodes ou de la cuve électrolytique, la concentration de l'électrolyte, ou telle autre condition que l'on voudra. La loi s'applique aussi bien aux liquides qui constituent la pile qu'à ceux qui se trouvent dans le circuit extérieur à la pile.

2° ***Pour un même électrolyte, la masse P décomposée est proportionnelle à l'intensité I du courant et à la durée t de son passage***, c'est-à-dire au nombre de coulombs $Q = I \times t$ qui ont traversé l'électrolyte.

Ces deux lois sont un résultat direct de l'observation.

581. Notion de valence chimique. — Une troisième loi est relative à la comparaison des effets produits par un même courant sur des électrolytes de natures différentes.

Il est nécessaire, pour bien la comprendre, de préciser la notion de *valence chimique*.

Supposons d'abord que l'électrolyte soit un acide ou un sel.

Le cathion est formé, suivant le cas, d'hydrogène ou d'un métal (§ 575). Dans ce dernier cas, l'électrolyte est un sel. Il est toujours possible d'écrire la formule de l'acide dont ce sel dérive. Le nombre de fois que H figure dans cette formule représente le nombre de *valences* qui unissent les ions dans une molécule de l'électrolyte.

Par exemple, les acides chlorhydrique et sulfurique ont respectivement pour formules ClH et SO^4H^2. Ils ont pour cathions H et H^2. Les valences des ions sont, dans ces deux cas, respectivement 1 et 2.

Le chlorure de sodium et le sulfate de cuivre ont respectivement pour formules $ClNa$ et SO^4Cu. Ce sont des sels correspondants aux acides ClH et SO^4H^2. Les valences des ions sont respectivement 1 et 2.

Resterait le cas où l'électrolyte serait une base. Ici, l'anion est toujours formé par un certain nombre de fois (OH). Ce nombre définit la valence des ions. La potasse a pour formule $K.OH$; la chaux hydratée a pour formule $Ca(OH)^2$. Les ions de ces deux corps ont respectivement pour valences 1 et 2.

582. Troisième loi de Faraday. — L'énoncé de la troisième loi de Faraday se comprendra maintenant facilement.

Soit M, le poids en grammes, représenté par la formule chimique de l'électrolyte (c'est ce que nous appellerons son *poids moléculaire*, ou, si l'on veut, le *poids d'une molécule* d'électrolyte).

Soit n la valence des ions de l'électrolyte.

Décomposer une molécule de poids M, c'est supprimer, entre les ions, n liens, n valences.

Décomposer un poids P grammes de l'électrolyte, c'est rompre un nombre de valences égal à $\frac{P}{M} \times n$.

D'autre part, un courant dont l'intensité est I ampères fournit It coulombs pendant t secondes.

Ces notions bien comprises, voici comment peut s'énoncer la troisième loi de Faraday :

Il faut toujours 96600 coulombs, pour rompre une valence d'un électrolyte quelconque.

Cette loi s'exprime donc numériquement de la façon suivante :

$$I \times t = 96600 \times \left(\frac{P}{M} \times n\right).$$

ou, si l'on préfère :

$$P = \frac{1}{96600} \times \frac{M}{n} \times I \times t.$$

Cette formule résume toutes les lois de l'électrolyse.

583. **Application numérique.** — ***Poids de sulfate de cuivre décomposé en 24 heures par un courant d'un demi-ampère.***

Le sulfate de cuivre a pour formule : SO^4Cu.

La valence des ions est la même que celle de l'acide SO^4H^2 ; elle est égale à 2 ; on fera donc $n = 2$.

D'autre part, les symboles S, O, Cu, ont respectivement pour valeurs numériques 32, 16 et 63,5. On a donc :

$$M = 32 + (4 \times 16) + 63,5 = 159,5.$$

La formule précédente donne immédiatement :

$$P = \frac{1}{96600} \times \frac{159,5}{2}\frac{1}{2} \times 24 \times 3600 = 35^{gr},7.$$

584. **Définitions pratiques du coulomb et de l'ampère.** — Les lois précédentes nous conduisent à une définition pratique du ***coulomb*** et de l'***ampère***.

On trouve, en effet, qu'***un coulomb libère 1 milligr., 118, d'argent*** ou encore ***0 centimètre cube, 1155 d'hydrogène, mesuré à 0°, sous la pression de 76 centimètres de mercure.***

L'ampère est l'intensité d'un courant qui produit en une seconde les effets que nous venons d'indiquer.

Il résulte de là qu'on peut mesurer en ampères l'intensité moyenne d'un courant de sens constant, en le faisant passer à travers une cuve électrolytique à sulfate d'argent ou même à sulfate de cuivre. La balance permet de déterminer l'augmentation de poids de la cathode, après un temps déterminé. Un calcul simple fait connaître l'intensité moyenne du courant.

585. **Rappel des définitions des diverses unités pratiques en électricité.** — L'unité de quantité électrique, le coulomb.

étant définie, toutes les autres unités, que nous avons successivement rencontrées dans le cours de cette étude, peuvent maintenant être définies rigoureusement.

Il ne sera pas inutile de faire une revision complète de ces unités et de leurs définitions. C'est à quoi servira le tableau suivant :

NATURE DE LA GRANDEUR	NOM DE L'UNITÉ PRATIQUE EMPLOYÉE	DÉFINITION DE L'UNITÉ PRATIQUE
Quantité de chaleur . .	*Petite calorie*. . . .	Quantité de chaleur nécessaire pour élever 1 gramme d'eau de 1 degré.
Travail. . .	*Joule*. . . .	Travail égal à $\frac{1}{9,81}$ de kilogrammètre.
Puissance .	*Watt*. . . .	Puissance d'une machine capable de fournir un travail de 1 joule pendant une seconde.
Quantité d'électricité.	*Coulomb* . .	Quantité d'électricité qui met en liberté 1^{mg},118 d'argent dans le phénomène de l'électrolyse.
Intensité de courant . .	*Ampère*. . .	Intensité d'un courant débitant un coulomb par seconde.
Potentiel. .	*Volt*.	Différence de potentiel à laquelle il faut porter un coulomb pour lui donner une énergie potentielle de 1 joule.
Résistance.	*Ohm*	Résistance qui, parcourue par un courant de 1 ampère, présente, entre ses deux extrémités, une différence de potentiel égale à 1 volt.
Capacité . .	*Farad*. . . .	Capacité d'un conducteur, qui, chargé de 1 coulomb, se trouverait porté à un potentiel de 1 volt.

CHAPITRE XIV

APPLICATIONS DE L'ÉLECTROLYSE

586. **Principe de la galvanoplastie.** — La décomposition des sels par le courant a reçu d'importantes applications industrielles. Nous citerons la *galvanoplastie* et l'*électro-métallurgie.*

La galvanoplastie a pour objet de recouvrir la surface d'un objet quelconque d'une couche adhérente d'un métal peu altérable. Dans la pratique, on utilise presque uniquement le cuivre, le nickel, l'argent et l'or.

L'objet à métalliser doit avoir sa *surface parfaitement décapée.* Si sa surface n'est pas conductrice par elle-même, on la rend conductrice en la frottant avec de la plombagine.

L'*objet est pris comme électrode négative*, on l'immerge dans un bain constitué par une solution saline du métal à déposer. *On choisit comme électrode positive une plaque du même métal.* Celle-ci se dissout au fur et à mesure que l'électrode négative se recouvre; *la concentration du bain reste constante* (§ 577).

L'opération n'exige que de très faibles forces électromotrices. La cuve électrolytique est, en effet, le siège de deux actions chimiques égales et contraires. La pile n'a pas à fournir d'autre énergie que celle qui est nécessaire à vaincre la résistance électrique du circuit.

587. **Opérations de galvanoplastie.** — *Cuivrage.* — Le cuivrage est employé pour protéger contre la rouille les candélabres et les statues en fonte. Le bain est une solution saturée de sulfate de cuivre, acidulée par de l'acide sulfurique.

Nickelage. — Les pièces métalliques (laiton ou fer) que l'on veut recouvrir de nickel doivent être placées comme cathodes dans une solution de sulfate double de nickel et d'ammoniaque.

Argenture. — Le bain galvanique est une solution de cyanure double d'argent et de potassium.

Doruré. — Bain de cyanure double d'or et de potassium.

588. **Moulage galvanique.** — On peut reproduire par voie électrique l'une des faces d'une médaille. Pour cela, on en prend l'empreinte avec de la *gutta-percha* qui se ramollit aisément sous l'action de la chaleur, et reprend à froid une assez grande dureté. On recouvre cette empreinte de plombagine, et on l'emploie comme cathode dans un bain de sulfate de cuivre. L'opération est arrêtée quand on juge que la couche de cuivre a acquis une épaisseur suffisante. Il ne reste plus qu'à la détacher du moule.

589. **Électrométallurgie.** — Les deux principales applications de l'électrométallurgie sont *l'affinage du cuivre* et la préparation de l'*aluminium*. Nous ne dirons que deux mots de l'affinage du cuivre.

Affinage du cuivre. — Le cuivre impur est employé comme anode dans un bain de sulfate de cuivre. Le métal pur se dépose sur une cathode formée d'une lame mince de cuivre pur. Les impuretés tombent au fond du bac.

CHAPITRE XV

PILES HYDROÉLECTRIQUES

590. Principe de Volta. — Nous avons vu (§ 523) que le potentiel conserve une même valeur en tout point d'un conducteur en équilibre électrique. Les recherches de Volta ont montré que cette loi ne s'applique en toute rigueur qu'à des conducteurs homogènes. L'énoncé suivant résume les expériences de l'illustre physicien :

Il existe au contact de deux métaux, et plus généralement au contact de deux corps différents, une différence de potentiel qui dépend de la nature et de la température de ces corps mais qui est complètement indépendante de leurs dimensions, de leurs états d'électrisation et de l'étendue des surfaces en contact.

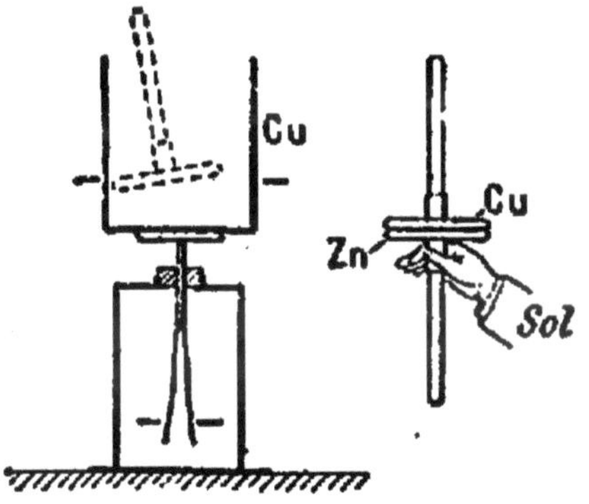

Cu
Cu
Zn
Sol

FIG. 288. — DIFFÉRENCE DE POTENTIEL AU CONTACT DE DEUX MÉTAUX.
Le plateau de cuivre, mis au contact du plateau de zinc qui se trouve au sol, puis transporté à l'intérieur du cylindre collecteur, charge ce dernier négativement.

Voici comment peuvent se faire les expériences de Volta:

Sur le plateau de l'électroscope (fig. 288), on place un cylindre collecteur en cuivre. D'autre part, on applique l'un sur l'autre deux disques : l'un de zinc, l'autre de cuivre, montés sur des manches isolants de paraffine. On prend le disque de zinc par la partie métallique de façon à le mettre au sol; on soulève le disque de cuivre par son manche isolant et on le transporte à l'intérieur du collecteur. On répète plusieurs fois la même opération; les feuilles d'or s'écartent peu à peu; on constate que l'***électroscope se charge négativement.*** Le plateau de cuivre, mis au contact du zinc, prend donc une petite charge négative.

La même expérience peut se répéter en tenant le cuivre à la main et en transportant le disque de zinc par son manche isolant dans le collecteur. ***L'électroscope se charge positivement.***

Il résulte des expériences précédentes que :

Dans un conducteur formé d'un barreau de zinc soudé à un barreau de cuivre, ***le potentiel du zinc est supérieur à celui du cuivre.***

Des expériences du même genre montrent encore que :

La différence de potentiel e qui s'établit entre deux métaux A et B, réunis par une suite ininterrompue de conducteurs métalliques à la même température, est la même que si les deux métaux A et B se trouvaient directement au contact.

Au contraire :

Entre un solide et un électrolyte, la différence de potentiel est faible; elle est même nulle, entre un métal et une dissolution aqueuse d'un sel de ce métal.

591. **Elément de pile.** — Comme application immédiate des résultats précédents, plongeons une lame de zinc et une lame de cuivre dans de l'eau acidulée; chacun des deux métaux aura à peu près le même potentiel que le liquide intermédiaire. Ils sont donc tous les deux sensiblement au même potentiel. Par suite :

Un électrolyte joue le rôle d'égaliseur de potentiel entre les métaux qui s'y trouvent plongés.

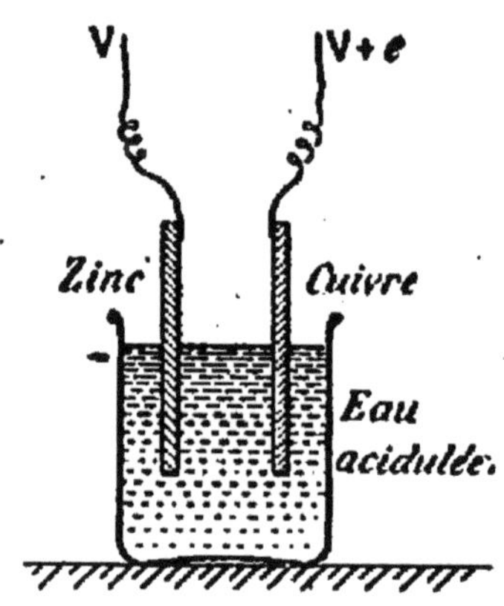

FIG. 289.
ÉLÉMENT DE PILE VOLTAÏQUE.
Le cuivre qui plonge dans l'eau acidulée est à un potentiel supérieur à celui qui est soudé au zinc.

Dès lors, imaginons une chaîne indéfinie telle que :

Cuivre* | *Zinc* | *Eau acidulée* | *Cuivre* | *Zinc | etc...

Si V désigne le potentiel du premier cuivre, $V + e$ sera celui du premier zinc et du second cuivre qui sont au contact d'un même électrolyte; le second zinc sera donc au potentiel $V + 2e$ et ainsi de suite; le n^e serait au potentiel $V + ne$.

C'est là le principe de la ***pile électrique*** (fig. 289). Les deux extrémités de la chaîne sont les ***pôles*** de la pile. La ***force électromotrice*** de la pile est donnée par la différence de potentiel qui existe entre les deux pôles de la pile ouverte.

592. La pile est un générateur électrique. — Réunissons par un fil de cuivre M (fig. 290) les deux extrémités de la chaîne précédente. Ce fil conducteur est homogène; ses deux extrémités sont portées à des potentiels différents, ***il ne peut être en équilibre électrique.*** Il est donc parcouru par un flux d'électricité qui tend à faire disparaître cette différence de potentiel. D'autre part, cette dernière persiste, au moins quelque temps, puisqu'elle ne dépend que de la nature des surfaces mises au contact dans la chaîne qui forme la pile.

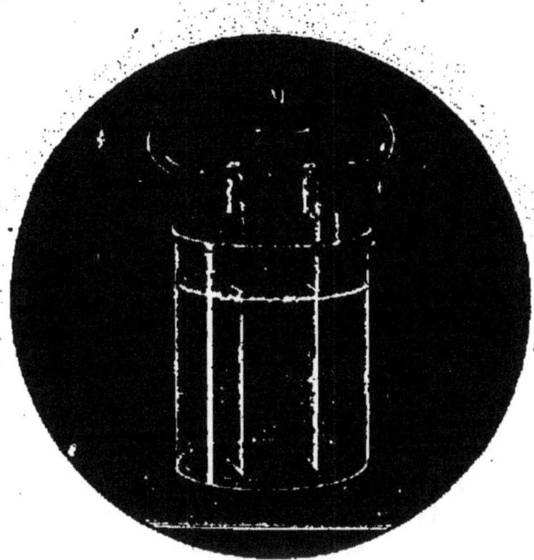

FIG. 290.
ÉLÉMENT DE PILE EN CIRCUIT FERMÉ.
Quand on réunit les pôles d'une pile par un conducteur, celui-ci se trouve parcouru par un courant qui va du pôle positif au pôle négatif; le liquide de la pile est parcouru du pôle négatif au pôle positif.

Le conducteur interpolaire devient donc le siège d'un courant électrique continu.

La pile ne produit un courant électrique qu'autant qu'elle est le siège d'actions chimiques susceptibles de produire un dégagement de chaleur. Pour employer dès maintenant un mode de langage qui ne sera complètement expliqué qu'un peu plus loin (§ 688), nous dirons que l'***énergie électrique*** du courant est tout entière empruntée à l'***énergie chimique*** de la pile.

593. Pile Volta. — Dans la pile Volta, l'électrolyte est de l'eau additionnée d'acide sulfurique; les lames qui y sont plongées sont en zinc et en cuivre.

Un élément Volta peut donc être représenté schématiquement de la façon suivante :

$$\overset{-}{\text{Cuivre}} \mid \text{Zinc} \mid \text{Eau acidulée} \mid \overset{+}{\text{Cuivre}}$$

Le cuivre qui touche l'eau acidulée a même potentiel que le zinc qui touche l'eau acidulée.

Le cuivre qui touche ce dernier zinc est à un potentiel plus bas (§ 590).

On dit que le cuivre, représenté à gauche, est le pôle négatif de la pile; l'autre en est le pôle positif.

594. **Polarisation de la pile Volta.** — Prenons un élément Volta; fermons-le sur un ampèremètre. Le courant s'affaiblit très rapidement et finit même par s'annuler.

Cet effet ne peut s'expliquer par une augmentation de résistance de l'élément; sa *f.é.m.* a donc dû subir une diminution progressive, provenant d'une modification des surfaces au contact.

C'est ce qui a lieu, en effet. L'électrolyte de la pile a subi une décomposition. Le cathion H, en descendant le courant à travers l'électrolyte est venu s'accumuler autour du pôle positif. ***Les surfaces de contact se sont modifiées.*** C'est le phénomène qu'on désigne sous le nom de ***polarisation***.

Il n'est pas particulier aux électrodes de cuivre. Il se produit tout aussi bien quand le pôle positif est constitué par une lame de platine, de plomb ou de charbon.

595. **Piles non polarisables.** — Pour obtenir une pile dont la force électromotrice ne soit pas diminuée par la polarisation, il faut supprimer tout dégagement gazeux sur la lame positive. Le problème a reçu plusieurs solutions que nous décrirons brièvement.

596. **Pile au bichromate.** — Dans la pile au bichromate (fig. 272), le liquide est constitué par de l'acide sulfurique dilué, additionné de bichromate de potasse. Le pôle positif est formé de deux lames de charbon reliées entre elles par une traverse de cuivre. Le pôle négatif est formé d'une lame de zinc.

Lorsque le circuit est fermé, le zinc est attaqué par l'acide sulfurique; mais l'hydrogène, qui tend à se produire autour du pôle positif, est brûlé par le mélange oxydant d'acide sulfurique et de bichromate de potasse. Il n'y a donc, au pôle positif, aucun dégagement de gaz et, par suite, aucune polarisation.

La force électromotrice de cette pile est de 2 volts quand le liquide contient, en poids, 12 de bichromate et 25 d'acide sulfurique pour 100. Sa résistance ne dépasse pas habituellement quelques centièmes d'ohm.

597. **Pile Bunsen.** — La pile Bunsen est le type d'une pile à deux liquides.

Les deux liquides sont séparés par une cloison intermédiaire en terre poreuse A.

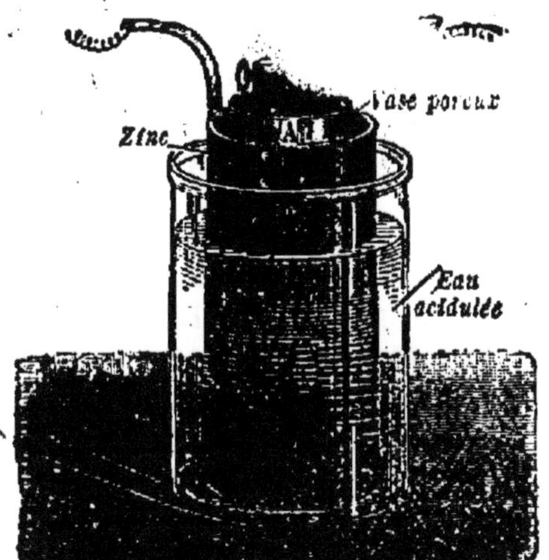

FIG. 291. — PILE BUNSEN.

Le dépolarisant est constitué par de l'acide nitrique, contenu dans le vase poreux; à son intérieur, plonge un bâton de charbon des cornues faisant office de pôle positif. L'hydrogène, libéré par le courant, réduit l'acide azotique en donnant de l'acide azoteux qui reste dissous.

Le compartiment extérieur renferme de l'acide sulfurique dilué dans lequel plonge une lame cylindrique de zinc amalgamé. Le vase poreux contient de l'acide azotique du commerce et une lame de charbon des cornues qui forme le pôle positif (fig. 291).

Lorsque le circuit est fermé, les deux acides s'électrolysent; mais l'hydrogène, qui tend à se dégager autour de la lame de charbon, réduit l'acide azotique en donnant des composés oxygénés inférieurs qui restent dissous; toute apparition de gaz au pôle positif est ainsi évitée.

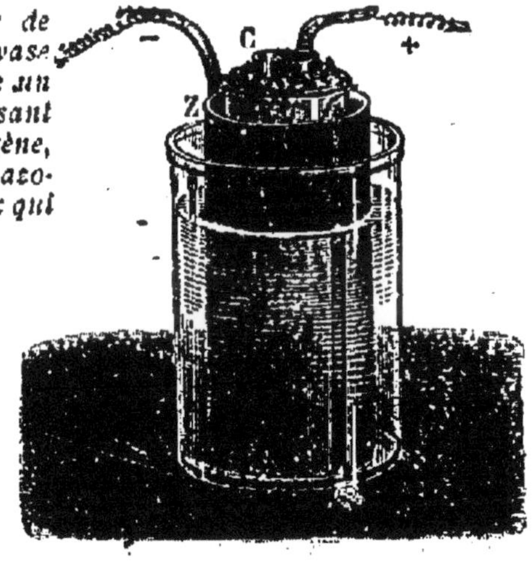

FIG. 292. — PILE DANIELL.

Le dépolarisant est constitué par une solution saturée de sulfate de cuivre contenue dans le vase poreux; à son intérieur, plonge une lame de cuivre faisant office de pôle positif. L'hydrogène, libéré par le courant, déplace le cuivre du sulfate et reforme de l'acide sulfurique.

Lorsqu'on emploie de l'acide sulfurique étendu de 10 fois son volume d'eau, la force électromotrice de la pile est de 1,87 volt. Elle s'affaiblit légèrement quand la pile travaille, parce que la composition des liquides se modifie.

598. **Pile Daniell.** — La pile Daniell est également une pile à deux liquides, séparés par une cloison en terre poreuse.

Le compartiment extérieur renferme de l'eau acidulée dans laquelle plonge une lame cylindrique de zinc amalgamé qui constitue le pôle négatif. Le vase poreux contient une solution de sulfate de cuivre que l'on maintient saturée en garnissant ce vase de cristaux de sulfate de cuivre. Dans cette solution plonge une lame de cuivre C formant le pôle positif (fig. 292).

Lorsque le circuit est fermé, le courant traverse la pile en allant du zinc au cuivre; l'eau acidulée et le sulfate de cuivre sont alors électrolysés, molécule à molécule. Le groupement SO^4 de l'acide se porte sur le zinc pour donner du sulfate de zinc qui se dissout, tandis que l'hydrogène, qui se dirige vers le pôle positif, reforme de l'acide sulfurique avec le groupement SO^4 du sel de cuivre qui est transporté en sens inverse; il ne se dépose alors sur la lame positive que le cuivre du sulfate électrolysé; tout dégagement gazeux est ainsi évité.

La *f.é.m.* de cette pile, remarquablement constante, est voisine de $1^v{,}07$.

CHAPITRE XVI

POLARISATION — ACCUMULATEURS

599. Expérience fondamentale. — Dans un verre contenant de l'eau additionnée d'acide sulfurique, on place deux lames de plomb neuves *p* et *p'* (fig. 293). En réunissant par un fil métallique les godets à mercure *a* et *c*, on ferme ce système sur un ampèremètre et on constate qu'il ne se produit aucun courant.

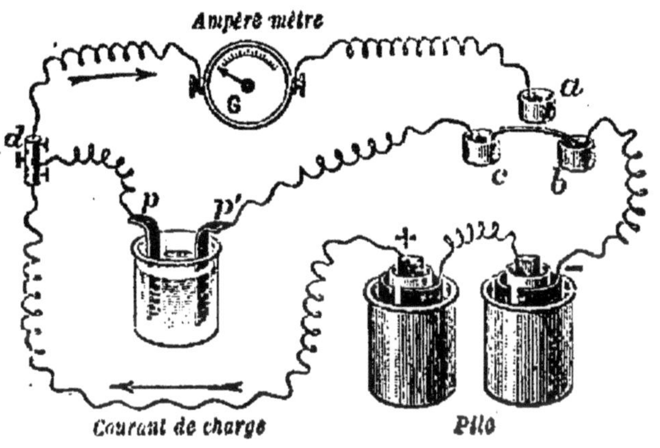

FIG. 293. — POLARISATION DES ÉLECTRODES.
Lorsqu'on électrolyse de l'eau acidulée à l'aide de deux électrodes en plomb p et p', il s'éveille entre elles une différence de potentiel, de telle façon qu'après l'électrolyse le voltamètre peut lui-même faire office de pile.

On réunit ensuite les godets *c* et *b*; on dirige ainsi à travers l'eau acidulée le courant de deux éléments de pile : les électrodes *p* et *p'* se polarisent alors sous l'action de l'oxygène et de l'hydrogène qui se dégagent respectivement sur chacune d'elles.

Au bout de quelques instants, on supprime le courant et on met à nouveau les lames de plomb en communication avec les bornes de l'ampèremètre : cette fois, on voit l'aiguille de celui-ci dévier dans le même sens que si, en joignant *a* et *b*, on eût dirigé dans l'ampèremètre le courant des piles elles-mêmes.

600. Courant de charge et courant de décharge. — On déduit de là que le système ***plomb* | *eau acidulée* | *plomb*,**

après avoir été traversé par un courant, constitue un élément de pile, dans lequel les pôles positif et négatif sont respectivement les lames qui ont servi d'électrode positive et d'électrode négative.

Le courant de ***décharge*** traverse donc ce système précisément en sens inverse du courant de ***charge***; il a, par conséquent, pour effet de détruire peu à peu la polarisation initiale; le courant cesse, dès que les lames sont ramenées à leur état primitif.

601. **Principe des accumulateurs.** — Un ***voltamètre polarisé*** est donc analogue à une ***pile***; seulement ce n'est qu'une ***pile temporaire***; il ne peut fournir de courant, qu'autant que la polarisation des électrodes n'a pas complètement disparu.

Lorsqu'on veut utiliser un voltamètre polarisé comme générateur, il y a tout intérêt à le constituer avec un métal qui soit le plus profondément possible altéré par les ions; on augmente ainsi la ***capacité*** du voltamètre et, par suite, la quantité d'énergie qu'il peut emmagasiner.

Le plomb est, de tous les métaux, celui qui donne les meilleurs résultats.

Tels qu'on les construit aujourd'hui, les ***accumulateurs*** sont formés par une série de larges lames de plomb, séparées les unes des autres par de petites cales isolantes. Elles sont immergées dans de l'eau additionnée de 1/10 d'acide sulfurique. Toutes les lames de rang pair communiquent ensemble, ainsi que toutes les lames de rang impair (fig. 273).

Pour charger un accumulateur, on y fait passer un courant électrique en se servant des lames elles-mêmes comme électrodes. Les anodes, sur lesquelles se portent les ions SO^4, prennent alors une teinte ***rouge chocolat***; il se forme dans leurs couches superficielles un mélange d'oxyde de plomb PbO^2 et de sulfate de plomb SO^4Pb.

Quant aux cathodes, elles retiennent les ions H^2, et présentent une teinte ***bleu ardoise***.

On reconnaît que l'accumulateur est chargé et on arrête le courant, dès que les gaz libérés par l'électrolyse, au lieu d'être retenus par les lames de plomb, commencent à se dégager abondamment à la surface de l'eau acidulée.

La force contre-électromotrice offerte par un accumulateur pendant la charge est de **2^{volts},5**.

Pour décharger l'accumulateur, il suffit de réunir ses électrodes par un conducteur extérieur. L'anode devient alors le pôle positif du générateur et la cathode le pôle négatif; l'accumulateur est ainsi traversé par le courant de décharge, en sens inverse du courant de charge. Les ions H^2, se portant maintenant sur la plaque positive, y réduisent le bioxyde et transforment le sulfate en acide sulfurique, avec mise en liberté de plomb.

Les ions SO^4 se rendent, de leur côté, sur la plaque négative où ils brûlent l'hydrogène que retenait celle-ci.

La *force électromotrice* tombe rapidement de 2^{volts},5 à 2^{volts},1 et se maintient à 2^{volts},1 pendant la plus grande partie de la décharge. Il y a, d'ailleurs, économie à ne pas laisser des accumulateurs se décharger complètement. Dans la pratique, on les recharge dès que leur *f. é. m.* tombe au-dessous de 1^{volt},8.

La *résistance* d'un accumulateur est toujours très petite; il est rare qu'elle dépasse *quelques centièmes d'ohm.*

602. **Formation des accumulateurs.** — La *capacité* d'un accumulateur augmente avec l'usage, car, après un grand nombre de charges et de décharges consécutives, les lames de plomb prennent une structure spongieuse qui leur permet de retenir de plus grandes quantités de gaz. On dit alors que l'accumulateur est *formé.*

On a, d'ailleurs, indiqué et appliqué plusieurs procédés pour obtenir une formation rapide des accumulateurs. Ces procédés consistent essentiellement à recouvrir les lames d'une couche bien adhérente de minium qui, dans les opérations successives, se transforme rapidement en plomb spongieux.

Malheureusement les appareils que l'on obtient ainsi sont assez fragiles, car la couche spongieuse manque de solidité.

L'expérience a montré que, pour assurer le *rendement*, en même temps que la *conservation* des accumulateurs, il était essentiel de les soumettre, aussi bien pendant les charges que pendant les décharges, à un régime déterminé de courant, *environ 1 ampère par kilogramme de plomb.* Exposées à des *courants trop denses*, les plaques se courbent, s'effritent et deviennent rapidement hors d'usage. Aussi faut-il avoir grand soin de ne jamais fermer des accumulateurs sur des résistances trop faibles, car leur résistance propre étant elle-même très petite, ils se trouveraient alors parcourus par des courants trop intenses qui les détérioreraient gravement.

CHAPITRE XVII

PROPRIÉTÉS GÉNÉRALES DES AIMANTS

603. **Aimants naturels.** — Certains échantillons d'un oxyde de fer naturel, Fe^3O^4, jouissent de la propriété d'attirer le fer.

On leur donne le nom de ***pierres d'aimant*** ou d'***aimants naturels*** (fig. 294).

On appelle ***magnétisme*** la cause, quelle qu'elle soit, à laquelle est due cette propriété.

FIG. 294. — PIERRE D'AIMANT NATUREL.
La limaille de fer s'y attache en houppes irrégulières.

La propriété magnétique semble irrégulièrement distribuée à la surface de l'aimant naturel.

604. **Aimants artificiels.** — Mais, que l'on utilise une région déterminée de l'une de ces pierres d'aimant pour frotter toujours dans le même sens une tige d'acier trempé, celle-ci acquiert à son tour la propriété magnétique.

Elle est devenue un ***aimant artificiel*** (fig. 295).

FIG. 295. — BARREAU AIMANTÉ.
Quand on plonge un barreau d'acier aimanté dans la limaille de fer, celle-ci s'attache en houppes aux extrémités du barreau.

Les aimants artificiels sont seuls employés.

Nous verrons plus loin (§ 668) quels sont les procédés puissants que l'on emploie à leur fabrication.

On donne souvent aux aimants la forme de longs ***barreaux*** cylindriques ou prismatiques, ou celle de losanges très allongés; ce sont alors des ***aiguilles aimantées*** (fig. 296).

605. **Pôles des aimants.** — Quand on plonge un barreau aimanté dans la limaille de fer, celle-ci s'attache presque

uniquement aux deux bouts, où elle forme de grosses houppes.

On donne le nom de ***pôles*** aux extrémités du barreau, où la propriété magnétique semble ainsi localisée. La partie médiane, qui reste libre de limaille, s'appelle la ***zone neutre.***

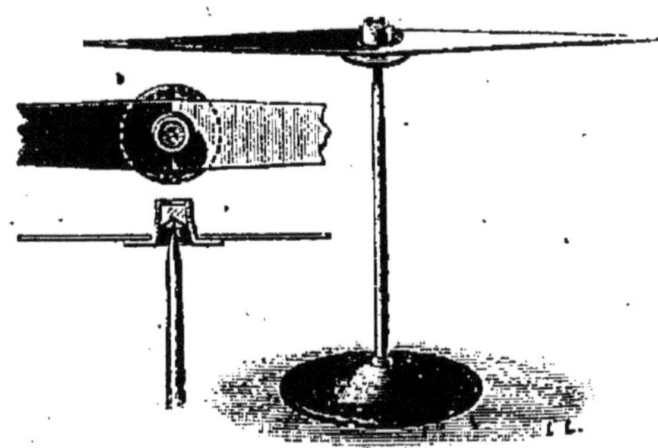

FIG. 296. — AIGUILLE AIMANTÉE MONTÉE SUR PIVOT. *C'est une plaque d'acier taillée en forme de losange très allongé; sur la moitié nord, on a conservé la couche d'oxyde qui s'est formée pendant la trempe.*

606. **Polarité magnétique.** — Les actions des deux pôles sur la limaille de fer paraissent identiques.

En réalité, les deux pôles d'un aimant sont doués de propriétés nettement opposées, comme nous le verrons dans toute la suite de cette étude.

Si, par exemple, on suspend horizontalement une petite aiguille aimantée, en la plaçant sur un pivot vertical on la voit, après quelques oscillations, se fixer dans une direction invariable qui, en un même lieu, est la même pour tous les aimants, et qui, dans nos régions, est à peu près orientée du Sud au Nord.

Quand on écarte l'aiguille de cette direction, elle y revient d'elle-même, et l'on observe que c'est toujours la même extrémité qui se tourne vers le Nord.

On appelle ***pôle nord*** d'un aimant l'extrémité qui se tourne vers le Nord; et ***pôle sud***, celle qui se tourne vers le Sud.

Sur les aiguilles aimantées, l'extrémité nord est habituellement teintée en bleu par une légère couche d'oxyde.

607. **Action purement directrice de la Terre sur un aimant.** — L'expérience nous apprend que le poids d'un barreau est le même, avant et après l'aimantation : celle-ci ne fait donc pas apparaître de force nouvelle qui agirait sur le barreau dans le sens vertical.

Si, d'autre part, on suspend un aimant à un fil flexible (fig. 297), on constate, que l'aimant s'oriente dans une direction déterminée; mais le fil lui-même se place exactement dans la verticale comme le ferait un fil à plomb ordinaire : il résulte de là que l'action de la Terre ne se traduit par aucune force horizontale.

On en conclut que l'aimant n'est soumis de la part de la Terre à aucune action de translation.

Un aimant est uniquement soumis à un couple (§ 39), ***de la part de la Terre*** (voir fig. 24).

608. **Définition de la déclinaison magnétique.** — En réalité, la direction que prend un long barreau aimanté (fig. 297), monté sur pivot, ne se confond pas exactement avec la méridienne géographique. A Paris, la moitié bleue de l'aiguille aimantée fait avec la direction vraie du Nord un angle de 13°40′ vers l'Ouest.

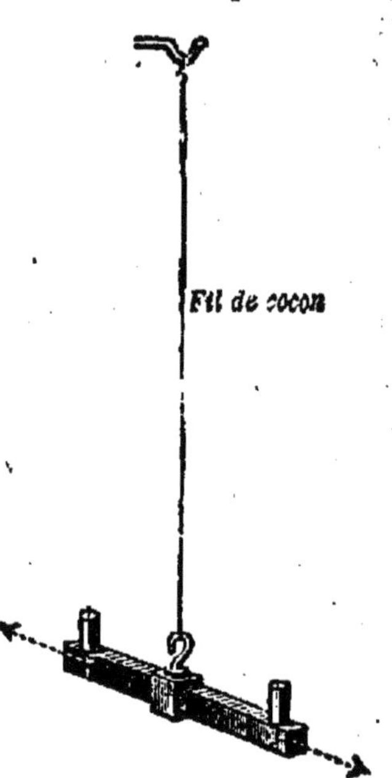

FIG. 297. — ACTION DIRECTRICE DE LA TERRE. *Un aimant suspendu à un fil flexible se dirige sous l'action de la Terre; le fil lui-même reste vertical.*

On donne à cet angle le nom de ***déclinaison magnétique***; on dit alors qu'à Paris la déclinaison magnétique est de 13°40′, occidentale.

609. **Données numériques relatives à la déclinaison magnétique.** — L'expérience montre que ***la déclinaison possède, en chaque lieu, une valeur particulière qui d'ailleurs change lentement avec le temps.***

En France, la déclinaison est partout occidentale; elle augmente quelque peu de l'Est à l'Ouest; ses valeurs extrêmes sont actuellement de 12° à Nice, et 18° à Brest.

A Paris, la déclinaison était orientale, égale à 8°, en 1610. Elle diminua progressivement, devint nulle en 1666, puis occidentale, atteignit, en 1814, la valeur maxima de 22°30′. Depuis ce temps, elle est décroissante ; elle a aujourd'hui pour valeur 14°55′; et, si la même variation continue, elle redeviendra probablement nulle vers l'an 1970. A ce moment, l'aiguille aimantée indiquera rigoureusement la direction du Nord.

610. **Inclinaison magnétique.** — Supposons qu'une aiguille aimantée très effilée puisse être suspendue de façon à être parfaitement mobile, dans toutes les directions, au-

tour de son centre de gravité. Elle prendrait alors une certaine direction d'équilibre parfaitement définie. L'angle que ferait cette direction avec le plan horizontal du lieu s'appelle l'***inclinaison magnétique*** en ce lieu.

L'inclinaison magnétique à Paris est actuellement de 64°32'; elle varie d'un point du globe à l'autre; elle varie lentement, en un même lieu.

CHAPITRE XVIII

CHAMP MAGNÉTIQUE DES AIMANTS

611. **Actions réciproques des aimants.** — Quand on approche un barreau aimanté d'une aiguille aimantée suspendue horizontalement, on constate que le pôle nord du barreau attire le pôle sud de l'aiguille et repousse, au contraire, son pôle nord. Inversement, le pôle sud du barreau attire le pôle nord de l'aiguille et repousse son pôle sud.

Les actions réciproques des aimants obéissent donc à la loi suivante :

Les pôles de même nom se repoussent et les pôles de noms contraires s'attirent.

612. **Champs magnétiques en général.** — Toutes les fois qu'une aiguille aimantée, que nous supposerons soustraite par son mode de suspension à l'effet de la pesanteur, est située dans une région où elle est sollicitée à s'orienter dans une direction déterminée, nous dirons que cette région fait partie d'un ***champ magnétique.***

Le fait que l'aiguille aimantée se dirige sous l'action de la Terre nous indique que le voisinage de la Terre est un champ magnétique. C'est ce que nous appellerons le ***champ magnétique terrestre.***

Le fait que l'aiguille aimantée est déviée par l'approche d'un aimant nous indique que dans le voisinage de celui-ci s'étend également un champ magnétique. C'est ce que nous appellerons le ***champ magnétique de l'aimant.***

Nous verrons encore, dans la suite, que les courants électriques produisent autour d'eux (§ 627) des champs magnétiques. Nous étudierons alors ***les champs magnétiques créés par les courants.***

613. **Direction d'un champ magnétique.** — Introduisons dans un champ magnétique quelconque une ***toute petite*** aiguille aimantée suspendue en son centre par un fil sans torsion ; l'aiguille s'oriente.

Nous appellerons ***direction du champ la ligne suivant***

laquelle se place l'axe de la petite aiguille, quand elle est au repos dans le champ.

Cette ligne est toujours supposée menée de la pointe sud à la pointe nord de l'aiguille.

614. **Intensité d'un champ magnétique.** — Le champ magnétique qui règne dans une région est caractérisé non seulement par sa direction, mais encore par son ***intensité***.

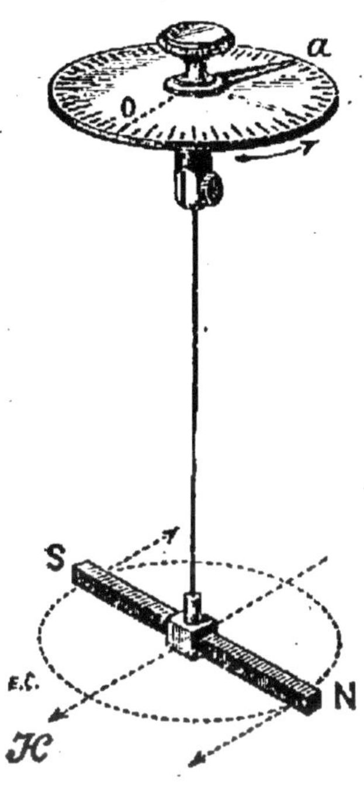

FIG. 298.
MESURE DE L'INTENSITÉ D'UN CHAMP MAGNÉTIQUE.
Cette intensité est proportionnelle à la torsion qu'il faut imprimer au fil métallique qui soutient le barreau SN, pour amener celui-ci à angle droit avec la direction du champ $\mathcal{H}$.

Pour nous faire une idée de l'intensité d'un champ magnétique, nous supposerons qu'on place dans le champ magnétique un petit barreau aimanté SN suspendu à un ***fil métallique*** (fig. 298). Nous observerons la torsion qu'il faut imprimer à ce fil pour maintenir l'axe du barreau à angle droit avec la direction $\mathcal{H}$ du champ.

Cette torsion mesurera pour nous l'intensité du champ dans la région considérée.

Si nous recommençons, en un autre endroit, cette détermination ***avec le même barreau*** et ***le même fil métallique***, et que nous trouvions maintenant une torsion double; nous dirons que l'intensité du champ, à cet endroit, est double de ce qu'elle était tout à l'heure.

615. **Champ magnétique des aimants. Étude expérimentale de sa forme.** — Ce que nous venons de dire nous permet d'explorer un champ magnétique quelconque, au double point de vue de sa direction et de son intensité dans ses diverses régions.

Commençons par étudier le champ d'un barreau aimanté au point de vue de sa direction.

Pour cela, plaçons ce barreau aimanté sur une feuille de carton horizontale (fig. 299) et promenons à quelques millimètres au-dessus de celle-ci une ***petite*** aiguille aimantée, suspendue par son centre à un fil de cocon. Repérons chaque fois, par un petit trait sur la feuille de carton, la direction que prend l'axe *sn* de l'aiguille, direction qui, par définition, est celle du champ magnétique dans la région où se trouve l'aiguille.

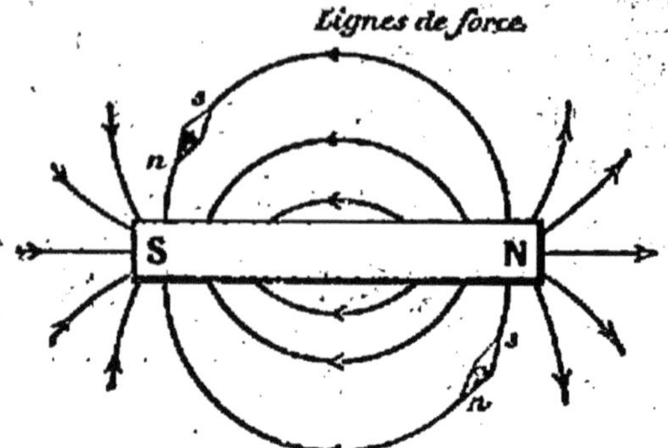

FIG. 299. — CHAMP D'UN AIMANT.
Le champ extérieur d'un aimant est formé de lignes de force qui partent de la moitié nord pour aboutir à la moitié sud.

Si nous avons effectué cette opération pour un grand nombre de points, nous constatons que les petits traits tracés sur le carton forment des lignes continues qui vont de la moitié nord du barreau à la moitié sud et dont l'ensemble offre l'aspect que représente la figure 299.

616. **Lignes de forces magnétiques.** — Ces lignes qui, en un quelconque de leurs points, indiquent la direction du champ en ce point, se nomment des ***lignes de force***.

Le champ magnétique d'un aimant est donc formé de lignes de force qui partent de sa moitié nord et qui aboutissent à sa moitié sud.

617. **Aimantation par influence.** — Chose singulière, si, au lieu de prendre, pour explorer le champ magnétique, une petite aiguille aimantée, nous prenons une aiguille en ***fer doux***, et, par conséquent, non aimantée, suspendue comme tout à l'heure à un fil de cocon, nous observons que cette aiguille s'oriente aussi, tout comme l'aiguille aimantée elle-même, suivant les lignes de force qui traversent la région où elle se trouve. C'est là un fait d'une importance considérable ***: un petit barreau de fer doux se comporte comme un aimant, quand il est placé dans un champ magnétique ; et sa plus grande dimension s'oriente alors, s'il est mobile, suivant les lignes de force du champ.***

618. **Expérience du spectre magnétique.** — Nous trouvons dans ce phénomène l'explication immédiate de la remarquable expérience du ***spectre magnétique***.

Reprenons notre barreau aimanté ; plaçons-le horizontalement (fig. 300), puis recouvrons-le d'une feuille de carton ou d'une plaque de verre que nous saupoudrons d'une légère couche de limaille de fer.

En frappant de légers coups sur la plaque pour augmenter la mobilité des particules de la limaille, on les voit se disposer en files suivant les lignes de force du champ.

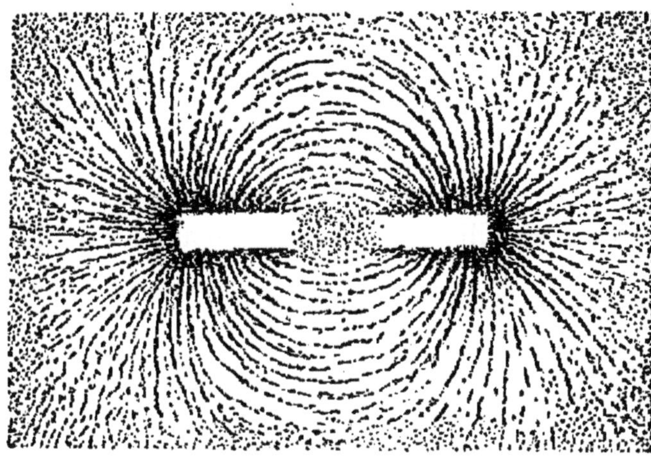

FIG. 300. — SPECTRE MAGNÉTIQUE.
Lorsqu'on saupoudre de limaille de fer une feuille de carton recouvrant un aimant, on voit les grains de limaille se disposer en files suivant les lignes de forces du champ de l'aimant.

On constate ainsi l'identité des lignes tracées par la limaille et des lignes dessinées point par point à l'aide de la petite aiguille aimantée du § 615.

Ce phénomène est dû à ce que les particules de fer doux s'aimantent, comme nous l'avons dit, quand on les place dans un champ magnétique et qu'elles s'orientent alors de telle façon que leur dimension la plus grande soit parallèle à la direction du champ.

Cette expérience nous montre en outre que ***les forces magnétiques s'exercent à travers le verre ou le carton.*** On reconnaîtrait, de même, qu'elles ne sont sensiblement pas altérées par l'interposition de toute autre substance, le fer et quelques métaux exceptés.

619. Étude expérimentale de l'intensité du champ magnétique d'un aimant. — L'étude de ***l'intensité*** d'un champ magnétique par la méthode du § 614 conduirait au résultat extrêmement remarquable que voici :

L'intensité du champ varie, d'un point à un autre, en sens inverse de l'écartement des lignes de force, au voisinage de ces différents points.

La forme générale de ces lignes de force nous indique donc non seulement la direction, mais aussi l'intensité du champ en chaque point : aux endroits où les lignes de force sont très écartées, le champ est faible ; il est, au contraire, intense dans les régions où les lignes de force sont très resserrées, comme, par exemple, au voisinage immédiat des extrémités du barreau.

620. **Expérience de l'aimant brisé.** — Il est impossible d'isoler l'un de l'autre le magnétisme sud et le magnétisme nord qui recouvrent un aimant.

Brisons, en effet, une aiguille d'acier aimantée AB. Pratiquons la rupture dans la zone neutre. ***Des pôles contraires apparaissent de part et d'autre de la ligne de rupture***; et chacune des moitiés de l'aiguille constitue un aimant complet

FIG. 301. — EXPÉRIENCE DE L'AIMANT BRISÉ.

Quand on brise un barreau d'acier aimanté, chacun des morceaux, si petit qu'il soit, constitue lui-même un nouvel aimant et possède deux pôles de noms contraires, orientés comme ceux du barreau primitif.

comme l'aiguille entière (fig. 301). Il en est de même de tout fragment *ab* de l'aimant, si petit qu'il soit.

Inversement, si l'on recolle bout à bout sur une lame de verre les morceaux de l'aiguille aimantée, en conservant leurs positions relatives, on réalise un système qui a les mêmes propriétés magnétiques que l'aiguille primitive.

Nous pouvons répéter la même expérience sous une forme à peine différente.

621. **Champ intérieur des aimants.** — Dans une barre d'acier NS, découpons deux tronçons: maintenons-les exactement bout à bout, en les plaçant dans une rainure pratiquée dans une planche étroite; et introduisons-les dans une longue spire magnétisante (§ 668). Quand nous les retirerons du champ magnétisant, nous constaterons, en formant le spectre de limaille, que leur ensemble s'est aimanté, comme aurait fait un barreau unique.

Écartons-les maintenant ***légèrement*** l'un de l'autre dans la rainure qui les maintient; et reformons le spectre magnétique; nous observons alors les apparences de la figure 302.

Chacun des tronçons est devenu un aimant particulier, et, entre deux tronçons voisins, en N'S', s'est établi un champ magnétique extrêmement intense. Si les tronçons sont très rapprochés, les lignes de force, qui vont de l'un à l'autre, à travers la coupure, sont très resserrées, normales aux faces en regard et se dispersent très peu en dehors de la coupure elle-même.

On peut interpréter cette expérience en disant que ***l'action magnétique s'exerce non seulement à l'extérieur des aimants,***

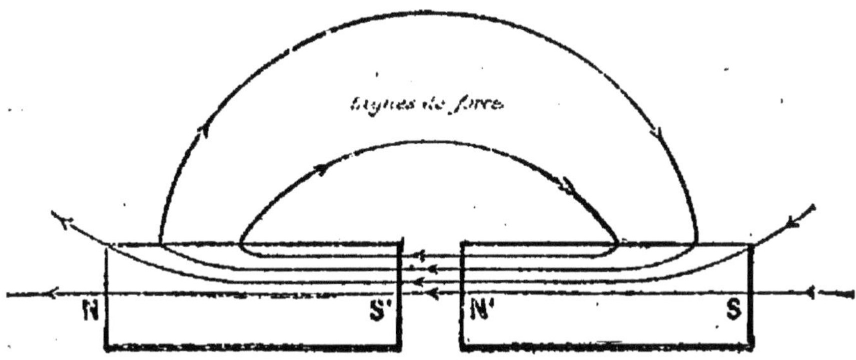

FIG. 302. — CHAMP INTÉRIEUR D'UN AIMANT.
Les lignes de force du champ d'un aimant sont toujours fermées sur elles-mêmes, partie à travers l'air, partie à travers l'aimant.

mais encore dans leur masse même. A la vérité, ce champ intérieur n'est pas directement accessible à l'expérience; mais il se révèle dans la cassure de l'aimant, à travers laquelle il se dirige de N′ vers S′, c'est-à-dire en sens inverse du champ extérieur.

Nous sommes ainsi amenés à penser que les lignes de force qui relient à travers l'air la région nord d'un barreau à la région sud ne s'arrêtent pas à la surface du barreau et se continuent dans la masse même de celui-ci, en revenant de la région sud à la région nord et en formant ainsi des lignes ***toujours fermées.***

Le fait est d'ordre tout à fait général : ***dans le champ d'un aimant quelconque, les lignes de force sont toujours fermées sur elles-mêmes, partie à travers l'air et partie à travers l'aimant.***

A travers l'air, elles vont de la région nord à la région sud; elles marchent en sens inverse à travers l'aimant.

622. **Aimants en fer à cheval.** — On donne souvent aux aimants une forme recourbée qui les fait ressembler plus ou moins à un fer à cheval. En répétant avec ces aimants l'expérience du spectre magnétique, on détermine aisément leur

champ magnétique qui présente l'aspect indiqué par la figure 303. Les lignes de force partent de la branche **nord** pour aboutir à la branche **sud**.

On constate que les lignes de force sont sensiblement parallèles dans une étendue assez grande, comprise entre les deux branches. ***Le champ y conserve donc une direction constante.***

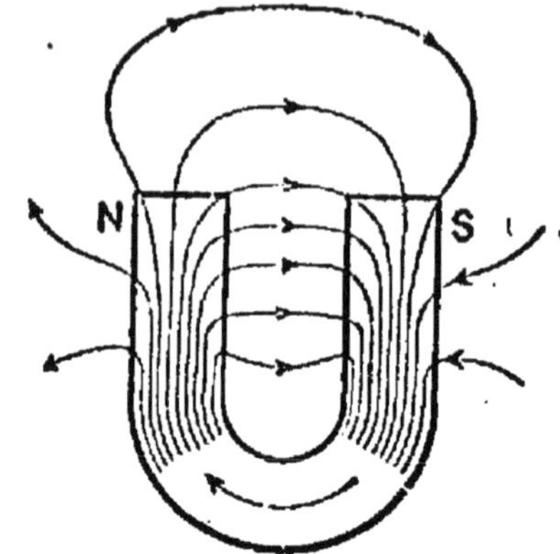

FIG. 303. — CHAMP D'UN AIMANT EN FER A CHEVAL.
Les lignes de force vont de la branche nord à la branche sud; elles restent sensiblement parallèles dans une région assez étendue de l'entrefer.

On en conclut, puisque les lignes de force conservent sensiblement un même écartement dans la région considérée, que ***le champ y conserve une intensité*** constante (§ 619).

On exprime ces deux résultats en disant que, dans cette région, ***le champ magnétique est uniforme.***

Enfin, l'intensité du champ dans cette région est relativement considérable.

Cette forme de fer à cheval sera donc choisie de préférence, pour augmenter ou pour uniformiser le champ magnétique des aimants, au moins dans une certaine étendue.

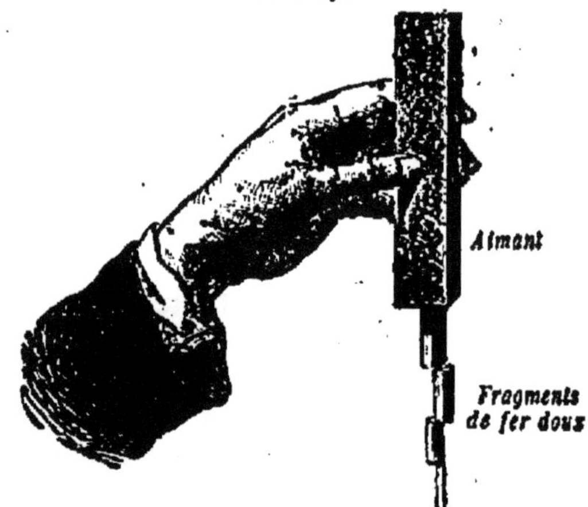

FIG. 304. — AIMANTATION DU FER DOUX PAR INFLUENCE.
Quand on approche un pôle magnétique d'un morceau de fer doux, celui-ci s'aimante en offrant un pôle contraire dans les parties les plus voisines de l'aimant inducteur et se trouve alors attiré par celui-ci.

623. **Propriétés magnétiques du fer doux.** — Occupons-nous maintenant d'un phénomène que nous avons déjà signalé au § 617.

Quand on approche de l'extrémité d'une tige de fer doux l'un des pôles d'un barreau aimanté, on y détermine la formation d'un pôle de nom contraire ; un pôle

de même nom se forme à l'extrémité opposée. Dans ces conditions, la tige de fer doux est attirée par le barreau et devient elle-même susceptible d'attirer d'autres fragments de fer doux (fig. 304).

Si l'on arrache le morceau de fer doux, que l'attraction magnétique maintient appliqué contre un pôle d'aimant, on constate que ***le fer doux, une fois sorti du champ magnétique, ne conserve plus aucune trace d'aimantation.***

624. **Propriétés magnétiques de l'acier trempé.** — C'est là une différence essentielle entre les propriétés du fer doux et celles de l'acier trempé. ***L'acier trempé s'aimante aussi dans un champ magnétique, tout comme le fer doux ; mais, une fois éloigné du champ inducteur, il conserve une notable partie de l'aimantation acquise.*** C'est sur ce fait que repose la construction des aimants artificiels.

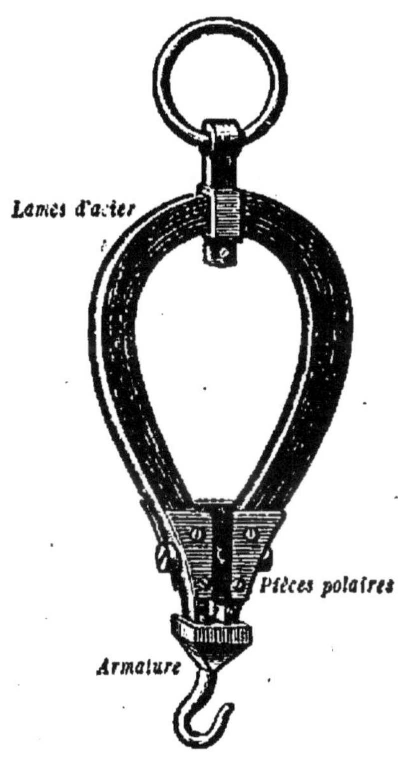

FIG. 305. — AIMANTS JAMIN.
Ces aimants très puissants sont constitués par des lames d'acier aimantées séparément et appliquées les unes sur les autres. Les extrémités de même nom sont réunies par des pièces polaires en fer doux.

625. **Armature des aimants. Force portante.** — La forme de fer à cheval donnée à certains aimants leur permet d'exercer sur une traverse de fer doux qu'on approche de leurs pôles une attraction très énergique. Les actions inductrices des deux pôles concordent pour provoquer, dans la traverse de fer, la formation de pôles de noms contraires à ceux de l'aimant qui se trouvent en regard. On donne à cette traverse de fer doux le nom ***d'armature.***

Si l'on applique la traverse sur les branches de l'aimant, l'attraction magnétique la fait adhérer fortement et la force nécessaire pour l'arracher mesure la ***force portante*** de l'aimant.

Pour obtenir des aimants susceptibles d'une force portante considérable, on les construit, d'après les indications de Jamin, avec des lames d'acier, que l'on aimante séparément d'abord, puis que l'on serre ensuite les unes sur les autres, de telle façon que les pôles de même nom se trouvent d'un même côté (fig. 305). Le faisceau est courbé en fer à cheval et les extrémités des lames sont encastrées dans deux pièces de fer doux qui s'aimantent, à leur tour, et donnent deux pôles de même nom que ceux qu'elles réunissent.

Les bons aimants portent de 3 à 4 kilogrammes par centimètre carré de section.

626. **Déformation d'un champ magnétique dans lequel on introduit du fer doux.** — Reprenons l'expérience du spectre magnétique. Elle nous permet d'observer un nouveau fait, de la plus haute importance.

Lorsqu'on introduit un gros morceau de fer doux dans un champ magnétique, celui-ci se déforme et ses lignes de force s'infléchissent de façon à pénétrer en plus grand nombre dans le fer doux, exactement comme si celui-ci leur offrait un passage plus facile.

Ce n'est là assurément qu'une image; mais elle traduit si exactement l'expérience, que l'on a donné le nom de ***perméabilité magnétique*** à cette propriété spéciale du fer doux.

La figure 306 montre cet effet dans le cas d'une sphère de fer doux introduite dans un champ uniforme.

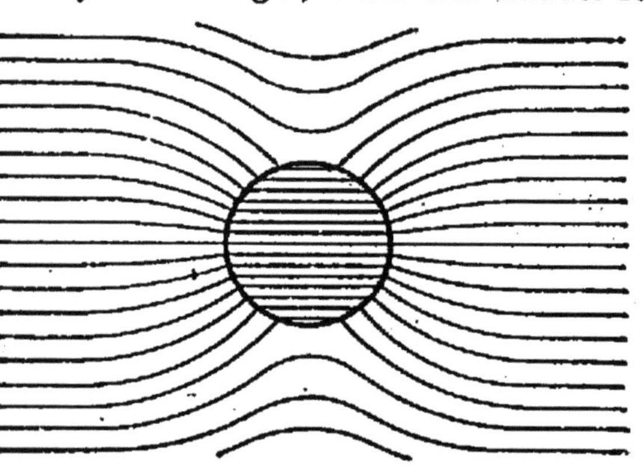

FIG. 306. — AIMANTATION DU FER DOUX DANS UN CHAMP MAGNÉTIQUE.

Le morceau de fer doux s'aimante dans la direction du champ inducteur et les lignes de force de celui-ci s'infléchissent de façon à passer en plus grand nombre par le fer doux.

Quand on approche une traverse de fer doux des branches d'un aimant en fer à cheval, les lignes de force qui les réunissent semblent chercher à passer par la traverse (fig. 307). Elles y passent même toutes, si l'on applique celle-ci sur l'aimant : alors tout champ extérieur disparaît et rien ne révèle au dehors de l'aimant son état d'aimantation (fig. 308).

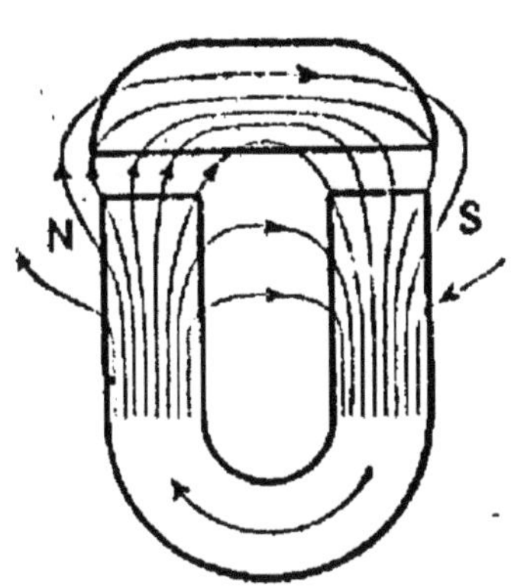

FIG. 307.
PERMÉABILITÉ MAGNÉTIQUE DU FER DOUX.
Quand on approche une traverse de fer doux des branches d'un aimant en fer à cheval, les lignes de force qui les réunissent semblent chercher à passer par la traverse.

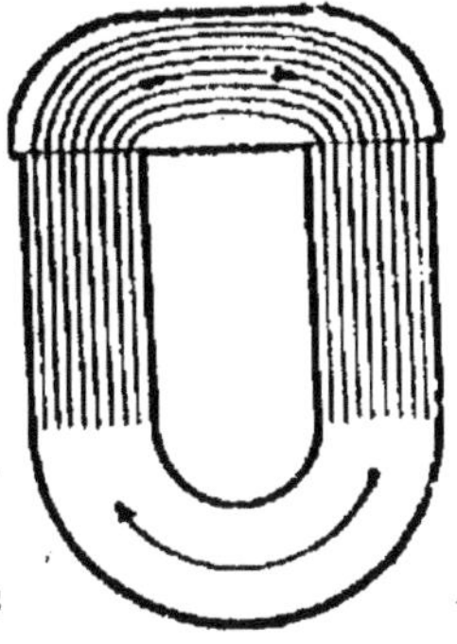

FIG. 308.
EXTINCTION DU CHAMP EXTÉRIEUR D'UN AIMANT.
Quand on applique une traverse de fer doux sur les branches d'un aimant, toutes les lignes de force passent par la traverse et le champ extérieur disparaît.

La figure 322 représente un cas très important pour l'étude des machines dynamo-électriques.

Elle montre le champ d'un aimant en fer à cheval dont les extrémités en regard sont creusées circulairement pour recevoir, dans l'espace laissé libre, un anneau de fer doux. Ici, toutes les lignes de force passent à travers la masse de fer doux de l'anneau. Aussi, le champ est-il excessivement intense dans le petit intervalle compris entre les pôles de l'aimant et l'anneau. Au contraire, il est rigoureusement nul dans la partie intérieure vide de l'anneau.

CHAPITRE XIX

ACTIONS DES COURANTS SUR LES AIMANTS

627. **Expérience d'Œrsted.** — Près d'une aiguille aimantée, en équilibre sur un pivot vertical, tendons horizontalement un fil métallique parallèle à l'axe de l'aiguille. Faisons passer dans ce fil un courant électrique. Tout aussitôt, l'***aiguille est déviée***; elle reste d'ailleurs déviée, tant que le courant continue à passer.

Cette expérience, qui est due à ***Œrsted,*** montre que, ***dans le voisinage d'un courant électrique, règne un champ magnétique.***

628. **Champ magnétique d'un courant rectiligne.** — On peut obtenir immédiatement l'aspect du champ d'un courant rectiligne par une expérience analogue à celle du spectre magnétique (§ 618). On fait passer à travers une plaque de verre, placée horizontalement et percée d'un trou, un long fil de cuivre vertical xy (fig. 309), dans lequel on dirige un courant intense; si l'on saupoudre alors la plaque avec de la limaille de fer, on voit celle-ci former des files circulaires, ayant toutes leur centre sur l'axe du fil.

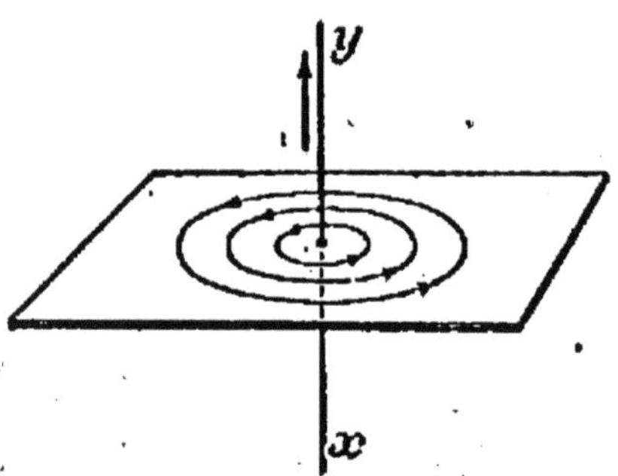

FIG. 309. — CHAMP MAGNÉTIQUE D'UN COURANT RECTILIGNE.
Les lignes de force sont des cercles concentriques, normaux à la direction du courant.

Dans le champ d'un courant rectiligne, les lignes de force sont donc des cercles concentriques, ayant leurs centres sur le courant lui-même.

La forme de ce champ magnétique nous explique immédiatement l'expérience d'Œrsted: du moment qu'une petite aiguille aimantée, librement mobile, se place toujours suivant les lignes de force du champ dans lequel elle se trouve, il est bien clair que, dans le voisinage d'un courant, elle tendra à se mettre en croix avec celui-ci. Si, dans le dispositif d'Œrsted (fig. 310), elle ne s'y met pas exactement, cela tient à l'action de la Terre, qui tend à ramener l'aiguille dans sa position d'équilibre primitive.

629. **Règle d'Ampère.** — Ampère a donné une règle très simple, pour préciser le sens des lignes de force qui nous occupent.

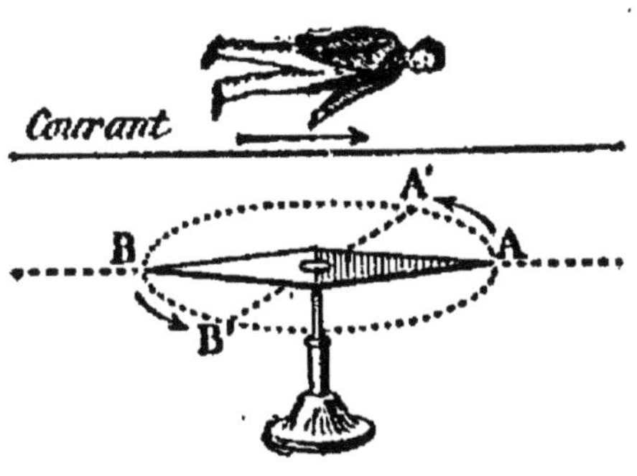

FIG. 310. — EXPÉRIENCE D'ŒRSTED.
Quand on place un courant dans le voisinage d'une aiguille aimantée, le pôle nord A de celle-ci se déplace vers la gauche du courant.

Il suppose un observateur placé dans le courant, de telle sorte que le courant lui entre par les pieds et lui sorte par la tête. L'observateur s'oriente, en outre, de façon à regarder le pôle nord de l'aiguille sur laquelle le courant exerce son action.

La gauche de cet observateur est ce que, pour abréger, nous appellerons ***la gauche du courant.***

Ceci posé, l'expérience d'Œrsted, interprétée par la règle d'Ampère (fig. 310), se résume simplement dans les deux énoncés qui suivent :

1° ***Les lignes de force magnétiques, créées par un courant rectiligne, sont des cercles concentriques au courant.***

2° ***Chacune de ces lignes est orientée vers la gauche du courant.***

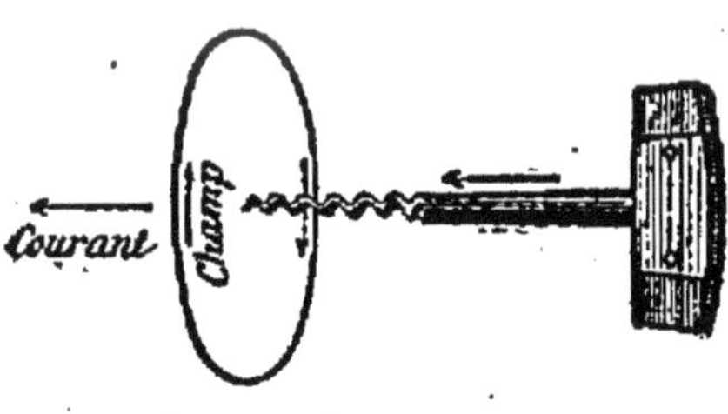

FIG. 311. — RÈGLE DE MAXWELL.
Le sens des lignes de force du champ créé par le courant est celui dans lequel il faut tourner un tire-bouchon pour le faire progresser dans le sens du courant.

630. **Règle de Maxwell ou Règle du tire-bouchon.** — La règle précédente peut s'énoncer sous une autre forme équivalente, comme il est facile de s'en assurer sur la figure.

Imaginons que le sens suivant lequel se déplace la pointe d'un tire-bouchon indique le sens d'un courant électrique rectiligne. Le sens dans lequel tourne le tire-bouchon (fig. 311) ***sera le sens dans lequel tournent les lignes de force du champ magnétique créé par le courant.***

C'est ce qu'on appelle la règle de *Maxwell* ou règle du tire-bouchon.

631. **Champ magnétique d'un courant fermé.** — Dans une plaque de verre horizontale (fig. 312), sont percés deux trous à travers lesquels on fait passer un fil conducteur plu-

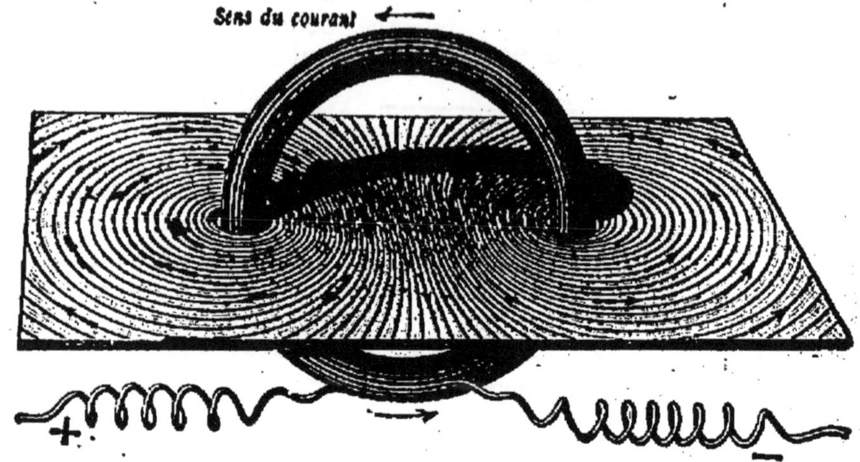

FIG. 312. — CHAMP MAGNÉTIQUE D'UN COURANT FERMÉ.
Les lignes de force sont des courbes fermées qui entourent le courant; le champ est à peu près uniforme dans la région médiane.

sieurs fois enroulé sur lui-même, afin d'obtenir une action plus énergique. On saupoudre la plaque de limaille de fer, et, dès que le courant circule dans le fil, on voit cette limaille dessiner les courbes que représente la figure.

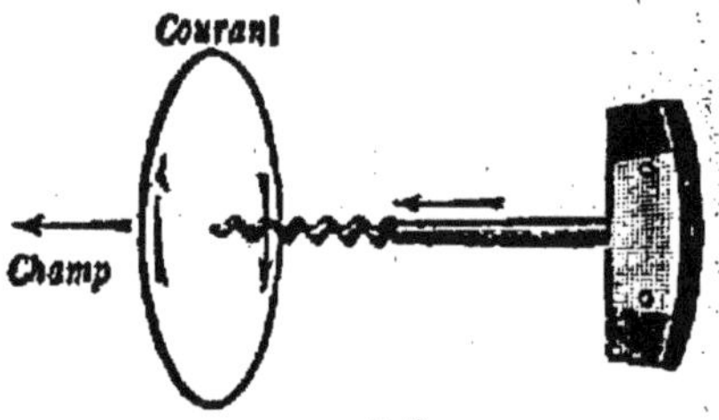

FIG. 313.
RÈGLE RÉCIPROQUE DE MAXWELL.
Le sens des lignes de force, dans la région centrale du champ créé par un courant circulaire, est celui dans lequel progresse le tire-bouchon quand il tourne dans le sens du courant.

Au voisinage immédiat du fil, ces courbes offrent à peu près la forme circulaire. Dans la partie centrale du champ, elles sont au contraire sensiblement rectilignes et parallèles, ce qui montre que le champ y est sensiblement uniforme.

Ajoutons enfin que, d'une façon générale, les lignes de force sont des courbes fermées qui se resserrent dans la partie centrale du champ et qui s'écartent de plus en plus les unes des autres à mesure qu'on s'éloigne du circuit.

Le sens des lignes de force est celui qu'indiquent les flèches ; on l'obtient immédiatement par la règle d'Ampère, comme pour le champ d'un courant indéfini. Maxwell a d'ailleurs donné, pour le champ d'un courant fermé, une autre règle dont l'application est souvent commode.

Si l'on dispose un tire-bouchon dans la région centrale du champ d'un courant fermé, et qu'on le fasse tourner dans le sens même du courant, la direction suivant laquelle il progresse se confond avec celle des lignes de force dans cette région du champ (fig. 313).

Cette règle est la réciproque de celle qui a été énoncée au § 630. ***Intensité du champ magnétique et intensité du courant électrique sont d'ailleurs rigoureusement proportionnelles.***

632. **Le champ magnétique terrestre est assimilable à celui d'un courant fermé.** — On peut expliquer le champ magnétique de la Terre, en admettant que les couches superficielles du globe sont le siège de courants électriques convenablement orientés.

Il suffit d'admettre l'existence, tout le long de l'Équateur, d'un courant superficiel, dirigé de l'Est à l'Ouest.

Sous l'action de ce courant, dont l'existence est au moins très probable, une aiguille aimantée tournera nécessairement sa pointe nord vers le nord géographique. Dans ce cas, en effet, le nord géographique est exactement à la gauche du courant terrestre.

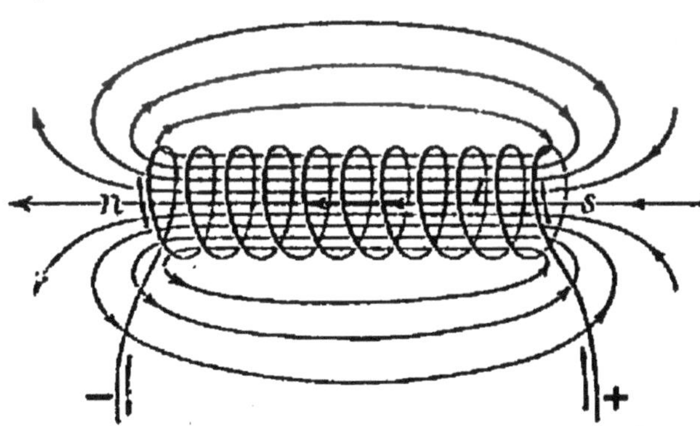

FIG. 314. — CHAMP MAGNÉTIQUE D'UN SOLÉNOÏDE.
Le champ extérieur d'un solénoïde est le même que celui d'un aimant de même forme dont les faces extrêmes seules seraient aimantées.

633. **Champ d'une bobine allongée. Solénoïdes.** — Considérons maintenant le cas d'un ensemble de courants fermés, parallèles, de même sens, de même forme, de même dimension, de même intensité, placés à des distances égales les uns des autres, sur une même surface cylindrique.

On donne le nom de *solénoïde* à un pareil système de courants.

On réalise pratiquement un solénoïde (fig. 314) en enroulant en hélice, sur un cylindre, un fil conducteur entouré d'une enveloppe isolante de coton ou de soie.

Le champ magnétique d'un solénoïde se détermine facilement par l'expérience du spectre magnétique.

On trouve, comme le représente la figure, que :

1° *A l'extérieur de la bobine, les lignes de force sont des courbes, qui sortent uniquement par l'une des bases et entrent uniquement par l'autre.*

2° *A l'intérieur de la bobine (surtout quand elle est longue et à tours serrés), les lignes de force sont droites et parallèles.*

634. **Pôles du solénoïde.** — L'extrémité de la bobine, par laquelle sortent les lignes de force, se reconnaît aisément. C'est celle qui attire le pôle sud d'une aiguille aimantée. Par analogie avec les aimants, nous l'appellerons le *pôle nord* du solénoïde. L'autre extrémité se. le *pôle sud.*

La règle de Maxwell et l'expérience montrent que *le pôle nord du solénoïde est cette extrémité de la bobine, pour laquelle un observateur, placé en dehors du solénoïde, face à face avec l'instrument, verrait le courant circuler en sens inverse des aiguilles d'une montre.*

635. **Les solénoïdes ont un champ magnétique comparable à celui des aimants.** — Comparons le champ magnétique d'un solénoïde à celui d'un aimant de même forme et de mêmes dimensions. On s'aperçoit immédiatement que ces deux champs sont, à peu de chose près, les mêmes.

Un solénoïde se comporte comme un aimant, pour lequel le magnétisme serait tout entier localisé sur les faces terminales.

636. **Identification entre les aimants et les solénoïdes.** — Nous sommes naturellement conduits par les considérations précédentes à supposer que les solénoïdes exercent à l'extérieur les mêmes actions que les aimants.

Essayons les vérifications suivantes :

1° Un solénoïde doit s'orienter, comme un aimant, sous l'action de la Terre.

2° Un solénoïde doit s'orienter, comme un aimant, sous l'action d'un courant.

3° Un solénoïde doit subir, de la part d'un aimant ou d'un

autre solénoïde, des actions identiques à celles qui s'exercent entre deux aimants.

637. **Appareil pour l'étude des propriétés des solénoïdes.** — Nous utiliserons le dispositif d'Ampère.

Le solénoïde (fig. 315) tourne autour d'un axe vertical formé par deux pointes d'acier, auxquelles se rattachent les extrémités du fil conducteur. Ces pointes sont maintenues dans de petites coupelles métalliques reliées aux pôles de l'électro-moteur (pile ou dynamo).

638. **Action de la Terre sur un solénoïde.** — Sous l'action du champ terrestre, on voit le solénoïde s'orienter de façon que son axe soit parallèle à celui d'une aiguille aimantée montée sur un pivot; la face nord du solénoïde se tourne vers le nord.

639. **Action d'un courant sur un solénoïde.** — Le solénoïde mobile tend à se mettre en croix avec un courant recti-

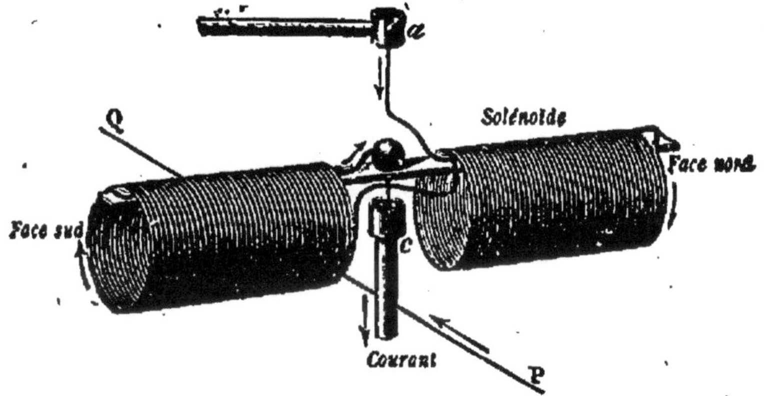

FIG. 315. — ACTION D'UN COURANT SUR UN SOLÉNOÏDE MOBILE.
Le solénoïde se met en croix avec le courant PQ; sa face nord se porte à la gauche du courant.

ligne PQ disposé dans le voisinage et la face nord du solénoïde se porte à la gauche du courant, conformément à la règle d'Ampère (fig. 315).

640. **Action d'un aimant sur un solénoïde.** — Le pôle nord d'un aimant repousse la face de même nom d'un solénoïde, et attire la face de nom contraire.

641. **Action d'un autre solénoïde.** — Les extrémités de même nom, A et A′, de deux solénoïdes se repoussent (fig. 316), tandis que les extrémités de nom contraire, A et B′, s'attirent.

642. Conclusions des expériences sur les solénoïdes. — Il résulte donc, des expériences précédentes, les conclusions suivantes :

Un solénoïde exerce toujours à l'extérieur, sur les courants, les aimants ou les solénoïdes, les mêmes actions qu'exercerait un aimant de même forme que lui, et dont le magnétisme serait tout entier localisé sur ses faces terminales.

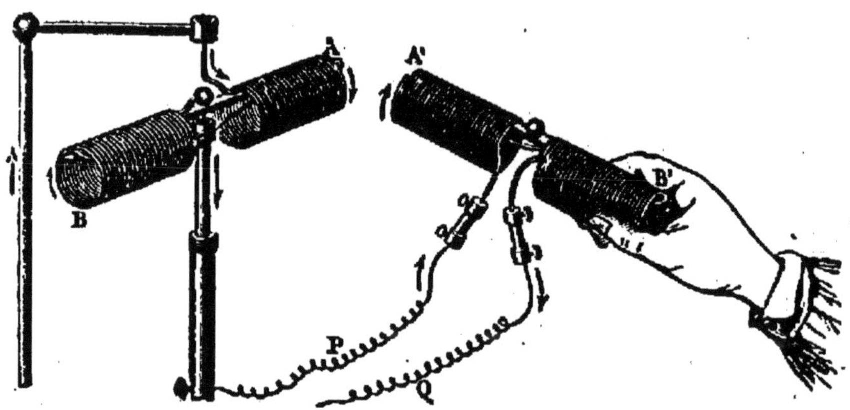

FIG. 316. — ACTIONS MUTUELLES DES SOLÉNOÏDES.
Les actions extérieures des solénoïdes sont les mêmes que celles des aimants ; les extrémités de même nom se repoussent, celles de nom contraire s'attirent.

643. Importance pratique des propriétés du solénoïde. — Quand on effectue les expériences précédentes, on est frappé de la faiblesse des actions magnétiques exercées par le solénoïde. On pourrait donc être porté à croire les expériences précédentes sans intérêt pratique. Il n'en est rien. Nous verrons plus tard, en effet (§ 668), que, si l'on place dans le solénoïde un noyau de fer doux, on obtient un système dont l'aimantation peut dépasser de beaucoup celle des aimants les plus puissants.

644. Principe du galvanomètre. — Le galvanomètre est l'instrument indispensable de la plupart des mesures électriques.

Il se compose de deux organes principaux : un ***aimant*** et un ***cadre de fil.*** Dans le cadre de fil passe le courant, que l'on se propose d'étudier.

L'aimant et le cadre sont toujours très rapprochés l'un de l'autre; l'un d'eux est ***fixe***; l'autre est ***mobile***, et peut osciller, de part et d'autre d'une position d'équilibre, sous l'action d'une force directrice.

La partie mobile peut être constituée par l'aimant ou par le cadre de fil.

Les choses sont ainsi disposées que, lorsqu'un courant circule dans le cadre, l'action réciproque du courant et de l'aimant a pour effet d'écarter l'organe mobile de sa position d'équilibre primitive. ***La déviation observée permet de repérer l'intensité du courant.***

645. **Graduation d'un galvanomètre.** — On utilise, pour graduer un galvanomètre, le procédé qui découle de la définition pratique qui a été donnée de l'***ampère*** au § 584.

Dans le circuit d'une ***pile***, on installe un voltamètre à eau ou à azotate d'argent, une résistance variable et le galvanomètre. On fait passer le courant de la pile, ***pendant un certain temps***, dans ces trois appareils et on agit sur la résistance de façon à maintenir constante la déviation α du galvanomètre; dans ces conditions, l'intensité I du courant est nécessairement invariable et on obtient sa valeur en déterminant le volume d'hydrogène ou le poids d'argent libéré pendant l'expérience. On sait, en effet, qu'un ampère dégage en une seconde $0^{cc},1155$ d'hydrogène, ou dépose $0^{gr},001118$ d'argent.

On modifie ensuite la résistance auxiliaire et on recommence la même détermination pour d'autres valeurs de l'intensité. Il ne reste plus qu'à dresser une table ou à inscrire, quand il se peut, sur l'instrument lui-même, les intensités qui correspondent respectivement aux diverses déviations du galvanomètre.

646. **Galvanomètres industriels.** — Ce sont des appareils robustes et peu encombrants qu'on destine à la mesure pratique des courants de grande intensité. Ils sont, en général, à cadre fixe et à aimant mobile.

Les modèles Deprez-Carpentier ont l'aspect extérieur d'une boite cylindrique (fig. 317); l'organe mobile est une petite pièce de fer doux *a* taillée en losange et supportée par un axe monté sur pivots au centre de la boite. Cette pièce de fer doux est, d'ailleurs, placée entre les pôles de deux aimants recourbés A, et elle s'oriente de telle façon que sa grande diagonale soit dirigée parallèlement au champ des aimants.

A cette pièce de fer doux, qui joue le rôle d'un véritable aimant, est fixée une aiguille longue et légère dont l'extrémité se déplace devant un cadran divisé.

La pièce de fer doux *a* se trouve, en outre, à l'intérieur d'une bobine B dont l'axe est incliné sur le champ des aimants A. C'est dans le fil de cette bobine que l'on dirige le courant dont il s'agit de repérer l'intensité; le sens de ce courant est choisi de manière que, sous l'action du champ *intérieur* de la bobine B, l'aimant mobile *a* entraîne son aiguille de droite à gauche.

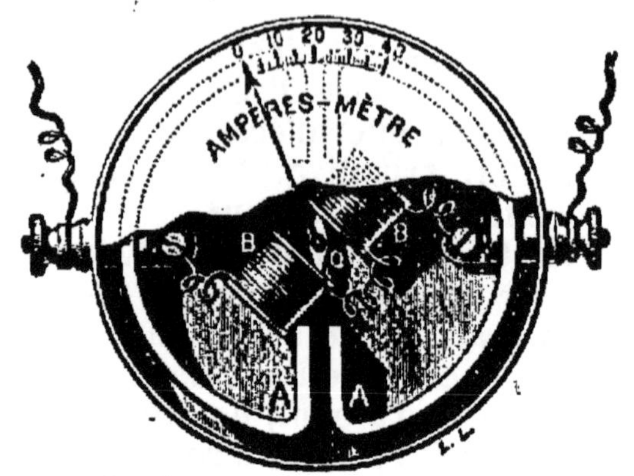

FIG. 317. — GALVANOMÈTRES INDUSTRIELS. *L'organe mobile est une petite pièce de fer doux placée dans le champ de deux aimants recourbés; sur cette pièce agit un couple de bobines parcourues par le courant qu'il s'agit de mesurer.*

Le champ des aimants A tend à ramener l'aimant mobile dans sa position d'équilibre, et, pour chaque intensité de courant, l'aiguille s'arrête devant une division particulière du cadran.

L'expérience a montré que, si la déviation ne dépasse pas une vingtaine de degrés, ***la proportionnalité se conserve sensiblement entre la déviation observée et l'intensité du courant.*** Il suffit, dans ces conditions, d'une seule observation, faite comme on l'a expliqué au paragraphe précédent, pour graduer le galvanomètre.

Quand l'instrument est gradué, en ampères, on lui donne le nom d'***ampèremètre.***

647. Principe du voltmètre. — Introduisons dans un circuit de résistance r un galvanomètre de résistance énorme G.

La résistance totale du circuit peut alors être considérée comme sensiblement égale à G.

Si E désigne la *f. é. m.* qui règne dans le circuit, l'intensité I du courant aura une valeur très voisine de

$$I=\frac{E}{G}$$

Un même appareil, gradué en ampères successivement introduit dans différents circuits, fournira donc des indications proportionnelles aux *f. é. m.* agissant à l'intérieur de ces circuits.

On pourra donc, au lieu d'inscrire sur le cadran de l'instrument, les indications du courant *I* en ampères, y inscrire les indications de la *f. é. m.* en volts.

L'appareil est alors un voltmètre (voir fig. 277).

En résumé, ***un galvanomètre de très faible résistance, introduit dans un circuit, mesure l'intensité du courant qui passe dans le circuit; c'est un ampèremètre.***

Un galvanomètre de très grande résistance, introduit dans un circuit, peut servir à mesurer les forces électromotrices existant dans le circuit; c'est alors un voltmètre.

648. **Mode habituel d'emploi du voltmètre.** — Le voltmètre est souvent employé pour mesurer la différence de potentiel en deux points quelconques, pris sur un conducteur traversé par un courant. Dans ce cas, ***le voltmètre est mis en dérivation.*** Il donne alors immédiatement en volts la différence de potentiel cherchée entre les deux points séparés par la dérivation. — C'est dans ces conditions que nous avions déjà utilisé l'appareil (§ 551, fig. 279).

CHAPITRE XX

ACTIONS DES AIMANTS SUR LES COURANTS

649. **Application du principe de l'égalité de l'action et de la réaction.** — Un courant fixe dévie un aimant mobile de sa position d'équilibre primitive (§ 627).

Qu'arriverait-il, si l'aimant était fixe, et le courant susceptible de se mouvoir ?

Le principe de l'égalité de l'action et de la réaction (§ 14) nous permet de prévoir que le courant sera déplacé.

650. **Appareil destiné aux expériences fondamentales de l'électromagnétisme.** — Nous n'étudierons le phénomène que dans un seul cas, qui nous sera très utile par la suite : la direction du courant sera supposée perpendiculaire à la direction du champ magnétique.

Un appareil très simple (fig. 318) va nous permettre de mettre en évidence toutes les circonstances essentielles du phénomène.

M. Chassagny dispose une bobine B B' de fil conducteur à l'extrémité d'un balancier très mobile M. La bobine peut osciller entre les deux branches d'un aimant en forme de fer à cheval S N. Les lignes de force de l'aimant (nous les avons étudiées au § 622, fig. 303) sont perpendiculaires au plan de la bobine, qui se confond d'ailleurs avec le plan d'oscillation du balancier.

Au début, le levier prend une position d'équilibre horizontale.

651. **Lois des actions électromagnétiques.** — Dans une première expérience, mettons les extrémités *a a'* du fil de la bobine en communication avec les deux pôles d'une pile. Aussitôt, la bobine se déplace; elle semble ***faucher***, pour ainsi dire, les lignes de force de l'aimant. Le levier s'arrête dans une position inclinée sur l'horizontale. Supprimons le courant. Le balancier reprend sa direction primitive.

Établissons dans la bobine un courant de sens contraire au premier. Le balancier s'incline à nouveau, mais dans un sens opposé à celui de la première expérience. Recommençons maintenant les expériences précédentes, après avoir tourné l'aimant face pour face : nous obtenons les mêmes effets, mais ils sont changés de sens. Concluons :

1° ***Un courant mobile, situé dans un champ magnétique. peut être soumis à des actions qui tendent à le déplacer.***

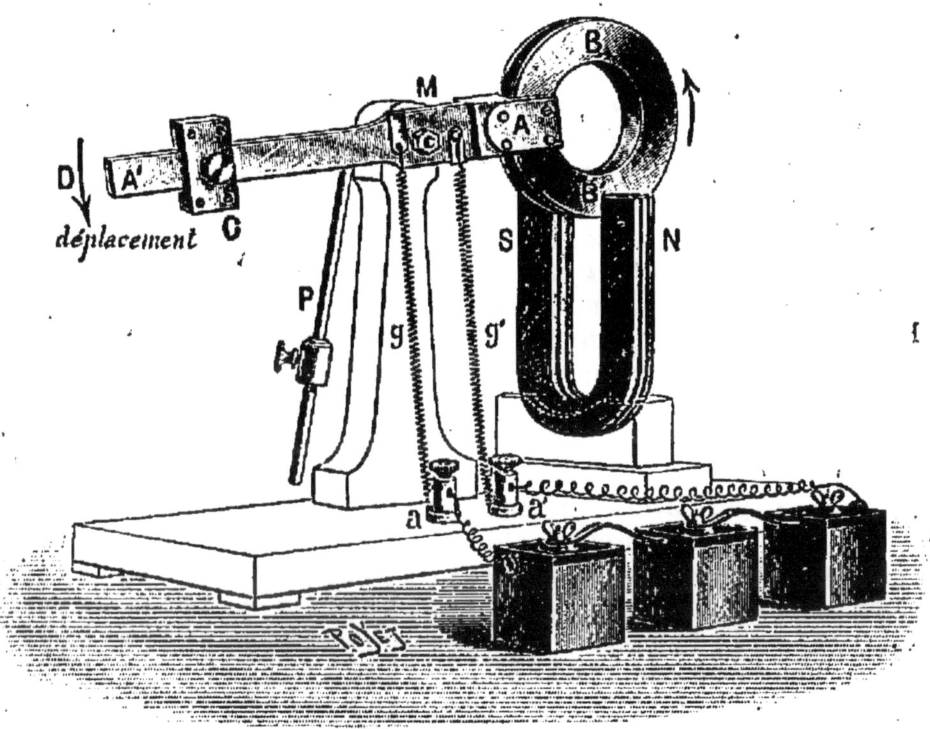

FIG. 318. — APPAREIL DE M. CHASSAGNY.

Cet appareil est destiné à mettre en évidence les phénomènes fondamentaux de l'électromagnétisme et de l'induction, ainsi qu'à faire ressortir la relation profonde qui existe entre ces deux sortes de phénomènes.

2° ***Le sens de ces actions change, quand on change le sens du courant; il change encore, quand on change le sens des lignes de force du champ magnétique.***

Faisons varier maintenant l'intensité du courant ou celle du champ magnétique. On vérifie alors que :

3° ***Les actions exercées par un champ magnétique sur un courant mobile sont proportionnelles à l'intensité du champ magnétique ainsi qu'à l'intensité du courant électrique.***

Supposons enfin que l'on veuille recommencer les expériences précédentes, après avoir enlevé l'aimant de sa position primitive. Donnons au plan de l'aimant une direction parallèle au plan d'oscillation du balancier. Le balancier restera immobile, dans sa position horizontale. *Aucune des lignes de force de l'aimant ne traverse la bobine, dans aucune de ses positions. Aucune action électromagnétique ne se fait sentir.*

De cet ensemble de faits se dégage une notion de la plus haute importance : la notion de *flux de force magnétique.*

652. **Flux de force magnétique.** — Portons, en effet, notre attention sur les lignes de force du champ magnétique, qui, émanées de l'aimant, passent à travers les spires de la bobine ; et convenons de dire que : « *Le flux de force magnétique à travers la bobine est, pour une position donnée de cette bobine, d'autant plus grand :*

1° *Que le champ de l'aimant est plus intense;*

2° *Que les spires de la bobine embrassent une plus large surface et qu'elles sont plus nombreuses;*

3° *Que les lignes de force, émanées de l'aimant, se présentent, pour traverser la bobine, dans une direction plus voisine de son axe.*

Les expériences, que nous avons décrites au paragraphe précédent, s'interprètent alors de la façon suivante :

On n'observe de déplacement de la bobine sous l'action du champ magnétique, que si le déplacement de la bobine entraîne une augmentation ou une diminution du flux de force magnétique qui la traverse.

On démontrerait d'ailleurs d'une façon absolument générale, et il serait facile de vérifier, dans chaque cas particulier, que :

L'énergie, empruntée au courant pour effectuer un déplacement d'une portion du circuit électrique, est à la fois proportionnelle :

1° A l'intensité de ce courant;

2° A la variation du flux de force magnétique à travers la portion mobile du circuit.

653. **Sens de l'action exercée par un champ magnétique sur un courant électrique.** — Nous avons jusqu'ici laissé de côté la question du sens, dans lequel tend à se déplacer le courant mobile. Prenons un exemple particulier.

Supposons que le courant qui circule dans la bobine soit, sur la figure, représenté par une flèche tournant en sens inverse des aiguilles d'une montre. La bobine est alors assimilable à un aimant dont le pôle nord est situé en avant, sur la figure (§ 634).

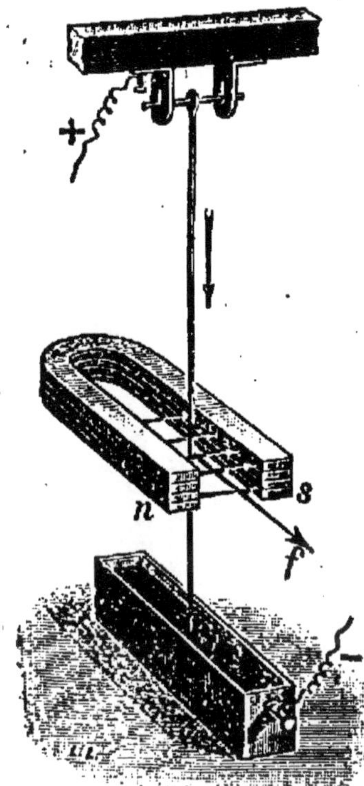

FIG. 319. — ACTION D'UN CHAMP MAGNÉTIQUE SUR UN COURANT.

Quand on dirige un courant dans un fil mobile passant entre les branches d'un aimant, ce fil se déplace d'un côté ou de l'autre suivant le sens du courant et le sens du champ magnétique.

Le pôle nord de l'aimant repousse le pôle nord de la bobine (§ 640). De même, le pôle sud de l'aimant repousse le pôle sud de la bobine qui lui fait face.

La bobine est repoussée par l'aimant. Elle serait attirée, si l'on changeait l'un des sens : soit du courant, soit du champ magnétique. On en conclurait, sans difficulté :

On observe une augmentation du flux de force, quand les pôles de nom contraire de l'aimant et de la bobine sont en regard l'un de l'autre. On observe une diminution dans le cas contraire.

On peut avoir besoin de préciser ***le sens de l'action*** exercée par un champ magnétique sur une portion de courant. Nous emploierons à cet usage le dispositif de la figure 319.

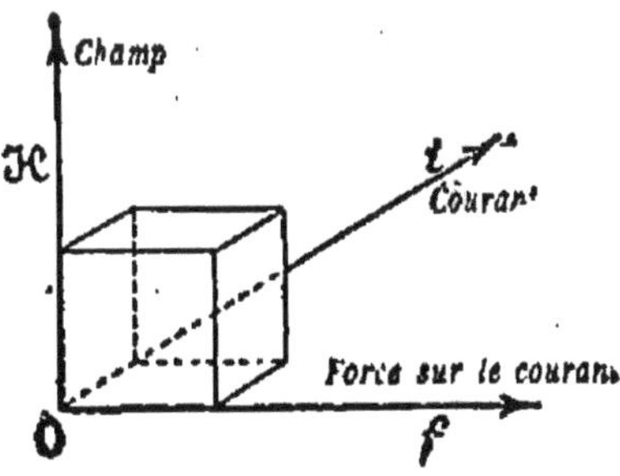

FIG. 320.
ORIENTATION DE LA FORCE f QUI SOLLICITE UN COURANT t DANS UN CHAMP $\mathcal{H}$.

Les directions de la force, du courant et du champ conservent toujours la même disposition relative.

Un fil conducteur, suspendu à une monture métallique, oscille dans un plan vertical et plonge par son extrémité inférieure dans une rainure contenant du mercure. On dispose, de part et d'autre de ce conducteur, les branches d'un aimant *n s*; les lignes de force de ce dernier coupent donc normalement le plan d'oscillation du fil. On relie la monture supérieure et la rainure contenant le mercure aux pôles d'une pile.

On constate alors que le fil conducteur s'écarte de la verticale et se maintient dans sa nouvelle position, tant que le courant passe.

Il est soumis à une force f qui est à la fois normale au champ magnétique et au fil lui-même.

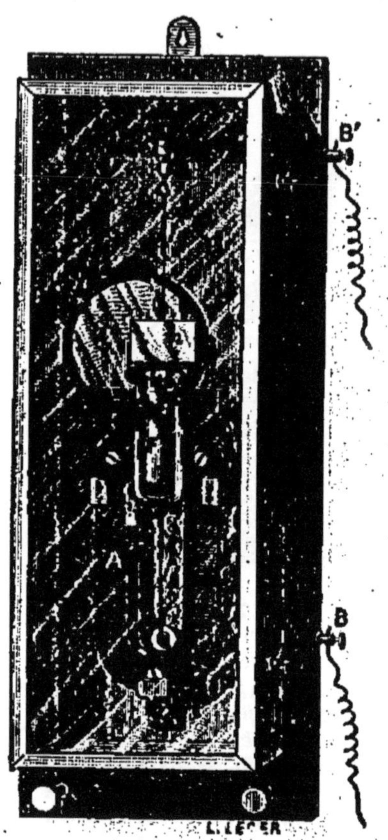

FIG. 321. — GALVANOMÈTRE DEPREZ-D'ARSONVAL.

Lorsqu'on dirige un courant dans le cadre C, celui-ci dévie jusqu'à ce que l'action du champ sur les côtés verticaux du cadre soit compensée par la torsion des fils de suspension.

La figure 320 permet de déterminer, dans tous les cas, l'orientation de la force *f*, qui sollicite le courant, quand on connaît, à la fois, la direction du courant et celle du champ dans lequel il se trouve placé.

En effet, les trois directions de la force *f*, du courant *i* et du champ $\mathcal{H}$ conservent toujours la même position relative.

On peut exprimer la manière dont ces trois directions sont reliées entre elles, en disant que (fig. 320) :

Un observateur, qui serait placé dans le courant, de façon que celui-ci lui entre par les pieds et lui sorte par la tête, et qui regarderait dans la direction du champ $\mathcal{H}$, indiquerait, en étendant latéralement le bras gauche, la direction dans laquelle s'exerce la force f.

Nous rencontrerons d'importantes applications de ces lois dans l'étude des moteurs d'induction (§ 657).

654. Galvanomètre à cadre mobile. — Comme exemple de galvanomètre à cadre mobile, nous choisirons le galvanomètre de Deprez et d'Arsonval (fig. 321). Cet appareil se compose d'un aimant en fer à cheval A, fixé verticalement sur un socle. Entre les branches de cet aimant peut osciller un cadre rectangulaire mince C, qui est formé de plusieurs tours de fil isolé. Ce cadre est suspendu par deux fils métalliques fins et bien tendus *f f*, situés dans le prolongement l'un de l'autre.

Dans sa position d'équilibre, le cadre est contenu dans le plan de l'aimant ; dans ses oscillations, les grands côtés restent verticaux et par conséquent normaux à la direction du champ magnétique. Nous savons, en effet, que les lignes de force, qui réunissent *intérieurement* les branches de l'aimant, leur sont à peu près normales (§ 622).

Si, par l'intermédiaire des fils de suspension *f*, on fait circuler un courant dans le cadre, ce courant descendra, par exemple, à droite pour remonter à gauche. Les côtés verticaux du cadre seront ainsi parcourus par des courants égaux et de sens contraire et, comme le champ magnétique est, pour tous deux, le même, l'un de ces côté se trouvera repoussé en avant du plan de la figure et l'autre en arrière. Le cadre se trouvera ainsi sollicité par un *couple* (§ 37) à tourner autour d'un axe constitué par les fils de suspension ; mais la torsion de ceux-ci tend, d'autre part, à le ramener dans sa position primitive : le cadre s'arrêtera donc lorsque cette torsion compensera l'action électromagnétique.

L'angle d'écart est sensiblement proportionnel à l'intensité du courant qui parcourt le cadre.

On mesure ordinairement cet angle par la ***méthode du miroir tournant***. Le cadre porte, à cet effet, un miroir *m* sur lequel on dirige un rayon lumineux : on reçoit sur un écran divisé la tache éclairée produite par le rayon réfléchi et on observe le déplacement qu'éprouve cette tache lorsqu'on dirige le courant à travers le galvanomètre. La rotation du rayon lumineux est, comme on sait, double de celle du miroir lui-même (voir § 393).

On augmente la sensibilité de l'appareil, en plaçant à l'intérieur du cadre un cylindre de fer doux F, maintenu par un support indépendant. Ce cylindre s'aimante par influence et contribue à accroître notablement le champ coupé par les côtés verticaux du cadre et, par suite, l'action électro-magnétique qui les sollicite.

La figure 321 représente un modèle destiné aux expériences de cours.

655. **Organes principaux de la machine Gramme.** — La

machine de Gramme n'est pas sans analogie avec le galvanomètre que nous venons de décrire.

Elle se compose essentiellement (fig. 322) :

1° d'un ***aimant fixe*** N S;

2° d'un ***organe mobile*** S' N'.

Nous décrirons successivement avec quelques détails le champ magnétique fixe, ou ***champ inducteur***, et l'organe mobile auquel on donne souvent le nom d'***induit***.

656. **Champ inducteur de la machine Gramme.** — Le champ inducteur est constitué par un aimant en fer à cheval dont les extrémités en regard sont creusées suivant une surface cylindrique, normale à la direction des lignes de force.

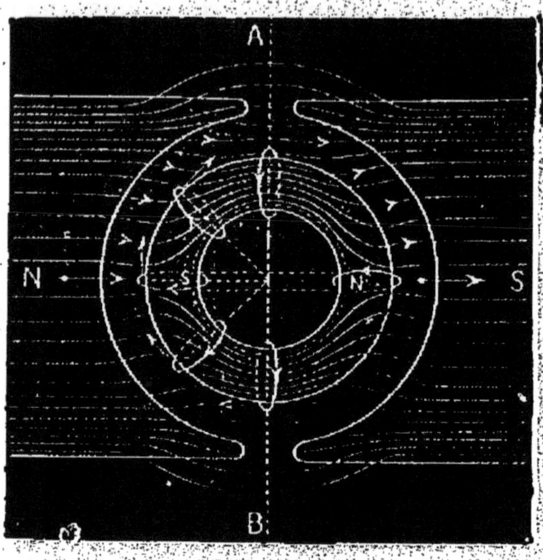

FIG. 322. — CHAMP D'UNE MACHINE DE GRAMME AU REPOS.

Les lignes de force, qui vont d'un pôle à l'autre de l'aimant inducteur, passent surtout dans la masse de l'anneau de fer doux et forment deux faisceaux qui se resserrent dans la région diamétrale AB.

Concentriquement à cette cavité, est placé un cylindre creux en fer doux (fig. 322), que l'on désigne sous le nom d'***anneau de Gramme***.

Dans les ***entrefers*** compris entre l'aimant et l'anneau, le champ est extrêmement intense et à peu près normal aux surfaces en regard; seulement, d'un côté, il est dirigé du pôle nord vers l'anneau et, de l'autre, de l'anneau vers le pôle sud. Nous appellerons ***ligne neutre*** le diamètre AB qui sépare les deux zones de l'anneau, par lesquelles aboutissent ou sortent les lignes de force magnétique.

Aucune ligne de force ne traverse le creux de l'anneau; le champ y est, par conséquent, à peu près nul.

Cette distribution se constate très facilement par l'expérience du spectre magnétique.

Si l'on suppose maintenant que l'anneau de fer doux tourne autour de son axe, la distribution des lignes de force

restera la même, parce que les variations d'aimantation du fer doux se produisent *simultanément* avec les variations du champ magnétisant.

657. **Organe mobile de la machine Gramme.** — Le cylindre annulaire en fer doux dont nous venons de parler fait partie de l'organe mobile. Il est entouré de plusieurs couches d'un fil de cuivre isolé, enroulé dans le même sens parallèlement aux génératrices du cylindre (fig. 323). Les extrémités de ce fil sont réunies, l'une à l'autre, de telle sorte que le circuit conducteur est fermé sur lui-même.

Ce circuit est partagé en sections égales, comprenant chacune un même nombre de spires. Aux divers points de partage, c'est-à-dire aux points où finit une section et où commence la suivante, il est soudé à l'un des bras *n* d'une équerre de cuivre dont l'autre bras est parallèle à l'axe de l'anneau. Toutes les équerres sont isolées les unes des autres

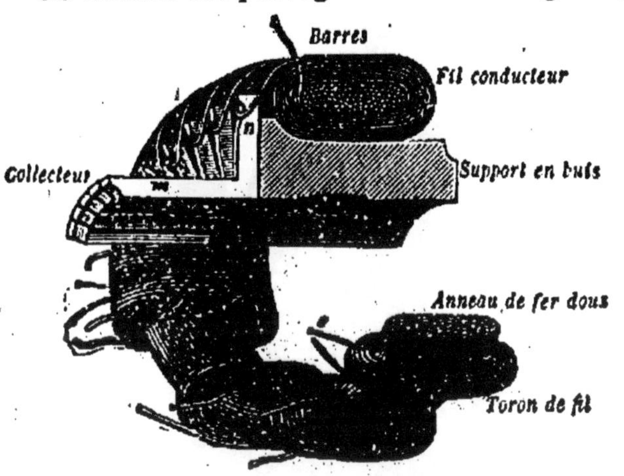

FIG. 323. — ANNEAU DE GRAMME.

Le fil conducteur, fermé sur lui-même, est enroulé, toujours dans le même sens, autour de l'anneau de fil de fer doux; il communique de distance en distance avec les lames isolées du collecteur sur lequel s'appuient les balais.

et fixées sur un bloc de buis qui est monté sur un arbre de rotation. Les branches *m* des équerres forment une sorte de gaine cylindrique autour de cet axe. Deux *balais* de fil ou de toile métallique, en cuivre rouge, frottent constamment sur les parties supérieure et inférieure de cette gaine. Ces balais sont montés sur des bornes *c* et *i* (fig. 324), reliées aux pôles de l'électro-moteur qui fournit le courant dirigé dans la machine.

L'ensemble des balais et des équerres porte le nom de *collecteur*.

658. **Principe de la machine Gramme, employée comme**

réceptrice. — Quand l'anneau est en place, les parties rectilignes du fil conducteur qui le recouvrent extérieurement se trouvent dans le champ magnétique très intense des entrefers. En outre, elles sont normales à la direction de ce champ.

Lorsqu'on dirige un courant dans le fil conducteur, chacune de ces parties rectilignes se trouve donc sollicitée par une force, à la fois normale au courant et au champ lui-même, et, par conséquent, ***tangentielle*** à l'anneau.

Quant aux moitiés de spires qui passent dans le creux de l'anneau, elles ne peuvent jamais subir aucune action, parce qu'elles se trouvent dans un champ magnétique qui est toujours nul.

Aux parties extérieures du fil, qui sont seules efficaces, nous réserverons, pour simplifier le langage, le nom de ***barres***.

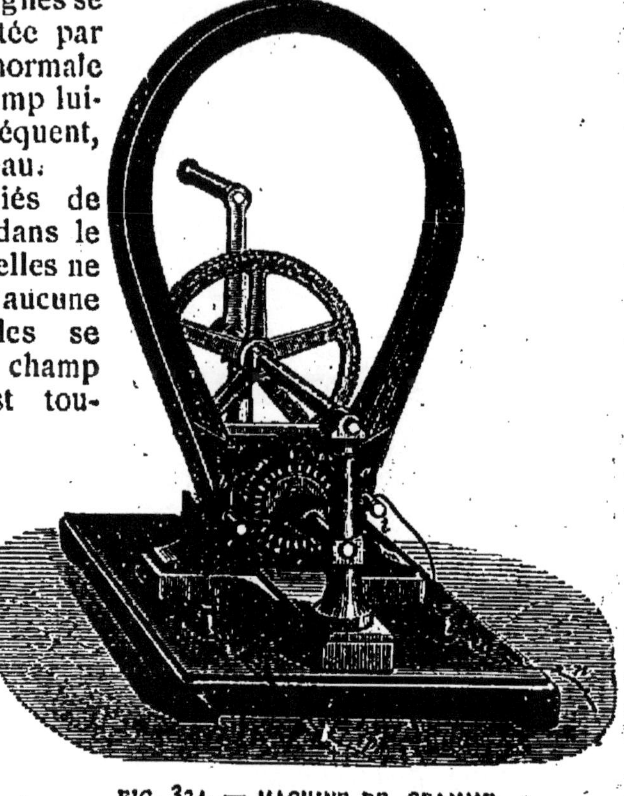

FIG. 324. — MACHINE DE GRAMME.
L'anneau tourne entre les pôles d'un aimant en fer à cheval; les lames du collecteur qui passent sur la ligne neutre touchent deux balais métalliques reliés aux pôles d'un électromoteur.

Ceci bien compris, la théorie du moteur de Gramme devient facile.

Remarquons, en effet, que la disposition du collecteur est telle, que les balais communiquent toujours avec celles des spires de l'anneau qui passent à la verticale (fig. 325). Quand on met ces balais en relation avec les pôles d'un électro-moteur (***pile*** ou ***dynamo***), ces deux moitiés du circuit conducteur enveloppant l'anneau sont parcourues par des courants qui, dans chacune, vont d'un même balai à l'autre, comme le montre la figure schématique 325. Dès lors, toutes les ***barres***, qui, sur la figure, sont placées sur la moitié antérieure de l'anneau, sont parcourues par un courant allant de gauche à droite; toutes celles, au contraire, qui, sur la figure, sont placées sur la moitié postérieure de l'anneau, sont parcourues par un courant allant de droite à gauche.

Or, la direction générale du champ magnétique est la même

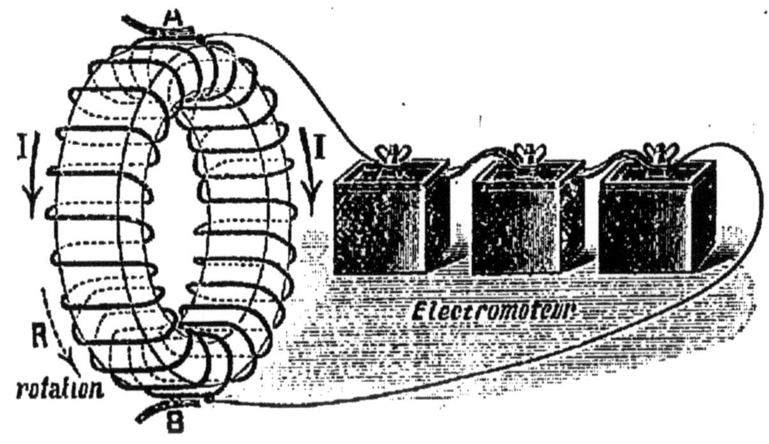

FIG. 325. — MARCHE DES COURANTS DANS LE MOTEUR GRAMME.
Les deux moitiés de l'anneau sont parcourues par des courants inverses et reçoivent du champ extérieur des actions mécaniques concordantes.

dans tout l'ensemble de la figure 325. Il en résulte que toutes les barres de droite seront entraînées ***tangentiellement*** à l'anneau vers le haut et toutes celles de gauche vers le bas.

L'anneau se trouvera ainsi sollicité, par un couple, à tourner autour de son axe. En montant, sur l'arbre qui porte l'anneau, une poulie et des courroies de transmission, on pourra donc recueillir, sous forme d'énergie mécanique, une partie de l'énergie électrique (§ 687), reçue par la machine.

On obtient l'expression de la puissance en ***watts*** (§ 524) d'un moteur, en multipliant le voltage qui règne entre les balais, pendant la marche du moteur, par le nombre d'***ampères*** qui passent dans celui-ci.

CHAPITRE XXI

PRINCIPE DES PHÉNOMÈNES D'INDUCTION

659. Circonstances de production d'un courant induit. — Nous reprenons le dispositif de la figure 318.

Mais nous modifions l'expérience de la façon suivante (fig. 326) : au lieu de rattacher les deux bornes *a* et *a'* aux

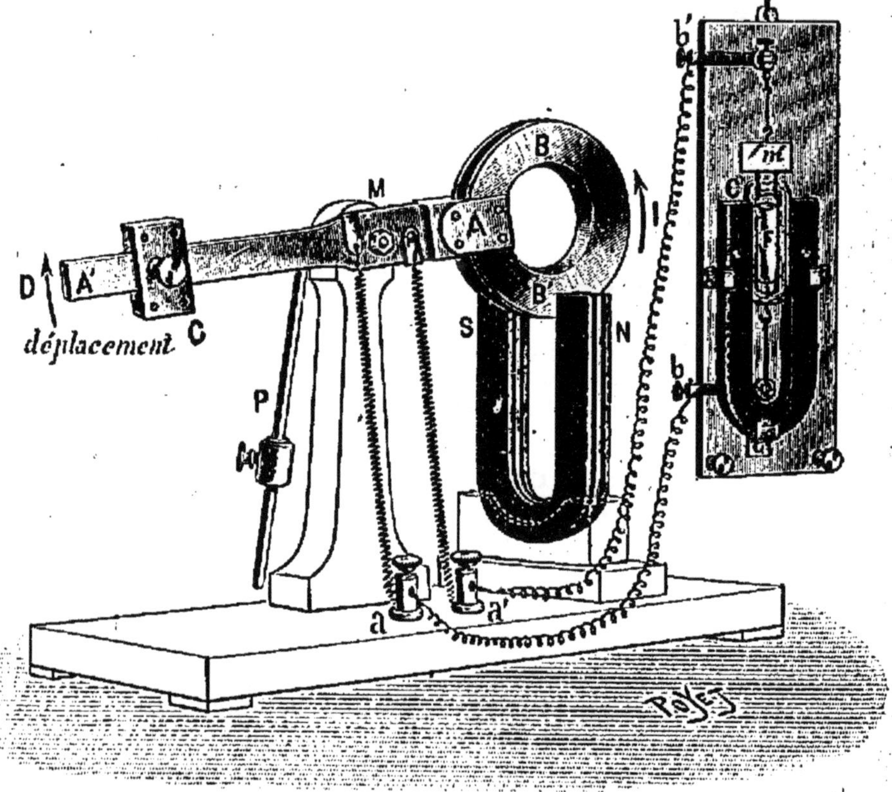

FIG. 326. — RÉVERSIBILITÉ DES MACHINES D'INDUCTION.
Un même appareil peut fonctionner indifféremment comme moteur ou comme électromoteur.

deux pôles d'une pile, comme nous l'avons fait dans l'expérience du § 651, relions-les aux bornes *b* et *b'* d'un galvanomètre ***sensible***, celui de Deprez et d'Arsonval, par exemple.

Nous constituons ainsi un circuit qui comprend le galvanomètre lui-même et la bobine; aucune force électromotrice ne régnant dans ce circuit, le galvanomètre reste dans sa position d'équilibre.

Ceci posé, abaissons brusquement la bobine B entre les deux pôles de l'aimant fixe, de façon à *faucher*, pour ainsi dire, les lignes de force du champ magnétique extérieur. Tout aussitôt, nous voyons le cadre du galvanomètre dévier, mais revenir à sa position première, dès que la bobine est maintenue au repos.

Le déplacement de la bobine dans le champ de l'aimant a donc fait naître, dans le fil de la bobine, un courant dont la durée est exactement la même que celle du déplacement de la bobine.

Ce phénomène, d'ordre tout à fait général, a été découvert par *Faraday*; et l'expérience précédente nous permet d'énoncer la loi suivante :

Si un conducteur, appartenant à un circuit fermé, se déplace dans un champ magnétique, de façon à être traversé par un flux de force magnétique* variable (§ 652), *il se produit dans le circuit un courant qui a même durée que la variation même du flux de force magnétique.

A ce courant on donne le nom de *courant induit.*

Reprenons maintenant l'expérience précédente, le plan de l'aimant en fer à cheval étant parallèle au plan d'oscillation du balancier. Quel que soit le déplacement imprimé à la bobine B, aucune déviation du galvanomètre ne se produit. Nous en déduisons une nouvelle proposition, réciproque de celle que nous venons d'énoncer :

Si un conducteur se déplace dans un champ magnétique de façon à être traversé par un flux de force* invariable, *il n'est le siège d'aucun courant induit (voir § 651).

660. Lois fondamentales de l'induction. — Le même dispositif permettrait de montrer facilement que :

La f. é. m. qui, dans le même fil, serait capable de produire un courant de même intensité que le courant induit, est d'autant plus élevée :

1°) ***Que le champ de l'aimant est plus intense;***

2°) ***Que les spires de la bobine embrassent une plus large surface et qu'elles sont plus nombreuses;***

3°) ***Que les lignes de force, émanées de l'aimant, se présentent, pour traverser la bobine, dans une direction plus voisine de son axe.***

Nous savons qu'il suffit (§ 642) que l'une de ces trois conditions, soit réalisée, pour que l'on puisse dire que le ***flux de force*** magnétique à travers la bobine a augmenté.

L'expérience montre enfin :

4°) ***Que la f. é. m. considérée est d'autant plus élevée qu'un même déplacement de la bobine a été effectué plus rapidement.***

On pourra exprimer tous ces faits, sous une forme imagée et concise, en disant que :

La f. é. m. du courant induit, qui prend naissance dans un circuit fermé, est proportionnelle à la vitesse de variation du flux de force magnétique à travers le circuit.

Il importe de bien se familiariser avec la notion de ***flux de force.*** Les énoncés du paragraphe actuel et du paragraphe 652 en font ressortir toute l'importance.

661. **Sens du courant induit. Loi de Lenz.** — Le sens dans lequel le galvanomètre est dévié nous fait connaître le sens du courant induit.

L'expérience montre que, si l'on imprime à la bobine deux déplacements identiques, de sens contraires, on obtient deux courants induits, d'intensités égales et de sens contraires.

Ces courants éprouvent, de la part du champ magnétique extérieur, une certaine action électromagnétique (§ 651).

Cette action tend toujours à gêner la variation de flux de force, à laquelle est dû le courant induit.

Il faut donc, pour déplacer le fil et produire un courant induit, que la main de l'opérateur lutte contre l'action électromagnétique, et, par conséquent, qu'***elle fournisse du travail. Ce travail représente précisément l'énergie électrique développée par le courant lui-même.***

Les phénomènes d'induction nous donnent donc un moyen de transformer directement le travail mécanique en énergie électrique.

Ces considérations sont résumées dans la loi suivante, qui est due à Lenz :

Le sens des courants induits développés dans un conducteur, qui se meut dans un champ magnétique, est toujours tel que l'action électromagnétique qui en résulte gêne le mouvement de ce conducteur.

662. **Quelques expériences de vérification.** — Indiquons quelques expériences très simples, à titre de vérification.

Un ***large*** anneau de cuivre est suspendu à une tige qui peut osciller autour d'un axe horizontal, per, endiculaire au plan de l'anneau (fig. 327). La tige étant au repos, on dispose un *électro-aimant* (§ 670) dont les pôles sont très rapprochés, de part et d'autre du plan de l'anneau de cuivre.

On fait alors osciller l'anneau de cuivre.

Quand aucun courant ne passe dans la bobine de l'électro, les oscillations se continuent pendant longtemps. Si, au contraire, on dirige un courant dans l'électro-aimant, deux cas

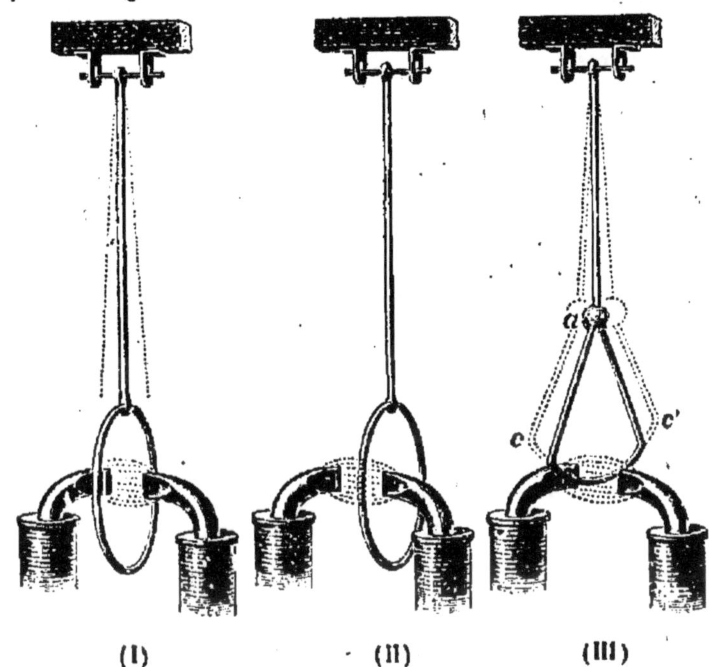

FIG. 327. — VÉRIFICATION DES LOIS DE L'INDUCTION.
En faisant osciller des circuits fermés entre les pôles d'un électro-aimant, on observe que les oscillations s'amortissent ou persistent, suivant que le champ magnétique est fauché ou non.

différents peuvent se présenter : si les bords de l'anneau fauchent les lignes de force (fig. 327, II) de l'électro-aimant, les oscillations s'arrêtent instantanément, comme par l'effet d'un frein puissant; si les lignes de force de l'électro restent à l'intérieur de l'anneau (fig. 327, I), pendant ses mouvements de va-et-vient, on n'observe aucun autre amortissement que celui qui résulte des frottements de l'axe de suspension contre son support.

Semblablement, si on fait osciller entre les pôles de l'aimant un conducteur plat et large, en forme d'arc de cercle (fig. 327, III), dont le centre soit sur l'axe de suspension, on ne constate aucun amortissement. Aucun courant induit n'a donc pris naissance ; et cela, parce que le nombre de lignes de force, coupées par le conducteur, est resté invariable.

On n'observe pas non plus d'amortissement, si l'on fait osciller une tige conductrice mince entre les pôles de l'électro (fig. 328).

Dans ces conditions, on ne peut, d'après la forme même du conducteur, imaginer aucun circuit fermé à l'intérieur même de ce conducteur.

Aucun courant induit ne peut s'y développer.

On ne doit donc observer aucun amortissement.

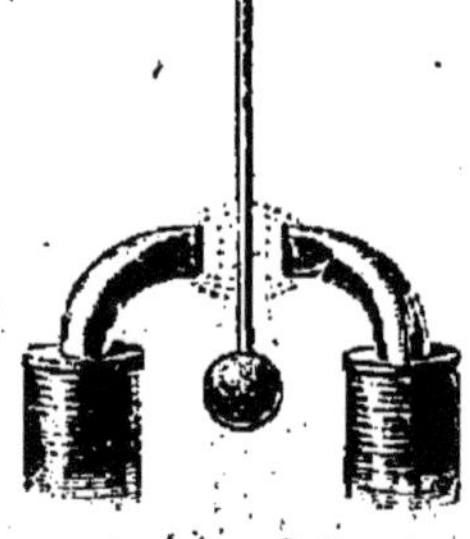

FIG. 328.
SECTION D'UN CHAMP PAR UN CONDUCTEUR NON FERMÉ.
On n'observe pas d'induction lorsque le champ est fauché par un conducteur étroit *qui n'appartient pas à un circuit fermé.*

665. **Induction dans les masses métalliques.** — Le conducteur qui, dans son mouvement, fauche le champ magnétique inducteur, peut se présenter sous la forme d'une masse métallique de dimensions considérables.

Le phénomène a été étudié par *Foucault*. L'expérience suivante montre nettement qu'il obéit encore à la loi générale de Lenz.

Un disque de cuivre, suspendu à une tige, peut osciller entre les pôles d'un électro-aimant (fig. 329). S'il ne passe aucun courant dans les bobines de ce dernier, les oscillations du disque ne s'amortissent que très lentement par l'effet des frottements sur l'axe de suspension. Si, au contraire, on excite l'électro-aimant en le fermant sur une pile, le disque oscillant s'arrête brusquement, comme s'il avait éprouvé un frottement énergique en coupant le champ magnétique de l'électro-aimant.

Si, pendant que le courant passe, on déplace le disque à la main, entre les pôles de l'électro, on éprouve la même impression que si le disque se mouvait dans un liquide très visqueux.

Le travail que l'on fournit alors au système se retrouve à

l'état de chaleur, exactement comme dans le cas d'un frottement ordinaire. On observe, en effet, que, ***dans ces conditions, le disque s'échauffe fortement***; et M. Violle a pu faire servir ce phénomène à la détermination de l'équivalent mécanique de la calorie.

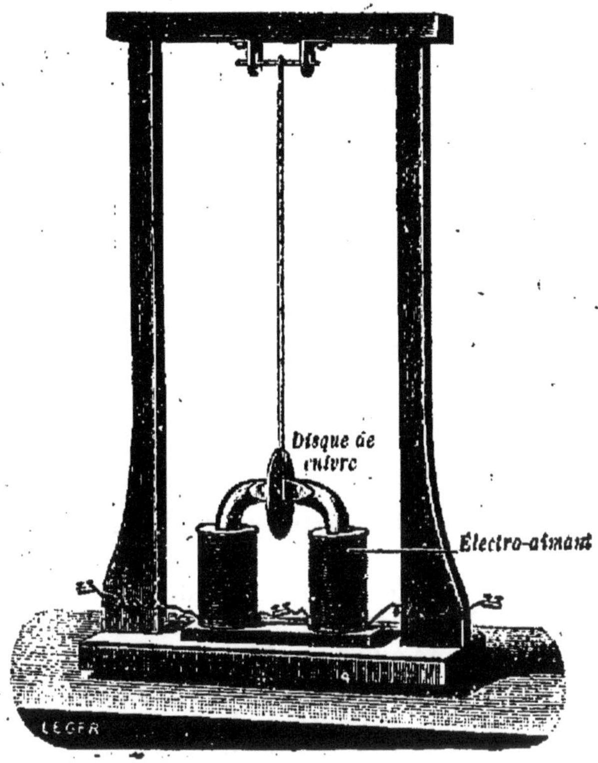

FIG. 329.
INDUCTION DANS LES MASSES MÉTALLIQUES.
Les oscillations du disque de cuivre s'arrêtent brusquement quand on excite l'électro. Cet amortissement est dû aux courants induits qui se produisent dans le disque lorsque celui-ci coupe le champ magnétique interpolaire.

Si l'on pratique à travers le disque des traits de scie rapprochés, les courants induits n'y peuvent plus circuler; et les oscillations ne s'amortissent plus; et cela, bien que l'électro-aimant continue à fonctionner.

604. Courants de self-induction. — Supposons qu'un circuit traversé par un courant contienne une bobine à grand nombre de tours de fil. La bobine est traversée par un flux magnétique considérable, surtout si elle renferme un noyau de fer doux. ***Une augmentation de l'intensité du courant entraîne une augmentation du flux magnétique à travers la bobine et, par suite, un courant induit qui, devant s'opposer à l'augmentation du flux, sera en sens contraire du courant principal.***

Ce phénomène a reçu le nom de ***self-induction. La self-induction tend à diminuer l'intensité des courants, quand***

celle-ci va en augmentant; elle tend à augmenter l'intensité des courants qui s'éteignent.

La rupture d'un circuit contenant un électro-aimant est accompagnée d'une étincelle qui éclate avec un bruit sec; l'étincelle prolonge quelque temps le courant que l'on veut supprimer (***extra-courant de rupture***). Il ne se produit rien de pareil, si on enlève l'électro-aimant.

665. **Réversibilité des appareils électromagnétiques.** — L'appareil de la figure 318, que nous avons utilisé pour l'étude de l'électromagnétisme et de l'induction, nous donne l'exemple d'un ***appareil réversible.***

Si l'on fait passer, en effet, un courant dans la bobine, celle-ci se met en mouvement (§ 651).

Si, au contraire, on déplace la bobine à la main, il se produit un courant induit (§ 659) dans le circuit fermé dont elle fait partie.

Ce courant est précisément dirigé en sens inverse de celui qui, par son action électromagnétique, provoquerait le même déplacement du fil.

Dans le premier cas, l'appareil fonctionnait comme ***moteur***, dans le second cas, il fonctionne comme ***électromoteur.***

Fermons le fil de notre bobine sur un galvanomètre Deprez-d'Arsonval (fig. 326). Faisons osciller la bobine, en entretenant, s'il le faut, les oscillations à la main. A chaque oscillation, la bobine coupe les lignes de force de l'aimant, d'abord dans un sens, puis dans l'autre. — La bobine est le siège de courants induits dirigés dans un sens, puis dans l'autre. On voit le galvanomètre exécuter des oscillations de part et d'autre de sa position d'équilibre. ***L'appareil fonctionne alors comme électromoteur.*** Une partie de l'énergie mécanique fournie à l'appareil a été transformée en énergie électrique.

666. **Emploi de la machine de Gramme comme générateur.** — La machine de Gramme nous fournit encore un exemple de réversibilité, d'autant plus digne de remarque qu'il fait l'objet d'une très importante application industrielle.

Réunissons les balais d'une machine Gramme (fig. 330) par un fil métallique extérieur; puis, faisons, à la main, tourner l'anneau toujours dans le même sens. Le champ qui règne dans les entrefers se trouve alors ***fauché*** par toutes les ***barres*** de l'anneau. Sur une moitié de l'anneau (en avant de la figure), les barres vont en tournant de bas en haut. Il s'y développe un courant induit, dirigé par exemple de gauche à droite.

Sur l'autre moitié de l'anneau (en arrière de la figure), elles vont de haut en bas. Il s'y développe un courant dirigé de droite à gauche.

Les deux moitiés, droite et gauche, de l'anneau sont ainsi le siège de courants inverses qui s'annuleraient à l'intérieur des fils de l'induit, si le fil extérieur n'existait pas. Ces courants concordent, au contraire, pour parcourir dans le même sens le conducteur qui réunit extérieurement les balais A et B de la machine (fig. 330).

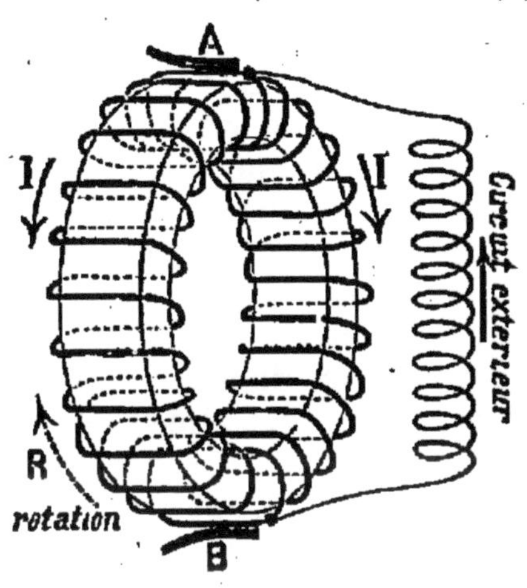

FIG. 330.
MARCHE DES COURANTS INDUITS DANS LA MACHINE DE GRAMME.
Les courants induits dans les deux moitiés du fil qui entoure l'anneau s'ajoutent dans le circuit extérieur.

On dit alors que la machine fonctionne comme ***machine génératrice*** ou comme ***électromoteur***.

On utilise industriellement ce dispositif pour l'éclairage électrique.

La machine de Gramme que nous venons de décrire peut être prise comme type des ***machines magnéto-électriques***. Si l'on remplaçait l'aimant inducteur de cette machine par un électro-aimant (§ 668), on aurait une ***dynamo*** (fig. 333).

Les dynamos sont de plus en plus employées dans l'industrie électrique moderne.

667. **Machines génératrices et machines réceptrices. Transport de l'énergie à distance.** — Si on introduit dans le conducteur, qui réunit les balais, une seconde machine de Gramme, nous dirons que la première machine fonctionne comme ***génératrice*** de courant, et la seconde comme ***réceptrice***.

L'anneau de la réceptrice se met à tourner sous l'action du courant, envoyé par la génératrice (§ 657).

Nous pouvons ainsi récupérer sur la réceptrice une partie du travail dépensé pour actionner la génératrice.

Nous ne récupérerons pas ce travail entièrement, parce qu'une partie se dépense en pure perte, sous forme de chaleur, dans les frottements des parties mobiles sur les parties fixes, et surtout, en vertu de la loi de Joule (§ 567), dans le circuit traversé par le courant.

On appelle ***rendement*** le rapport entre le travail recueilli à la réceptrice et celui qui est dépensé sur la génératrice.

Il est évident que le rendement sera d'autant plus faible que les conducteurs du circuit seront plus longs et, par conséquent, plus résistants.

La réversibilité de la machine de Gramme nous donne un moyen précieux de transporter l'énergie à distance.

C'est ainsi que l'industrie a pu utiliser des chutes d'eau puissantes, dans le voisinage desquelles on ne pouvait songer à construire des usines. Captée par une turbine et par une génératrice, l'énergie de ces chutes donne la vie à des établissements souvent fort éloignés, mais placés dans de bonnes conditions économiques, au voisinage d'une route ou d'une ligne de chemin de fer, par exemple.

Les grandes usines électriques établies dans les faubourgs d'une ville distribuent aux divers points de celle-ci l'énergie nécessaire à la petite industrie.

Les ***trains électriques***, les ***tramways à trolley*** sont animés par une réceptrice dont l'anneau est monté sur un des essieux du véhicule. Le courant qui actionne cette réceptrice est fourni par une puissante génératrice dont l'un des balais est relié aux rails de la ligne et dont l'autre communique avec un ***conducteur isolé***, disposé parallèlement à la ligne et dans toute sa longueur. Les bornes de la réceptrice sont reliées à des ***frottoirs*** qui s'appuient constamment sur le conducteur isolé et sur les rails, de façon à emprunter le courant de la génératrice.

CHAPITRE XXII

AIMANTATION PAR LES COURANTS

668. **Fabrication des aimants artificiels.** — Nous avons vu (§ 635) comment est constitué le champ magnétique d'un solénoïde.

Si nous introduisons dans le champ intérieur du solénoïde un barreau de fer doux ou d'acier trempé (fig. 331), ***celui-ci s'aimante dans le sens même du champ inducteur***, c'est-à-dire qu'il présente alors un pôle nord *a* du côté de la face nord du

FIG. 331. — AIMANTATION PAR LES COURANTS.
On aimante un barreau en le plaçant à l'intérieur d'un solénoïde. Le pôle nord du premier barreau est à droite de la figure; celui du second, à gauche.

solénoïde et un pôle sud *b* du côté de la face sud du solénoïde: la face nord du solénoïde étant celle où l'on verrait le courant circuler en sens inverse des aiguilles d'une montre (§ 634).

669. **Saturation magnétique.** — Le champ inducteur est proportionnel à l'intensité du courant; mais il n'en est pas de même de l'aimantation acquise par le barreau.

Que ce soit de l'acier trempé ou du fer doux, ***l'aimantation ne croît pas indéfiniment avec l'intensité du courant.***

Il arrive un moment où le barreau a atteint la ***saturation magnétique***.

A partir de ce moment, il n'y a aucun intérêt à augmenter l'intensité du champ magnétisant.

670. Électro-aimants. — Les choses se passent d'une façon particulièrement intéressante, quand on opère sur le fer doux.

Tant que le courant passe, le fer doux est transformé en un aimant beaucoup plus puissant que les aimants ordinaires de mêmes dimensions. Lorsque le courant cesse, le barreau revient à peu près à l'état neutre.

On donne le nom d'***électro-aimants*** à ces aimants temporaires.

L'électro-aimant peut être rectiligne ou courbé en fer à cheval (fig. 332).

Dans ce dernier cas, on enroule le fil conducteur isolé en plusieurs couches sur les parties rectilignes du noyau et l'on passe d'une branche à l'autre comme l'indique la figure, c'est-à-dire de telle façon que l'une des bobines soit la continuation de l'autre. Un observateur qui regarderait alors les deux extrémités du noyau verrait le courant circuler en sens contraire autour de chacune d'elles; dans ces conditions un pôle magnétique nord apparaît à l'extrémité de la branche N, autour de laquelle le courant tourne en sens contraire des aiguilles d'une montre; un pôle sud apparaît à l'autre extrémité S du noyau de fer doux.

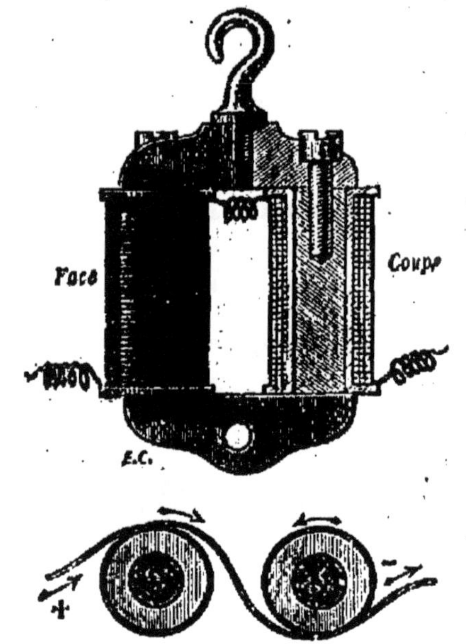

FIG. 332. — ÉLECTRO-AIMANT.
Lorsqu'on dirige un courant dans les bobines qui entourent les parties rectilignes du noyau de fer doux, celui-ci devient un aimant puissant, capable de supporter de lourdes charges.

671. Applications de l'électro-aimant. — On emploie les électro-aimants pour produire le champ magnétique inducteur dans toutes les génératrices ou réceptrices industrielles. On parvient ainsi à construire des machines, appelées ***dynamos*** (fig. 333), qui, à égalité de poids, sont plus puissantes, plus constantes et coûtent moins cher que les ***magnétos*** de Gramme.

Le courant qui, dans les dynamos, actionne l'électro-aimant inducteur est emprunté au courant de la machine elle-même

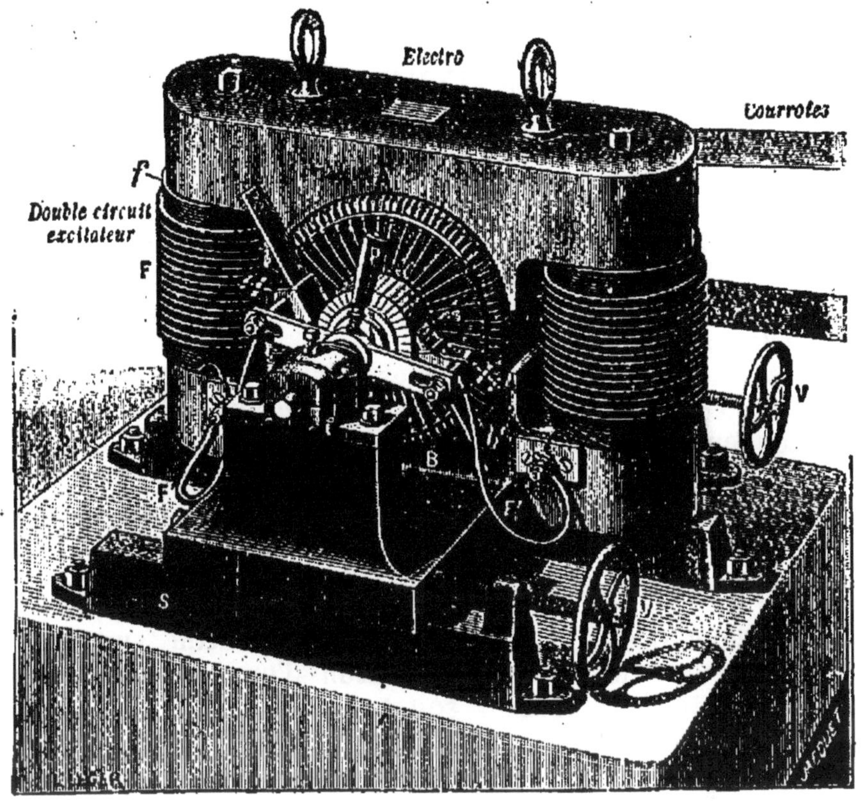

FIG. 333. — DYNAMO.
Le champ inducteur est produit par un électro qu'excite une partie du courant que donne la machine elle-même.

ou fourni par une dynamo auxiliaire que l'on nomme ***excitatrice***.

Nous allons retrouver l'électro-aimant dans le télégraphe et le téléphone.

CHAPITRE XXIII

TÉLÉGRAPHE

672. **Principe du télégraphe.** — La transmission de la pensée entre deux stations très éloignées est assurément l'une des plus importantes applications de l'électricité : en voici le principe.

Les deux stations sont réunies par un circuit conducteur contenant un électromoteur (***pile*** ou ***accumulateur***), et, par conséquent, parcouru par un courant. A chaque station se trouve : 1° un ***manipulateur*** qui permet d'interrompre ou d'établir à volonté ce courant; 2° un ***récepteur***, dont l'organe principal (fig. 337) est un électro-aimant E, devant les pôles duquel se trouve une pièce de fer doux A, maintenue par un ressort.

Les deux postes sont disposés d'une façon symétrique (fig. 336), de telle sorte qu'en chacun d'eux le transmetteur étant inactif, le récepteur soit toujours prêt à recevoir le courant lancé de l'autre station.

Quand, à l'une des stations, on lance le courant dans le circuit, le récepteur de l'autre station s'anime et son électro-aimant E attire la pièce de fer doux A. Si l'on supprime alors le courant, la pièce de fer doux est ramenée en arrière par le ressort qui la maintient. On peut donc, ainsi, à chacun des deux postes, recevoir immédiatement les ***signaux convenus*** transmis par l'autre.

Nous décrirons comme exemple le montage simple du télégraphe de Morse, qui est, d'ailleurs, le plus usité.

673. **Fil de ligne.** — Les deux stations sont reliées par un ***seul fil*** métallique isolé, que l'on nomme le ***fil de ligne***; après avoir parcouru les piles et les appareils de chaque poste, le courant est conduit à la terre par de larges plaques de cuivre, enfouies dans une région humide du sol. C'est donc la terre qui fait office ***de fil de retour*** : on économise ainsi un fil de ligne; on réduit, en outre, de moitié la résistance du circuit. La résistance propre de la terre peut, en effet, être regardée

comme négligeable, quand les communications de la ligne avec le sol ont été bien établies.

On emploie ordinairement pour les ***lignes aériennes*** (fig. 334) un fil de fer galvanisé *ff* de 3 à 5 millimètres de diamètre, suivant la longueur de la ligne. Ce fil est maintenu de distance en distance, par des supports isolants en porcelaine C. Ceux-ci ont la forme de cloche, afin que leur paroi intérieure reste toujours sèche; ils sont fixés à la partie supérieure de poteaux P plantés à des intervalles de 50 à 100 mètres.

FIG. 334. — LIGNE AÉRIENNE.
Elle est formée d'un fil de fer galvanisé, maintenu de distance en distance par des supports de porcelaine en forme de cloche.

Dans la traversée des grandes villes, les lignes sont, la plupart du temps, ***souterraines***. Elles sont constituées par des fils de cuivre entourés d'une épaisse couche de gutta-percha, recouverte ellemême d'un ***guipage*** de coton. Ces câbles sont, en outre, protégés par une enveloppe métallique, qui est en plomb, lorsqu'ils doivent être installés dans des tunnels ou dans des égouts, et en fer lorsqu'ils doivent être placés en pleine terre.

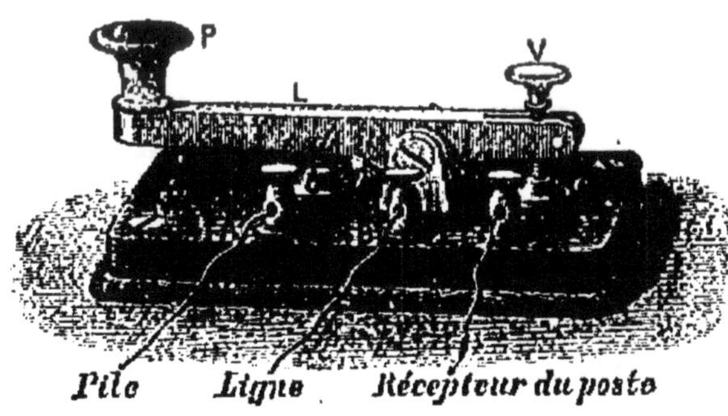

FIG. 335. — MANIPULATEUR MORSE.
C'est un simple levier qui permet de lancer ou de supprimer à volonté le courant de la pile dans le fil de ligne.

674. Manipulateur. — Le transmetteur (fig. 335) est un simple ***interrupteur***, connu sous le nom de ***clé de Morse***, qui permet d'établir ou de rompre à volonté le circuit. Le fil de ligne aboutit à un levier métallique L, fixé sur une planchette. En temps ordinaire, le levier est maintenu soulevé par un ressort *r*. Quand on appuie sur la poignée P, la pointe *a* touche l'enclume *b* qui communique avec la pile et le courant est lancé dans la ligne. Quand on cesse d'appuyer, le ressort *r* relève le levier et le courant se trouve interrompu.

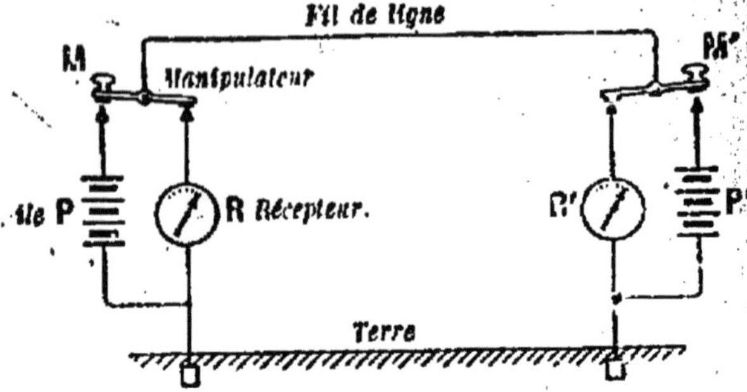

FIG. 336. — MONTAGE SIMPLE D'UN TÉLÉGRAPHE.
Les deux postes sont disposés d'une façon symétrique; chacun d'eux est constitué de telle façon que, son transmetteur étant inactif, son récepteur soit toujours prêt à recevoir les signaux émis par l'autre poste.

675. **Montage simple**. — Les connexions entre les divers appareils sont établies de façon que chaque poste soit toujours prêt à recevoir les signaux de l'autre. On se rend aisément compte de ce montage sur la figure 336. On voit que, lorsque les manipulateurs M et M' sont abandonnés à eux-mêmes, les stations ne communiquent pas entre elles; aucun courant ne parcourt donc la ligne, puisque le circuit des piles P et P' est ouvert; on évite ainsi de les fatiguer inutilement.

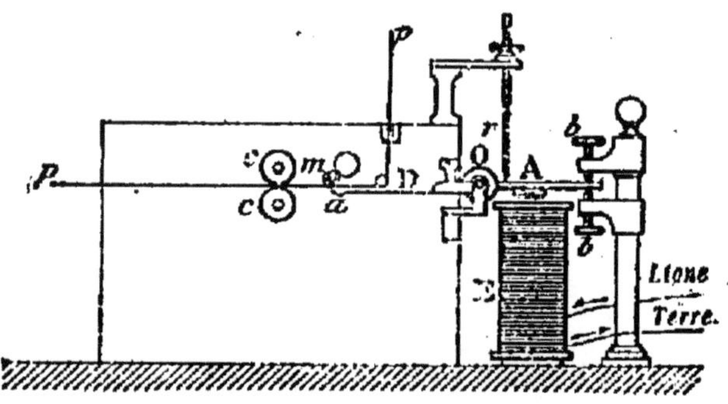

FIG. 337. — DISPOSITIF D'UN RÉCEPTEUR MORSE.
Quand l'électro reçoit un courant, il attire la pièce de fer doux A. L'extrémité a *du levier Aa se relève alors et applique la bande de papier, qui se déroule, contre une molette* m *continuellement chargée d'encre. On obtient des traits ou des points suivant la durée du courant.*

676. **Récepteur.** — L'organe essentiel du ***récepteur*** est un électro-aimant E. Celui-ci peut agir sur une pièce de fer doux A, fixée vers l'une des extrémités d'un levier mobile autour de l'axe O; l'autre extrémité de ce levier se termine par une partie relevée *a* (fig. 337). En temps ordinaire, un ressort *r* main-

tient la pièce de fer doux éloignée de l'électro ; mais, lorsque celui-ci reçoit par le fil de ligne le courant du poste d'émission, la pièce de fer doux est ***vivement attirée*** ; et l'extrémité *a* se soulève. Ce mouvement a pour effet d'appliquer contre une ***molette m*** chargée d'encre, une bande de papier que déroule un mouvement d'horlogerie. Sur cette bande de papier, la molette trace un ***trait*** ou un ***point***, suivant la durée

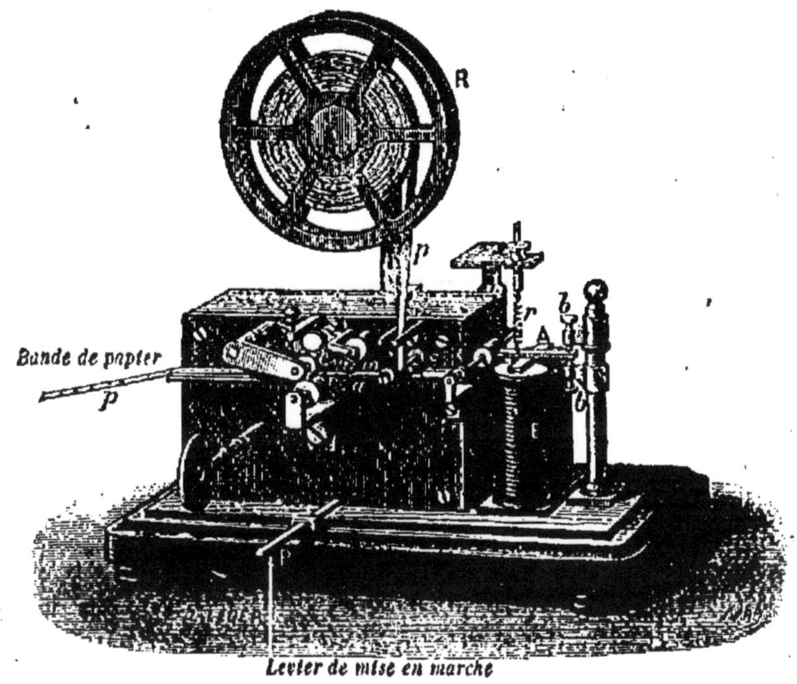

FIG. 338. — VUE D'ENSEMBLE D'UN RÉCEPTEUR MORSE.
La boîte de l'appareil contient un mouvement d'horlogerie qui déroule régulièrement la bande de papier.

du courant. On reproduit les diverses lettres de l'alphabet par une combinaison conventionnelle de traits et de points.

Le mécanisme qui déroule régulièrement la bande de papier est très simple : cette bande de papier est serrée entre deux cylindres, dont l'un est mis en mouvement par un appareil d'horlogerie et dont l'autre est libre sur son axe ; les deux cylindres tournent nécessairement en sens inverse et entraînent la bande de papier, à la façon d'un petit laminoir.

L'encrage de la molette s'obtient à l'aide d'un tambour

recouvert d'une étoffe imbibée d'encre à la glycérine. Ce tambour tourne en entraînant la molette contre laquelle il s'appuie constamment.

L'appareil est complété par des butoirs à vis *b* qui limitent la course du levier et par une clef qui permet d'arrêter à volonté le mouvement d'horlogerie.

La figure 338 représente une vue d'ensemble du récepteur Morse.

677. **Alphabet Morse.** — La figure ci-contre (fig. 339)

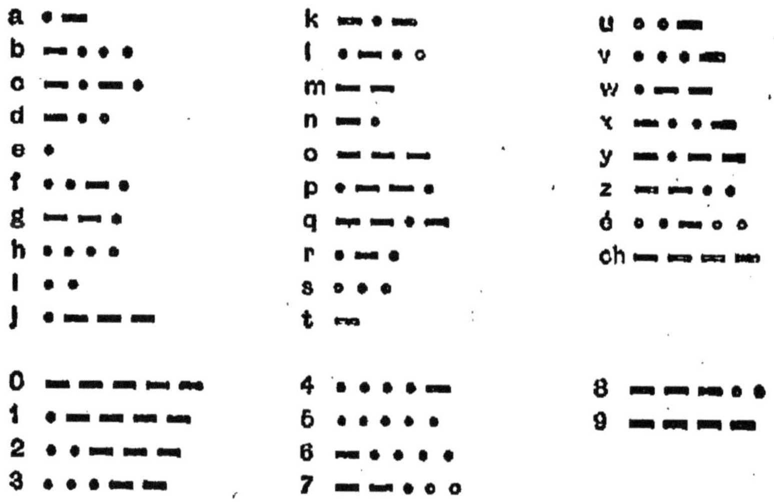

a	· —	k	— · —	u	· · —
b	— · · ·	l	· — · ·	v	· · · —
c	— · — ·	m	— —	w	· — —
d	— · ·	n	— ·	x	— · · —
e	·	o	— — —	y	— · — —
f	· · — ·	p	· — — ·	z	— — · ·
g	— — ·	q	— — · —	é	· · — · ·
h	· · · ·	r	· — ·	ch	— — — —
i	· ·	s	· · ·		
j	· — — —	t	—		
0	— — — — —	4	· · · · —	8	— — — · ·
1	· — — — —	5	· · · · ·	9	— — — —
2	· · — — —	6	— · · · ·		
3	· · · — —	7	— — · · ·		

FIG. 339. — ALPHABET MORSE.
A chaque lettre correspond une combinaison particulière de traits et de points.

indique l'alphabet conventionnel qu'on emploie sur l'appareil Morse.

678. **Appareil accessoire. Sonnerie.** — La sonnerie est encore une application de l'électro-aimant : on l'emploie comme appel, pour le service des appartements ou des lignes télégraphiques et téléphoniques.

Elle se compose essentiellement d'un petit électro-aimant dont le fil communique d'une part avec la ligne et, d'autre part, avec une lame d'acier élastique qui porte l'armature *a* de l'électro et qui, en temps ordinaire, touche une pièce de laiton *c*, en relation avec la borne *n* (fig. 340). Ce petit appareil s'intercale par les bornes *m* et *n* dans un circuit conte-

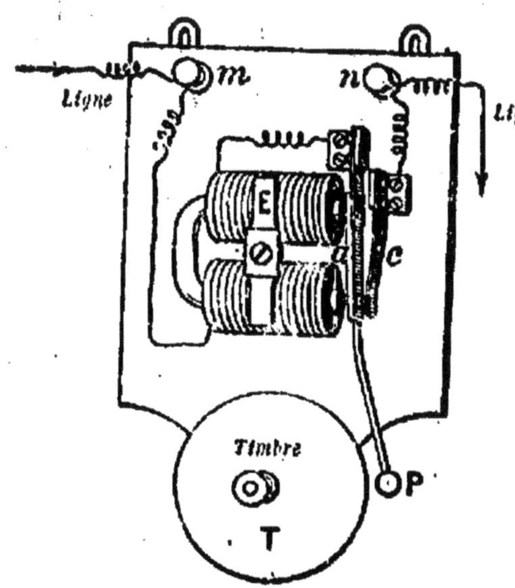

FIG. 340. — SONNERIE D'APPEL.

L'armature de l'électro est portée par une lame élastique et les connexions sont établies de telle sorte que le courant soit rompu aussitôt que cette armature est attirée. Il en résulte une vibration de la lame et des chocs répétés au marteau sur le timbre.

nant une pile et un interrupteur, vulgairement appelé **bouton** de sonnerie.

Lorsque, en fermant l'interrupteur, on lance le courant de la pile dans le circuit, l'électro-aimant attire vivement l'armature et le marteau P frappe le timbre et le fait résonner. Mais, tout aussitôt, le contact cesse entre l'armature et la pièce *c*; le courant est alors interrompu et la lame élastique revient en arrière; le courant passe à nouveau; et ainsi de suite. Les chocs sur le timbre se répètent donc, à intervalles rapprochés, tant que dure le courant dans la sonnerie.

CHAPITRE XXIV

TÉLÉPHONE

379. Principe et fonctionnement du téléphone. — Le téléphone, imaginé par Graham Bell, permet de transmettre la parole à de grandes distances : on peut le regarder comme une véritable machine magnéto-électrique.

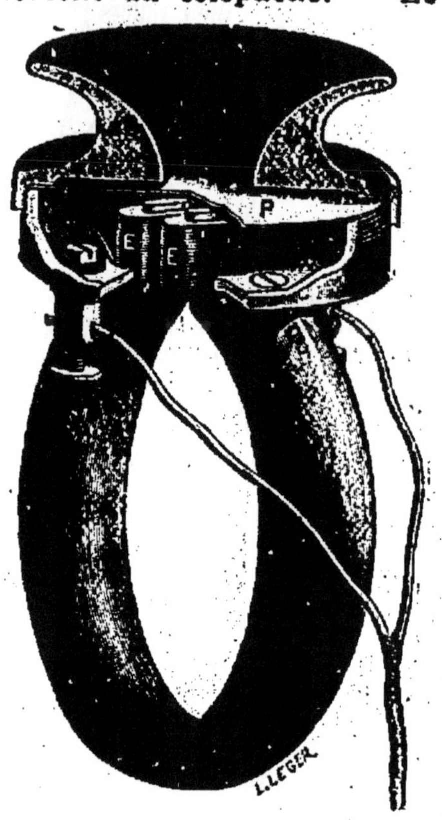

FIG. 341. — TÉLÉPHONE.
Lorsqu'on parle dans l'embouchure, les déplacements de la plaque de fer doux P modifient le magnétisme de l'aimant et éveillent dans les bobines E des courants induits qui, transmis à un appareil récepteur identique, provoquent des vibrations synchrones de sa plaque de fer doux et reproduisent la parole.

Il se compose essentiellement d'une plaque ronde, en tôle mince P (fig. 341), derrière laquelle se trouve un aimant en fer à cheval dont chacune des extrémités polaires est entourée d'une petite bobine de fil fin E. Les deux bobines sont enroulées comme celles d'un électroaimant ordinaire : elles font partie du même circuit et sont reliées par un fil d'aller et un fil de retour à celles d'un appareil exactement semblable qui servira de ***récepteur***.

Lorsqu'on parle devant l'embouchure, les vibrations de la parole se communiquent à la plaque qui, en se rapprochant et en s'éloignant de l'aimant, modifie le magnétisme de ce dernier (§ 626). Les bobines qui l'entourent sont alors parcourues par une série de courants induits, directs et inverses. Ceux-ci arrivent aux bobines du récepteur et reproduisent sur son noyau de fer les mêmes variations d'aimantation; d'où résultent les mêmes vibrations dans la plaque de tôle voisine. En plaçant le récepteur près de l'oreille, on entend alors avec son timbre, mais avec une intensité moindre, la voix émise devant le téléphone transmetteur.

Le système est réversible : l'un ou l'autre des deux appareils associés peut servir indifféremment de récepteur ou de transmetteur.

Les courants mis en jeu ne dépassent guère quelques cent-millièmes d'ampère.

680. **Microphone.** — Le ***microphone***, dont l'invention est due à Hughes, a considérablement augmenté la portée du téléphone. Une baguette de charbon, terminée en pointe à

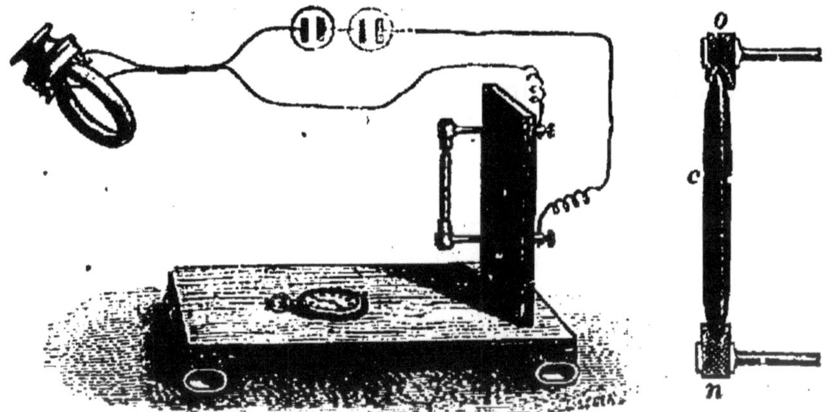

FIG. 342. — MICROPHONE (*détail et installation*).
C'est une baguette de charbon c *qui est placée, sans être serrée, entre deux appuis en charbon* o *et* n. *Elle fait partie du circuit qui comprend une pile et un téléphone. Les moindres vibrations font varier la résistance du microphone et, par suite, l'intensité du courant; elles peuvent ainsi être perçues dans le téléphone.*

ses deux extrémités, est intercalée, ***sans être serrée***, entre deux petits blocs de charbon, qui lui permettent de ballotter sous la moindre impulsion. Ce système de charbon fait partie d'un circuit comprenant une pile et un téléphone (fig. 342).

Sous l'action d'un courant permanent, le téléphone reste muet, mais si l'on communique des vibrations, si légères soient-elles, à la planchette, la baguette de charbon oscille dans ses supports en modifiant chaque fois la résistance aux points de contact; le courant subit alors des variations d'intensité qui mettent en vibration la plaque du téléphone. Ce dispositif est tellement sensible qu'on peut entendre à plusieurs mètres de distance les moindres mouvements d'une mouche placée sur le support de l'appareil, et de là vient le nom de *microphone* qu'on lui a donné. Bien plus, si l'on parle devant la planchette d'un microphone, les déplacements de la baguette suivent les vibrations de la parole et l'expérience montre que le téléphone reproduit alors, avec son timbre propre, la voix émise.

Il importe évidemment de soustraire l'instrument aux vibrations accidentelles des corps voisins : on y parvient aisément en le plaçant sur des tubes en caoutchouc, qui étouffent, pour ainsi dire, ces vibrations.

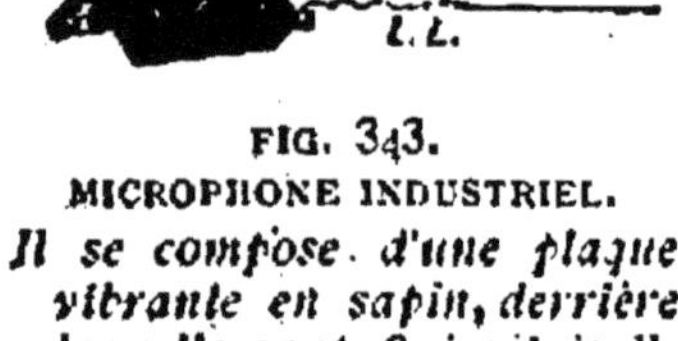

FIG. 343.
MICROPHONE INDUSTRIEL.
Il se compose d'une plaque vibrante en sapin, derrière laquelle sont fixés très librement plusieurs baguettes de charbon des cornues.

Sur les *lignes téléphoniques* de l'État, on utilise comme récepteur un téléphone ordinaire et comme transmetteur un microphone. L'emploi de ce dernier permet d'obtenir des variations de courant plus intenses et, par conséquent, de correspondre à de plus grandes distances qu'avec deux téléphones associés.

Les dispositifs des microphones sont très nombreux : un des plus simples et des plus employés consiste en une planche mince de sapin devant laquelle on parle et derrière laquelle sont fixés deux blocs de charbon des cornues qui soutiennent *très librement* plusieurs baguettes de même matière (fig. 343).

SIXIÈME PARTIE

L'ÉNERGIE ET SES TRANSFORMATIONS

CHAPITRE I

NOTION DE L'ÉNERGIE

681. **Puissance mécanique.** — Nous avons déjà longuement insisté sur la notion de ***travail*** (§ 15 et suivants).

L'étude des phénomènes électriques nous a déjà familiarisés avec la notion de ***puissance*** (§ 524).

Il importe que nous revenions sur ces notions à un point de vue plus général.

Considérons une chute d'eau tombant de 6 mètres de hauteur et dont le débit soit de 3 mètres cubes par minute. Supposons qu'elle soit employée à faire tourner une machine hydraulique (roue à aubes ou turbine) (fig. 344), qui commande à son tour les mécanismes de tout un atelier.

FIG. 344. — ROUE A AUBES.
L'eau en tombant alourdit la roue d'un côté et l'oblige à tourner en entraînant les mécanismes commandés par l'engrenage latéral.

Pendant chaque seconde, il tombe $\frac{3000}{60} = 50$ kilogrammes d'eau. Si la chute était de 1 mètre, le travail effectué par la chute de cette eau serait de 50 kilogrammètres. En réalité, il sera donc 6 fois plus grand, c'est-à-dire de 50 × 6 = 300 kilogrammètres.

C'est ce qu'on appelle la ***puissance*** de la chute d'eau.

La puissance d'une installation mécanique mesure, par définition, le travail que cette installation peut fournir en une seconde.

Pour revenir à l'exemple précédent, il est d'usage de dire que la puissance de la chute d'eau est égale à $\frac{300}{75} = 4$ ***chevaux-vapeur*** (§ 525).

La chute en question pourra donc facilement alimenter une machine dont la puissance devrait être de 3 chevaux; et même, si l'aménagement des appareils est bien fait, si l'on tire le meilleur parti possible de la chute, il ne devra pas être difficile d'utiliser la chute pour entretenir le mouvement d'une machine de 3 chevaux et demi; mais, elle ne pourra certainement pas animer une machine de 5 chevaux.

682. **Énergie potentielle et énergie cinétique.** — Dans l'exemple précédent, nous avons vu que la chute d'eau possède la propriété d'effectuer un certain travail pendant un certain temps, mais que ce travail ne peut pas dépasser une certaine valeur. — Une autre chute sera caractérisée par une autre valeur de sa puissance mécanique disponible.

Avant que l'eau n'ait franchi la chute, il est possible de la faire travailler utilement, si on la reçoit sur une roue à aubes ou sur une turbine. Mais, après que la chute a été franchie, l'eau qui vient de tomber ne peut plus effectuer de travail utile, à moins qu'il ne se présente plus loin une nouvelle chute.

Nous dirons que l'eau qui n'est pas encore tombée et que l'on peut faire travailler possède de ***l'énergie potentielle.***

Nous dirons que celle qui arrive au bas de sa course et rencontre les palettes de la roue avec une vitesse d'autant plus grande qu'elle tombe de plus haut, possède une quantité croissante ***d'énergie cinétique.***

Nous pouvons conclure :

Un corps qui tombe perd de l'énergie potentielle; il acquiert de l'énergie cinétique.

De même, un ressort tendu possède de l'énergie potentielle. En se détendant, il prend une certaine vitesse qui peut servir à projeter des corps primitivement immobiles. ***Son énergie potentielle a disparu; elle a fait place à de l'énergie cinétique.***

Le fait est absolument général :

Si l'énergie potentielle d'un système diminue, son énergie cinétique augmente, et inversement.

Cherchons quelle relation existe entre ces deux formes d'énergie.

683. **Expressions numériques des diverses formes de l'énergie.** — Il faut d'abord, pour cela, définir chacune d'elles numériquement.

Par définition, on conviendra de mesurer l'énergie par une ***quantité de travail.***

L'énergie potentielle d'un corps pesant sera donc, par définition, mesurée par le travail que ce corps, supposé primitivement au repos, pourra produire en tombant jusqu'à la surface du sol.

L'énergie cinétique d'un mobile sera de même, par définition, mesurée par le travail que ce mobile pourrait engendrer, si, restant à la même place avec la même configuration, il passait de son état actuel de mouvement à l'état de repos absolu.

Précisons ces définitions sur des exemples.

1° ***Mobile au départ.*** — Un mobile, de masse M, est placé en un point A, à une hauteur H, au-dessus du sol.

Le travail qu'il pourrait produire en tombant a pour valeur :

$$T = P.H = MgH.$$

C'est la mesure de son ***énergie potentielle E.*** Au point A, il est supposé en repos; son ***énergie cinétique*** est nulle.

L'énergie totale, au point A, a pour valeur

$$E = MgH.$$

2° ***Mobile arrivant au sol, en C.*** — Laissons tomber le corps. Il arrive en un point C. En ce moment, son ***énergie potentielle*** est évidemment nulle.

Que convient-il de prendre pour expression de son énergie cinétique?

La vitesse V du mobile, au point C, est donnée par la relation (§ 89) :

$$V^2 = 2gH.$$

Posons provisoirement comme postulat : que ***l'énergie totale est restée invariable.***

Elle était $E = MgH$, au point A.

Nous admettons provisoirement qu'au point C elle a la même valeur. Elle peut donc s'écrire :

$$E' = Mg.H = Mg \cdot \frac{V^2}{2g} = M\frac{V^2}{2}.$$

C'est l'expression que nous admettrons comme étant la mesure de l'énergie cinétique d'un mobile de masse M, animé de la vitesse V.

Nous tirons de ce qui précède les deux définitions suivantes :

1° ***L'énergie potentielle d'un corps pesant de masse M, élevé d'une hauteur H au-dessus du sol, a pour valeur :***

$$E = MgH.$$

2° ***L'énergie cinétique d'un mobile, de masse M, animé d'une vitesse V, a pour expression numérique :***

$$E' = \frac{MV^2}{2}.$$

Cette quantité est désignée couramment sous le nom de ***force vive*** du mobile.

684. **Loi de la conservation de l'énergie mécanique.** — Il est facile maintenant de vérifier notre postulat, au moins dans le cas d'un corps tombant sous l'action de la pesanteur.

Prenons le mobile à son passage en un point B, intermédiaire à A et C.

Posons $BC = h$; il vient par suite $AB = H - h$.

Calculons, d'après nos définitions précédentes, les énergies potentielle et cinétique du mobile au point B.

1° L'énergie potentielle du mobile en B a pour valeur, par définition :

$$E = Mgh.$$

2° L'énergie cinétique du mobile en B a pour valeur, par définition :

$$E' = M\frac{v^2}{2}.$$

Or, d'après la loi de la chute des corps (§ 89), on a

$$v^2 = 2g(H - h)$$

d'où :

$$E' = Mg\,(H - h).$$

On voit immédiatement que la ***somme*** $E + E'$ ***des deux énergies potentielle et cinétique :***

$$E + E' = MgH,$$

est indépendante de h, ***c'est-à-dire reste constante pendant tout le temps de la chute du mobile.***

Le calcul précédent n'avait d'autre but que de nous aider à comprendre le sens et la portée du principe de la conservation de l'énergie.

Il ne peut être question d'en donner une démonstration proprement dite. ***Un principe ne se démontre pas.*** On ne peut que l'admettre provisoirement d'abord. On en tire ensuite les conséquences qu'il comporte et l'on compare ces dernières avec les faits d'expérience ; c'est ce que nous ferons pour le principe de la conservation de l'énergie.

685. **Conséquences du principe de la conservation de l'énergie.** — Un ***projectile*** produira des effets destructeurs, un ***marteau*** produira des effets utiles, qui seront proportionnels : 1° à leurs masses, M ; 2° au carré v^2 de leurs vitesses.

Un ***volant*** en mouvement possède de l'énergie sous forme cinétique. Si le travail moteur de la machine surpasse le travail résistant des mécanismes qu'elle met en mouvement, le volant, de grande masse, s'opposera à une accélération trop grande du mouvement. Il accumulera alors de l'énergie sous forme cinétique.

Si, au contraire, la machine est momentanément insuffisante, le volant cédera de son énergie cinétique à l'arbre de couche ; il suppléera à l'insuffisance de la machine ; la vitesse de rotation ne diminuera que lentement.

— Le principe de la conservation du travail (§ 18) n'est qu'un cas particulier du principe de la conservation de l'énergie, quand on ne considère que des transformations d'énergies potentielles en d'autres énergies potentielles.

CHAPITRE II

DIVERSES FORMES DE L'ÉNERGIE

686. **Énergie thermique.** — Nous n'avons jusqu'ici envisagé que des formes mécaniques de l'énergie; ce ne sont pas les seules.

Un corps à haute température peut produire du travail en se refroidissant. N'en retenons pour preuves que les machines à vapeur (§ 694) et les moteurs à explosion (§ 703). Le travail produit par ces mécanismes n'a pas d'autre origine que la chaleur dégagée par le combustible employé.

Inversement, de l'énergie mécanique peut se transformer en chaleur : le frottement énergique de deux corps l'un contre l'autre, la compression brusque d'un gaz (§ 355) dégagent de grandes quantités de chaleur. Nous aurons encore un exemple très net de ce genre de transformation dans les expériences de Joule (§ 692), que nous étudierons un peu plus loin avec quelques détails.

Nous devons donc regarder la chaleur comme une forme particulière d'énergie; c'est l'énergie thermique.

687. **Énergie électrique.** — Nous avons vu qu'une machine électrique fournit de l'énergie à son collecteur (§ 512); cette énergie se manifeste ensuite dans la décharge des condensateurs (§ 539). De même, nous avons vu que le courant électrique est susceptible de produire du travail mécanique (rotation des moteurs, transport de l'énergie à distance) (§ 667); peut engendrer de la chaleur (§§ 567 et 572) et de la lumière (§§ 570 et 571). Ce sont là autant de manifestations différentes de l'énergie.

D'ailleurs, le courant n'a pu être obtenu lui-même, sans dépenser une certaine quantité d'énergie, au moins équivalente à celle qu'il pourra restituer lui-même.

Ces différentes formes d'énergie peuvent se transformer les unes dans les autres. ***L'énergie électrique est une de celles qui se prêtent le mieux à ces transformations.***

688. **Énergie chimique.** — L'explosion d'une cartouche

de dynamite dans un trou de mine, la combustion d'une charge de poudre dans l'âme d'un canon, ou d'un mélange explosif dans le cylindre d'un moteur à gaz sont susceptibles de produire des travaux mécaniques de grande importance. On dira que les systèmes considérés possédaient, avant de produire ces travaux, de l'énergie potentielle sous une forme particulière que l'on appellera *l'énergie chimique*.

La chaleur, étant généralement produite à l'aide de combustions, aura donc habituellement pour origine de l'énergie chimique.

L'énergie chimique dans les piles (§ 592) se transforme en énergie électrique. L'énergie électrique dans le voltamètre (§ 579) engendre de l'énergie chimique. Elle met, en effet, en liberté de l'hydrogène et de l'oxygène qui sont susceptibles en se combinant de produire un travail moteur.

689. **Autres formes d'énergies.** — Nous ne pouvons pas prétendre énumérer toutes les formes possibles de l'énergie. Les rayons X, le radium, les corps radio-actifs exercent des actions très énergiques, qui cependant étaient complètement inconnues il y a une vingtaine d'années.

690. **Énergie solaire.** — La plupart des mouvements que nous savons produire à la surface de la Terre proviennent, en dernière analyse, d'une transformation de l'énergie contenue dans la radiation solaire.

Il suffit d'un peu de réflexion pour se convaincre que l'énergie des vents et des fleuves n'a pas d'autre origine.

Nos combustibles végétaux (bois, charbon, etc.) ont toute leur énergie empruntée à la chaleur solaire. La nutrition végétale consiste principalement, en effet, à emprunter au milieu extérieur l'eau et le gaz carbonique, pour en faire des produits dont l'oxygène est en grande partie éliminé. Cette élimination n'a pu se faire que sous l'influence des rayons du soleil absorbés par la chlorophylle qui se trouve dans les parties vertes des plantes.

Les animaux empruntent eux-mêmes leur énergie musculaire soit aux végétaux, soit aux animaux dont ils se nourrissent, c'est-à-dire, en définitive, d'une façon plus ou moins directe, à l'énergie solaire.

La presque totalité de l'énergie dont nous disposons n'a donc pas d'autre origine que la chaleur solaire.

CHAPITRE III

PRINCIPE DE L'ÉQUIVALENCE

691. **Premier énoncé du principe de l'équivalence.** — Le principe de la conservation de l'énergie mécanique a été précédemment (§ 683) énoncé et vérifié, pour le cas seulement de l'énergie potentielle et de l'énergie cinétique.

L'un des plus grands progrès qui aient été réalisés dans le développement des sciences expérimentales a consisté à étendre progressivement ce principe à tous les modes d'énergie connus. C'est là, pour le philosophe, un sujet de méditations intéressantes sur le rôle important que jouent l'induction et la généralisation dans la méthode des sciences physiques.

Les expériences de Joule sont de celles qui ont le plus contribué à l'extension du principe de la conservation de l'énergie. De ces expériences résulte que :

De quelque façon que l'on transforme l'énergie mécanique en chaleur, que ce soit par le frottement ou le choc, ou par tel autre procédé, la quantité de chaleur produite est toujours proportionnelle au travail disparu.

Sous cette forme particulière, le principe, qui nous occupe, est habituellement désigné sous le nom de : ***Principe de l'équivalence.***

692. **Expériences de Joule.** — Dans l'appareil de Joule (fig. 345), le travail moteur était produit par la chute de deux grosses masses de plomb, égales, suspendues à des fils. Par l'intermédiaire des poulies et du treuil, représentés sur la figure, la chute de ces masses communique un mouvemen de rotation à un système de palettes immergé dans un calorimètre.

Le travail T accompli par une chute, de hauteur H, a pour valeur

$$T = 2\,MgH.$$

Les frottements, et par conséquent les dégagements de chaleur, sont négligeables partout ailleurs que dans le calorimètre ; cela tient à l'extrême délicatesse des suspensions ;

et c'est d'ailleurs la raison principale de la précision des expériences de Joule.

La mesure du dégagement de chaleur Q, produit dans le calorimètre, est facile. Soit M le poids en eau du calorimètre

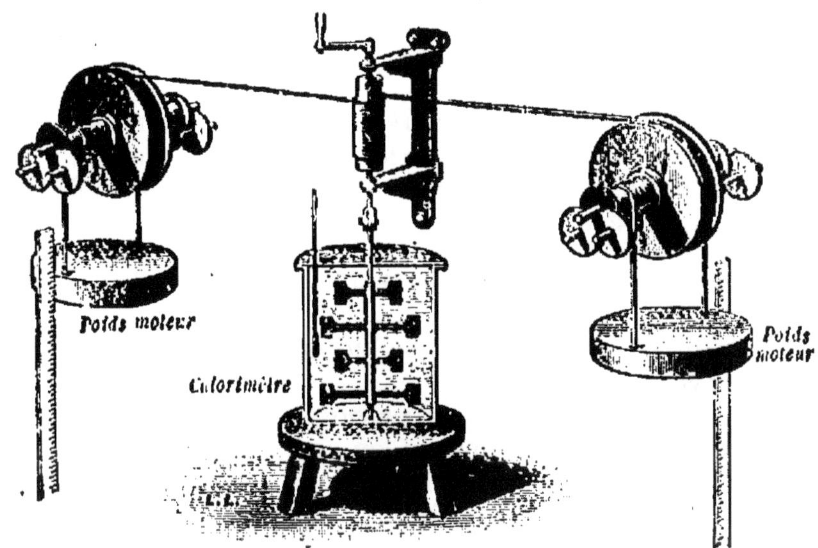

FIG. 345. — MESURE DE L'ÉQUIVALENT MÉCANIQUE DE LA CALORIE.
Un travail déterminé, fourni par la chute des poids moteurs, est employé à faire tourner les palettes dans le vase calorimétrique. La chaleur produite par le frottement des palettes sur l'eau se mesure en observant l'élévation de température du calorimètre. Elle est proportionnelle au travail dépensé.

(§ 244), et $(\theta - t)$ l'élévation de température constatée entre le début et la fin de l'expérience, on a :

$$Q = M(\theta - t).$$

Supposons qu'une unité de chaleur soit équivalente à J unités de travail ; supposons qu'on ait dû recommencer n fois l'opération pour obtenir un dégagement de chaleur Q, on aura :

$$J = \frac{nT}{Q}.$$

Les quantités qui figurent au second membre sont directement connues par les expériences mêmes que nous venons de décrire ; le nombre J s'en déduit.

Le nombre J est désigné sous le nom ***d'équivalent mécanique de la chaleur.***

La valeur numérique de J dépend évidemment des unités choisies pour la quantité de chaleur et pour le travail.

Si l'on prend pour unité de chaleur la grande calorie ou calorie-kilogramme (§ 232), et pour unité de travail le kilogrammètre (§ 16), on trouve

$$J = 425.$$

Une grande calorie équivaut à 425 kilogrammètres.

Par suite, une petite calorie, ou calorie-gramme, vaudra 1000 fois moins, et puisqu'un kilogrammètre vaut 9,81 joules (§ 519), il en résulte que :

Une petite calorie équivaut à $\frac{425}{1000} \times 9{,}81 = 4{,}18$ ***joules.***

C'est un résultat dont nous nous sommes déjà fréquemment servi (§§ 539, 568).

693. **Généralisation du principe de l'équivalence.** — Joule a repris ces expériences, en en faisant varier les conditions. Depuis Joule, un grand nombre d'expérimentateurs ont cherché, par les procédés les plus variés, à déterminer l'équivalent mécanique de la chaleur. Hirn notamment l'obtenait en mesurant l'échauffement qu'acquiert un morceau de plomb sous le choc d'un lourd marteau de fonte, tombant d'une certaine hauteur.

Les diverses valeurs de J qui ont été ainsi trouvées s'écartent très peu de celle qu'a donnée Joule ; les légères différences qu'elles présentent entre elles s'expliquent par les erreurs inévitables qui accompagnent des expériences aussi délicates.

Rappelons, en particulier, que les expériences que nous avons décrites sur l'énergie des courants (§ 568) nous conduisent à la même valeur de J.

Il est donc tout naturel de regarder cette concordance comme établissant formellement l'équivalence de la chaleur et du travail.

Nous sommes donc autorisés à formuler les propositions suivantes, que nous considérerons comme l'énoncé même du principe de l'équivalence :

Un système matériel quelconque qui, après une série de transformations, est revenu à son état initial.

1° ***N'a pu perdre de chaleur, sans produire de l'énergie mécanique ;***

2° ***N'a pu perdre de l'énergie mécanique, sans produire de la chaleur;***

3° ***Il y a toujours exacte proportionnalité entre l'énergie disparue (thermique ou mécanique) et l'énergie apparue (mécanique ou thermique).***

Le principe, établi directement pour les énergies mécanique et thermique, se généralise facilement pour toutes les autres modalités de l'énergie. Sous sa forme la plus générale, il porte le nom de ***principe de la conservation de l'énergie.*** On peut l'énoncer de la façon suivante :

L'énergie totale d'un système reste invariable, au cours de toute modification dans laquelle aucun échange d'énergie ne se produit avec l'extérieur.

CHAPITRE IV.

MACHINES THERMIQUES

Nous savons déjà que l'on peut créer du travail en détruisant de la chaleur.

Rien ne fera mieux ressortir ce fait qu'une étude, même sommaire, des ***machines thermiques*** utilisées par l'industrie.

Les principales de ces ***machines*** sont : ***la machine à vapeur*** et les ***moteurs à explosion***.

1. — MACHINES A VAPEUR

694. Organes principaux d'une machine à vapeur. — Tout le monde sait qu'***une machine à vapeur consomme de la houille et produit du travail mécanique***.

Le principe de cet appareil, qui est un des engins les plus puissants de l'industrie moderne, est assez simple.

Réduite à ses organes essentiels, une machine à vapeur comprend, en effet :

1° ***Un générateur de vapeur.*** — C'est, en général, une chaudière close, à parois résistantes, dans laquelle on chauffe de l'eau à une température telle, que la pression de la vapeur dans la chaudière puisse atteindre plusieurs kilogrammes par centimètre carré ;

2° ***Un cylindre,*** dans lequel est engagé un piston mobile. Celui-ci est soumis à des pressions énergiques, tantôt dans un sens, tantôt dans l'autre. Ce résultat est obtenu en faisant agir la vapeur de la chaudière, alternativement sur l'une et sur l'autre face du piston ;

3° ***Un dispositif de transformation du mouvement*** alternatif du piston en un mouvement circulaire à peu près uniforme.

Nous nous bornerons aux considérations les plus importantes.

695. Description et fonctionnement du cylindre. — Nous nous rendrons facilement compte du fonctionnement de la machine à l'aide de la figure schématique (fig. 346), qui représente le cylindre.

Le cylindre est un corps de pompe en acier, dans lequel se déplace un piston entièrement métallique.

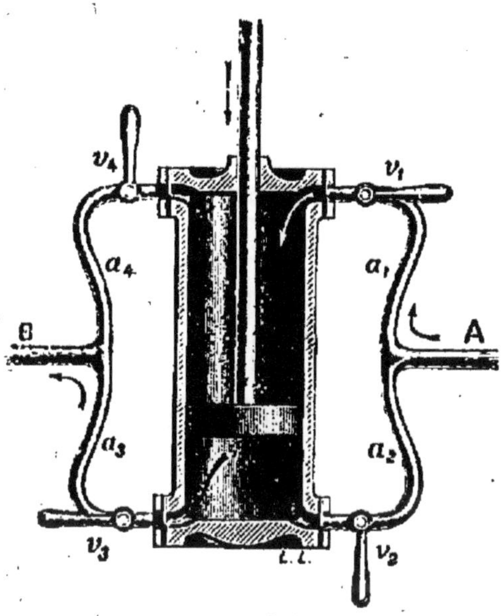

FIG. 346.
DISPOSITION SCHÉMATIQUE DU CYLINDRE.
Le mouvement alternatif du piston s'obtient en faisant successivement agir sur ses deux faces la poussée de la vapeur.

A l'intérieur et près des bases du cylindre, débouchent les conduits a_1, a_2, a_3, a_4, qui communiquent d'un côté avec la chaudière par le ***tuyau d'arrivée*** A, et de l'autre avec l'extérieur par le ***tuyau d'échappement*** B.

Supposons que les communications puissent être établies ou interrompues, à l'aide de robinets ou ***valves*** v_1, v_2, v_3, v_4.

Dans le mouvement de descente du piston, les valves v_2 et v_4 sont fermées ; les valves v_1 et v_3 sont ouvertes. La partie inférieure du cylindre est ainsi en libre communication avec l'extérieur où règne la pression p. Au contraire, la partie supérieure du cylindre est en libre communication avec la chaudière, où règne une pression beaucoup plus grande, P.

Le piston est donc poussé vers le bas par une force égale à $(P - p) \times S$, si l'on désigne par S la surface de la base du piston.

Lorsque le piston a atteint l'extrémité de sa course, le jeu des valves s'inverse automatiquement et le piston, sur la face inférieure duquel agit maintenant la vapeur, se trouve chassé vers le haut avec une force encore égale à $(P - p)\ S$.

Le piston est ainsi animé d'un mouvement alternatif qu'on transforme généralement en mouvement circulaire, à l'aide de dispositifs mécaniques que nous décrivons au paragraphe suivant. Nous dirons ensuite quelques mots de la distribution automatique de la vapeur dans le cylindre.

696. Transformation du mouvement alternatif du piston en mouvement circulaire. — Voici le dispositif le plus simple et aussi le plus employé.

La tige du piston (fig. 347) est reliée par une ***bielle articulée***, à l'extrémité d'une ***manivelle m***, solidaire d'un arbre horizontal, qui tourne entre des coussinets.

La longueur de la manivelle est juste égale à la moitié de la course du piston.

Si la vapeur agit sur l'une des faces du piston, l'extrémité de la manivelle se trouve poussée par l'intermédiaire de la bielle et l'arbre tourne autour de son axe.

Des courroies sans fin, qui passent sur des tambours montés sur l'arbre, communiquent ce mouvement de rotation aux divers outils que doit actionner la machine.

Lorsque le piston est à l'une ou l'autre de ses positions extrêmes, la manivelle se trouve dans le prolongement de la bielle, et l'action de la vapeur est alors sans effet : on dit que la machine se trouve en l'un de ses ***points morts***.

Il est nécessaire que, parvenue à ces points morts, la machine les dépasse d'elle-même.

Un ***volant*** très lourd, solidaire de l'axe de rotation, permet d'obtenir ce résultat et de régulariser la marche de la machine.

Les locomotives possèdent deux cylindres qui actionnent l'essieu des roues motrices par des manivelles placées à angle droit l'un de l'autre. Il n'y a donc pas de points morts. D'ailleurs, la masse même du train en mouvement joue un rôle analogue à celui du volant.

Dans les machines industrielles, le cylindre est le plus souvent placé horizontalement. Pour éviter la flexion de la tige du piston, la tête de la tige est guidée dans son mouvement par une double coulisse.

697. Distribution de la vapeur. Tiroir. — Parmi les différents modes usités pour la distribution de la vapeur dans le cylindre, nous nous contenterons d'indiquer la ***distribution à tiroir***.

Ce mode de distribution est le seul employé pour les locomotives, dans la construction desquelles on doit évidemment rejeter les mécanismes compliqués.

Sur le cylindre est solidement boulonnée une boîte rectangulaire B (fig. 347). Celle-ci communique avec la chaudière. A l'intérieur de cette boîte débouchent trois autres conduits *a*, *b*, *s*, ménagés dans la paroi même du cylindre.

Deux de ces conduits, *a* et *b*, aboutissent près des bases : le conduit médian *s* est en relation avec l'atmosphère ou le condenseur (§ 698).

Dans cette boîte se déplace une pièce mobile *t*, ayant la forme d'un ***tiroir*** à parois épaisses, appliqué par sa face ouverte sur la surface extérieure du cylindre.

Les dimensions du tiroir sont telles que, dans sa position moyenne, ses parois ferment exactement les canaux *a* et *b*.

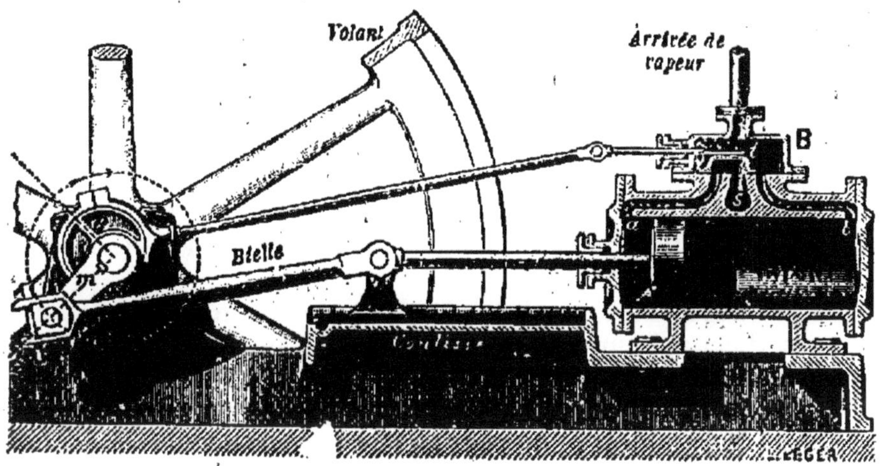

FIG. 347.
TRANSFORMATION DU MOUVEMENT ALTERNATIF EN MOUVEMENT CIRCULAIRE.
La tête du piston est guidée par une coulisse rabotée et elle est reliée par une bielle à une manivelle qui actionne l'arbre de rotation. Un lourd volant monté sur cet arbre permet à la machine de franchir les points morts *et régularise le mouvement.*

Le mouvement alternatif du tiroir est commandé par l'arbre de couche (voir fig. 347).

La tige du tiroir est calée de telle façon que le tiroir occupe sa position moyenne lorsque le piston est à l'une des extrémités de sa course ; et inversement.

Il est facile maintenant de suivre sur la figure les différentes particularités du mouvement.

Supposons que le piston progresse vers la gauche ; c'est le cas de la figure. La face de droite du piston communique avec la chaudière par le canal *b* que le tiroir laisse ouvert. La face de gauche du piston communique, au contraire, par le canal *a*, avec l'extérieur. Les lumières *a* et *b* restent dans l'état actuel pour la plus grande partie de la course du piston.

Mais, dès que celui-ci approche de la base de gauche du cylindre, le tiroir se déplace très rapidement vers la droite. Les *communications se trouvent donc interverties*, dès que le piston, entraîné par le volant, commence à revenir vers la droite. La vapeur de la chaudière agit alors sur la face gauche du piston tandis que la partie droite du cylindre communique avec l'extérieur.

La distribution de la vapeur est donc ainsi assurée automatiquement, à chaque coup de piston.

698. **Utilité du condenseur.** — L'atmosphère exerce sur le piston une force antagoniste, qui diminue d'autant l'effet utile de la vapeur.

Cette force antagoniste peut être réduite par l'emploi du *condenseur*.

Le condenseur est une enceinte close, à peu près vide d'air, maintenue à une température peu élevée (40° environ).

C'est avec cette enceinte que l'on met en communication le tuyau d'échappement de la vapeur, au lieu de le mettre en communication avec l'atmosphère.

La vapeur, *qui vient de travailler dans le cylindre*, ne se répand donc plus dans l'atmosphère. On l'envoie au condenseur, *où elle se condense presque immédiatement.*

Supposons le condenseur à 40°. A cette température, la tension maxima de la vapeur d'eau n'est que de 100 grammes environ par centimètre carré, tandis que la pression atmosphérique est de 1000 grammes environ.

La pression antagoniste, qui serait de 1000 grammes pour une machine sans condenseur, n'est donc plus que de 100 grammes pour une machine à condenseur.

L'emploi du condenseur permet ainsi de réaliser un gain de pression de 900 grammes environ par centimètre carré.

Comme la condensation de la vapeur dégage beaucoup de chaleur, il convient de refroidir incessamment le condenseur par un courant d'eau. Les locomotives n'ont pas de condenseur, parce qu'elles ne peuvent emporter que l'eau nécessaire à l'alimentation de la chaudière; dans ces machines, la vapeur qui sort du cylindre est dirigée dans la cheminée et le jet de vapeur est ainsi utilisé à produire par entraînement un tirage actif dans le foyer.

L'emploi du condenseur est, au contraire, à peu près général dans les machines fixes et dans les machines marines, et l'on alimente la chaudière avec l'eau chaude qui provient de l'enceinte à condensation.

699. Notions sur la puissance d'une machine à vapeur. — On peut facilement calculer la puissance d'une machine, telle que celles que nous venons de décrire. Nous supposerons, bien entendu, pour simplifier le calcul, que la vapeur agit pendant la course entière du piston.

On dit alors que ***la machine est à plein effet.***

Nous verrons bientôt (§ 701) que ces conditions ne sont pas les plus avantageuses au point de vue économique.

Quoi qu'il en soit, supposons, à titre d'exemple, que la chaudière soit à 180°, et le condenseur à 45°.

Reportons-nous au tableau des tensions de vapeur que nous avons donné au paragraphe 316.

Nous voyons, sur ce tableau, que, pour la température de 180°, la pression de la vapeur est un peu supérieure à 10 kilogrammes par centimètre carré. A l'estime, on peut apprécier sur le graphique que cette pression est très peu éloignée de $10^{kg},3$.

De même, sur le petit graphique du coin supérieur gauche nous voyons qu'à 45° (température du condenseur) la tension de la vapeur d'eau saturante est voisine de 100 grammes.

Par suite, la différence des pressions, qui, pendant la marche, régnerait de part et d'autre du piston, sera de

$$10^{kg},3 - 0^{kg},1 = 10^{kg},2 \text{ par centimètre carré.}$$

Complétons nos données, en supposant que le piston ait un diamètre de 40 centimètres, une course de 80 centimètres et que le volant fasse 50 tours à la minute.

On demande quelle est, en chevaux-vapeur, la puissance de cette machine.

700. Solution numérique du problème précédent. — La surface du piston étant égale à

$$3,14 \times 20^2 = 1256 \text{ centimètres carrés,}$$

la force qui fait mouvoir le piston est égale à

$$1256 \times 10,2 = 12\,800 \text{ kilogrammes (environ).}$$

Le travail accompli pour une allée du piston s'obtient, en kilogrammètres, en multipliant la force, estimée en kilogrammes, par le déplacement du piston, évalué en mètres.

Ce travail est donc de $12800 \times 0,80 = 10240$ kilogrammètres.

Or, le volant fait 50 tours à la minute.

Le piston fait donc, pendant le même temps, 50 allées et 50 venues.

Le travail total, fourni en une minute par la machine, est donc 100 fois 10240 kilogrammètres.

Par seconde, il est 60 fois plus petit, c'est-à-dire égal à

$$\frac{1024000}{60} = 17\,060 \text{ kilogrammètres (environ).}$$

On aura enfin la puissance de la machine en chevaux-vapeur si l'on divise le nombre précédent par 75.

On obtient ainsi le nombre 227.

La machine proposée a donc une puissance de 227 chevaux vapeur.

701. **Machine à détente.** — Une machine à ***détente*** est une machine où la vapeur n'arrive dans le cylindre que pendant une partie de la course du piston, le premier dixième par exemple.

On peut donc considérer deux phases dans le mouvement du piston :

1° ***La phase d'admission***, pendant laquelle la vapeur passe de la chaudière dans le cylindre;

2° ***La phase de détente.*** — La vapeur, reçue pendant la phase précédente, se détend. Sa pression diminue peu à peu; mais, pourvu qu'à la fin de la course, cette pression se trouve encore supérieure à celle qui règne dans le condenseur, la machine continue à fournir du travail utile.

702. **Utilité économique de la détente.** — Le travail, fourni pendant la phase d'admission, est proportionnel au poids de la vapeur consommée.

Le travail fourni pendant la phase de détente ne nécessite aucune dépense nouvelle de vapeur.

Il en résulte, d'une façon évidente, ***qu'une machine fonctionne plus économiquement avec détente que sous pleine pression.***

Pour fixer les idées, supposons qu'il s'agisse de la machine de 227 chevaux, que nous avons étudiée plus haut. Mais, admettons qu'elle travaille avec détente. Supposons que la vapeur ne soit admise que pendant la dixième partie de la course du piston.

L'expérience indique que cette machine, pour le même nombre de tours du volant, aurait une puissance de 85 chevaux environ, au lieu de 227 : mais elle consommerait dix fois moins de vapeur que la machine sans détente.

Or, la dépense du combustible est évidemment proportionnelle à la consommation de la vapeur. La machine à détente serait donc $10 \times \frac{85}{227} = 3,74$ fois plus économique qu'une machine à pleine pression.

On dira donc que son ***rendement économique*** est 3,74 fois plus élevé.

Les machines à vapeur modernes consomment un peu moins de 1 kilogramme de houille par cheval et par heure.

2. — MOTEURS A EXPLOSION

703. **Principe des moteurs à explosion.** — Ici, la source de chaleur est intérieure au cylindre lui-même. Elle est constituée par un mélange détonant (air et gaz d'éclairage, ou bien air et vapeurs combustibles d'essence ou d'alcool).

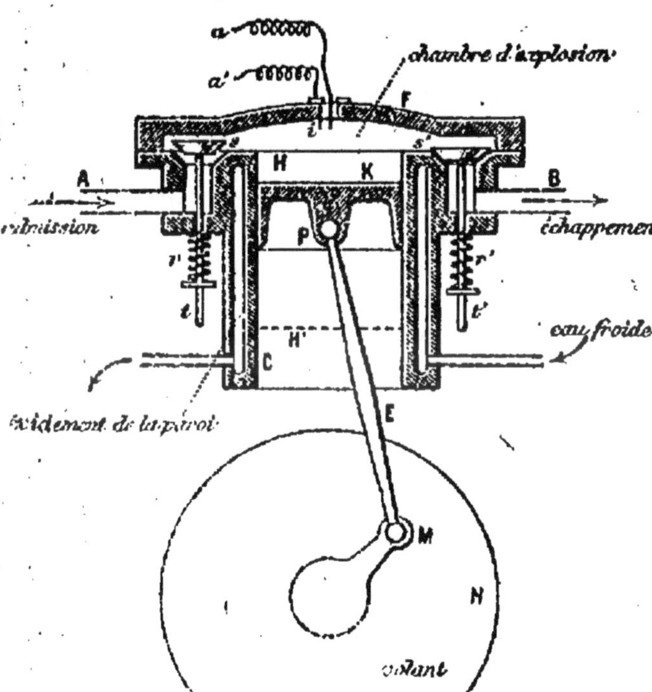

FIG. 348. — DISPOSITION SCHÉMATIQUE D'UN MOTEUR A EXPLOSION.
La propulsion du piston s'obtient en faisant détoner dans le fond du cylindre un mélange convenable d'un gaz combustible et d'air.

L'explosion, à point nommé, de ce mélange imprime une force de propulsion à un piston métallique P, mobile dans un cylindre CH à parois épaisses (fig. 348).

L'appareil a les avantages suivants sur la machine à vapeur : meilleure utilisation de la chaleur dépensée, mise en marche rapide, petit volume pour une grande puissance.

Nous ne nous attarderons pas à décrire l'appareil; il nous suffira d'en exposer très brièvement le principe. L'appareil est généralement à quatre temps. Supposons le moteur lancé; la rotation du volant N produit des mouvements alternatifs du piston à l'intérieur du cylindre.

1er temps : aspiration. — Le piston est à fond de course; il s'éloigne en aspirant le mélange tonant dont le cylindre se remplit complètement. La soupape d'admission *s* se ferme.

2e temps : compression. — Le piston revient vers la base du cylindre; il comprime très fortement le mélange qui s'échauffe et devient beaucoup plus facilement inflammable. Une étincelle jaillit en *i*; elle provoque l'explosion.

3e temps : détente. — Les gaz ont pris brusquement une pression très élevée. Le piston est alors vivement repoussé. Ce troisième temps est le seul qui soit *moteur*. Une partie de l'énergie mise en jeu est transmise au volant.

4e temps : échappement. — Le piston est ramené vers la base du cylindre; une soupape s'ouvre (soupape d'échappement, *s'*), par laquelle les gaz brûlés sont évacués à l'extérieur.

Tout recommence alors comme précédemment. L'appareil a parcouru un *cycle* complet à quatre temps.

Les moteurs à explosion peuvent avoir une très grande puissance sous une très petite masse; d'où leur importance pour l'automobilisme et l'aviation.

On construit des moteurs ne pesant pas plus de 1 kilogramme par cheval.

CHAPITRE V

PRINCIPE ET THÉORÈME DE CARNOT

704. Énoncé du principe de Carnot. — Dans une machine à vapeur, la température de la vapeur d'eau reste toujours comprise entre celle de la chaudière et celle du condenseur. ***La chaleur dégagée dans le condenseur n'est plus utilisable dans la machine même.***

On pourrait cependant imaginer que cette chaleur, inutilisable dans une première machine, fût utilisée dans une seconde, à la condition expresse toutefois que le condenseur de cette seconde machine fût à une température plus basse. L'ensemble de ces deux machines utiliserait mieux la chaleur dépensée. ***Son rendement serait donc plus élevé.***

De cette simple remarque se dégage cette conclusion :

Il y a toujours avantage, au point de vue du rendement, à augmenter l'écart de température entre la chaudière et le condenseur.

Convenons de prendre pour ***rendement*** d'une machine quelconque le rapport de l'énergie utilisée à l'énergie dépensée.

Des considérations du genre de celles qui précèdent ont conduit Carnot aux deux conclusions générales que nous allons maintenant énoncer :

1° ***Quel que soit le moteur thermique employé, le rendement ne peut dépasser la valeur :***

$$u = \frac{t - t'}{273 + t};$$

t et t' désignent ici les températures centigrades maxima et minima par lesquelles passe l'agent de transformation utilisé dans le moteur **(Principe de Carnot).**

2° ***Ce rendement maximum u est indépendant de la nature de l'agent de transformation*** **(Théorème de Carnot)**; et ne pourrait d'ailleurs être atteint que pour un cycle particulier de transformations qu'on appelle le ***cycle de Carnot.***

Nous ne chercherons pas à préciser en quoi consiste le cycle de Carnot : il nous suffira de savoir qu'il serait pratiquement irréalisable et qu'il ne peut être employé ni dans la machine à vapeur, ni dans le moteur à explosions.

D'après le principe de Carnot, on calculera aisément que, pour un moteur thermique fonctionnant entre 180° et 45°, le rendement maximum serait 0,3; pour une machine à vapeur dont la chaudière est à 180° et le condenseur à 45°, il atteint à peine 0,13 : cela tient non seulement aux pertes de chaleur dans le foyer, mais aussi à ce que la machine ne suit pas le cycle de Carnot.

Pour un moteur thermique fonctionnant entre 1600° et 200°, le rendement maximum, calculé d'après le principe de Carnot, atteindrait 0,75. En fait, les expériences faites sur les moteurs à explosion ont donné un rendement de 0,25, c'est-à-dire à peu près double de celui de la machine à vapeur, mais ce rendement est toutefois très inférieur au rendement maximum.

705. **Dégradation de l'énergie.** — Une conséquence immédiate résulte du principe de Carnot; c'est que la chaleur est d'autant mieux transformable en travail, qu'on en dispose à une température t plus élevée.

Au point de vue de leur transformation en travail, des calories à 1600° valent mieux que des calories à 200°, quoique représentant la même quantité de chaleur.

De fait, bien que ni la machine à vapeur, ni les moteurs à explosion ne fonctionnent de manière à donner le rendement maximum, on observe néanmoins que le rendement de ces derniers est double de celui de la machine à vapeur et cela tient assurément à ce que l'agent de transformation y passe par une température beaucoup plus élevée.

En somme, nous pouvons donc dire que :

La quantité de travail utilisable, que représente une quantité de chaleur donnée, est d'autant plus grande qu'on peut produire celle-ci à une température plus élevée.

Nous dirons que : la même quantité de chaleur est de meilleure qualité quand elle est portée par un corps à haute température que quand elle est portée par un corps à basse température.

Cette notion de ***qualité de l'énergie*** peut facilement se généraliser. Nous pouvons nous en convaincre par deux genres de considérations.

1° ***Toutes les formes d'énergie, quelles qu'elles soient, tendent, en se transformant, à prendre la forme calorifique, et l'on a à lutter contre cette tendance dans tous les dispositifs qui servent à la production du travail.***

Il est impossible de construire des mécanismes exempts de tout frottement et de tout choc: d'où résulte une perte d'énergie, sous forme de chaleur. Il est impossible d'utiliser des courants électriques sans qu'une partie de l'énergie dépensée soit employée à échauffer les conducteurs. Une fois transformée en chaleur, l'énergie, d'après le principe de Carnot, ne peut plus être transformée intégralement en travail; c'est de l'énergie de mauvaise qualité, nous disons que c'est de l'***énergie dégradée***;

2° Il importe de noter que la chaleur, qui passe d'elle-même des corps chauds sur les corps froids, n'effectue jamais le passage inverse, à moins d'intervention d'une énergie étrangère. L'énergie calorifique tend donc, elle aussi, à ***se dégrader***. L'***énergie utilisable*** qu'elle représente diminue.

Abandonné à lui-même, un système isolé se modifie constamment dans un sens tel que son énergie utilisable diminue. Il tend vers un état où toute son énergie se trouverait sous forme calorifique et dans lequel toutes ses parties seraient à la même température. Arrivé à cet état, il ne pourrait plus être le siège d'aucun échange d'énergie.

706. **Résumé.** — Pour conclure, la science des transformations de l'énergie est donc régie par deux grands principes que nous pourrons énoncer sous une forme abrégée, en disant :

1° ***La quantité d'énergie se conserve*** (Principe de la conservation de l'énergie);

2° ***La qualité de l'énergie*** (sa puissance de transformation) ***se dégrade*** (Principe de Carnot).

SEPTIÈME PARTIE

GÉNÉRALITÉS SUR LES MOUVEMENTS PÉRIODIQUES

CHAPITRE I

ÉTUDE GRAPHIQUE DES MOUVEMENTS

707. **Représentation graphique des phénomènes physiques.** — ***Tous les phénomènes peuvent se représenter graphiquement.*** Nous en avons trouvé un exemple intéressant dans l'étude des dilatations (§ 251).

Un grand nombre de phénomènes peuvent d'eux-mêmes s'inscrire graphiquement; ils se prêtent dès lors à une étude facile. Nous en avons vu des exemples dans les appareils *enregistreurs* : baromètre (§ 171) et thermomètre enregistreur (§ 228).

En particulier, si l'on se propose d'étudier un *mouvement*, il est toujours possible de forcer une partie mobile du système, que l'on étudie, à enregistrer un tracé graphique qui permettra ensuite d'étudier le phénomène à loisir, dans tous ses détails. Des exemples intéressants de cette méthode nous ont été fournis par la machine de Morin (§ 88), ainsi que par l'appareil enregistreur qui nous a servi dans l'étude du mouvement pendulaire (§ 105).

708. **Vibrations d'une masse gazeuse.** — Le même appareil nous a permis d'étudier le mouvement oscillatoire d'un diapason entretenu électriquement (§ 105). Il permettrait tout aussi facilement d'étudier le mouvement oscillatoire amorti (fig. 63) d'une lame vibrante.

Il pourrait servir également à étudier le mouvement vibratoire d'une masse gazeuse.

Considérons une masse gazeuse emprisonnée dans un

cylindre fermé par un piston. Si nous imprimons à celui-ci une série de petits va-et-vient périodiques, la pression du gaz subira elle-même des variations périodiques, puisqu'elle varie en sens inverse du volume.

On dit alors que la masse gazeuse ***vibre***, et on qualifie de ***vibrations*** les variations périodiques de pression qu'elle éprouve.

Les vibrations d'une masse gazeuse peuvent être enregistrées facilement à l'aide d'un petit appareil désigné sous le nom de ***capsule manométrique de Marey*** (fig. 349).

Imaginons une boîte plate de laiton, fermée par une membrane de caoutchouc mince, légèrement tendue. Au centre de cette membrane est collé un petit disque d'aluminium D. Les déplacements du disque sont amplifiés par un levier ***très léger***, sur lequel le disque agit à l'aide d'une petite bielle articulée. La capsule manométrique communique par un tube de caoutchouc avec le récipient renfermant le gaz qui vibre. — Les compressions et dilatations qu'éprouve le gaz se transmettent à l'air que contient la capsule et déforment la membrane de caoutchouc.

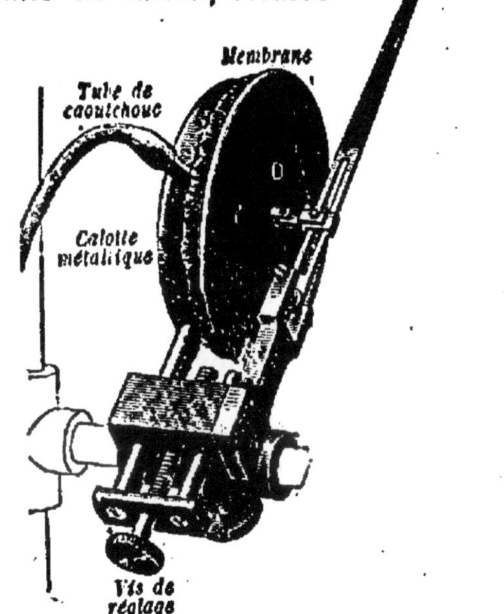

FIG. 349. — CAPSULE DE MAREY.
Les vibrations d'une masse gazeuse, avec laquelle la capsule est mise en communication, se transmettent à la membrane et au style inscripteur.

Comme les vibrations propres du caoutchouc s'éteignent presque immédiatement, on voit que les déplacements de l'extrémité du levier traduiront exactement les variations de la pression du gaz. Il suffit alors, pour inscrire ces dernières, d'appuyer légèrement la pointe du levier sur un tambour enfumé tournant d'un mouvement uniforme.

709. **Applications de la méthode graphique à la physio-**

logie. Contractions musculaires. — La même méthode est constamment employée en physiologie. Nous nous contenterons d'en citer deux exemples caractéristiques.

Supposons qu'il s'agisse d'analyser les contractions qu'éprouve un muscle de grenouille sous l'influence d'une excitation quelconque. On immobilise l'animal en le fixant par des épingles sur une plaque de liège; on détache l'une des extrémités du muscle et on la relie par une corde légère C (fig. 350) au petit bras d'un levier amplificateur TS, mobile autour d'un point fixe. Un léger ressort R maintient la corde tendue, cependant que la pointe S du grand bras de levier s'appuie doucement sur un cylindre inscripteur analogue à celui que représente la figure.

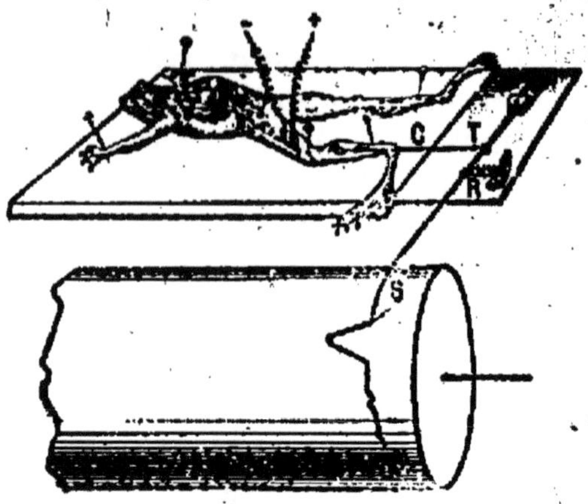

FIG. 350. — INSCRIPTION DES CONTRACTIONS D'UN MUSCLE.
Ces contractions se transmettent par l'intermédiaire de la cordelette C au levier S qui les inscrit sur le tambour tournant.

On s'assure préalablement que les déplacements de la pointe S sont parallèles aux génératrices de ce cylindre et on imprime à celui-ci une rotation uniforme. Quand on excite alors le muscle, ses contractions se trouvent reproduites avec leur caractère particulier sur le graphique tracé par la pointe S.

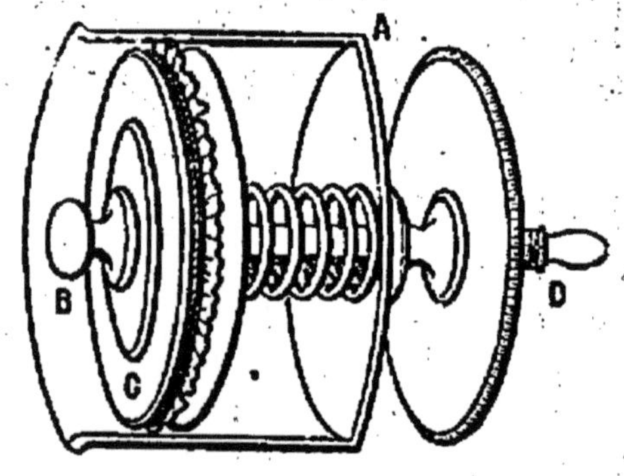

FIG. 351.
INSCRIPTION DES BATTEMENTS DU CŒUR.
Le bouton B, appliqué au niveau du cœur, soulève la membrane C et provoque ainsi dans la boîte des variations de pression qu'on inscrit à l'aide d'une capsule de Marey.

710. **Cardiographe.** — S'il s'agit d'étudier les battements du cœur humain, on emploiera le ***cardiographe.***

C'est une simple boîte cylindrique A, peu épaisse, d'environ 5 à 6 centimètres de diamètre et dont une des bases est formée par une membrane de caoutchouc C (fig. 351). La paroi latérale dépasse notablement la membrane et au centre de celle-ci se trouve fixé une sorte de bouton B.

La boîte communique en D par un petit tube de caoutchouc avec une capsule de Marey dont le style s'appuie, comme d'ordinaire, sur le cylindre inscripteur.

On applique le cardiographe sur la poitrine du patient de manière que le bord s'appuie sur deux côtes et que le bouton B se trouve entre celles-ci au niveau du cœur.

Les mouvements du cœur se transmettent alors à la membrane C et l'air qui emplit la boîte du cardiographe subit, de ce fait, des variations de pression que la capsule de Marey inscrit sur le tambour enfumé.

La figure 352 représente les battements du cœur dans les conditions normales. Toutes les maladies qui intéressent plus

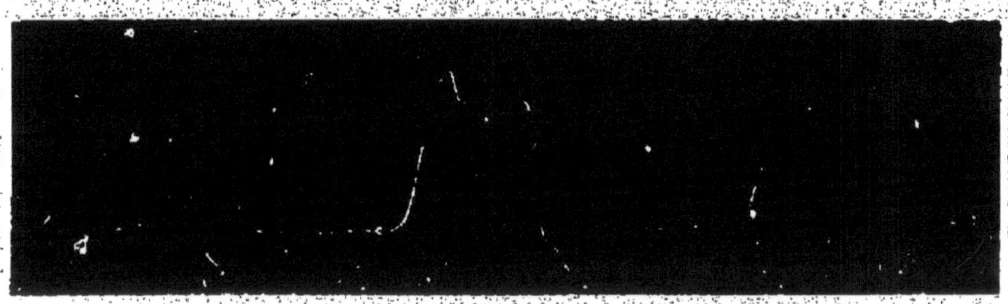

FIG. 352. — BATTEMENTS D'UN CŒUR NORMAL.
Beaucoup de maladies modifient d'une façon particulière l'allure et la forme de ces battements.

ou moins directement le mécanisme circulatoire modifient la *forme* des battements, en sorte que les tracés cardiographiques peuvent souvent servir efficacement au diagnostic des maladies elles-mêmes.

711. Manifestation optique des vibrations d'une masse gazeuse. — A la méthode graphique que nous venons d'exposer se rattache tout naturellement le dispositif aussi simple qu'élégant de Kœnig.

Supposons, par exemple, que l'on veuille étudier l'état vibratoire dans une tranche déterminée d'un tuyau sonore. A la hauteur de cette tranche, on ménage dans la paroi de ce tuyau une ouverture circulaire que l'on ferme par une membrane de caoutchouc mince et à peine tendue (fig. 353). On maintient cette membrane en la serrant par des vis entre la paroi du tuyau et le rebord d'une petite boîte plate B que l'on nomme la *capsule*.

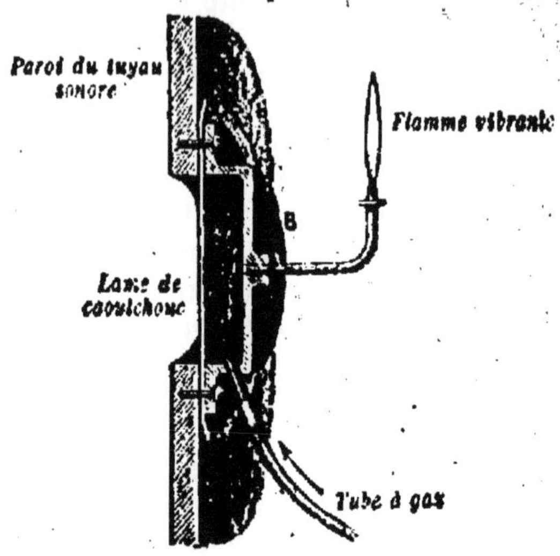

FIG. 353. — CAPSULE DE KŒNIG.
Lorsque l'air vibre devant la lame de caoutchouc, celle-ci transmet les variations de pression au gaz contenu dans la capsule, et la flamme subit des changements périodiques de hauteur qui sont visibles quand on l'observe dans un miroir tournant.

Un courant de gaz d'éclairage traverse la boîte et vient brûler à l'extrémité d'un ajutage. Tant que l'air du tuyau est au repos devant la membrane, la petite flamme blanche est tranquille; mais, dès qu'il entre en vibration, la membrane de caoutchouc se déforme dans un sens ou dans l'autre, suivant les alternatives de compression ou de dilatation; la pression du gaz qui remplit la capsule se trouve elle-même périodiquement augmentée ou diminuée, et il en est alors de même de la hauteur de la flamme. Si l'on regarde celle-ci dans un miroir tournant, on voit à la fois son image dans toutes les positions successives du miroir, en raison de la persistance des impressions lumineuses. On obtient ainsi une bande lumineuse uniforme lorsque l'air est au repos, et lorsqu'il vibre, une bande dentelée qui montre que la flamme est alternativement plus haute et plus courte (fig. 354).

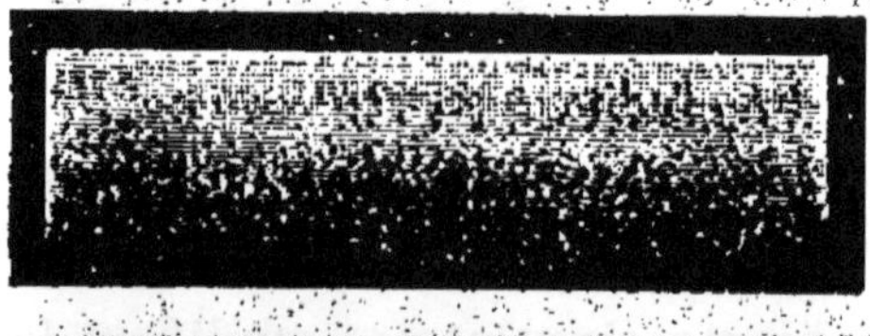

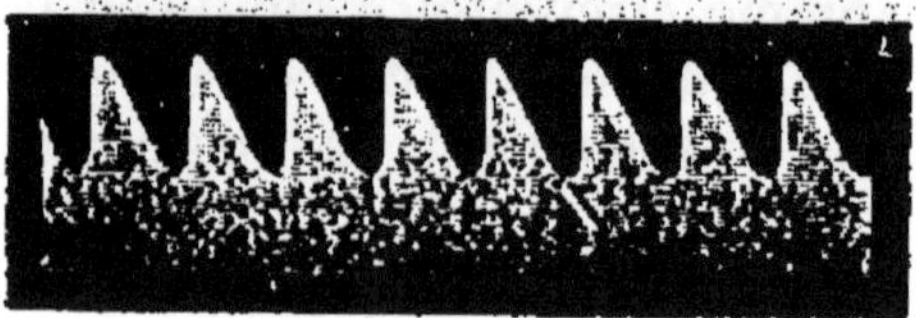

FIG. 354. — APPARENCES D'UNE FLAMME DE KŒNIG.
Au repos, la flamme donne une bande lumineuse dans le miroir tournant. Quand elle vibre, elle donne une bande dentelée.

712. Résultats obtenus par la méthode graphique. — La courbe inscrite sur l'appareil enregistreur peut être une *sinusoïde*. — On dit alors que le mouvement est *pendulaire* (voir § 103).

Elle peut aussi avoir une forme quelconque (fig. 355), qui,

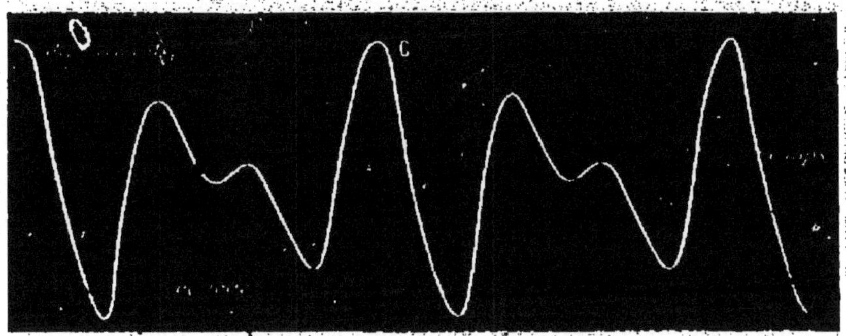

FIG. 355. — EXEMPLE DE COURBE PÉRIODIQUE.
La valeur de la période se lit directement sur la figure. L'amplitude est la différence entre les ordonnées maxima et minima de la courbe.

dans le cas d'un mouvement périodique, se reproduit indéfiniment.

Sur la courbe, les abscisses mesurent les temps; les ordonnées mesurent les déplacements du point vibrant. Nous supposerons, pour simplifier, que l'axe des abscisses coupe la courbe aux instants pour lesquels le point mobile passe par sa position de repos.

Nous continuerons à appeler : *période* du mouvement, l'intervalle de temps qui sépare deux états identiques successifs du corps vibrant; *amplitude* du mouvement, la différence entre les ordonnées maxima et minima de la courbe.

713. Notion de phase. — Admettons que nous inscrivions simultanément deux mouvements pendulaires identiques, de même période et de même amplitude. Si les maxima et les minima se produisent en même temps pour les deux mouvements vibratoires, on dit que leurs vibrations sont en *concordance de phase* (fig. 356).

Si les ordonnées maxima de l'un des mouvements se produisent en même temps que les ordonnées minima de l'autre, on dit que les deux mouvements vibratoires sont en *opposition de phase*. On dit encore que leur *différence de phase* est d'une demi-période (on dit aussi, en abrégeant, que leur différence de phase est égale à 1/2) (fig. 357).

Si les ordonnées maxima de l'une des courbes sont obtenues aux moments mêmes où l'autre coupe l'axe des

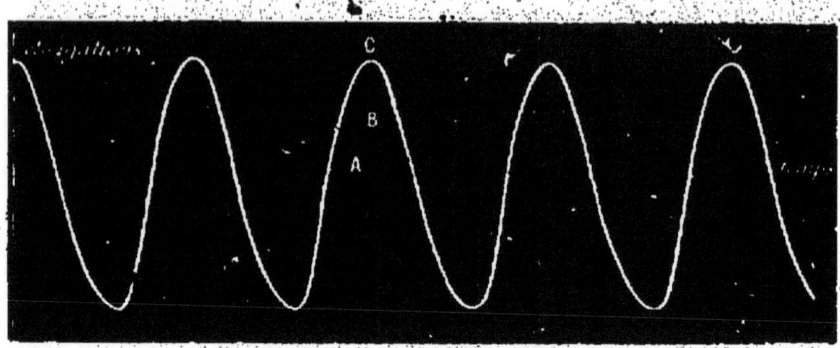

FIG. 356. — DEUX MOUVEMENTS PENDULAIRES EN CONCORDANCE DE PHASE.
Les deux sinusoïdes, tracées en traits fins, représentent deux mouvements pendulaires de même période et de même phase. Celle qui est en trait pointillé correspond à une amplitude deux fois plus grande que l'autre. La sinusoïde en trait fort représente le mouvement résultant des deux précédents.

abscisses, on dit que les deux mouvements sont en *quadrature de phase* (on dit encore que la différence de phase est

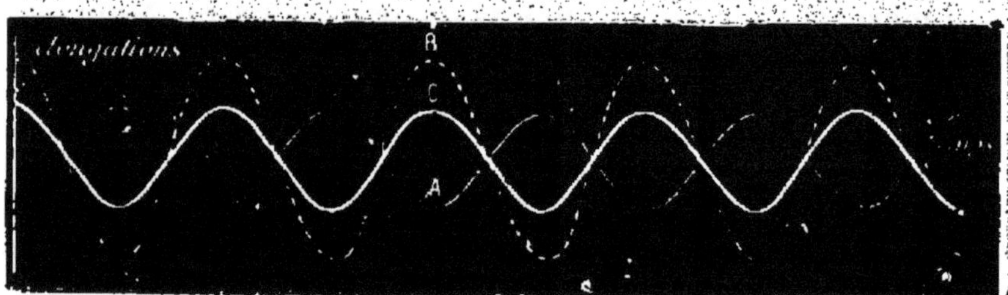

FIG. 357. — DEUX MOUVEMENTS PENDULAIRES EN OPPOSITION DE PHASE.
Les deux sinusoïdes, tracées en traits fins, figurent deux mouvements pendulaires de même période, présentant entre eux une différence de phase égale à 1/2. La sinusoïde en trait fort représente le mouvement résultant des deux précédents.

de 1/4 de période ou, pour abréger, que leur différence de phase est de 1/4).

On voit immédiatement comment peut se généraliser cette notion de différence de phase. Supposons que les pointes des deux styles inscripteurs se déplacent à chaque instant sur une même génératrice du cylindre enregistreur. Les courbes une fois tracées, supposons que l'on ait fait glisser l'un des deux dessins parallèlement aux génératrices du cylindre; et cela, de telle façon que les deux courbes admettent le même axe des abscisses (fig. 358). En général, les deux

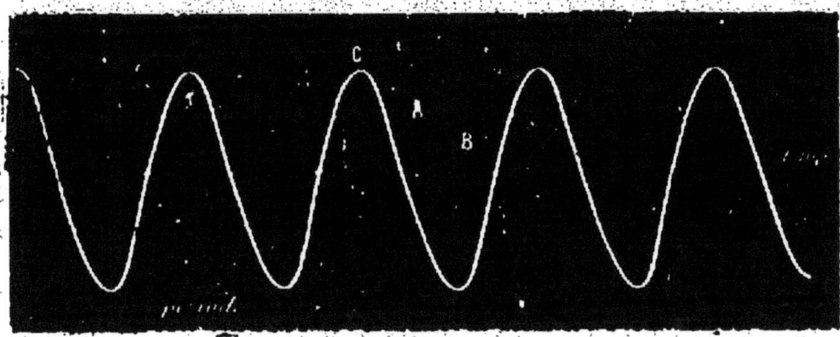

FIG. 358. — DEUX MOUVEMENTS PENDULAIRES PRÉSENTANT ENTRE EUX UNE DIFFÉRENCE DE PHASE QUELCONQUE.

Les deux sinusoïdes tracées, l'une en trait fin, l'autre en trait pointillé, figurent deux mouvements pendulaires, de même période, présentant entre eux une différence de phase très voisine de 1/4. La sinusoïde en trait fort figure le mouvement résultant des deux précédents.

courbes, quoique identiques, ne seront pas superposées. La fraction de période, dont l'une d'elles devra être déplacée suivant l'axe des abscisses pour être amenée à superposition exacte avec l'autre, sera prise pour expression de la différence de phase entre les deux mouvements vibratoires.

Cette notion de la différence de phase présente une importance capitale, quand il s'agit d'étudier la composition de deux mouvements pendulaires de même période. Nous en verrons des applications dans l'étude des ondes stationnaires (§ 726), des phénomènes d'interférences (§ 727) et de résonance (§ 731), ainsi que dans l'étude des cordes sonores (§ 766) et des tuyaux sonores (§ 771).

CHAPITRE II

PROPAGATION DES MOUVEMENTS PÉRIODIQUES

714. Définitions. — Un mouvement vibratoire se produisant à l'intérieur d'un milieu élastique se propage, de proche en proche, à travers tous les points du milieu.

Une expérience très simple va nous donner tout d'abord une première idée du phénomène.

Prenons un tube de caoutchouc de 7 à 10 mètres de long et tendons-le entre deux points fixes A et B (fig. 359). Puis

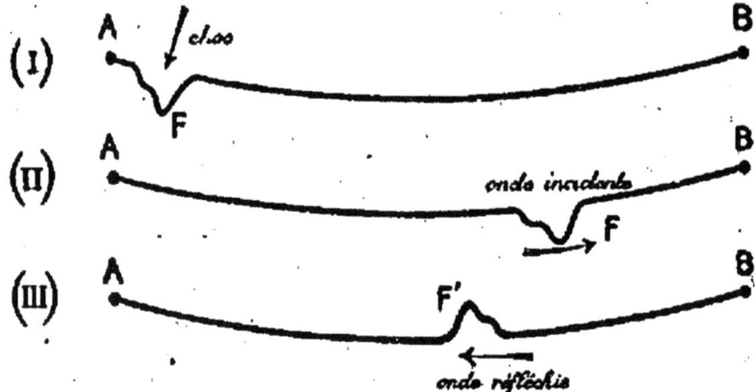

FIG. 359. — PROPAGATION ET RÉFLEXION D'UNE ONDE LE LONG D'UN TUBE DE CAOUTCHOUC.

La déformation, produite par le choc, chemine le long du tube et revient en sens inverse chaque fois qu'elle atteint l'une des extrémités.

frappons ***brusquement*** le tube au voisinage du point A : le caoutchouc fléchit sous le choc (fig. 359, I) et s'incurve dans une région très limitée. ***Aussitôt après le choc***, on voit l'ébranlement imprimé au caoutchouc se propager (II), en conservant sa forme, vers l'extrémité B.

Au moment du passage de cet ébranlement, chaque point du tube se déplace transversalement, et la figure de la partie déformée reste la même tout le long du tube.

On appelle *onde* tout ébranlement susceptible, comme celui de l'expérience précédente, de se propager d'un point A à un autre point B, en passant par tous les points intermédiaires à A et B.

La direction du tube de caoutchouc définit la *direction de propagation de l'onde.*

Dans cette expérience, le déplacement F de chaque tranche du tube est *transversal* à la direction de propagation AB. On dit alors que *l'onde est transversale.*

Suivons la propagation de l'onde transversale.

Elle atteint bientôt l'extrémité B du tube. Là se produit un nouveau phénomène : au lieu de s'éteindre, l'onde revient sur ses pas de B vers A. On dit alors que l'onde s'est *réfléchie* à l'extrémité B (fig. 359, III).

Après la réflexion, l'onde conserve encore sa forme ; toutefois elle change de sens ; c'est-à-dire que si, à l'aller, l'onde s'infléchissait vers le bas, au retour, elle se relève vers le haut.

On observe encore une réflexion analogue à l'extrémité A, et ainsi de suite. Naturellement, l'onde s'affaiblit peu à peu et son amplitude diminue progressivement ; mais on peut cependant sans difficulté observer trois ou quatre fois le phénomène de la réflexion.

715. **Le mouvement de propagation de l'onde est uniforme.** — Produisons une déformation brusque à l'une des extrémités de la corde ou du tube de caoutchouc.

Déterminons, à l'aide d'un compteur à secondes, les intervalles de temps qui s'écoulent entre les réflexions successives.

Ces intervalles de temps sont égaux.

Donc : *le mouvement de propagation de l'onde est un mouvement uniforme.*

716. **Train d'onde.** — Supposons que le tube de caoutchouc soit très long.

Produisons un ébranlement à son extrémité libre. Nous voyons apparaître une onde qui, graduellement amortie pendant tout son trajet, arrivera très réduite à l'extrémité du tube de caoutchouc ; et cela, d'autant mieux que le tube sera plus long.

Cette onde donnera donc une onde réfléchie, tellement faible, que celle-ci échappera à l'observation.

Supposons que, dans ces conditions, nous soumettions

l'extrémité libre du tube de caoutchouc à une série de *chocs* périodiquement rythmés.

Chacun de ces chocs détermine une onde particulière.

Les ondes diverses se suivent le long du tube à des distances invariables.

Le temps T, qui sépare le passage de deux de ces ondes successives en un même point du tube, est égal au temps T qui sépare, à l'origine du tube, les deux chocs générateurs correspondants.

En chaque point du tube, on aura donc engendré un mouvement périodique, de même période T que le mouvement générateur à l'origine du tube.

La distance, qui, sur le tube, sépare deux points semblablement placés sur deux ondes consécutives, est désignée sous le nom de ***longueur d'onde.*** — Représentons-la par λ.

La longueur d'onde λ est donc précisément égale au chemin parcouru par une onde, pendant un temps T, égal à la période du mouvement produit à l'origine du tube.

Si donc nous désignons par V la vitesse de propagation de l'ébranlement le long du tube de caoutchouc (c'est-à-dire

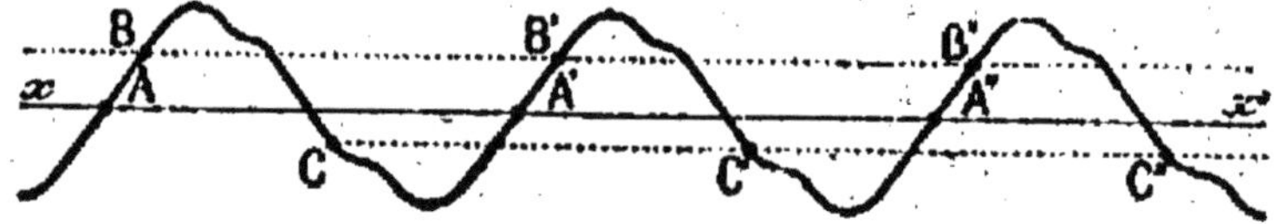

FIG. 360. — LONGUEURS D'ONDE.

Les longueurs AA', BB', CC'... sont égales entre elles. Elles sont comptées entre deux points A et A', B et B', C et C'..., semblablement placés sur deux ondes successives.

le chemin parcouru le long de ce tube pendant une seconde), on aura, pour λ (c'est-à-dire pour le chemin parcouru pendant le temps T) l'expression :

$$\lambda = V.\,T.$$

La figure 360 représente deux ondes successives.

717. **Mécanisme de la propagation d'un ébranlement à l'intérieur d'une masse gazeuse.** — Considérons maintenant un long tuyau AB rempli d'air et fermé à son extrémité A par un piston. Imprimons à ce piston un petit et brusque déplacement pp' (fig. 361, I) : la couche d'air qui se trouve au voisinage immédiat du piston se comprime, puis réagit sur

la couche suivante en revenant à sa pression initiale et, de proche en proche, une onde ***condensée*** se propage ainsi tout le long du tuyau.

C'est là un phénomène tout à fait analogue à celui que nous avons observé avec un long tube de caoutchouc; dans ce dernier cas, nous avons vu la déformation initiale se propager seule en gardant sensiblement sa forme tout le long

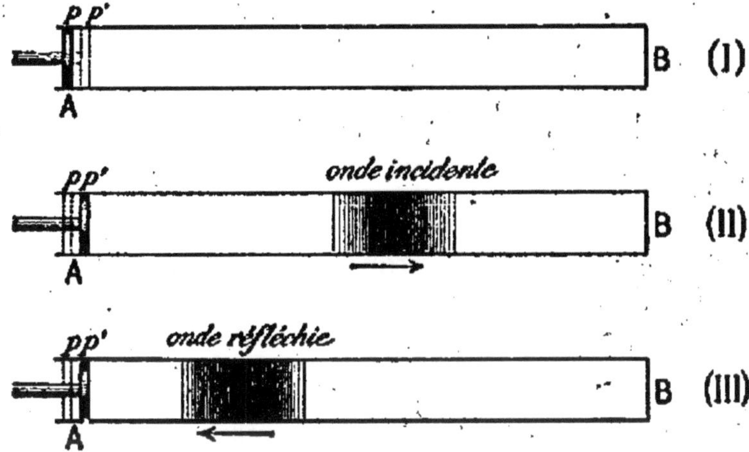

FIG. 361. — PROPAGATION ET RÉFLEXION D'UNE ONDE DANS UNE COLONNE GAZEUSE.

L'onde de pression produite par le déplacement brusque du piston chemine dans le tube AB et revient en sens inverse chaque fois qu'elle atteint l'une des extrémités.

du tube; de même, dans la colonne d'air, c'est ***la compression seule qui chemine*** et chaque couche, après l'avoir reçue, la transmet à la couche suivante en revenant elle-même à sa pression primitive. Il n'y a, à proprement parler, dans toute la colonne d'air, qu'un déplacement de matière insignifiant.

Quand le piston, qui s'est déplacé de p en p', revient de p en p, il provoque dans la couche adjacente une diminution de pression qui se propage, elle aussi, dans le tuyau. L'onde ***condensée*** produite par l'aller du piston de p en p' est ainsi suivie d'une onde ***dilatée*** produite par le retour du piston de p' en p. Chaque tranche du tuyau s'est légèrement déplacée d'un côté puis de l'autre et se retrouve finalement dans sa position primitive quand le train des deux ondes a passé.

Les phénomènes sont donc comparables à ceux qui se sont produits dans le cas du tube de caoutchouc.

Dans un cas comme dans l'autre, il n'y a pas eu transport

du milieu vibrant. Il y a eu propagation de *l'onde incidente* à travers un milieu élastique (fig. 361, II), dont tous les points, après le passage de l'ébranlement, reviennent exactement à leur position primitive.

718. **Ondes longitudinales.** — Une différence cependant est à signaler.

Dans le cas de la corde de caoutchouc, la déformation se faisait dans une direction transversale à la direction de la propagation. C'est ce que nous avons exprimé, en disant que les ondes étaient *transversales.*

Les ondes qui se propagent à la surface d'un liquide, quand on y laisse tomber une pierre, sont également des ondes transversales.

Au contraire, dans le cas de l'air contenu dans un tuyau, chaque petite tranche d'air, qui momentanément est légèrement comprimée ou dilatée, subit de petits déplacements dans le sens même de la propagation du mouvement vibratoire. Nous dirons, pour ce cas et pour tous les cas semblables, que les ondes sont *longitudinales.*

719. **Analogies de propriétés des ondes transversales et des ondes longitudinales.** — A part la différence que nous venons de signaler, les phénomènes présentent la plus grande analogie pour la propagation des ébranlements à travers la corde de caoutchouc et pour la propagation à travers un tuyau plein d'air.

1° Il n'y a pas (nous venons de le voir) transport du milieu vibrant; il y a uniquement propagation de l'ébranlement à travers le milieu élastique.

2° Dans les deux cas, le mouvement de propagation est uniforme. On le constaterait par le même procédé qui nous a déjà servi plus haut.

3° Dans les deux cas, le mouvement est susceptible de se réfléchir. Nous avons vu qu'il en était ainsi pour la corde de caoutchouc. De même, imaginons que le tuyau, rempli d'air, ne soit pas trop long; et qu'il soit fermé en B (fig. 361) par une paroi rigide. Ici, la couche terminale, si elle est comprimée, ne pourra réagir sur des tranches d'air, placées plus loin, dans le sens de la propagation primitive; en se détendant, elle réagira nécessairement sur les tranches d'air voisines, qui sont placées *en avant.* Une *onde réfléchie* prendra donc naissance, qui parcourra le tuyau de B vers A (fig. 361, III) avec la même vitesse que l'onde incidente.

720. Propagation d'un train d'ondes dans une masse gazeuse. — Les analogies ne s'arrêtent pas là.

Ce qu'on a dit pour un train d'ondes dans le cas de la corde de caoutchouc s'applique ici sans modification.

Si le piston A est animé d'un mouvement vibratoire simple, la colonne d'air sera parcourue par un train d'ondes alternativement condensées et dilatées, correspondant aux allées et aux retours du piston. Dans ces conditions :

1° *La longueur d'onde totale λ, formée de l'ensemble d'une tranche comprimée et d'une tranche dilatée successives, est égale au produit de la vitesse V de propagation, par la période vibratoire T du piston :*

$$\lambda = V . T.$$

2° *Chaque tranche de la colonne d'air sera soumise à des alternatives de pression, ayant même période que le mouvement du piston.*

721. Vitesse de propagation des ondes dans l'air. — Un mouvement vibratoire se propage donc, à travers une colonne d'air, avec une vitesse constante *V*.

La détermination de cette vitesse a fait l'objet d'un grand nombre d'expériences. Voici le principe de la méthode qu'ont employée MM. Violle et Vautier.

On utilisa une large conduite de plusieurs kilomètres de long qui avait été établie pour l'adduction des eaux entre Grenoble et Pont-de-Claix. Les deux extrémités de la conduite étaient fermées ; l'une d'elles A était mise en communication avec une capsule de Marey dont le style s'appuyait sur un tambour tournant (fig. 59), côte à côte avec le style d'un diapason dont la période vibratoire était connue (§ 103).

A l'extrémité A (fig. 362), on tirait un coup de pistolet

FIG. 362. — MESURE DE LA VITESSE DE PROPAGATION D'UNE ONDE.
Le tube C communique avec une capsule de Marey qui inscrit, au départ et à l'arrivée en A, l'onde produite par la détonation du pistolet.

dans la conduite : une onde condensée, inscrite au départ par la capsule, parcourait alors la longue colonne d'air, se réfléchissait à l'extrémité B, puis revenait sur son parcours et se trouvait encore inscrite au retour par la capsule. Il ne restait plus qu'à noter sur le tambour le nombre de vibrations effectuées par le diapason entre le départ et l'arrivée de l'onde : on avait ainsi le temps employé par celle-ci à parcourir deux fois la longueur de la conduite qui avait été elle-même déterminée avec soin.

Les expérimentateurs ont trouvé que la vitesse de propagation d'une onde dans l'air à 15° est égale à 340 mètres par seconde.

Le calcul indique qu'elle augmente avec la température, à raison de $0^m,60$ par degré : il en résulte que, dans l'air à 0°, elle aurait pour valeur

$$340 - 15 \times 0,6 = 331 \text{ mètres par seconde.}$$

Cette vitesse correspond sensiblement à un parcours de 1200 kilomètres à l'heure : elle est donc douze fois plus grande que celle des trains les plus rapides qui circulent sur les réseaux français (100 kilomètres à l'heure).

CHAPITRE III

RÉFLEXION DES ONDES
ONDES STATIONNAIRES

722. Ondes directes et ondes réfléchies. — Reprenons notre tube de caoutchouc du § 714. Nous avons vu qu'il pouvait être parcouru par des *ondes réfléchies.*

Supposons maintenant que l'extrémité A soit animée d'un mouvement vibratoire.

Le tube sera parcouru en même temps, de A vers B, par des *ondes directes*, et de B vers A par des *ondes réfléchies* (fig. 359).

Cherchons quel peut être, en chaque point du tuyau, l'effet produit par la superposition de ces deux systèmes d'ondes simultanées.

Il sera facile de nous en rendre compte, si nous ne perdons pas de vue les deux propositions suivantes :

723. Principes fondamentaux de la composition de deux systèmes d'ondes simultanées. — 1° *Deux points quelconques du milieu qui, dans le sens de la propagation d'un système d'ondes, sont séparés par une distance égale à λ, sont à chaque instant dans un même état de mouvement.* Sur la courbe de la figure 360, ils sont représentés par deux points tels que A et A'. — On dit qu'ils sont dans la *même phase* (§ 713) du mouvement vibratoire.

2° *Deux points quelconques, qui, dans le sens de la propagation d'un système d'ondes, sont séparés par une distance égale à* $\frac{\lambda}{2}$, *sont à chaque instant dans des états de mouvement exactement égaux et de sens contraires.* On dit qu'ils sont dans des *phases opposées* (§ 713) du mouvement vibratoire.

724. Composition de deux systèmes d'ondes simultanées. Nœuds de vibration. — Appliquons ce qui précède à la corde de caoutchouc.

Il est manifeste que l'extrémité B (fig. 363) du tube, qui est attachée au mur, reste fixe. Le mouvement résultant des deux systèmes d'ondes (*ondes directes et ondes réfléchies*) s'annule en ce point, à chaque instant.

Considérons maintenant le point N_1, situé à une distance $\frac{\lambda}{2}$ de l'extrémité fixe.

FIG. 363. — SUPERPOSITION DE DEUX SYSTÈMES D'ONDES SIMULTANÉES.

Les points équidistants N, N_1, N_2..., restent fixes; ce sont des nœuds de vibrations. A égale distance de deux nœuds successifs, se forment les ventres de vibration. En ces points, les amplitudes résultantes sont maxima.

L'onde directe, qui passe en ce point, *est en retard* de $\frac{\lambda}{2}$ sur l'onde directe qui, au même instant, passe en N.

L'onde réfléchie, qui passe en ce même point N_1, *est en avance* de $\frac{\lambda}{2}$ sur l'onde réfléchie qui, au même instant, passe en N.

Les deux ondes (directe et réfléchie), qui, au même instant, passent en N_1, sont donc, l'une par rapport à l'autre (à un retard près égal à λ), dans le même état de mouvement vibratoire que celles qui, à chaque instant, s'annulent mutuellement au point N.

Le mouvement résultant en N_1 sera donc constamment annulé. Le point N_1 reste fixe.

On dit que le point N_1 est un *nœud.*

Il en sera de même pour tous les points N_2, N_3 ...., qui sont, du point B, à une distance multiple de $\frac{\lambda}{2}$.

Il y a donc sur la corde une série de points équidistants et fixes, qui restent indéfiniment en repos. Ce sont les nœuds de vibration. Deux nœuds voisins sont séparés par une distance égale à $\frac{\lambda}{2}$.

K désignant un entier quelconque, leurs distances x à l'extrémité fixe de la corde sont données par l'expression générale :

$$x = \frac{K\lambda}{2}.$$

725. **Ventres de vibration.** — Si les mouvements transmis par l'onde directe et par l'onde réfléchie s'annulent constam-

ment en certains points fixes, que nous avons appelés *nœuds*, il est bien évident qu'à égale distance de deux nœuds consécutifs, les deux mouvements direct et réfléchi seront de *même phase* (§ 713)

Par exemple, au point V_1, situé à une distance $\frac{\lambda}{4}$ du point N, l'onde directe et l'onde réfléchie présenteront $\left(\text{à } \frac{\lambda}{2} \text{ près}\right)$ la même différence de phase que les ondes directe et réfléchie qui, à chaque instant, s'annulent en B. Ces deux ondes, au lieu d'avoir en V_1 des phases opposées, auront donc à chaque instant la même phase. Leurs effets s'ajoutent. L'effet résultant est maximum. Un point tel que V_1 est appelé *ventre de vibration.*

Il y a donc sur la corde une série de points équidistants et fixes, pour lesquels l'amplitude du mouvement vibratoire résultant est maxima. Ce sont les ventres de vibration. K désignant un entier quelconque, leurs distances y à l'extrémité fixe de la corde sont données par l'expression générale :

$$y = (2K + 1)\frac{\lambda}{4}.$$

726. **Ondes stationnaires.** — Cet ensemble de nœuds et de ventres constitue un système d'*ondes stationnaires.*

L'expérience est des plus faciles à réaliser.

Un long tube de caoutchouc a une de ses extrémités fixée à un mur. On imprime à l'autre un mouvement alternatif, en tendant plus ou moins la corde. Pour des périodes convenables du mouvement, la corde se divise en un certain nombre de fuseaux identiques sur lesquels apparaissent nettement les nœuds et les ventres. Une modification dans la tension de la corde ou dans la période du mouvement suffit à modifier complètement le mode de division de la corde.

Le phénomène que nous venons de décrire et d'étudier concerne les *ondes transversales* d'une corde élastique.

Il est également possible d'obtenir des ondes stationnaires dans le cas d'*ondes longitudinales.* Il suffirait de recommencer l'expérience avec un long ressort à boudin en fil d'acier. L'une des extrémités est fixe; l'autre est mise en vibration longitudinale à l'aide d'un diapason entretenu électriquement.

CHAPITRE IV

PRINCIPE GÉNÉRAL DES INTERFÉRENCES

727. Superposition des petits mouvements. — Le phénomène des ondes stationnaires n'est qu'un cas particulier appartenant au groupe beaucoup plus général des phénomènes d'*interférences*, que nous allons définir.

Il peut arriver que, dans un même milieu élastique, coexistent simultanément plusieurs centres d'ébranlements périodiques. Dans ce cas, chacun d'eux donne naissance à un train particulier d'ondes qui se propage dans le milieu, indépendamment des autres. Il en résulte qu'un point déterminé du milieu se trouve, à un instant donné, soumis aux divers ébranlements que lui apportent simultanément chacune des ondes particulières qui l'atteignent. L'expérience montre alors que si, à l'instant considéré, les élongations composantes sont dirigées suivant une même droite, l'élongation résultante s'obtient simplement en faisant la somme algébrique des élongations composantes.

On donne le nom d'***interférences au phénomène de la superposition des mouvements vibratoires que détermine, en un même point d'un milieu élastique, le passage simultané de divers trains d'ondes.***

728. Interférences de deux trains d'ondes produits par des centres d'ébranlement identiques. — Les seules interférences que nous étudierons sont celles des trains d'ondes qui proviennent de ***deux centres d'ébranlement identiques.*** Pour fixer les idées, nous supposerons qu'il s'agit de ***vibrations simples transversales, perpendiculaires au plan de la figure.*** Nous examinerons uniquement ce qui se passe, quand les ondes cheminent dans un milieu indéfini.

Soient O et O' (fig. 364) les deux centres d'ébranlement que nous supposerons avoir la même période T, la même amplitude et la même phase. Chacun d'eux donne naissance à un train particulier d'ondes : tout point P de l'espace environnant est simultanément soumis aux déplacements que lui apportent au même instant l'un et l'autre de ces trains d'ondes. Le mouvement résultant du point P est nécessairement un mouvement qui a la même période T que les mouvements composants, mais qui peut différer de ceux-ci par l'amplitude et par la phase (§ 713).

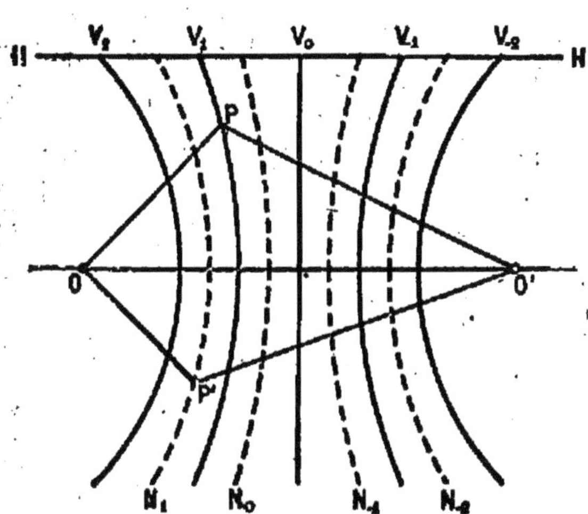

FIG. 364. — INTERFÉRENCES PRODUITES PAR DEUX CENTRES D'ÉBRANLEMENT IDENTIQUES. *Les lignes de plus grand et de moindre mouvement sont, sur le plan de la figure, des hyperboles ayant les centres d'ébranlement pour foyers.*

729. Mouvements concordants. Mouvements discordants. — Or, nous savons, d'après ce qui a été dit précédemment sur la propagation des mouvements vibratoires, que, si la ***différence de marche*** O'P — OP comprend un nombre entier de longueurs d'onde, c'est-à-dire un nombre pair de demi-longueurs d'onde, les mouvements partis de O et de O' arrivent en P sans différence de phase : ils sont alors ***concordants***; ***les déplacements s'ajoutent.*** Nous rappelons qu'ils sont perpendiculaires au plan du dessin.

Au contraire, si la différence de marche O'P' — OP' comprend un nombre impair de demi-longueur d'onde, les mouvements partis de O et de O' arrivent en P' avec une différence de phase de 1/2 : ils sont alors ***discordants***; les amplitudes se retranchent.

L'amplitude résultante en P ***est la somme ou la différence des amplitudes composantes, suivant que la différence de phase des vibrations que chaque train d'ondes communique isolément au point*** P ***est nulle ou égale à 1/2.***

730. Franges d'interférences. — Désignons par K un nombre entier déterminé et par λ la longueur des ondes; en tous les points, pour lesquels la différence de marche O'P — OP est égale à $2K\frac{\lambda}{2}$, les mouvements composants sont concordants. A chacune des valeurs entières, positives ou négatives, que nous donnerons à K correspond une figure particulière.

En revanche, les mouvements composants sont discordants en tout point P′ pour lequel $O'P' - OP'$ est égal à $(2K + 1)\frac{\lambda}{2}$. A chaque valeur entière, positive ou négative, de K correspond une figure particulière.

Si l'on ne considère que ce qui se passe pour les points situés dans le plan du dessin, chacune de ces figures se réduit à une ligne. Ces lignes sont désignées, en géométrie, sous le nom d'***hyperboles***.

Toutes ces lignes alternent les unes avec les autres et on donne à leur ensemble le nom de ***franges d'interférences***.

Les traits pleins de la figure représentent les lignes de mouvement maximum; les traits points pointillés représentent les lignes de repos.

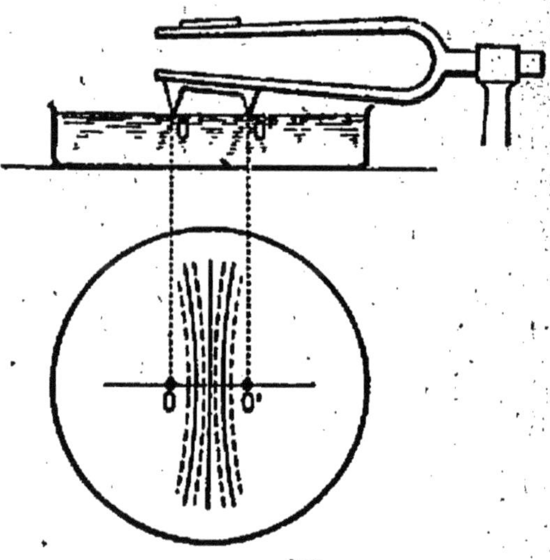

FIG. 365.
INTERFÉRENCES D'ONDES SUPERFICIELLES.
Quand le diapason vibre, il se dessine sur le mercure toute une série de lignes de repos.

L'expérience peut se faire de la façon suivante :

Au-dessus d'un bain de mercure (fig. 365), on dispose un diapason dont l'une des branches est armée de deux pointes O et O′ qui, lorsque le diapason est au repos, affleurent exactement la surface du bain.

Quand on excite le diapason, les trains d'ondes superficielles qui naissent en O et en O′ interfèrent et l'on observe sur le bain de mercure des lignes de repos, qui sont particulièrement nettes dans le voisinage de la ligne normale au milieu de OO′.

Remarque. — Les mêmes faits s'interpréteraient d'une façon analogue, dans le cas des ***ondes longitudinales.***

CHAPITRE V

RÉSONANCE

731. Idée des phénomènes de résonance. — Pour comprendre ces phénomènes, qui offrent, comme nous le verrons, une importance considérable en acoustique, nous les étudierons d'abord sur un exemple très simple, celui de la mise en branle d'une grosse cloche.

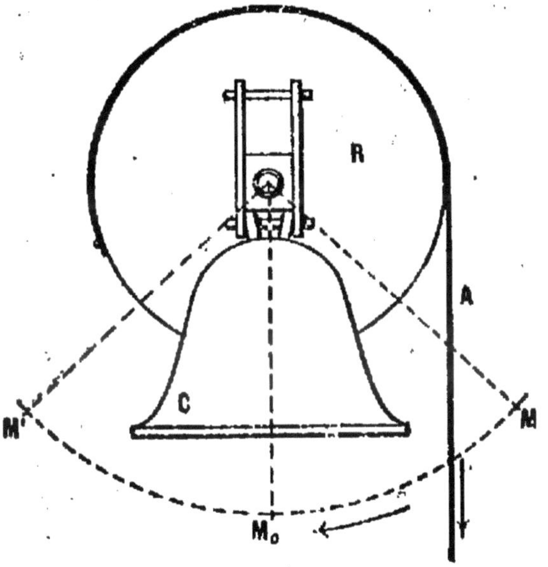

FIG. 366. — MISE EN BRANLE D'UNE CLOCHE.
En tirant sur la corde, chaque fois qu'elle descend, le sonneur augmente progressivement l'énergie cinétique de la cloche.

On sait que les grosses cloches C sont suspendues à un arbre horizontal dont les extrémités forment tourillons et reposent sur des coussinets. Sur le même arbre est, d'autre part, montée une grande poulie R, dans la gorge de laquelle s'enroule une corde A dont l'une des extrémités est fixée sur la poulie même (fig. 366).

Quand le sonneur veut mettre la cloche en branle, il exerce d'abord une traction de courte durée sur la corde A. La cloche est lancée dans le sens de la flèche ; mais l'amplitude de son déplacement est très petite.

Le sonneur attend, pour donner un nouvel effort, que la cloche ait effectué à peu près une oscillation, c'est-à-dire qu'elle se meuve de nouveau dans le sens de la flèche, ce dont il s'aperçoit à ce que la corde A descend : alors il exerce sur celle-ci une nouvelle traction de courte durée.

Chaque fois que le sonneur agit ainsi sur la cloche, il lui fournit une petite quantité de travail, dont une partie est dépensée à vaincre les frottements de l'axe de suspension et dont l'autre accroît l'énergie de la cloche et, par conséquent, l'amplitude de ses oscillations. Celle-ci augmente donc peu à peu, jusqu'à ce que les résistances passives consomment tout le travail fourni par le sonneur.

Quand les frottements sont faibles, les oscillations de la cloche peuvent, par suite de cette totalisation de petits travaux, acquérir une amplitude considérable et hors de proportion avec les déplacements de la main du sonneur, c'est-à-dire avec l'amplitude du mouvement excitateur.

Cette façon d'obtenir le balancement de la cloche, à l'aide d'impulsions concordantes qui se totalisent, constitue un exemple de ***résonance***. Cet exemple nous suffit pour énoncer une proposition générale :

732. **Lois de la résonance. —** ***Lorsqu'un corps est susceptible d'éprouver des vibrations de période θ, on peut le faire résoner en le soumettant à des excitations répétées ayant la même période ou une période multiple de θ.***

Qu'arriverait-il maintenant, si la période des impulsions excitatrices, au lieu d'être rigoureusement la même que celle des oscillations propres de la cloche, en différait notablement?

L'expérience montrerait que, dans ces conditions, la cloche resterait au repos, ou, du moins, ne prendrait qu'un mouvement de très faible amplitude. Les impulsions que recevrait la cloche se produiraient, en effet, en des points trop variables de sa course pour présenter des concordances systématiques. Les oscillations auraient à peine eu le temps d'acquérir une ampleur appréciable que déjà surviendraient des discordances qui les atténueraient.

Autrement dit, ***il n'y a plus résonance quand la période du mouvement vibratoire qu'un corps peut exécuter diffère notablement de la période du mouvement excitateur.***

Reprenons l'expérience des ondes stationnaires avec le tube de caoutchouc. Il est impossible, quand on procède à cette expérience, de ne pas être frappé de la facilité avec laquelle persiste le rythme régulier de la main, lorsque s'éveille la résonance du tube. Il semble que les vibrations mêmes de celui-ci entraînent la main de l'opérateur et l'obligent à donner son effet excitateur au moment le plus propice. C'est là un fait d'ordre très général que nous pouvons énoncer de la façon suivante :

Toutes les fois qu'un corps susceptible de prendre un mouvement vibratoire est soumis à une excitation dont la période diffère très peu de l'une de celles qui peuvent provoquer la résonance, les vibrations de ce corps réagissent sur l'excitateur lui-même et entraînent une synchronisation rigoureuse des deux mouvements périodiques.

HUITIÈME PARTIE

PHÉNOMÈNES PÉRIODIQUES EN ACOUSTIQUE, OPTIQUE ET ÉLECTRICITÉ

CHAPITRE I

PRODUCTION ET PROPAGATION DU SON

733. **Acoustique. Sons musicaux.** — ***L'acoustique*** est la partie de la Physique qui s'occupe particulièrement de l'origine et des caractères des ***sons musicaux***.

Nous réserverons ce nom de ***sons musicaux*** pour les sons qui produisent à l'oreille une sensation continue, par opposition aux ***bruits*** qui, en raison de leur brièveté, ne sauraient donner aucune impression musicale.

734. **Le son est produit par un mouvement vibratoire.** — Considérons une longue verge élastique (fig. 367), dont l'une des extrémités est fixée dans un étau. Écartons-la de sa position d'équilibre et abandonnons-la à elle-même. Elle effectuera, dans ces conditions, une suite d'oscillations isochrones. Si la longueur de la verge est assez grande, ces oscillations sont assez lentes pour que l'œil puisse les suivre et les compter; on peut alors vérifier que leur rapidité augmente si l'on raccourcit la verge vibrante.

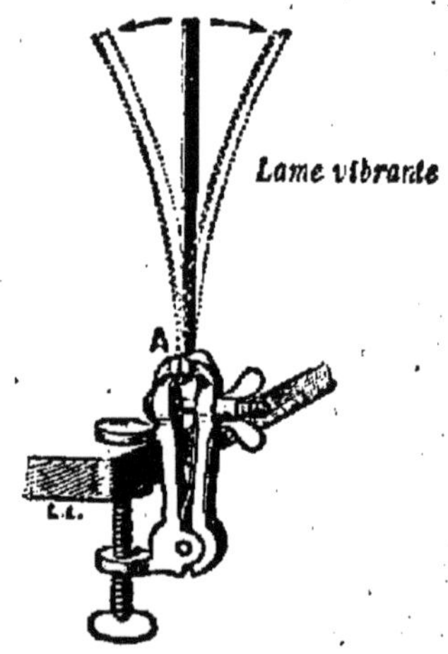

FIG. 367. — OSCILLATIONS D'UNE LAME ÉLASTIQUE.
Dès qu'en raccourcissant la lame, on a rendu ses vibrations assez rapides, elle fait entendre un son.

En diminuant ainsi progressivement la longueur de celle-ci, il arrive d'abord un moment où les oscillations deviennent trop rapides pour qu'on puisse continuer à les compter.

FIG. 368. VIBRATIONS D'UNE CORDE SONORE.

Le son commence et finit, en même temps que commencent et finissent les vibrations de la corde. Ces dernières sont rendues sensibles, si la corde prend l'aspect d'un fuseau renflé en son milieu.

Cependant nous ne percevons encore aucun son. Mais, si nous recommençons l'expérience en diminuant chaque fois la longueur de la verge, nous entendrons à un moment donné un son grave qui nous paraîtra d'autant plus ***fort*** que l'amplitude des vibrations sera plus considérable.

Nous reconnaissons donc ainsi que le mouvement vibratoire de la lame donne naissance, quand sa période est assez courte, à des sons perceptibles.

Nous avons étudié précédemment le mouvement pendulaire du ***diapason*** (§ 104). L'instrument ne rend un son qu'autant qu'il est animé de ce mouvement pendulaire.

Une ***corde vibrante*** (fig. 368) donnerait lieu aux mêmes observations (§ 764).

La méthode graphique (§ 105) montrerait qu'il en est de même pour tout appareil producteur de son.

Nous pouvons, par conséquent, regarder comme démontré que :

Tout son musical a son origine dans un mouvement vibratoire suffisamment rapide.

735. Le son ne se transmet pas dans le vide. — C'est en réalité par l'intermédiaire de l'air que nous percevons les sons. Une expérience très simple montre, en effet, qu'ils ne se transmettent pas dans le vide.

Installons sous la cloche de la machine pneumatique un timbre à sonnerie, actionné par un mouvement d'horlogerie (fig. 369). Tant que la cloche est pleine d'air, nous entendons le bruit du timbre; mais, aussitôt que la raréfaction commence, ce bruit s'éteint peu à peu et cesse d'être perceptible lorsque la pression est suffisamment faible; il renaît, au contraire, quand on laisse peu à peu rentrer l'air ou même un autre gaz sous la cloche.

L'expérience réussirait mal, si l'on ne faisait reposer la sonnerie sur un coussin d'ouate ou de caoutchouc pour empêcher que le mouvement vibratoire ne se transmette aux corps solides voisins et, par suite, à l'air extérieur lui-même.

Le son se propage non seulement dans les milieux gazeux, mais aussi dans les liquides et dans les solides.

Tout corps sonore doit donc être considéré comme un centre d'ébranlement donnant naissance à des ondes périodiques qui se propagent, depuis le corps sonore jusqu'à l'oreille, soit dans l'air, soit dans une série ininterrompue de milieux élastiques.

FIG. 369.
LE SON NE SE TRANSMET PAS DANS LE VIDE.
Le bruit d'un timbre, actionné par un mouvement d'horlogerie et placé sous la cloche de la machine pneumatique, s'éteint quand on fait le vide.

736. **Vitesse de propagation du son.** — Nous sommes ainsi tout naturellement conduits à supposer que la vitesse de propagation des ondes (§ 721) dans un milieu élastique doit se confondre avec la vitesse même de propagation du son dans le même milieu.

L'une des premières déterminations précises qui aient été faites sur la vitesse du son date de 1738. Deux pièces de canon étaient installées l'une à Montmartre, l'autre à Montlhéry. Les observations avaient lieu de nuit par un temps calme. Les deux pièces étaient alternativement tirées de dix minutes en dix minutes; les observateurs de l'une des stations notaient chaque fois le temps écoulé entre l'instant où ils apercevaient la lueur et celui où ils entendaient le bruit du coup de canon qui venait d'être tiré à l'autre station. On peut admettre que ce temps est précisément celui que le son met à parcourir les 29 kilomètres qui séparent

Montmartre de Montlhéry, car la lumière, dont la vitesse est de 300000 kilomètres à la seconde (§ 382), franchit elle-même cette distance en un temps si court que, ***pratiquement***, on voit la lueur de la détonation lointaine au moment même où celle-ci se produit.

On éliminait l'influence du vent en prenant la moyenne des résultats obtenus dans un sens et dans l'autre. Ces mesures donnèrent pour la vitesse du son dans l'air, à 0°, la valeur de 333 mètres à la seconde.

Des observations faites à une station intermédiaire (Fontenay-aux-Roses) avaient permis de vérifier que le son se propage d'un mouvement uniforme.

On trouva ainsi, à très peu près, la vitesse que devaient donner plus tard les remarquables mesures de MM. Violle et Vautier, que nous avons décrites plus haut (§ 721); à savoir 331 mètres à la seconde, dans l'air à 0°.

D'après une théorie, due à Newton et confirmée par l'expérience, la vitesse du son dans l'air, à une température quelconque t, a pour valeur, en mètres par seconde :

$$V = 331\sqrt{1+\frac{t}{273}}.$$

757. Propagation d'une onde dans l'air indéfini. — Si l'on tire un coup de pistolet à l'air libre, on provoque, à la bouche de l'arme, une brusque condensation du milieu atmosphérique. Cette condensation se propage par un mécanisme analogue à celui que nous avons étudié dans le cas d'un tuyau plein d'air.

La propagation se fait nécessairement dans toutes les directions, avec une même vitesse dans toutes ces directions. Elle doit donc donner naissance à une ***onde sphérique***, dont le centre sera, à chaque instant, l'ouverture du pistolet, et dont le rayon augmentera proportionnellement au temps.

L'expérience a montré que :

Soit que la propagation s'effectue dans un tuyau rempli d'air, soit qu'elle s'effectue dans l'air indéfini, les ondes cheminent avec la même vitesse (340 mètres à la seconde, à 15°).

Les deux phénomènes présentent cependant une différence essentielle.

Dans l'air indéfini, les ondes sphériques augmentent de surface en se développant; aussi, leur amplitude décroît-elle rapidement.

Dans un tuyau cylindrique, au contraire, les ondes conservent sensiblement leur amplitude, parce que le mouvement vibratoire, tout en se propageant, reste étendu à une surface de grandeur invariable.

738. Propagation des ondes dans divers milieux. — On a mesuré également la vitesse des ondes élastiques dans d'autres milieux que l'air.

Nous nous contenterons d'indiquer, sans y insister, les résultats suivants :

Vitesse de propagation des ondes sonores dans l'eau : 1435 mètres par seconde ; dans la fonte, 5000 mètres environ.

739. Phonographe. — Les ondes qui se développent autour d'un foyer sonore entretiennent en chaque point de l'air ambiant un état vibratoire qu'il est facile de manifester à l'aide d'une capsule de Kœnig (§ 711). mais dont le phonographe donne la meilleure démonstration.

FIG. 370. — PHONOGRAPHE.
Le phonographe permet d'enregistrer et de reproduire les mouvements vibratoires les plus variés et les plus compliqués.

Cet appareil que tout le monde connaît aujourd'hui permet d'inscrire les ondes aériennes et de reproduire ensuite les sons qui les ont provoquées.

L'inscription se fait soit sur un ***cylindre de cire*** bien poli, soit sur un ***disque*** (fig. 370) recouvert d'une matière plastique.

Cylindre ou disque sont animés d'un mouvement d'horlogerie.

Dans les deux cas, l'organe inscripteur est composé d'une petite boîte en ébonite dont une des bases est formée par une membrane en verre mince au centre de laquelle est monté un petit burin formé d'un saphir taillé en couteau. Ce burin s'applique doucement sur le cylindre ou le disque mobile.

Un pavillon à large embouchure communique avec l'intérieur de la boîte.

Les ondes sonores, concentrées par le pavillon, pénètrent dans la boîte et font vibrer la membrane de verre : la pointe de saphir trace donc sur la surface plastique une hélice formée de petits creux dont les plus profonds correspondent aux vibrations de plus grande amplitude.

Quand on veut reproduire les sons qu'on a inscrits, on substitue à l'organe inscripteur un organe répétiteur, de même forme, à cela près que le saphir, au lieu d'être acéré, est taillé en pointe mousse. On appuie cette pointe à la naissance de la rainure hélicoïdale tracée par l'inscripteur ; puis, on met en mouvement l'appareil d'horlogerie. La pointe mousse suit alors les creux de la rainure ; elle communique ses vibrations à l'air de la boîte qui reproduit les sons enregistrés sur la cire. Canalisés et renforcés par le pavillon, ces sons peuvent être entendus simultanément d'un grand nombre d'auditeurs.

CHAPITRE II

QUALITÉS PHYSIOLOGIQUES DU SON

1. — GÉNÉRALITÉS

740. Ce qu'on entend par qualités du son. — Les impressions, que l'oreille reçoit de sons différents, peuvent se distinguer les unes des autres par trois caractères spéciaux :

L'***Intensité***, la ***Hauteur***, le ***Timbre***. On dit que ce sont là les ***qualités du son***. On distingue donc trois qualités du son.

Précisons le sens de ces trois mots sur des exemples :

Une même note de piano, frappée plus ou moins fortement, rend un son plus ou moins ***intense***.

Deux notes différentes du même piano donnent deux sons qui diffèrent par leur ***hauteur***.

Deux sons, de même hauteur, rendus l'un par un violon, l'autre par une flûte, sont deux sons de ***timbre*** différent.

741. Caractères propres à chacune des qualités du son. — Puisque le son est dû à des mouvements vibratoires, pouvant affecter l'oreille de façons diverses, les caractères variables du son ne peuvent s'expliquer que par des caractères corrélatifs du mouvement vibratoire.

Or, nous avons vu que deux mouvements vibratoires ne peuvent différer que :

1° Par leur ***amplitude*** ;

2° Par leur ***période*** ;

3° Par la ***forme particulière de courbe*** qu'ils inscrivent sur l'appareil enregistreur (§ 712).

A l'amplitude des vibrations, correspond l'intensité du son. — ***Un son est d'autant plus intense que l'amplitude du mouvement vibratoire correspondant est plus grande.***

A la période des vibrations, correspond la hauteur du son. — ***Un son est d'autant plus aigu que la période du mouvement vibratoire correspondant est plus courte*** ; c'est-à-dire que le mouvement vibratoire est plus rapide.

A la forme de la courbe enregistrée correspond le timbre du son. — ***Deux instruments de nature différente inscrivent sur l'appareil enregistreur des courbes festonnées*** de formes différentes, telles que celles des figures 56 et 355.

Nous avons appelé vibrations simples ou pendulaires celles qui se représentent graphiquement par une sinusoïde ; mais, outre ces vibrations simples, il existe une infinité d'autres mouvements vibratoires que l'on peut réaliser en superpo-

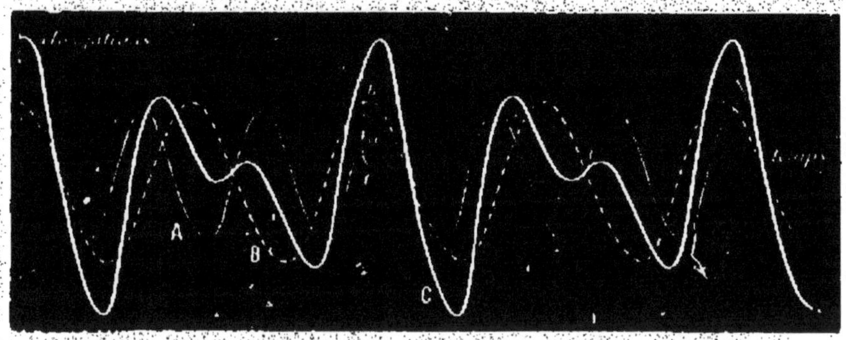

FIG. 371. — SUPERPOSITION DE DEUX VIBRATIONS SIMPLES.
Les vibrations composantes sont représentées par deux traits fins : l'un plein, l'autre ponctué; la vibration résultante est indiquée par un trait fort.

sant entre elles des vibrations simples, de toutes les manières possibles, variables à l'infini.

C'est une superposition de ce genre que représente la figure 371.

La courbe résultante n'est autre que celle qui est déjà représentée en trait plein dans la figure 355.

A chacune de ces formes particulières de courbe correspond un timbre particulier du son.

— Il est bien évident d'ailleurs que si l'on a relevé, sur un même appareil enregistreur, les mouvements vibratoires de deux corps sonores différents, les deux courbes obtenues ne pourront différer entre elles que :

1° Par la profondeur des festons (***intensité du son***);
2° Par la largeur des festons (***hauteur du son***) ;
3° Par la forme des festons (***timbre du son***).

Il n'y a donc pas lieu de considérer d'autres qualités du son que les qualités de :

Intensité, Hauteur et ***Timbre.***

2. — INTENSITÉ DES SONS

742. L'intensité d'un son croît avec l'amplitude des vibrations qui le produisent. — Chacun sait que ***l'intensité*** du son rendu par une cloche est en raison directe de la vigueur avec laquelle on la frappe.

Il en est de même pour un diapason.

Lorsqu'on enregistre les vibrations d'un diapason et que celles-ci s'amortissent peu à peu, on obtient une courbe festonnée, dans laquelle les festons conservent même forme et même largeur, alors que leur profondeur décroît au fur et à mesure que s'éteint le son donné par le diapason.

Cette expérience nous montre très nettement que ***l'intensité d'un son croît ou décroît en même temps que l'amplitude des vibrations qui le produisent.***

743. Affaiblissement du son avec l'éloignement du foyer sonore. — De même que les rides déterminées par la chute d'une pierre à la surface d'une eau tranquille s'estompent en s'élargissant, de même l'amplitude des ondes qui se propagent dans l'air autour d'un foyer sonore va en diminuant à mesure que les ondes s'étendent davantage. La raison en est assez simple : dans les deux cas, quand les ondes s'éloignent de leur centre de production, le mouvement se répartit sur une surface de plus en plus étendue. Par conséquent, ***son énergie cinétique moyenne par unité de surface doit s'atténuer*** progressivement en chaque point. ***L'affaiblissement du son avec l'éloignement est ainsi corrélatif de l'augmentation de surface des ondes sonores.***

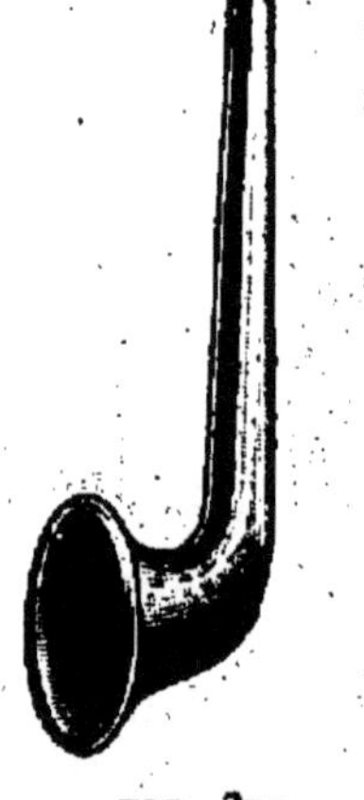

FIG. 372. CORNET ACOUSTIQUE.
L'oreille munie de cet appareil reçoit des sons de plus grande intensité.

744. Cornets acoustiques. — Un effet exactement contraire se produit dans le ***cornet acoustique*** (fig. 372), dont se servent les personnes qui ont l'ouïe dure. C'est un simple tube conique dont on introduit le bout étroit dans l'oreille ; on tourne, du côté de la personne qui parle, l'autre extrémité du cornet qui a la forme d'un large pavillon. Les ondes sonores, reçues par celui-ci, diminuent de surface en se propageant dans le tube; leur amplitude devient, par conséquent, beaucoup plus grande et l'intensité des sons qui arrivent à l'oreille se trouve ainsi très augmentée.

745. Tubes acoustiques. — Lorsqu'une onde se propage dans un large tuyau cylindrique, sa surface reste constante;

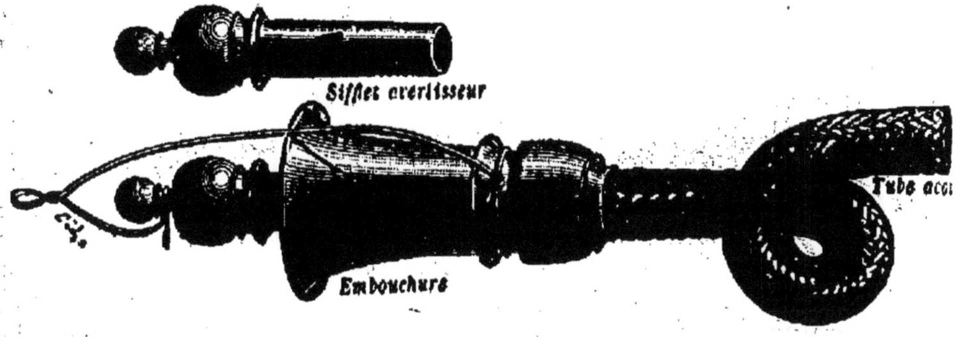

FIG. 373. — TUYAU ACOUSTIQUE.
L'intensité des ondes sonores s'affaiblit très peu avec la distance, quand leur propagation s'effectue dans un tube de quelques centimètres de diamètre.

et n'étaient les frottements contre les parois du tuyau, il en serait de même de l'amplitude de l'onde; ce qui revient à dire que, dans ces conditions, le son ne s'affaiblit pas.

Cette propriété a été utilisée dans la construction des *tuyaux acoustiques*, si fréquemment employés pour communiquer d'une pièce à une autre d'un même édifice (fig. 373).

C'est encore sur le même principe que sont fondés les

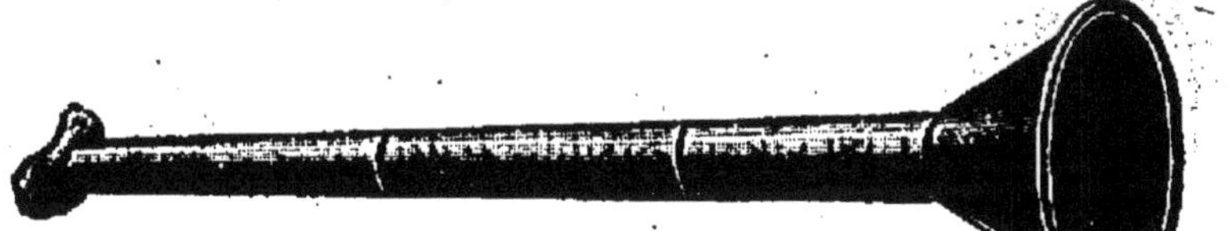

FIG. 374. — PORTE-VOIX.
Les paroles, prononcées dans l'embouchure, s'entendent fort loin dans la direction du porte-voix.

porte-voix (fig. 374) dont on fait usage, surtout dans la marine, pour transmettre la voix dans une direction déterminée.

3. — HAUTEUR DES SONS

746. La hauteur d'un son dépend de la période des vibrations qui le produisent. — L'oreille reconnaît facilement deux sons de même hauteur.

Quand nous essayons de répéter une note ou un chant que nous venons d'entendre, c'est naturellement des sons de même hauteur que nous cherchons à émettre.

Quand on y réussit, on dit que l'on chante à ***l'unisson***.

Si la hauteur d'un son ne dépend que de la période des vibrations, il en résulte que ***deux sons à l'unisson doivent avoir même période***; ou encore, que ***deux sons à l'unisson doivent correspondre à un même nombre de vibrations par seconde.***

Cherchons à vérifier cette loi.

Supposons que nous ayons un diapason et un tuyau sonore accordés à l'unisson. Armons l'une des branches du diapason d'une pointe fine que nous appuierons délicatement sur un cylindre enregistreur recouvert d'une feuille de papier glacé, légèrement enfumée. Mettons, d'autre part, le tuyau en relation avec une capsule de Marey, à l'aide du dispositif décrit au § 708 et appuyons aussi le style de la capsule sur la même génératrice du cylindre inscripteur. Faisons alors tourner celui-ci, puis excitons le diapason et le tuyau sonore; leurs vibrations s'inscrivent sur le tambour enfumé, et, lorsque après l'expérience on détache la feuille de papier, on trouve qu'entre deux génératrices du cylindre, c'est-à-dire, en somme, dans le même temps, la pointe du diapason et le style de la capsule ont tracé le même nombre de sinuosités.

Nous concluons donc :

Quelle que soit leur intensité relative, quel que soit leur timbre, deux sons à l'unisson correspondent toujours à un même nombre de vibrations par seconde : ils ont même fréquence.

A l'aide du même dispositif, on vérifierait que, si les deux instruments ne sont pas à l'unisson, ***le son le plus aigu correspond au mouvement vibratoire le plus rapide.***

747. Mesure de la hauteur d'un son par la méthode graphique. — On peut donc caractériser la hauteur d'un son par le nombre de ses vibrations par seconde; le dispositif qui a été indiqué au § 105 est un de ceux qui donnent les meilleurs résultats.

Lorsqu'il n'est pas possible d'inscrire les vibrations elles-mêmes du son étudié, on se procure un diapason à sons variables (fig. 375) dont on règle les masses mobiles de façon à le mettre à l'unisson du son proposé : c'est alors la fréquence de ce diapason, ainsi accordé, que l'on mesure.

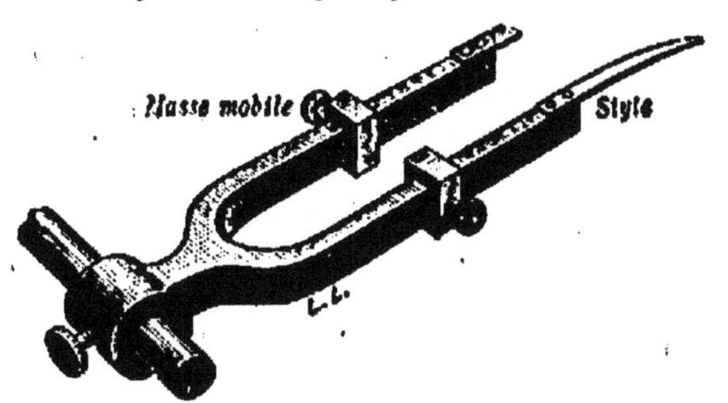

FIG. 375. — DIAPASON A SONS VARIABLES.
Les vibrations sont d'autant plus lentes que les surcharges mobiles sont plus voisines des extrémités.

748. Principe de la sirène. — Quoique la méthode de l'enregistreur graphique soit de beaucoup la plus simple et la plus générale que l'on puisse employer, nous ne pouvons cependant passer sous silence un appareil ingénieux, souvent employé, que l'on désigne sous le nom de ***sirène***.

Un disque de métal peut tourner d'un mouvement ***uniforme*** autour de son axe; il porte, sur une circonférence concentrique à l'axe, des trous égaux et équidistants. Un jet d'air est lancé contre le disque; de sorte que la région qui se trouve de l'autre côté du disque est le siège d'une suite d'ébranlements, identiques et périodiques, qui donnent naissance à un son d'autant plus élevé que leur fréquence est plus grande.

Si, par exemple, la circonférence du disque porte* n *trous, si celui-ci fait* N *tours par seconde, le son obtenu aura même hauteur que celui qui correspond à* nN *vibrations par seconde.

L'arbre qui entraîne le disque commande un compteur de tours, analogue à celui que l'on monte quelquefois sur les bicyclettes et que l'on peut embrayer ou débrayer à volonté.

749. Pratique expérimentale. — Voici maintenant comment on se sert de cet appareil. On produit le son à étudier; en même temps, on imprime au disque de la sirène une rotation de plus en plus rapide, jusqu'à obtenir l'unisson avec le son proposé. On note l'heure sur un chronomètre et,

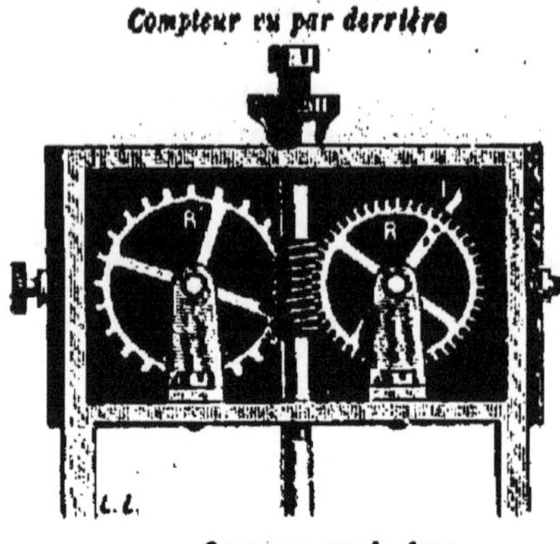

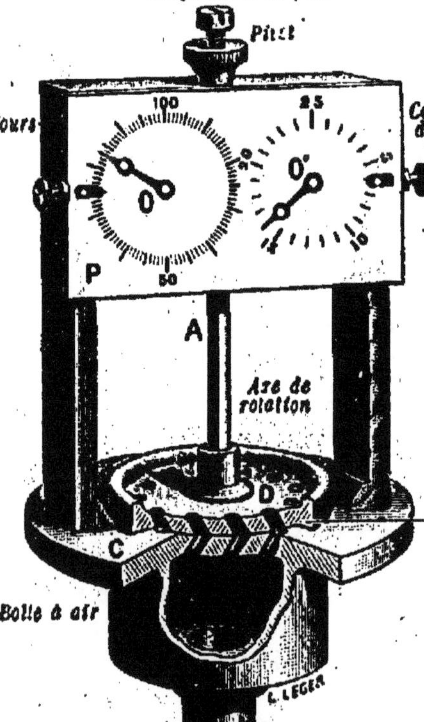

FIG. 376.

SIRÈNE DE CAGNIARD-LATOUR.

C'est une sorte de petite turbine à air, et chaque fois que les trous du disque tournant D concordent avec ceux qui sont ménagés dans la paroi de la boîte à air, il sort un flot gazeux dont la rapide répétition produit un son. L'appareil est complété par un compteur de tours qu'on embraye ou qu'on arrête en poussant la plaque P dans un sens ou dans l'autre.

au même instant, on fait embrayer le compteur de tours. On s'efforce de maintenir constante la vitesse de rotation et, au bout d'un certain temps, une minute environ, on note encore l'heure au moment précis où on désembraye le compteur. On relève le nombre N des tours du disque. Si l'embrayage a duré t secondes et si la circonférence du disque porte n trous, le nombre des vibrations effectuées à la seconde par le son proposé sera alors $\frac{Nn}{t}$.

750. Sirène de Cagniard-Latour. — On a donné bien des formes à la sirène. L'une des plus simples est celle de Cagniard-Latour, dans laquelle le jet d'air qui traverse le disque est encore utilisé à produire la rotation de ce dernier, comme on le fait dans une *turbine*. La figure 376 en montre le dispositif. Le disque D tourne à une très faible distance d'un plateau C formant la paroi supérieure d'une boîte à air que l'on dispose sur le *sommier* d'une soufflerie à *régulateur*. Le disque et le plateau sont percés, sur des circonférences égales, d'un même nombre *n* de trous équidistants; lorsqu'une des ouvertures du disque se trouve en regard d'une ouverture du plateau, il en est de même pour toutes les autres. L'axe du trou d'un plateau et l'axe du trou superposé dans le disque sont inclinés l'un sur l'autre à angle droit; ils sont tous les deux situés dans le plan perpendiculaire au rayon de la circonférence que décrit le centre de chacun d'eux.

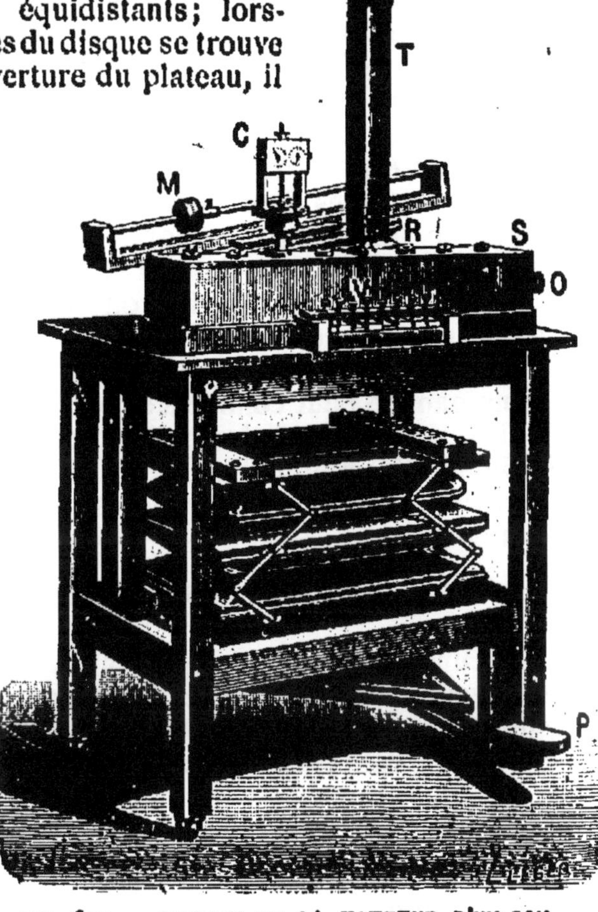

FIG. 377. — MESURE DE LA HAUTEUR D'UN SON.
Le tuyau sonore et la sirène sont montés sur une même soufflerie; on accroît d'abord la vitesse de la sirène jusqu'à l'amener à l'unisson du tuyau. On compte alors le nombre de tours qu'effectue le disque pendant une minute.

Des jets d'air sortent donc *à la fois* par les *n* trous du disque. Le même phénomène se produit *n* fois par tour du disque, en sorte que la région qui se trouve au-dessus est le siège d'ébranlements identiques et périodiques qui donnent naissance à un son d'autant plus élevé que la rotation est plus rapide.

L'expérience est disposée comme l'indique la figure 377.

751. Intervalles musicaux. — L'expérience montre que, plusieurs sons étant produits, soit successivement, soit simultanément, le caractère musical de l'ensemble restera inaltéré si les nombres de vibrations de ces sons à la seconde viennent tous à augmenter ou à diminuer, mais en conservant un même rapport invariable.

Le rapport du nombre des vibrations de deux sons, pendant le même temps, a reçu le nom d'intervalle musical.

L'expérience a montré qu'un son, qui musicalement est à l'*octave aiguë* d'un autre, correspond, pendant le même temps, à un nombre de vibrations deux fois plus grand.

752. **Gamme.** — Lorsque l'on range suivant leur hauteur les diverses notes d'un même morceau de mélodie ou d'harmonie, on trouve qu'elles forment des séries successives de huit sons dont le dernier est à l'octave aiguë du premier. Dans chacune de ces séries, on rencontre, d'une note à la précédente, la même suite d'intervalles musicaux et chacune de ces séries constitue *une gamme*.

Une gamme peut commencer par un son quelconque; mais celui-ci, une fois fixé, les autres se trouvent déterminés par des intervalles bien définis.

On désigne les diverses notes de la gamme majeure par les noms :

ut ré mi fa sol la si ut.

Chacune de ces notes présente avec la *tonique*, c'est-à-dire avec la première note de la gamme, un intervalle bien défini; et la gamme majeure est *caractérisée* par l'ensemble de ces intervalles dont voici la valeur et le nom :

ré-ut	$\frac{9}{8}$	*seconde.*
mi-ut.	$\frac{5}{4}$	*tierce.*
fa-ut	$\frac{4}{3}$	*quarte.*
sol-ut.	$\frac{3}{2}$	*quinte.*
la-ut	$\frac{5}{3}$	*sixte.*
si-ut	$\frac{15}{8}$	*septième.*
ut-ut	2	*octave.*

Lorsqu'on fait résonner ensemble plusieurs notes de la gamme, l'expérience montre que l'accord ainsi obtenu est d'autant plus agréable à l'oreille que les intervalles des sons simultanés sont représentés à l'aide de nombres entiers plus petits.

L'un des accords que l'oreille écoute le plus volontiers est l'*accord parfait majeur*. On l'obtient en faisant résonner la première, la troisième et la cinquième note d'une gamme majeure : *ut-mi-sol*. Le tableau précédent montre que les nombres de vibrations qui correspondent à ces notes sont entre eux comme 4, 5, 6.

753. **Notation des gammes.** — On obtient toute l'échelle des sons musicaux en établissant des gammes successives, pour chacune desquelles on choisit comme tonique la dernière note de la gamme précédente. Toutes les notes d'une même gamme sont ensuite affectées d'un même indice qui augmente d'une unité pour la gamme suivante.

Partons arbitrairement d'une note que nous désignons par ut_1 ; l'octave de ut_1, qui est la tonique de la seconde gamme, sera ut_2; l'octave de ut_2 sera ut_3, et ainsi de suite. On obtient ainsi la série des sons :

$$ut_1\ ré_1\ mi_1\ fa_1\ sol_1\ la_1\ si_1\ ut_2\ ré_2\ mi_2 \ldots ut_3\ ré_3 \ldots$$

754. **Le La_3 normal.** — Les hauteurs absolues de toutes ces notes se trouveront déterminées si l'on fixe la hauteur de l'une d'elles. Les besoins de la musique exigent qu'il en soit ainsi; et une Commission internationale, guidée par les travaux de Lissajous, a adopté comme *son-type* le son qui correspond à 435 vibrations par seconde et l'a nommé la_3. C'est le **la_3 normal.**

755. **Exercices numériques sur les intervalles musicaux.** — La tonique ut_3 de la même gamme vaut alors $435 : \frac{5}{3}$ ou 261 vibrations par seconde.

Pour la voix humaine, la note la plus grave des basses est ut_1; la note la plus aiguë des sopranos est ut_5. La première a donc une fréquence égale à $\frac{261}{2^2}$ ou 65,25 vibrations par seconde. De même, ut_5 correspond à 261×2^2, c'est-à-dire à 1044 vibrations par seconde.

756. **Limite des sons perceptibles.** — Les sons perceptibles

s'étendent à peu près entre ut_0 et ut_{10}. Leurs fréquences varient entre 30 et 30 000 environ.

Ces limites sont d'ailleurs très variables d'un observateur à un autre, et par conséquent mal définies.

757. **Harmoniques.** — On appelle ***harmoniques*** d'un son, qui effectue n vibrations par seconde, l'ensemble de tous les sons dont le nombre de vibrations est un multiple entier de n.

D'après cette définition, le ***premier harmonique*** d'un son est le son proposé lui-même; le ***second***, qui correspond à $2n$ vibrations, en est l'octave aiguë; le troisième, qui fait $3n$ vibrations, est à la quinte aiguë du précédent, et ainsi de suite.

Les intervalles d'un son à ses divers harmoniques forment donc la suite des nombres entiers.

On peut, à titre d'exemple, rechercher dans les gammes successives les diverses notes qui constituent les harmoniques du son ut_1. Ce sont les suivantes :

Intervalles.	1	2	3	4	5	6	7	8	9	10
Notes . . .	ut_1	ut_2	sol_2	ut_3	mi_3	sol_3	»	ut_4	$ré_4$	mi_4

4. — TIMBRE DES SONS

On réserve le nom de ***sons simples*** à ceux qui sont produits par des vibrations sinusoïdales.

758. **Analyse des sons par l'oreille.** — Une oreille affinée et soumise à une éducation préalable peut analyser, au moins grossièrement, un son musical. En effet, si l'on produit un son simple et immédiatement après l'un de ses harmoniques, l'oreille devient susceptible de reconnaître ces deux sons quand ils se produisent ensuite simultanément. Ainsi, dans un chœur, reconnaissons-nous aisément les voix dont le timbre nous est familier.

Cette analyse des sons par l'oreille, toute rudimentaire qu'elle soit, suffit pour établir qu'un instrument de musique, tuyau ou corde, rend toujours un ***son complexe*** formé du son fondamental de même hauteur et d'un certain nombre de ses harmoniques.

759. **Analyse par les résonnateurs.** — Le principe de cette autre méthode, purement physique, repose sur une application du phénomène de la résonance (§ 732).

La loi de la résonance est tout à fait générale; mais il est particulièrement facile d'en montrer l'application l'acoustique.

De l'ouverture d'une large éprouvette à pied approchons un diapason en activité (fig. 378), par exemple, celui qui rend le *la* normal des instruments de musique. En général, nous n'entendrons d'abord aucun renforcement. Mais si nous versons petit à petit de l'eau ou du mercure dans l'éprouvette, de façon à raccourcir progressivement la colonne d'air qui l'occupe, il arrivera un moment où celle-ci vibrera à son tour et renforcera vigoureusement la note *la*.

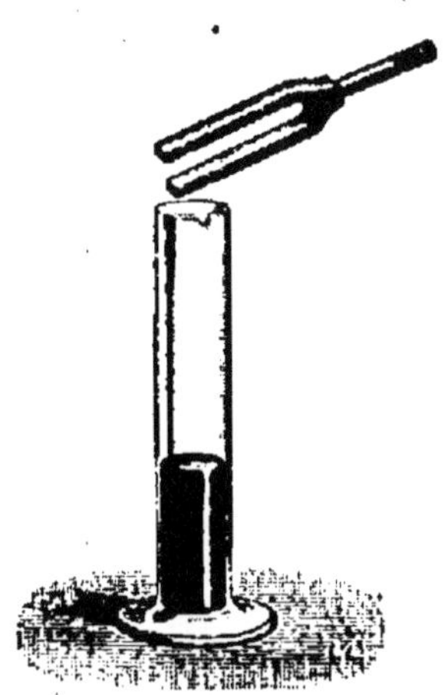

FIG. 378.
RENFORCEMENT D'UN SON.
Si la colonne d'air contenue dans l'éprouvette a une hauteur convenable, elle entre en vibration quand on approche le diapason et renforce considérablement le son produit.

On dit alors que la colonne d'air de l'éprouvette joue le rôle de *résonnateur*.

Avec une nouvelle addition de liquide, l'éprouvette redeviendrait sourde à l'influence du diapason. On voit donc que, pour constituer un résonnateur efficace du *la* normal, la colonne d'air doit avoir une hauteur déterminée.

Les résonnateurs dont se servait Helmholtz dans ses recherches sur le timbre étaient constitués par des sphères creuses en laiton, munies d'une large ouverture *a* et offrant à la partie opposée un petit ajutage *b* que l'on introduit dans l'oreille (fig. 379). Une cavité de cette forme renforce une note unique et reste sourde pour toutes les autres. Si donc on arme l'oreille d'un de ces résonnateurs et qu'on produise près de l'orifice *a* un son, si complexe soit-il, qui contienne la note particulière du résonnateur, celui-ci se met à vibrer et décèle alors la présence de cette note dans le son étudié.

FIG. 379.
RÉSONNATEUR DE HELMHOLTZ.
C'est une cavité sphérique ouverte en a *et en* b. *Elle ne renforce qu'un son déterminé d'autant plus aigu que le rayon du résonnateur est moindre.*

La figure 380 représente un appareil qui permet d'effectuer

commodément cette analyse. Il se compose d'une série de résonnateurs de Helmholtz montés sur un même châssis de fonte et dont on tourne les ouvertures vers le foyer sonore.

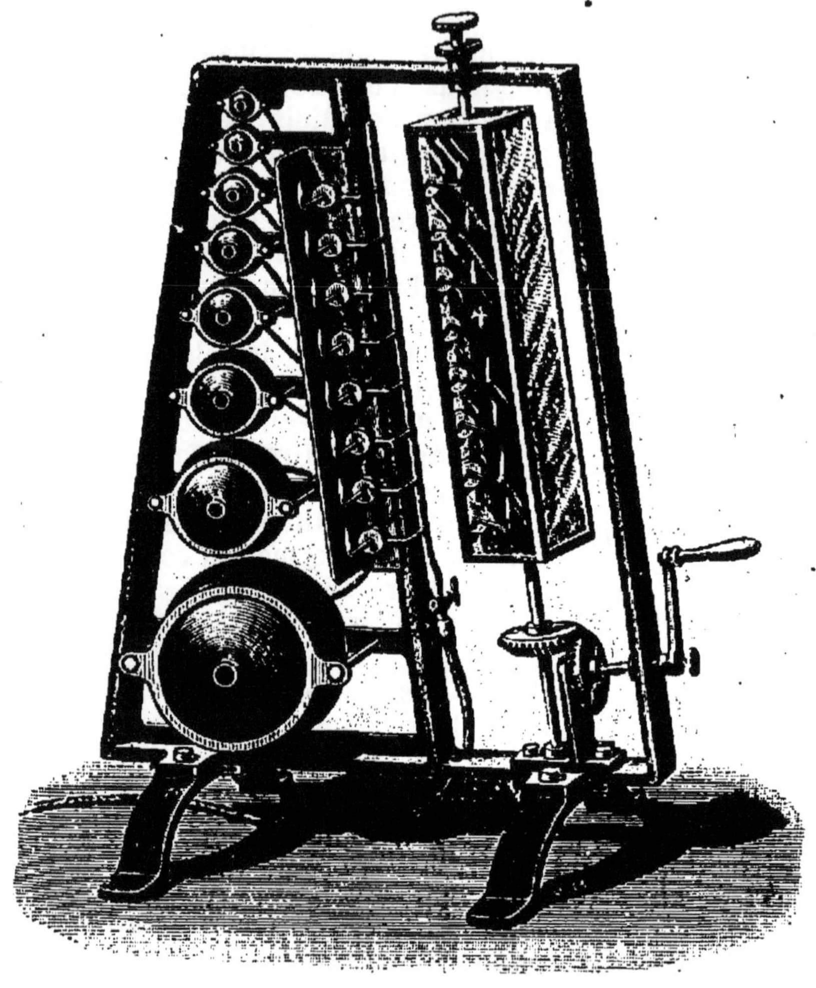

FIG. 380. — APPAREIL DE KŒNIG POUR L'ANALYSE DES SONS.

Toutes les fois que, dans un son complexe émis devant l'appareil, se trouve un son qui intéresse un des résonnateurs, la flamme correspondante se met à vibrer.

Des tubes de caoutchouc font communiquer ces résonnateurs avec un nombre égal de capsules manométriques dont on observe les flammes dans un miroir tournant. Si dans le son étudié se trouvent les notes de certains résonnateurs, les flammes correspondantes entrent en vibration, tandis que les autres continuent à brûler tranquillement.

L'analyse des sons complexes périodiques, à l'aide des résonnateurs, a pleinement confirmé les prévisions de la théorie. En général, ***le son rendu par un instrument de musique n'est pas*** simple : ***il est accompagné d'un cortège de sons partiels qui sont harmoniques du son fondamental***; ***le timbre particulier du son rendu dépend non seulement de l'ordre de ces divers harmoniques, mais aussi de leur intensité relative par rapport à celle du son fondamental.***

760. **Synthèse des sons.** — Les résultats obtenus par l'***analyse*** peuvent être confirmés par la méthode inverse : on peut faire la ***synthèse*** des sons complexes.

Soulevons le couvercle d'un piano; appuyons sur la pédale qui relève les étouffoirs et chantons pendant quelques secondes une note déterminée : nous constaterons que l'instrument résonne alors de façon à reproduire et à prolonger la même note, avec son timbre. Les sons partiels de la note vocale émise ont excité les cordes correspondantes du piano.

Cette expérience constitue une véritable synthèse d'un son complexe.

Helmholtz a, d'ailleurs, apporté une précieuse confirmation directe à ses recherches sur le timbre, en montrant qu'on peut reproduire un son quelconque, avec son caractère musical particulier, par une simple superposition des sons simples que l'analyse y a révélés.

761. **Voix humaine.** — Le timbre particulier de chaque voyelle, chantée sur une note déterminée, tient à des causes de même nature, c'est-à-dire à l'existence, dans le son de la voyelle, de certains sons particuliers, caractéristiques de la voyelle considérée.

762. **L'oreille.** — Terminons ces notions par quelques mots d'explication sur la manière dont se fait la perception du son.

On distingue ordinairement trois parties dans l'organe de l'audition : l'oreille ***externe***, l'oreille ***moyenne*** et l'oreille ***interne***.

La partie externe est constituée par le ***pavillon*** et le ***conduit auditif***; le fond de celui-ci est fermé par une membrane tendue, la membrane du ***tympan*** (fig. 381).

La partie moyenne, que le tympan sépare du conduit auditif, est une cavité qu'un canal, la ***trompe d'Eustache***, fait communiquer avec l'air extérieur par l'intermédiaire des fosses nasales.

La partie interne de l'oreille est aussi nommée le ***labyrinthe***, à cause de sa forme compliquée. C'est une cavité entièrement creusée dans le ***rocher***, qui est la région la plus dure de l'os temporal. On y distingue les canaux ***semi-circulaires*** qui sont

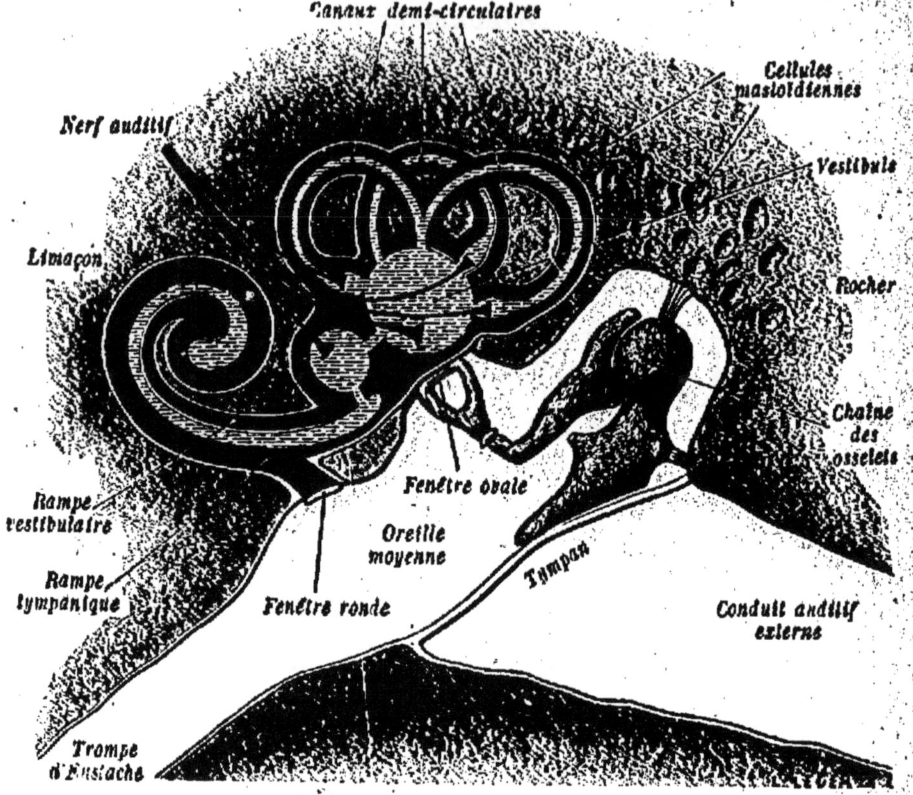

FIG. 381. — FIGURE SCHÉMATIQUE DE L'OREILLE.

Les vibrations de l'air extérieur se communiquent au tympan et, par l'intermédiaire de la chaîne des osselets, au liquide qui remplit l'oreille interne et dans lequel aboutissent les ramifications du nerf auditif.

disposés suivant trois plans rectangulaires; le ***vestibule***, qui communique avec l'oreille moyenne par deux petites ouvertures, appelées ***fenêtre ronde*** et ***fenêtre ovale***, et enfin le ***limaçon***. Tout le labyrinthe est tapissé par une sorte de sac membraneux entièrement rempli d'un liquide gélatineux dans lequel baignent les filaments terminaux du nerf auditif. Ceux des filaments qui aboutissent au limaçon ne sont pas représentés sur la figure. Ils sont extrêmement nombreux, on en a compté plus de trois mille, qui sont appliqués sur une sorte de cloison partageant le limaçon en deux rampes ; on désigne ces filaments sous le nom de ***fibres de Corti.***

La fenêtre ovale est en relation avec le tympan par une chaîne de quatre osselets que de petits muscles soutiennent dans la cavité moyenne. Ce sont le ***marteau***, qui s'appuie directement sur le tympan, l'***enclume***, l'***os lenticulaire*** et enfin l'***étrier***, dont la base s'appuie sur la fenêtre ovale.

763. **Mécanisme de l'audition.** — Lorsqu'une onde sonore, cheminant dans l'air, vient à frapper l'oreille, elle est amenée par le pavillon et le conduit auditif jusqu'au tympan qui se déforme alors sous l'influence de l'inégalité des pressions qui règnent sur ses deux faces. La chaîne des osselets, agissant sur la fenêtre ovale, transmet à l'oreille interne les déplacements du tympan.

Ces mouvements sont donc transmis au liquide qui remplit l'oreille interne. Dans ce liquide aboutissent les ramifications du nerf auditif. Ce dernier transmet les impressions au cerveau où elles sont élaborées.

Ces impressions différeront les unes des autres :

1° par les amplitudes des différents mouvements vibratoires transmis à l'oreille interne ;

2° par les périodes de ces mouvements ;

3° par la forme même de ces mouvements vibratoires.

L'oreille permettra donc d'apprécier les différences : 1° d'intensité ; 2° de hauteur ; 3° de timbre, des sons multiples qui lui parviennent.

CHAPITRE III

CORDES VIBRANTES

704. Vibrations transversales des cordes. — Les organes sonores que l'on emploie dans le violon, la harpe ou le piano, sont des cordes à boyaux ou de fines cordelettes métalliques qui peuvent être assimilées à de simples fils fortement tendus entre leurs extrémités.

Ces cordes peuvent, en outre, être regardées comme à peu près inextensibles et parfaitement flexibles.

Lorsque l'on saisit une de ces cordes *en son milieu*, qu'on l'écarte légèrement de sa position d'équilibre et qu'on l'abandonne ensuite à elle-même, la tension à laquelle elle est soumise la ramène vers cette position initiale ; la corde effectue alors des vibrations *transversales* dont nous allons sommairement étudier les lois.

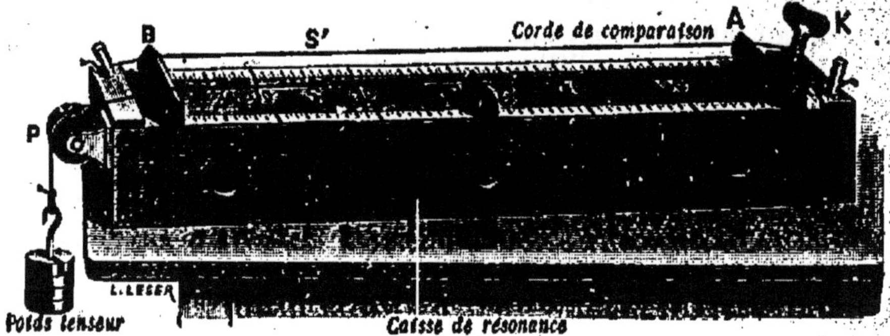

FIG. 382. — SONOMÈTRE.

On vérifie les lois des vibrations transversales des cordes en modifiant soit la tension, soit la longueur de la corde S et en comparant chaque fois le son qu'elle rend avec celui d'une corde de comparaison S' tendue sur la même caisse.

Dans les conditions précédentes (fig. 368), la corde présente un *nœud* à chacune de ses extrémités qui sont fixes et un *ventre* en son milieu où les vibrations atteignent leur amplitude maxima.

Si les vibrations sont assez rapides, la corde fait entendre un son. On l'appelle le *son fondamental* de la corde.

La hauteur du *son fondamental* ainsi obtenu dépend des dimensions de la corde, de la densité de la substance dont elle est formée et de la tension à laquelle elle est soumise.

Le rôle de chacune de ces données peut être étudié à l'aide du *sonomètre*.

Au-dessus d'une caisse en bois mince C, percée de trous latéraux, est tendue la corde à étudier S (fig. 382). L'une de ses extrémités est serrée dans une pince; elle passe d'autre part dans la gorge d'une petite poulie P et se trouve tendue par des poids que l'on suspend à l'extrémité libre. Deux chevalets A, B, qui reposent sur la caisse de résonance et dont la distance est ordinairement de 1 mètre, définissent exactement la longueur *l* de la partie vibrante; les points où la corde s'appuie sur ces chevalets sont nécessairement des points fixes et doivent être regardés comme les véritables extrémités de la corde.

765. Loi des longueurs. Harmoniques. — Nous nous occuperons tout d'abord de l'influence de la longueur de la corde sur la hauteur du son fondamental.

Faisons vibrer la corde (fig. 383, I) en l'attaquant légèrement en son milieu d'un coup d'archet et notons alors le son qu'elle rend. Pour cela, mettons à l'unisson une corde de com paraison S' disposée à côté de la première sur le sonomètre.

Ceci fait, plaçons au-dessous de la corde étudiée un nouveau chevalet C qui la partage en deux parties égales. Si nous excitons l'une des moitiés, nous remarquerons que l'autre se met immédiatement aussi à vibrer et le son rendu par chacune d'elles est évidemment le même puisqu'elles vibrent dans les mêmes conditions de longueur et de tension. Ce son est à l'octave aiguë du premier; de telle sorte que *le nombre des vibrations de la corde a doublé lorsque la longueur de celle-ci a été réduite de moitié.*

Considérée dans son ensemble, la corde est, dans ce nouveau mode vibratoire, divisée en deux segments qui oscillent synchroniquement. Elle présente des *nœuds* à chacune de ses extrémités et en son milieu, et des *ventres* à égale distance des nœuds, c'est-à-dire au quart de sa longueur à partir des chevalets. Au surplus, les déplacements de chaque moitié sont à chaque instant opposés : c'est-à-dire qu'à un moment déterminé l'une des moitiés se trouve d'un côté de la position d'équilibre et l'autre de l'autre (fig. 383, II).

Supposons maintenant que nous placions le chevalet C au tiers de la corde à partir de A. Excitons le segment CA par un coup d'archet. Tout aussitôt la partie CB se mettra, elle aussi, à vibrer, et, chose singulière, se divisera elle-même en deux segments égaux, de façon à présenter un point immobile, c'est-à-dire un *nœud* en son milieu C'; en sorte que la corde entière se trouvera partagée en trois parties égales vibrant à l'unisson (fig. 383, III). Le son obtenu dans ces conditions possède une période trois fois plus petite que celle du premier.

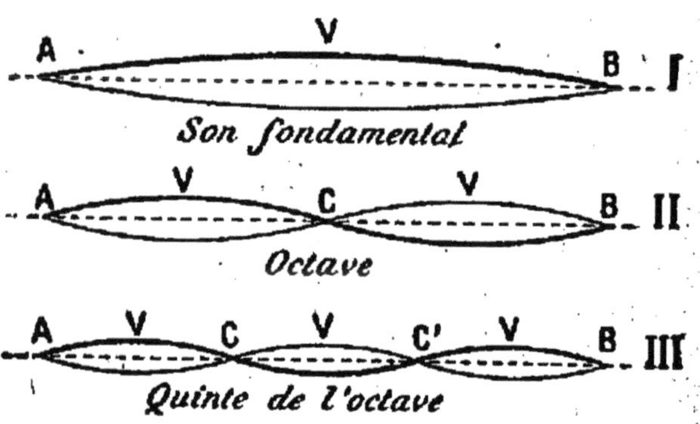

FIG. 383. — LOI DES VIBRATIONS TRANSVERSALES D'UNE CORDE.
La hauteur du son rendu par une corde est en raison inverse de sa longueur.

Le fait est général : si on place le chevalet auxiliaire C au $n^{ième}$ de la longueur de la corde (n étant un nombre entier) et si l'on excite à l'archet le plus petit segment CA, la corde entière vibrera en se partageant en n segments égaux séparés par des nœuds et de telle façon que les déplacements soient toujours opposés dans deux segments consécutifs. Le son produit sera alors le $n^{ième}$ harmonique du son fondamental, et la suite complète des harmoniques de celui-ci s'obtiendra par conséquent en donnant successivement pour valeur au segment CA la moitié, le tiers, le quart, etc., de la longueur totale de la corde.

On peut disposer de distance en distance, à cheval sur la corde, de légers cavaliers de papier. Lorsque la corde vibre, ces cavaliers restent immobiles aux endroits où se trouvent les nœuds; ils sont, au contraire, désarçonnés aux points où se trouvent les ventres.

766. Explication théorique de la loi des longueurs. — Les apparences qu'offre une corde quand elle vibre sont évidemment dues à des phénomènes de résonance. Nous les avons déjà reproduites et étudiées au § 724 avec un long tube de caoutchouc.

Il doit en être de même pour une corde qui vibre sous l'archet; seulement les ondes qui y produisent la résonance seraient difficiles à montrer même sur une très longue corde, d'abord parce que ces ondes sont elles-mêmes peu accusées et ensuite parce que, en raison de la tension, elles cheminent avec une grande vitesse.

La loi des longueurs est alors une conséquence immédiate des conditions de la résonance, telles que nous les avons exposées au § 732.

Il ne peut y avoir résonance que si, aux deux extrémités de la corde, qui sont fixes, peuvent se former des nœuds. Or, si l'on désigne par V la vitesse de propagation des ondes le long de la corde, par T leur période, la demi-longueur d'onde a pour valeur $\frac{VT}{2}$. La longueur L de la corde doit contenir un nombre entier de fois cette demi-longueur d'onde. On a donc :

$$L = K\frac{VT}{2};$$

relation dans laquelle K désigne un nombre entier quelconque.

Cette égalité fixe les seules périodes T de vibrations qui sont susceptibles d'exciter la corde et d'être renforcées par elle.

Le son fondamental correspond à $K = 1$; alors la longueur L de la corde est égale à une demi-longueur d'onde. La fréquence N du son fondamental, qui est l'inverse de la période correspondante, a ainsi pour valeur

$$N = \frac{V}{2L}$$

On voit donc que la ***hauteur du son fondamental est en raison inverse de la longueur de la corde,*** comme l'expérience nous l'avait d'ailleurs indiqué.

Les fréquences des autres sons que peut rendre la corde sont, d'après les formules précédentes, des multiples entiers de celle du son fondamental, c'est-à-dire que la corde peut donner la suite entière des harmoniques du son fondamental.

767. Production simultanée des harmoniques. — Si nous immobilisons une corde sonore en son milieu par un chevalet et que nous l'excitions au quart de sa longueur totale, nous avons vu qu'elle rend alors l'octave du son fondamental. De même, en immobilisant la corde au $n^{ième}$ de sa longueur, on lui fait donner isolément le $n^{ième}$ harmonique du son fondamental.

Mais la corde est susceptible de vibrer autrement.

Lorsque, d'une oreille attentive et exercée, on écoute le son que rend une corde tendue, ***excitée au quart de sa longueur***, on perçoit, en même temps que la note fondamentale qui domine, l'octave aiguë de celle-ci.

La corde éprouve donc ***simultanément*** les modes vibratoires qui correspondent à ces deux sons et les apparences de la figure 384 résultent précisément de la superposition des deux systèmes de vibrations dont l'un a une période double de l'autre. La coexistence de ces mouvements se comprend d'ailleurs facilement. D'une part, la corde vibre en deux segments et présente un nœud en son milieu M : elle rend alors l'octave; d'autre part, elle éprouve en même temps des oscillations d'ensemble, qui correspondent au son fondamental, et dans lesquelles le point M, en particulier, se déplace périodiquement de part et d'autre de sa position de repos. Le son rendu, dans ces conditions, par la corde nous apparait ainsi comme un ***son complexe***, où la note dominante est accompagnée de son octave.

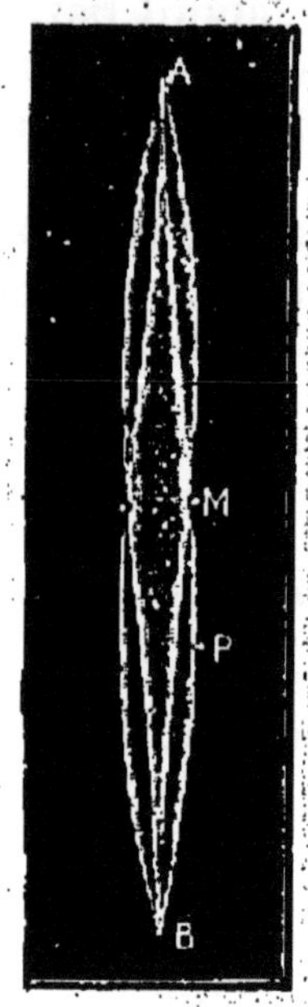

FIG. 384. APPARENCES D'UNE CORDE VIBRANTE.

Lorsqu'on excite une corde au quart de sa longueur, elle rend à la fois le son fondamental et son octave aiguë.

On s'explique la présence de cet harmonique en remarquant que le point où l'archet frotte la corde est nécessairement celui où les vibrations consécutives atteindront leur amplitude maxima; en plaçant l'archet au quart de la longueur de la corde, on favorise donc la production de l'octave, qui suppose un ***ventre*** en ce point; on paralyse au contraire les sons pour lesquels il y aurait un ***nœud*** au même endroit.

Les cordes de violon ou de piano rendent en même temps

que la note fondamentale jusqu'au 12ème harmonique. Nous savons que c'est à ce cortège d'harmoniques que leurs sons doivent leur timbre particulier (§ 741).

On excite généralement ces cordes au septième de leur longueur de façon à éviter la production du septième harmonique dont la présence est désagréable à l'oreille.

768. **Influence de la densité de la corde et de sa tension sur la hauteur du son fondamental.** — La théorie permet de prévoir et l'expérience vérifie que ***la fréquence N du son fondamental*** rendu par une corde vibrante est, toutes choses égales d'ailleurs,

1° ***En raison directe de la racine carrée de sa tension;***

2° ***En raison inverse de la racine carrée de sa densité absolue.***

Toutes les lois précédentes sont résumées dans la formule unique, que nous admettrons :

$$N = \frac{K}{2rL}\sqrt{\frac{Mg}{\pi\mu}}.$$

Dans cette formule, $2r$ désigne le diamètre de la corde; L, sa longueur; M et μ représentent en grammes : l'une, la masse qui, par son poids, pourrait servir à donner à la corde sa tension actuelle; l'autre, la masse d'un centimètre cube (densité absolue) de la matière dont la corde est faite. Enfin, g désigne l'accélération de la pesanteur et π le rapport constant (3, 14...) de la circonférence au diamètre.

769. **Exemples numériques.** — Si on quadruple la tension d'une corde, le son monte à l'octave aiguë.

— Sous une tension de 40 kilogrammes, une corde pesant 4 grammes par mètre et ayant 60 centimètres de longueur admet pour son fondamental la note ut_3, c'est-à-dire effectue 261 vibrations par seconde.

CHAPITRE IV

TUYAUX SONORES

770. Résonnateurs. — *Caisses de résonance.* — Nous avons déjà indiqué au § 759 la remarquable application qu'Helmholtz a faite des résonnateurs à l'analyse et à la synthèse des sons complexes.

Nous avons montré expérimentalement qu'il existe une certaine corrélation entre la forme d'un résonnateur et la hauteur des sons qui peuvent l'exciter.

Quand le résonnateur est une large boîte aplatie, comme la caisse d'un violon ou celle d'un piano, l'expérience montre qu'il renforce un très grand nombre de sons. Au contraire, quand il a une forme ramassée, il n'en renforce que quelques-uns : pratiquement même, un résonnateur sphérique ne vibre que pour une seule note, et nous avons utilisé (§ 759) cette propriété pour reconnaître, dans un son complexe, l'existence d'un son simple déterminé.

Dans les instruments à vent, tels que l'***orgue***, le ***trombone***, la ***flûte***, etc., les résonnateurs ont la forme de ***longs tuyaux cylindriques*** à l'une des extrémités desquels se trouve le ***foyer sonore*** qui produit les vibrations excitatrices. C'est à ces dispositifs que l'on réserve le nom de ***tuyaux sonores***.

Une théorie élémentaire va nous montrer qu'un tuyau sonore est susceptible de renforcer toute une série de notes qui sont harmoniques de la plus grave d'entre elles.

771. Théorie des tuyaux sonores. — Cette théorie se rattache directement à la propagation des ondes sonores dans une colonne cylindrique et aux phénomènes d'interférences qui s'y produisent par suite de la réflexion aux extrémités.

Rappelons sommairement, et complétons à ce propos, l'étude de la réflexion des ondes.

I. ***Réflexion des ondes sur le fond d'un tuyau fermé.*** — Considérons un long tuyau cylindrique AB (fig. 385, I) rempli d'air, fermé en B par une paroi immuable et en A par un piston.

Si nous imprimons à ce piston un petit et *très brusque* déplacement de A en A′, nous provoquons la formation d'une onde qui va cheminer dans le tuyau. La figure 385 (I) représente l'onde directe et l'onde réfléchie.

Si le piston est animé d'un mouvement vibratoire, chaque

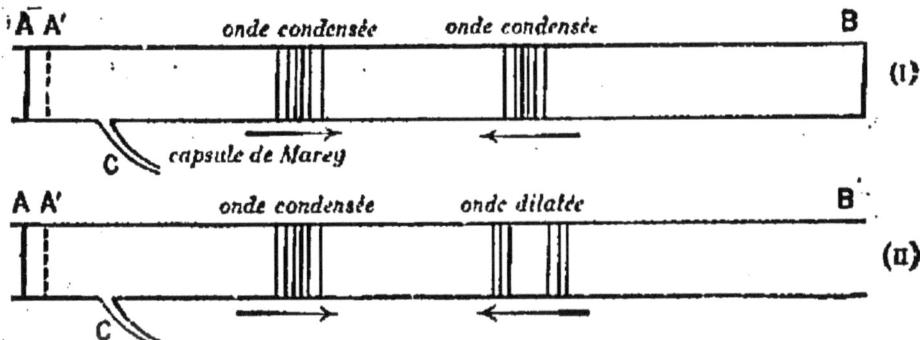

FIG. 385. — RÉFLEXION DES ONDES A L'EXTRÉMITÉ D'UN TUYAU.
Les ondes incidentes condensées donnent des ondes réfléchies condensées ou dilatées suivant que le tuyau est fermé ou ouvert.

tranche du tuyau sera parcourue simultanément par une onde directe se propageant de gauche à droite, et par une onde réfléchie se propageant de droite à gauche.

Au fond du tuyau, le déplacement résultant sera nul à chaque instant ; les variations de pression y sont maxima. — Le fond du tuyau fermé est une tranche nodale pour les ondes stationnaires qui se produisent à l'intérieur du tuyau.

II. ***Réflexion des ondes à l'extrémité d'un tuyau ouvert.*** — La réflexion des ondes sonores se produit non seulement sur le fond immobile d'un tuyau fermé, mais encore sur l'extrémité d'un tuyau, librement ouvert à l'air extérieur.

Reprenons, en effet, l'expérience que représente la figure 362 sur la mesure de la vitesse de propagation d'une onde. Le tuyau AB étant ouvert en B, le graphique, donné par la capsule de Marey, montre que, sur l'air extérieur également, les ondes qui cheminent dans le tuyau viennent se réfléchir. Seulement, la réflexion présente un caractère tout autre que lorsqu'elle se produit sur un obstacle rigide. La figure 385 (II) représente alors l'onde directe et l'onde réfléchie.

Sur le fond du tuyau ouvert, les déplacements possèdent

leurs amplitudes maxima; au contraire, les pressions y restent constamment égales à la pression atmosphérique. — Le fond du tuyau ouvert est une tranche ventrale pour les ondes stationnaires qui se produisent à l'intérieur du tuyau.

772. **Intervention des phénomènes de résonance.** — Dans ces conditions, l'amplitude du mouvement résultant sera ou très forte ou très faible, suivant que les phénomènes de résonance pourront ou ne pourront pas se produire à l'intérieur du tuyau (§ 732). Les seules notes que renforcera le tuyau seront donc celles qui satisferont aux conditions de résonance.

La théorie des tuyaux sonores est alors très simple: ***Toute extrémité fermée d'un tuyau est un nœud. Toute extrémité ouverte est un ventre. Les seules notes qui excitent le tuyau sont celles qui y déterminent une résonance compatible avec ces conditions.***

773. **Tuyau ouvert aux deux bouts.** — Appliquons ces principes au cas d'un tuyau cylindrique, de longueur L, ouvert à ses deux extrémités.

Les seuls modes vibratoires, que pourra admettre la colonne d'air intérieure, seront ceux pour lesquels elle présentera un ventre à chacun de ses bouts.

Comme la distance de deux ventres consécutifs est d'une demi-longueur d'onde, la longueur L du tuyau comprendra nécessairement alors un nombre entier de demi-longueurs d'onde et, par conséquent, les longueurs d'ondes λ des divers sons que pourra renforcer le résonnateur seront celles qui obéiront à la relation :

$$L = K\frac{\lambda}{2},$$

dans laquelle K désigne un nombre entier.

Si on représente par T la période et par N le nombre de vibrations du son dont la longueur d'onde est λ, on aura $\lambda = VT$ et $T = \frac{1}{N}$. En tenant compte de ces égalités, la formule précédente devient

$$N = K\frac{V}{2L}.$$

Le son fondamental du tuyau correspond évidemment à $K = 1$. Son nombre de vibrations est donc $\frac{V}{2L}$. Quant aux autres sons renforcés, ils s'obtiennent en donnant à K les valeurs 2, 3, 4, 5..., et constituent ainsi la suite complète des harmoniques du son fondamental.

Il résulte de là que :

I. — ***Le son fondamental, renforcé par un long tuyau cylindrique ouvert, est indépendant de la section du tuyau et correspond à un nombre de vibrations qui est en raison inverse de la longueur du tuyau.***

II. — ***Un tuyau ouvert renforce la série complète des harmoniques du son fondamental.***

774. Tuyau fermé à l'un des bouts. — Lorsqu'elle vibre, la colonne d'air intérieure présente un ventre à l'extrémité ouverte et un nœud à l'extrémité fermée. Comme la distance d'un ventre au nœud suivant est égale à un quart de longueur d'onde, la longueur du tuyau comprendra nécessairement alors un nombre impair de quarts de longueur d'onde, et, par conséquent, les longueurs d'onde λ des divers sons que renforce le résonnateur satisfont à la formule :

$$L = (2K + 1)\frac{\lambda}{4},$$

dans laquelle K désigne un nombre entier.

Cette relation peut encore se mettre sous la forme :

$$N = (2K + 1)\frac{V}{4L}.$$

Le son fondamental du tuyau, qui est le plus grave de ceux qu'il amplifie, correspond à $K = 0$; le nombre de ses vibrations par seconde est égal à $\frac{V}{4L}$.

Nous en déduisons les deux premières lois des tuyaux fermés :

I. — ***La fréquence du son fondamental d'un tuyau fermé est en raison inverse de sa longueur.***

II. — ***Le son fondamental d'un tuyau fermé est à l'octave grave de celui d'un tuyau ouvert de même longueur.***

Quant aux autres sons renforcés, ils s'obtiennent en donnant à K les valeurs 1, 2, 3, 4.... L'expression $2K + 1$ désigne alors la suite des nombres impairs.

Nous en déduisons cette dernière loi :

III. — ***Un tuyau fermé renforce uniquement les harmoniques impairs du son fondamental.***

Nous allons indiquer comment on peut obtenir la vérification expérimentale des lois précédentes.

775. Tuyaux à bouche et tuyaux à anche. — Les tuyaux d'orgue se divisent en ***tuyaux à bouche*** et ***tuyaux à anche***, suivant le dispositif par lequel ils reçoivent à l'une de leurs extrémités le vent de la soufflerie.

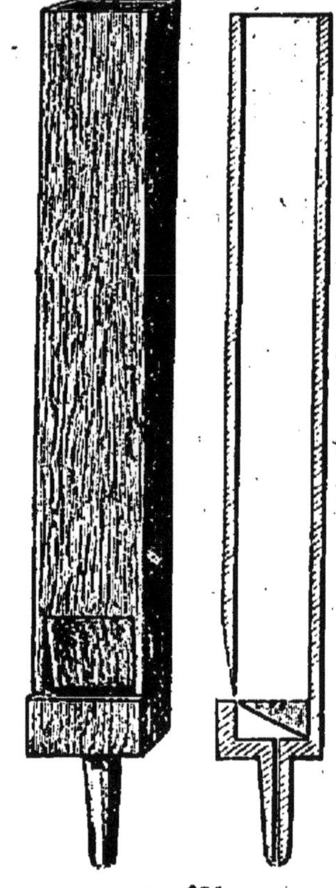

Fig. 386.
DISPOSITIF DE L'EMBOUCHURE DE FLUTE.
L'air insufflé par le conduit inférieur sort par une fente en regard de laquelle se trouve un biseau taillé dans la paroi du tube.

I. — ***Les tuyaux à bouche*** (fig. 386) ***sont encore appelés tuyaux à embouchure de flûte :*** l'air de la soufflerie sort par une fente et vient frapper un biseau très aigu taillé dans la paroi du tuyau parallèlement à la fente. Le frottement de l'air sur le biseau détermine alors un son très complexe, formé d'une multitude de sons très faibles. Ceux-là seulement sont renforcés, qui vibrent à l'unisson de l'un des harmoniques du tuyau.

L'expérience montre que, lorsque la section du tuyau est assez petite, la tranche qui passe par le bord du biseau est un ventre.

II. — Dans les tuyaux à *anche* (fig. 387), le son excitateur est dû aux vibrations d'une petite lame élastique L, L', fixée par un bout et dont l'extrémité mobile, en vibrant, ferme et découvre alternativement l'orifice d'arrivée de l'air.

La figure 387 représente les deux formes d'anches généralement employées : ***l'anche libre*** et ***l'anche battante.***

Contrairement à ce qui se passe pour une embouchure de flûte, ***l'expérience montre que, dans le cas de résonance, la tranche qui se trouve au niveau de l'anche est une tranche nodale.*** Quand il est ouvert, un tuyau à anche suit donc les lois d'un résonnateur cylindrique fermé à l'un des bouts, ouvert à l'autre; quand il est fermé, il se comporte comme un tuyau fermé aux deux bouts.

776. Vérification des lois des tuyaux sonores. — Indiquons sommairement les vérifications que l'on peut faire facilement de la théorie précédente.

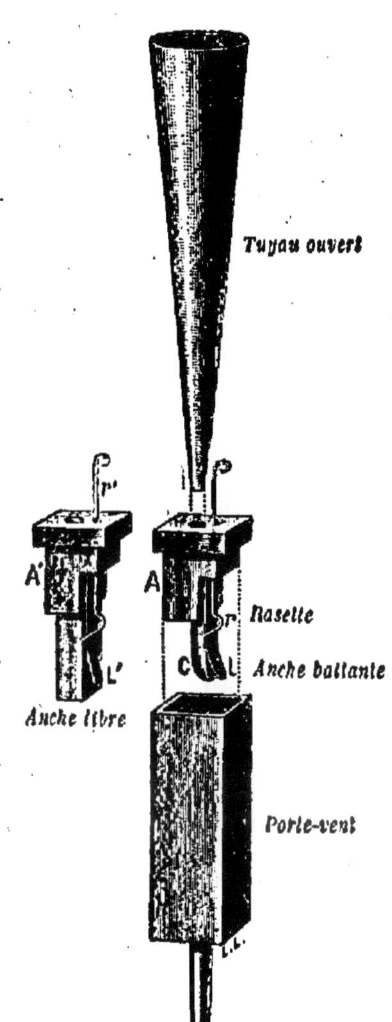

FIG. 387. — DISPOSITIF DE L'EMBOUCHURE A ANCHE.

Le courant d'air qui arrive par le porte-vent met en vibration la languette L ou L' placée à l'ouverture du tuyau résonnateur, en sorte que, cette ouverture se trouvant périodiquement ouverte ou fermée, l'air du tuyau se met lui-même à vibrer.

I. — Des tuyaux cylindriques ouverts, de même longueur, rendent le même son fondamental, quelles que soient la nature et l'épaisseur de leurs parois, et quelle que soit la forme de leur section, pourvu que les dimensions de celle-ci soient faibles par rapport à la longueur.

II. — Dans ces conditions, chacun d'eux, quand on force progressivement le vent, donne, outre le son fondamental, la série entière de ses harmoniques.

On peut, dans chaque cas, manifester par diverses expériences l'état vibratoire du tuyau. On peut se servir, par exemple, des capsules manométriques de Kœnig (§ 711). Lorsque le tuyau est en vibration et qu'on observe les flammes dans un miroir tournant (fig. 388, III), on voit rester immobiles celles qui se trouvent à la hauteur d'un ventre, tandis que celles qui correspondent à des nœuds sont violemment agitées, souvent même éteintes. Cela tient à ce que la pression reste invariable dans les sections où se trouvent des ventres, tandis qu'elle éprouve ses variations maxima dans les sections nodales.

Quelle que soit la façon dont vibre un tuyau sonore, on ne modifie pas le son obtenu lorsqu'on ouvre la paroi à la hau teur d'un ventre. Si, comme dans l'expérience précédente, nous faisons rendre à un tuyau ouvert l'octave du son fondamental, nous reconnaissons, en effet, que le même son s'entend encore lorsqu'on soulève l'opercule qui ferme une ouverture ménagée dans la paroi à la hauteur de la tranche médiane, où se trouve alors un ventre (fig. 388, II).

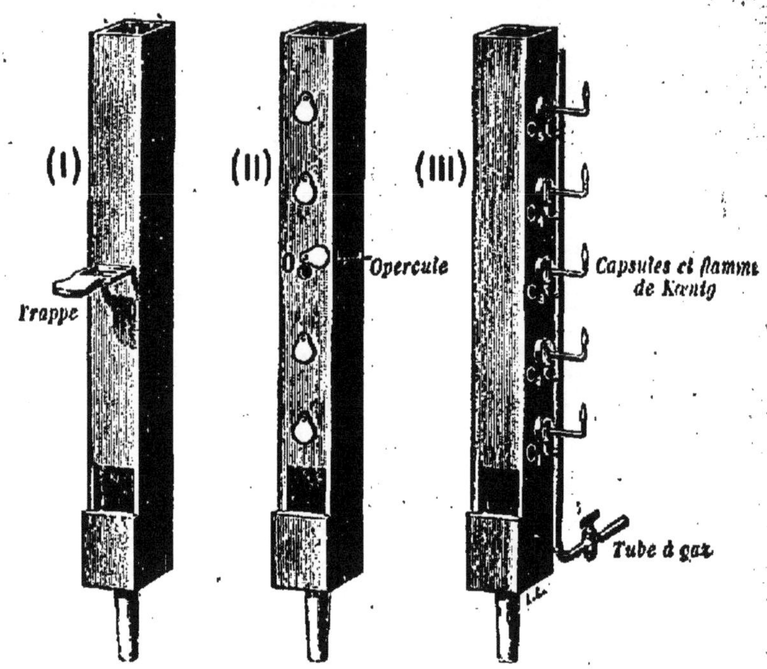

FIG. 388. — VÉRIFICATION DES LOIS DES TUYAUX SONORES.
I II. On ne change pas l'état vibratoire d'un tuyau, quand on le ferme dans une section nodale ou quand on l'ouvre à la hauteur d'un ventre. III. Les flammes de Kœnig sont violemment agitées dans les sections nodales et restent immobiles à la hauteur des ventres.

Il en serait tout autrement si l'on mettait en communication une tranche nodale avec l'extérieur.

III. — Le son fondamental rendu par un tuyau fermé est le même que celui d'un tuyau ouvert de longueur double.

On vérifie cette loi à l'aide d'un tuyau ouvert muni en son milieu d'un diaphragme à coulisse qui porte une partie pleine et une partie évidée (fig. 388, I). On reconnait facilement que le même son persiste lorsqu'on manœuvre l'obturateur de façon à interrompre le tuyau dans sa tranche médiane qui est alors un nœud.

Le résonnateur fermé vibre dans ces conditions à l'unisson du résonnateur ouvert de longueur double.

IV. — On vérifierait enfin qu'un tuyau fermé ne donne quand on force peu à peu le courant d'air, que les harmoniques impairs du son fondamental.

777. Détermination de la vitesse du son dans les gaz et dans les liquides à l'aide des tuyaux sonores. — On peut faire parler un tuyau d'orgue en y insufflant, au lieu d'air, un gaz quelconque, ou bien encore en le plongeant entiè-

FIG. 389. EMBOUCHURE DE FLAGEOLET. *C'est une embouchure de flûte ordinaire.*

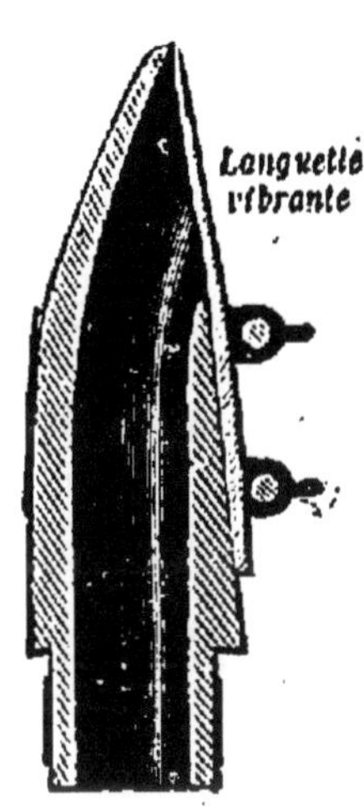

FIG. 390. EMBOUCHURE DE CLARINETTE. *C'est une sorte d'anche battante dont les lèvres font office de rasette.*

FIG. 391. EMBOUCHURE DE CLAIRON. *C'est une anche constituée en réalité par les lèvres qui s'appuient sur les bords de cette embouchure.*

rement dans un liquide et en y dirigeant un courant de ce liquide même. Dans ces conditions, la colonne fluide contenue dans le tuyau entre en vibration de la même manière que le ferait une colonne d'air, et les lois générales des tuyaux sonores restent applicables, à cela près qu'on doit introduire dans les formules la vitesse de propagation du son particulière au fluide. Supposons, par exemple, le tuyau ouvert et de longueur L. Faisons-lui rendre le son fondamental d'abord dans l'air où la vitesse du son est V, puis dans un fluide où elle est V'. Les nombres respectifs, N et N', qui caractérisent les notes ainsi produites, sont donnés par les relations :

$$N = \frac{V}{2L} \quad \text{et} \quad N' = \frac{V'}{2L}$$

et l'on aura par conséquent :

$$\frac{N'}{N} = \frac{V'}{V}.$$

Le rapport des vitesses du son dans un fluide et dans l'air est donc égal à l'intervalle musical des deux sons fondamentaux.

Tel est le principe d'une méthode de mesure de la vitesse du son que Dulong a appliquée à certains gaz et Wertheim à quelques liquides.

778. **Instruments à vent.** — Nous ne ferons que signaler, comme applications des lois des tuyaux sonores, les instruments de musique connus de tout le monde : les tuyaux d'orgue, la flûte, le flageolet (fig. 389), la clarinette (fig. 390), le cor de chasse, le clairon (fig. 391), le cornet à piston, le trombone. Le lecteur comprendra facilement comment, dans chaque cas, doivent être appliquées les lois générales précédemment établies.

CHAPITRE V

VIBRATIONS LUMINEUSES

I. — RÉFLEXION ET RÉFRACTION DU SON

779. Définition d'un rayon sonore. — Nous savons que, lorsqu'un corps S (fig. 392) vibre au sein d'un milieu matériel élastique, il se développe dans ce milieu des ondes sphériques qui ont pour centre le corps vibrant et dont le rayon augmente proportionnellement au temps avec une vitesse *V* qui est particulière au milieu.

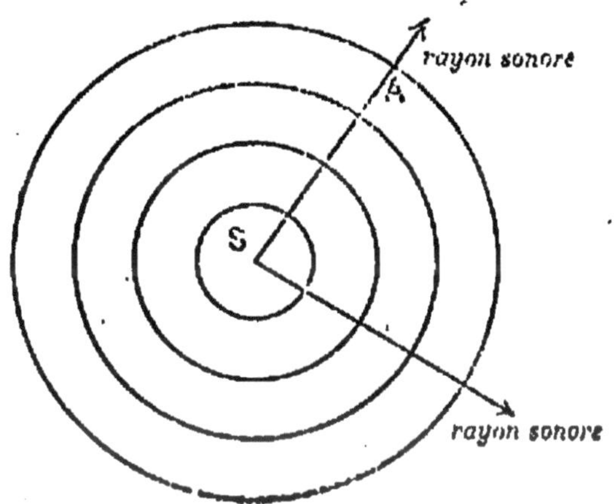

FIG. 392. — DÉFINITION D'UN RAYON SONORE.
C'est une ligne qui, en chacun de ses points, est normale aux ondes, au moment où celles-ci passent en ce point.

Nous appellerons ***rayon sonore*** une ligne telle que SA qui, en chacun de ses points, est normale aux ondes au moment où celles-ci passent en ce point.

Dans un milieu homogène les rayons sonores qui proviennent d'un foyer vibratoire sont toujours des lignes droites : cela tient à ce que les ondes cheminent dans tous les sens avec la même vitesse.

Lorsque des ondes sonores viennent à rencontrer une surface, separant deux milieux homogènes M et M′, d'autres ondes prennent aussitôt naissance sur cette surface de séparation : ce sont, d'une part, des ondes que nous avons appelées ***ondes réfléchies***, qui restent dans le milieu M, où elles se propagent, d'ailleurs, avec la même vitesse *V* que les ondes incidentes ; ce sont, d'autre part, des ondes, que nous appellerons ***ondes réfractées*** qui pénètrent dans le milieu M′ où elles cheminent avec une vitesse particulière V'.

Nous allons établir, relativement à la direction des rayons réfléchis et réfractés, quelques propriétés que l'expérience confirmera par la suite.

780. **Réflexion sonore.** — Ce phénomène a déjà été mis en évidence et nous nous en sommes servis maintes fois, notamment pour la production des interférences. Si nous le rappelons ici, c'est pour utiliser la notion nouvelle de ***rayon sonore.***

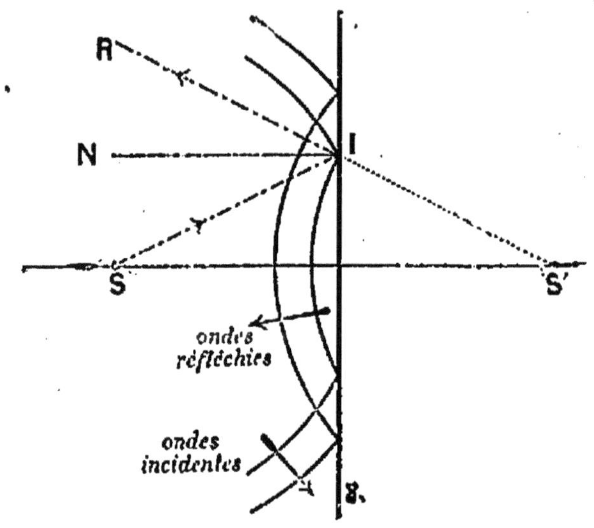

FIG. 393. — IMAGE SONORE DANS UN OBSTACLE PLAN.
Les ondes réfléchies semblent provenir d'un point S′ qui est le symétrique du foyer sonore S dans l'obstacle plan.

Lorsqu'un système d'ondes sonores, émises par un point S, vient rencontrer un obstacle fixe (fig. 393) de forme plane Σ, on conçoit que chaque particule vibrante du milieu élastique prenne un déplacement symétrique de celui dont elle serait animée, s'il n'y avait pas eu d'obstacle.

L'onde sphérique incidente, de centre S, donne donc naissance à une nouvelle onde sphérique, dont le centre S′ est symétrique du point S. C'est l'***onde réfléchie.*** A un rayon sonore incident SI correspond un rayon sonore réfléchi IR, semblant venir de S′.

En se reportant à ce qui a été dit des lois de la réflexion de la lumière (§ 390), on voit immédiatement que :

Les rayons sonores suivent les mêmes lois de réflexion que les rayons lumineux.

781. **Expérience des deux miroirs.** — Considérons un grand miroir concave et de faible ouverture M (fig. 394). On démontrera sans difficulté, en s'appuyant sur la loi de la réflexion, que, si l'on dispose un objet sonore au milieu F du

rayon OS, les rayons incidents, qui *divergent* à partir de F, forment, après avoir rencontré le miroir, un faisceau réfléchi parallèle à SO.

Si l'on reçoit ce faisceau parallèle sur un autre miroir M′, il donne, après réflexion, un faisceau de rayons qui vont *con-*

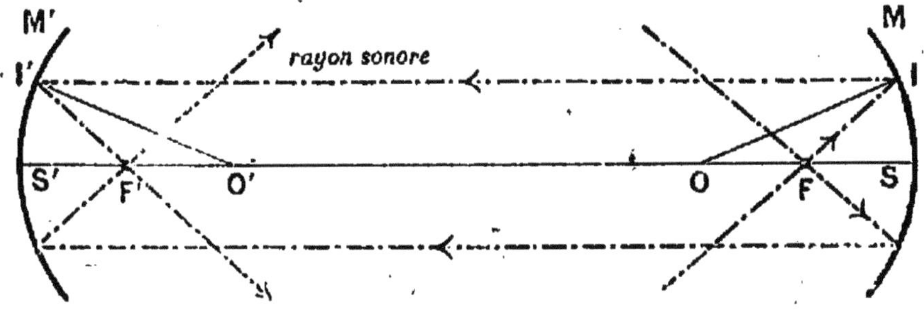

FIG. 394. — EXPÉRIENCE DES DEUX MIROIRS.
Les rayons partis du foyer F viennent converger en F′ après leur double réflexion sur les miroirs M et M′.

verger en F′, au milieu du rayon O′S′. Le point F′ est ainsi une *image réelle* du foyer F dans le système des deux miroirs.

L'expérience se réalise sans difficulté, avec une montre ou un diapason placés en F et un cornet acoustique ou une capsule de Kœnig placés en F′.

782. **Réflexion du son sous une voûte elliptique.** — On a souvent observé que deux personnes placées en des points

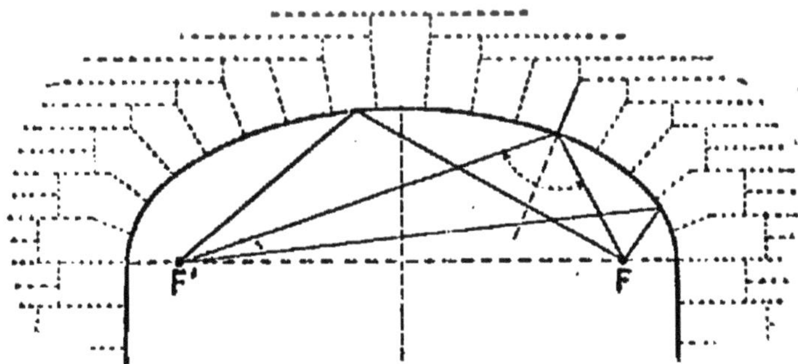

FIG. 395. — RÉFLEXION DU SON SOUS UNE VOUTE.
Par suite de la réflexion du son sur la voûte, deux personnes placées aux foyers d'une voûte elliptique peuvent causer à voix basse sans être entendues de tout autre point de la salle.

particuliers (F et F′) sous une voûte elliptique pouvaient converser à voix basse sans être entendues par d'autres personnes placées entre elles (fig. 395). Une salle de rez-de chaussée, au Conservatoire des Arts et Métiers, présente cette remarquable particularité.

783. **Écho.** — Lorsqu'on jette un cri devant un obstacle éloigné, un grand mur ou un rideau d'arbres, par exemple, on entend au bout d'un certain temps la répétition de ce cri; c'est le phénomène bien connu de l'*écho*. Il tient à ce que les ondes sonores *se réfléchissent* contre l'obstacle.

L'expérience a montré que deux sons, qui arrivent à l'oreille moins de 1/10 de seconde l'un après l'autre, ne sont pas perçus distinctement. Il faut donc pour qu'il y ait un écho bien net, c'est-à-dire pour que le bruit de retour se distingue du bruit initial, que l'on soit placé à plus de 17 mètres de l'obstacle.

A une distance moindre, le son de retour prolonge simplement le son initial : on dit alors qu'il y a *résonance*, bien que cet effet soit sans analogie avec les phénomènes de résonance que nous avons précédemment étudiés.

Les effets de la résonance seraient des plus fâcheux dans les salles de spectacle si les ondes incidentes ne s'amortissaient, ne se déchiraient, pour ainsi dire, contre les détails d'architecture (colonnades, loges ou balcons).

784. **Réfraction du son.** — Des considérations du même genre montreraient que les ondes sonores :

1° sont susceptibles de *se réfracter* en passant d'un milieu dans un autre;

2° qu'en se réfractant, elles donnent naissance à des phénomènes comparables à ceux de la réfraction lumineuse (§ 410).

2. — HYPOTHÈSE DES ONDULATIONS LUMINEUSES

785. — **Analogie de la réflexion et de la réfraction de la lumière avec celles du son.** — Lorsque nous étudions la propagation du son, ce qui est accessible à l'observation, c'est en réalité le passage des *ondes sonores* : la notion de *rayon sonore* reste une pure fiction géométrique, commode toutefois pour donner aux lois de la réflexion et de la réfraction une expression simple.

Au contraire, lorsque nous étudions la propagation de la lumière, il semble que ce qui est accessible à l'observation directe, ce soit le *rayon lumineux*. Si nous pratiquons un petit trou dans le volet d'une chambre obscure, et qu'à l'aide d'un miroir extérieur nous dirigions sur ce petit trou la lumière du soleil, nous voyons, grâce aux poussières qui s'éclairent sur son passage, un trait de lumière traverser la chambre en ligne droite : c'est un rayon lumineux.

Des considérations, toutes semblables à celles que nous n'avons fait qu'indiquer au paragraphe précédent, montreraient que l'analogie entre les phénomènes de réflexion et de réfraction, pour le son et pour la lumière, se poursuit jusque dans les moindres détails.

Il devient donc tout naturel d'admettre que leur mode de propagation est le même, et l'on est ainsi conduit à l'***hypothèse des ondes lumineuses.***

786. **Hypothèse des ondes lumineuses.** — Dans cette hypothèse, ***tout foyer lumineux est considéré comme un centre d'ébranlements particuliers*** sur la nature desquels nous nous expliquerons par la suite. ***Autour d'un foyer lumineux se développent des ondes qui sont susceptibles de se propager dans tous les milieux transparents, avec une vitesse propre à chacun d'eux*** : les rayons lumineux issus du foyer sont, comme dans les cas des ondes sonores, des lignes qui, en un quelconque de leurs points, sont normales aux ondes lumineuses au moment où celles-ci passent en ce point.

Dire que les rayons lumineux sont concourants équivaut à dire que les ondes correspondantes sont des sphères concentriques. Si les rayons sont ***convergents,*** les ondes vont en ***se rapprochant*** de leur centre commun; si les rayons sont ***divergents,*** elles vont, au contraire, en ***s'élargissant.***

L'expérience de tous les jours nous apprend, d'autre part, que la lumière traverse le vide.

Or, le développement des ondes exige l'existence d'un milieu élastique, par l'intermédiaire duquel se fait la propagation. L'hypothèse des ondes lumineuses en entraîne donc une autre, sur le milieu où elles cheminent.

Nous admettons que ***l'agent de propagation des ondes lumineuses est un milieu élastique spécial, que nous appellerons*** éther. ***Ce milieu est tellement léger qu'il est pratiquement impondérable même par les procédés les plus délicats. Il occupe tous les espaces transparents, même les espaces célestes et ceux que nous appelons*** vides.

La vitesse de propagation des ondes lumineuses est la même dans toutes les directions au sein de milieux tels que l'air, l'eau, le verre ou le vide. Dans le vide, elle est de 300000 kilomètres par seconde (§ 382). Dans l'air, elle est à peine moindre que dans le vide; mais, dans l'eau, elle est sensiblement les 3/4, et dans le verre les 2/3, de ce qu'elle est dans le vide.

787. **Interférences lumineuses.** — On peut reproduire avec de la lumière des phénomènes d'interférences identiques à ceux que nous avons étudiés à propos des mouvements vibratoires (§ 728) et à propos du son lui-même (cordes sonores et tuyaux sonores).

Nous le montrerons par une expérience très simple.

Sur une lame de métal A, percée d'un large trou (fig. 396), on applique avec un peu de cire trois petites aiguilles à

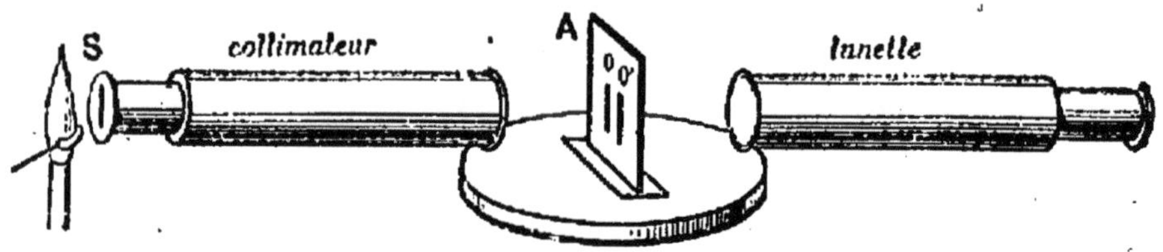

FIG. 396. — OBSERVATION DES INTERFÉRENCES LUMINEUSES.
En plaçant entre un collimateur et une lunette deux fentes fines et parallèles OO', on observe dans le champ de la lunette des franges alternativement brillantes et obscures.

coudre légèrement écartées l'une de l'autre de façon à obtenir deux fentes fines parallèles, aux bords bien nets O et O'. On dispose ce système sur la plate-forme d'un spectroscope (§ 792) dont on a enlevé le prisme; on oriente le collimateur normalement au plan des deux fentes; la fente du collimateur est elle-même parallèle aux deux fentes de la lame A. On place ensuite la lunette dans le prolongement du collimateur.

Si on éclaire alors la fente S du collimateur avec un bec Bunsen dans la flamme duquel on a placé une petite coupelle de platine contenant du sel marin, on observe, dans le champ de la lunette, ***de fines rayures jaunes parallèles, équidistantes, alternativement brillantes et obscures*** (fig. 397).

C'est le phénomène des ***franges d'interférences lumineuses.***

Le phénomène disparaît, si l'on aveugle l'une des deux fentes. L'expérience précédente nous conduit, dès maintenant, à formuler les conclusions suivantes :

1° Les deux faisceaux lumineux, partis de O et O′, empiètent l'un sur l'autre; ***le principe de la propagation rectiligne de la lumière*** (§ 377) ***n'est pas absolument rigoureux***; il ne peut être employé qu'à titre de première approximation. Chacune des fentes émet des ondes qui se propagent dans toutes les directions, mais qui ne se transmettent avec une intensité notable que dans la direction indiquée par le principe de la propagation rectiligne. On donne aux phénomènes de cet ordre le nom de ***phénomènes de diffraction.***

2° ***La lumière, superposée à la lumière, peut en certains points donner de l'obscurité.*** Ce résultat ne se comprendrait

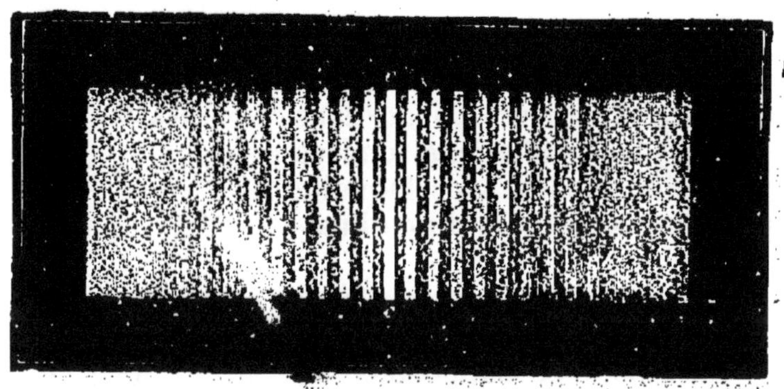

FIG. 397. — FRANGES D'INTERFÉRENCES LUMINEUSES.
Ces alternatives de lumière et d'obscurité sont produites par les interférences d'ondes qui présentent une certaine différence de marche

pas dans l'hypothèse d'un fluide lumineux; il est, au contraire, une conséquence immédiate de l'hypothèse ondulatoire.

Les deux fentes O et O′, qui, toutes deux, reçoivent la lumière venue de la fente S, doivent être considérées comme deux foyers vibratoires synchrones. Ces deux foyers produisent dans l'éther environnant deux trains d'ondes de même période et, par conséquent, de même longueur.

Chaque point P de l'éther ambiant est donc sollicité à la fois par les vibrations que lui apportent l'un et l'autre de ces trains d'ondes. Suivant que leur ***différence de marche*** (fig. 364) OP — O′P est égale à un nombre pair ou impair de demi-longueurs d'onde, ***ces vibrations se renforcent ou se contrarient au point P.***

Les rayures brillantes que nous observons dans le champ de la lunette sont ainsi des lignes de plus grand mouvement; les lignes obscures sont, au contraire, des franges de repos.

Leur ensemble constitue un système de ***franges d'interférences lumineuses.***

Le synchronisme des deux foyers O et O′ est nécessaire à la production du phénomène : on ne peut l'obtenir qu'en illuminant les deux fentes avec de la lumière venue d'une *même* source S, de petites dimensions.

788. **Principe de la mesure des longueurs d'ondes lumineuses.** — La distance λ qui sépare, au même instant, deux ondes lumineuses consécutives, appartenant au même train, est donnée par la relation (§ 720) :

$$\lambda = VT.$$

L'expérience, que nous avons décrite au paragraphe précédent, fournit le moyen de déterminer cette longueur d'onde dans l'air, pour les ***radiations*** émises par la flamme sodée avec laquelle nous éclairons la fente du collimateur.

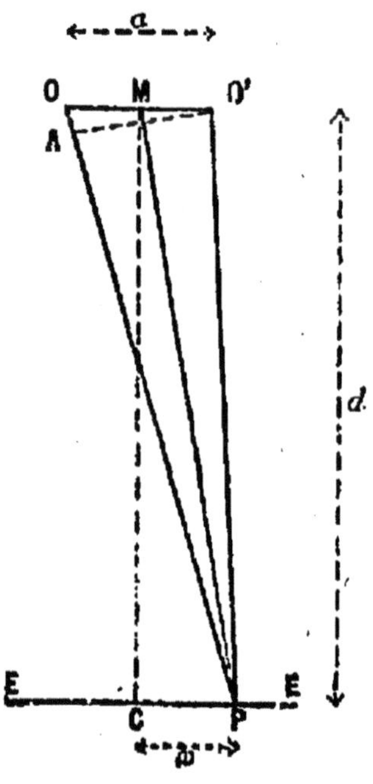

FIG. 398. — CALCUL DE LA POSITION DES FRANGES.
Le calcul montre qu'elles sont d'autant plus écartées que la lumière qui les produit a une longueur d'onde plus grande.

Prenons pour plan de la figure un plan normal aux deux fentes O et O′ (fig. 398) et supposons un écran EE placé à une distance *d* qui soit considérable vis-à-vis de l'écartement *a* des deux sources. Du milieu M de l'intervalle OO′ tirons la droite MC qui est à la fois normale au plan des fentes et à l'écran. Le point C de l'écran qui est à distance égale des deux foyers O et O′ recevra toujours des ondes concordantes et se trouvera, par conséquent, sur une ligne de plus grand mouvement; c'est la ***frange centrale***, qui est brillante.

Cherchons maintenant ce qui arrive pour un autre point P de l'écran situé à une distance *x* de la frange centrale C.

Du point O′ abaissons une perpendiculaire O′A sur MP. Comme nous avons supposé la distance MC très grande par rapport à OO′, l'angle OPO′ est très petit : on peut alors regarder comme égales les longueurs O′P et AP, en sorte que la différence de marche δ relative au point P équivaut simplement à OA. Or les triangles rectangles OO′A et PMC sont semblables.

On a donc :

$$\frac{OA}{PC} = \frac{OO'}{MP}.$$

Comme, d'autre part, les distances MP et MC diffèrent infiniment peu, cette relation s'écrit :

$$\frac{\delta}{x} = \frac{a}{d} \quad \text{ou encore} \quad x = \frac{d\delta}{a}.$$

Suivant que la différence de marche δ comprendra un nombre pair ou impair de longueurs d'onde λ, le point considéré P appartiendra à une frange brillante ou à une frange obscure.

La $K^{ième}$ frange brillante à partir de la frange centrale C se trouvera à une distance de celle-ci égale à

$$x = \frac{Kd\lambda}{a}.$$

Cette formule nous montre qu'il suffira, pour obtenir la longueur λ des ondes émises par la flamme sodée, de mesurer l'écartement x de K franges brillantes consécutives, l'écartement a des deux fentes O et O′ et leur distance d à l'écran.

Toutes ces mesures peuvent se faire sans difficulté. On trouve ainsi que la longueur d'onde dans l'air des radiations de la flamme sodée (Planche en couleurs) est de 0,0589 μ (la lettre μ désigne le *micron*, c'est-à-dire le millième de millimètre).

Si, maintenant, nous reprenons l'expérience du § 787 et qu'au lieu d'éclairer la fente du collimateur avec la flamme sodée, nous utilisions la flamme d'un bec Bunsen dans laquelle nous aurons introduit du chlorure de thallium, nous observons encore dans le champ de la lunette des franges d'interférence alternativement brillantes et obscures, mais ***ces franges brillantes sont vertes au lieu d'être jaunes et elles sont moins écartées.*** La lumière verte donnée par le thallium a donc une longueur d'onde moindre que la lumière jaune donnée par le sodium : on la trouve égale à 0,534 μ.

Au contraire, si nous plaçons, dans la flamme, du chlorure de lithium, ***les franges sont rouges et plus écartées qu'en lumière jaune*** : les radiations rouges obtenues avec le lithium ont donc une longueur d'onde plus grande (0,671 μ) que les radiations jaunes.

Toutes ces longueurs d'onde sont extrêmement petites : elles sont de l'ordre d'un demi-millième de millimètre.

789. Définition des radiations lumineuses par leur longueur d'onde dans le vide ou dans l'air. — Les expériences que nous venons de décrire nous montrent que, suivant la source qui les produit, les radiations lumineuses ont, dans l'air, des longueurs d'ondes différentes. Il devient donc tout naturel de ***caractériser chaque radiation lumineuse par sa longueur d'onde dans l'air***. On sait aujourd'hui, malgré leur extrême petitesse, mesurer les longueurs d'onde de la lumière à un millionième près de leur valeur.

L'expérience a montré que ***les lumières les plus différentes se propagent toutes dans le vide et dans l'air avec la même vitesse V*** de 300 000 kilomètres à la seconde. On voit donc que, définir les radiations lumineuses par leur longueur d'onde dans l'air, c'est, au fond, les définir par leur fréquence, comme l'on fait, en Acoustique, pour les diverses notes d'une échelle musicale.

Il est d'ailleurs facile de calculer la fréquence N du mouvement vibratoire qui produit des ondes de longueur donnée λ, puisque cette fréquence, étant numériquement exprimée par l'inverse de la période T, est égale à $\frac{V}{\lambda}$.

Ainsi, la fréquence qui correspond à une longueur d'onde de 0,6 μ est égale à $\frac{3 \times 10^{10}}{0{,}00006}$, soit à 500×10^{12} ou 500 trillions. Pour cette radiation particulière, les particules de l'éther effectuent donc, par seconde, un nombre de vibrations, qui serait représenté par le chiffre 5 suivi de 14 zéros.

3. — ANALYSE D'UNE LUMIÈRE

790. Production d'un spectre pur à l'aide d'un prisme. — Nous venons de voir (§ 789) que les diverses radiations ***rouge, jaune*** et ***verte*** produites par l'introduction dans un bec Bunsen des chlorures de lithium, de sodium et de thallium sont caractérisées par leurs longueurs d'onde respectives dans l'air, ou mieux dans le vide.

D'autre part, nous savons (§ 459) que les déviations minima observées avec un même prisme, sur ces différentes radiations, sont inégales entre elles; le vert est plus dévié que le jaune, et le jaune plus que le rouge.

La longueur d'onde relative à une raie déterminée dans le spectre sera donc d'autant plus courte que cette raie sera, sur l'écran de projection, plus rapprochée de la base du prisme.

On explique le phénomène de la dispersion, en admettant que, à l'inverse de ce qui se passe dans le vide, où les ondes lumineuses cheminent toujours avec la même vitesse, quelle que soit leur fréquence, ***la vitesse de propagation des ondes lumineuses dans un milieu matériel dépend non seulement du milieu lui-même, mais aussi de la fréquence des ondes.***

En général, les oscillations les plus rapides, c'est-à-dire celles dont la longueur d'onde dans le vide est la plus faible, sont celles qui, dans les milieux matériels, se propagent le moins vite. Les radiations violettes se propagent dans le verre plus lentement que les radiations rouges; il suffit de se reporter à la figure 233 pour comprendre qu'en pénétrant dans le verre des rayons violets et rouges superposés à l'incidence doivent se séparer : les rayons violets se rapprochant plus de la normale que les rayons rouges.

791. Production d'un spectre pur à l'aide d'un réseau. — L'inégale réfrangibilité des radiations simples n'est pas la seule propriété que nous puissions utiliser pour la séparation des lumières simples. Nous pouvons aussi avoir recours au phénomène des interférences. Voici comment on dispose l'expérience.

Derrière une fente fixe verticale F on place un brûleur de Bunsen dans la flamme duquel on introduit du chlorure de sodium (fig. 399). On dirige la lumière qui traverse la fente sur une lentille convergente L, assez éloignée pour donner de cette fente une image réelle F′ que l'on reçoit sur un écran. On applique alors contre la lentille un ***réseau***. On désigne ainsi une plaque de verre (fig. 400) sur laquelle on a tracé, à la machine à diviser, un grand nombre de traits parallèles équidistants et extrêmement serrés (de 200 à 1000 par millimètre). On oriente le réseau de manière que la direction des traits soit parallèle à la fente et on observe alors sur l'écran, non seulement l'image F', mais aussi des lignes lumineuses jaunes $f_1 f'_1 f_2 f'_2$..., symétriquement disposées de part et d'autre de F'. L'écartement de ces lignes est, d'ailleurs, d'autant plus grand que le réseau est plus serré.

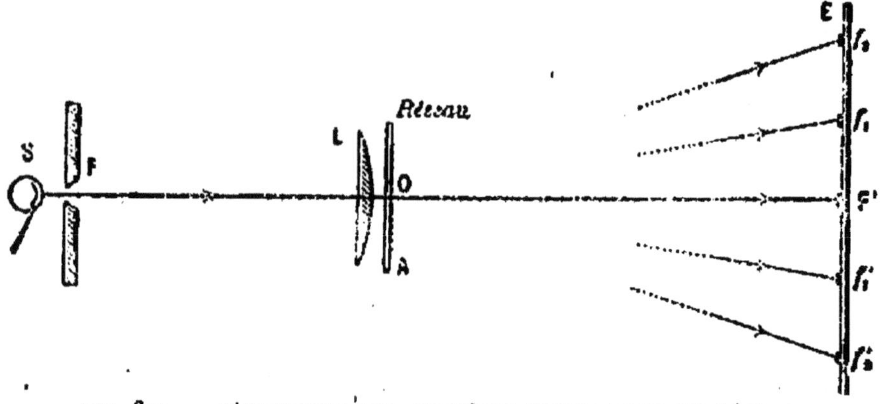

FIG. 399. — SÉPARATION DES LUMIÈRES SIMPLES PAR UN RÉSEAU.
A chaque lumière simple, produite devant la fente F, correspond une série de traits lumineux parallèles f sur l'écran E.

La théorie de cette expérience sortirait du cadre de cet ouvrage : il nous suffira de dire que les intervalles clairs du réseau constituent autant de foyers synchrones et que les lignes lumineuses que l'on observe sur l'écran ne sont pas autre chose que des lignes de plus grand mouvement dues aux interférences concordantes des ondes émises par ces foyers.

FIG. 400. — RÉSEAU.
C'est une plaque de verre sur laquelle sont tracés un grand nombre de traits parallèles équidistants et très serrés.

Si l'on remplace le chlorure de sodium par du chlorure de thallium, on obtient sur l'écran des lignes vertes plus rapprochées que les précédentes. Enfin, si l'on introduit dans la flamme du chlorure de strontium, on observe sur l'écran une série de spectres, dans chacun desquels on retrouve les raies qu'avait données le prisme, mais où, à l'inverse de ce qui se passait avec celui-ci, les rayons les plus réfrangibles sont les moins déviés.

Le calcul donne une relation très simple qui permet de déterminer la longueur d'onde d'une raie f_n quand on connaît l'ordre n du spectre auquel elle appartient, son angle de déviation f_nOF' et le nombre de traits du réseau au millimètre. C'est, en réalité, à l'aide des réseaux que l'on mesure les longueurs des ondes lumineuses.

792. Emploi du spectroscope pour l'analyse d'une lumière. — Lorsqu'il s'agit simplement d'observer un spectre, que celui-ci soit obtenu avec un prisme ou avec un réseau,

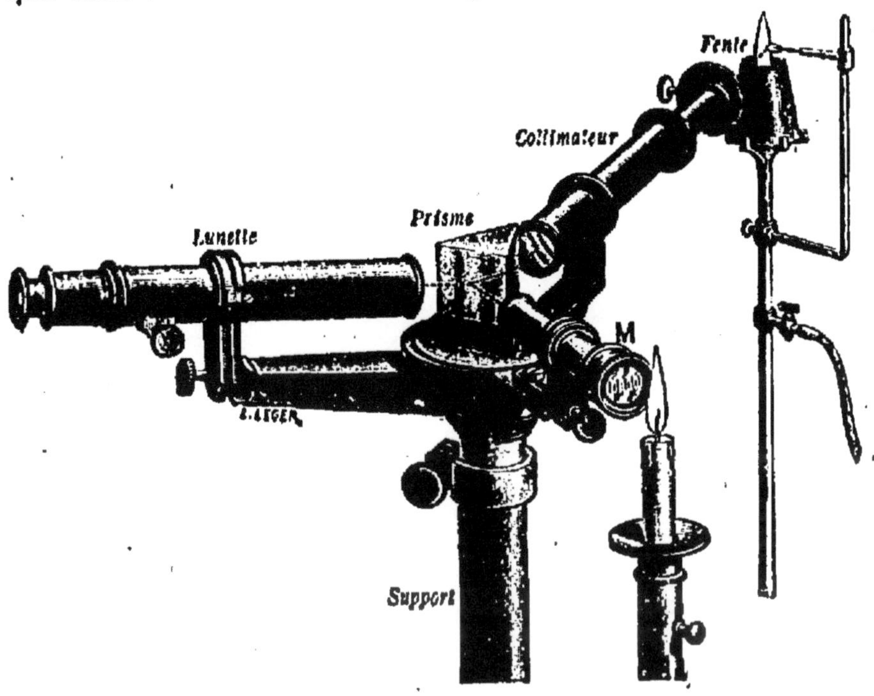

FIG. 401. — SPECTROSCOPE A PRISME.
Les raies des divers spectres observés dans la lunette se repèrent sur l'image du micromètre auxiliaire M.

on emploie le ***spectroscope.*** Cet appareil comporte essentiellement un ***collimateur*** constitué par une lentille convergente au foyer de laquelle est placée la fente que l'on éclairera avec la lumière étudiée. Les rayons qui ont traversé la lentille semblent ainsi venir d'une mire lumineuse infiniment éloignée : on les fait tomber, soit sur un prisme au minimum de déviation, soit sur un réseau et on les reçoit enfin dans une lunette astronomique.

La figure 401 montre le dispositif de l'appareil, dans le cas où l'on se sert d'un prisme. Un collimateur auxiliaire à micromètre M, dont les rayons viennent se réfléchir sur la seconde face du prisme et pénètrent ensuite dans la lunette, permet de superposer aux images spectrales celle d'une échelle divisée sur laquelle on repère la position des raies.

Nous avons précédemment (§§ 459 et suivants) étudié le spectre avec quelques détails. Nous n'y reviendrons pas.

CHAPITRE VI

NOTIONS SUR LES COURANTS ALTERNATIFS

793. **Définition des courants alternatifs.** — On dit qu'un courant est ***périodique*** lorsque son intensité varie avec le temps et reprend les mêmes valeurs à des intervalles de temps égaux entre eux.

On peut représenter le régime d'un courant périodique par un graphique : on porte en abscisses les instants successifs et en ordonnées les intensités du courant à chacun de ces instants, en convenant de regarder les intensités comme positives quand le courant va dans un sens déterminé et comme négatives quand il marche dans le sens opposé.

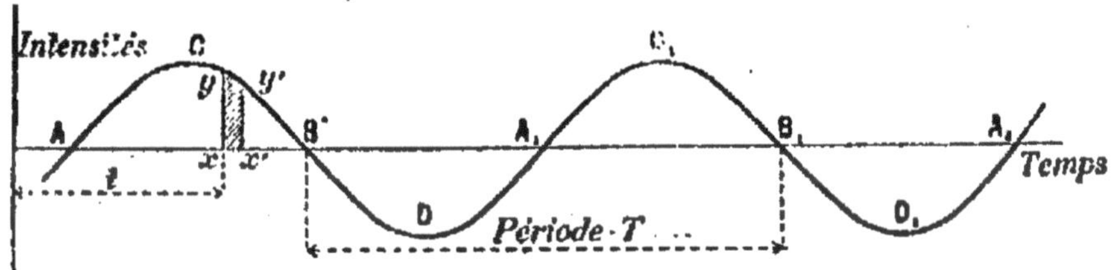

FIG. 402. — DIAGRAMME D'UN COURANT ALTERNATIF.
C'est une courbe périodique et les aires des deux boucles ACB et BDA, qui correspondent à une même période sont égales.

On obtient ainsi une courbe dont les sinuosités se reproduisent périodiquement (fig. 402).

La longueur de ces sinuosités AA_1 représente l'intervalle de temps au bout duquel le courant reprend la même intensité, c'est-à-dire la ***période T*** du courant.

On appelle ***fréquence*** du courant le nombre de périodes à la seconde.

Les appareils industriels qui servent à la production de ces courants portent le nom d'***alternateurs***.

Le diagramme des courants produits par les alternateurs se approche beaucoup d'une ***sinusoïde*** (fig. 402). C'est à ces courants que l'on réserve généralement le nom de ***courants alternatifs.***

794. Exemples simples de courants alternatifs. — I. Reprenons l'appareil (fig. 326) qui nous a déjà servi pour l'étude des lois de l'induction. Si nous imprimons au balancier un mouvement oscillatoire, le fil de la bobine est parcouru par un courant alternatif, dont la période est précisément égale à celle du mouvement oscillatoire imprimé au balancier. Cet appareil fonctionne alors comme alternateur.

II. Considérons une bobine de fil conducteur (fig. 403) entourant un noyau de fer doux, de position invariable. Supposons que, devant l'une des extrémités de la bobine, passent alternativement les deux pôles d'un aimant, animé d'un mouvement de rotation uniforme autour d'un axe qui le traverse en son milieu.

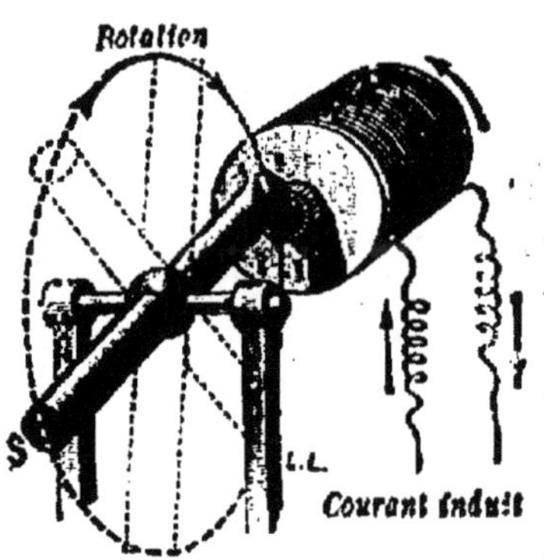

FIG. 403.
PRINCIPE D'UNE MACHINE A COURANTS ALTERNATIFS.
La bobine induite est enroulée sur un noyau de fer doux. La rotation de l'aimant inducteur développe dans cette bobine des courants induits alternatifs qui changent de sens, au moment où les pôles de l'aimant arrivent devant le noyau de fer doux.

Lorsque le pôle N de l'aimant s'approche de la bobine, la bobine se trouve parcourue par un courant induit, dont il est facile d'obtenir le sens par la règle donnée au § 661 ; la face de la bobine tournée du côté de l'aimant inducteur devient pôle nord ; c'est-à-dire que le ***courant induit y circule, pour l'observateur placé en face, en sens inverse des aiguilles d'une montre.***

Dès que le pôle N s'éloigne de la bobine, le courant induit est en sens inverse.

On voit ainsi que le courant s'annule, lorsque l'un des pôles, N ou S, de l'aimant se trouve en regard du noyau de fer doux.

L'intensité de ce même courant est maxima, lorsque l'aimant tournant se trouve dans une direction normale à l'axe de la bobine fixe.

Sous des formes diverses, destinées à en augmenter la puissance, nous allons retrouver dans tous les alternateurs industriels la machine simple que nous venons de décrire.

795. Alternateurs. — La nécessité d'employer de hauts

voltages pour le transport électrique de l'énergie (§ 667) a conduit à la construction de générateurs dans lesquels le déplacement relatif de l'inducteur et de l'induit est très rapide. Pour ne pas augmenter outre mesure la vitesse de rotation, la partie tournante reçoit un très grand rayon et porte sur son pourtour un grand nombre de pôles ou de bobines.

La plupart des alternateurs industriels (fig. 404) sont directement commandés par une machine à vapeur horizontale.

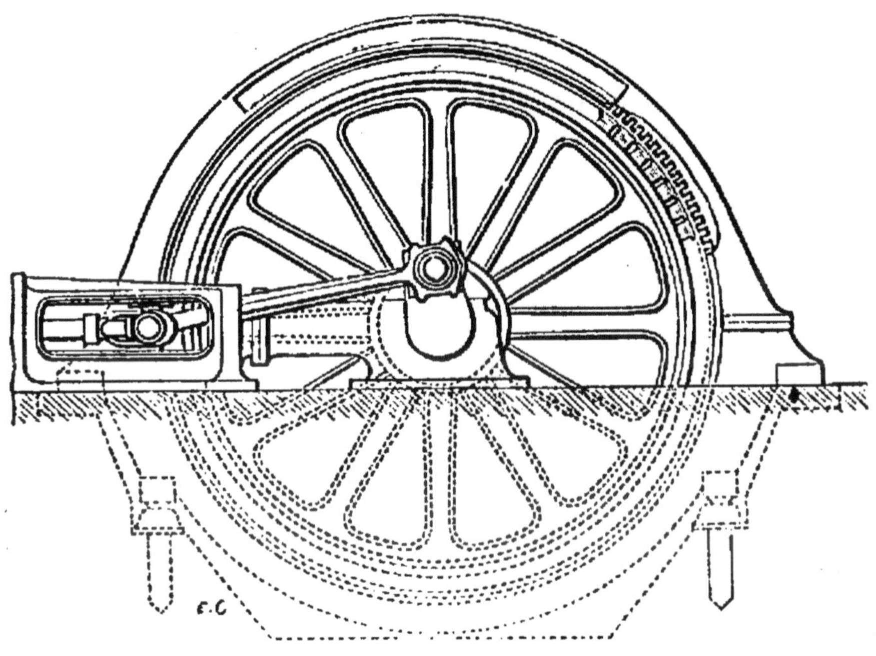

FIG. 404. — ALTERNATEUR.

L'inducteur est constitué par des pôles alternés R disposés sur le pourtour d'un grand volant. L'induit est placé à l'intérieur d'une couronne C, en tôle douce qui entoure le volant.

L'*inducteur* sert en même temps de volant : il se compose d'une grande roue en fonte douce, sur la circonférence de laquelle sont fixés des noyaux de fer doux équidistants, autour de chacun desquels est enroulée une bobine de fil de cuivre isolé (fig. 405). Les connexions entre les diverses bobines sont telles que, sous l'action d'un courant continu fourni par une excitatrice auxiliaire, les noyaux successifs portent des pôles alternativement de sens contraire.

Le volant inducteur tourne à l'intérieur d'une couronne de fer fixe et feuilletée normalement à l'axe; l'entrefer est seulement de quelques millimètres; il est traversé par le flux dans la direction du rayon. La couronne est creusée d'encoches équidistantes parallèles à l'axe. A l'intérieur de ces encoches, qui ont 3 ou 4 centimètres de profondeur, sont logés et isolés les gros fils de cuivre ou les barres qui couperont le flux entraîné par l'inducteur et dont l'ensemble constituera l'*induit* (fig. 406). Les connexions entre les barres sont établies de manière que les forces électromotrices induites s'ajoutent; il suffit pour cela, si le nombre des barres est égal à celui des pôles, de réunir deux barres successives par une de leurs extrémités voisines.

FIG. 405. — PORTION DE L'INDUCTEUR D'UN ALTERNATEUR.
L'inducteur est formé de bobines, à noyau feuilleté, disposées sur le pourtour d'un grand volant.

Le circuit de l'induit est ainsi formé d'une suite de boucles qui, vues du centre, paraîtraient alternativement nord et sud quand un même courant les parcourt.

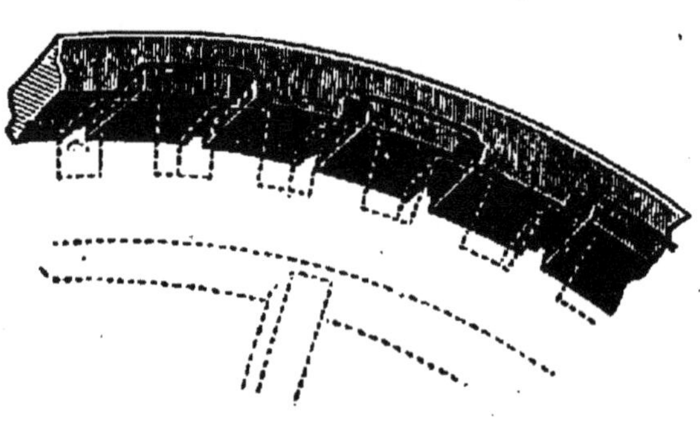

FIG. 406.
PORTION DE L'INDUIT D'UN ALTERNATEUR.
Les gros fils de l'induit sont logés dans des encoches pratiquées dans une couronne en tôle douce qui entoure le volant.

Les forces électromotrices d'induction s'ajoutent donc dans tout le circuit induit et le courant y change de sens au moment où les pôles de l'inducteur se trouvent en regard du milieu des boucles.

Le circuit induit est interrompu en un point quelconque et

ses extrémités communiquent avec les conducteurs extérieurs dans lesquels on doit diriger le courant.

La période des courants alternatifs industriels est d'un cinquantième de seconde environ.

796. **Transformation d'une machine à courant continu en alternateur.** — Le courant qui parcourt une section déterminée d'un anneau de Gramme change de sens au moment où cette section passe à la ligne neutre; il en résulte que, pendant la rotation de l'anneau, la section est le siège de courants alternatifs. On peut aisément recueillir ceux-ci dans un circuit extérieur : il suffit pour cela de relier les extrémités de la section à deux bagues isolées, montées sur l'arbre de la machine, et contre lesquelles s'appuieront d'une façon permanente deux ressorts ou deux balais A et B

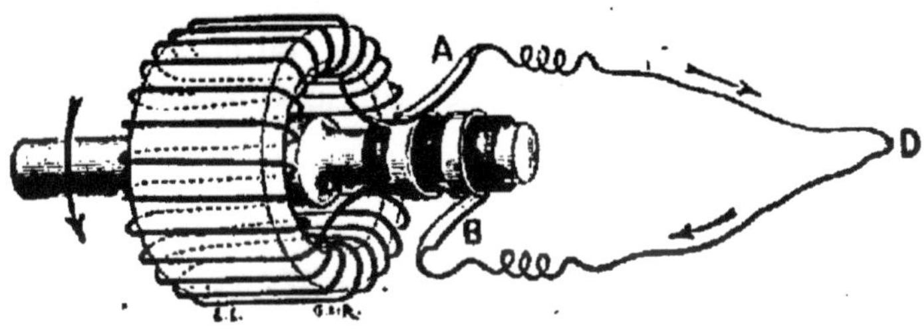

FIG. 407. — TRANSFORMATION D'UNE DYNAMO CONTINUE EN ALTERNATEUR.
On relie deux points diamétralement opposés de l'anneau à deux bagues montées sur l'arbre de rotation et contre lesquelles s'appuient les extrémités du circuit extérieur.

(fig. 407). Un circuit extérieur D aboutissant à ces balais sera nécessairement parcouru par le même courant alternatif que la section considérée. Il est aisé de voir qu'on obtiendra le même effet en reliant les deux bagues à deux spires diamétralement opposées de l'anneau.

797. **Propriétés des courants alternatifs : 1° *Électrolyse.*** — Lorsque, à l'aide de deux électrodes en platine, on dirige un courant alternatif à travers un voltamètre contenant de l'eau acidulée, on détermine la décomposition de celle-ci; mais, au lieu de recueillir séparément l'hydrogène et l'oxygène aux électrodes comme avec un courant continu, on obtient à chaque électrode ***des volumes égaux*** d'un mélange tonnant d'hydrogène et d'oxygène : cela tient à ce que le courant alternatif transporte successivement dans les deux sens des quantités égales d'électricité.

1° *Action sur un galvanomètre.* — L'aiguille d'un galvanomètre ordinaire dévie dans un sens ou dans l'autre suivant le sens du courant qui le parcourt. Quand ce courant est alternatif, elle reçoit donc, à chaque période, deux impulsions opposées. D'ordinaire les oscillations propres d'un galvanomètre usuel sont beaucoup plus lentes que les vibrations des courants alternatifs industriels; aussi ces courants n'ont-ils pratiquement aucune action sur cet appareil.

3° *Échauffement des conducteurs.* — Tout comme les courants continus, les courants alternatifs échauffent les conducteurs dans lesquels on les dirige. L'industrie les emploie, concurremment avec les courants continus, dans l'éclairage électrique par incandescence ou par arc (§§ 570 et 571).

Le phénomène obéit, d'ailleurs, à la loi de Joule (§ 567). Si, pendant une fraction ***très petite t*** de la période, l'intensité d'un courant variable est ***i ampères***, ce courant dégrade pendant ce temps dans un conducteur de ***R ohms*** une énergie ***W joules***, qui a pour valeur :

$$W = Ri^2 t.$$

708. **Intensité efficace d'un courant alternatif.** — On appelle ***intensité efficace d'un courant alternatif l'intensité I, d'un courant*** **continu** ***qui, pendant le même temps, dégagerait dans le même conducteur la même quantité de chaleur.***

Théoriquement, la mesure de l'intensité efficace d'un courant alternatif se ramène à une détermination calorimétrique : on emploie à cet usage des appareils spéciaux, dits ***ampèremètres thermiques.***

Ces appareils se composent essentiellement d'un fil de platine dans lequel on dirige le courant à mesurer. Ce fil de platine s'échauffe, mais sa température ne s'élève pas indéfiniment : elle acquiert sa valeur maxima lorsque le fil perd par rayonnement autant de chaleur que lui en apporte le courant. Cette température maxima est naturellement d'autant plus élevée que l'intensité efficace du courant est plus considérable. La dilatation qui accompagne l'échauffement du fil se traduit finalement par le déplacement d'une aiguille devant un cadran divisé.

La figure 408 montre l'un des dispositifs que l'on peut employer à cet effet : le fil de platine est tendu entre les bornes A et A′ et en son milieu s'attache l'un des bouts d'une cordelette de soie qui s'enroule sur une petite poulie R et qui est tendue elle-même par un poids P.

Lorsque le fil de platine se dilate, il prend la forme AMA' et la flèche MH est d'autant plus grande que la température du fil se trouve plus élevée. L'aiguille indicatrice est fixée sur la poulie R.

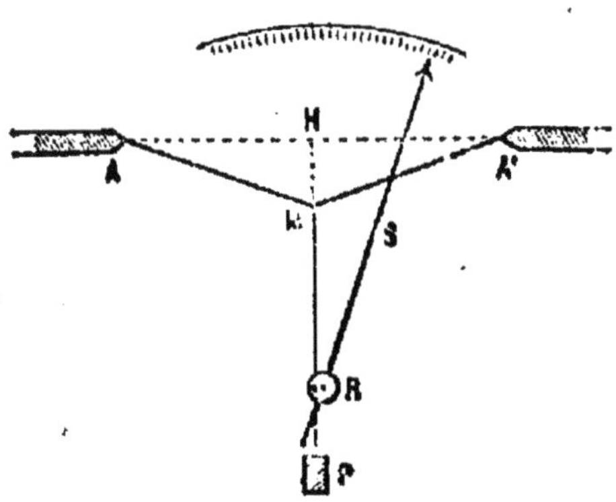

FIG. 408. — AMPÈREMÈTRE THERMIQUE. *Le fil de platine tendu entre AA' s'échauffe sous l'action du courant et sa dilatation se traduit par le déplacement d'une aiguille devant un cadran divisé.*

Pour graduer un ampèremètre thermique, on y dirige des courants continus d'intensité déterminée et on note les divisions correspondantes devant lesquelles s'arrête l'aiguille. Ainsi gradué, l'instrument donne ensuite les intensités efficaces des courants alternatifs.

799. Voltage efficace d'un courant alternatif. — ***Lorsqu'un circuit est parcouru par un courant alternatif, le voltage efficace est la force électromotrice constante, qui devrait régner dans le circuit pour qu'il fût le siège d'un courant continu ayant une intensité égale à l'intensité efficace du courant alternatif considéré.***

Pour la mesure des voltages efficaces, on se sert d'instruments dont le principe est le même que celui des ampèremètres thermiques mais dont la résistance est beaucoup plus grande. Lorsque l'on veut déterminer le voltage efficace qui règne entre deux points d'un circuit, on place un de ces voltmètres en dérivation entre ces deux points, comme l'on fait pour les courants continus (§ 550). En raison de la grande résistance du voltmètre, le courant qui parcourt la dérivation est trop faible pour modifier sensiblement le régime du courant principal et son intensité est en raison directe du voltage efficace cherché.

800. Utilisation des courants alternatifs aux transports de force. — On utilise les courants alternatifs non seulement à l'***éclairage,*** mais aussi aux ***transports de force.***

Les dispositifs de moteurs à courants alternatifs sont très nombreux et il n'entre pas dans nos intentions de les décrire;

d'autant que l'étude de ceux que l'on emploie le plus souvent, les ***moteurs à champ tournant,*** ne saurait trouver place dans un ouvrage aussi élémentaire que celui-ci. Il nous suffira de montrer la ***possibilité*** d'utiliser le courant alternatif à la production du travail.

Nous avons vu que, lorsque l'on dirige dans une dynamo Gramme un courant continu, son anneau est constamment sollicité à tourner dans le même sens (§ 657). La théorie montre que la rotation s'inverse si l'on change le sens du courant qui parcourt l'anneau ou celui du courant qui excite les électros inducteurs : elle reste, par conséquent, la même si le courant se renverse ***simultanément*** dans l'anneau et dans les électros. On comprend alors que si on dirige le même courant alternatif dans les inducteurs et dans l'induit d'une machine Gramme, le couple électro-magnétique qui entraîne l'anneau conserve toujours le même sens. La dynamo peut alors servir de réceptrice, dans les mêmes conditions que si elle était animée par un courant continu.

CHAPITRE VII

TRANSFORMATEURS

801. **Principe des transformateurs.** — Les ***transformateurs*** sont des appareils qui permettent de modifier le régime des courants alternatifs sans en altérer notablement la puissance.

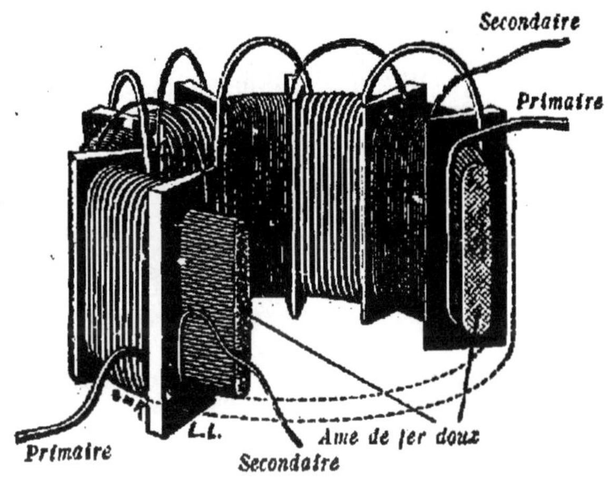

FIG. 409. — COUPE D'UN TRANSFORMATEUR.
Sur un anneau de fil de fer doux sont enroulés deux circuits, l'un à gros fil, l'autre à fil fin. Des courants alternatifs passant dans l'un déterminent dans l'autre des courants induits de même puissance, mais de voltage différent.

Ces appareils (fig. 409) se composent essentiellement d'un ***circuit magnétique fermé***, constitué par un anneau de fer doux par exemple, sur lequel sont enroulés deux circuits électriques distincts.

Si dans l'un de ces circuits (***circuit primaire***) on dirige un courant alternatif, les variations périodiques de l'aimantation du noyau détermineront dans l'autre circuit (***circuit secondaire***) un courant alternatif de même période.

La théorie démontre, en premier lieu, que ***la puissance est sensiblement conservée***; en second lieu, que ***les voltages efficaces*** E_1 ***et*** E_2, ***dans le primaire et dans le secondaire, sont proportionnels aux nombres respectifs*** n_1 ***et*** n_2 ***de leurs spires.***

On a
$$\frac{E_2}{E_1} = \frac{n_2}{n_1}.$$

Le rapport n_2/n_1 se nomme le ***rapport de transformation.***

Si donc le primaire comprend moins de tours que le secondaire, la transformation élève le voltage.

Dans la pratique, un transformateur bien construit ne dégrade pas plus de 5 pour 100 de l'énergie qu'il reçoit. Cette perte est principalement due à l'échauffement des circuits et à la production des courants de Foucault (§ 663) dans la masse de fer du noyau.

La conservation de la puissance entraîne nécessairement sur l'intensité efficace une transformation inverse de celle qui se produit sur le voltage.

Quand le voltage s'élève, le débit diminue ; et inversement.

On peut, dans un transformateur, prendre l'un ou l'autre des circuits comme primaire et, par conséquent, changer un courant de faible voltage et de grand débit en un courant de haut voltage et de faible débit ou effectuer la transformation inverse.

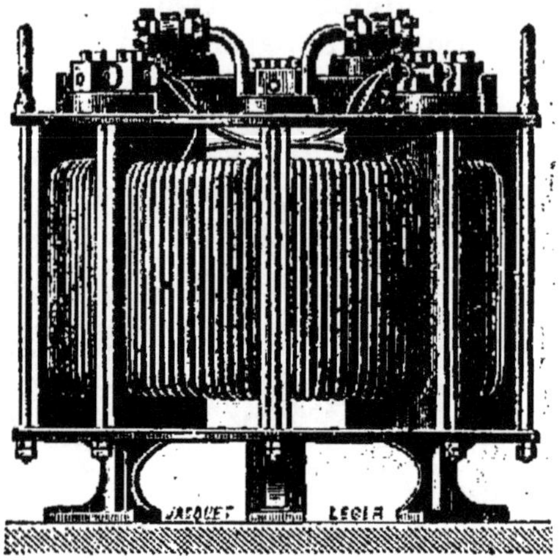

FIG. 410.
VUE D'ENSEMBLE D'UN TRANSFORMATEUR.
Les deux circuits sont divisés en sections qui alternent les unes avec les autres. Les extrémités des circuits aboutissent à des bornes fixées sur le support de l'appareil.

Afin d'atténuer l'échauffement dû à l'effet Joule, on a soin d'établir le circuit à bas voltage et à grande intensité en fils assez gros : on peut prendre pour l'autre circuit des fils plus fins.

La figure 409 montre une coupe et la figure 410 une vue d'ensemble d'un transformateur Zypernowski.

802. Usages des transformateurs. — 1° ***Un transport de force à longue distance n'est économique*** (§667) ***qu'autant qu'il s'effectue sous de hauts voltages et de faibles intensités.*** On transporte aujourd'hui l'énergie électrique sous des potentiels qui dépassent souvent 10000 volts. D'autre part, il est extrêmement dangereux d'utiliser ces hautes tensions dans les réceptrices, où les fils conducteurs sont nécessairement à la portée de la main : le contact de ces fils peut, en effet déterminer des accidents mortels. Les moteurs électriques les plus employés marchent ordinairement à 100 ou 200 volts. Les transformateurs permettent de passer des premiers voltages aux seconds.

2° De même, quand le courant doit servir à l'éclairage, il est difficile de l'employer à haute tension : les lampes électriques fonctionnent à des voltages de 60 à 110 volts et le montage le plus commode consiste à les mettre *en dérivation* sur deux conducteurs principaux; présentant entre eux la différence de potentiel convenable. Les transformateurs servent précisément à ramener à cette valeur la différence de potentiel de 2000 ou 3000 volts que fournissent directement les alternateurs utilisés.

CHAPITRE VIII

BOBINE DE RUHMKORFF

803. **Description de la bobine de Ruhmkorff.** — ***La bobine de Ruhmkorff est un véritable transformateur*** qui permet d'obtenir, au moyen d'un courant ***primaire*** de grande intensité et de force électromotrice faible, des courants ***secondaires*** qui atteignent les voltages élevés des plus puissantes machines électrostatiques.

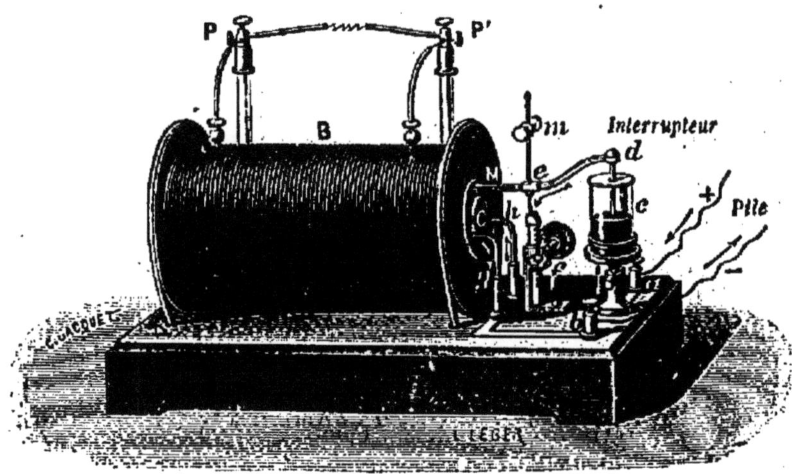

FIG. 411. — BOBINE DE RUHMKORFF MUNIE D'UN INTERRUPTEUR FOUCAULT.
Cet appareil est un transformateur dans lequel le circuit secondaire comprend un grand nombre de tours de fil fin. Le circuit primaire communique avec les pôles d'une pile par l'intermédiaire d'un interrupteur qui rompt et ferme brusquement le courant. Les forces électromotrices développées dans l'induit sont suffisantes pour faire éclater de longues étincelles entre les extrémités P et P' du circuit secondaire.

Le circuit inducteur est un fil isolé de gros diamètre, enroulé en deux ou trois couches sur un noyau cylindrique de fer doux, qui, pour éviter les courants de Foucault (§ 663), est constitué par un faisceau de fils parallèles et isolés.

Le circuit induit recouvre la bobine primaire; il se compose d'un nombre considérable de tours d'un fil très fin dont les extrémités aboutissent à deux bornes P et P′ qu'on appelle les ***pôles*** de la bobine (fig. 411).

Alors que la longueur du fil inducteur est à peine de 40 ou 50 mètres, celle de l'induit peut atteindre 50000 mètres et même davantage. Il en résulte que l'induction y développera des tensions très considérables : aussi le fil secondaire doit-il être parfaitement isolé pour éviter les étincelles intérieures. Par surcroît de précaution, au lieu d'enrouler ce fil en couches successives parallèles à l'axe, on l'enroule en forme de galettes minces perpendiculaires à l'axe qu'on juxtapose ensuite en les séparant par des cloisons isolantes. On constitue ainsi une ***bobine cloisonnée*** dans laquelle les tensions iront en croissant d'une extrémité à l'autre sans qu'une différence de potentiel trop grande existe jamais entre deux couches voisines.

Le courant primaire n'est pas alternatif comme dans les autres transformateurs, c'est simplement le courant d'une pile; l'induction est produite par la ***rupture et le rétablissement périodiques*** de ce courant, rupture et rétablissement qui s'obtiennent à l'aide d'un interrupteur automatique.

804. Interrupteur à marteau. — Il y a plusieurs modèles d'interrupteurs; le plus simple est l'interrupteur à marteau que représente la figure 412.

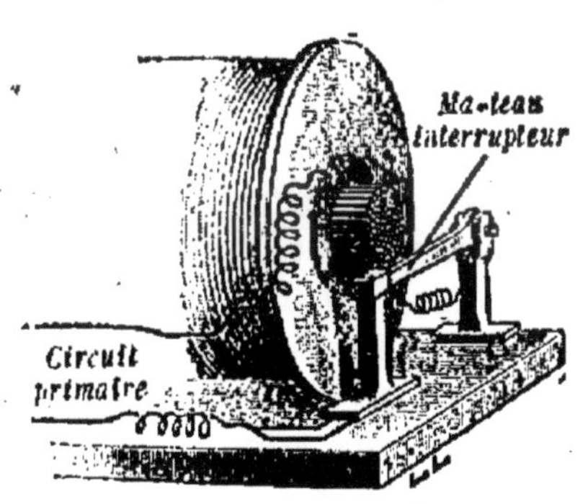

FIG. 412.
INTERRUPTEUR A MARTEAU.
Aussitôt que le courant passe dans le fil primaire, le noyau de fer doux s'aimante, attire le marteau qui se soulève et rompt le courant. Le noyau se désaimante alors, le marteau retombe et le courant primaire se trouve rétabli.

L'une des extrémités du fil primaire est directement reliée à l'un des pôles d'une pile; l'autre extrémité aboutit à une colonnette métallique isolée qui porte un petit axe autour duquel peut osciller le ***marteau.*** Ce marteau est formé d'une tige de laiton terminée par une masse de fer doux, qui se trouve au-dessous du noyau de la bobine.

En temps ordinaire, le marteau repose sur une pièce métallique que l'on appelle ***enclume*** et qu'on relie à l'autre pôle de la pile, quand on veut actionner la bobine. Aussitôt que le courant passe dans le primaire, le noyau de fer doux s'aimante et attire la masse de fer doux : le marteau se soulève alors, quitte l'enclume et le courant se trouve rompu. Mais alors, le noyau se désaimantant, le marteau retombe par son poids et le courant primaire se rétablit; les mêmes phénomènes se répètent ensuite.

Pour éviter que les étincelles, qui jaillissent entre le marteau et l'enclume et qui sont principalement dues au courant de self-induction de rupture (§ 664), ne mettent l'interrupteur hors de service, on garnit de petites pièces de platine les surfaces entre lesquelles se produit l'interruption.

805. **Fonctionnement de la bobine.** — Dès que le courant primaire commence à s'établir, il se produit dans la bobine extérieure un courant induit; la rupture du primaire détermine, de même, la formation d'un courant induit, de sens contraire au premier; les pôles P et P′ de la machine sont donc alternativement positifs et négatifs. Le noyau de fer doux a seulement pour effet de renforcer les courants ainsi obtenus.

Si le circuit induit est fermé sur un conducteur extérieur, celui-ci est alors parcouru par des courants alternatifs ayant la même période que l'interrupteur. Mais, si le circuit induit est ouvert, les différences de tension que présentent ses extrémités, à chaque induction, provoquent entre celles-ci des étincelles identiques à celles que l'on obtient avec les machines électrostatiques.

Lorsque les bouts du fil sont assez rapprochés, ces étincelles passent successivement dans un sens et dans l'autre; mais, si on les éloigne progressivement, il n'en est plus ainsi. L'expérience montre, en effet, que, ***dans chaque cas il existe une valeur δ de la distance explosive au-dessous de laquelle les décharges éclatent dans les deux sens, mais au-dessus de laquelle le courant induit direct passe seul.***

Dès lors, quand ses pôles sont à une distance supérieure à **δ**, la bobine fournit un courant interrompu, toujours de même sens et de très petite durée. Pendant les décharges, l'un des pôles reste constamment positif, l'autre constamment négatif, et la bobine peut alors être utilisée à la façon d'une machine électrostatique, par exemple, pour charger une bouteille de Leyde ou une batterie.

Le voltage du courant de rupture (***courant induit direct***) est plus élevé que celui du courant de fermeture, parce que la période d'établissement du courant dans un circuit fermé est nécessairement beaucoup plus lente que sa rupture.

La rupture, étant plus brusque, donne un courant induit de très haut voltage (§ 660).

Parmi les perfectionnements, apportés à la bobine, nous ne citerons que le ***condensateur de Fizeau*** et l'***interrupteur de Foucault***.

806. Condensateur de Fizeau. — Chaque fois que le circuit de la pile excitatrice est rompu, une petite étincelle éclate au point d'interruption. Cette étincelle, due à l'extra-courant de rupture (§ 664) dans la bobine primaire, a l'inconvénient de rendre le milieu conducteur sur son passage et, par conséquent, de retarder la rupture effective du circuit.

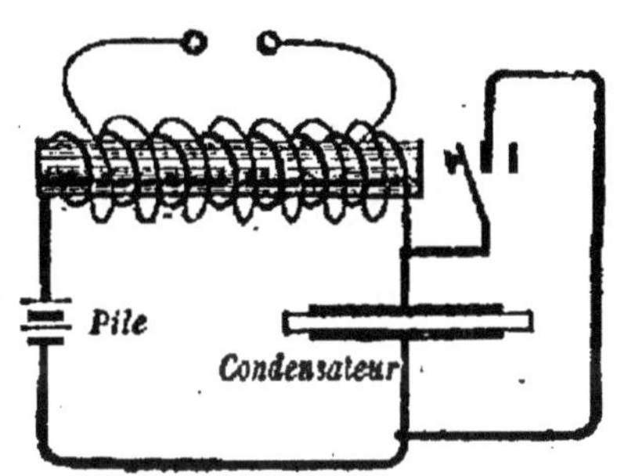

FIG. 413. — DISPOSITIF DU CONDENSATEUR DE FIZEAU.
L'électricité, mise en mouvement dans le primaire par l'extra-courant de rupture, au lieu de franchir à travers l'air la coupure du circuit, est employée à charger momentanément un condensateur de grande capacité. Ce dispositif diminue considérablement l'étincelle de rupture.

Fizeau imagina de supprimer, en fait, l'extra-courant de rupture et par suite son étincelle, en reliant les extrémités du fil primaire respectivement à chacune des armatures d'un condensateur (§ 534) de grande capacité (fig. 413).

Ce condensateur se compose de feuilles d'étain superposées et isolées par des feuilles de papier plus larges qu'on a trempées dans une dissolution de résine. De deux en deux, les feuilles d'étain débordent le papier d'un côté et de l'autre. Les feuilles paires, réunies entre elles, constituent l'une des armatures, les feuilles impaires forment l'autre; le condensateur est logé dans le socle de la bobine.

Au moment de la rupture, le flux d'électricité qui devrait passer dans l'étincelle charge le condensateur et l'étincelle est considérablement diminuée.

Le condensateur se décharge ensuite à travers le fil primaire, en donnant un courant qui est de sens contraire au courant inducteur disparu. Ce courant auxiliaire a pour effet de désaimanter immédiatement le noyau de fer doux et de supprimer le magnétisme rémanent, ce qui régularise les oscillations de l'interrupteur.

807. Interrupteur de Foucault. — Cet appareil se compose d'une lame élastique verticale qui peut osciller autour de son extrémité inférieure et qui entraîne dans son mouvement une tige métallique *Med* (fig. 411). Cette tige métallique porte d'un côté une masse de fer doux *M*, qui se trouve au-dessus du noyau de la bobine, et, de l'autre, une pointe *d* verticale en platine qui touche légèrement la surface d'un bain de mercure *c* recouvert de pétrole et relié au pôle positif de la pile. L'un des bouts du fil inducteur est fixé à la crémaillère qui soutient la lame vibrante et on attache l'autre au pôle négatif de la pile quand on veut actionner la bobine. Dès que le courant passe dans le primaire, le noyau s'aimante et attire la masse de fer *M*; le ressort s'infléchit, la pointe sort du mercure, et le courant se trouve alors interrompu. Mais aussitôt le noyau perd son aimantation, le ressort se redresse, la pointe de platine plonge à nouveau dans le mercure et le courant inducteur se rétablit, pour s'interrompre bientôt encore, et ainsi de suite indéfiniment.

L'interrupteur de Foucault présente un avantage considérable sur l'interrupteur à marteau, car le pétrole, qui est très mauvais conducteur, refroidit et éteint rapidement l'étincelle, en sorte que les interruptions deviennent presque instantanées. Une bobine armée du ***foucault*** donne, à chaque rupture du primaire, des étincelles plus longues que si elle fonctionnait avec l'interrupteur à marteau.

808. **Usages de la bobine de Ruhmkorff.** — On se sert de bobines de petit modèle comme appareils médicaux pour provoquer des contractions musculaires.

Les bobines d'induction sont employées dans les moteurs à explosion (§ 703), pour fournir l'étincelle qui sert à enflammer le mélange explosif.

Les bobines moyennes sont utilisées, dans les laboratoires de Chimie, pour obtenir certaines réactions spéciales (eudiomètres, ozoniseurs, etc.).

Dans ces dernières années, la bobine de Ruhmkorff a pris dans le domaine scientifique et industriel une importance capitale. Elle se prête, en effet, admirablement à la production des ***oscillations électriques*** et à celle de tous les phénomènes de la ***décharge dans les gaz raréfiés.***

C'est avec une bobine de Ruhmkorff que l'on actionne les transmetteurs d'ondes dans la ***télégraphie sans fil*** (§ 819) et les tubes de Crookes dans la production des ***rayons cathodiques*** et des ***rayons X.***

CHAPITRE IX

OSCILLATIONS ÉLECTRIQUES

809. **Oscillations dans une masse liquide.** — Dans certaines conditions, la décharge d'un condensateur peut être oscillante.

Pour faire comprendre ce phénomène sans recourir à une théorie qui ne saurait trouver place ici, nous nous servirons d'une comparaison avec un phénomène d'hydraulique. Considérons tout d'abord deux vases contenant de l'eau à des niveaux différents et pouvant être mis en communication par un tuyau ***long***, ***étroit*** et muni d'un robinet. Si l'on vient à ouvrir ce robinet, les niveaux tendront à s'égaliser : le liquide parcourra lentement le tube de jonction, mais son énergie se dépensera en frottements sur les parois de ce tube étroit et l'équilibre final entre les deux branches s'établira ainsi d'une façon ***continue***. On dit alors que le système considéré est ***apériodique***.

Supposons maintenant que les deux récipients puissent être réunis par un tuyau ***large*** et ***court***. Au moment où l'on établira la communication, le liquide s'abaissera brusquement du côté du niveau le plus élevé et montera dans l'autre; mais, comme, dans ce mouvement, les frottements ne consomment qu'un travail minime, le système possédera encore la plus grande partie de son énergie mécanique quand les niveaux arriveront sur le même plan; le liquide continuera donc son mouvement et une dénivellation, presque égale à la dénivellation primitive, s'établira en sens inverse de celle-ci; après quoi le même phénomène se reproduira. Dans ces conditions, le système n'arrivera à son équilibre définitif qu'après une série d'oscillations isochrones, dont l'amplitude ira en décroissant, au fur et à mesure que l'énergie primitive se dégradera par les frottements. On dit alors que le système est ***oscillant***.

810. **Décharge oscillante d'une bouteille de Leyde.** — On pourrait développer, à propos de la décharge de la bou-

teille de Leyde, des considérations analogues. Pour opérer cette décharge (§ 537), on fixe à l'armature externe, par exemple, l'extrémité d'un conducteur auxiliaire et l'on approche l'autre extrémité de l'armature interne jusqu'à ce qu'une étincelle jaillisse entre elles.

Si le conducteur est un fil métallique ***long*** et ***fin***, non replié sur lui-même, l'étincelle est ***unique*** et la décharge est ***continue***. Le flux d'électricité qui chargeait les armatures s'est écoulé dans un même sens de l'une à l'autre, et l'énergie de la bouteille de Leyde s'est transformée d'un seul coup en chaleur dans le fil métallique.

Mais si l'on prend comme excitateur un fil peu résistant, c'est-à-dire de ***gros diamètre, enroulé plusieurs fois*** sur lui-même, la décharge devient ***oscillante***.

Le phénomène peut être mis en évidence par une ingénieuse expérience indiquée par Feddersen : on produit l'étincelle près d'un miroir concave qui tourne rapidement et qui projette l'image réelle de l'étincelle sur une plaque photographique.

Lorsque la décharge est continue, l'étincelle est unique et l'image photographique offre l'aspect d'une bande continue dont la longueur est, toutes choses égales d'ailleurs, proportionnelle à la durée de l'étincelle (quelques cent-millièmes de seconde).

Lorsque la décharge est oscillante, l'image est discontinue et formée de traits alternativement épaissis et déliés à

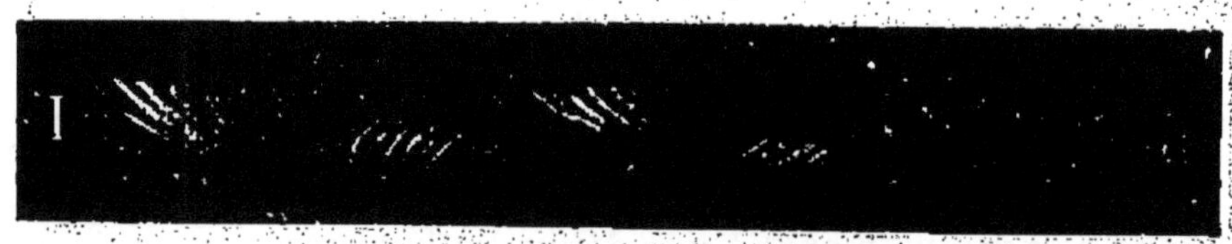

FIG. 414. — EXPÉRIENCE DE FEDDERSEN.
Cette figure est la reproduction d'une photographie de décharge oscillante obtenue à l'aide d'un miroir tournant.

chaque pôle : ceci montre qu'on a obtenu en réalité une succession d'étincelles, où chaque pôle était alternativement positif et négatif (fig. 414).

La production de ce mode de décharge se conçoit assez bien. A la première étincelle correspond un courant électrique qui va de l'armature positive à l'armature négative :

ce courant éveille dans les spires du fil excitateur une force électromotrice d'induction, de sens inverse (§ 664). Il en résulte une seconde étincelle en sens contraire de la première; et ainsi de suite.

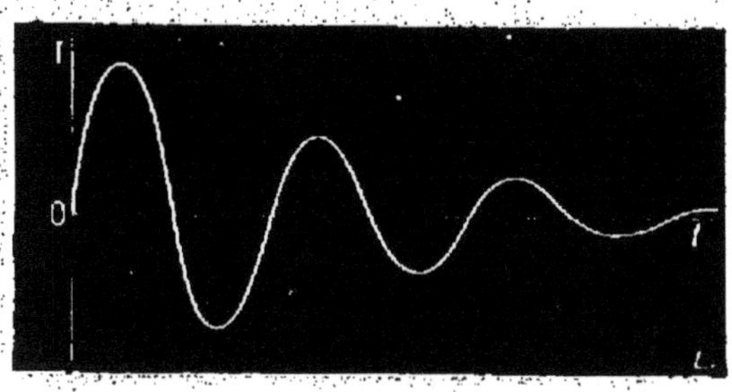

FIG. 415.
GRAPHIQUE D'UNE DÉCHARGE OSCILLANTE.
C'est une sorte de sinusoïde fortement amortie.

Un flux d'électricité ***oscille*** ainsi d'une des armatures à l'autre, jusqu'à ce que l'énergie primitive ait été dépensée en chaleur le long du circuit.

L'intensité du courant de décharge peut être représentée par une courbe analogue à celle de la figure 415. L'amortissement rapide des oscillations est principalement dû à l'effet Joule (§ 567).

811. Fréquence des oscillations électriques. — Le calcul permet d'établir que ***la fréquence des oscillations électriques***, qui accompagnent la décharge d'un condensateur à travers un conducteur métallique, ***est d'autant plus élevée que la capacité du condensateur est plus faible***. Il y a également avantage, à ce point de vue, à employer un conducteur ne renfermant qu'un petit nombre de spires de fil. On peut ainsi obtenir des oscillations extrêmement rapides. Ainsi, dans les expériences de Tesla, la fréquence atteint 100000 et même 200000 vibrations à la seconde. Dans celles de Hertz, la fréquence est encore plus élevée : elle va jusqu'à 100 millions.

CHAPITRE X

ONDES ÉLECTRIQUES

812. **Expériences de Hertz.** — L'appareil employé par Hertz pour produire les oscillations électriques porte le nom d'***excitateur***. Il se compose de deux sphères C, C', de même rayon, ou de deux plaques métalliques égales reliées par une tige conductrice au milieu de laquelle on a ménagé une coupure cc'. Les extrémités de la tige interrompue sont armées de deux petites boules que l'on met en communication avec les pôles d'une forte bobine de Ruhmkorff (fig. 416).

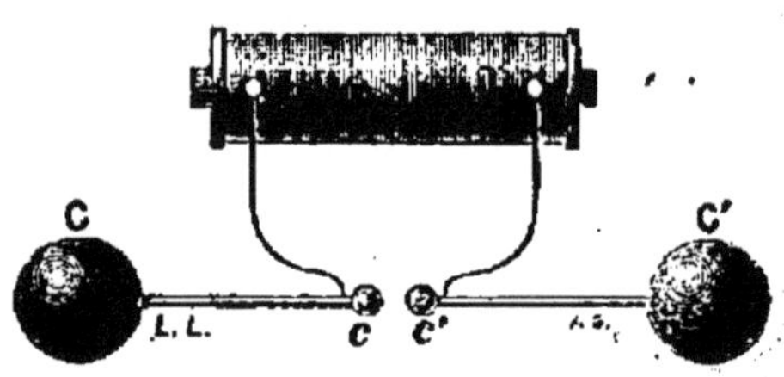

FIG. 416. — EXCITATEUR DE HERTZ.
Les vibrations électriques sont déterminées par les oscillations de la décharge qui se produit quand l'étincelle éclate dans la coupure cc'.

Lorsqu'on actionne la bobine, le courant induit charge les deux conducteurs dont la différence de potentiel croît alors avec une lenteur relative. La coupure empêche tout d'abord les conducteurs de se décharger, car l'air qui s'y trouve joue le rôle d'isolant; mais, quand la différence de potentiel est assez grande, ***l'étincelle de la bobine éclate et fraye un chemin à l'électricité accumulée sur les conducteurs*** : la coupure cesse tout d'un coup d'isoler; dans ces conditions l'excitateur se décharge sur lui-même comme s'il était séparé du reste de la bobine et ***le flux d'électricité oscille alors très rapidement de l'un des conducteurs à l'autre***. En raison de l'effet Joule, ces oscillations s'amortissent, il est vrai, assez rapidement; mais elles se reproduisent à chaque nouvelle interruption du circuit inducteur.

813. **Effets des courants de Hertz.** — Les courants alternatifs extrêmement rapides qui se produisent quand une étincelle éclate dans la coupure d'un excitateur de Hertz déterminent nécessairement dans les conducteurs voisins des

variations de flux magnétique et y éveillent, par conséquent, des forces électromotrices d'induction alternatives de même fréquence.

A la vérité, les champs magnétiques développés par les courants de Hertz doivent être assez faibles, mais, en raison de l'extrême rapidité avec laquelle ils varient, ils peuvent néanmoins produire par induction des tensions élevées (§ 660). Et de fait, quand un excitateur de Hertz est en activité, il n'existe dans la salle où il se trouve aucun morceau de métal, isolé ou non, dont on ne puisse tirer de petites étincelles.

814. **Résonnateur électrique.** — Pour apprécier l'intensité de cette action électrique en un point donné, Hertz faisait usage d'un fil contourné en cercle et dont les extrémités se terminaient, l'une par une petite boule, l'autre par une pointe mobile, formant ainsi une sorte de micromètre à étincelles (fig. 417). L'emploi de ce petit instrument a conduit l'habile expérimentateur à une des plus importantes découvertes qui aient enrichi le domaine de la science électrique : celle des ***ondes électriques***.

FIG. 417. RÉSONNATEUR ÉLECTRIQUE DE HERTZ.
C'est un fil métallique contourné en cercle et coupé de façon à former une sorte de micromètre à étincelle.

Hertz constata que, pour obtenir, en un point donné, l'étincelle la plus longue entre les extrémités du micromètre, il convenait de donner au cadre de celui-ci ***une grandeur déterminée***, et ce fait rappelle immédiatement les phénomènes de résonance acoustique. On sait, en effet, que, pour manifester en un point de l'air des vibrations sonores d'une certaine hauteur, on place en ce point un résonnateur de ***dimensions déterminées*** (§ 759) qui entre lui-même en activité et renforce considérablement les ondes excitatrices.

Lorsque le cadre du micromètre a une grandeur convenable, il agit de la même manière qu'un résonnateur acoustique et devient lui-même le siège d'oscillations de même période que les vibrations excitatrices. De là le nom de ***résonnateur*** que l'on donne, par analogie, au micromètre à étincelles muni de son cadre.

Avec un résonnateur bien réglé, on peut obtenir des étincelles de 7 à 8 millimètres au voisinage de l'excitateur;

à 15 ou 20 mètres de distance, les étincelles sont beaucoup plus petites, mais elles sont encore visibles.

On peut aussi rendre sensibles les oscillations hertziennes en se servant d'un tube de Geissler. Un tube à gaz raréfié s'illumine, en effet, quand on le place dans le champ d'un excitateur.

815. **Ondes électriques. Leur propagation.** — Hertz a établi — et c'est en cela que consiste l'immense intérêt de sa découverte — que les effets d'induction produits par les oscillations excitatrices ne sont pas instantanés : ***la coupure de l'excitateur est un véritable centre d'ébranlement autour duquel l'induction magnétique se propage de proche en proche, à la façon d'un mouvement ondulatoire.***

Ce fait résulte nettement de la possibilité de réaliser, avec les oscillations hertziennes non seulement des phénomènes de ***réflexion*** et de ***réfraction***, mais aussi des phénomènes d'***interférences*** et d'***ondes stationnaires*** analogues à ceux que l'on obtient pour la lumière et pour le son.

Les ondes électriques se propagent à travers les corps mauvais conducteurs ; un mur en pierre ne les arrête point. Au contraire, une surface métallique, même très mince, entourant l'excitateur, se comporte comme un écran parfait et intercepte complètement toute action.

816. **Réflexion et réfraction des ondes hertziennes.** — La ***réflexion*** des ondes hertziennes peut se montrer par l'expérience des deux miroirs : en regard l'un de l'autre et à une distance assez grande pour que les ondes électriques directes soient insensibles, on dispose deux ***grands*** miroirs sphériques concaves formés d'une plaque de métal. Au foyer de l'un d'eux, on installe la coupure d'un excitateur : au foyer de l'autre, on place celle d'un résonnateur préalablement accordé. Si les axes des miroirs coïncident, et seulement dans ce cas, des étincelles très vives éclatent dans le résonnateur, lorsque l'on met l'excitateur en activité.

La réflexion des ondes électriques se produit mieux sur les métaux que sur les autres substances.

La ***réfraction*** des ondes hertziennes peut se montrer d'une manière analogue soit avec un grand prisme, soit avec une grande lentille que l'on prépare en coulant de la poix ou de la cire dans un moule convenable.

817. **Ondes stationnaires électriques.** — Enfin, on réalise le phénomène des ***ondes stationnaires*** par le dispositif sui-

vant. Devant un excitateur et parallèlement à son axe (fig. 418) on dispose un plan métallique : les ondes hertziennes se réfléchissent sur ce plan et interfèrent avec les ondes incidentes. Si l'on promène alors le résonnateur entre le plan métallique et l'excitateur, on constate qu'en certains points N, d'ailleurs équidistants les uns des autres, le résonnateur reste inactif. Ces points sont les *nœuds* des ondes stationnaires qui se produisent par interférences en avant de l'obstacle.

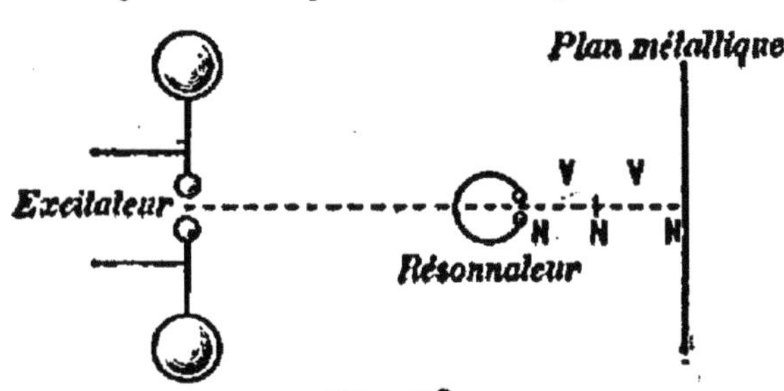

FIG. 418.
INTERFÉRENCES DES ONDES ÉLECTRIQUES.
On reproduit le phénomène des ondes stationnaires en plaçant à quelque distance d'un excitateur un large plan métallique sur lequel les ondes électriques viennent se réfléchir.

L'écart de deux nœuds consécutifs équivaut à une demi-longueur d'onde. On a reconnu que ***les longueurs d'ondes ainsi mesurées correspondent dans tous les cas à la période propre du résonnateur***.

Si donc, l'on connaît la période du résonnateur, une application immédiate de la formule $\lambda = VT$ permet de calculer la vitesse V de propagation des ondes électriques.

M. Blondlot a ainsi trouvé que la vitesse de propagation des ondes électriques est de 300 000 kilomètres à la seconde, comme celle de la lumière.

818. Hypothèse de l'identité des vibrations lumineuses et des vibrations électriques. — Les longueurs d'onde obtenues par Hertz étaient de plusieurs mètres. En réduisant les dimensions du résonnateur, on est arrivé aujourd'hui à observer des longueurs d'ondes électriques de quelques millimètres seulement.

Avec ces radiations électriques à faible longueur d'onde, on a pu répéter non seulement, comme nous l'avons déjà dit, les phénomènes de ***réflexion***, de ***réfraction*** et d'***interférences*** qui sont communs à la lumière et au son, mais aussi d'autres phénomènes tels que la ***polarisation*** et la ***biréfringence des cristaux*** qui appartiennent uniquement à la lumière.

L'hypothèse de l'identité des vibrations lumineuses et des vibrations électriques que les expériences qualitatives suffisent à suggérer trouve, par ailleurs, un solide appui dans cet autre fait que ***les ondes électriques se propagent dans l'air avec la même vitesse que les ondes lumineuses.***

L'hypothèse de l'identité des vibrations lumineuses et des vibrations électriques avait été formulée autrefois par l'illustre physicien anglais Maxwell; les travaux de Hertz et ceux de M. Blondlot lui ont apporté une confirmation depuis longtemps attendue.

Ainsi donc, il est nécessaire de conclure que les vibrations électriques et les vibrations lumineuses se propagent avec la même vitesse dans le même milieu élastique qui est l'***éther*** (§ 786). Pour tout dire, les vibrations électriques ne diffèrent des vibrations lumineuses que par leur période ou, si l'on veut, par leur longueur d'onde dans l'air. Les plus grandes longueurs d'onde, que l'on ait observées dans l'extrême infra-rouge du spectre, atteignent au plus 1 dixième de millimètre; les plus petites ondes électriques que l'on ait caractérisées ont environ 5 millimètres. Des vibrations électriques 50 fois plus rapides agiraient donc vraisemblablement sur un appareil sensible aux radiations calorifiques; 10000 fois plus rapides, elles impressionneraient la rétine.

Entre 1 dixième de millimètre et 5 millimètres, les longueurs d'onde correspondent à des vibrations dont les manifestations nous sont encore inconnues.

Il n'y a pas de maxima pour la longueur des ondes électriques. Par exemple un alternateur dont la fréquence est de 50, produit autour de lui des ondes dont la longueur est de 6000 kilomètres. A cause de leur lenteur relative, les effets d'induction de ces ondes sont pratiquement nuls et leur observation est impossible.

CHAPITRE XI

TÉLÉGRAPHIE SANS FIL

819. Radioconducteur de Branly. — Le résonnateur de Hertz n'est pas le seul appareil que l'on puisse employer à l'observation des ondes électriques. M. Branly a imaginé, pour le même usage, un récepteur beaucoup plus sensible et fondé sur un principe tout différent.

La pièce principale de ce récepteur est un tube de verre assez étroit qui contient une petite colonne de limaille métallique, légèrement tassée entre deux plaques conductrices (fig. 419). Quand on intercale cette colonne de limaille dans

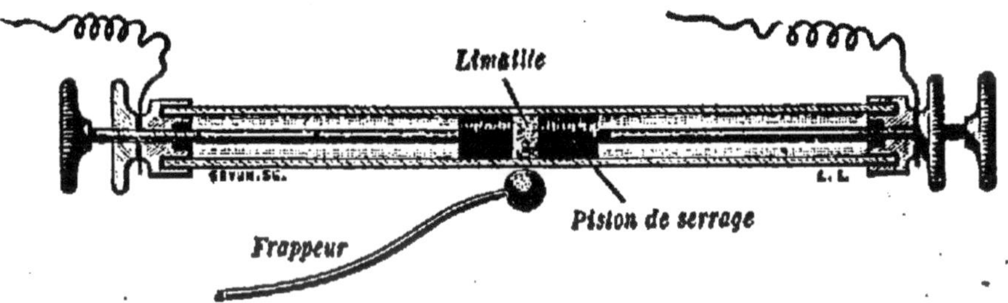

FIG. 419. — RADIOCONDUCTEUR DE BRANLY.

Il est fondé sur ce principe qu'une colonne de limaille métallique présente, en temps ordinaire, une résistance considérable, mais qu'elle devient conductrice si elle reçoit une onde électrique. L'onde passée, un léger choc suffit à faire réapparaître la résistance primitive.

un circuit contenant une pile et un galvanomètre, on constate qu'elle offre au courant une résistance considérable. Chacun des grains de limaille étant individuellement bon conducteur, il semble donc que l'électricité éprouve une grande difficulté à passer de l'un à l'autre et le galvanomètre n'indique, dans ces conditions, qu'un courant de faible intensité.

Or, l'expérience montre que ***la résistance de la limaille diminue considérablement quand elle est exposée aux ondes hertziennes.*** Cet effet est d'ailleurs instantané, en sorte que le galvanomètre placé dans le circuit indique brusquement une intensité plus grande, lorsque des ondes électriques viennent à frapper le tube sensible.

La conductibilité de la colonne de limaille subsiste encore, quand les ondes excitatrices ont cessé ; elle disparaît par un *choc* imprimé au tube, et réapparaît dès que de nouvelles ondes viennent frapper celui-ci.

Un radioconducteur, intercalé dans le circuit d'une pile, constitue donc un récepteur extrêmement sensible des ondes électriques. Ce dispositif, qui a rendu possible la télégraphie sans fil, a été utilisé avec beaucoup de succès à l'étude des phénomènes de réflexion et de réfraction des ondes hertziennes.

820. **Dispositif du télégraphe sans fil.** — L'invention de Branly a été appliquée par M. Marconi à la télégraphie sans fil.

Le principe en est fort simple : à l'une des stations, on produit des ondes électriques par les étincelles d'une forte

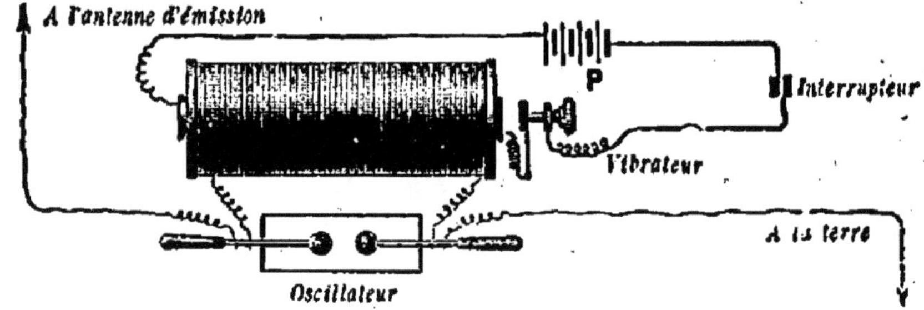

FIG. 420. — TRANSMETTEUR DU TÉLÉGRAPHE SANS FIL.
C'est une forte bobine de Ruhmkorff armée d'un excitateur de Hertz, dont l'une des branches est à la terre et dont l'autre est en relation avec une antenne verticale faisant office de radiateur.

bobine d'induction, qui fait ainsi office de ***transmetteur***. Ces ondes, qui se propagent dans l'air sans aucun fil conducteur, agissent, à la station d'arrivée, sur un radioconducteur qui fait office de ***récepteur***.

Voici le dispositif schématique des appareils.

Le ***transmetteur*** (fig. 420) est une forte bobine de Ruhmkorff, dont le fil secondaire se termine aux branches d'un excitateur de Hertz. Un interrupteur à main permet de mettre à volonté le fil primaire en circuit avec une batterie d'accumulateurs, dont le courant est alternativement rompu et rétabli par le vibrateur de la bobine. En agissant sur le manipulateur, on peut actionner la bobine pendant un temps plus ou moins long et obtenir ainsi, entre les boules de l'excitateur, des séries plus ou moins nombreuses d'étincelles, c'est-à-dire, en somme, des émissions brèves ou prolongées d'ondes électriques. Ces ondes électriques se propagent dans le milieu environnant avec la vitesse de la lumière, et, pour les envoyer au loin, on met l'une des boules de l'excitateur au sol, et on relie l'autre à un mât vertical et isolé que l'on nomme ***antenne d'émission***.

L'organe essentiel du ***récepteur*** est un tube de Branly dont l'une des extrémités est à la terre et dont l'autre communique avec une antenne verticale qui fait office de ***collecteur*** et qui conduit au radioconducteur les ondes qu'elle reçoit (fig. 421). Le tube à limaille est intercalé dans un cir-

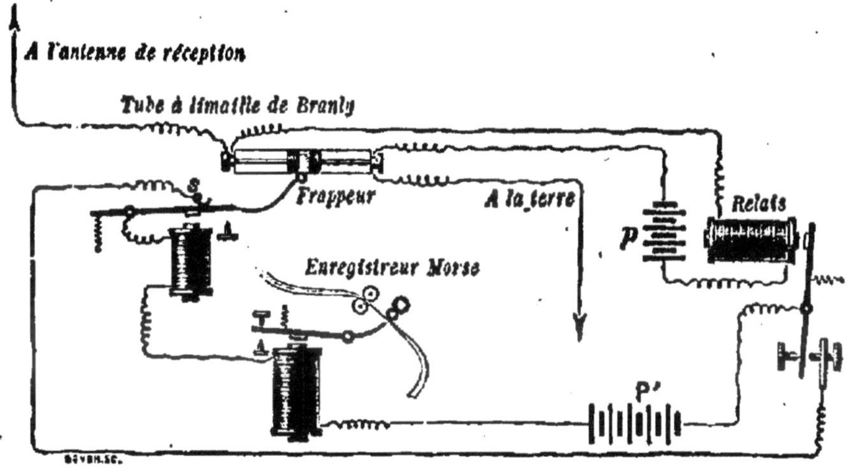

FIG. 421. — RÉCEPTEUR DU TÉLÉGRAPHE SANS FIL.

La pièce essentielle est un tube de Branly qui est en relation avec la terre et avec une antenne réceptrice. A l'arrivée d'une onde, le tube devient conducteur et laisse passer le courant d'un relais dont le jeu actionne un récepteur Morse. Aussitôt après, le choc d'un petit frappeur redonne au tube sa résistance première.

cuit qui comprend une pile *p* et un électro-aimant faisant fonction de relais. En temps ordinaire, le courant est insuffisant pour actionner cet électro; mais lorsque, sous l'action d'une onde électrique, la résistance du tube de limaille diminue, l'intensité du courant augmente brusquement et le relais ferme alors le circuit d'une pile locale P' qui anime un ***récepteur*** Morse et un ***frappeur*** automatique disposé comme le trembleur d'une sonnerie. Le récepteur inscrit l'onde, mais tout aussitôt le trembleur frappe légèrement le tube à limaille et lui rend sa résistance première; le courant se trouve interrompu.

Lorsque le radioconducteur reçoit une série prolongée d'ondes électriques, le récepteur Morse (fig. 421) marque, sur la bande de papier qui se déroule, une file de points très rapprochés qui ont l'apparence d'un trait continu. On peut donc, de cette façon, reproduire les signaux conventionels de l'alphabet Morse (§ 677).

L'appareil de Branly est le premier détecteur d'ondes électriques qui ait été utilisé à la télégraphie sans fil. On tend de plus en plus à le remplacer par d'autres récepteurs qui, sans être tous plus sensibles aux ondes hertziennes, sont du moins d'une installation et d'un maniement plus commodes.

Le détecteur à cristal de galène est un des plus employés. Le circuit d'un récepteur téléphonique comprend un contact entre un cristal de galène et une fine pointe de platine. Dès que l'appareil est frappé par les ondes électriques, le téléphone entre en activité. Il fait entendre alors un bruissement intermittent dont le rythme est le même que celui de l'appareil émetteur d'ondes. On reçoit donc les dépêches au son; les diverses lettres de l'alphabet sont représentées par des combinaisons conventionnelles de signaux courts et de signaux brefs (§ 677).

L'expérience a démontré que, toutes choses égales d'ailleurs, la portée de l'émission et la netteté de la réception, pour des oscillations électriques de longueur d'onde donnée, sont maxima pour certaines dimensions des antennes. On conçoit facilement, en effet, qu'une antenne rectiligne, dont la partie inférieure communique largement avec le sol, est le siège de vibrations électriques, comparables aux ondes sonores stationnaires, qui prennent naissance dans un tuyau sonore fermé (§ 774).

Les courants électriques ont, à chaque instant, une intensité nulle au sommet de l'antenne, une intensité maxima à sa base. Par contre, la tension électrique, constamment nulle au pied de l'antenne, prend, à chaque instant, une valeur maxima en son sommet.

Si donc la longueur d'une semblable antenne est un multiple impair du quart de la longueur des ondes qu'elle reçoit, elle sera en ***résonance*** (§ 731) avec ce système d'ondes. ***Il en***

sera ainsi, en particulier, si la longueur de l'antenne rectiligne est égale au quart de la longueur d'onde des oscillations reçues.

Quelles que soient la forme et les dimensions de l'antenne réceptrice, le même résultat restera toujours applicable, à savoir que : le maximum d'action des ondes sur l'appareil récepteur exige un certain accord des antennes avec la longueur des ondes reçues. Cet accord est obtenu par un appareil de réglage, formé d'une bobine terminant la partie inférieure de chaque antenne. On prend sur cette bobine la longueur de fil qui convient le mieux à la réception des signaux.

La télégraphie sans fil est aujourd'hui régulièrement utilisée entre l'ancien et le nouveau continent, mais les services qu'elle rend sont surtout inappréciables par les communications qu'elle permet d'établir en mer.

Tous les grands navires possèdent un poste de télégraphie sans fil qui leur permet de rester presque constamment en communication soit avec la terre (réception de l'heure de la Tour Eiffel; expéditions coloniales), soit avec les autres navires qui suivent des routes voisines (demandes de secours en cas de sinistres maritimes).

CHAPITRE XII

DÉCHARGES DANS LES GAZ

1. — DÉCHARGES DANS LES GAZ RARÉFIÉS

821. Description du phénomène. — Lorsque l'on établit une différence de potentiel progressivement croissante entre deux conducteurs placés dans l'air ordinaire, il finit par éclater entre ces conducteurs une ***étincelle*** qui est la manifestation d'une décharge électrique.

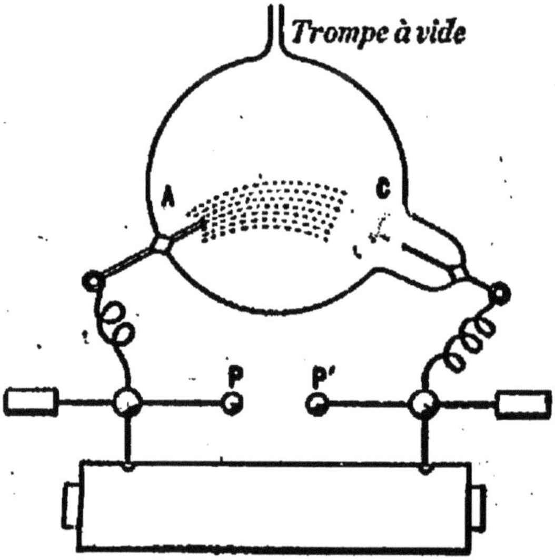

Trompe à vide

A C P P'

FIG. 422.
DÉCHARGE DANS LES GAZ RARÉFIÉS.
On produit ces décharges à l'aide d'une bobine de Ruhmkorff dont les pôles sont mis en relation avec des électrodes métalliques soudées dans la paroi d'un ballon où l'on raréfie progressivement le gaz.

La longueur de l'étincelle, c'est-à-dire la distance explosive, croît avec la différence de potentiel et plus rapidement que celle-ci : il faut environ 4000 ***volts*** pour avoir une étincelle de 1 millimètre et 25000 ***volts*** pour une étincelle de 1 centimètre.

Lorsque l'on fait éclater la décharge dans un air ou dans un ***gaz raréfié*** (fig. 422), au lieu de la faire éclater dans l'air ordinaire, on observe des phénomènes nouveaux qui dépendent très étroitement de la pression.

On constate, en particulier, que ***la longueur d'étincelle que l'on peut obtenir pour une même différence de potentiel, est***

sensiblement en raison inverse de la pression (loi de Paschen); et cela jusqu'à des pressions d'un millième d'atmosphère environ.

Quand la pression n'est plus que de quelques millimètres de mercure, la décharge donne une ***lueur*** continue qui part de l'anode A et se fond à quelque distance de la cathode C, laquelle est elle-même enveloppée tout entière, comme d'une gaine, par une mince auréole violacée.

La couleur de la lueur dépend de la nature du gaz enfermé dans le ballon : elle est rose avec l'air, blanc-bleuâtre avec le gaz carbonique et bleu-violet avec l'hydrogène.

Il ne semble, d'ailleurs, pas que la température du gaz lui-même soit très élevée, car, si on examine la lueur au spectroscope (§ 792), on n'y trouve que les raies caractéristiques du gaz lui-même, à l'exclusion de celles du métal des électrodes.

La lueur est sensible au champ magnétique : elle est déviée par un aimant comme le serait un conducteur flexible parcouru par un courant allant de l'anode à la cathode (§651).

822. **Tubes de Geissler.** — Si l'on raréfie plus encore le gaz contenu dans le ballon, la lueur qui part de l'anode ***se raccourcit*** et elle cesse d'être continue : elle se partage en une série de couches alternativement brillantes et obscures, qui ont reçu le nom de ***strates.*** On retrouve cet aspect dans les ***tubes de Geissler.*** On nomme ainsi des tubes de verre, fermés à la lampe et remplis d'un gaz ou d'une vapeur sous une pression de quelques dixièmes de millimètre seulement.

FIG. 423. — TUBE DE PLUCKER.

Les décharges électriques qui éclatent dans un tube contenant un gaz à la pression de quelques dixièmes de millimètre, donnent des strates dans les parties larges du tube et une lumière plus vive dans les parties étroites.

Deux fils de platine soudés aux extrémités de chaque tube permettent d'y faire passer des décharges électriques (fig. 423). Les parties larges sont alors le siège de stratifications peu lumineuses; les parties très étroites sont occupées par une lumière plus vive dont la couleur dépend de la nature du gaz. Ces tubes sont utilisés, sous le nom de ***tubes de Plücker***, pour l'étude spectrale des gaz incandescents. Le spectre de raies brillantes fourni par un gaz déterminé varie, comme il était à prévoir, avec l'énergie des décharges qui le traversent et, à mesure que celle-ci augmente, devient à la fois plus riche et plus pur.

Un autre phénomène s'observe, d'ailleurs, dans ces appareils : le verre du tube peut devenir lumineux; les verres d'urane notamment prennent pendant les décharges une belle coloration verte.

2. — RAYONS CATHODIQUES

823. **Tubes de Crookes.** — Ce sont d'autres aspects encore qui apparaissent lorsque, comme l'a fait Crookes, on pousse la raréfaction jusqu'à quelques millièmes de millimètre : la gaine cathodique finit par s'éteindre, en même temps que la lueur partie de l'anode s'étale, pâlit de plus en plus et disparaît, elle aussi. La décharge traverse encore le ballon, mais le gaz reste obscur : alors part de la cathode un rayonnement particulier qui possède de remarquables propriétés et auquel on a donné le nom de ***rayonnement cathodique***.

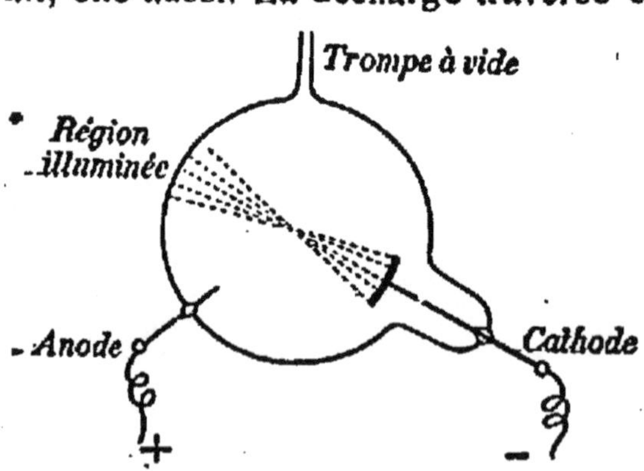

FIG. 424. — RAYONS CATHODIQUES.
Émis normalement par la cathode, ils vont en droite ligne et rendent fluorescente la paroi du ballon opposée à la cathode.

824. **Propriétés des rayons cathodiques.** — 1° ***Les rayons cathodiques sont rectilignes : ils partent normalement de la cathode*** et se dirigent en ligne droite jusqu'à la paroi opposée. Leur trajet est, d'ailleurs, tout à fait indépendant de la place

qu'occupe l'anode. Si la cathode a, par exemple, la forme d'une petite calotte sphérique concave, les rayons cathodiques convergent d'abord au centre de la calotte et forment au delà un faisceau divergent qui dessine sur la paroi du ballon une plage circulaire fluorescente (fig. 424). Une ancienne expérience de Crookes montre d'une façon saisissante la propagation rectiligne des rayons cathodiques : on prend comme cathode une calotte sphérique convexe D et, sur le trajet des rayons, on dispose une plaque de mica ou d'aluminium C taillée en croix ; les rayons sont, au moins en partie, arrêtés par cet écran et l'ombre de la croix se détache en noir sur la surface illuminée (fig. 425).

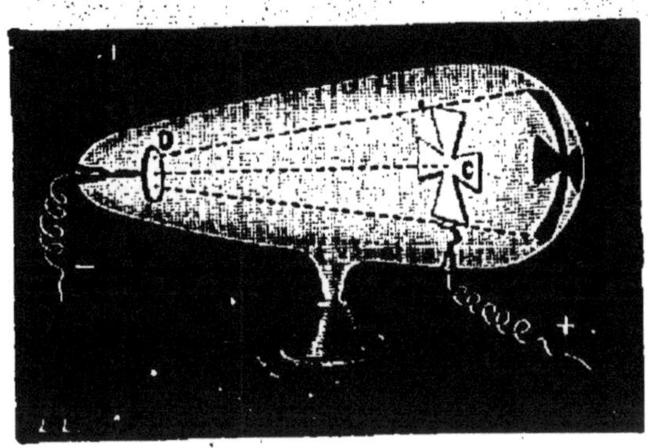

FIG. 425. — PROPAGATION RECTILIGNE DES RAYONS CATHODIQUES.

Une croix métallique arrête les rayons et porte ombre sur la paroi du tube opposée à la cathode.

2° ***Les rayons cathodiques rendent très vivement lumineuses un grand nombre de substances*** : le diamant, les sulfures et les oxydes alcalino-terreux, les terres rares qui entrent dans la composition des manchons à incandescence émettent une lumière intense quand ils sont frappés par les rayons cathodiques.

3° ***Lorsqu'on concentre un faisceau cathodique sur un écran, celui-ci s'échauffe.*** — C'est ainsi qu'une petite lame de platine, placée au centre d'une cathode concave, peut être portée au rouge.

4° ***Les rayons cathodiques peuvent déterminer sur les corps qu'ils atteignent des réactions chimiques qui sont toujours des réductions*** : par exemple, si le tube est en cristal, la région opposée à la cathode noircit par suite de la mise en liberté de plomb métallique. Tous ces faits sont à rapprocher les uns des autres; de ce qu'ils peuvent produire de la chaleur, du travail ou des réactions chimiques, on doit conclure que ***les rayons cathodiques transportent de l'énergie.***

5° ***Les rayons cathodiques sont électrisés négativement.*** — Ce fait extrêmement important a été mis en évidence par une expérience de M. Perrin : à l'intérieur d'un tube de Crookes est disposé un petit cylindre en métal F qui est relié à un électroscope (fig. 426). On reçoit dans ce cylindre les rayons

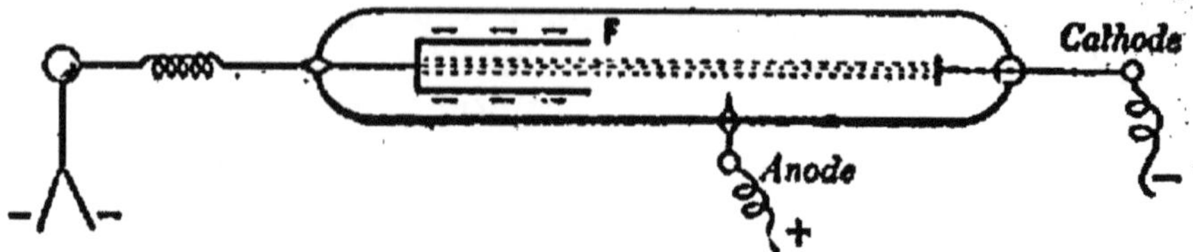

FIG. 426. — ÉLECTRISATION NÉGATIVE DES RAYONS CATHODIQUES.
Un électroscope, mis en relation avec un cylindre dans lequel on reçoit ces rayons, se charge négativement.

parallèles émis par une cathode plane et on constate que l'électroscope se charge alors négativement.

6° ***Un faisceau cathodique est dévié par un champ électrique.*** — Cette propriété est évidemment une conséquence de l'électrisation des rayons. On la démontre en dirigeant un faisceau cathodique entre les armatures d'un condensateur installé dans le tube de Crookes et mis en relation par des fils métalliques avec une source extérieure : on voit alors la trace fluorescente que les rayons dessinent sur la paroi du tube se déplacer du côté de l'armature positive (fig. 427).

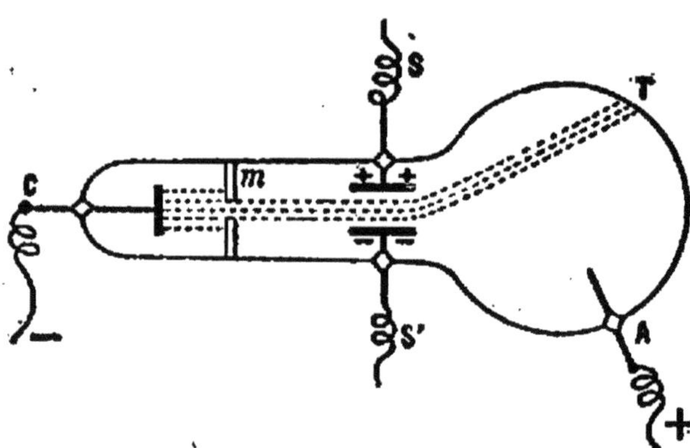

FIG. 427. — DÉVIATION DES RAYONS PAR UN CHAMP ÉLECTRIQUE.
La tache fluorescente dessinée par un faisceau cathodique se déplace quand on charge le condensateur entre les armatures duquel il passe.

7° ***Un faisceau cathodique est dévié par un champ magnétique.*** — On le montre aisément en approchant un aimant d'un tube de Crookes en activité (fig. 428). Le faisceau cathodique est dévié, comme le serait un courant (§ 651) transportant des charges électriques négatives, émanées de la cathode.

8° ***Les rayons cathodiques ionisent les gaz,*** c'est-à-dire les rendent conducteurs de l'électricité; c'est ainsi qu'ils déchargent rapidement un électroscope chargé, sur lequel on les dirige.

9° ***Les rayons cathodiques ne traversent pas le verre; mais ils traversent l'aluminium sous une faible épaisseur*** (0,01 mm.) — En profitant de cette propriété, M. Lenard a pu les étudier en dehors du tube qui les produit. Il a constaté ainsi qu'ils peuvent se propager dans le vide absolu, alors qu'ils ne se produiraient plus eux-mêmes dans ces conditions, car la décharge électrique ne traverse plus un tube dans lequel la pression est inférieure à un millième de millimètre de mercure.

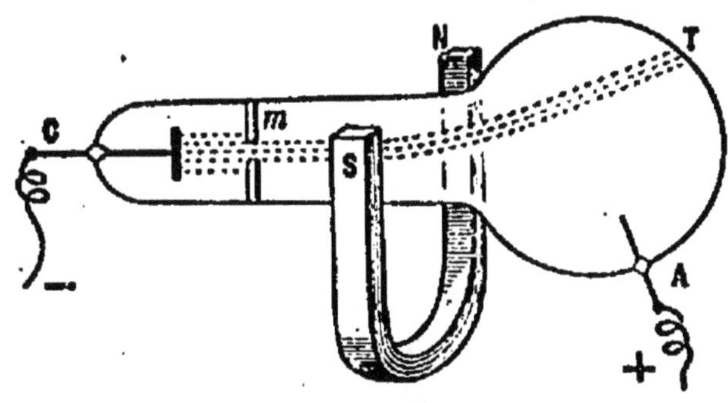

FIG. 428.
DÉVIATION DES RAYONS PAR UN CHAMP MAGNÉTIQUE.
La tache fluorescente, dessinée par un faisceau cathodique, se déplace quand on approche un aimant du faisceau.

825. **Hypothèse sur les rayons cathodiques.** — On admet aujourd'hui que :

Les rayons cathodiques sont constitués par des charges négatives d'électricité, violemment projetées par la cathode.

Leurs propriétés calorifiques ou mécaniques s'expliquent facilement comme une conséquence du ***bombardement*** auquel se trouvent soumis les obstacles rencontrés par les rayons cathodiques.

On a été conduit à leur attribuer une vitesse d'environ 40000 kilomètres par seconde. En outre, à masse égale, ***les ions cathodiques transporteraient une quantité d'électricité 10 fois plus grande que les ions d'hydrogène libérés dans un phénomène d'électrolyse*** (§ 582).

On admet que, ***sous l'influence du bombardement cathodique,*** les molécules des gaz traversés se fragmentent en corpuscules extrêmement petits, les uns chargés positivement, les autres chargés négativement. Ces ions obéissent alors au champ électrique qui peut régner dans le voisinage : les ions positifs, se portant sur les corps chargés négativement, les déchargent et les ions négatifs en font autant pour les corps chargés positivement. Les gaz traversés par les rayons cathodiques sont ainsi devenus conducteurs.

3. — RAYONS X

826. **Production et propriétés des rayons X.** — Nous savons déjà que les rayons cathodiques échauffent les obstacles qu'ils rencontrent, mais ce phénomène calorifique n'est pas le seul qui se produise alors. Le physicien allemand Rœntgen a, en effet, découvert que ***tout obstacle frappé par les rayons cathodiques devient lui-même le centre d'émission de rayons tout différents*** auxquels il a donné le nom de ***rayons X***.

Pour obtenir et étudier commodément ce nouveau phénomène, on utilise le dispositif suivant, connu sous le nom de ***tube focus*** : on prend comme ***cathode*** une petite calotte sphérique concave et comme ***anticathode*** une lame de platine placée au centre de la cathode et inclinée sur la direction du rayon moyen. Cette anticathode est l'obstacle que l'on expose au bombardement cathodique ; elle sert en même temps d'anode.

Lorsque le tube fonctionne, ***la surface de l'anticathode qui reçoit les rayons cathodiques émet dans toutes les directions des rayons X qui sont eux-mêmes invisibles, mais qui provoquent sur la paroi du tube une vive fluorescence vert-jaunâtre.*** Le plan de l'anticathode partage ainsi la paroi du tube en deux parties dont l'une est brillamment illuminée tandis que l'autre reste obscure (fig. 429).

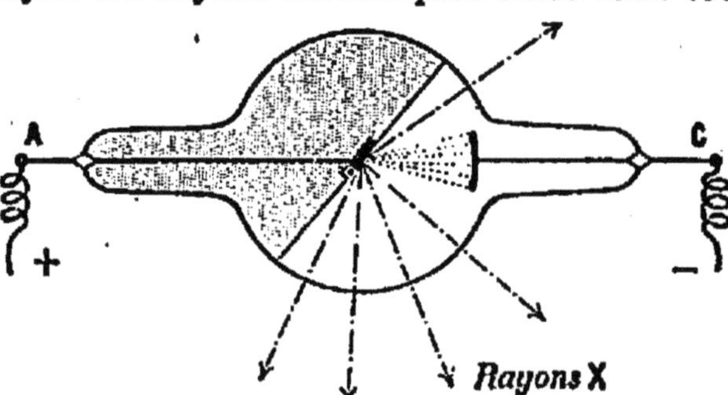

FIG. 429. — PRODUCTION DES RAYONS X.
On prend comme cathode une calotte sphérique en aluminium au centre de laquelle on dispose comme anticathode une lame de platine inclinée.

D'autres substances que le verre sont rendues fluorescentes par les rayons X. Une de celles qui s'illuminent le mieux est le ***platinocyanure de baryum***.

Un écran recouvert de platinocyanure de baryum devient fluorescent quand on en approche un tube à rayons X : il faut conclure de là que ***les rayons X traversent le verre. Ils traversent aussi le bois, le papier, les chairs et ceux des métaux, comme l'aluminium et le magnésium, dont le poids atomique est relativement faible.*** Toutefois la transparence de ces substances pour les rayons X n'est pas parfaite : une plaque de verre de quelques millimètres d'épaisseur les arrête à peu près complètement.

Lorsque, dans une chambre noire, on interpose un objet en fer entre un tube focus et un écran au platinocyanure de baryum, on voit se dessiner sur l'écran illuminé la silhouette obscure de l'objet. Ces expériences suffisent à nous montrer que ***les rayons X se propagent en ligne droite.*** Les silhouettes obtenues sont d'autant plus nettes que la surface d'émission est plus restreinte : c'est pour cela que, dans le tube focus, l'on place l'anticathode au centre même de la cathode sphérique.

Les rayons X impressionnent les plaques photographiques : de là quelques applications, aujourd'hui très vulgarisées, de

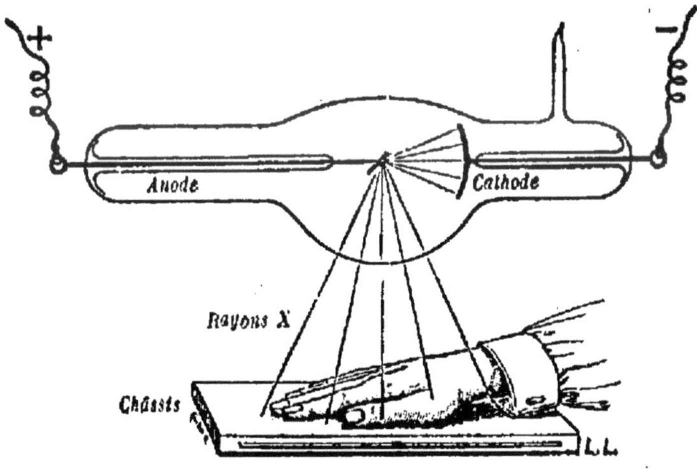

FIG. 430. — PRODUCTION ET APPLICATION DES RAYONS X.
Tout obstacle frappé par des rayons cathodiques émet des rayons X *qui se propagent à travers certains milieux sans subir de réfraction et qui impressionnent les plaques photographiques.*

ces rayons. Pour obtenir, par exemple, la photographie du squelette de la main, on enferme dans un châssis une plaque sensible; on applique la main sur le châssis et on expose le tout aux radiations d'un tube focus (fig. 430). Une pose de quelques secondes suffit pour impressionner la plaque que l'on développe ensuite par les procédés ordinaires. La figure 431 montre une épreuve ainsi obtenue. Ce procédé

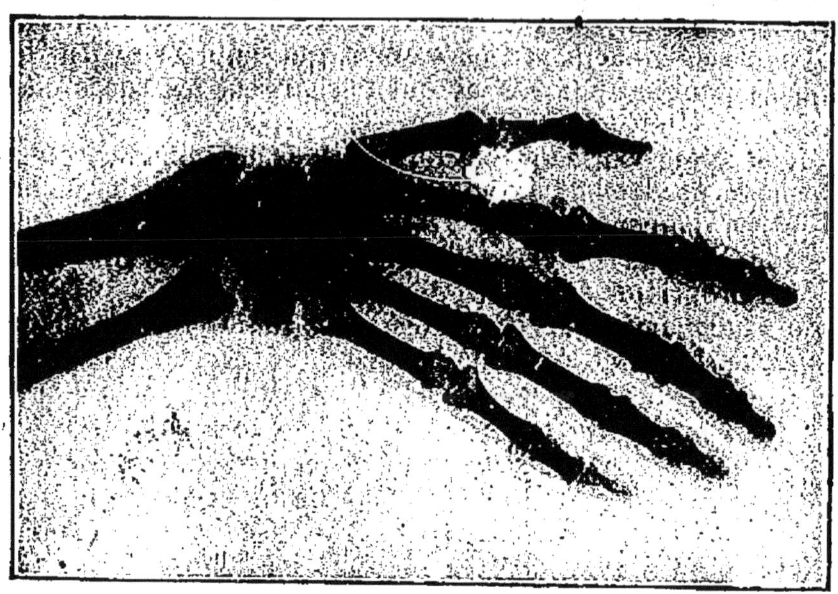

FIG. 431. — RADIOGRAPHIE DE LA MAIN.
Cette épreuve positive montre que les os de la main sont beaucoup moins transparents pour les rayons X que les tissus qui les enveloppent.

constitue une méthode d'exploration du corps humain qui rend dès maintenant de grands services à la chirurgie.

Leur propagation rectiligne et leurs propriétés photogéniques rapprochent les rayons X des rayons ultra-violets; mais, à la différence de ceux-ci, ***les rayons X ne se réfléchissent pas, ne se réfractent pas et n'interfèrent pas.*** Quel que soit le milieu transparent qu'on leur offre, ils le traversent toujours sans déviation.

Les rayons X ne sont sensibles ni au champ électrique, ni au champ magnétique : ils ne semblent donc pas dus, comme les rayons cathodiques qui les produisent, à une projection de corpuscules électrisés.

Enfin, ***les rayons X ionisent les gaz qu'ils traversent.*** Un électroscope chargé perd rapidement toute trace d'électrisation quand on fait fonctionner un tube focus dans son voisinage.

Différentes hypothèses ont été émises sur la nature des rayons X, mais aucune ne donne encore de leurs diverses et si curieuses propriétés une explication absolument satisfaisante.

827. Rayons de Becquerel. — Substances radio-actives. — M. Becquerel a reconnu que l'*uranium* et ses composés émettent *spontanément* des rayons qui impressionnent les plaques photographiques et qui déchargent les corps électrisés.

M. et Mme Curie ont découvert dans un minerai, qu'on nomme la *pechblende* et d'où l'on retire d'ailleurs l'uranium, un corps nouveau, qui a reçu le nom de *radium* et qui possède, à un degré 300 000 fois plus grand que l'uranium, les mêmes propriétés émissives que celui-ci.

Le rayonnement de ces substances *radio-actives* est très complexe. Nous ne pouvons insister.

TABLE DES MATIÈRES

PREMIÈRE PARTIE

PRINCIPES GÉNÉRAUX DE LA MÉCANIQUE

DEUXIÈME PARTIE
ÉQUILIBRE DES LIQUIDES ET DES GAZ

Chapitre I. — Pressions dans les fluides en équilibre.

Chapitre II. — Applications des lois de l'hydrostatique.

Chapitre III.

Chapitre IV.

Chapitre V. — Équilibre des gaz.

Chapitre VI. — Compressibilité des gaz.

Chapitre VII. — Pompes à gaz et à liquides.

TROISIÈME PARTIE
CHALEUR

Chapitre I. — Température.

Chapitre II. — Calorimétrie.

Chapitre III. — Chaleurs spécifiques.

Chapitre IV. — Dilatation des solides.

QUATRIÈME PARTIE

OPTIQUE

Chapitre VI. — **Lentilles.**

Chapitre VII. — **Instruments d'optique.**

Chapitre VIII. — **Dispersion de la lumière.**

CINQUIÈME PARTIE

ÉLECTRICITÉ ET MAGNÉTISME

Chapitre I.

Chapitre II.

Chapitre III.

Chapitre IV.

Chapitre V.

Chapitre VI.

Chapitre VII.

Chapitre VIII.

Chapitre IX.

Chapitre X.

Chapitre XI.

Chapitre XII.

Chapitre XIII.

SIXIÈME PARTIE.
L'ÉNERGIE ET SES TRANSFORMATIONS

SEPTIÈME PARTIE
GÉNÉRALITÉS SUR LES MOUVEMENTS PÉRIODIQUES

HUITIÈME PARTIE

PHÉNOMÈNES PÉRIODIQUES EN ACOUSTIQUE, OPTIQUE ET ÉLECTRICITÉ

74.240. — Imprimerie LAHURE, 9, rue de Fleurus, à Paris.

LIBRAIRIE HACHETTE ET Cie
BOULEVARD SAINT-GERMAIN, 79, A PARIS

JULES GAY
Docteur ès sciences,
Ancien professeur de physique au lycée Louis-le-Grand

LECTURES SCIENTIFIQUES

EXTRAITS DE MÉMOIRES ORIGINAUX
ET
D'ÉTUDES SUR LA SCIENCE ET LES SAVANTS

PHYSIQUE ET CHIMIE

DEUXIÈME ÉDITION REFONDUE
CONFORMÉMENT AU PROGRAMME OFFICIEL DU 31 MAI 1902

Un fort volume in-16, cartonnage toile. . . 5 fr.

PRÉFACE

« La science repose sur les faits ; elle est l'œuvre de l'observation et des siècles; elle doit, pour être comprise, s'étudier à ses sources, et l'exposition en serait incomplète et fausse si le tableau du présent était mis sous nos yeux sans tenir compte des droits et des travaux du passé. »

Ces paroles de J.-B. Dumas nous semblent la meilleure introduction à ces lectures scientifiques; elles les expliquent et les justifient. Laissant à d'autres le soin d'écrire l'histoire de la science, nous voudrions nous borner à en marquer les étapes principales, en empruntant aux savants eux-mêmes l'exposition et l'histoire de leurs découvertes.

Nous avons un autre but encore : les pages éloquentes de nos philosophes, de nos historiens, etc., sont dans toutes les mémoires et dans toutes les bibliothèques ; on oublie trop qu'il s'en trouve de pareilles dans les œuvres de nos savants. Il ne sera peut-être pas inutile, à une époque où l'exposition de la science n'est trop souvent qu'une sèche nomenclature, de rappeler ces pages à ceux qui les oublient ou les ignorent. Étudiants scientifiques ou littéraires, peut-être même professeurs et gens du monde y trouveront, nous l'espérons, quelque intérêt et quelque profit. Nous ne ferons donc que citer, nous bornant aux indications et aux notes strictement nécessaires pour l'intelligence du texte[1].

1. Ces indications et ces notes sont en petits caractères.

Nous avons groupé ces lectures dans l'ordre suivi habituellement dans les traités classiques de physique. Professeurs et élèves trouveront donc facilement les citations originales et les développements historiques relatifs à chaque partie du cours.

« *La recommandation faite au professeur de ne pas se préoccuper de l'ordre historique dans l'exposé d'une question n'implique pas, tant s'en faut, l'oubli des grands noms qui ont illustré la science. A l'occasion et sous forme de digression, il fera connaître la vie de quelques grands hommes (Galilée, Descartes, Pascal, Newton, Lavoisier, Ampère, Fresnel, etc.), en faisant ressortir non seulement l'importance de leurs travaux, mais surtout la grandeur morale de leur dévouement à la science, on l'engage à donner aux élèves lecture de quelques pages caractéristiques de leurs œuvres.* »

Ces lignes sont extraites du plan d'études du 31 mai 1902. On s'est appliqué dans ce volume à répondre au désir et aux recommandations qui y sont contenus.

J. G.

R. LESPIEAU
Professeur adjoint à la Faculté des Sciences de Paris

Cours de Chimie

NOTATION ATOMIQUE

Nouvelles éditions rédigées conformément aux programmes officiels de l'enseignement secondaire du 4 mai 1912

Précis de Chimie. *Classes de Lettres*, à l'usage des classes de 4e et de 3e B, de 2e et de 1re C D, de Philosophie A B, et des candidats aux Baccalauréats Latin-Sciences, Sciences-Langues vivantes et Philosophie. Un vol. in-16, avec figures, cartonnage toile . . . . 4 fr. »

On vend séparément :

1er fascicule. *Généralités, Métalloïdes.* — Classes de Quatrième B et de Seconde C, D. Un vol. in-16, cartonnage toile. . . 2 fr. »

2e fascicule. *Métaux. — Chimie organique.* — Classes de Troisième B; de Première C, D; Baccalauréats 1re partie, Latin-Sciences. — Sciences-Langues vivantes. Un vol. . . . . 2 fr. »

Précis de Chimie, *Mathématiques*, rédige conformément aux programmes de la classe de Mathématiques, du Baccalauréat-Mathématiques et des Écoles Navales et Saint-Cyr. Un vol. in-16, avec figures, cartonné. . . . 3 fr. »

Manipulations de Chimie correspondant au *Precis de Chimie* à l'usage des classes de 2e et de 1re C D et des candidats au Baccalauréat Latin-Sciences et Sciences-Langues vivantes, par M. Blouet. Un vol. in-16, avec figures, cartonné . . . . 3 fr. 50

Résumé aide-mémoire de Chimie, classes de Seconde, de Première et de Mathématiques, Baccalauréat 1re partie, par M. Lespieau. Un vol. petit in-16, cartonné. . . . . 1 fr. 50

Cours élémentaire de Chimie, notation atomique à l'usage des candidats aux Écoles du Gouvernement. Deux volumes in-16 br. :

I. — *Chimie générale, Métalloïdes.* Nouvelle édition, refondue conformément à l'arrêté ministériel du 27 juillet 1905, relatif aux programmes de la classe de Mathématiques spéciales et des Écoles Polytechnique, Normale et Centrale, Un vol. in-16, broché . . . . 5 fr. »

II. — *Métaux et Chimie organique.* Nouvelle édition, entièrement refondue. Un vol. . . . . 5 fr. »

Le cartonnage toile de chaque volume se paie en plus : 50 cent.

Manipulations de Chimie. Exercices pratiques correspondant au Cours de Chimie générale, Métalloïdes, de MM. Joly et Lespieau. Classes de Mathématiques speciales, Écoles Polytechnique, Normale, Centrale, par M. Blouet. Un vol. in-16 cart . . . . 2 fr. 50

Précis de Chimie, notation atomique à l'usage de l'enseignement des jeunes filles et des Écoles primaires superieures, par M. A. Joly. 8e édit., revue et corrigée. Un vol. in-16, avec figures, cartonné . . . . 3 fr. »

Imprimerie LAHURE, rue de Fleurus, 9, à Paris. — 11-1917.

www.ingramcontent.com/pod-product-compliance
Ingram Content Group UK Ltd.
Pitfield, Milton Keynes, MK11 3LW, UK
UKHW021838190726
13855UKWH00001B/39